2026 최신판

새롭게 변경된 출제기준(2026~2029) 적용

Compact 건축설비기사 필기

기술사 조성안
이석훈 편저

- 최고의 적중률
- 핵심이론
- 핵심문제
- 기출모의고사

한 권으로 끝내는 — CBT 완벽 대비 실전 단기 완성

- 과목별 핵심이론 및 상세한 문제 해설 수록
- 변경된 출제기준에 따른 기출모의고사 수록

저자 질의응답 카페 주소
http://cafe.daum.net/kimoonsa

기문사
www.kimoonsa.co.kr

머리말

건축설비 분야는 기후변화에 대비한 전 세계적 노력의 일환인 건축물 탄소 저감에 최선의 힘을 보태고 있습니다. 그리고 정보통신 시대에 Smart Grid 설계, Smart City 건립 등 정보통신과 건축물을 연결해 주는 핵심적 부분을 담당하고 있습니다. 또한 기계설비법의 제정에 따라 위상이 높아지고 있는 설비 분야에서 「건축설비기사」는 자신의 가치를 인정받을 수 있는 최고의 자격증이라고 생각합니다.

건축설비기사 필기시험에 합격하기 위해서는 핵심적 이론을 바탕으로 해당 이론이 문제에 어떻게 적용되는지를 파악하고 해결해 나가는 능력을 기르는 것이 중요합니다. 이 책은 건축설비 관련 이론 중 핵심적인 사항을 엄선 수록하여, 최적의 효과적 학습이 될 수 있도록 구성하였습니다. 문제와의 지속적인 접목을 위해 **이론과 핵심문제**, 최신 출제경향을 반영한 **기출모의고사** 등으로 구성하여 시험 합격에 한발 더 다가갈 수 있도록 하였습니다.

이 책은 다음과 같이 구성하였습니다.

> 1. 출제기준 및 출제경향을 면밀히 분석하여 핵심적인 이론을 구성하였습니다.
> 2. 이론 내용을 문제에 바로 접목시킬 수 있도록 핵심문제를 배치하였습니다.
> 3. 기출모의고사를 수록하여 수험생들의 실전력 향상 및 시험 전 최종 점검을 할 수 있도록 하였습니다.

건축설비기사 필기시험은 핵심이론에 대한 문제 접목 및 해결능력이 중요한 시험입니다. 이를 반영하여 구성하였으므로 본서를 최대한 활용한다면 좋은 결과가 있을 것입니다. 끝으로 이 책을 출간하는 데 애써 주신 기문사 임직원 여러분께 깊은 감사의 말씀을 전합니다. 이 책으로 공부하는 모든 분에게 합격의 영광이 있기를 바랍니다.

편저자 이 석 훈

건축설비기사 출제기준

직무 분야	건설	중직무 분야	건축	자격 종목	건축설비기사	적용 기간	2026.1.1~2029.12.31

• **직무내용** : 건축물의 조건에 적합하게 열원설비, 공기조화설비, 환기설비, 위생설비 및 자동제어설비 등의 설계, 시공, 유지관리 및 에너지계획을 수행하는 직무이다.

필기검정방법	객관식	문제수	80문제	시험시간	2시간

필기 과목명	문제수	주요항목	세부항목	세세항목
건축설비 계획	20	1. 건축설비 기초 지식	1. 건축환경에 관한 기초 지식	1. 열 환경 2. 빛 환경 3. 공기 환경 4. 음 환경
			2. 열역학에 대한 기초 지식	1. 열역학의 기초사항 2. 열역학의 기본법칙
			3. 유체역학에 대한 기초 지식	1. 유체역학의 기초사항 2. 유체의 물리적 성질
		2. 설비설계 계획	1. 설계조건 검토	1. 공기조화설비 설계조건 2. 환기설비 설계조건 3. 위생설비 설계조건
			2. 설비시스템 계획	1. 설비시스템 공간계획 2. 조닝계획
			3. 공기조화설비 계획	1. 현열부하와 잠열부하 2. 습공기선도 3. 냉난방부하의 종류 4. 냉난방부하량 산정
			4. 환기설비 계획	1. 건축물의 실내공기질 2. 오염물질의 종류 및 기준농도 3. 건축물의 필요환기량
		3. 설비시스템 검토	1. 공기조화시스템 검토	1. 냉난방방식의 특성 2. 건물의 용도 및 조닝별 공기조화방식
			2. 열원시스템 검토	1. 열원방식의 특성 2. 건물의 용도 및 조닝별 열원방식
			3. 환기시스템 검토	1. 환기방식의 특성 2. 건물의 용도 및 조닝별 환기방식
			4. 급배수시스템 검토	1. 수원 및 수질 2. 급수방식의 특성 3. 급탕방식의 특성 4. 오배수, 통기시스템의 특성
			5. 설비자재 검토	1. 배관 및 덕트재료 2. 배관 및 덕트 부속기기 3. 배관 및 덕트의 이음, 접합방법
		4. 설계도서 작성	1. 설비도서 작성	1. 설비도서의 종류 2. 설비설계도면의 작도법
			2. 제도 통칙 및 표시방법 이해	1. KS제도 통칙 2. 도면의 표시방법

필기 과목명	문제수	주요항목	세부항목	세세항목	
			5. 설비적산	1. 공조, 열원 및 환기설비 적산	1. 공기조화설비 적산 2. 열원설비 적산 3. 환기설비 적산
				2. 위생설비 적산	1. 급수설비 적산 2. 급탕설비 적산 3. 오배수·통기설비 적산
건축설비 설계	20	1. 열원설비 설계	1. 열원시스템 설계	1. 냉동기 2. 보일러 3. 냉온수기 4. 열펌프 5. 냉각탑 6. 지역냉난방시스템
		2. 공기조화설비 설계	1. 공조시스템 설계	1. 공기조화기 2. 펌프 3. 송풍기 4. 배관 및 덕트
		3. 환기설비 설계	1. 환기시스템 설계	1. 환기시스템 2. 열교환기기
		4. 위생설비 설계	1. 급수시스템 설계	1. 급수량 및 배관설계 2. 기기용량 산정 3. 급수 구성기기
			2. 급탕시스템 설계	1. 급탕량 및 배관설계 2. 기기용량 산정 3. 급탕 구성기기
			3. 오배수시스템 설계	1. 오배수량 및 배관설계 2. 기기용량 산정 3. 통기배관설계 4. 트랩
			4. 위생기구 선정하기	1. 위생기구의 종류 2. 위생기구 설치방법
전기설비 및 소방시설 일반		1. 전기이론 기초지식	1. 전기의 기초	1. 전기와 물질 2. 전기의 발생 3. 전기량
			2. 직류회로	1. 전기회로 2. 전류 3. 전압 4. 옴의 법칙 5. 저항의 접속 6. 전력
			3. 교류회로	1. 교류의 정의 2. 교류의 R.L.C. 회로 3. 교류회로의 전력 4. 3상 교류회로
		2. 건축전기설비 기초지식	1. 전원설비	1. 수변전설비 2. 예비전원설비 3. 신전원설비
			2. 배선 및 부하설비	1. 간선 및 배선설비 2. 동력설비 3. 반송설비
			3. 조명설비	1. 옥내조명설비
			4. 정보통신설비	1. 전기통신설비 2. 정보설비 3. 약전설비
			5. 건축물 방재설비	1. 피뢰설비 2. 접지설비 3. 소방전기설비 4. 방범설비 5. 항공장애표시등설비
		3. 자동제어시스템 설계	1. 자동제어 기초이론 파악	1. 자동제어 이론 및 개요 2. 시퀀스 제어 3. 피드백 제어
			2. 공조설비 제어시스템 설계	1. 공조설비 제어시스템의 개요 2. 공조설비 제어시스템의 구성 3. 공조방식별 제어방법
			3. 열원설비 제어시스템 설계	1. 열원설비 제어시스템의 개요 2. 열원설비 제어시스템의 구성 3. 열원설비 종류별 제어방법

필기 과목명	문제수	주요항목	세부항목	세세항목
			4. 환기설비 제어시스템 설계	1. 환기설비 제어시스템 개요 2. 환기설비 제어시스템 구성 3. 환기방식별 제어방법
			5. 위생설비 제어시스템 설계	1. 위생설비 제어시스템의 개요 2. 위생설비 제어시스템의 구성 3. 위생설비 종류별 제어방법
		4. 소방시설 기초지식	1. 소방시설의 일반적인 사항	1. 연소의 이론　　2. 화재와 소화 3. 화재의 종류와 소화방법
			2. 소화설비	1. 소화기구　　　　2. 옥내소화전설비 3. 스프링클러설비　4. 물분무등소화설비 5. 옥외소화전설비　6. 기타 소화설비
			3. 소화용수설비	1. 상수도소화용수설비　2. 기타 소화용수설비
			4. 소화활동설비	1. 제연설비　　　　2. 연결송수관설비 3. 연결살수설비　　4. 비상콘센트설비 5. 기타 소화활동설비
건축설비 관련 법규	20	1. 관련 법규 검토	1. 건축법, 시행령, 시행규칙	1. 총칙　　　　　　2. 건축물의 건축 3. 건축물의 구조 및 재료 등 4. 건축설비　　　　5. 보칙
			2. 건축설비 관련 기타 규칙	1. 건축물의 설비기준에 관한 규칙 2. 건축물의 피난·방화구조 등의 기준에 관한 규칙
			3. 기계설비법, 시행령, 시행규칙	1. 총칙 2. 기계설비 안전관리를 위한 조치 등 3. 기계설비 유지관리 등 4. 기계설비 성능점검업
			4. 소방시설 설치 및 관리에 관한 법률, 시행령, 시행규칙	1. 총칙 2. 소방시설등의 설치·관리 및 방염
		2. 에너지계획 수립	1. 에너지 관련 설계 기준	1. 건축물의 에너지절약 설계기준 2. 건축물의 냉방설비에 대한 설치 및 설계기준
			2. 제로 에너지건축물 인증에 관한 규칙	1. 제로 에너지건축물 인증에 관한 규칙 2. 제로 에너지건축물 인증기준
			3. 녹색건축 인증에 관한 규칙	1. 녹색건축 인증에 관한 규칙 2. 녹색건축 인증기준
			4. 지능형 건축물의 인증에 관한 규칙	1. 지능형 건축물의 인증에 관한 규칙 2. 지능형 건축물 인증기준

건축설비 관련 단위 총정리

건축설비 관련 각종 단위와 공식은 독자를 위하여 SI 단위로 정리했습니다. 특히 건축설비 실기 계산문제는 단위가 복잡하므로 충분한 연습과 숙달이 필요합니다.

1. 기본적인 환산 단위

1kJ=1000J, 1J/s=1W, 1kW=1kJ/s=1000W
1W=1J/s=3600J/h=3.6kJ/h
1kJ/h=1000J/h=1000J/3600s=(1/3.6)J/s=(1/3.6)W

2. 공기 가열량(질량과 풍량)

1) 표준상태에서 공기밀도는 $1m^3 = 1.2kg$, 비열은 C=1.01kJ/kgK 이므로
2) 가열, 냉각열량 (공기질량 m(kg/h, 또는 kg/s) 풍량 Q(m^3/h, 또는 m^3/s)
   q=mC△T=m×1.01×△T=1.2Q×1.01×△T=1.21×Q×△T
   (m이 kg/h일 때 q=kJ/h, m이 kg/s일 때 q=kJ/s=kW
   풍량 Q가 m^3/h일 때 q=kJ/h, Q가 m^3/s일 때 q=kJ/s=kW)

3. 물 가열량(물은 표준상태에서 1L=1kg으로 간주한다)

1) q=mC△T=4.19m△T≒4.2m△T (kJ/s=kW)
   (질량 m=kg/s=L/s, 비열C=4.19kJ/kgK, 또는 4.2kJ/kgK)
2) q=mC△T=4.19m△T≒4.2m△T (kJ/h)
   (질량 m=kg/h=L/h, 비열C=4.19kJ/kgK, 또는 4.2kJ/kgK)

4. 벽체 관류열량

1) 관류열량 q=KA△T (W) (열관류율 K=W/m²K)
2) 열관류율 $\dfrac{1}{K} = \dfrac{1}{\alpha_0} + \dfrac{l_1}{\lambda_1} + \dfrac{l_2}{\lambda_2} + \dfrac{1}{\alpha_i}$

   K(열관류율)-W/m²K
   λ_1, λ_2(열전도율)-W/mK
   l_1, l_2(벽체 두께)-m
   α_o, α_i(표면 열전달률)-W/m²K

5. 증발잠열

1) 100℃ 물 증발잠열
   SI 단위 2257kJ/kg
2) 0℃ 물 증발잠열
   SI 단위 2501kJ/kg

6. 습공기 엔탈피(h)

h=CpT+x(γ+CvT)=1.01T+x(2501+1.85t)=kJ/kg

7. 극간풍 부하(극간풍량 : Q, 질량 : m, 공기체적비열 : 1.21kJ/m^3K)

현열 qs=mC△T=1.21Q△T(kJ/h)

qs=mC△T=0.34Q△T(W) (0.34=1.2×1.01×1000/3600)

잠열 qL=γ m△x=2501m△x(kJ/h)

qL=γ m△x=Q△x(834+Cv△T)≒834Q△x(W)

Cv : 수증기 비열(1.85kJ/kgK), (834=1.2×2501×1000/3600)

8. 배관 마찰손실 수두[압력단위는 수두(mAq, mmAq)와 압력(Pa, kPa) 단위가 병용된다.]

1) Pa 단위(수두로 계산할 때는 위 공학단위와 같으며 수두 (mAq)와 압력(Pa)을 병용한다.

$\triangle P = f \dfrac{Lv^2}{d \times 2} \rho = Pa$ (ρ : 물 밀도 1000kg/m³, L : 배관 길이)

2) mmAq 단위

h=f$\dfrac{Lv^2}{d \times 2g}\gamma$ =mmAq(f : 배관마찰손실계수, γ ; 물 비중량 1000kgf/m³, v : 유속, d : 배관경)

3) 배관 손실수두는

h=f$\dfrac{Lv^2}{d \times 2g}$=mAq 비중량을 생략하고 보통 m 수두로 계산

9. 덕트 동압(수주 1mmAq=9.8Pa이므로) [압력단위는 수두(mAq, mmAq)와 압력(Pa, kPa) 단위가 병용된다.]

1) Pa 단위 Pv=$\dfrac{v^2}{2}\rho$ (Pa) ρ : 공기 밀도 1.2kg/m³ [수주(mmAq)와 압력(Pa) 병용]

2) mmAq 단위 Pv=$\dfrac{v^2}{2g}\gamma$ (mmAq) γ : 공기 비중량 1.2kgf/m³

10. 덕트 마찰손실(직관)[수주(mmAq)와 압력(Pa) 병용]

1) Pa 단위

$\triangle P = f\dfrac{Lv^2}{d \times 2}\rho$=Pa ρ : 공기 밀도 1.2kg/m³, L : 덕트길이

2) mmAq 단위

$\triangle P = f\dfrac{Lv^2}{d \times 2g}\gamma$ =mmAq γ : 공기 비중량 1.2kgf/m³, v : 풍속, d : 덕트경

11. 덕트 마찰손실(국부)[수주(mmAq)와 압력(Pa) 병용]

1) Pa 단위

$\triangle P = \zeta \dfrac{v^2}{2}\rho$=Pa ρ : 공기 밀도 1.2kg/m³, ζ : 국부저항계수

2) mmAq 단위

$\triangle P = \zeta \dfrac{v^2}{2g}\gamma$=mmAq γ : 공기 비중량 1.2kgf/m³, v : 풍속, ζ : 국부저항계수

12. 펌프 축동력(수두(mAq)와 압력(kPa) 단위가 병용되고 있음)

1) 양정(kPa단위)   kW=$\dfrac{Q \times P}{60 \times 1000E}$ 유량(Q) : L/min, 양정(압력) P : kPa

2) 양정(m 단위) $kW = \dfrac{QH}{60 \times 102E}$ Q : L/min, H : m

3) 양정(m 단위) $kW = \dfrac{QgH}{60 \times 1000E}$ Q : L/min, H : m, g : 중력가속도($9.8m/s^2$)

(위 2)에서 1/102은 중력가속도 g와 W를 kW로 환산하기 위한 1/1000에서 나온 것이며, 결국 g/1000=1/102이다. 결국 2)와 3)은 같은 공식이다)

13. 송풍기 축동력(압력수두(mmAq)와 압력(Pa) 단위가 병용되고 있음)

1) (Pa 단위) $W = \dfrac{Q \triangle P}{60 \times E}$ (W)   풍량 Q : ㎥/min, △P : 전압, 정압(Pa) E : 효율

2) (Pa 단위) $kW = \dfrac{Q \triangle P}{60 \times 1000 \times E}$ (kW)   Q : ㎥/min, △P : 전압, 정압(Pa) E : 효율

3) (mmAq 단위) $kW = \dfrac{Q \triangle P}{60 \times 102E}$ Q : ㎥/min, △P : 전압 mmAq

(수주단위 1mmAq=9.8Pa이고 W를 kW로 고치기 위해 1000으로 나누면 9.8/1000=1/102이 된다.)

14. 냉동톤
1RT=3.86kW=3,860W
1USRT=3.52kW

15. 표준방열량
- 온수 : 1㎡ EDR=0.523kW/㎡=523W/㎡
- 증기 : 1㎡ EDR=0.756kW/㎡=756W/㎡

16. 상당 증발량(Ge)
$Ge(kg/h) = Gs(h_2 - h_1)/2257$ (2257kJ/kg : 100℃ 증발잠열)
 - 실제증발량 : Gs(kg/h) 발생증기 엔탈피 : h_2(kJ/kg) 급수엔탈피 : h_1

17. 압력단위
1) 1mAq=1000mmAq=9800N/㎡=9800Pa=9.8kPa
2) 표준 대기압 760mmHg=10.332mAq=101,325Pa=1,013hPa=1,013mb
3) 1MPa=102mAq≒100mAq,   1mmAq=9.8Pa≒10Pa

차 례

제1과목 건축설비 계획

제1편 건축설비 기초지식 ········ 15
제1장 건축환경에 관한 기초지식_15
■ 핵심문제 · 23
제2장 열역학과 유체역학에 대한 기초지식_29
■ 핵심문제 · 35

제2편 설비설계 계획 ········ 39
제1장 공기조화설비 및 환기설비 계획_39
■ 핵심문제 · 50

제3편 설비시스템 검토 ········ 61
제1장 공기조화/열원/환기시스템 검토_61
■ 핵심문제 · 72
제2장 급배수시스템 및 설비자재 검토_84
■ 핵심문제 · 98

제4편 설계도서 작성 ········ 110
제1장 설비도서 작성_110
■ 핵심문제 · 117

제5편 설비 적산 ········ 121
제1장 공조, 열원 및 환기설비 적산_121
■ 핵심문제 · 129

제2과목 건축설비 설계

제1편 열원설비 설계 ········ 135
제1장 열원시스템 설계_135
■ 핵심문제 · 144

제2편 공기조화설비 설계 · 151
제1장 공기조화설비 설계_151
■ 핵심문제 · 162

제3편 환기설비 설계 · 168
제1장 환기시스템 설계_168
■ 핵심문제 · 173

제4편 위생설비 설계 · 182
제1장 급수시스템 설계_182
■ 핵심문제 · 190
제2장 급탕시스템 설계_197
■ 핵심문제 · 203
제3장 오배수시스템 설계 및 위생기구 선정_208
■ 핵심문제 · 215

제3과목 전기설비 및 소방시설 일반

제1편 전기이론 기초지식 · 223
제1장 전기이론 기초지식_223
■ 핵심문제 · 231

제2편 건축전기설비 기초지식 · 238
제1장 전원설비/배선 및 부하설비/조명설비_238
■ 핵심문제 · 248
제2장 정보통신/건축물 방재설비_258
■ 핵심문제 · 264

제3편 자동제어시스템 설계 · 267
제1장 자동제어 기초이론 및 제어시스템 설계_267
■ 핵심문제 · 279

제4편 소방시설 기초지식 · 287
제1장 소화설비 및 소화활동설비_287
■ 핵심문제 · 295

제4과목 건축설비 관련 법규

제1편 관련 법규 검토 ·········· 303

제1장 건축법/건축법 시행령/건축법 시행규칙_303
- 핵심문제 · 325

제2장 건축물의 설비기준 등에 관한 규칙_337
- 핵심문제 · 343

제3장 건축물의 피난·방화구조 등의 기준에 관한 규칙_349
- 핵심문제 · 360

제4장 기계설비법/기계설비법 시행령/기계설비법 시행규칙_371
- 핵심문제 · 378

제5장 소방시설 설치 및 관리에 관한 법률/시행령/시행규칙_381
- 핵심문제 · 395

제2편 에너지계획 수립 관련 법규 ·········· 405

제1장 건축물의 에너지절약 설계기준/냉난방설비에 대한 설치 및 설계기준_405
- 핵심문제 · 411

제2장 각종 인증_418
- 핵심문제 · 422

부 록 건축설비기사 기출모의고사

제1회 기출모의고사_427   제2회 기출모의고사_447   제3회 기출모의고사_468
제4회 기출모의고사_489   제5회 기출모의고사_509   제6회 기출모의고사_530
제7회 기출모의고사_550   제8회 기출모의고사_572   제9회 기출모의고사_593
제10회 기출모의고사_614 제11회 기출모의고사_636 제12회 기출모의고사_658
제13회 기출모의고사_678 제14회 기출모의고사_700 제15회 기출모의고사_722

제 1 과목

건축설비 계획

제1편 건축설비 기초지식
제2편 설비설계 계획
제3편 설비시스템 검토
제4편 설계도서 작성
제5편 설비 적산

제1편 건축설비 기초지식

제1장 건축환경에 관한 기초지식

1. 열 환경

1) 인체의 열 환경

(1) 인체의 열평형

Met(대사)-Evp(증발)±Cnd(전도)±Cnv(대류)±Rad(복사)=0일 때 가장 쾌적하며, 체온하강<0<체온상승(열량이 축적)

(2) 온열환경 영향 변수

① 물리적 변수 : 기온(건구온도), 기류(실내기류), 습도, 평균복사온도(MRT)
② 주관적 변수 : 활동량(Met), 착의량(Clo), 나이, 성별 등

(3) 열쾌적지표(Thermal Comfort Index)

구분	내용
유효온도(ET)	온도, 습도, 기류의 영향을 종합한 쾌감온도이다.
신유효온도(ET*)	가벼운 옷차림, 의자에 앉은 상태로 습도 50%, 기류 0m/s에서 온도, 습도, 기류의 영향을 종합한 쾌감온도를 습공기선도에 표현한 것이다.
표준유효온도(SET*)	신유효온도를 발전시킨 것으로 상대습도 50%, 풍속 0.125m/s (아주 약한 공기 흐름)에서 활동량 1Met(작업 시 대사량 58W/m^2), 착의량 0.6Clo(가벼운 실내 평상복장)일 때 온냉감의 표시이다.
수정유효온도(CET)	기온, 습도, 기류, 복사의 네 가지 요소를 조합한 쾌적도이다.
작용온도(효과온도 OT)	기온, 복사열, 기류를 조합한 지표로 습도 영향을 제외한 것이다.
예상온열감(Predicted Mean Vote, PMV)	인체의 열적 평형을 이룰 때의 열적 감각을 투표에 의한 수치로 표시한다.(쾌적대 −0.5<PMV<+0.5)
예상불만족률(Predicted Percentage of Dissatisfied, PPD)	PMV의 온열감을 전체 피험자 수에 대한 백분율로 계산한 지표로 실내 열 환경의 불만족도를 나타낸다.
불쾌지수(Discomfort Index, DI)	기온과 습도의 영향을 고려한 불쾌감 지수로 70 미만에서 쾌적함을 느낀다.

2) 전열

(1) 열전도율(λ)
두께 1m의 균일재에 대하여 양측의 온도차가 1℃일 때 1m²의 표면적을 통과하는 열량이다.(단위는 W/mK)

(2) 열전달률(α)
고체 표면과 이에 접하는 유체 사이의 대류에 의한 열이동이다.(단위는 W/m²K)

(3) 열통과율(K)
벽체를 사이에 둔 양 유체 사이의 열이동이다.(열전달-열전도-열전달)(단위는 W/m²K)

(4) 열관류 열량(q)의 산출
※ 열관류열량(q)=$K \times (t_1 - t_2) \times A$(W, J/s, kJ/h)

$$K = 열관류율 = \frac{1}{\frac{1}{\alpha_1} + \frac{d_1}{\alpha_1} + \frac{d_2}{\alpha_2} + \frac{d_3}{\alpha_3} + \frac{1}{\alpha_2}}$$

λ=열전도율(W/mK), d=두께(m), $t_1 - t_2$=온도차, A=면적(m²), α=열전달률(W/m²K)

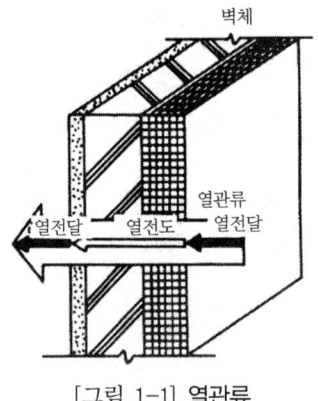

[그림 1-1] 열관류

3) 결로

(1) 결로 현상이 일어나기 쉬운 장소
① 벽체의 열관류율이 크고 틈 사이가 큰 건물(열이 잘 흐르는 건물)에서 잘 일어난다.
② 철근콘크리트 건물이 목조건물보다 심하다.
③ 야간 저온에서 실내 습도가 높을 때 잘 일어난다.
④ 북향벽 또는 최상층의 천장에서 잘 일어난다.

(2) 실내의 결로방지 방법
① 자주 환기를 시킨다.
② 벽체를 단열하여 실내 측 벽면온도를 높인다.

③ 수증기의 발생을 억제하여 실내 습도를 낮춘다.
④ 외부와 면하는 구조체는 투습저항이 내부에 면한 방향으로 크게 구성한다.
⑤ 단열층 온도가 높은 쪽에 방습층을 설치하는 것이 효과적이다.
⑥ 단열재는 실외 측에 두어 실내 표면의 노점온도를 높인다.
⑦ **외단열** : 실온변동이 작다. 열교부분의 단열보호 처리가 용이하며, 표면결로가 적다. 단열재와 외장재의 경계면이 결로되기 때문에 방습층을 설치한다.
⑧ **내단열** : 벽체 축열이 적어 실온변동은 외단열보다 크다. 국부결로가 발생하며 표면결로 방지가 어렵다. 방의 사용기간이 짧은 경우의 난방에 유리하다.

2. 빛 환경

1) 자연채광

(1) 기본사항

구분	내용
주광률 (Daylight Factor)	실외의 주광을 얼마큼 실내에 끌어들였는가에 대한 지표 $주광률(DF) = \dfrac{실내(작업면)의 수평면조도}{실외(전천공)의 수평면조도} \times 100(\%)$
빛의 파장	도르노선(건강선) : 290~320nm, 자외선 : 380nm 이하, 가시광선(채광) : 380~780nm, 적외선(열환경) : 780nm 이상
균제도	주광률의 분포를 나타내는 지표 $균제도 = \dfrac{주광률의 최소치}{주광률의 평균치}$

(2) 자연채광 방식의 종류

구분	내용
측창채광 (Lateral Lighting)	• 벽면에 대해 수직인 창에 의한 채광방식이다. • 구조 및 시공이 용이하고, 누수의 우려가 적고 개폐 및 기타 조작이 간단하고, 통풍, 단열에 유리하다. • 조도가 불균일하여 실깊이에 제한을 받으며, 주변 조건에 따라 채광이 방해받을 수 있다.
천창채광 (Top Lighting)	• 채광량(採光量) 면에서 매우 유리 하며(측창의 3배 효과), 조도 분포가 균일하다. • 구조와 시공이 불리하고, 특히 빗물 처리에 불리하다. • 조작 및 유지에 불리하고, 폐쇄된 느낌을 주며, 통풍과 단열에 불리하다.
정측창 채광 (top side lighting)	• 정측광채광은 천창채광과 측창채광의 효과를 얻기 위해 지붕면에 수직이나 수직에 가까운 창에 의한 채광이다. • 미술관(전시공간의 벽면에 높은 조도가 필요), 공장(넓은 작업면에 주광율 분포가 일정) 등에 사용하며 분위기 있는 효과를 얻을 수 있다.

(3) 루버의 적용

① 수직루버 동, 서면에 좋다.
② 수평루버 남, 북면에 좋다.

③ 격자루버 수평, 수직의 혼합형이다.
④ 가동루버 태양의 위치에 따라 일조량이 변한다.

2) 인공조명

(1) 빛의 단위

명칭	단위	내용
광도	cd(칸델라)	발광체의 표면밝기를 나타내는 것으로 광원에서 발하는 광속이 단위입체각당 1 lm(루멘)일 때의 광도를 1cd(칸델라)라 한다.
조도	lx(럭스)	• 작업면(피조면)에 도달하는 광속의 밀도이다. • 조도는 광도에 비례하고 거리의 제곱에 반비례한다.
광속	lm(루멘)	빛에너지가 단위입체각을 통과하는 비율, 단위는 루멘(lm)이다.
휘도	sb(스틸브)	어떤 물체의 표면 밝기의 정도, 광원이 빛나는 정도. 단위는 sb(스틸브)이다.

(2) 연색성
① 광원의 색 연출성을 말하며, 자연광의 색상에 가까울수록 연색성이 크다.
② 조명기구 연색성 크기
크세논등 > 백열등 > 메탈할로이드등 > 형광등 > 수은등 > 나트륨등

(3) 조명기구의 효율
나트륨등 > 메탈할로이드등 > 형광등 > 수은등 > 백열등

(4) 실내조명 설계
① 실내조명 설계 순서
소요 조도의 결정 → 전등의 종류 결정 → 조명방식과 조명기구 선정 → 광속 계산 → 조명기구 배치

② 광속/조명 개수등의 계산
$EAD = FUN$, $EA = FUNM$
여기서, 소요조도(E), 실면적(A), 감광보상률(D), 조명률(U), 광원수(N), 광속(F), 유지율(M=1/D)

③ 광원의 배치
가. 벽과 광원 사이의 간격(H는 광원과 작업면 사이의 높이) ⇒ 벽면부 사용 시 $1/3H$, 벽면부 미사용 시 $1/2H$
나. 광원 간의 배치간격 : $S \leq 1.5H$ (직접), $S \leq 1H$ (반직접)(S=거리, H=광원의 높이)

(5) 조명방식의 종류별 특징

직접조명	간접조명
• 조명의 효율이 높다. • 천장 반사율의 영향이 적다.(반사갓을 이용하기 때문) • 조명기구의 유지와 전기배선이 쉽다. • 간접조명보다 음영(그림자)이 많이 생긴다.	• 조명효율이 낮다. • 조명방식 중 조도가 가장 균일한 조명이다. • 설비비가 비싸다.

(6) 실내조명의 설치 방법

구분	종류
천장에 매다는 방법	펜던트(파이프 펜던트, 체인 펜던트, 코드 펜던트)
천장에 직접 붙여 대는 방법	직부등(실링라이트), 매입등(다운라이트)
벽이나 기둥에 설치하는 방법	브래킷(bracket) 라이트

(7) 건축화 조명

건축화 조명이란 조명이 건축물과 일체가 되고, 건물의 일부가 광원의 역할을 하는 것으로 쾌적 환경을 만들 수 있다. 발광면이 크고 균일한 조도 및 음영을 부드럽게 하나 청소는 어렵고 조명효율이 직접조명에 비해 낮다.

① 천장 건축화 조명

다운라이트 조명	천장에 작은 구멍을 뚫어 그 속에 기구를 매입한 것으로 직접조명방식
루버 천장 조명	천장면에 루버를 설치하고 그 속에 광원을 배치하는 방법
코브라이트 조명	• 광원을 천장에 매입하여 벽에 빛을 반사시켜 간접조명으로 조명하는 방식 • 천장을 고르게 밝게 하고 반사율을 높임
라인라이트 조명	천장에 매입하는 조명의 하나로서 광원을 선형으로 배치하는 방법
광천장 조명	• 확산투과성 플라스틱 판이나 루버로 천장을 마감하여 그 속에 전등을 넣는 방법 • 그림자 없는 쾌적한 빛을 얻을 수 있음 • 마감재료와 설치방법에 따라 변화 있는 인테리어 분위기를 연출할 수 있음

② 벽면 건축화 조명

코니스 조명	천장과 벽면의 경계구역에 건축적으로 턱을 만들어 그 내부에 조명기구를 설치하여 아래 방향의 벽면을 조명하는 방식
밸런스 조명	• 벽면에 투과율이 낮은 나무나 금속판 등을 시설하고 그 내부에 램프를 설치하여 광원의 직접광이 위쪽의 천장이나 아래쪽의 벽·커튼 등을 이용하는 조명방식 • 분위기 조명에 효과적인 방식이며·광원으로는 형광등을 많이 사용

3. 공기 환경

1) 실내공기질

(1) 실내공기의 오염척도 및 허용치
- 실내공기의 오염의 척도는 이산화탄소의 농도로 판단한다.
- 허용치는 이산화탄소 기준 농도 1,000ppm 이하이다.

(2) 새집증후군 저감방안[베이크 아웃]
새집에서 실내공기 오염물질을 신속하게 제거하는 방법으로 비거주 상태에서 난방시스템을 최대한 가동하여 충분한 시간 동안 실내온도를 35~40도로 올린 후 문과 창문을 1~2시간 개방하여 실내공기 오염물질을 방출시키는 것이다.

2) 자연환기

(1) 종류

구분	개념
풍력환기	외기의 바람(풍력)에 의한 환기
중력환기(밀도 차 환기)	실내외 공기의 온도 차(밀도 차)에 의한 환기

(2) 굴뚝효과(연돌효과)

실내공기의 정지 상태에서 실내 상하 온도차에 의한 밀도차로 환기(중력 환기)를 유발시키는 효과이다. 온도차가 클수록 높이차가 클수록 연돌효과는 크다. 그러므로 건물 설계 시 중심코어(아트리륨) 등을 적절하게 계획하여 굴뚝효과에 의한 자연환기를 유도하여 실내공기질을 향상시킨다.

4. 음 환경

1) 음의 기본사항

(1) 음의 3요소

① 음의 고조(높이), ② 음의 세기(강도), ③ 음색

(2) 음의 특징

① 음의 대소를 나타낼 경우 손(sone) 단위를 사용한다.
② 음의 고저(높이)는 주파수에 따라 결정된다.
③ 음의 세기(강도) 소리(음파)가 단위시간당(1sec) 단위면적($1m^2$)을 통과하는 소리 에너지의 양이며, I(sound Intensity)로 표시한다.(단위: W/m^2)
④ 음의 속도에 가장 크게 영향을 주는 것은 온도 변화이다.
⑤ 음의 크기의 경우 감각적인 크기를 표현할 때는 폰(phon) 단위를 사용한다.

(3) 주요용어

구분	내용
반향(echo)	음원에서 나온 음파가 물체 등에 부딪혀 반사된 후 다시 관찰자에게 들리는 현상으로 잔향이라고도 한다.
간섭	서로 다른 음원 사이에서 중첩/합성되어 음의 쌍방의 조건에 따라 강해지고 약해지는 현상을 말한다.
회절	음의 진행을 가로막고 있는 것을 타고 넘어가 후면으로 전달되는 현상이다.
확산	음파가 요철면에 부딪쳐 여러 개의 작고 약한 파형으로 나뉘는 현상이다.
공명	음의 진동수가 벽이나 천장의 고유 진동수와 일치되어 같이 소리를 내는 현상이다.
마스킹(masking) 효과	2가지 음이 동시에 귀에 들어와서 한쪽의 음 때문에 다른 쪽의 음이 작게 들리는 현상이다.
정재파 현상	같은 주파수음의 간섭에 의해서 입사음파가 반사음파와 중첩되어 음압의 변동이 고정되는 현상이다.

2) 실내 소음의 평가

(1) 음압레벨(Sound Power Level : SPL)
공기의 진동으로 생기는 단위면적에 작용하는 소리의 힘(dB)이다.

$SPL = 20\log(\frac{P}{P_0})$

여기서, P_0 : 기준음압

(2) 음의 세기레벨(Sound Intensity Level : IL)
음압 세기 레벨은 기준음의 세기에 대비한 음의 세기 정도를 대수로서 표시한 것이다.

$IL = 10\log\frac{I}{I_0}$

여기서, I : 음의 세기(W/m²), I_0 : 기준음의 세기(W/m²)

(3) NC(Noise Criteria Curves) 곡선
소음을 옥타브(주파수별) 분석한 결과를 NC곡선으로 Plot하여 실시하는 것으로 가청 주파수별로 분석한 것이다.

(4) NR곡선(Noise Rating Curves)
① 1,000Hz의 옥타브 밴드레벨이 평가곡선의 NR수와 일치하도록 임의의 소음의 NR수는 각 옥타브 밴드레벨의 NR수에서 구한 최대 값을 취한다.(ISO가 정한 소음평가 곡선)
② 주택의 허용 옥외소음은 NR-30~NR-40을 기준으로 한다.

3) 흡음과 차음

(1) 흡음의 개념과 흡음재료의 종류

① 흡음의 개념
흡음은 음의 입사에너지와 재료표면에 흡수된 에너지와의 비율인 흡음율로서 흡음의 정도가 계산되며, 흡음이 잘 되는 건축재료를 쓸 경우 잔향 등이 최소화 되어 실내 음환경 개선에 도움이 된다.

② 흡음재료의 종류

구분	종류 및 원리
다공성 흡음재료	• 암면, 글라스울 등 있다. • 소리가 작은 구멍 속에서 마찰, 진동 등에 의해 소멸된다.
판진동 흡음재료	• 합판, 하드보드, 플렉시블 보드 등이 있다. • 소리에너지가 판의 운동에너지로 바뀌면서 흡음된다.
공명성 흡음재료	합판, 금속판 등에 구멍을 뚫어 구멍 부분에서 진동과 마찰 등에 의해 소리가 소멸된다.

(2) 차음

차음은 중량의 구조체 등을 사용하여, 음을 반사 차단하는 것으로서, 이중벽, 두께가 두꺼운 중량벽, 밀도가 높은 벽 등을 사용한다.

(3) 흡음과 차음의 차이

차음은 음을 차단하는 것으로서, 주로 밀도가 높은 중량 구조물의 형태가 많고, 흡음은 음을 흡수하는 것으로서, 다공질을 띄고 있는 저항형 단열재를 많이 사용하고 있다. 차음은 음의 반사, 흡음은 음의 흡수를 주로 하므로 차음이 커질 경우 흡수량이 줄어들 가능성이 높다.

4) 잔향 이론

(1) 개념 및 적용

① 음원을 정지시킨 후 일정시간 동안 실내에 소리가 남는 현상이다.
② 잔향시간은 실내음의 발생을 중지시킨 후 60dB까지 감소하는데 소요되는 시간이다.
③ 잔향시간은 실의 형태와 무관하다.
④ 실의 용적이 크면 클수록 길다.
⑤ 천장과 벽의 흡음력을 크게 하면 잔향시간을 짧게 할 수 있다.
⑥ 강연장 등 청취가 중요한 곳은 잔향시간을 짧게 하여 음성의 명료도를 높이고, 오케스트라 등이 펼쳐지는 음악공연장의 경우 잔향 시간을 길게 하여 음질을 높이는 것이 좋다.

(2) 샤빈(Sabine)의 잔향식

$$RT = 0.162 \frac{V}{A}$$

여기서, RT : 잔향시간, V : 실의 용적, A : 흡음면적(흡음력)

핵·심·문·제
건축환경에 관한 기초지식

01 통과열량 산출

열관류율 K=2.5W/m²K인 벽체의 양쪽 기온이 각각 20℃ 및 0℃라고 할 때 이 벽체 1m²당 1시간당 통하는 열량(kJ/h)은?

① 20
② 50
③ 180
④ 240

해설 $q = K \cdot A \cdot \Delta t = 2.5 \times (20-0) \times 1 = 50\text{W} = 50\text{J/s} = 180\text{kJ/h}$

답 ③

02 흡음면적 산출

홀 용적 5,000m³, 잔향시간 1.6초인 실에서 잔향시간을 1초로 만들기 위해 필요한 여분 흡음력은 얼마인가?

① 250m²
② 275m²
③ 300m²
④ 450m²

해설 잔향시간(T)=$0.164 \times (\frac{\text{실용적}(\text{m}^2)}{\text{흡음력}(\text{m}^2)})$에서 $1.6 = 0.164 \times \frac{5,000}{A}$, ※ A=513m²

잔향시간이 1초일 때 $1 = 0.164 \times \frac{5000}{A}$, A=820

∴ 여분 흡음력=820−513≒300m²

답 ③

03 진동 관련 용어설명

진동에 관한 설명 중 옳지 않은 것은?

① 주파수 : 음이 1분간에 진동하는 횟수
② 공진 현상 : 고유진동수와 강제진동수가 일치하는 현상
③ 강제진동수 : 회전기계에서 발생하는 진동수
④ 고유진동수 : 방진재 자신이 갖고 있는 진동수

해설 ① 주파수 : 음이 1초간에 진동하는 횟수

답 ①

04 열관류량 측정

다음 식 중 열관류량을 측정하는 공식은?

① $Q = AWR$
② $Q = nh$
③ $Q = AK(t_2 - t_1)$
④ $Q = dcpv(t_2 - t_1)$

해설 $Q = KA(t_2 - t_1)$
Q : 열관류량(W), A : 면적(m²), K : 열관류율(W/m²K), t_1, t_2 : 양측 온도

답 ③

05 통과열량 산출

두께 15cm 콘크리트 벽체(열전도율 λ=156W/mK)에 있어서 내벽 표면온도 20℃ 외벽 표면온도 5℃일 때 벽체를 통과하는 열량(kW/m²)은?

① 12
② 15.6
③ 22.5
④ 30

해설 $Q = \dfrac{\lambda}{l} \cdot \Delta t = \dfrac{156}{0.15}(20-5) = 15600 \text{W/m}^2 = 15.6 \text{kW/m}^2$
문제에서 단위를 kJ/h로 준다면 15.6kW=15.6kJ/s=56,160kJ/h

답 ②

06 가시광선의 파장 크기

가시광선의 파장 크기로 옳은 것은?

① 200~3,080nm
② 380~780nm
③ 700~1,500nm
④ 1,500~3,000nm

해설 빨강 : 780nm, 보라 : 380nm
가시광선이란 눈에 보이는 광선으로 빨강부터 보라까지이며 빨강보다 파장이 큰 것을 적외선, 보라보다 파장이 짧은 것을 자외선이라 한다.

답 ②

07 명료도

건축 음향에 대한 설명 중 잘못된 것은?

① 명료도는 소음이 증가하면 저하한다.
② 명료도는 잔향시간이 증가하면 증대한다.
③ 음의 세기에 의한 명료도는 음압레벨이 70~80dB에서 가장 좋다.
④ 폰(phon) 척도는 귀의 감각적 변화를 고려한 주관적인 척도이다.

해설 명료도는 잔향시간이 길수록 감소한다.

답 ②

08 물리적 온열환경
실내에 있는 사람이 느끼는 온열감각에 영향을 미치는 물리적 열환경 요소를 조합한 것으로 가장 옳은 것은?

① 열관류율, 열전도, 대류열, 복사열
② 온도, 습도, 기류, 복사열
③ 온도, 습도, 기류, 대류열
④ 열관류율, 열전도, 기류, 복사열

해설 거주자가 느끼는 열환경은 온도, 습도, 기류, 복사열의 종합된 온도이며 이를 수정유효온도(CET)라 한다.

답 ②

09 양호한 조명
조명에 관한 설명 중 옳지 않은 것은?

① 조도의 균제도를 높이기 위해서는 작은 전등을 여러 개 사용하는 것보다 대형의 전등을 적게 설치하는 것이 불리하다.
② 작업면상의 조도 분포는 균제도가 낮은 것이 좋다.
③ 음영은 장시간의 재실자에게 작업능률이 향상시키는 작용도 한다.
④ 제도실은 음영을 만들지 않는 것이 좋다.

해설 조도 분포는 균제도가 높은 것이 좋다.

답 ②

10 습도와 생활환경
습도가 생활환경에 주는 영향과 관계가 적은 것은?

① 습도가 낮고 고온인 경우 더 무겁고 답답하다.
② 습도가 낮고 저온인 경우 더 쌀쌀하게 느껴진다.
③ 습도가 높으면 결로 현상이 발생하기 쉽다.
④ 습도가 낮으면 높을 때보다 호흡기 질환이 발생하기 쉽다.

해설 동일한 조건에서 습도가 낮으면 덜 무덥다.

답 ①

11 통과열량 산출
두께 20cm인 벽돌벽에서 내벽 표면온도 18℃, 외벽 표면온도 -2℃일 때 벽체의 통과 열량은?(단, 벽체 열전도율 λ=1.4W/mK)

① $36kJ/m^2h$
② $80kJ/m^2h$
③ $140kJ/m^2h$
④ $504kJ/m^2h$

해설 $q = \dfrac{\lambda}{l} \cdot \Delta t = \dfrac{1.4}{0.2}(18+2) = 140W/m^2 = 140 \times 3600 J/m^2h = 504 kJ/m^2h$

답 ④

12 실내 음향계획
실내 음향계획에 대한 설명 중 맞지 않는 것은?
① 음의 계속시간이 길어지면 높이 감각은 둔해진다.
② 음은 실내에 동일하게 가도록 한다.
③ 계획상 멀리 전달되게 하기도 하고 가까이에 소멸되도록 하기도 한다.
④ 청중이 많을수록 흡음력이 커서 잔향시간이 적어진다.

해설 음의 계속시간이 짧아지면 높이 간각이 둔해진다.

답 ①

13 단열효과
단열에 관한 설명 중 옳지 않은 것은?
① 일반적으로 열전도율이 작은 재료를 사용하는 것이 단열효과가 좋다.
② 공기층은 기밀성이 떨어져도 단열효과에는 영향이 없다.
③ 단열재에 수분이 침투하면 단열성이 매우 나빠진다.
④ 10cm 공기층을 1개 층 설치하는 것보다 5cm 공기층을 2개 층 설치하는 것이 단열에 유리하다.

해설 공기층은 기밀성이 떨어지면 단열효과도 떨어진다.

답 ②

14 음향에 미치는 영향요소
다음 중 음에 관한 설명으로 옳은 것은?
① 발음체의 진동수와 같은 음파를 받게 되면 자기도 진동하여 음을 내는 현상을 잔향이라 한다.
② 잔향시간은 실흡음력이 클수록 길어지고, 실용적이 클수록 짧아진다.
③ 60폰의 음을 70폰으로 높이면 10폰의 증가에 의해 사람은 음의 크기가 대략 2배 커진 것으로 지각한다.
④ 외부공간에서 음의 전달은 온도, 습도, 바람 등의 외부 기후조건과 무관하다.

해설 발음체의 진동수와 같은 음파에 자기도 진동음을 내는 현상을 공진이라 하고 잔향시간은 실흡음력이 클수록 작아지고, 실용적이 클수록 길어진다.

답 ③

15 국부조명과 전반조명
다음 설명 중 가장 부적당한 것은?

① 빛을 받는 면의 단위면적당 입사하는 광속을 조도라고 한다.
② 주간 보조조명은 깊이가 깊은 방에 있어서 인공조명을 상시 보조적으로 이용하는 것을 의미한다.
③ 실내 음영의 차이가 클수록 실내 분위기의 단조로움을 개선할 수 있다.
④ 전반 국부 병용조명에서 전반조명의 조도는 국부조명조도 보다 커야 한다.

해설 전반 국부 병용조명에서 전반조명의 조도는 국부조명조도 보다 작다.

답 ④

16 실내조명 설계
다음 중 실내조명 설계에서 가장 우선적으로 이루어져야 하는 것은?

① 개략적인 조명계산을 실시한다.
② 소요조도를 결정한다.
③ 소요전등의 개수를 결정한다.
④ 조명방식 및 조명기구를 선정한다.

해설 조명설계 순서 : ②-④-①-③

답 ②

17 스프링의 고유진동수 산출
금속 스프링에 하중 300kg을 매어 달았더니 0.2cm가 늘어났다. 이 스프링의 고유진동수는 다음 중 어느 것인가?

① 0.1Hz
② 10Hz
③ 11.1Hz
④ 100Hz

해설 $T=2\pi\sqrt{m/k}=2\pi\sqrt{m/(F/x)}=2\pi\sqrt{x/g}=2\pi\sqrt{0.002/9.8}=0.08976$
진동수 $f=1/T=1/0.08976=11.1Hz$

답 ③

18 건축 색채의 특성
다음에 기술된 내용 가운데 옳지 않은 것은?

① 건축 색채에서 일반적으로 요구되는 느낌은 차분함과 포근함이다.
② 건축 색채는 전경과 배경의 관계에서 배경이 되는 경우가 대부분이다.
③ 건축계획에서 중요도와 선택의 순위는 형태-재료-색채의 순이다.
④ 건축 색채는 주변환경과 대비되어서는 안 되며, 환경색과 유사한 색으로 배색하는 것이 원칙이다.

해설 건축 색채는 주변환경과 적절한 대비를 주어 필요한 환경을 얻는다.

답 ④

19 조도

빛에 관한 설명 중 틀린 것은?

① 조도는 광속을 표면적으로 나눈 값이다.
② 휘도는 투영면적당의 광도이다.
③ 조도는 광도에 비례하고 거리에 반비례한다.
④ 조도는 기울어진 각의 cos에 비례한다.

해설 조도 = $\dfrac{광도}{(거리)^2}\cos\theta$ 조도는 거리의 제곱에 반비례한다.

답 ③

20 잔향시간 산출

실크기 10×10×10m인 A실과 5×5×5m인 B실에서 실내마감이 모두 같을 때 A실은 B실 잔향시간의 몇 배인가?

① 8배　　② 4배
③ 2배　　④ 1배

해설 잔향시간 = $1.6\dfrac{V}{S\alpha'}$ V: 실체적, S: 실면적 $T_A = 1.6\dfrac{10^3}{10^2\alpha'}$　$T_B = 1.6\dfrac{5^3}{5^2\alpha'}$　α': 흡음계수

$T_A : T_B = 10 : 5 = 2 : 1$

답 ③

21 회전문

실내외의 공기유출의 방지효과와 아울러 출입인원의 조절을 목적으로 설치하는 문은?

① 셔터　　② 망사문
③ 회전문　　④ 자재문

해설 회전문은 침입외기를 최소화하고 출입인원을 일정하게 조절한다.

답 ③

제2장 열역학과 유체역학에 대한 기초지식

1. 열역학의 기초사항

1) 주요 물리량

(1) 온도

① 섭씨 온도(℃)

표준 대기압 상태 하에서 순수한 물의 빙점(어는점)을 0, 비점(끓는 점)을 100으로 하여 100등분한 한 눈금을 1℃로 본다.

② 화씨 온도(℉)

가. 표준 대기압 상태 하에서 빙점을 32, 비점을 212로 잡고 그 사이를 180 등분한 한 눈금을 1℉로 본다.

나. 섭씨 온도와 화씨 온도 환산식

$$°F = \frac{9}{5}°C + 32, \quad °C = \frac{5}{9}(°F - 32)$$

③ 절대 온도

가. 절대온도는 모든 물체의 분자 운동에너지가 0인 상태를 0도로 본다.
나. 섭씨의 절대온도 K(Kelvin) = 273 + ℃
다. 화씨의 절대온도 R(Rankine) = 460 + ℉

(2) 습공기의 절대습도(x)와 상대습도(φ)

$$\text{절대습도 } x = \frac{\text{수증기 중량}}{\text{건공기 중량}} = \frac{G_w}{G_a} = \frac{P_w/R_w}{P_a/R_a} (PV = GRT)$$

$$= 0.622 \frac{P_w}{P - P_w} = 0.622 \frac{\Phi P_s}{P - \Phi P_s}$$

P_w : 수증기 분압(Pa), P_s : 포화수증기압(Pa), Φ : 상대습도

(3) 열량과 동력

물리량	단위
열에너지와 일에너지	J, kJ
동력과 일	W, kW
힘	N

(4) 비열(specific heat)과 열용량(heat quantity)

① 비열(J/kgK, kJ/kgK)

어떤 물질 1kg을 1K(1℃) 올리는데 필요한 열량을 비열이라 한다.

② 열용량(J/K, kJ/K)
가. 열용량이란 어떤 재료가 축적하고 있는 열량을 말한다.
나. 열용량=질량×비열

(5) 현열과 잠열, 전열

구분	내용
현열(sensible heat)	물체에 출입되는 열량 중 온도변화에 따라 관계하는 열
잠열(latent heat)	온도 변화는 없고 물체의 상태변화에 관계하는 열
전열(total heat)	물체에 출입하는 현열과 잠열의 합

(6) 주요 물리량 단위

물리량	단위
압력	단위면적당 작용하는 힘 $P = \dfrac{W}{A}$(Pa) ① 표준대기압 $1atm = 760mmHg = 101.3kPa = 1,013hPa = 1.0332kg/cm^2 = 10.332mAg = 1.013bar = 1,013mb$ ② 절대압력=대기압+게이지압=대기압−진공압 ③ $1Pa(N/m^2) = 0.098mmAq ≒ 0.1mmAq$ ④ $1kPa(kN/m^2) = 1,000Pa = 98mmAq ≒ 0.1mAq(1mAq ≒ 10kPa)$ ⑤ $1MPa(MN/m^2) = 1,000kPa ≒ 100mAq$
밀도	단위체적당 질량 $\rho = \dfrac{m}{V}(kg/m^3)$ m : 질량(kg), V : 체적(m^3)
비중량	단위체적당 중량 $Y = \dfrac{w}{V}(N/m^3)$ w : 중량(N), V : 체적(m^3)
비체적	단위질량당 체적 $v = \dfrac{V}{m}(m^3/kg)$ V : 체적(m^3), m : 질량(kg)

2) 이상기체 상태방정식

(1) 상태방정식

$$Pv = RT$$
$$PV = mRT(v = V/m)$$
$$PV = nKT$$

v : 비체적(m^3/kg), P : 절대압력(kPa), m : 기체질량
V : 기체체적, R : 기체상수(kJ/kg · K)
K : 일반기체상수=8.314kJ/kmol · K, n : 기체몰수(kmol)

(2) 아보가드로 법칙

모든 기체는 0℃, 1atm 상태 하에서 1mol의 부피는 같으며 그 부피는 22.4L이고, 무게는 분자량과 같다. 그러므로 수소(H2)는 2g이 22.4L이고 산소(O2)는 32g이 22.4L이다.

2. 열역학의 기본법칙

1) 열역학 제0법칙
① 온도가 서로 다른 두 물체를 접촉시키면 고온의 물체는 열을 방출하고 낮은 온도의 물체는 열을 흡수해서 두 물체의 온도차는 없어진다.
② 이때 두 물체는 열평형이 되었다고 하며 이렇게 열평형이 된 상태를 열역학 제0법칙이라 한다.
③ 열평형에 따른 혼합온도(t_{mix}) 산출

$$t_{mix} = \frac{m_1 t_1 + m_2 t_2}{m_1 + m_2}$$

여기서, m_1, t_1 : 1번 물질의 질량과 온도
m_2, t_2 : 2번 물질의 질량과 온도

2) 열역학 제1법칙
① 열은 일(에너지)의 일종이며, 열과 일은 서로 전환이 가능하다.
② 즉, 에너지는 보존되며 열량은 일량으로, 일량은 열량으로 환산 가능하다는 법칙을 의미한다.
③ 밀폐계가 임의의 사이클을 이룰 때 열전달의 총합은 이루어진 일의 총합과 같다.

3) 열역학 제2법칙
① 열역학 제2법칙이란 열과 일은 서로 전환이 가능하나 열에너지를 모두 일에너지로 변화시킬 수 없다는 것을 나타낸다.
② 사이클 과정에서 열이 모두 일로 변화할 수는 없다.(영구기관 제작 불가능)
③ 열 이동의 방향을 정하는 법칙이다.(저온의 유체에서 고온의 유체로의 자연적 이동은 불가능)
④ 비가역 과정을 하며, 비가역 과정에서는 엔트로피의 변화량이 항상 증가된다.

4) 열역학 제3법칙
① 온도가 절대영도 부근에 이르면 열역학 제1법칙과 제2법칙 이외에 또 하나의 법칙이 필요하다.
② 열역학 제3법칙이란 절대온도가 '0'K이 되면 엔트로피가 '0'(모든 순수한 고체 또는 액체의 엔트로피와 정압비열이 '0')이 된다는 것으로, 어떠한 방법으로도 물체의 온도를 절대영도('0'K)에 이르게 할 수 없다(Nemst)는 법칙이다.
③ Plank는 균질한 결정체의 엔트로피는 절대온도 '0'K 부근에서 절대온도(K)의 3승에 비례한다고 서술하였다.

3. 유체의 물리적 성질

1) 유체의 정의

유체는 일반적으로 액체 또는 기체를 의미하며 흐름의 성질을 갖고 있고, 이러한 흐름의 정도는 유체의 점성과 압축의 정도에 따라 달라진다.

2) 수압과 수두

(1) $1Pa(N/m^2)=0.098mmAq ≒ 0.1mmAq$

(2) $1kPa(kN/m^2)=1,000Pa=98mmAq ≒ 0.1mAq$

(3) $1MPa(MN/m^2)=1,000kPa ≒ 100mAq$

(4) 수압 $P=\rho\, gH(Pa)$ 　　　ρ : 밀도(kg/m^3), g : 중력가속도($9.8m/s^2$)

∴ 수압 $P(MPa) ≒ 0.01H$ 　　H : 수두(m)

(5) 수압 1mAq=9.8kPa 즉 1mAq 수두는 압력으로 9.8kPa이지만 실무에서는 1mAq=10kPa로 환산한다.

(6) 수압 1MPa=102mAq 즉 수두로 정확히 102m이지만 공학적으로 약 100mAq로 환산한다.
수압 1kPa=0.098mAq 즉 수두로 정확히 0.098m이지만 공학적으로 약 0.1mAq로 환산한다.

3) 물의 질량과 부피

(1) 단위

건축설비에서 다루는 물은 표준상태에서 1기압 4℃일 때를 기준으로 한다. 이때 물은 가장 무겁고 부피가 최소이며 밀도가 $1g/cm^3$이다.

$1m^3=10^6 cm^3=106g=10^3 kg=1ton$

$1cm^3=1cc=1mL=1g$

$1L=10^{-3}m^3=10^3 mL=10^3 cc=10^3 g=1kg$

(2) 팽창과 수축

$$\Delta V = \left(\frac{\rho_1}{\rho_2}-1\right) \cdot V$$

ΔV : 팽창량, V : 전체 물의 양(ρ_1 시)

ρ_1 : 최초의 물의 밀도, ρ_2 : 온도 변화 후 물의 밀도

※ **팽창량 별해**

$\Delta V = \left(\frac{1}{\rho_2}-\frac{1}{\rho_1}\right) \cdot V$ 이때 전체 물의 양 V는 4℃에서 부피를 의미한다. 전체 물의 양을 4℃인지, 운전정지 시(최초)인지 조건을 구분하면 두 가지 식을 구분해야 하지만 일반적으로 $\rho_1=1$ 정도이므로 위 두 가지 식을 구분하지 않고 병용한다.

4. 유체 역학의 기초사항

1) 연속의 법칙

유량이 충만하여 흐르는 관로 내의 임의 2개의 단면적에서 2개의 면적을 통과하는 유량은 서로 같다.

∴ $Q = AV$, $Q_1 = Q_2$ 이고, $Q = \frac{\pi}{4}D^2 \cdot V$ 이므로 $A_1V_1 = A_2V_2$

∴ $D = \sqrt{\frac{4Q}{\pi V}}$

2) 베르누이 방정식

관속의 유체가 정상상태라고 가정할 때, 그 관속을 흐르는 압력수두, 속도수두, 위치수두의 합 즉 에너지의 합은 일정하다. 베르누이 방정식은 공학단위는 m 수두(mAq), SI 단위는 J/kg이다.

공학 단위 $\frac{P}{\gamma} + \frac{V^2}{2g} + Z =$ 일정

SI 단위 $\frac{P}{\rho} + \frac{V^2}{2} + Zg =$ 일정

3) 마찰손실수두

(1) **마찰손실수두** : 관속을 흐르는 유체는 관벽의 마찰, 굴곡부저항, 기구류저항 등에 의하여 마찰저항으로 압력이 손실된다.

(2) **달시 와이스바하식에 의해 마찰손실수두(H_L)** : 마찰손실은 관습에 따라 공학단위의 수두 단위(mmAq, mAq)와 SI단위(Pa, kPa, MPa)가 모두 이용된다.

① SI 단위 $\triangle P = f\frac{L \times v^2}{d \times 2}\rho(Pa)$

ρ : 유체 밀도, L : 배관 길이

② 수두 단위 $H_L = f \cdot \frac{L}{d} \cdot \frac{v^2}{2g} \cdot r(mmAg)$

r : 비중량(kg/m^3)

(3) 배관(물)인 경우 일반적으로 아래 손실수두식(mAq)으로 계산한다.

① SI 단위 $\triangle P = f\frac{L \times v^2}{d \times 2}\rho(Pa) = f\frac{L \times v^2}{d \times 2}(kPa)$

ρ : 물 밀도 1,000kg/m^3, L : 배관 길이(m)

② 수두 단위 $H_L = f \cdot \frac{L}{d} \cdot \frac{v^2}{2g} \cdot r(mmAg) = f \cdot \frac{L}{d} \cdot \frac{v^2}{2g}(mAg)$

r : 물 비중량(1,000kg/m^3)

(4) 덕트(공기)인 경우 일반적으로 아래 압력강하식(Pa)을 주로 이용한다.

① SI 단위 $\triangle P = f \dfrac{L \times v^2}{d \times 2} \rho (Pa)$

ρ : 공기 밀도 1.2kg/m³, L : 덕트 길이(m)

② 수두 단위 $H_L = f \cdot \dfrac{L}{d} \cdot \dfrac{v^2}{2g} \cdot r (mmAg)$

r : 공기 비중량(1.2kg/m³)

핵·심·문·제
열역학과 유체역학에 대한 기초지식

01 혼합온도 산출
대기압하에서 10℃의 물 150kg과 80℃의 물 100kg을 혼합할 경우, 혼합된 물의 온도는 몇 도인가?(단, 물의 비열은 $4.2kJ/kgK$)

① 28℃
② 38℃
③ 45℃
④ 63.2℃

해설 혼합하는 2 물질의 비열이 다르면 비열을 각각 고려하지만 비열이 같을 경우에는 질량과 온도의 평균으로 구한다.
$$t = \frac{m_1 t_1 + m_2 t_2}{m_1 + m_2} = \frac{150 \times 10 + 100 \times 80}{150 + 100} = 38$$

답 ②

02 열역학 제2법칙
"자연계에 어떠한 변화도 남기지 않고 일정 온도의 열을 계속해서 일로 변환시킬 수 있는 기관은 존재하지 않는다"를 의미하는 열역학 법칙은?

① 열역학 제0법칙
② 열역학 제1법칙
③ 열역학 제2법칙
④ 열역학 제3법칙

해설 열역학 제2법칙
Kelvin-Planck 표현 : 자연계에 어떠한 변화도 남기지 않고 일정 온도의 열을 계속해서 일로 변환시킬 수 있는 기관은 존재하지 않는다. 즉, 열기관에서 작동유체가 외부에 일을 할 때에는 그 보다 더욱 저온의 물체를 필요로 한다는 것으로 저온의 물체에 열의 일부를 버릴 필요가 있다는 것을 설명하고 있다.

답 ③

03 이상기체 방정식
실제기체가 이상기체의 상태식을 근사적으로 만족하는 경우는?

① 압력이 높고 온도가 낮을수록
② 압력이 높고 온도가 높을수록
③ 압력이 낮고 온도가 높을수록
④ 압력이 낮고 온도가 낮을수록

해설 실제기체가 이상기체의 상태식을 근사적으로 만족하는 경우는 압력이 낮고 온도가 높을 경우(저압, 고온)이다. 이때 기체 분자간 거리가 멀고 입자 크기를 무시할 수 있다.

답 ③

04 이상기체 방정식

온도가 20[℃], 절대압력이 1[MPa]인 공기의 밀도[kg/m³]는?(단, 공기는 이상기체이며, 기체상수(R)는 0.287[kJ/kg·K]이다.)

① 9.55
② 11.89
③ 13.78
④ 15.89

해설 이상기체 상태방정식 $Pv = RT$에서
$$v = \frac{RT}{P} = \frac{0.287 \times (273+20)}{1,000} = 0.0841[m^3/kg]$$
$$\rho = \frac{1}{v} = \frac{1}{0.0841} = 11.89[kg/m^3]$$
밀도(ρ)는 비체적(v)의 역수이다.

답 ②

05 절대압력 산출

어떤 압력용기의 게이지 압이 0.5MPa일 때 절대압력은 얼마인가?(단 대기압은 0.1MPa이다)

① 0.4MPa
② 0.5MPa
③ 0.6MPa
④ 0.7MPa

해설 절대압=대기압+게이지압=0.1+0.5=0.6MPa

답 ③

06 표준대기압 압력수두

표준대기압은 압력수두 얼마에 해당하는가?

① 10.55mAq
② 10.33mAq
③ 10.13mAq
④ 1.033mAq

해설 표준대기압 1atm=10.33mAq=0.1MPa=101.3kPa=1013hPa

답 ②

07 팽창 체적 비율

물의 팽창에서 4℃의 물의 밀도를 1kg/L, 100℃의 물의 밀도를 0.958634kg/L일 경우 팽창한 체적의 비율로 맞는 것은?

① 4.315%
② 2.782%
③ 6.423%
④ 0.0413%

해설 $\Delta V = \left(\frac{\rho_1}{\rho_2} - 1\right) \cdot V = \left(\frac{1}{0.958634} - 1\right) \times 100\% = 4.315\%$

ΔV : 온수의 팽창량(L), ρ_1 : 온도변화 전의 물의 밀도(kg/L)
ρ_2 : 온도변화 후의 물의 밀도(kg/L), V : 장치 내 전수량(L)

답 ①

08 연속방정식

단면적이 314cm²인 관에 매분 4.5m³의 물을 공급하려고 할 때 물의 속도는 얼마가 되는가?

① 0.014m/s
② 0.00024m/s
③ 143.3m/s
④ 2.39m/s

해설 $Q = A \times V$, $Q = 4.5 m^3/\min = 0.075 m^3/s$, $A = 314 cm^2 = 0.0314 m^2$, $v = \dfrac{Q}{A} = \dfrac{0.075}{0.0314} = 2.385 m/s$

답 ④

09 관지름 산출

공조배관속에 유량 36m³/h의 냉수가 흐르고 있다. 이때 유속이 2m/sec 이내가 되도록 관경을 결정하려 한다. 관의 안지름은 최소 얼마 이상이 되어야 하는가?

① 65mm
② 80mm
③ 150mm
④ 475mm

해설 $Q = Av = \dfrac{\pi d^2 v}{4}$ 에서

$d = \sqrt{\dfrac{4Q}{\pi v}} = \sqrt{\dfrac{4 \times 36}{3,600 \times \pi \times 2}} = 0.0798 m = 80 mm$

답 ②

10 송풍량 산출

장변의 길이가 1.2m이고, 단변의 길이가 0.7m인 장방형 덕트 내로 풍속 5m/s로 공기가 통과할 경우 송풍량은?(기타 손실은 무시한다.)

① 42m³/min
② 252m³/min
③ 300m³/min
④ 420m³/min

해설 $Q = Av = 1.2 \times 0.7 \times 5 = 4.2 m^3/s = 252 m^3/\min$

답 ②

11 연속방정식 계산문제

단면적이 314cm²인 동관에 매분 4.5m³의 물을 공급하려고 할 때 물의 속도는 얼마가 되는가?

① 0.014m/s
② 0.00024m/s
③ 143.3m/s
④ 2.39m/s

해설 $Q = A \times v$에서 $Q = 4.5 m^3/\min = 0.075 m^3/s$

$A = 314 cm^2 = 0.0314 m^2$ 를 대입해 보면 $v = \dfrac{Q}{A} = \dfrac{0.075}{0.0314} = 2.385 m/s$

답 ④

12 펌프의 구경

지하의 수조에게 매시간 27[m³]의 물을 고가수조에 퍼올리려 할 때 유속을 1.5[m/s]로 하면 필요한 펌프의 이론적인 구경은?

① 40[mm]
② 50[mm]
③ 65[mm]
④ 80[mm]

해설 $Q = AV$에서 $Q = \dfrac{\pi d^2}{4} V$

$\therefore d = \sqrt{\dfrac{4Q}{\pi V}} = \sqrt{\dfrac{4 \times 27}{3.14 \times 1.5 \times 3,600}} = 0.0798[m] ≒ 80[mm]$

답 ④

13 마찰손실수두 계산

관의 내경이 200mm인 배관용 탄소 강관 속을 0.05m³/s로 흐르고 있을 경우 배관길이 100m에 작용하는 관 내 마찰손실수두 값으로 맞는 것은?(단 마찰손실계수 f=0.016으로 한다.)

① 1.03mAq
② 2.03mAq
③ 3.03mAq
④ 4.03mAq

해설 $H_f = f \cdot \dfrac{l}{d} \cdot \dfrac{v^2}{2g}$ f : 손실계수, L : 관의 길이(m), d : 관경(m), g : 중력가속도

$v = \dfrac{Q}{A} = \dfrac{0.05}{\dfrac{\pi}{4}(0.2)^2} = 1.59 m/s$

$H_f = 0.016 \times \dfrac{100}{0.2} \times \dfrac{(1.59)^2}{2 \times 9.8} = 1.03 mAq$

※ 위 문제를 마찰손실 압력(kPa)으로 구해보면

$H = f \cdot \dfrac{l}{d} \cdot \dfrac{V^2}{2} \rho = 0.016 \times \dfrac{100 \times 1.59^2 \times 1,000}{0.2 \times 2} = 10,112 Pa = 10.1 kPa$

환산해보면 1.03mAq=1.03×9.8=10.1kPa(∵ 1mAq=9.8kPa, 1mmAq=9.8Pa)

답 ①

14 압력손실 계산

내경 25mm, 직관 길이 50m인 매끈한 관을 통하여 물을 1.5m/s의 속도로 보낼 때 이론적인 압력손실은 얼마인가?(단, 관마찰계수는 0.03이고 국부저항 상당장은 20m이다.)

① 67.5Pa
② 94.5Pa
③ 67.5kPa
④ 94.5kPa

해설 $\triangle P = f(\dfrac{L+L'}{d})(\dfrac{v^2}{2})\rho(Pa) = 0.03(\dfrac{50+20}{0.025})(\dfrac{1.5^2}{2})1,000 = 94,500(Pa) = 94.5 kPa$

답 ④

제2편 설비설계 계획

제1장 공기조화설비 및 환기설비 계획

1. 공기조화설비 설계 조건

1) 공기조화의 정의

(1) 정의

공기조화(Air Conditioning)란, 주어진 실내의 온도, 습도, 청정도, 기류를 조절하여 실내의 사용목적에 알맞은 상태로 유지하고 거주자를 쾌적하게 하는 것을 말한다.

(2) 공기조화의 4요소

실내공기의 온도, 습도, 청정도, 기류를 공기조화의 4요소라고 한다.

(3) 보건공조와 산업공조

① 보건공조 : 쾌적용 공기조화(Comfort Air conditioning)를 말하며 인간의 생활을 대상으로 한 공조
② 산업공조 : 산업의 제조공정 및 원료, 제품의 저장, 포장, 수송 등의 생산 관리를 대상으로 한 공조

2) 공기의 상태변화

상태변화	변화양상
가열	절대습도 일정, 건구온도 증가, 상대습도 감소
냉각	절대습도 일정, 건구온도 감소, 상대습도 증가
가습	절대습도 증가, 건구온도 일정, 상대습도 증가
감습	절대습도 감소, 건구온도 일정, 상대습도 감소

2. 설비시스템 공간계획

1) 공간계획의 필요성
① 계획단계에서부터 기계실, 냉각탑, 물탱크, 천장고, 파이프샤프트 등에 대하여 건축계획 시 충분한 공간을 계획해야 한다.
② 설비 공간이 부족할 경우 기계실에서는 장비배치가 협소하여 유지관리 공간이 부족해지고, 덕트나 배관 배치가 불량하여 성능저하 및 유지관리가 어려워진다.

2) 각종 기계실과 샤프트 위치 및 크기
① 공조방식에 의해 개략 환기량을 구하고 공조기 용량 산출
② 산출된 풍량에 맞는 공조기와 공조실 면적 산출
③ 공조기의 적정위치 및 외기인입, 배기구 등의 설치가 용이한지 확인
④ 반입, 반출확인(주기계실, 공조실, 팬룸)
⑤ 덕트의 Layout, AD, PS의 적정 크기 산정

3) 건축부분과의 공간계획 협업사항
① 기계실 등 수평적 유틸리티 위치의 검토
② 샤프트 등 수직적 반송경로 위치 확보
③ 플래넘 공간의 적절한 높이 확보

3. 조닝(Zoning)계획

1) 조닝의 필요성
① 목표하는 환경수준을 유지하면서 불필요한 에너지 소비를 막을 수 있다.
② 조닝은 과열, 과랭방지 및 과가습, 과제습 방지, 유지 및 관리를 용이하게 하고 효율적인 운전을 도모하여 에너지절약에 기여한다.

2) 공조설비

구분	조닝방식
실내환경별 조닝	온·습도별 조닝, 공기청정도별 조닝, 개실제어 조닝 등
열부하 특성별 조닝	페리미터 조닝·인테리어 조닝, 방위별 조닝, 내부인원밀도, 내부부하밀도별 조닝
기타 조닝	용도별 조닝, 사용시간별 조닝 등

4. 현열부하와 잠열부하

1) 현열부하
현열부하란 냉난방 부하에서 온도차로 발생하는 부하를 의미하며 주로 벽체나 유리창 부하에서 실내외 온도차에 의한 관류부하 형태로 발생한다.

2) 잠열부하
잠열부하란 냉난방 부하에서 습도차로 발생하는 부하를 의미하며 주로 극간풍부하, 외기부하, 인체부하, 전열기구(수증기 발생기구)에서 발생한다.

5. 습공기 선도

1) 일반사항 및 주요특징

(1) 일반사항

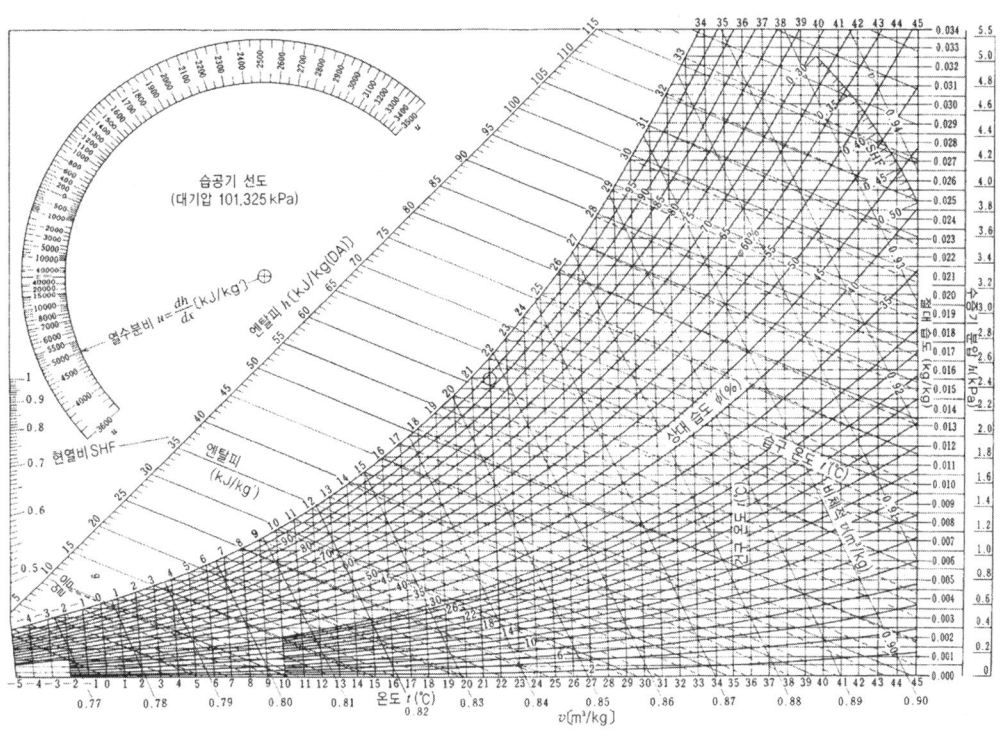

[그림 1-2] 습공기 선도

① 공기의 성질을 한 선도에 모두 표현한 것을 습공기 선도라 하며, 일반적으로 i-x선도, t-x선도 등이 있으며 i-x선도를 주로 이용한다.
② 습공기 상태값 중에서 두 가지의 상태값을 알게 되면 그 습공기의 다른 상태값들을 알 수 있다.

(2) 주요특징
① 공기를 냉각하면 상대습도는 높아지고, 공기를 가열하면 상대습도는 낮아진다.
② 공기를 냉각 또는 가열하여도 절대습도는 변하지 않는다.
③ 습구온도와 건구온도가 같다는 것은 상대습도가 100%인 포화공기임을 뜻한다.
④ 결로발생 시를 제외하고는 습구온도가 건구온도보다 높을 수는 없다.

2) 습공기 선도의 구성요소

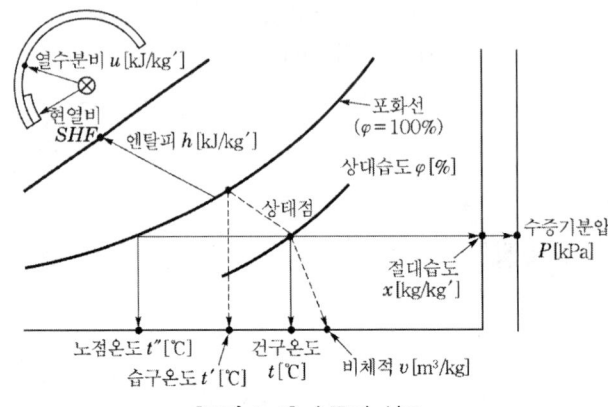

[그림 1-3] 습공기 선도

(1) **건구온도** : 일반온도계로 측정한 온도이다.
(2) **습구온도** : 감온부를 물에 젖은 헝겊으로 적셔 증발할 때 잠열에 의한 냉각온도이다.
(3) **노점온도** : 일정한 수분을 함유한 습공기의 온도를 낮추면 어떤 온도에서 포화상태가 되는 온도이다. (이슬점 온도)
(4) **상대습도** : 공기 중의 수증기 분압을 포화수증기분압에 대한 비율로 표시한 값이다.

$$상대습도(\Phi) = \frac{온도의\ 수증기압}{그\ 온도의\ 포화수증기압} \times 100\%$$

$$포화도(\Phi) = \frac{수증기중량}{포화수증기중량}$$

습공기 전압력=건공기 압력+수증기압력

(5) **절대습도** : 건공기 1kg 중에 함유된 수증기 중량(kg)을 말한다.

$$절대습도(x) = \frac{수증기중량}{건공기중량},\ 포화도 = \frac{절대습도}{포화절대습도}$$

(6) **엔탈피** : 건공기와 수증기의 전열량을 말한다.

습공기의 엔탈피(kJ/kg)
=건공기의 엔탈피(kJ/kg)+절대습도(x)·수증기의 엔탈피(kJ/kg)
=건공기정압비열·습공기온도+절대습도(2,501+수증기정압비열·습공기온도)
= $C_{pa}t+x(\gamma+C_{pv}t)=1.01t+x(2,501+1.85t)$ (kJ/kg)

C_{pa} : 건공기 비열(1.01kJ/kgK), C_{pv} : 수증기 비열(1.85kJ/kgK)

(7) **비체적** : 공기 1kg의 체적, 표준상태에서 0.83㎥/kg
(8) **현열비** : 전열량에 대한 현열량의 비를 말한다.

$$현열비(SHF) = \frac{현열부하}{전열부하} = \frac{현열부하}{현열부하 + 잠열부하}$$

(9) **열수분비** : 절대습도 변화량에 대한 엔탈피의 비를 말한다.

$$열수분비(u) = \frac{엔탈피 변화량}{절대습도 변화량}$$

3) 습공기의 상태변화

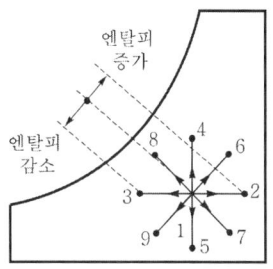

1→2 현열 가열(Sensible Heating)
1→3 현열 냉각(Sensible Cooling)
1→4 가습(Humidifying)
1→5 감습(Dehumidifying)
1→6 가열 가습(Heating and Humidifying)
1→7 가열 감습(Heating and Dehumidifying)
1→8 냉각 가습(Cooling and Humidifying)
1→9 냉각 감습(Cooling and Dehumidifying)

[그림 1-4] 습공기의 상태변화

6. 냉난방부하의 종류

1) 냉방부하

부하의 종류		내용	열종류
실부하	외피부하	• 전열부하(온도 차에 의하여 외벽, 천장, 유리, 바닥 등을 통한 관류열량)	현열
		• 일사에 의한 부하	현열
		• 틈새 바람에 의한 부하	현열, 잠열
	내부부하	• 조명기구 발생열	현열
		• 인체 발생열	현열, 잠열
장치부하		• 환기부하(신선 외기에 의한 부하)	현열, 잠열
		• 송풍 시 부하 • 덕트의 열손실 • 재열부하	현열
		• 혼합손실(이중덕트의 냉온풍 혼합손실)	현열
열원부하		• 배관열손실	현열
		• 펌프에서의 열취득	현열

2) 난방부하

부하의 종류	내용	열종류
외부부하	구조체 관류에 의한 손실열량	현열
	틈새바람에 의한 손실열량	현열, 잠열
장치부하	덕트 등에서 손실되는 열량	현열
환기부하(외기부하)	환기로 인한 손실열량	현열

7. 냉난방부하량 산정

1) 냉방부하 계산법

(1) 벽체의 열부하
① 일사영향 무시   Q=K · A · △t(W)
  K : 열관류율(W/m2K), △t : 실내외 온도차
② 일사영향 고려   Q=K · A · △te(W)
  △te : 상당 온도차=상당외기온도-실내온도

(2) 유리창의 열부하(QG)

$$Q_G = Q_{GR} + Q_{GT}$$

Q_{GR}(일사부하) $= I_{GR}$(일사량) $\times A$(면적) $\times K_s$(차폐계수)

Q_{GT}(전도부하) $= K_G$(유리열통과율) $\times A$(면적) $\times \Delta t$(온도차)

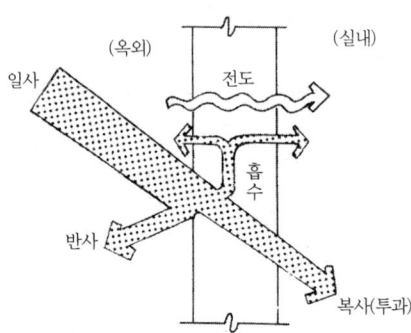

[그림 1-5] 유리면을 통한 열취득

(3) 틈새바람부하(극간풍부하)
① Q_s(현열)=1.2×1.01×Q×$(t_0 - t_1)$(kJ/h)
② Q_L(잠열)=1.2×2,501×Q×$(x_0 - x_1)$(kJ/h)
③ 극간풍량(Q=m³/h) 계산법
   가. 크랙길이법 Q=L(크랙길이)×K(크랙 길이당 극간풍량 : m³/m · h)
   나. 면적법 Q=A(창문면적)×B(면적당 극간풍량 : m³/m² · h)
   다. 환기횟수 Q=n(환기횟수)×V(실내용적 : m³)

(4) 인체열부하
q_s=N(인원수) · h_s(작업 상태 시 1인 현열 발생량 : kJ/h · 人)
q_L=N(인원수) · h_L(작업 상태 시 1인 잠열 발생량 : kJ/h · 人)

(5) 조명기구열부하
백열등 1kW=1kJ/s, 형광등 1kW=1.2kJ/s(안정기 부하 20% 가산)

(6) 전동장치 열부하(모터+기계)

① 모터와 기계가 실내에 있는 경우(p : 모터정격출력 kW)

$$q = p(\text{모터정격출력}) \times fe\left(\text{부하율} = \frac{\text{실제출력}}{\text{정격출력}}\right) \cdot \frac{1}{y(\text{모터효율})} \times 3{,}600 \,(kJ/h)$$

② 기계만 실내에 있는 경우

$$q = p(\text{정격출력}) \times fe(\text{부하율}) \times 3{,}600 \,(kJ/h)$$

③ 모터만 실내에 있는 경우

$$q = p(\text{정격출력}) \times fe(\text{부하율}) \left\{\frac{1}{y(\text{효율})} - 1\right\} \times 3{,}600 \,(kJ/h)$$

(7) 공조기기열부하

주로 휀, 배관, 덕트 등에 의해 생기며 실내취득 부하의 10~20%로 산정한다.

(8) 재열부하

공기 중 수분제거를 위해 노점 온도 이하로 냉각시켰다가 다시 취출온도까지 가열할 때 이를 재열부하라 한다. 여름철 북측 존의 습도제거 등에서 주로 발생한다.

$$\text{재열부하}(Q_{RH}) = 1.01 \times m(\text{송풍량 : kg/h}) \times \Delta t(\text{온도차})(kJ/h)$$
$$= 1.01 \times 1.2 \times Q(\text{송풍량 : m}^3/h) \times \Delta t(\text{온도차})(kJ/h)$$

(9) 외기부하

실내청정도를 유지하기 위해 외기를 도입할 때 발생한다.

$$Q_F(\text{외기부하}) = Q_{FS}(\text{현열외기부하}) + Q_{FL}(\text{잠열외기부하})$$

$Q_{FS} = 1.01 \times 1.2 \times Q(\text{m}^3/h) \times \Delta t(\text{온도차})(kJ/h)$

$Q_{FL} = 2{,}501 \times 1.2 \times Q(\text{m}^3/h) \times \Delta x(\text{절대습도차})(kJ/h)$

2) 난방부하 계산법

(1) 전열손실부하(q)

① 열관류율 계산법(K)

$$\frac{1}{K} = \frac{1}{\alpha_0} + \frac{L_1}{\lambda_1} + \frac{L_2}{\lambda_2} + \cdots + \frac{1}{\alpha_i} + \frac{1}{C}$$

K(열관류율)−W/m²K

λ_1, λ_2(벽체재료의 열전도율)-W/mK

L1, L2(벽체 재료의 두께)-m

α_1, α_2(실내, 실외측 표면 열전달률)-W/m²K

C(공기층의 열전달률)-W/m²K

② 손실열량 q=K(열관류율)×A(면적)·Δt(실내외온도차)·k(방위계수)(W)

(2) 틈새바람부하

냉방 시와 동일하며 잠열을 무시하는 경우가 많다.

(3) 외기부하

냉방 시와 동일하다.

(4) 가습부하

실내습도를 일정하게 유지하기 위한 부하이다.

① 가습량 G={도입외기량+틈새바람(m³/h)}×1.2×Δx(kg/h)

Δx(실내외 절대습도차 : kg/kg)

② 가습부하(증기가습)=G·2,686(kJ/h)

(100℃ 증기 엔탈피 2,686(kJ/kg)과 0℃ 증발잠열 2,501(kJ/kg)은 구별해야 한다)

(5) 난방도일(HD)

어느 지방의 추운정도를 표시하는 지표로 연료 소비량을 추정하는 데 편리하다.

$$연료사용량(G) = \frac{24 \cdot Q \cdot HD}{\Delta t \cdot F \cdot y}$$

HD : 난방도일, F : 연료저위발열량, y : 보일러 효율, Q : 손실열량

3) 공조 송풍량 계산법

① 실내송풍량(냉방, 난방)

$$m = \frac{q_s}{1.01 \times \Delta t} (kg/h)$$

qs : 실내 현열 부하(kJ/h), Δt : 취출온도차=취출온도-실내온도

$$Q = \frac{q_s}{1.01 \times 1.2 \times \Delta t} (m^3/h)$$

② 취출공기온도(냉방기준)

$m = \dfrac{q_s}{1.01 \times \Delta t}(kg/h)$ 에서 $\Delta t = \dfrac{q_s}{1.01 \times m}$

∴ $t_d = t_r - \dfrac{q_s}{1.01m}$ (t_d : 취출온도, t_r : 실내온도)

8. 환기설비 계획

1) 환기설비 설계조건

(1) 환기의 필요성

거주 구역에 대한 쾌적성을 확보하기 위하여 실내 공기질을 적정상태로 유지해야하며 실내 발생 오염 물질에 따라 적절한 환기가 필요하다.

(2) 환기 종류 및 특징

환기종류	특징
전반환기(희석환기)	실내 전반에 걸쳐 오염물질이 발생하는 경우 급기와 배기를 통하여 실 전체를 환기하는 방식
국부환기	오염물질이 실내 일부에서 발생하는 경우 오염물질을 포섭 (후드이용) 하여 배출하는 방식으로 환기량이 적어져 경제적 이다.

2) 건축물의 실내공기질

① 실내 공기의 질이란 온도, 습도, 냄새, 유해가스 및 기류분포 등 사람들이 실내의 공기에서 느끼는 모든 것이다.
② 쾌적한 실내환경을 위해서는 실내의 다양한 환경들을 제어해 건강한 실내공기질을 유지해야 한다.

3) 실내공기 오염물질의 종류 및 기준농도

(1) 실내공기질 유지기준(실내공기질관리법 시행규칙 별표2)

오염물질 항목 다중이용시설	미세먼지 (PM-10) ($\mu g/m^3$)	미세먼지 (PM-2.5) ($\mu g/m^3$)	이산화 탄소 (ppm)	폼알데 하이드 ($\mu g/m^3$)	총부유 세균 (CFU/m^3)	일산화 탄소 (ppm)
가. 지하역사, 지하도상가, 철도역사의 대합실, 여객자동차터미널의 대합실, 항만시설 중 대합실, 공항시설 중 여객터미널, 도서관·박물관 및 미술관, 대규모 점포, 장례식장, 영화상영관, 학원, 전시시설, 인터넷컴퓨터게임시설제공업의 영업시설, 목욕장업의 영업시설	100 이하	50 이하	1,000 이하	100 이하	–	10 이하
나. 의료기관, 산후조리원, 노인요양시설, 어린이집, 실내 어린이놀이시설	75 이하	35 이하		80 이하	800 이하	
다. 실내주차장	200 이하	–		100 이하	–	25 이하
라. 실내 체육시설, 실내 공연장, 업무시설, 둘 이상의 용도에 사용되는 건축물	200 이하	–	–	–	–	–

비고
1. 도서관, 영화상영관, 학원, 인터넷컴퓨터게임시설제공업 영업시설 중 자연환기가 불가능하여 자연환기설비 또는 기계환기설비를 이용하는 경우에는 이산화탄소의 기준을 1,500ppm 이하로 한다.
2. 실내 체육시설, 실내 공연장, 업무시설 또는 둘 이상의 용도에 사용되는 건축물로서 실내 미세먼지(PM-10)의 농도가 200$\mu g/m^3$에 근접하여 기준을 초과할 우려가 있는 경우에는 실내공기질의 유지를 위하여 다음 각 목의 실내공기정화시설(덕트) 및 설비를 교체 또는 청소하여야 한다.
   가. 공기정화기와 이에 연결된 급·배기관(급·배기구를 포함한다)
   나. 중앙집중식 냉·난방시설의 급·배기구
   다. 실내공기의 단순배기관
   라. 화장실용 배기관
   마. 조리용 배기관

(2) 신축 공동주택의 실내공기질 권고기준(실내공기질관리법 시행규칙 별표4의2)

오염물질	기준
폼알데하이드	210$\mu g/m^3$ 이하
벤젠	30$\mu g/m^3$ 이하
톨루엔	1,000$\mu g/m^3$ 이하
에틸벤젠	360$\mu g/m^3$ 이하
자일렌	700$\mu g/m^3$ 이하
스티렌	300$\mu g/m^3$ 이하
라돈	148$\mu g/m^3$ 이하

4) 건축물의 필요환기량

(1) 공동주택

신축 또는 리모델링하는 다음 어느 하나에 해당하는 주택 또는 건축물은 시간당 0.5회 이상의 환기가 이루어질 수 있도록 자연환기설비 또는 기계환 기설비를 설치하여야 한다.
① 30세대 이상의 공동주택
② 주택을 주택 외의 시설과 동일 건축물로 건축하는 경우로서 주택이 30세대 이상인 건축물

(2) 각 건축물별 필요환기량

구분		필요 환기량(㎥/인·h)	비고
가. 지하시설	1) 지하역사	25 이상	
	2) 지하도상가	36 이상	매장(상점) 기준
나. 문화 및 집회시설		29 이상	
다. 판매시설		29 이상	
라. 운수시설		29 이상	
마. 의료시설		36 이상	
바. 교육연구시설		36 이상	

사. 노유자시설	36 이상	
아. 업무시설	29 이상	
자. 자동차 관련 시설	27 이상	
차. 장례식장	36 이상	
카. 그 밖의 시설	25 이상	

비고
가. 제1호에서 연면적 또는 바닥면적을 산정할 때에는 실내공간에 설치된 시설이 차지하는 연면적 또는 바닥면적을 기준으로 산정한다.
나. 필요 환기량은 예상 이용인원이 가장 높은 시간대를 기준으로 산정한다.
다. 의료시설 중 수술실 등 특수 용도로 사용되는 실(室)의 경우에는 소관 중앙행정기관의 장이 달리 정할 수 있다.
라. 제1호자목의 자동차 관련 시설의 필요 환기량은 단위면적당 환기량(㎥/㎡·h)으로 산정한다.

(3) 필요환기량(Q)의 산출

$$Q = \frac{\text{이산화탄소 발생량}}{\text{실내외 이산화탄소 농도차}} = \frac{M}{C_i - C_o}$$

여기서, M : 이산화탄소 발생량
　　　　C_i : 실내 이산화탄소 허용농도
　　　　C_o : 외기 이산화탄소 농도

제1장 핵·심·문·제
공기조화설비 및 환기설비 계획

01 엔탈피 산출

건공기 10kg의 엔탈피는 몇 kJ인가?(단, 공기온도는 10℃이다.)

① 24kJ
② 48kJ
③ 88kJ
④ 101kJ

[해설] 0℃ 공기 엔탈피를 0으로 본다.
건공기 엔탈피는 $h = GCT = G \times 1.01 \times T = 10 \times 1.01 \times 10 = 101\,kJ$

답 ④

02 온열 환경 평가지표

Yaglow씨 등에 의해 제안된 온도, 습도 및 기류 속도의 3가지 조합에 의한 온열 환경의 평가지표는?

① 유효온도
② 효과온도
③ 불쾌지수
④ 신유효온도

[해설] 유효온도(ET)는 온도, 습도 및 기류의 3가지 조합에 의한 체감 온도를 의미하고 수정유효온도(CET)는 온도, 습도 및 기류, 복사열의 4가지 조합에 의한 온열 환경의 평가지표이며 신유효온도(ET*)는 50%, 20cm/s 이하에서 0.6clo 착의상태와 1met 활동 상태의 쾌적도를 의미한다.

답 ①

03 가열량 산출

다음 공조장치에서 가열기에 의한 가열량 q_H(kJ/h)은?(단, G는 전공기량(kg/h), h는 각 점의 엔탈피(kJ/kg)이다.)

① $q_H = G(h_5 - h_3)$
② $q_H = G(h_3 - h_2)$
③ $q_H = G(h_5 - h_2)$
④ $q_H = G(h_4 - h_3)$

[해설] 가열량 q_H는 공기량과 가열기 엔탈피 차$(h_4 - h_3)$에 비례한다.

답 ④

04 습공기 비열 관계식

습공기의 비열을 나타내는 식은 어느 것인가?(단, C_{pa} : 건공기의 정압비열, C_{pv} : 수증기의 정압비열, x : 습공기의 절대습도)

① $x(C_{pa}+C_{pv})$
② $xC_{pa}+C_{pv}$
③ $C_{pa}+xC_{pv}$
④ $(C_{pa}+C_{pv})/x$

해설 습공기 비열=현열비열+잠열비열=$C_{pa}+xC_{pv}$

답 ③

05 벽면의 표면온도 산출

다음과 같은 조건에서 실내측 벽면의 표면온도는?

- 벽체의 크기 : $1\times1\,\text{m}^2$
- 벽체의 두께 : 100mm
- 외기온도 : 12℃
- 실내 공기온도(평균치) : 20℃
- 벽체 열관류율 : $2\text{W/m}^2\cdot\text{K}$
- 실내측 표면 열전달률 : $8\text{W/m}^2\cdot\text{K}$

① 18℃
② 19℃
③ 20℃
④ 21℃

해설 실내측 벽면 표면에 대하여 열관류와 열전달 사이에 열평형식을 세우면
$KA\Delta t = \alpha_i A \Delta t_s$
$2\times1\times(20-12) = 8\times1\times(20-t_s)$
$t_s = 18℃$

답 ①

06 현열비 산출식

다음 그림의 $t-x$선도와 같이 공기를 혼합하여 냉각한 후에 실내로 송풍한다. 4-2로 가는 과정에서의 현열비는?(단, 엔탈피(h) 단위는 kJ/kg이다.)

① $\dfrac{1.01(t_2-t_4)}{h_2-h_4}$

② $\dfrac{1.21(t_2-t_4)}{h_2-h_4}$

③ $\dfrac{x_2-x_4}{1.01(t_2-t_4)}$

④ $\dfrac{x_2-x_4}{1.21(t_2-t_4)}$

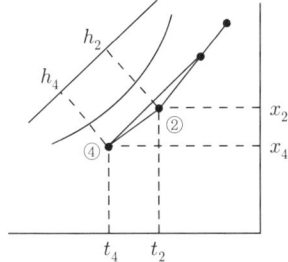

해설 현열비=$\dfrac{\text{현열}}{\text{전열}}=\dfrac{1.01(t_2-t_4)}{(h_2-h_4)}$

답 ①

07 혼합공기온도 산출

10℃ 공기 20kg과 50℃ 공기 80kg을 혼합했을 때 혼합공기온도는?

① 15℃
② 25℃
③ 42℃
④ 46℃

해설 $t = \dfrac{G_1 t_1 + G_2 t_2}{G_1 + G_2} = \dfrac{20 \times 10 + 80 \times 50}{20 + 80} = 42\,℃$

답 ③

08 습공기 가습 시 상태변화
습공기를 가습할 경우 상태변화 과정을 나타내는 요소로 적당한 것은?
① 바이패스 팩터
② 열수분비
③ 에어워셔
④ 어프로치

해설 습공기를 가습할 때 상태변화는 열수분비를 따라서 변화한다. 예를 들어 100℃ 증기(증발잠열은 2,257kJ/kg이고 엔탈피는 2,686kJ/kg)를 분무하는 경우 열수분비($\mu = \dfrac{\Delta h}{\Delta x}$=2,686kJ/kg)를 따라 변화한다.

답 ②

09 혼합공기온도 및 절대습도 산출
온도 35℃, 절대습도 0.018kg/kg′인 공기 15kg과 온도 15℃, 절대습도 0.008kg/kg′인 공기 20kg을 단열혼합할 때 혼합공기의 상태는?
① 온도 24.8℃, 절대습도 0.014kg/kg′
② 온도 24.8℃, 절대습도 0.012kg/kg′
③ 온도 23.6℃, 절대습도 0.014kg/kg′
④ 온도 23.6℃, 절대습도 0.012kg/kg′

해설 $t = \dfrac{G_1 t_1 + G_2 t_2}{G_1 + G_2} = \dfrac{15 \times 35 + 20 \times 15}{15 + 20} = 23.6\,℃$,

$x = \dfrac{G_1 x_1 + G_2 x_2}{G_1 + G_2} = \dfrac{15 \times 0.018 + 20 \times 0.008}{15 + 20} = 0.012\,kg/kg′$

답 ④

10 습공기의 특성
다음의 습공기에 관한 설명 중 옳지 않은 것은?
① 습공기를 가열하면 엔탈피가 증가한다.
② 습공기를 가열하면 상대습도는 감소한다.
③ 습공기를 냉각하면 비체적은 감소한다.
④ 습공기를 냉각하면 절대습도는 증가한다.

해설 습공기를 냉각할 때 노점온도 이상에서는 수평으로 냉각되어 절대습도가 일정하고 노점온도 이하에서는 수증기 응축으로 결로가 일어나며, 절대습도가 감소한다.

답 ④

11 포화수증기 양의 증감요소
공기 중 포화 수증기의 양은 어떻게 변화하는지 다음 설명 중 맞는 것은?
① 일정압력에서 온도가 상승하면 감소한다.
② 일정압력에서 온도가 상승하면 증가한다.
③ 온도와는 관계없다.
④ 압력과 온도에 관계없다.

해설 온도가 상승하면 포화 수증기의 양(수증기 분압)은 증가한다.

답 ②

12. 온도간의 관계
포화상태 공기가 아닌 일반상태의 공기의 건구온도를 t_1, 습구온도를 t_2, 노점온도를 t_3라 할 때 관계식이 바른 것은?

① $t_1 > t_2 > t_3$
② $t_1 > t_3 > t_2$
③ $t_3 > t_2 > t_1$
④ $t_3 > t_1 > t_2$

해설 습공기 선도에서 어느 상태점의 공기는 건구온도>습구온도>노점온도 순이다.

답 ①

13. 상대습도의 정의
다음 습도에 대한 설명 중 틀린 것은?

① 건조공기의 상대습도는 0%이고 포화공기는 100%이다.
② 상대습도와 비교습도는 0%와 100%에서만 일치한다.
③ 노점온도를 알면 수증기 분압을 알 수 있다.
④ 상대습도는 습공기 1kg 중의 수증기량 x(kg)을 말한다.

해설 상대습도(Φ) = $\dfrac{\text{온도의 수증기압}}{\text{그 온도의 포화수증기압}} \times 100$이며, ④는 절대습도를 의미한다.

답 ④

14. 축열효과의 특성
다음 중 용어 설명 중 옳지 않은 것은?

① 서한도란 환기를 계획하는 경우에 실내에서 허용되는 오염도의 한계를 말하며, %나 ppm으로 나타낸다.
② 불쾌지수란 건구온도와 습구온도에 의해 사람이 느끼는 불쾌감을 숫자로서 나타내고자 한 것이다.
③ 환기횟수란 실용적에 상당하는 공기가 1시간에 몇 번 바뀌게 하는가를 나타내는 것이다.
④ 축열이란 물체가 열을 축적하는 것을 말하며, 비열이 적은 물체일수록 축열 효과가 크게 된다.

해설 비열이 클수록, 중량이 클수록 축열효과가 크다.

답 ④

15. 시간지연현상 관계 요소
다음 중 시간지연(time-lag) 현상과 가장 관계가 깊은 것은?

① 열용량
② 열관류율
③ 습도
④ 일사량

해설 시간지연은 냉난방 부하 계산에서 벽체를 통과하는 관류열이 벽체를 가열 또는 냉각하면서 부하가 실내에 시간차를 두고 유입되는 것으로 벽체의 열용량(중량×비열)에 관계한다.

답 ①

16 손실열량 산출

다음과 같은 조건에서 길이 10m, 높이 3m인 남측 외벽을 통한 손실열량은?

> 벽의 열관류율 : 0.4W/m²K, 외기온도 : -7℃, 실내온도 : 22℃

① 264W ② 348W
③ 418W ④ 524W

해설 q=K(열관류율)×A(면적)·Δt(실내외온도차)·k(방위계수)(W)
=0.4×10×3×(22-(-7))=348W=348J/s=1252.8kJ/h

답 ②

17 상당외기온도 산출

어떤 벽체표면이 받는 전 일사량 I=256W/m²이고 외기온도 t_0=30℃라면 상당 외기온도는 얼마인가?(단, 벽체표면의 일사흡수율 a=0.7, 표면 열전달률 α_0=23.3W/m²)

① 32.4℃ ② 37.7℃
③ 39.1℃ ④ 42.3℃

해설 $t_e = t_0 + \dfrac{a}{\alpha_0}I = 30 + \dfrac{0.7}{23.3} \times 256 = 37.7$

t_e : 상당외기온도, a : 일사흡수율, α_0 : 표면열전달률(W/m²), I : 일사량(W/m²)

답 ②

18 유리창 취득열량 산출 요소

유리창으로부터의 취득열량을 계산할 경우 필요한 요소가 아닌 것은?

① 차폐계수 ② 유리의 면적
③ 상당 외기온도차 ④ 유리의 열관류율

해설 유리창 부하는 상당 외기온도차를 적용하지 않으며 상당 온도차는 일사를 받는 외부 벽체에 적용한다.
유리창 부하 $Q_G = Q_{GR} + Q_{GT}$
Q_{GR}(일사부하) = I_{GR}(일사량)×A(면적)×K_s(차폐계수)×K_p(유리매수의 감소율)
Q_{GT}(전도부하) = K_G(유리열통과율)×A(면적)×Δt(온도차)

답 ③

19 유리창 취득열량 산출 특성

유리창을 통한 태양 복사 취득열량에 관한 설명이다. 옳지 않은 것은?

① 위도, 계절, 시각, 유리창의 방위에 따라 다르다.
② 실제의 전열과정에는 얼마간 시간지연이 있다.
③ 난방부하 계산에서는 대개의 경우 무시한다.
④ 북쪽 창은 햇빛이 닿지 않으므로 복사에 의한 침입열량은 생기지 않는다.

해설 태양 복사열은 북쪽이라 하더라도 직달일사는 없지만 천공 복사열이 있다.

답 ④

20 송풍량 산출 요소
다음의 냉방부하 중 송풍량 산출에 포함되지 않는 것은?
① 유리로부터의 일사 취득열량
② 재열기 부하
③ 인체부하
④ 극간풍에 의한 취득열량

해설 송풍량 산정에 적용되는 부하는 실내 취득열량이며 재열기 부하는 실내 부하에 포함되지 않는다.

답 ②

21 TAC 위험률
서울 지방의 TAC 위험률 2.5%에 상당하는 난방설계 외기온도는 11℃이다. 이 온도 이하로 내려갈 수 있는 총시간은?(단, 난방시기는 12월부터 3월까지이다.)
① 72hr
② 102hr
③ 204hr
④ 265hr

해설 TAC 2.5% 온도란 위험률 2.5% 온도로 냉방, 난방 설계 시 외기온도 설계기준은 위험률을 안고 설정하는 것이다. 즉 난방 시에는 총 난방시간 중 2.5%에 해당하는 시간동안 외기온도가 난방설계 온도보다 낮게 벗어나도록 설정한다. TAC 2.5%=4월×30일×24시간×0.025=72hr

답 ①

22 난방부하 산출
난방 시에 외기량이 500kg/h일 때 외기에 의한 난방부하(kJ/h)는?(단, 외기의 건구온도 5℃, 절대습도 0.002kg/kg′이며, 실내공기는 건구온도 24℃, 절대습도 0.009kg/kg′이다.)
① 4545kJ/h
② 8754kJ/h
③ 18349kJ/h
④ 17890kJ/h

해설 현열부하 $q_s = GC\Delta T$=500×1.01(24−5)=9,595kJ/h
잠열부하 $q_L = G\Delta x(\gamma + C_v\Delta T) \fallingdotseq 2501 G\Delta x$=2,501×500(0.009−0.002)=8,754kJ/h
난방부하=현열+잠열=9,595+8,754=18,349kJ/h
(또한 단위가 W일 때는 18,349kJ/h=5,097J/s=5,097W)

답 ③

23 난방도일의 특성
다음은 난방도일에 관한 설명이다. 틀린 것은?
① 외기의 기준온도와 외기의 평균기온과의 차에 일(days)을 곱한 것을 말한다.
② 난방도일이 크면 클수록 연료의 소비량이 많아진다.
③ 난방도일은 추운 정도를 나타내는 자료가 될 수 있다.
④ 난방도일의 값은 난방한계 온도를 다르게 하더라도 그 값은 항상 일정하다.

해설 난방도일(DD)=$\sum(t_r - t_o)$day(℃·day), 난방한계온도를 내리면 난방도일은 감소한다.

답 ④

24. 현열취득량 산출

냉방 시에 외기 및 실내공기의 온도를 각각 t_o, t_i 습도를 x_o, x_i라 하고 틈새 공기량을 G_I[kg/h] 또는 Q_I[m³/h]라 할 때 현열 취득량(q_{IS}[kJ/h])은 얼마인가?

① $q_{IS}=1.01\,G_I(t_o-t_i)$ [kJ/h]
② $q_{IS}=1.01\,Q_I(t_o-t_i)$ [kJ/h]
③ $q_{IS}=0.24\,G_I(t_o-t_i)$ [kJ/h]
④ $q_{IS}=0.29\,Q_I(t_o-t_i)$ [kJ/h]

해설 외기량을 G_I[kg/h] 또는 Q_I[m³/h]라 할 때 냉방 시에 현열취득량 q_{IS}[kJ/h]은
$q_{IS}=1.01\,G_I(t_o-t_i)=1.21\,Q_I(t_o-t_i)$ 절대습도는 잠열과 관계한다.

답 ①

25. 재열부하 특성

다음 냉방부하 중 재열부하에 관한 설명으로 옳지 않은 것은?

① 냉각시킨 공기를 취출온도까지 가열하는 부하를 의미한다.
② 현열부하이다.
③ 장마철 등 잠열부하가 많은 경우 주로 발생한다.
④ 냉각코일의 용량과는 무관하다.

해설 재열부하는 습도를 제거하기 위해 과냉각한 경우 취출온도까지 가열하는 부하이며, 이 가열량은 냉각코일에서 다시 제거해야 하므로 냉각코일 용량을 증대시킨다.

답 ④

26. 외기부하 중 잠열량 계산 요소

환기로 인해 발생하는 외기부하 중 취득잠열량 계산에 필요한 값은?

① 도입외기량, 외기와 실내공기의 건구온도차
② 도입외기량, 외기와 실내의 공기의 절대습도차
③ 도입외기량, 외기와 실내의 공기의 상대습도차
④ 송풍기의 송풍량, 외기와 실내공기의 엔탈피차

해설 잠열량은 외기량, 절대습도차로 구한다.

답 ②

27. 유리창을 통한 취득열량 감소 방안

유리창을 통한 취득열량을 줄이기 위한 유리창의 조건은?

① 열관류율이 적고 반사율이 클 것
② 열관류율과 차폐계수가 클 것
③ 반사율이 크고 차폐계수가 클 것
④ 열관류율, 흡수율, 투과율이 모두 클 것

해설 유리창 취득열량이 작은 조건은 열관류율이 적고, 반사율은 크고 차폐계수는 작을 것
(차폐계수는 0일 때 완전 차폐된다)

답 ①

28 통과열량 산출
다음과 같은 조건에 있는 두께 25cm인 외벽(콘크리트 20cm+석고 플라스터 5cm)을 통해 들어오는 열량은 얼마인가?

- 콘크리트의 열전도율 : 1.4W/mK
- 벽체의 실내측 표면 열전달률 : 20W/m²K
- 외벽의 면적 : 45m²
- 실내온도 : 24℃
- 석고 플라스터의 열전도율 : 0.5W/mK
- 벽체의 실외측 표면 열전달률 : 7W/m²K
- 상당 외기온도 : 33℃

① 914W ② 929W
③ 945W ④ 977W

해설
$$\frac{1}{K} = \frac{1}{\alpha_0} + \frac{L_1}{\lambda_1} + \frac{L_2}{\lambda_2} + \frac{1}{\alpha_i} = \frac{1}{20} + \frac{0.2}{1.4} + \frac{0.05}{0.5} + \frac{1}{7}$$
$K = 2.295 W/m^2 K$
$q = KA\Delta T = 2.295 \times 45 \times (33-24) = 929W$

답 ②

29 조닝의 목적
공기조화설비의 계획 시 조닝(zoning)을 하는 이유로서 부적당한 것은?

① 설비비의 경감 ② 부하특성에 대한 대처
③ 양호한 실내환경의 유지 ④ 에너지 절약

해설 조닝이란 부하특성이 비슷한 구역별로 구분하여 공조하는 것으로 설비비는 증가하는 편이다.

답 ①

30 방위계수 적용대상
난방부하의 계산 시에 방위계수를 적용해야 할 곳은?

① 바닥 ② 내벽
③ 층과 층 사이 ④ 외벽

해설 난방부하 계산 시 방위계수란 벽체의 그늘과 바람에 대한 보정계수이므로 외벽, 지붕 등에만 해당된다. 남쪽을 1.0으로 볼 때 동서 1.1, 북 1.2 정도로 본다.

답 ④

31 일사취득열량 계산법
복사 차폐계수와 관계있는 일사 취득열량 계산법은 어느 것인가?

① 표준일사 취득법 ② 축열계수법
③ 일사흡열 정수법 ④ 비공조시간 계산법

해설 유리복사 차폐계수를 이용하는 취득열량 계산법은 일사흡열 정수법이며, 축열계수법은 일사가 건물에 축열되었다가 일정시간 후 열부하가 되는 이론으로 벽체구조에 관계한다.

답 ③

32 열관류율 산출
다음 표와 같은 조건의 외벽에 대한 열관류율은 얼마인가?(단, 이때 외기와 벽면 사이의 열전달률은 20W/m²K 실내공기와 벽면 사이의 열전달률은 7W/m²K이다.)

재 료	두께(mm)	열전도율(W/mK)
모르타르	20	1.3
콘크리트	200	1.4
암면	70	0.038
비롤	90	0.55
모르타르	20	1.3

① $0.38W/m^2K$
② $0.42W/m^2K$
③ $0.54W/m^2K$
④ $0.62W/m^2K$

해설 벽체 열관류율은 다음 식으로 표기한다.
K(열관류율)-W/m²K λ_1, λ_2(열전도율)-W/mK
L_1, L_2(벽체 두께)-m α_0, α_i(표면 열전달률)-W/m²K

$$\frac{1}{K}=\frac{1}{\alpha_0}+\frac{L_1}{\lambda_1}+\frac{L_2}{\lambda_2}+\frac{L_3}{\lambda_3}+\frac{L_4}{\lambda_4}+\frac{L_5}{\lambda_5}+\frac{1}{\alpha_i}=\frac{1}{20}+\frac{0.02}{1.3}+\frac{0.2}{1.4}+\frac{0.07}{0.038}+\frac{0.09}{0.55}+\frac{0.02}{1.3}+\frac{1}{7}$$

※ $K=0.42W/m^2K$

답 ②

33 여과기의 효율 산출
공기여과기를 통과하기 전의 오염농도 $C_1=0.45mg/m^3$, 통과한 후의 오염 농도는 $C_2=0.12mg/m^3$이다. 이 여과기의 효율은?

① 35%
② 43%
③ 53%
④ 73%

해설 여과 효율 $E=\dfrac{\text{통과 전 농도}-\text{통과 후 농도}}{\text{통과 전 농도}}=\dfrac{C_1-C_2}{C_1}=\dfrac{0.45-0.12}{0.45}=0.73$ ∴ 73%

답 ④

34 필요환기량 산출
2,000명을 수용하는 강당의 CO_2량을 0.1%로 유지하기 위한 환기량(m³/h)을 구하면 얼마인가?(단, 1인당 CO_2 토출량 15L/h이며, 외기 CO_2량은 0.04%이다)

① 10,000
② 25,000
③ 50,000
④ 75,000

해설 $Q=\dfrac{M}{C_i-C_0}=\dfrac{15\times 2,000}{0.001-0.0004}=5\times 10^7$L/h=50,000(m³/h)
여기서, M은 CO_2 발생량, C_i은 실내 CO_2 허용량, C_0은 외기 CO_2 농도

답 ③

35 필요환기량 산출
일반사무소 화장실 면적이 100m², 천장고 2.5m일 때 최적 환기량(m³/h)은?(단, 환기횟수는 10회/h로 한다)

① 1,250
② 2,500
③ 5,000
④ 5,500

해설 환기량 $Q = N \cdot V = 10 \times 100 \times 2.5 = 2,500 \text{m}^3/\text{h}$
여기서, N은 시간당 환기횟수, V는 실체적(m³)

답 ②

36 스모크타워 배연법
스모크타워 배연법에 대한 설명 중 맞는 것은?

① 연기를 일정구획 내에 한정하도록 피난이 완전히 끝난 뒤에 개구부를 자동적으로 완전 밀폐
② 배연구와 배연풍토를 사용해서 외부에 연기를 배출
③ 풍력에 의한 흡인 효과와 부력을 이용한 배연탑을 사용해서 배연
④ 상부개구에서 옥외에 향하여 부력을 이용하여 배연

해설 스모크타워 배연법은 건물의 가장 높은 부분의 배연탑을 이용하여 굴뚝효과에 의한 부력과 풍력(동압)에 의한 흡인력으로 배연하는 것이다.

답 ③

37 환기방식에 따른 환기효과
다음 중 환기효과가 가장 큰 환기법은?

① 제1종 환기
② 제2종 환기
③ 제3종 환기
④ 제4종 환기

해설 송풍기와 배풍기가 모두 설치된 1종 환기는 환기 효과가 커서 대규모 변전소나 공장에 이용된다.

답 ①

38 거실환기 요건
다음 중 거실환기에 관한 설명 중 옳지 않은 것은?

① 거실의 부유분진량은 0.15mg/m³ 이하로 한다.
② 악취가 나는 배기는 전열교환기로 제거한다.
③ 바닥면적 300m² 이상 지상층의 무창 거실은 제1종 환기로 한다.
④ 화장실은 부압(-)이 걸리도록 환기한다.

해설 전열교환기는 악취까지 교환되므로 화장실 주방 등의 악취 발생 존은 적용을 피한다.

답 ②

39 배연방식 종류
다음 중 배연방식에 속하지 않는 것은?
① 자연배연 ② 기계배연
③ 머쉬룸 배연 ④ 스모크 타워배연

해설 머쉬룸은 극장바닥 등의 흡입구이다.

답 ③

40 필요환기량 산출
실용적 V=3,000m³, 재실자 350인의 집회실이 있다. 실내온도 T_r=19℃로 하기 위한 필요 환기량은?(단, 외기온도는 T_o=15℃, 재실자 1인당의 발열량은 300kJ/h, 실의 손실열량 H_t=10,000kJ/h, 공기의 밀도 ρ=1.2kg/m³, 공기의 비열 C_p=1.01kJ/kg·K이다)
① 10,250m³/h ② 13,750m³/h
③ 18,320m³/h ④ 19,596m³/h

해설 환기에 의한 제거열량=발열량-손실열량=300×350-10,000=95,000kJ/h
환기량 $Q=q/\rho·C_p(T_r-T_o)$=95,000/1.2×1.01(19-15)=19,596m³/h

답 ④

41 오염물질 국부적 제거 환기방식
주방, 공장, 실험실에서와 같이 기구발생 오염물질의 확산 및 방지를 위해 사용하는 환기방식은?
① 희석환기 ② 전체환기
③ 집중환기 ④ 국소환기

해설 국소환기는 후드 등을 이용하여 국부적으로 발생하는 오염물질을 실내에 희석되기 전에 제거하는 것으로 환기량을 줄일 수 있다.

답 ④

42 필요환기량 산출
다음과 같은 조건에서 어느 작업장의 발생 현열량이 2900W일 때 필요 환기량(m³/hr)은?

- 허용 실내온도 : 36℃
- 외기온도 : 28℃
- 공기의 밀도 : 1.2kg/m³
- 공기의 정압 비열 : 1.01kJ/kg·K

① 311 ② 499
③ 673 ④ 1,077

해설 환기에 의한 제거열량=2,900×3,600/1,000=10,440kJ/h
환기량 $Q=q/\rho·C_p(T_r-T_o)$=10,440/1.2×1.01(36-28)=1,077m³/h

답 ④

제3편 설비시스템 검토

제1장 공기조화/열원/환기시스템 검토

1. 공기조화방식의 특성

1) 중앙식과 개별식

(1) 중앙식(중앙집중식, 중앙냉난방 방식)

중앙식은 1차 열원기기(냉동기, 보일러 등)를 중앙기계실에 집중 설치하여 2차 측 공조시스템(공조기 등)으로 펌프를 통해 열매를 공급하는 방식으로, 대규모 건물에서는 일반적으로 이 방식을 사용한다.

장점	• 비교적 대용량이고, 효율이 좋은 기기를 사용하기 때문에 운전효율이 좋다. • 부하특성에 맞게 기기 대수를 분할 설치하여 부분부하에 대응할 수 있다. • 축열조를 사용하여 열원기기의 용량을 줄일 수 있다. • 열회수 히트펌프(Heat Pump System) 사용이 가능하여 에너지를 유효하게 사용할 수 있다. • 각종 기기류가 집중 설치되므로 보수·유지관리가 용이하다. • 동시사용률을 고려하여 전체 설비용량을 줄일 수 있다.
단점	• 넓은 기계실이 필요하다. • 기기의 하중이 크고, 발생소음이 크기 때문에 사람이 거주하는 실과 인접하여 설치할 때에는 차음 및 방진에 세심한 배려가 필요하다.

(2) 개별식(개별냉난방 방식)

개별식은 부하가 발생하는 장소(실내)에 별도의 열원기기(패키지 에어컨 등)를 설치하여 발생하는 부하를 처리하는 방식으로, 종전에는 주로 중·소규모의 건물에만 사용하였으나, 최근에는 기종이 다양해지고 성능도 많이 향상되어 대규모 건물에 서도 많이 사용하고 있다.

장점	• 각 유닛마다 별도의 운전, 온도 제어가 가능하다.(개별 제어의 측면에서 유리하다.) • 별도의 냉온수배관이 필요 없으므로 시공이 간편하다. • 펌프, 팬 등의 열반송기기가 필요 없다. • 전용 기계실이 필요 없다.
단점	• 기기가 분산 설치되므로 유지관리가 어렵다. • 기기 설치공간을 줄이기 위해 천장 속에 설치하는 경우가 있는데, 이때는 소음처리가 어렵고, 필터의 청소나 유지관리도 힘들다. • 가습기가 내장된 기기가 있기는 하나 일반적으로 별도의 가습장치가 필요하다.

단점	• 기기의 능력은 외기온도, 냉매배관 길이 등에 따라서 큰 영향을 받으므로 기기 선정 시에는 설치장소의 조건을 충분히 반영하여 검토가 필요하다.(외기온도가 낮거나 배관 길이가 길면 냉동능력이 떨어진다.) • 중앙식에 비해 전체 설비용량이 커질 수 있다.

2) 공기조화방식의 분류

- 중앙식
  - 전공기식 : 단일덕트식, 이중덕트식, 멀티존 유니트식
  - 수공기식 : 각층 유니트식, FCU(덕트병용), 유인 유니트식, 복사패널식(덕트)
  - 전수식 : 팬코일 유니트식
- 개별식 : 패케이지 방식(냉매 방식)

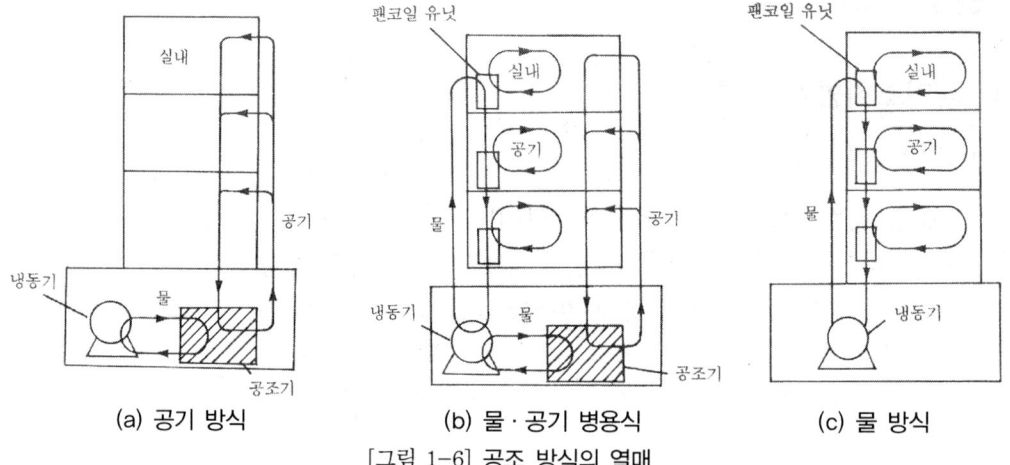

[그림 1-6] 공조 방식의 열매

① **전공기식의 특징**
  가. 덕트 설비가 증가하고 동력비가 증가하며 배열회수장치를 이용하기 쉽다.
  나. 외기도입이 쉬워 실내 청정도가 높고 설비가 기계실에 집중되어 운전, 보수, 유지관리가 용이하다.
  다. 외기냉방이 가능하고 고성능 필터 사용이 가능하고, 겨울철 가습이 용이하다.

② **전수식의 특징**
  가. 덕트 스페이스가 작고 반송동력이 작다.
  나. 실내청정도가 떨어지고, 보수관리가 곤란하다.
  다. 바닥유효면적이 감소하며 실내에서 누수 우려, 동력공급 등이 필요하다.

③ **수공기식의 특징** 전공기식과 전수식의 조합된 특징이다.

3) 주요 공기조화방식

(1) 단일덕트 방식

단일덕트식은 극장, 체육관, 공장 등과 같이 단일 공간에 합리적이다.

① **정풍량 방식(CAV)** 개별제어가 곤란하나 설비비가 저렴하다. 에너지 소비가 크고, 청정도가 높으며 운전, 보수가 용이하다.

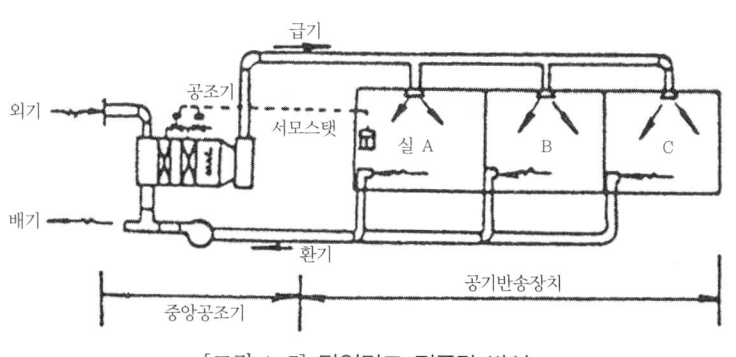

[그림 1-7] 단일덕트 정풍량 방식

② **터미널리히트 방식** 단일덕트 정풍량 방식을 개선한 것으로 실내 쾌감도가 정풍량에 비해 우수하고 개별 제어가 가능하며, 설비비는 단일덕트와 이중덕트의 중간 정도이다.

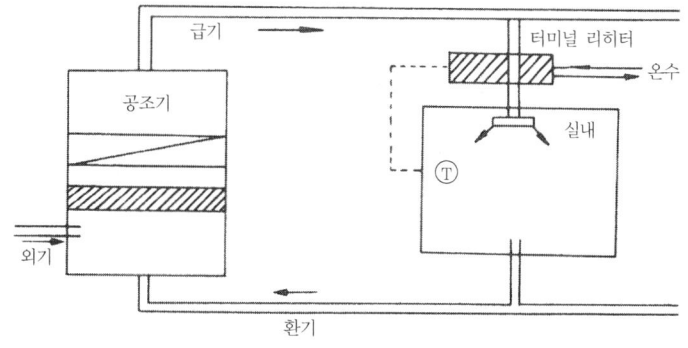

[그림 1-8] 터미널 리히트 방식

③ **변풍량 방식(VAV)** 각 실 변풍량 유닛으로 풍량을 조절하여 개별 및 존별 제어가 가능하며 송풍량이 적어 에너지 절약형이나 제어용 기기가 비싸 설비비가 고가이며, 유지관리에 기술력이 필요하다.

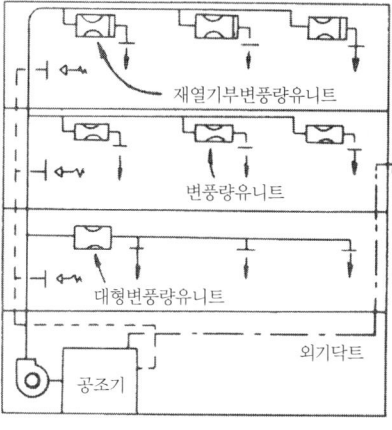

[그림 1-9] 변풍량 방식 계통도

(2) 이중덕트 방식

냉풍과 온풍을 따로 공급하여 실내 혼합상자에서 혼합하여 취출, 온도제어 특성이 공조방식 중 가장 우수하나 에너지 소비가 가장 많다.

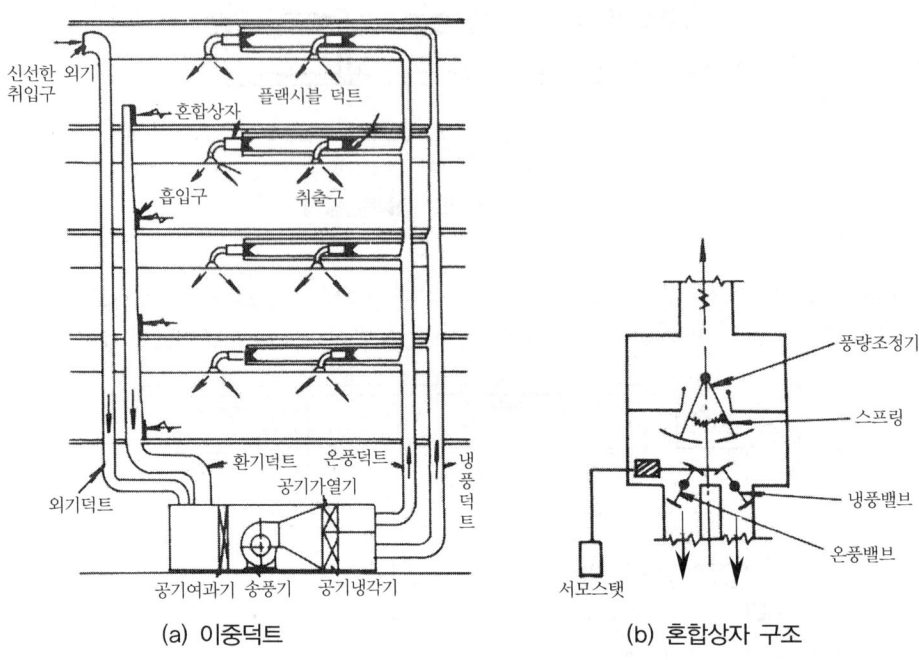

[그림 1-10] 이중덕트 방식 및 혼합상자 구조

(3) 멀티존 유니트 방식

다수의 존으로 구획하여 존마다 냉풍과 온풍을 기계실서 혼합하여 송풍하며 단일덕트와 이중덕트의 중간적인 시스템으로 소규모빌딩에 적합하나 존별 부하변동이 심할 때 밸런스가 맞지 않는다.

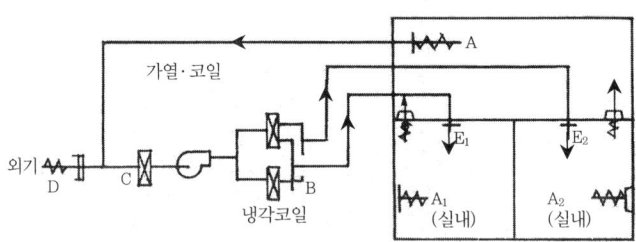

[그림 1-11] 멀티존 방식

(4) 팬코일 유니트 방식

덕트가 없는 전수식과 덕트를 병용하는 수공기식으로 나누어지며, 덕트 스페이스가 작고 실별 제어가 양호하며, 열매 운송동력이 적어 가장 경제적이다. 실내유효면적이 작아지고 공기의 청정도가 떨어지며 전기배선설비가 필요하다. 자연환기가 가능한 학교, 외주부, 콘도 등에 적합하다.

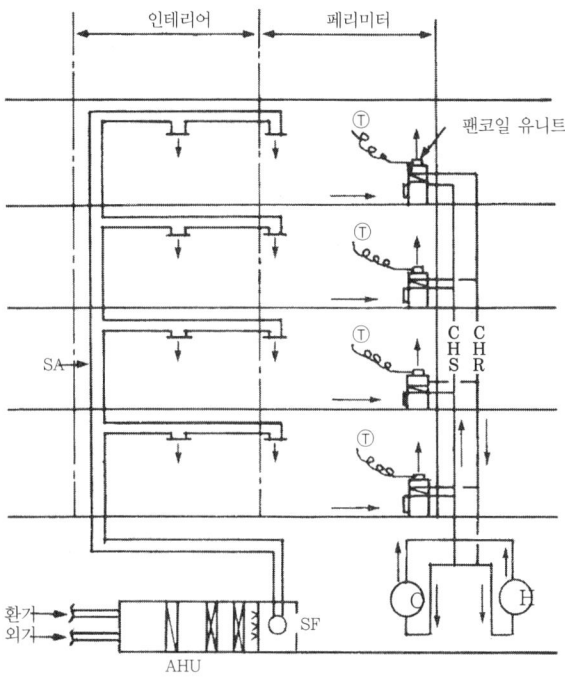

[그림 1-12] 팬코일 유니트 방식(덕트병용)

(5) 유인 유니트 방식

1차 공기에 의한 2차 공기의 유인작용으로 급기하여 동력장치가 필요없고 개별제어가 가능하나 소음이 크고 고성능 필터 설치가 곤란하여 청정도가 떨어진다.

(6) 각 층 유니트 방식

층마다 공조실을 두어 송풍덕트가 짧고 층별 개별운전이 용이하여 중대규모 임대빌딩에 적합하다. 시설비가 고가이고 유지관리가 어렵다. 슬라브를 관통하는 수직덕트가 없어 방재계획상 유리하다.

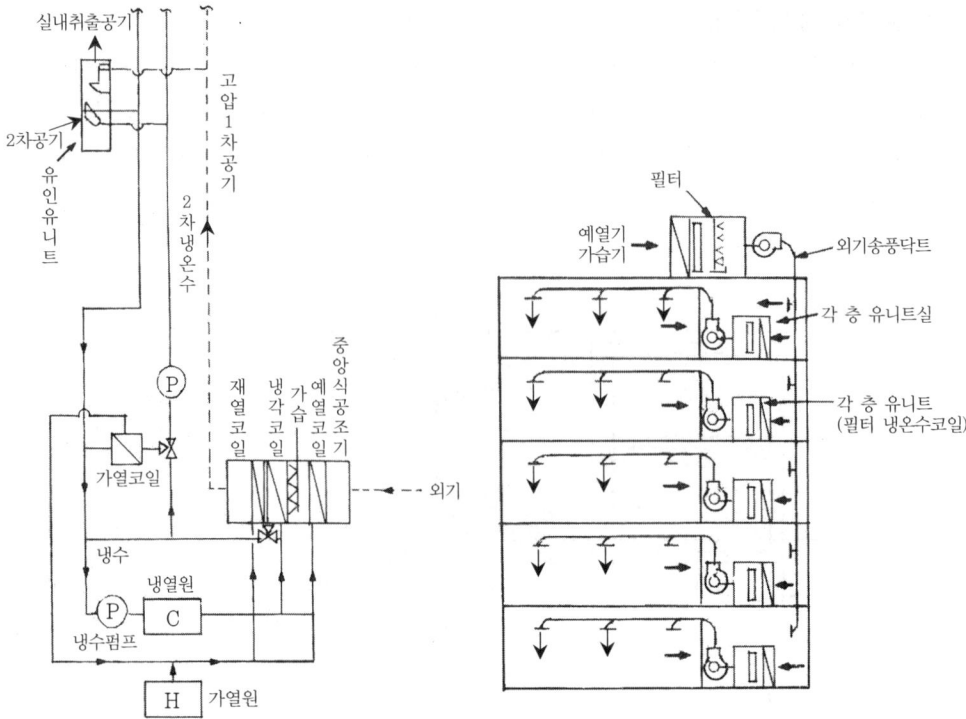

[그림 1-13] 유인 유니트 방식

[그림 1-14] 각 층 유니트 방식

(7) 복사패널, 덕트병용 방식

복사열을 이용하므로 쾌감도가 좋으며 고천장에 유효하고 공간의 이용도가 높으나, 설비비가 많이 들고, 여름철 바닥면에서 결로의 우려가 있다.

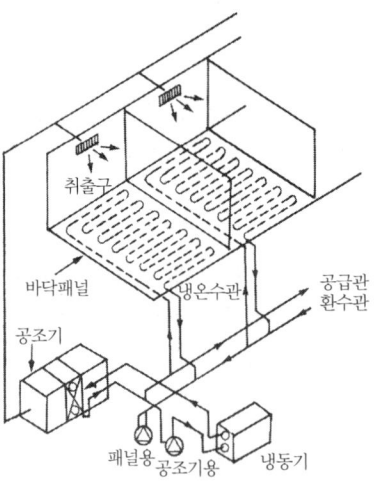

[그림 1-15] 복사패널 방식

(8) 패키지 방식(냉매방식)

패키지방식의 실내기와 실외기는 현장설치가 용이하며 기존건물에 설치하기 쉽고 시설비가 저렴하고 개별운전이 우수하여 소규모에 많이 적용되나, 대규모인 경우 설치대수가 많아져서 설비비가 증가할 수 있고 유지관리가 어렵다.

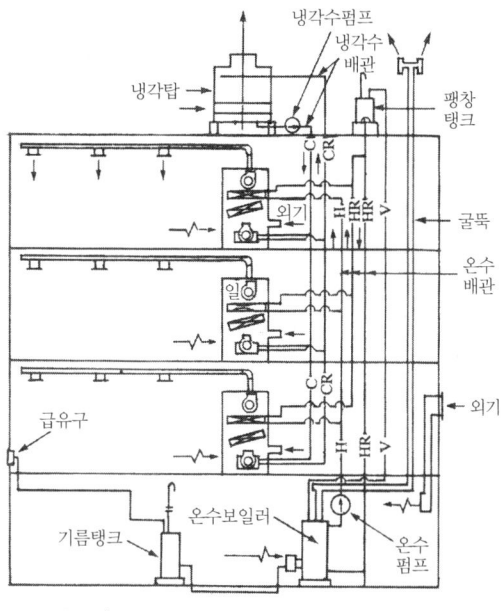

[그림 1-16] 수냉식 패키지 공조기 방식

2. 열원방식의 특성

1) 열원방식의 분류

분류	특징	종류
개별 난방	• 열원기기를 각각의 부하 발생장소(실내)에 설치하여 난방하는 방식이다. • 난방시설의 초기 투자비용이 적게 들며, 조작성이 편리하다. • 주택 등 소규모 건물의 난방에 적합하다.	난로, 온풍기, 화로 등
중앙 난방	• 중앙기계실의 보일러를 통해 열원을 각실로 공급하여 난방하는 방식이다. • 이용이 편리하고 열효율이 높다. • 대규모 건물에서 주로 이용하며, 열원의 반송과정에서 열손실이 높다.	• 직접난방 : 온수난방, 증기난방, 복사난방 • 간접난방 : 온풍난방, 공기조화에 의한 난방
지역 난방	• 지역의 대규모 플랜트에서 열원을 각 단지로 공급하여 난방하는 방식이다. • 배관의 길이가 길어져, 반송과정에서 열손실이 큰 단점이 있다. • 플랜트의 열원 생산 방식이 열병합 형태로 이루어지므로, 에너지 절약적이다.	증기난방, 고온수난방

※ 중앙난방 방식의 비교
① 쾌감도 복사난방>온수난방>증기난방
② 열용량 복사난방>온수난방>증기난방
③ 설비비 복사난방>온수난방>증기난방

2) 증기난방

(1) 장단점
① 증기잠열을 이용하므로 열운반 능력이 크며 예열시간이 짧고 증기 순환이 빠르다.
② 설비비가 싸고 방열면적과 관경이 적어도 된다.
③ 쾌감도가 나쁘며 소음(스팀 해머)이 많이 난다.
④ 부하변동에 대응이 곤란하며 실내온도 조절이 어렵고 보일러 취급 시 기술자가 필요하다.

(2) 응축수 환수에 의한 분류
중력환수, 기계환수, 진공환수(대규모)

(3) 증기압력에 의한 분류
① 저압증기 난방 0.1MPa 이하(일반적 15~35kPa 사용)
② 고압증기 난방 0.1MPa 이상

(4) 증기난방 설계순서
난방부하 계산 ⇒ 필요방열면적 산출 ⇒ 각 실 방열기 배치(layout) ⇒ 배관관경 결정 ⇒ 보일러 용량 산출 ⇒ 부속기기 결정

(5) 증기난방 배관법
단관식(선상향구배), 복관식

3) 온수난방

(1) 장단점
① 부하변동에 대응하여 방열량을 조절할 수 있으며, 여열이 오래 간다.
② 방열기 표면온도가 낮아 쾌감도가 좋다.
③ 예열시간이 길어 간헐난방에 부적합하며 관경이 커져 설비비가 비싸다.
④ 한랭지에서 난방정지 시 동결 우려가 있으며, 대규모에서는 수압 때문에 일정 높이 이하로 제한을 받는다.

(2) 온수순환방식에 의한 분류
중력환수식, 기계환수식(순환펌프방식)

(3) 온수 온도에 따른 분류

보통온수식(100℃ 이하, 개방형, 밀폐형 팽창탱크)
고온수식(100℃ 이상, 밀폐형 팽창탱크)

4) 복사난방

(1) 장단점

① 쾌감도가 좋으며 바닥 이용도가 높다.
② 고천장인 경우에도 상하 온도차가 적고, 열손실이 적어 난방효과가 좋다.
③ 예열시간이 길며 코일 매입 시공이 어려워 설비비가 고가이다.
④ 고장 시 수리가 어렵고 열손실을 막기 위해 단열층이 필요하다.

(2) 복사패널의 종류

바닥패널(30℃ 이내), 천장패널(50℃~100℃까지 가능), 벽패널

(3) 코일배관방식

밴드식(유량균일, 온도차 커짐), 그리드식(유량불균형, 온도차 균일)

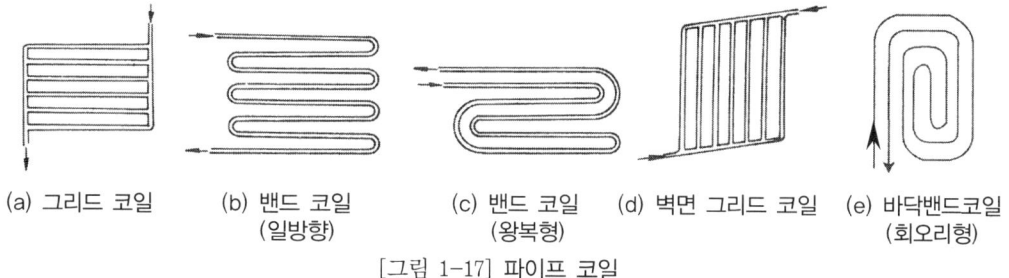

(a) 그리드 코일   (b) 밴드 코일 (일방향)   (c) 밴드 코일 (왕복형)   (d) 벽면 그리드 코일   (e) 바닥밴드코일 (회오리형)

[그림 1-17] 파이프 코일

(4) 코일의 매설 깊이 h

h는 코일직경(d)의 (1.5~2.0)d

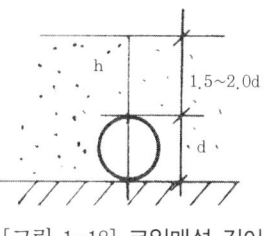

[그림 1-18] 코일매설 깊이

(5) 평균복사온도(MRT)

복사난방에서 복사면 평균온도

$$MRT = \frac{\Sigma A \cdot t}{\Sigma A}$$

5) 온풍난방

(1) 장단점
① 예열시간이 필요 없고 송풍온도가 높아 덕트관경이 작아진다.
② 신선공기를 공급할 수 있고 설비비가 싸다.
③ 시공이 간편하며 열효율이 높고 누수동결 우려가 없다.
④ 온도분포가 균등되지 않고 쾌감도가 나쁘며 소음이 많다.

(2) 종류
온풍로식, 코일식

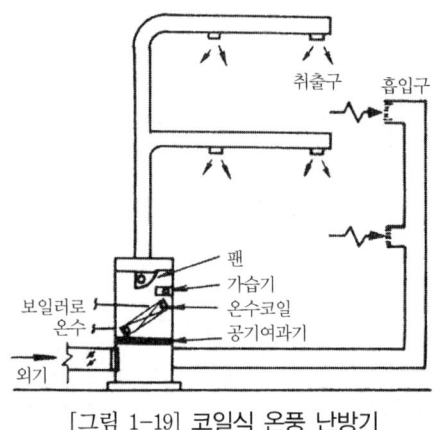

[그림 1-19] 코일식 온풍 난방기

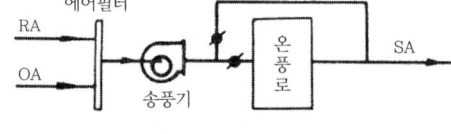

[그림 1-20] 송풍기와 온풍로의 레이아웃 예

3. 환기방식의 특성

1) 환기의 종류

(1) 자연환기
풍압, 온도차 등에 의한 개구부에서의 급기, 배기로 환기량이 일정치 않다.
① **풍력환기** 바람에 의한 환기
  풍량(m^3/s)=환기계수(E)×유효개구 단면적(A)×풍속(V.m/s)
  풍압(Pw) : $Pw = C \dfrac{V^2}{2g} \cdot \gamma (\text{mmAg})$
  ∴ C : 풍압계수, V : 자유풍속(m/s), r : 공기비중량($1.2 kg/m^3$)
② **중력환기** 공기의 온도차와 밀도에 의한 환기

(2) 기계환기
송·배풍기, 급기구, 배기구를 이용하여 환기목적을 달성한다.
① **1종환기** 송풍기와 배풍기를 사용하여 환기한다.(보일러실, 변전실 등)
② **2종환기** 송풍기만 설치하고 배기구를 설치한다.(수술실, 청정실)
③ **3종환기** 배풍기만 설치하고 급기구를 설치한다.(화장실, 조리장)

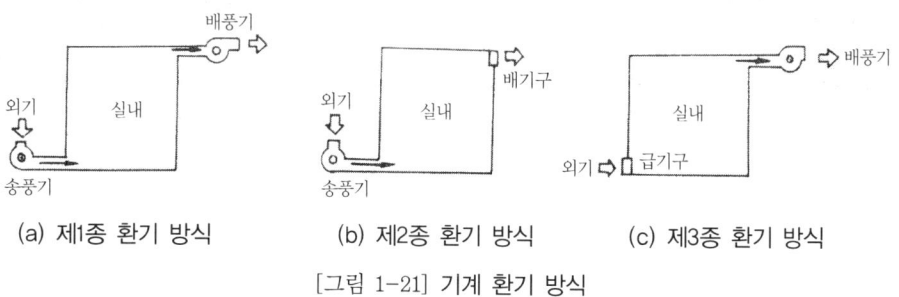

[그림 1-21] 기계 환기 방식

2) 전반환기와 국부환기

(1) 전반환기
거주구역을 전반적으로 이용하는 일반적인 건물에서는 전반환기방식을 선정한다.

(2) 국부환기
주택의 주방이나 공장 등과 같이 국부적으로 오염물질이 발생하는 건물은 후드 등을 설치하여 국부 환기방식을 선정한다.

제1장 핵·심·문·제
공기조화/열원/환기시스템 검토

01 콜드 드래프트 영향 최소화 방안

출입구로부터 들어오는 침입 외기에 의한 콜드 드래프트(cold draft)의 영향을 최소화하기 위한 다음 방법 중 부적당한 것은?

① 천장 노즐을 설계하여 온풍을 바닥면까지 도달시킬 수 있도록 한다.
② 바닥면을 패널히팅으로 설계하여 복사에 의한 온감을 높일 수 있도록 고려한다.
③ 에어커튼을 설치하여 출입구에서의 틈새바람을 최소화할 수 있도록 고려한다.
④ 출입구에 자동 개폐문을 설치할 수 있도록 고려한다.

해설 자동 개폐문은 침입외기가 크며, 회전문이 침입외기를 줄일 수 있다.

답 ④

02 덕트 내 정압 제어 필요 공조방식

다음의 공기조화 방식 중 일반적으로 덕트 속의 풍압이 변화하기 때문에 주 덕트 내에 정압 제어를 필요로 하는 것은?

① 변풍량 단일덕트 방식
② 패키지 유니트 방식
③ 정풍량 이중덕트 방식
④ 유인 유니트 방식

해설 변풍량 방식(VAV)은 풍량의 변화로 풍압이 변화하여 정압제어가 필요하다.

답 ①

03 단일덕트 정풍량 방식 특성

다음 중 단일덕트 정풍량 방식에 관한 설명으로 옳은 것은?

① 고속덕트 방식을 주로 사용한다.
② 부하특성이 다른 다수의 실의 공조에 적합하다.
③ 환기효과가 적다.
④ 중간기에 외기냉방이 가능하다.

해설 단일덕트는 저속덕트를 이용하고, 부하특성이 동일한 단일실에 적합하며, 환기효과가 크고, 송풍량이 많아 중간기에 외기냉방이 가능하다.

답 ④

04 에어 필터 설치 방법
다음은 에어 필터 설치에 관한 설명이다. 이 중 옳지 않은 것은?

① 공조기 내 에어 필터는 송풍기 흡입 측이면서 코일의 앞쪽에 설치한다.
② 예냉코일이 있을 시에는 예냉코일과 냉각코일 다음에 설치한다.
③ 고성능 필터는 송풍기 출구 측에 설치한다.
④ 유니트형 필터는 지그재그로 설치하여 통과면적을 크게 한다.

해설 공조기 필터는 예냉코일 뒤, 냉각코일 앞에 설치하여 환기의 분진도 제거해야 한다.

답 ②

05 공기조화기 구성
공기조화에 대한 다음 설명 중 옳은 것은?

① 유인 유니트는 팬과 코일만으로 구성되어 있다.
② 패키지형 공조기는 냉동기, 팬 및 코일을 내장하고 있다.
③ 유니트 히터는 코일 및 냉동기를 내장하고 있다.
④ 팬코일 유니트에는 배관과 덕트가 연결되어 있다.

해설 팬코일 유니트는 팬과 코일을 내장하고 배관과 연결되어 있다. 유인 유니트는 배관과 고속덕트가 연결되어 있으며 코일과 취출노즐로 구성되어 있다. 또한 유니트 히터는 가열코일과 팬으로 구성되어 있다.

답 ②

06 배관 방식 특성
FCU의 배관 방식 중 냉수 및 온수관이 각각 있어서 혼합손실이 없는 배관방식은?

① 1관식
② 2관식
③ 3관식
④ 4관식

해설 4관식은 냉온수 공급, 환수관이 각각 있어 혼합손실이 없어 에너지 손실은 적으나 설비비가 고가이다.

답 ④

07 열회수 방법
에너지 절약을 위한 공기조화의 열회수 방법 중에서 폐열을 열교환에 의해 직접 이용하는 방식이 아닌 것은?

① 히트 파이프
② 런 어라운드 코일
③ 전열 교환기
④ 더블 번들 콘덴서

해설 히트 파이프, 런 어라운드 코일, 전열교환기는 폐열을 회수하여 직접 이용하나 더블 번들 콘덴서는 폐열을 회수한 후 승온하여 이용한다.

답 ④

08 실내감열(현열)부하 산출

단일덕트 변풍량 방식에서 어떤 실내의 감열(현열)부하가 3,000kJ/h일 때 송풍량은 1,000m³/h이였다. 실내 송풍량을 800m³/h로 줄일 수 있는 실내의 감열(현열)부하는 얼마인가?

① 2,400kJ/h
② 2,600kJ/h
③ 3,200kJ/h
④ 3,750kJ/h

해설 송풍량은 현열부하에 비례하므로 $Q = \dfrac{q_s}{1.21 \cdot \Delta t} = 3,000 \times \dfrac{800}{1,000} = 2,400 \text{kJ/h}$

답 ①

09 운전비 요소

공조설비의 경제성 분석에 있어 운전비에 속하는 것은?

① 수리비
② 보험금
③ 세금
④ 설비의 감가상각비

해설 수리비, 동력비 등은 운전비에 포함된다.

답 ①

10 백화점 공조 방식

다음 중 10층 백화점 건물에 공조설비를 하고자 할 때 가장 적합한 공조 방식은?

① 유인 유니트 방식
② 팬코일 유니트 방식
③ 멀티존 유니트 방식
④ 각 층 유니트 방식

해설 백화점 같이 층별 운전이 필요한 곳에는 각 층 유니트식이 유리하다.

답 ④

11 에너지절약 공조 방식

다음의 공조장치 방식 중 운전 에너지 절약을 위해 사용되는 방식이 아닌 것은?

① 변풍량(VAV) 공조 방식
② 변유량(VWV) 송수 방식
③ 외기 냉방 방식
④ 이중덕트 공조 방식

해설 이중덕트 방식은 실별 제어특성은 우수하나 에너지 비용은 크다.

답 ④

12 에너지절감형 제어 방식

변풍량(VAV) 방식의 풍량제어 방식 중 동력 절감률이 제일 높은 제어 방식은?

① 회전수 제어 방식
② 흡입 댐퍼 제어 방식
③ 토출 댐퍼 제어 방식
④ 베인 제어(Vane control) 방식

해설 동력절감은 회전수 제어 > 베인 제어 > 흡입 댐퍼 제어 > 토출 댐퍼 순이다.

답 ①

13 송풍량 변경 공조 방식
급기온도를 일정하게 하고 송풍량을 가변시켜서 실내온도를 조절하는 공조 방식은?
① 2중덕트 방식
② FCU 방식
③ 정풍량 단일덕트 방식
④ 변풍량 단일덕트 방식

해설 정풍량 방식은 풍량 일정, 온도조절 방식이고, 변풍량 방식은 온도 일정, 풍량 조절 방식

답 ④

14 단일덕트 변풍량 재열방식의 특성
다음 중 단일덕트 변풍량 재열방식에 대한 설명으로 옳지 않은 것은?
① 여름에도 보일러를 가동해야 한다.
② 각 실 및 존의 개별제어가 쉽다.
③ 재열부하는 발생하지 않으나 혼합손실로 인한 에너지 소모가 많다.
④ 재열기의 설치공간이 필요하다.

해설 단일덕트 변풍량 재열방식에서 최소한의 송풍량을 확보하기 위해 재열부하가 발생한다.

답 ③

15 에너지절감형 공조 방식
다음은 공기조화 시스템에서의 에너지 절약을 위한 적용 방안이다. 적당하지 않은 것은?
① 전열교환기 사용
② 외기냉방 채용
③ 이중덕트 방식 사용
④ VAV 방식 사용

해설 전열교환기는 폐열회수, 외기냉방은 환절기 외기이용, VAV 방식은 부하변동에 따른 풍량 조절로 에너지를 절약하나 이중덕트 방식은 에너지 손실이 크다.

답 ③

16 전공기 방식의 특징
공기조화방식 중 전공기 방식의 일반적인 특징으로 옳지 않은 것은?
① 실내공기의 오염이 적고, 중간기에 외기냉방이 가능하다.
② 실내에 배관으로 인한 누수의 염려가 없다.
③ 공조실과 덕트 스페이스가 필요 없다.
④ 냉·온풍의 운반에 필요한 팬의 소요동력이 냉·온수를 운반하는 펌프동력보다 많이 든다.

해설 전공기 방식은 공조실과 덕트 스페이스로 공간을 많이 차지한다.

답 ③

17 전열교환기
중앙공조기의 전열교환기에서는 다음 중 어느 공기가 서로 열교환을 하는가?
① 외기와 실내배기
② 환기와 실내배기
③ 실내배기와 실내급기
④ 외기와 실내급기

해설 공조기에서 전열교환기는 배기와 외기 사이에서 전열을 열교환한다.

답 ①

18 냉온풍 별도 덕트 적용 공조 방식
전공기 방식에 속하며, 냉풍과 온풍을 각각 별개의 덕트를 통해 각 실이나 존으로 송풍하고, 냉·난방 부하에 따라 냉풍과 온풍을 혼합상자에서 혼합하여 취출시키는 공기조화방식은?
① 단일덕트 재열 방식
② 이중덕트 방식
③ 팬코일 유니트 방식
④ 각 층 유니트 방식

해설
① 단일덕트 방식 : 극장, 체육관, 공장 등과 같이 단일 공간에 합리적이며 정풍량 방식, 변풍량 방식 등이 있다.
② 이중덕트 방식 : 냉풍과 온풍을 따로 공급하여 실내 혼합상자에서 혼합하여 취출하며, 온도제어 특성이 공조방식 중 가장 우수하나 에너지 소비가 가장 많다.
③ 팬코일 유니트 방식 : 전수식으로 배관을 통해 냉온수를 공급하여 열매 운송동력이 적어 가장 경제적이다. 실내유효면적이 작아지고 공기의 청정도가 떨어진다.
④ 각 층 유니트 방식 : 층마다 공조실을 두어 송풍덕트가 짧고 각 층 개별운전이 용이하여 중대규모 임대빌딩 등 층별 운전이 필요한 곳에 적합하다.

답 ②

19 리버스 리턴 방식 목적
온수난방 배관에서 리버스 리턴(Reverse return) 방식을 사용하는 이유는?
① 배관의 신축을 흡수하기 위하여
② 배관 내의 공기배출을 용이하게 하기 위하여
③ 배관의 길이를 짧게 하기 위하여
④ 온수의 유량분배를 균일하게 하기 위하여

해설 리버스 리턴 배관은 존별로 배관길이를 균등 → 저항을 균등 → 온수 유량분배 균등 → 난방온도 균등을 목적으로 한다.

답 ④

20 보일러용량 산정 시 고려 요
다음 중 일반적인 난방용 보일러용량 산정 시 고려하지 않아도 되는 요소는?
① 예열 부하
② 난방 부하
③ 배관 열손실
④ 재열부하

해설 재열부하는 여름철에 발생하는 냉방 운전 시의 보일러 부하로 겨울철 난방부하에 충분히 포함되므로 보일러 용량 산정에서는 제외한다.

답 ④

21 TAC 위험률
난방장치의 용량계산을 위한 설계용 외기온도를 설정할 때 TAC 온도 위험률 2.5% 온도의 의미로 가장 알맞은 것은?

① 2.5%의 시간에 해당하는 약 72시간의 외기온도가 설계 외기온도보다 낮을 가능성이 있다.
② 난방기간 동안의 외기온도가 설계 외기온도보다 2.5% 높을 가능성이 있다.
③ 난방기간 동안의 외기온도가 설계 외기온도보다 2.5% 낮을 가능성이 있다.
④ 2.5%의 시간에 해당하는 약 72시간의 외기온도가 설계 외기온도보다 높을 가능성이 있다.

해설 난방 시는 2.5%의 시간에 해당하는 약 72시간의 외기온도가 설계 외기온도보다 낮을 가능성이 있고, 냉방 시는 2.5%의 시간에 해당하는 약 72시간의 외기온도가 설계 외기온도보다 높을 가능성이 있다.

답 ①

22 섹션수 산출
실의 난방부하가 10kW인 사무실에 설치할 온수난방용 방열기의 필요 섹션수는?(단, 방열기 섹션 1개의 방열면적은 0.20m²로 한다.)

① 74섹션 ② 85섹션
③ 90섹션 ④ 96섹션

해설 온수난방 1m²EDR=0.523kW, 증기난방 1m²EDR=0.756kW
그러므로 10kW=10/0.523=19.12m², 쪽수 N=19.12/0.2=95.6≒96sec

답 ④

23 일반가정용 난방보일러
수직으로 세운 드럼 내에 연관 또는 수관이 있는 소규모의 패키지형으로 되어 있으며, 규모가 작은 건물 및 일반 가정용 난방에 사용되는 보일러는?

① 주철제 보일러 ② 연관 보일러
③ 수관 보일러 ④ 입형 보일러

해설 입형 보일러는 수직으로 만들어서 설치면적이 적다.

답 ④

24 온수난방 특성
온수난방에 대한 설명으로 옳지 않은 것은?

① 증기난방에 비해 소요 방열면적과 배관경이 크게 되므로 설비비가 높다.
② 보일러 정지 후에도 여열이 남아 있어 실내난방이 어느 정도 지속된다.
③ 열용량이 작아 예열시간이 작으므로 간헐난방에 적합하다.
④ 한랭지에서는 운전정지 중에 동결의 위험이 있다.

해설 온수난방은 보유수량이 많아서 열용량이 크다. 따라서 예열시간도 길고 여열시간도 길다. 연속난방에 적합하다. 간헐난방에는 예열시간이 짧은 온풍난방이나 증기난방이 좋다.

답 ③

25 표준상태 방열량
증기를 이용하는 방열기에서 표준상태의 방열량은?

① $0.465 kW/m^2$
② $0.523 kW/m^2$
③ $0.698 kW/m^2$
④ $0.756 kW/m^2$

해설 온수난방 $1m^2 EDR = 0.523 kW$, 증기난방 $1m^2 EDR = 0.756 kW$(암기사항!!)

답 ④

26 쪽수 산출
손실열량(난방부하)이 50,000kJ/h인 실에 온수를 열매로 하는 방열기 쪽수는?(단, 방열기 쪽수당 방열면적은 $0.26m^2$이다.)

① 27쪽
② 86쪽
③ 103쪽
④ 142쪽

해설 N=난방부하/(표준방열량×쪽당 방열면적)=50,000/(0.523×0.26×3,600)=102.14≒103쪽

답 ③

27 온수 온돌 난방 특성
온수 온돌 난방공간에 대한 다음 기술 중 가장 부적당한 것은?

① 실내 상하온도차가 적다.
② 예열시간이 길다.
③ 바닥 구조체에는 반드시 단열을 해야 한다.
④ 증기난방이나 온수난방에 비해 설비비가 싸다.

해설 온수 온돌 난방은 복사난방으로 설비비가 비싼 편이다.

답 ④

28 고온수 난방 특성
다음은 고온수 난방의 배관에 관한 설명이다. 옳은 것은?

① 고온수로 실내에 직접 공급하는 것이 일반적이다.
② 대량의 열량공급은 용이하지만 배관의 지름은 저온수 난방보다 크게 된다.
③ 관내 압력이 높기 때문에 관내면의 부식문제가 증기난방에 비해 심하다.
④ 가압 장치로는 질소가스가압, 증기가압 등의 방식이 이용된다.

해설 배경관은 작아지며 고온수를 통해 먼 거리까지 공급한 후 열교환하여 실내에 공급되는 온수는 보통온도를 사용한다. 만수 상태이므로 부식은 증기 시스템보다 적다.

답 ④

29 온수의 팽창량

5℃인 물 1,300L를 80℃까지 가열하였을 때 온수의 팽창량은 얼마인가?(단, 5℃ 물의 밀도 999.8kg/m³, 80℃ 물의 밀도 972.0kg/m³이다.)

① 28.6L
② 37.2L
③ 43.8L
④ 62.1L

해설 $\triangle V = (\frac{1}{\rho_2} - \frac{1}{\rho_1})V = (\frac{1}{0.9720} - \frac{1}{0.9998}) \times 1,300 = 37.19 = 37.2L$

여기서, ρ_1 : 가열전 밀도(kg/L), ρ_2 : 가열 후 밀도(kg/L)

$\rho_1 = 999.8 kg/㎥ \div 1,000 L/㎥ = 0.9998 kg/L$

$\rho_2 = 972.0 kg/㎥ \div 1,000 L/㎥ = 0.9720 kg/L$

답 ②

30 증기배관의 증기유속

증기배관에서 증기유속의 설명 중 옳은 것은?

① 저압 증기관 최저 35m/s, 고압 증기관 최저 45m/s
② 저압 증기관 최저 35m/s, 고압 증기관 최대 45m/s
③ 저압 증기관 최대 35m/s, 고압 증기관 최저 45m/s
④ 저압 증기관 최대 35m/s, 고압 증기관 최대 45m/s

해설 저압증기관 최대 유속 35m/s, 고압 증기관 최대 유속 45m/s

답 ④

31 온도조절식 트랩

다음 중 온도조절식(thermostatic type) 트랩에 속하는 것은?

① 플로트 트랩(float type)
② 벨로우즈 트랩(bellows trap)
③ 상향 버킷 트랩(open bucket trap)
④ 하향 버킷 트랩(inverted bucket trap)

해설 벨로우즈 트랩은 열에 의해 작동되며, 플로트, 버킷 트랩은 응축수량에 따라 작동된다.

답 ②

32 공기조화와 직접 난방 비교

공기조화와 직접 난방을 비교한 다음 설명 중 적당한 것은?

① 스페이스 면에서는 공기조화 설비가 유리하다.
② 실내 열환경의 효과적인 제어를 위해서는 직접 난방이 바람직하다.
③ 직접 난방은 공기조화에 비해 소음발생이 적다.
④ 설비비면에서는 직접 난방이 불리하다.

해설 직접 난방은 방열기에 의해 난방을 공급하므로 설치 스페이스는 증가하며 직접 난방은 방열기 소음이 발생한다. 설비비는 공기조화 방식이 크다.

답 ①

33 보일러 관련 용어
보일러에 관한 다음의 A군과 B군의 조합 중에서 잘못된 것은?

	A군	B군		A군	B군
①	증발계수	실제증발량/상당증발량	②	급수예열장치	인젝터
③	굴뚝의 단면적	켄트(KENT)의 식	④	대용량연소장치	회전식버너

해설 증발계수=상당증발량/실제증발량

답 ①

34 방열기 종류
다음은 어떤 방열기의 특징을 설명한 것이다. 어느 방열기인가?

㉠ 천장 달기형과 벽걸이형이 많다. ㉡ 프로펠라 팬으로 강제 통풍한다.
㉢ 공장이나 체육관 등에 많이 사용한다.

① 베이스보드 방열기 ② 길드 방열기
③ 컨벡터 ④ 유니트 히터

해설 강제 팬이 부착된 것은 유니트 히터로 주로 공장 등에서 천장에 매달아 사용한다.

답 ④

35 온수난방용 배관재료
배관재 중 온수난방용 배관재로 가장 부적합한 것은?

① 스테인리스강관 ② 경질염화비닐라이닝강관
③ 동관 ④ HDPE관

해설 온수난방용 바닥 코일로 가장 부적합한 배관은 비닐라이닝강관이다.

답 ②

36 온수난방 특성
온수난방에 관한 설명으로 옳지 않은 것은?

① 온수의 현열을 이용하여 난방하는 방식이다.
② 한랭지에서는 운전정지 중 동결의 우려가 있다.
③ 증기난방에 비해 예열시간이 짧아 간헐운전에 적합하다.
④ 증기난방에 비해 난방부하 변동에 따른 온도조절이 용이하다.

해설 온수난방은 증기난방에 비해 열용량이 커서 예열시간이 길고 간헐운전에 부적합하다.

답 ③

37 신축이음쇠 종류
난방배관의 신축을 흡수하기 위해 사용되는 신축이음쇠에 속하지 않는 것은?

① 루프형 ② 리프트형
③ 슬리브형 ④ 스위블형

해설 신축이음의 종류에는 벨로우즈형, 루프형, 슬리브형, 스위블형, 볼 조인트 등이 있다.

답 ②

38 국소저항 산출
표준상태의 공기가 12m/s로 장방형 덕트 내로 흐르고 있다. 덕트 내에 풍량조절댐퍼가 30° 각도로 설치되어 있을 때 댐퍼의 국부저항계수가 3.73이라면 댐퍼에 의한 압력손실은?(단, 공기의 밀도는 1.2kg/m³이다.)

① 164.5Pa ② 284.2Pa
③ 322.3Pa ④ 474.6Pa

해설 국소저항 $= \zeta \dfrac{v^2}{2} \rho = 3.73 \times \dfrac{12^2}{2} \times 1.2 = 322.3 \text{Pa}$

답 ③

39 증기난방의 특성
증기난방에 관한 설명으로 옳지 않은 것은?

① 예열시간이 짧다.
② 온수난방에 비하여 쾌감도가 떨어진다.
③ 부하변동에 따른 실내 방열량의 제어가 곤란하다.
④ 극장, 영화관 등 천장과 높은 건물에 주로 사용된다.

해설 극장, 영화관 등 천장과 높은 건물에 증기난방을 적용하면 상층부에 고온의 공기가 자리하여 상하부의 온도차가 커져서 난방이 부적합하다.

답 ④

40 증기난방의 특성
증기난방 방식에 관한 설명으로 옳지 않은 것은?

① 예열시간이 짧다.
② 계통별 용량 제어가 용이하다.
③ 한랭지에서 동결의 우려가 작다.
④ 운전 시 증기해머로 인한 소음이 발생하기 쉽다.

해설 증기난방 방식은 계통별 용량 제어가 어렵다.

답 ②

41 증기난방의 특성
증기난방 방식에 관한 설명으로 옳지 않은 것은?
① 예열시간이 온수난방에 비해 짧다.
② 온수난방에 비해 실내의 쾌감도가 좋다.
③ 온수난방에 비해 한랭지에서 동결의 우려가 적다.
④ 온수난방에 비해 부하변동에 따른 실내방열량의 제어가 곤란하다.

해설 증기난방은 온수난방에 비해 열매온도가 높아 쾌감도가 나쁘다.

답 ②

42 온수난방과 증기난방의 비교
온수난방과 증기난방의 비교 설명으로 옳지 않은 것은?
① 온수난방은 증기난방에 비하여 운전정지 중에 동결의 위험이 크다.
② 온수난방은 증기난방에 비하여 소요방열면적과 배관경이 크게 된다.
③ 증기난방은 온수난방에 비하여 열용량이 커 예열시간이 길게 소요된다.
④ 온수난방은 증기난방에 비하여 난방부하 변동에 따른 온도조절이 용이하다.

해설 온수난방은 증기난방에 비하여 열용량이 커 예열(여열)시간이 길게 소요된다.

답 ③

43 온수난방의 특성
온수난방에 관한 설명으로 옳지 않은 것은?
① 온수의 현열을 이용하여 난방하는 방식이다.
② 한랭지에서는 운전정지 중 동결의 우려가 있다.
③ 증기난방에 비해 예열시간이 짧아 간헐운전에 적합하다.
④ 증기난방에 비해 난방부하 변동에 따른 온도조절이 용이하다.

해설 온수난방은 증기난방에 비해 열용량이 커서 예열(여열)시간이 길어서 연속운전에 적합하다.

답 ③

44 복사난방의 특성
복사난방 방식에 관한 설명으로 옳지 않은 것은?
① 다른 난방방식에 비하여 쾌적감이 높다.
② 실내 상하의 온도차가 크다는 단점이 있다.
③ 외기침입이 있는 곳에서도 난방감을 얻을 수 있다.
④ 열용량이 크기 때문에 간헐난방에는 그다지 적합하지 않다.

해설 복사난방은 대류난방에 비하여 실내 상하의 온도차가 작다는 장점이 있으며 고천장 공간의 난방에 적합하다.

답 ②

45 증기난방의 특성
증기난방에 관한 설명으로 옳은 것은?

① 온수난방에 비하여 열용량이 커 예열시간이 길게 소요된다.
② 온수난방에 비하여 부하변동에 따른 방열량 조절이 곤란하다.
③ 온수난방에 비하여 한랭지에서 운전정지 중에 동결의 위험이 크다.
④ 온수난방에 비하여 소요방열면적과 배관경이 크게 되므로 설비비가 높다.

해설 증기난방은 온수난방에 비하여 열용량이 작아 예열시간이 짧고, 증기의 응축 잠열을 이용하므로 부하변동에 따른 방열량 조절이 곤란하다. 한랭지에서 운전정지 중 동결의 위험은 작으며, 방열기 온도가 높아서 소요방열면적과 배관경이 작게 되므로 설비비가 작다.

답 ②

제2장 급배수시스템 및 설비자재 검토

1. 급수설비의 수원 및 수질

1) 급수설비의 수원

(1) 상수

보통 지표수를 정수처리하여 공급하며 음용, 목욕, 공업용수 등에 쓰인다.

(2) 물의 재이용에 따른 공급수원

구분	내용
빗물 이용 시설	건축물의 지붕면 등에 내린 빗물을 모아 이용할 수 있도록 처리하는 시설
중수도	개별 시설물 등에서 발생하는 오수를 공공하수도로 배출하지 아니하고 재이용할 수 있도록 개별적 또는 지역적으로 처리하는 시설

2) 급수설비의 수질

(1) 탁도

탁도는 1NTU(Nephelometirc Turbidity Unit)를 넘지 아니할 것. 다만, 광역상수도 지방 상수도의 수돗물의 경우에는 정수처리에 관한 기준에서 정하는 기준을 적용하고, 기타 수돗물의 경우에는 0.5NTU를 넘지 아니할 것. 다만, 수돗물의 경우에는 0.5NTU를 넘지 아니할 것

(2) 경도

구분	내용
개념	물속에 녹아 있는 칼슘(Ca)이나 마그네슘(Mg)의 양을 이것에 대응하는 탄산칼슘($CaCO_3$) 또는 탄산마그네슘($MgCO_3$)의 백만분율(ppm)로 환산표시한 것을 말하며, 1L의 물속에 탄산칼슘($CaCO_3$)이 10mg 함유된 것을 1도라 한다.
물의 경도 산출식(ppm)	물의 경도 = $\dfrac{CaCO_3(탄산칼슘)}{Mg(마그네슘)} \times 1{,}000{,}000$
경도에 따른 급수의 특성	• 경도가 큰 물을 경수, 경도가 낮은 물을 연수라 한다. • 일반적으로 지표수는 연수, 지하수는 경수로 간주한다.
경도가 높은 물을 보일러에 사용했을 때 나타나는 현상	• 보일러 내면에 스케일(Scale)이 발생한다. • 보일러 수명 단축의 원인이 된다. • 보일러 전열면의 과열 원인이 된다. • 열의 전도를 방해하고 보일러 효율을 불량하게 한다. • 수처리장치 등을 이용하여 발생을 방지할 수 있다.

2. 급수방식의 특성

1) 수도직결방식

개념	도로 밑의 수도본관에서 분기하여 건물 내에 직접 급수하는 방식이다.
급수경로	인입계량기 이후 수도전까지 직접 연결하여 급수한다.
특징	• 급수의 수질오염 가능성이 가장 낮다. • 정전 시 급수가 가능하나, 단수 시 급수가 전혀 불가능하다. • 급수압의 변동이 있으며, 일반적으로 4층 이상에는 부적합하다.
수도본관의 필요수압(MPa)	$P \geq P_1 + \dfrac{H_f}{100} + \dfrac{H}{100}$ P : 수도본관 최저 필요압력(MPa) P_1 : 기구별 소요압력(MPa) H_f : 마찰 손실 수두(mAq) ($1MPa = 100mAq$) H : 수도본관에서 최고층 수전까지 높이(m)

2) 고가탱크(고가수조, 옥상탱크)방식

개념	수돗물을 지하저수조에 모은 후 양수펌프에 의해 고가탱크로 양수하여, 탱크에서 급수관을 통해 필요 장소로 하향급수하는 방식이다.
급수경로	지하저수조 → 양수펌프 → 고가탱크 → 급수전
특징	• 수질오염의 가능성이 높다. • 항상 일정한 수압으로 급수가 가능하다. • 정전·단수 시 일정시간 동안 급수가 가능하다. • 대규모 급수설비에 일반적으로 적용하고 있다.
고가탱크 설치 높이 (H)	$H \geq P_1 \times 100 + H_f + H_h$ H : 고가 탱크 높이(m) P_1 : 최고층 수전 필요수압(MPa) H_f : 고가 탱크에서 수전까지의 마찰손실수두(mAq) H_h : 최고층 급수전까지 높이

3) 압력탱크방식

개념	지하저수탱크에 저장된 물을 양수펌프로 압력탱크 내로 공급하면 공기압축기(컴프레서)에 의해 가압된 공기압에 의하여 건물 상부로 급수하는 방식이다.
급수경로	지하저수조 → 양수펌프 → 압력탱크(공기압축기로 가압) → 급수전
특징	• 수압변동이 심하다. • 고압이 요구되는 특정 위치가 있을 경우 유용하다. • 정전 시 즉시 급수가 중단되며, 단수 시에는 저수조수량으로 일정시간 급수가 가능하다.
압력탱크방식 (압력수조급수 방식)을 채택하는 이유	• 설치환경의 제약으로 고가탱크방식의 적용이 어려운 경우 • 고가탱크방식으로는 제일 높은 층에서 필요로 하는 압력을 얻을 수 없는 경우
압력탱크의 압력	• 최저 압력 $P_L = \dfrac{H}{100} + P_1 + \dfrac{H_f}{100}$ P_L : 최저 압력(MPa) H : 압력 탱크에서 최고층 수전 수직 높이(m) P_1 : 기구별 필요 압력(MPa) H_f : 탱크에서 수전까지 마찰 손실 수두(mAq) • 최고 압력 $P_H = P_L + (0.07 \sim 0.14MPa)$

4) 탱크리스부스터방식(펌프직송방식)

구분	내용
개념	저수조에 저장한 물을 펌프를 이용하여 수전까지 직송하는 방식이다.
급수경로	지하저수조 → 부스터펌프 → 급수전
특징	• 옥상탱크나 압력탱크가 필요 없다. • 설비비가 고가이다. • 정전이나 단수 시 급수가 중단된다(단, 비상발전시스템을 갖춘 경우에는 정전 시 가동이 가능하다) • 전력소비가 많다. • 자동제어시스템으로 고장 시 수리가 어렵다. • 제어방식에는 정속방식과 변속방식이 있다.

3. 급탕방식의 특성

1) 개별식

(1) 개념 및 장단점

구분	내용
개념	주택 등 소규모 건축물에서 사용장소에 급탕기를 설치하여 간단히 온수를 얻는 급탕 방식
장점	• 배관길이가 짧아 배관 중의 열손실이 적게 일어난다. • 수시로 급탕하여 사용할 수 있다. • 높은 온도의 온수가 필요할 때 쉽게 얻을 수 있다. • 급탕개소가 적을 경우 시설비가 적게 든다. • 급탕개소의 증설이 비교적 용이하다.
단점	• 급탕규모가 커지면 가열기가 필요하므로 유지관리가 어렵다. • 급탕개소마다 가열기의 설치공간이 필요하다. • 가스탕비기를 사용하는 경우 구조적으로 제약을 받기 쉽다.

(2) 종류

구분	내용
순간 온수기 (즉시 탕비기)	• 급탕관의 일부를 가스나 전기로 가열하여 직접 온수를 얻는 방법이다. • 열의 전도효율이 양호하고, 배관 열손실이 적다. 급탕개소마다 가열기의 설치공간이 필요 하고, 급탕개소가 적을 경우 시설비가 싸다. • 높은 온도의 온수를 얻기가 용이하고 수시 급탕이 가능하다. • 가열온도는 60~70℃ 정도이다. • 주택의 욕실, 부엌의 싱크, 미장원, 이발소 등에 적합한 방식이다.
저탕형 탕비기	• 가열된 온수를 저탕조 내에 저장한다. • 비등점에 가까운 온수를 얻을 수 있고, 비교적 열손실이 많다. • 일시적으로 많은 온수를 필요로 하는 곳에 적합하다.(여관, 학교, 기숙사 등)
기수 혼합식	• 보일러에서 생긴 증기를 급탕용의 물속에 직접 불어 넣어서 온수를 얻는 방법이다. • 열효율이 100%이다. • 고압의 증기를 사용(0.1~0.4MPa)한다. • 소음을 줄이기 위해 스팀사일런서(Steam Silencer)를 설치한다. • 사용장소에 제약을 받는다.(공장, 병원 등 큰 욕조의 특수장소에 사용)

2) 중앙식

(1) 개념 및 장단점

개념	중앙기계실에서 보일러에 의해 가열한 온수를 배관을 통하여 각 사용소에 공급하는 방식
장점	• 연료비가 적게 든다. • 열효율이 좋다. • 관리가 편리하다. • 기구의 동시이용률을 고려하여 가열장치의 총열량을 적게 할 수 있다. • 대규모 급탕에 적합하다.
단점	• 초기투자비용, 즉 설비비가 많이 든다. • 전문기술자가 필요하다. • 배관 도중 열손실이 크다. • 시공 후 증설에 따른 배관변경이 어렵다.

(2) 종류

구분	내용
직접 가열식	• 온수보일러에서 직접 가열한 온수를 저탕조에 저장하여 공급하는 방식이다. • 열효율면에서 좋지만, 보일러에 공급되는 냉수로 인해 보일러 본체에 불균등한 신축이 생길 수 있다. • 건물 높이에 따라 고압의 보일러가 필요하다. • 급탕 전용 보일러를 필요로 한다. • 스케일이 생겨 열효율이 저하되고 보일러의 수명이 단축된다. • 주택 또는 소규모 건물에 적합하다.
간접 가열식	• 저탕조 내에 안전밸브와 가열코일을 설치하고 증기 또는 고온수를 통과시켜 저탕조 내의 물을 간접적으로 가열하는 방식이다. • 난방용 보일러에 증기를 사용할 경우 별도의 급탕용 보일러가 불필요하다. • 열효율이 직접가열식에 비해 나쁘다. • 보일러 내면에 스케일이 거의 생기지 않는다. • 고압용 보일러가 불필요하다. • 대규모 급탕설비에 적합하다.

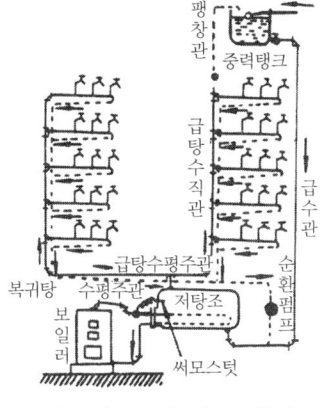

[그림 1-22] 간접 가열식

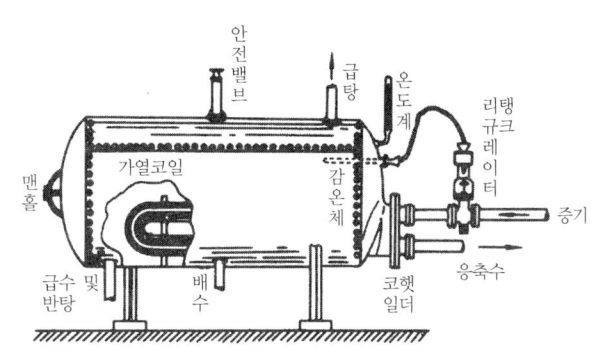

[그림 1-23] 열교환기(저탕조)

4. 오배수, 통기시스템의 특성

1) 오배수설비

(1) 오배수 방식에 의한 분류

① 중력배수

중력에 의하여 자연 배수하는 방식으로 공공하수관보다 높은 곳의 배수에 적용한다.

② 기계배수

지하층에서의 배수 등에 사용하며 배수 탱크에 모았다가 펌프로 공공하수관에 배출시킨다.

(2) 오배수의 성질에 의한 종류

구분	내용
오수	대변기, 소변기, 비데 등에서의 배설물에 관련한 배수
잡배수	세면기, 욕조, 싱크대 등에서의 배수
우수	옥상, 마당 등의 빗물
특수 배수	공장, 실험실 등에서의 폐수, 화학 물질 배수

(3) 오배수 접속 방식에 의한 분류

① 직접배수

각 기구에서의 배수를 배수관에 직접 접속시키는 것으로 세면기, 대변기, 욕조, 싱크대 등이 여기에 속하며 배수관의 악취 유입을 막기 위해 트랩이 설치된다.

② 간접배수

배수를 배수관에 직접 접속시키지 않고 공간을 두고 배수하는 것으로 냉장고, 세탁기, 음료기 등의 배수, 식품 저장용기의 배수, 탱크 오버 플로우관, 각종 드레인관 등이 여기에 속한다.

2) 통기시스템

(1) 통기관 설치 목적

① 트랩의 봉수 보호
② 배수 흐름의 원활과 압력 변동 방지
③ 배수관 환기 및 청결 유지

(2) 통기 방식의 분류

① 배관 방식에 따른 분류

구분	내용
1관식	별도의 통기관 없이 배수관이 통기의 기능을 겸하도록 한 것으로 신정통 기관, 섹스티아 방식, 소벤트 방식이 이에 속한다.
2관식	배수관과 별도로 통기관을 두는 것으로 대규모 건물에 주로 쓰인다.

② 통기 계통에 따른 분류

구분	내용
각개통기	위생기구마다 통기관을 접속시킨다.
환상통기	여러 개의 위생기구를 묶어 통기관 1개를 접속시킨다.

(3) 통기관의 종류별 특징

구분	특징
각개통기관	• 위생기구마다 각각 통기관을 설치하는 방법으로 가장 이상적인 방법이다. • 설비비가 많이 소요된다.
회로통기관 (환상, Loop 통기관)	• 2개 이상의 기구트랩에 공통으로 하나의 통기관을 설치하는 통기 방식이다. • 배수수평주관 최상류 기구 바로 아래의 배수관에 통기관을 세워 통기수직관 또는 신정통기관에 연결한다. • 회로통기 1개당 최대 담당 기구수는 8개 이내(세면기 기준)이며 통기수직관까지는 7.5m 이내가 되게 한다.
도피통기관	• 배수·통기 양계통 간의 공기의 유통을 원활히 하기 위해 설치하는 통기관이다. • 배수수평주관 하류에 통기관을 연결한다. • 회로통기를 돕는다.(회로(루프)통기관에서 8개 이상의 기구를 담당하거나 대변기가 3개 이상 있는 경우 통기능률을 향상시키기 위하여 배수횡지관 최하류와 통기수직관을 연결하여 통기역할을 한다.)
신정통기관	• 최상부의 배수수평관이 배수입상관에 접속한 지점보다도 더 상부방향으로, 그 배수입상관을 지붕 위까지 연장하여 이것을 통기관으로 사용하는 관을 말한다. • 배수수직관 상부에 통기관을 연장하여 대기에 개방시킨다. • 배관길이에 비해 성능이 우수하다.
결합통기관	• 오배수입상관으로부터 취출하여 위쪽의 통기관에 연결하는 배관으로, 오배수입상관 내의 압력을 같게 하기 위한 도피통기관의 일종이다. • 고층건물에서 5개층마다 설치하여 배수주관의 통기를 촉진한다.
습윤(습식)통기관	배수수평주관 최상류 기구에 설치하여 배수와 통기를 동시에 하는 통기관이다.

3) 오수정화처리

(1) 오수처리방식

구분	내용
물리적 처리방법	부유물 침전방식(응집제 등 이용)
화학적 처리방법	화학약품 이용(오존, 산화제 등 이용)
생물학적 처리방법	미생물에 의한 하수처리(미생물에 의한 호기성 분해 등) • 호기성 처리 : 호기성 미생물을 이용하여 처리, 산소공급 필요, 동력비 증가, 적은공간을 차지 표준활성오니법, 접촉산화법, 살수여상법, 회전원판법 등 • 혐기성 처리 : 혐기성 미생물을 이용하여 처리, 산소공급 불필요, 처리시간 증가, 많은 공간을 차지, 악취발생, 설비용량이 크다. 임호프탱크, 부패탱크 방식

(2) 정화조 처리

① 건물에서 정화조로의 오수의 유입은 기계식(펌프)이 아닌, 자연(중력)배수로 한다.
② 정화조 처리순서

부패조(혐기성 처리) → 여과조(부유물이나 잡물 제거) → 산화조(호기성 처리) → 소독조(소독제 적용)

(3) 수질관련 용어

구분	내용
BOD(Biochemical Oxygen Demand, 생화학적 산소요구량)	• 오수 중의 유기물이 이와 공존하는 미생물에 의해 분해되어 안정화하는 과정에서 소비되는 수중에 녹아 있는 산소의 감소를 나타내는 값 • 물의 오염 정도를 나타냄(낮을수록 깨끗한 물을 의미) • BOD 제거율 BOD 제거율(%) = $\dfrac{\text{유입수의 }BOD - \text{유출수의 }BOD}{\text{유입수의 }BOD} \times 100(\%)$ • BOD 부하량 BOD 부하량(g/인·일) = 1인 1일 오수량 × 오수의 BOD 농도(g/m³)
COD(Chemical Oxygen Demand, 화학적 산소요구량)	• 용존유기물을 화학적으로 산화시키는 데 필요한 산소량 • 일반적으로 공장폐수는 무기물을 함유하고 있어 BOD 측정이 불가능하여 COD로 측정(값이 적을수록 수질이 좋음)
DO(Dissolved Oxygen, 용존(溶存)산소)	• 물속에 용해되어 있는 산소를 ppm으로 나타낸 것 • 깨끗한 물은 7~14ppm의 산소가 용존되어 있음 • 오염도가 높은 물은 산소가 용존되어 있지 않음
SS(Suspended Solids, 부유물질)	탁도의 정도로 입경 2mm 이하의 불용성의 뜨는 물질을 ppm으로 표시한 것

5. 배관 및 덕트재료

1) 배관

(1) 배관선정 시 고려사항

① 관내 흐르는 유체의 화학적 성질
② 관내 유체의 사용압력에 따른 허용압력 한계
③ 관외 외압에 따른 영향 및 외부 환경조건
④ 유체의 온도에 따른 열영향
⑤ 유체의 부식성에 따른 내식성
⑥ 열팽창에 따른 신축 흡수
⑦ 관의 중량과 수송조건 등

(2) 배관 적용 시 유의사항

① 배관이 지중 매설될 경우 일반부지에서 약 450mm 이상, 차량통로에서는 750mm 이상, 중차량 도로에서는 1,200mm 이상 매설하고 깊이를 확보하지 못할 때는 콘크리트

로 보호한 냉지의 경우 동결심도 확보하고, 부식 우려 있는 경우 부식방지 처리해야 한다.
② 배관의 하부에는 보수 수리 등을 위해 기기 안의 물을 뺄 수 있도록 배수밸브가 있어야 하고 간접 배수로 연결되게 한다.
③ 기기에 따른 진동 소음을 대비하여 방진지지를 고려하고, 기기 접속부는 플렉시블 이음을 해야 한다.

(3) 각 설비별 적용 배관

설비	적용배관
급수설비	탄소강 강관, 주철관, 연관, 동관, 비닐관(폴리에스테르관 포함) 등
급탕설비	배관용 탄소강 강관(백관), 동관, 황동관 등
배수설비	배수용 주철관, 배관용 탄소강 강관, 연관, 경질 염화비닐관, 콘크리트관, 도관

2) 덕트

(1) 풍속에 따른 덕트의 분류

구분	저속덕트	고속덕트
풍속	15m/s	15~25m/s
소음	적음	크다(소음장치 필요)
용도	일반건물용, 공조용, 환기용	송풍용, 분체, 분진 이송
형상	주로 각형 덕트를 사용	주로 원형 덕트를 사용

(2) 덕트의 치수 결정 방법

구분	내용
정압법 (Equal Friction Method)	• 등마찰손실법이라고도 하며 선도나 덕트 설계용 계산치를 이용하여 덕트의 크기를 결정한다. • 공조덕트 설계의 대부분이 정압법에 의해 이루어지며·각형 및 저속덕트 설계 시 적용된다.
정압재취득법 (Static Pressure Regain Method)	베르누이 정리에 의하여 풍속이 감소하면 그 동압의 차만큼 정압이 상승하기 때문에 정압의 상승분을 다음 구간의 덕트 압력손실에 재이용하는 방법이다.
등속법 (Equal Velocity Method)	덕트의 주관이나 분기관의 풍속을 권장 풍속치 내로 정하여 덕트치수를 결정하며 주로 분체, 분진의 이송 등에 사용되고 원형 및 고속 덕트 설계 시 적용된다.
전압법 (Total Pressure Method)	각 취출구까지의 전압력손실이 같아지도록 덕트의 단면을 결정하는 방식이다.

(3) 덕트의 설계 시 고려사항

① 일반적으로 공조기가 단열공간 외부에 있을 때, 급기·환기 덕트에 단열을 실시하며 외기의 급기덕트, 배기덕트에는 결로의 우려가 없을 경우에는 단열 하지 않아도 된다.

② 덕트의 종횡비(Aspect Ratio)는 최대 8 : 1 이상을 넘지 않도록 하고 가능한 4 : 1 이하로 한다.
③ 덕트의 분기부에는 풍량조절댐퍼를 설치한다.

(4) 덕트의 소음방지 대책
① 덕트에 흡음재를 부착한다.
② 송풍기 출구 부근에 소음 챔버(Chamber)를 장치한다.
③ 덕트의 적당한 장소에 소음을 위한 흡음장치를 설치한다.
④ 댐퍼 취출구에 흡음재를 부착한다.

6. 배관 및 덕트 부속기기

1) 배관 부속기기

(1) 밸브선정 시 유의사항
① 사용 유체의 유량
② 제어목적
③ 사용압력
④ 유체의 물리 화학적 특성
⑤ 배관과의 이음방법
⑥ 공정상의 조건
⑦ 경제성

(2) 제수밸브(스톱밸브) 종류별 특징
밸브(Valve, 변)는 유체의 유량을 조절, 흐름을 단속, 방향을 전환, 압력 등을 조절하는 데 사용하는 것으로 재료, 압력범위, 접속방법 및 구조에 따라 여러 종류로 나눈다.
① **게이트밸브, 슬루스 밸브(Gate Valve, Sluice Valve, 사절변)** 개폐용으로 가장 많이 사용하는 밸브로서 유체의 흐름을 차단(개폐)하는 대표적인 밸브로서 가장 많이 사용하며 개폐시간이 길다.
② **글로브 밸브(Glove Valve, Stop Valve, 옥형변)** 밸브시트에서 유체의 흐름방향이 바뀌게 되어 유량조절이 용이하지만 유체의 마찰저항이 크다.
③ **니들밸브(Needle Valve, 침변)** 디스크의 형상이 원뿔모양으로 유체가 통과하는 단면적이 극히 적어 고압 소유량의 조절에 적합하다.
④ **앵글밸브(Angle Valve)** 글로브 밸브의 일종으로 유체의 입구와 출구의 각이 90°로 되어 있는 것으로 유량의 조절 및 방향을 전환시켜주며 주로 방열기의 입구 연결밸브나 보일러 수증기 밸브로 사용한다.
⑤ **체크밸브(Check Valve, 역지변)** 유체를 한쪽으로만 흐르게 하여 역류를 방지하는 역류방지밸브로서 밸브의 구조에 따라 다음과 같이 구분할 수 있다.

가. **스윙형**(Swing Type) 수직, 수평배관에 사용한다.
나. **리프트형**(Lift Type) 수평배관에만 사용한다.
다. **풋형**(Foot Type) 펌프 흡입관 선단의 여과기와 역지변을 조합한다.
⑥ **볼밸브**(Ball Valve) 구의 형상을 가진 볼에 구멍이 뚫려 있어 구멍의 방향에 따라 개폐 조작이 되는 밸브이며 90° 회전으로 개폐 및 조작도 용이하여 게이트 밸브 대신 많이 사용된다.
⑦ **버터플라이 밸브**(Butterfly Valve) 일명 나비밸브라 하며 원통형의 몸체 속에 밸브봉을 축으로 하여 원형 평판이 회전함으로써 밸브가 개폐된다. 밸브의 개도를 알 수 있고 조작이 간편하며 경량이고, 설치공간을 작게 차지하므로 설치가 용이하여 최근에 많이 사용한다. 작동방법에 따라 레버식, 기어식 등이 있다.
⑧ **콕**(Cock) 콕은 원통 혹은 원뿔에 구멍을 뚫고 축을 회전시켜 개폐하는 것으로 플러그 밸브라고도 하며 90° 회전으로 급속한 개폐가 가능하나 기밀성이 좋지 않아 고압 대유량에는 적당하지 않다.

(3) 조정밸브(컨트롤밸브) 종류별 특징

조정(제어)밸브는 배관계통에서 장치의 냉온열원의 부하 경감 시 자동으로 밸브의 열림을 조절하여 유량이나 압력 등을 조절하는 제어밸브류를 말하는 것으로 다음과 같은 종류가 있다.
① **감압밸브**(Pressure Reducing Valve : PRV) 감압밸브는 고압의 압력을 저압으로 일정하게 유지하여 주는 밸브로서 사용유체에 따라 물과 증기용으로 분류된다.
② **안전밸브**(Safety Valve) 고압의 유체를 취급하는 고압용기나 보일러, 배관 등에서 규정압력 이상으로 되면 자동적으로 밸브가 열려 장치나 배관의 파손을 방지하는 밸브로서 스프링식과 중추식, 지렛대식이 있다.
③ **전자밸브**(Solenoid Valve) 전자코일에 전류를 흘려서 전자력에 의한 플런저가 들어 올려지는 전자석의 원리를 이용하여 밸브를 개폐(ON-OFF)시키는 것으로 솔레노이드 밸브라 한다.
④ **전동밸브**(Modutrol Motor) 모터로 작동되는 밸브로 이방밸브(2-Way Valve)와 삼방밸브(3-Way Valve)가 있으며 이방변은 유량을 변화시켜 제어하고(변유량), 3방변은 유량을 방향을 조절(정유량)하여 제어한다.
⑤ **공기빼기밸브**(Air Vent Valve : AVV) 배관이나 기기 중의 공기를 제거할 목적으로 사용되며, 배관의 최상단에 설치한다.
⑥ **온도조절밸브**(Temperature Control Valve : TCV) 열교환기나 급탕탱크, 가열기기 등의 내부온도를 감지하여 일정한 온도로 유지시키기 위하여 증기나 온수공급량을 자동적으로 조절하여 주는 자동 밸브이다.
⑦ **정유량 조절밸브** 팬코일 유닛이나 방열기 등에서 각 배관계통이나 기기로 일정량의 유량이 공급되도록 하는 자동밸브이다.
⑧ **차압조절밸브**(Differential Pressure Control Valve) 공급배관과 환수배관 사이에 설치하여 공급관과 환수관의 압력차를 일정하게 유지시켜 주는 밸브이다.

(4) 공조 배관 부속류의 분류

구분	배관 부속
관의 방향을 바꿀 때	엘보, 벤드 등
관을 도중에 분기할 때	티, 와이, 크로스 등
동일 지름의 관을 직선연결할 때	소켓, 유니온, 플랜지, 니플(부속연결) 등
지름이 다른 관을 연결할 때	리듀서(이경소켓), 이경엘보, 이경티, 부싱(부속연결) 등
관의 끝을 막을 때	캡, 막힘(맹)플랜지, 플러그 등
관의 분해, 수리, 교체를 하고자 할 때	유니온, 플랜지 등

엘보	45도 엘보	이경엘보	티이	이경티이
이경티이	편심이경티이	크로스	소켓	리듀서
부싱	캡	플러그	니쁠	이경니쁠
유니언	플랜지	90도 밴드	45도 밴드	리턴밴드

(5) 배관 지지철물

구분	내용
행거 (Hanger)	• 천장 배관 등의 하중을 위에서 달아매어 받치는 지지기구이다. • 종류 : 리지드 행거(Rigid Hanger), 스프링 행거(Spring Hanger), 콘스턴트 행거(Constant Hanger)
서포트 (Support)	• 바닥 배관 등의 하중을 밑에서 위로 떠받치는 지지기구이다. • 종류 : 파이프 슈(Pipe Shoe), 리지드 서포트(Rigid Support), 스프링 서포트(Spring Support), 롤러 서포트(Roller Support)
레스트레인트 (Restraint)	• 열팽창에 의한 배관의 상하·좌우 이동을 구속 또는 제한하는 것이다. • 종류 : 앵커(Anchor), 스톱(Stop), 가이드(Guide)
브레이스 (Brace)	• 펌프, 압축기 등에서 발생하는 기계의 진동, 서징, 수격작용 등에 의한 진동, 충격 등을 완화하는 완충기이다. 방진스프링, 플렉시블조인트가 이에 속한다.

2) 덕트 부속기기

(1) 풍량조절댐퍼(VD)

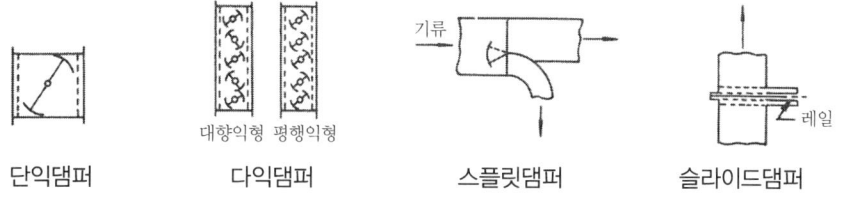

[그림 1-24] 풍량 조절 댐퍼

① **단익댐퍼** 버터플라이 댐퍼라고도 하며 기류가 불안정, 소형덕트에만 쓰인다.
② **다익댐퍼** 날개가 여러 장으로 루버댐퍼라고도 하며, 기류가 안정되고, 대형덕트에 사용한다.(평행익형, 대향익형)
③ **스플릿댐퍼** 덕트의 분기부에서 풍량조절에 이용한다.
④ **슬라이드댐퍼** 덕트 도중 홈 틀을 만들어 1장의 철판을 수직으로 삽입하며 주로 개폐용이다.
⑤ **클로드댐퍼** 댐퍼에 철판대신 섬유질 재질을 사용하여 소음을 감소하고 기류를 안정시킨다.

(2) 방화댐퍼(FD)

화재발생 시 차단 화염이 덕트를 통해 다른 실로 옮겨가는 것을 방지(일반용 휴즈 용융온도 72℃)하며 덕트 내 온도를 감지하여 차단한다.

(3) 방연댐퍼(SD)

방화댐퍼와 마찬가지로 연기의 이동을 막기 위하여 연기를 감지하여 차단한다.(설비비가 고가)

(4) FSD

방화방연댐퍼이다.(2가지 기능 복합)

(5) 가이드베인

덕트의 곡부에서 기류안정을 목적으로 부착하는 안내 날개이다.(터닝베인 : 좁은 날개를 여러 장 붙인 것으로 직각덕트에 쓰인다.)

(6) 취출구 종류

① 도달거리와 강하도
　가. **도달거리** 취출구에서 나온 기류가 0.25m/s 정도로 감소할 때까지 이동한 수평거리를 도달거리라 한다.
　나. **강하도** 취출구에서 나온 기류가 도달거리 지점까지의 수직 이동거리를 강하도(상승도)라 한다.

② 취출구 종류

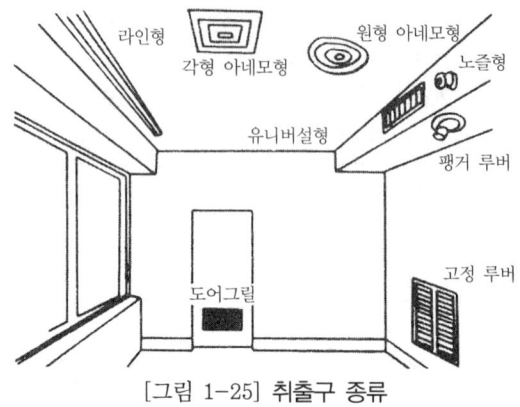

[그림 1-25] 취출구 종류

가) **천장** 아네모스탯형, 팬형, 슬롯형, 노즐형, 라인디퓨저, 다공판
나) **벽면** 유니버설형, 그릴형, 슬롯형, 노즐형, 라인디퓨저, 다공판
다) **머쉬룸형** 극장 바닥 등에 설치하는 흡입구, 취출구

7. 배관 및 덕트의 접합방법

1) 배관이음공법

(1) **나사이음** 강관, STS 배관의 소구경(50A 이하) 등에서 가장 일반적인 이음으로 배관에 숫나사를 내어 암나사를 가진 부속류(엘보 티이 등)와 나사결합하여 접속한다. 유지관리 시 자유단에서 분해도 가능하다.

(2) **용접이음** 대부분의 금속배관(강관, STS 등)에서 용접기로 모재를 용해하여 결합하는 방식으로 수밀성, 구조적 내구성이 우수하나 분해는 불가하다.

(3) **소켓이음** 주철관, PVC, 콘크리트관 등에서 주로 적용하며 수구(숫놈)와 삽구(암놈)를 끼워 맞춤하는 방식이다. 최근에는 주로 고무패킹을 사용한다.

(4) **플랜지이음** 강관, 주철관등 금속 배관에서 분해가 가능한 접합 방법으로 배관에 플랜지를 붙이고(용접이나 나사이음) 플랜지끼리 볼트 접합한다.

(5) **납땜이음** 동관에서 주로 사용하는 접합법으로 모재는 용해하지 않고 용접봉으로 모세관현상으로 결합(연납땜, 경납땜)하는 것이다. 분해는 불가하다.

(6) **메커니컬조인트** 주철관에서 수구와 삽구를 결합하는 것으로 볼트결합한다. 유지관리 시 분해가 가능하다.

(7) **노허브이음** 배수 주철관에서 주로 사용하며 소켓(수구, 삽구)이 없이 배관을 서로 맞대기 접속하고 밴드로 체결한다.

(8) **신축이음** 냉온수 배관에서 온도차에 의한 신축을 흡수하기위해 일정 간격마다 설치하며 밸로즈형, 슬리브형, 신축곡관, 볼죠인트, 스위블조인트 등이 있다.

2) 덕트이음공법

① **시임** 재료 자체를 접어 연결하여 강도가 큰 편이다.
   가. **피츠버그 스냅록** 각 부의 접합 시 겹으로 접은 판 사이에 싱글로 접은 판을 끼워 넣고 때려 누른 형식, 견고하고 공기누설을 막을 수 있어 현장에서 주로 사용한다.
   나. **보턴펀치 스냅록** 더블로 접은 곳에 싱글로 접은 것을 끼워 넣기만 하고 때리지는 않으며 싱글의 돌출부(펀치)가 더블의 접은 면에 걸리도록 하여 시공이 간편하여 공기 단축효과를 노린다.

② **슬립** 슬립에 재료를 끼워 넣는 방식으로 강도가 약해 소형덕트에 활용되며 시공이 쉽고 재료도 절약할 수 있다.

③ **덕트의 보강** 대형덕트에서 강도를 보완하기위하여 다이아몬드 브레이크, 리브홈을 두어 강도를 높인다. 덕트 내외부에 스티프너(앵글보강)를 접속하거나 보강용 봉(로드)을 수직으로 덧대어 결합하기도 한다.

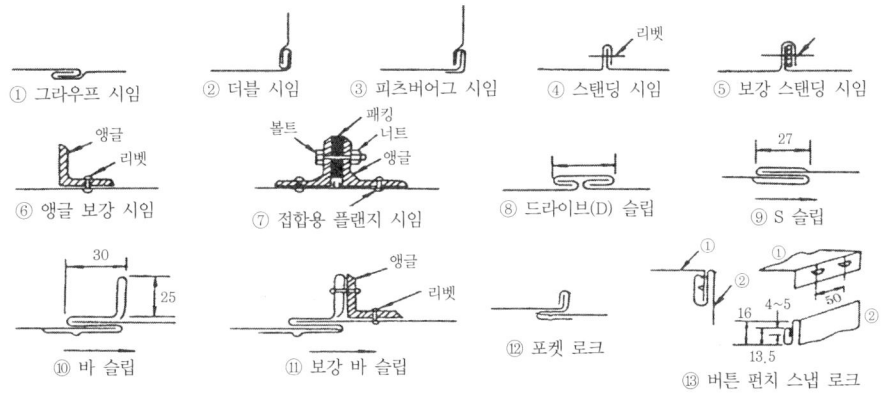

[그림 1-26] 덕트이음공법

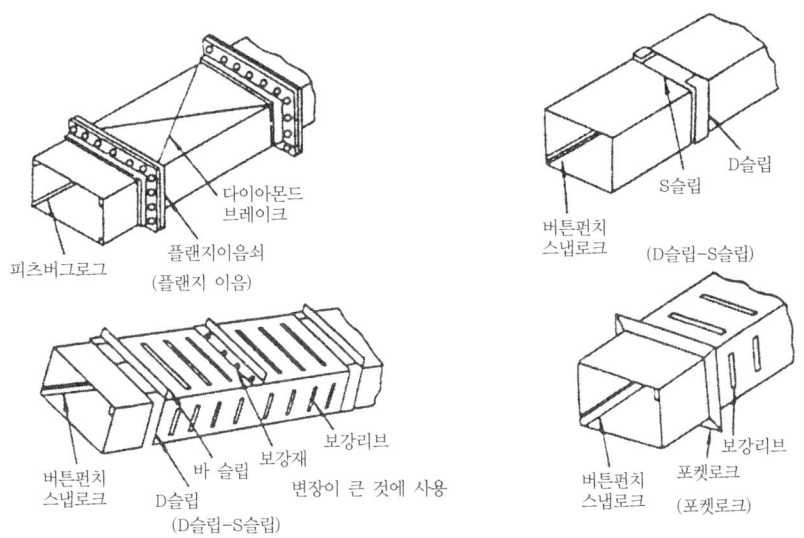

[그림 1-27] 장방형 덕트의 공법

제2장 핵·심·문·제
급배수시스템 및 설비자재 검토

01 급수방식의 종류
다음 급수방식 중 위생성 및 유지관리 측면에서 가장 바람직하며 일반적으로 비교적 소규모의 건물에 사용되는 방식은?

① 수도직결방식   ② 고가탱크방식
③ 압력탱크방식   ④ 세퍼레이트방식

[해설] 수도직결식은 수질오염이 적고 유지관리가 거의 필요 없는 장점으로 최근에 중소규모 건물에 선호되는 급수방식이다.

답 ①

02 수도직결방식의 특성
급수방식 중 수도직결방식에 대한 설명으로 옳지 않은 것은?

① 수도본관 압력에 따라 급수압이 변화한다.
② 수질오염의 가능성이 다른 방식보다 높다.
③ 정전으로 인한 단수의 염려가 없다.
④ 고층으로의 급수가 어렵다.

[해설] 수도직결방식은 수질오염 가능성이 적다.

답 ②

03 고가수조방식의 특성
고가수조식 급수방식의 특징을 설명한 것 중 틀린 것은?

① 수압이 충분치 않다든가 일정하지 않아 상층부에 급수하지 못할 때 사용한다.
② 수압이 너무 과다하여 관이나 밸브류가 파손할 염려가 있을 때 유리하다.
③ 단수가 있기 쉬울 때 유리하다.
④ 취급이 비교적 어렵고 고장이 많다.

[해설] 고가수조식은 취급이 용이하고 고장이 적은 편이다.

답 ④

04 급수방식의 소비특성
다음 급수방식 중 에너지 소비가 가장 큰 것은?
① 수도직결식
② 압력탱크식
③ 고가탱크식
④ 탱크 없는 부스터방식

해설 에너지 소비 순서는 부스터방식>압력탱크식>고가탱크식>수도직결식

답 ④

05 고가수조방식의 특성
급수방식의 종류 중 고가수조 급수방식의 장점으로 틀린 것은?
① 일정한 수압으로의 급수가 가능하다.
② 저수량을 확보하여 단수 시에도 일정시간 동안 급수가 가능하다.
③ 배관계통의 일정수압 유지가 가능하여 배관 부속품의 파손이 적다.
④ 급수의 오염가능성의 거의 없다.

해설 고가수조식은 수조에서의 정체시간이 길어져 오염가능성은 커진다.

답 ④

06 국소식 급탕방식의 종류
국소식 급탕설비의 종류 중 증기를 사일렌서나 기수혼합밸브에 의해 물과 혼합시킨 탕을 만드는 방식은?
① 저탕식
② 열매혼합식
③ 순간식
④ 직접가열식

해설 열매혼합식(기수혼합식)은 증기 잠열을 이용하여 물과 혼합시켜 탕을 얻는 것으로 혼합 시 소음을 제거하는 사일렌서 등을 이용한다.

답 ②

07 중앙식 급탕방식의 특성
중앙식 급탕방식에 대한 설명으로 옳지 않은 것은?
① 배관 및 기기로부터의 열손실이 작다.
② 기구의 동시 이용률을 고려하여 가열장치의 총 용량을 적게 할 수 있다.
③ 일반적으로 열원장치는 공조설비와 겸용하여 설치되기 때문에 열원단가가 싸다.
④ 기계실 등에 다른 설비 기계와 함께 가열장치 등이 설치되기 때문에 관리가 용이하다.

해설 중앙식은 개별식에 비하여 배관이 길어지므로 열손실이 많다.

답 ①

08 간접가열식 급탕설비
간접가열식 급탕설비에서 트랩장치를 하는 이유로 맞는 것은?
① 응축수만을 보일러에 환수시키기 위하여
② 보일러에서 역류하는 악취를 방지하기 위하여
③ 신축을 흡수시키기 위하여
④ 배관 내의 소음을 줄이기 위하여

해설 간접가열식은 증기를 이용해 급탕을 가열하며, 이때 응축수가 발생하는데 이 응축수 제거에 트랩이 쓰인다.

답 ①

09 간접가열식 급탕설비
간접가열식 급탕설비와 관계가 가장 먼 것은?
① 가열 코일
② 열동 트랩
③ 마노미터
④ 서모스탯

해설 간접가열식에서는 열교환기, 가열 코일, 열동 트랩, 서모스탯 등이 필요하다. 마노미터는 기기 동압 측정용 계기이다.

답 ③

10 개별급탕방식의 특성
급탕방식 중 개별식의 특징 중 거리가 먼 것은?
① 배관 열손실이 적다.
② 급탕 개소가 많을 경우 시설비가 싸다.
③ 가열기 열효율이 낮다.
④ 기존 건물에 설치가 용이하다.

해설 개별식 급탕방식은 급탕개소가 많을 경우 각 개소마다 가열기를 설치하므로 시설비가 비싸진다. 최근 아파트에서는 이용의 편리성, 개인 성향 등으로 인해 개별식(급탕, 난방)이 증가한다.

답 ②

11 저탕형 급탕방식의 특성
개별식 급탕설비 중 저탕형에 대한 설명 중 해당되는 것은?
① 수전을 틀면 처음에는 찬물이 나온다.
② 급탕온도는 60~70℃까지 얻는다.
③ 주택, 이용원 등 소규모에 알맞다.
④ 서모스탯을 이용하여 일정한 급탕온도를 유지한다.

해설 저탕형 급탕설비는 서모스탯을 이용하여 처음부터 100℃까지의 뜨거운 물이 나온다. 학교 식당 등의 일시에 다량의 급탕을 요구하는 곳에 쓰인다.

답 ④

12 간접가열식과 직접가열식의 비교

중앙식 급탕법의 간접가열식과 비교한 직접가열식에 대한 설명이다. 틀린 것은?

① 보일러 내면에 스케일 형성이 크다.
② 대규모 건물에 적당하다.
③ 보일러수의 온도변화가 심하고 팽창 수축이 크다.
④ 간접가열식에 비하여 열효율이 좋다.

해설 직접가열식은 스케일 형성이 크므로 열전달이 나쁘며 건물 높이에 상당하는 정수압을 받으므로 고층 건물에는 부적합하다. 열교환기가 없어서 시스템이 간단하여 전체 열효율은 좋다.

답 ②

13 열매(기수) 혼합식의 특성

개별식 급탕법 중 열매(기수) 혼합식에 대한 설명 중 틀린 것은?

① 증기를 쉽게 얻을 수 있는 곳에 알맞다.
② 증기 분사 시 열효율을 높이기 위하여 사일렌서를 부착한다.
③ 열효율은 100%이다.
④ 기수 혼합식에 이용되는 증기압력은 0.1~0.4MPa가 알맞다.

해설 사일렌서는 소음과 진동을 감소하기 위한 장치이다.

답 ②

14 통기관의 종류

고층 건축물에서 5층째마다 배수 수직주관과 통기 수직주관을 연결하여 설치한 관의 명칭으로서 맞는 것은?

① 신정 통기관
② 도피 통기관
③ 공용 통기관
④ 결합 통기관

해설
1) 각개 통기관 : 위생기구마다 통기관을 설치하는 것
2) 공용 통기관 : 2개 이상 위생기구를 공용으로 통기관을 설치하는 것
3) 회로 통기관(환상 통기관) : 배수횡지관에서 2개 이상의 트랩을 보호하기 위하여 최상류 기구의 바로 아래에서 통기관을 세워 통기수직관에 연결
4) 도피 통기관 : 회로 통기관을 도와서 통기 능률을 향상시키기 위하여 배수횡지관 최하류와 통기수직관을 연결
5) 신정 통기관 : 배수 수직관 상부를 곧장 연장하여 옥상 등에 개구시킨 것
6) 습식(습윤) 통기관 : 통기와 배수의 역할을 동시에 하는 통기관
7) 결합 통기관 : 고층 건물에서 통기 효과를 높이기 위해 5층마다 통기수직관과 배수수직관을 연결한 관

답 ④

15 통기관의 종류
배수·통기 양 계통 간의 공기의 유통을 원활히 하기 위해 설치하는 통기관으로써, 고층건물이나 기구수가 많은 건물에서 수직관까지의 거리가 긴 경우 루프 통기의 효과를 높이는 의미에서 채용되는 것은?

① 각개 통기관
② 신정 통기관
③ 습윤 통기관
④ 도피 통기관

해설 도피통기관은 루프 통기관(배수횡지관 최상류 설치)을 도와서 통기 능률을 향상시키기 위하여 배수횡지관 최하류에서 통기수직관과 연결한다.

답 ④

16 통기관의 명칭
다음 그림에서 ① 부분의 통기관의 명칭으로 맞는 것은?

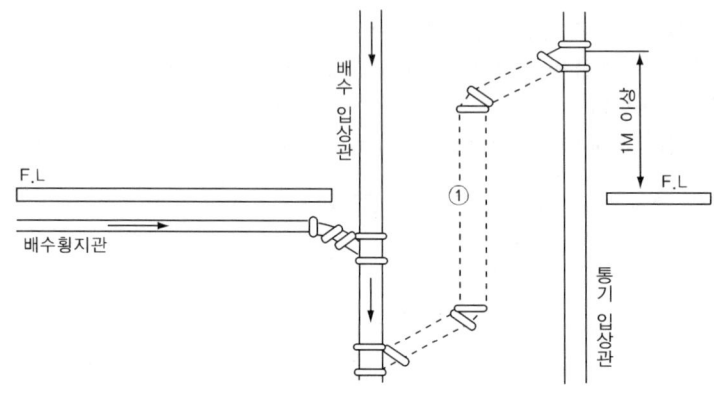

① 도피 통기관
② 신정 통기관
③ 회로 통기관
④ 결합 통기관

해설 통기입관과 배수입관을 연결하는 결합 통기관이다.

답 ④

17 직선연결강관 이음쇠
다음 중 동일한 직경의 강관을 직선 연결할 때 사용되는 강관 이음쇠가 아닌 것은?

① 소켓(Socket)
② 유니온(Union)
③ 플러그(Plug)
④ 니플(Nipple)

해설
1) 배관 방향 전환 : 엘보, 벤드
2) 배관 최종 조립 : 플랜지, 유니온
3) 배관 직선 연결 : 소켓, 니플
4) 배관 말단을 막음 : 플러그, 캡
5) 이경관 접속 : 리듀서, 부싱
6) 분기관을 뽑아 낼 때 : 티, 크로스

답 ③

18 통기관의 설치목적
통기관의 설치목적에 맞지 않는 것은?
① 하수로부터의 악취를 방지한다.
② 트랩의 봉수를 보호한다.
③ 배수관 내의 흐름을 원활하게 한다.
④ 공기를 유동시켜 관내를 청결히 유지한다.

해설 통기관은 배수관 내의 압력을 대기에 연결하여 봉수를 보호하고 흐름을 자유롭게 한다. 악취를 방지하는 기능은 트랩이 담당한다.

답 ①

19 간접배수
다음 중 간접배수와 관련이 없는 것은?
① 냉장고에서의 배수
② 급수용 탱크에서의 배수
③ 세탁기에서의 배수
④ 세면기에서의 배수

해설 세면기, 소변기, 대변기, 욕조 등은 트랩과 배수관이 직접 연결되는 직접 배수한다.

답 ④

20 염화비닐관의 특징
배관재료 중 염화비닐관의 특징에 대해 설명한 것 중 틀린 것은?
① 비중은 1.4~1.6 정도이며 가볍고 강하다.
② 산, 알칼리 및 염류에 대한 내식성이 약하다.
③ 전기적 저항이 크고 전식작용이 없다.
④ 열팽창률이 강관보다 크다.

해설 합성수지관은 산, 알칼리에 강하다.

답 ②

21 배관 회로 방식별 특징
다음은 배관 회로 방식을 설명한 것이다. 옳지 않은 것은?
① 개방회로 방식-배관 부식이 심해 백 가스관으로 사용
② 밀폐회로방식-팽창탱크 설치가 필요
③ 직접 환수 방식-균일한 유량의 조절을 위한 밸브 필요
④ 역환수 방식-배관 스페이스가 적고 설비가 저렴

해설 역환수 방식은 균일한 유량 조절을 위해 존별로 배관 순환 길이를 같게 만든 것으로 배관 길이가 길어지고 설비비가 증가한다.

답 ④

22 연관의 부식 특성
연관이나 놋쇠관을 잘 부식시키는 물은?
① 연수   ② 경수
③ 증류수   ④ 지하수

해설 연관이나 황동관을 잘 부식시키는 것은 증류수나 멸균수 등의 극연수이다.

답 ③

23 연관의 부식 특성
다음 중 연관이나 황동관을 가장 잘 부식시키는 것은?
① 경도 5ppm 정도의 물   ② 경도 90ppm 정도의 물
③ 경도 110ppm 정도의 물   ④ 경도 140ppm 정도의 물

해설 경도가 0에 가까운 극연수는 황동관, 연관을 부식시킨다.

답 ①

24 밸브의 종류
공조용 배관에 사용되는 밸브 중에서 설치공간이 작고 경량이며 유량제어가 가능한 밸브는?
① 버터플라이 밸브   ② 체크 밸브
③ 감압 밸브   ④ 알람 밸브

해설 버터플라이 밸브는 가볍고 설치공간이 작고, 조작이 간단하여 널리 쓰이고 있다.

답 ①

25 스케줄번호 산출
직경 50mm인 압력배관용 탄소강관 내로 최소 사용압력 40kg/cm²(4MPa)의 물을 통과시킬 경우 관의 스케줄번호는?(단, 재료의 허용응력 10kg/mm²(100MPa)으로 한다.)
① 10   ② 20
③ 30   ④ 40

해설 1) 공학단위 $\text{sch} = \dfrac{P}{S} \times 10 = \dfrac{40}{10} \times 10 = 40$

P : 사용압력(kg/cm²), S : 허용응력(kg/mm²)

2) SI 단위 $\text{sch} = \dfrac{P}{S} \times 1,000 = \dfrac{4}{100} \times 1,000 = 40$

P : 사용압력(MPa), S : 허용응력(MPa)

답 ④

26 배관 재료의 용도
다음은 배관 재료와 그 용도를 나타낸 것이다. 가장 적당하게 나열된 것은 어느 것인가?
① 경질염화비닐관-냉매
② 동관-증기
③ 경질염화비닐라이닝강관-급수
④ 스테인리스강관-가스

해설 냉매-동관, 증기 및 가스-강관

답 ③

27 마찰손실 산출
관길이 50m, 내경 80mm인 원관 속에서 유속 1.2m/s로 물이 흐르고 있을 때 마찰손실은 몇 mAq인가?(단, 마찰계수는 0.02이며 배관 도중에는 상당 길이 10.7m인 앵글 밸브가 1개 있다.)
① 1.1
② 1.8
③ 2.7
④ 3.4

해설 $H = f \dfrac{l}{d} \cdot \dfrac{V^2}{2 \cdot g} = 0.02 \times \dfrac{(50+10.7)}{0.08} \times \dfrac{(1.2)^2}{2 \times 9.8} = 1.115 \text{mAq}$

답 ①

28 마찰손실 산출
L_m인 냉각수관이 수평으로 설치되어 있다. 이 관의 마찰손실수두 h(mAq)는 얼마인가? (단, 마찰계수는 λ, 관경은 d(m), 유속은 w(m/s), 중력 가속도는 g(m/sec^2)이다.)

① $h = d \cdot \dfrac{l}{\lambda} \cdot \dfrac{w^2}{2g}$
② $h = \lambda \cdot \dfrac{l}{d} \cdot \dfrac{w^2}{2g}$
③ $h = \lambda \cdot \dfrac{d}{l} \cdot \dfrac{w^2}{2g}$
④ $h = \dfrac{l}{\lambda \cdot d} \cdot \dfrac{w^2}{2g}$

답 ②

29 마찰손실 산출
관내경 50mm, 냉수관의 수평배관 100m에서 관 내에 120L/min물이 흐를 때 마찰손실수두(mAq)는?(단, 부속류 상당길이는 실배관 길이의 30%로 한다. 마찰계수(f)=0.02이다.)
① 1.97
② 2.76
③ 3.87
④ 5.52

해설 유속 $V = Q/A = 120 \times 10^{-3}/60 \times (\pi/4) \times 0.05^2 = 1.02 \text{m/s}$

마찰손실수두 계산식 $h = f \times \dfrac{L+L'}{d} \times \dfrac{V^2}{2g} = 0.02 \times \dfrac{100 \times 1.3}{0.05} \times \dfrac{1.02^2}{2 \times 9.8} = 2.76 \text{mAq}$

답 ②

30 전수두 산출

기준면보다 20m 높이에 있는 관내에 물(ρ=1000kg/m²)이 압력 P=60kPa, 유속 V=3m/s로 흐를 때 이 물의 전수두(m)는?

① 18.7
② 26.6
③ 38.7
④ 83.1

해설 전수두=위치+속도+압력=$Z+V^2/2g+P/\gamma$=20+3²/2×9.8+60/9.8=26.58=26.6m

답 ②

31 배관계통의 방진

다음 중 배관계통의 방진을 위해 고려해야 할 사항과 거리가 먼 것은?

① 진동원의 기계를 지지한다.
② 배관을 밀고 당기는 힘이 작용되지 않도록 배치한다.
③ 소구경 배관에서는 후렉시블 호스를 쓸 경우가 있다.
④ 바닥, 벽 등을 관통하는 곳에서는 직접 건물과 닿게 한다.

해설 벽을 관통하는 곳은 슬리브 처리하여 직접 건물과 닿지 않게 한다.

답 ④

32 여과기

배관에 설치하여 관속의 유체에 섞여 있는 모래 등의 이물질을 제거하여 기기의 성능을 보호하는 기구로서 여과기라고도 불리는 것은?

① 트랩
② 스트레이너
③ 밸브
④ 볼 조인트

해설 스트레이너는 기기 앞에 설치하며 이물질을 제거하여 조절밸브 간극 보호, 펌프 임펠러 마모방지 등의 기능을 한다.

답 ②

33 강관의 종류

내식성, 내열성이 우수하며 고온, 고압용에 이용되는 강관은?

① 동관
② 염화비닐관
③ 스테인리스 강관
④ 압력배관용 탄소강관

해설 스테인리스 강관은 내식성이 우수하고 고온용, 저온용이 있다.

답 ③

34 기구배관 접속재 종류
진동을 발생하는 기구의 배관 접속재가 아닌 것은?
① 플렉시블 조인트　　② 플렉시블 호스
③ 플렉시블 캔버스　　④ 고무호스

해설 플렉시블 캔버스는 공조기와 덕트 접속재이다.

답 ③

35 유량계수 산출
최대 냉온수 유량이 200L/min이고 밸브 통과 시의 압력강하를 0.36kg/cm² 이하로 제한할 때 필요한 유량조절밸브(control valve)의 유량계수 C_v는?
① 14.2　　② 23.3
③ 36.4　　④ 48.5

해설 유량조절밸브의 유량계수 C_v는 공학 : $C_v = \dfrac{0.07Q}{\sqrt{P}} = \dfrac{0.07(200)}{\sqrt{0.36}} = 23.3$

Q : 유량(L/min), P : 압력(kg/cm²)

답 ②

36 유량계수 산출
최대 냉온수 유량이 200L/min이고 밸브 통과 시의 압력강하를 36kPa 이하로 제한할 때 필요한 유량조절밸브(control valve)의 유량계수 C_v는?
① 14.2　　② 23.1
③ 36.4　　④ 48.5

해설 SI 단위 : $C_v = \dfrac{694Q}{\sqrt{P}} = \dfrac{694 \times 0.2}{\sqrt{36}} = 23.1$

Q : 유량(m³/min), P : 압력(kPa)

답 ②

37 밸브의 종류
밸브를 완전히 열면 유체 흐름의 단면적 변화가 없기 때문에 마찰저항이 적어서 흐름의 단속(ON-OFF)용으로 사용되는 밸브로, 게이트 밸브(gate valve)라고도 불리는 것은?
① 슬루스 밸브　　② 체크 밸브
③ 글로브 밸브　　④ 앵글 밸브

해설 슬루스 밸브는 개폐용에 적합하며 유량조절용에는 부적합하고 글로브 밸브나 버터플라이 밸브를 사용한다.

답 ①

38 댐퍼의 종류
다음의 풍량조절 댐퍼 중에서 덕트 분기부에 설치해서 풍량의 분배를 하는데 사용하는 것은?
① 버터플라이 댐퍼   ② 루버 댐퍼
③ 스플릿 댐퍼   ④ 정풍량 댐퍼

해설 ① 버터플라이 댐퍼 : 단익 댐퍼라고도 하며 기류가 불안정하고 주로 소형 덕트에 쓰인다.

답 ③

39 댐퍼의 종류
대형 덕트의 개폐용으로 가장 적당한 댐퍼는?
① 스플릿 댐퍼   ② 루버 댐퍼의 평행익형
③ 루버 댐퍼의 대향익형   ④ 버터플라이 댐퍼

해설 대형 덕트에서 루버 댐퍼의 평행익형은 개폐용에 주로 쓰이며 마찰손실이 적은 반면 편류가 심하다. 대향익형은 풍량 조절용에 쓰인다.

답 ②

40 부패탱크방식의 특성
부패탱크방식 오수정화조에 대한 설명으로 옳은 것은?
① 부패조에는 공기를 충분히 공급한다.
② 산화조에는 공기의 공급을 차단시킨다.
③ 산화조에는 혐기성균에 의해 산화시킨다.
④ 여과조에서는 쇄석을 이용하여 고형물을 제거한다.

해설 산화조는 호기성 미생물의 산소공급을 돕도록 산소를 공급하고 부패조는 혐기성 상태가 되도록 공기를 차단한다.

답 ④

41 BOD 제거율 산출식
BOD 제거율을 나타내는 식은?

① $\dfrac{\text{유입수 BOD} - \text{유출수 BOD}}{\text{유입수 BOD}} \times 100$ ② $\dfrac{\text{유출수 BOD} - \text{유입수 BOD}}{\text{유출수 BOD}} \times 100$

③ $\dfrac{\text{유입수 BOD} - \text{유출수 BOD}}{\text{유출수 BOD}} \times 100$ ④ $\dfrac{\text{유출수 BOD} - \text{유입수 BOD}}{\text{유입수 BOD}} \times 100$

해설 BOD 제거율=제거량/유입량=(유입-유출)/유입

답 ①

42 부패탱크식 정화조
부패탱크식 정화조의 정화 순서로 맞는 것은?

① 부패-산화-여과-소독 ② 부패-여과-산화-소독
③ 부패-여과-소독-산화 ④ 부패-산화-소독-여과

해설 정화 순서 : 부패조-여과조-산화조-소독조

답 ②

43 오수정화 시설
오수정화시설과 관계없는 것은?

① 장기폭기방법 ② 표준활성오니방법
③ 살수여상방법 ④ 소벤트 방법

해설 오수정화시설에는 장기폭기방법, 표준활성오니법, 살수여상법, R.B.C(회전원판공법), H.B.C(현수생물막법)공법, 접촉산화공법 등이며, 소벤트 방법은 통기방식의 일종이다.

답 ④

44 오수정화조 설계 순서
오수정화조의 설계 순서를 바르게 표시한 것은?

a. 처리대상 인원산출 b. 정화조 용량산정
c. 오수특성 분석 d. 오수정화성능 결정

① a-b-c-d ② a-d-c-b
③ a-c-d-b ④ c-d-a-b

해설 정화조 설계 순서는 대상 인원산출-정화조 성능 결정-오수 특성 분석-처리방식 결정-용량 결정-세부설계 및 방류수 주변 상황 조사

답 ②

45 오수정화조 처리장치
오물정화조의 2차 처리장치로 볼 수 없는 것은?

① 살수여상형 ② 2중 탱크형
③ 단순폭기형 ④ 평면산화형

해설 2중 탱크형(임호프 탱크)은 혐기성 소화로 1차 처리에 속한다.

답 ②

제4편 설계도서 작성

제1장 설비도서 작성

1. 설비도서 종류

1) 설계설명서
시설물의 전반적인 설계개념과 설계과정, 설계자의 의도, 그 지역의 특성과 고려 사항 등을 설명한 것

2) 설비용량계산서
부하계산서, 장비계산서 등의 산출을 통한 공기조화기, 냉온열원장치등의 용량 산정

3) 설비설계도면

(1) 일반사항
설계진행단계에 따라 기본설계도면과 기본설계도면과 실시설계도면으로 구분한다.

(2) 종류

① 기본설계도면
설계기본 요구와 기본계획을 기초로 개략적인 설계의 틀을 평면화하여 표현

② 실시설계도면
기본설계도면을 발전시켜 상세도, 확대도 등을 포함하여 작성한 설계의 최종 성과물

4) 설비시방서

(1) 일반사항
공사 설계도면에 표기되지 않은 재료, 품질, 시공특기사항 등을 기록한 설계도서의 일종이다.

(2) 종류

구분	내용
표준시방서	시설물의 안전 및 공사시행의 적정성과 품질확보 등을 위하여 시설별로 정한 표준적인 시공기준으로서 발주자 또는 설계 등 용역업자가 공사시방서를 작성하는 경우에 활용하거나 시공 현장에 적용하는 시공기준을 말한다.
전문시방서	「건설기술 진흥법」 규정에 의하여 시설물별 표준시방서를 기본으로 모든 공종을 대상으로 하여 특정한 공사의 시공 또는 공사시방서의 작성에 활용하기 위한 종합적인 시공 기준을 말한다.
공사시방서	공사별로 건설공사 수행을 위한 기준으로서 계약문서의 일부가 되며, 설계도면에 표시하기 곤란하거나 불편한 내용과 당해 공사의 수행을 위한 재료, 공법, 품질시험 및 검사 등 품질관리, 안전관리계획 등에 관한 사항을 기술하고, 당해 공사의 특수성, 지역여건, 공사방법 등을 고려하여 공사별, 공종별로 정하여 시행하는 시공기준을 말한다.

2. 설비설계도면의 작도법

1) 장비일람표

장비목록에 기재할 장비류의 사양자료를 준비 → 장비일람표 윤곽선 작도 → 장비목록 순서대로 기재할 내용을 기입 → 장비일람표를 작성한 후 기재내용을 검토

2) 계통도

층수 표시 참조선 작도 → 계통도 레이아웃 스케치 → 장비 배치 → 배관, 덕트의 스케치 → 배관, 덕트 작도 → 배관, 덕트의 치수, 층높이, 장비류 명칭과 기호, 설계지시 사항 등을 기재 → 계통도 작성 후 검토

3) 기계실 평면도

건축도 작도 → 장비, 기기, 기구 배치 → 설비의 공급개소 기입 → 배관 덕트 계통도 계략 작도 → 배관, 덕트 작도 → 크기, 장비기호와 명칭 기입 → 도면 작성 후 검토

3. KS제도 통칙

① 제도통칙은 일반 공업제도에 적용되는 기본적인 사항과 공통사항을 규정한 것이다.
② 제도통칙은 여러 분야의 제도규격 중에서 필요한 것들을 인용하여 만들며 KS 제도통칙으로는 제도통칙(KS A 0005), 토목제도 통칙(KS F1001), 건축제도 통칙(KS F 1501) 등이 있다.
③ 건축제도통칙은 건축의 기본적인 제도방법에 대하여 규정하고 있으며 기계설비 제도에도 준용한다.

4. 도면의 표시방법

1) 배관 도시기호

(1) 치수 기입법
① EL 표시 　지평선을 기준으로 배관 높이를 표시한다.
② BOP(Bottom Of Pipe) 　관의 높이를 외경 아래 면까지로 표시한다.
③ TOP(Top Of Pipe) 　관의 높이를 외경 윗면까지로 표시한다.
④ GL(Ground level) 　포장된 지표면을 기준으로 배관 높이를 표시한다.
⑤ FL(Floor Level) 　1층 바닥면을 기준으로 배관 높이를 표시한다.

(2) 유체의 종류 표시기호

[표 1-1] 유체의 종류와 기호 및 도시법

유체의 종류	기호	유류	O
공기	A	수증기	S
가스	G	물	W

[표 1-2] 물질의 종류와 식별색

종류	식별색	종류	식별색
물	청색	산·알칼리	회자색
증기	진한 적색	기름	진한 황적색
공기	백색	전기	엷은 황적색
가스	황색		

[표 1-3] 관 및 밸브류 도시기호

종류	도시기호	종류	도시기호
접속되지 않은 상태		밸브(일반)	
접속된 상태		앵글밸브	
분기 접속		체크밸브	
관 A가 도면에 대해서 직각으로 앞으로 구부러진 상태		스프링 안전밸브	
		추안전밸브	
관 B가 도면에 대해서 직각으로 뒤로 구부러진 상태		수동밸브	
		일반 조작밸브	
관 C가 앞에서 도면에 대해 직각으로 구부러져 관 D에 접속된 상태		전동식 조작밸브	
		전자식 조작밸브	
관이음 　일　　　반 　　　　플랜지형 　　　　암　수　형 　　　　유니언형		일반도피밸브	
		공기빼기밸브	
		콕(cock)	

종류	도시기호	종류	도시기호
슬리브형 신축이음 벨로스형 곡 관 형		3방콕	
		닫힌 밸브	
엘보 또는 벤드		닫힌 콕	
티(tee)		압력계	(P)
크로스(cross)		온도계	(T)
막힘 플랜지			

2) 배관 및 덕트 관련 도시기호

(1) 덕트류

기 호	명 칭	Description	Code
덕 트 일 반			
	급기 덕트	SUPPLY AIR DUCT SECTION	DD001
	환기 덕트	RETURN AIR DUCT SECTION	DD002
	배기 덕트	EXHAUST AIR DUCT SECTION	DD003
	외기 덕트	FRESH AIR DUCT SECTION	DD004
	급기 덕트	SUPPLY AIR DUCT SECTION	DD005
	환기 덕트	RETURN AIR DUCT SECTION	DD006
	배기 덕트	EXHAUST AIR DUCT SECTION	DD007
	외기 덕트	FRESH AIR DUCT SECTION	DD008
-----SA-----	급기 덕트	SUPPLY AIR DUCT	DD009
-----RA-----	환기 덕트	RETURN AIR DUCT	DD010
-----EA-----	배기 덕트	EXHAUST AIR DUCT	DD011
-----OA-----	외기 덕트	FRESH AIR DUCT	DD012
	점검구	ACCESS DOOR	DD013
	덕트 슬리브	DUCT SLEEVE	DD014
	취출구	SUPPLY DIFFUSER	DD015
	흡입구	RETURN DIFFUSER	DD016
	노즐	NOZZLE DIFFUSER	DD017

(2) 덕트부속류

기호	명칭	Description	Code
V.D	풍량 조절 댐퍼	VOLUME DAMPER	DF001
F.D	방화 댐퍼	FIRE DAMPER	DF002
F.V.D	풍량 조절 및 방화 댐퍼	FIRE VOLUME DAMPER	DF003
S.D	전자식 개폐 댐퍼	SOLENOID DAMPER	DF004
M.D	전동 풍량 조절 댐퍼	MOTORIZED VOLUME DAMPER	DF005
B.D	역류 방지 댐퍼	BACKDRAFT DAMPER	DF006
	캔버스 이음	CANVAS DUCT CONNECTION	DF007
	플렉시블 덕트	FLEXIBLE DUCT	DF008
	원형 디퓨저	ROUND TYPE DIFFUSER	DF009
	각형 디퓨저	SQUARE TYPE DIFFUSER	DF010
	라인 디퓨저	LINE DIFFUSER	DF011
	레지스터 및 그릴	REGISTER OR GRILLE	DF012
	루버	LOUVER	DF013
V.A.V	가변 풍량 유니트	VARIABLE AIR VOLUME UNIT	DF014
C.A.V	정풍량 유니트	CONSTANT AIR VOLUME UNIT	DF015
	흡음 라이닝	ACOUSTICAL LINING	DF016
S.D	분할 덕트	SPLIT DUCT	DF017
	덕트의 분기	BRANCH SUPPLY OR RETURN	DF018
TV	터닝베인	TURNING VANE	DF019
	흡음 엘보	ACOUSTICAL ELBOW	DF020

기호	명칭	Description	Code
덕트부속류			
□	흡음 챔버	ACOUSTICAL CHAMBER	DF021
▭	챔버	DUCT CHAMBER FAN	DF022

(3) 배관 및 덕트 관련 도시기호(공조배관)

기호	명칭	Description	Code
공조배관			
-/-/-/- SS-----	고압 증기 공급관	HIGH PRESSURE STEAM SUPPLY	PA001
-/-/-/- SR-----	고압 증기 환수관	HIGH PRESSURE STEAM RETURN	PA002
--/-/-- SS-----	중압 증기 공급관	MEDIUM PRESSURE STEAM SUPPLY	PA003
--/-/-- SR-----	중압 증기 환수관	MEDIUM PRESSURE STEAM RETURN	PA004
---/-- SS-----	저압 증기 공급관	LOW PRESSURE STEAM SUPPLY	PA005
---/-- SR-----	저압 증기 환수관	LOW PRESSURE STEAM RETURN	PA006
---- HTS ----	고온수 공급관	HIGH TEMPERATURE WATER SUPPLY	PA007
---- HTR ----	고온수 환수관	HIGH TEMPERATURE WATER RETURN	PA008
---- MTS ----	중온수 공급관	MEDIUM TEMPERATURE WATER SUPPLY	PA009
---- MTR ----	중온수 환수관	MEDIUM TEMPERATURE WATER RETURN	PA010
----- HS -----	온수 공급관	HOT WATER SUPPLY	PA011
----- HR -----	온수 환수관	HOT WATER RETURN	PA012
---- CHS ----	냉온수 공급관	HOT & CHILLED WATER SUPPLY	PA013
---- CHR ----	냉온수 환수관	HOT & CHILLED WATER RETURN	PA014
----- CS -----	냉수 공급관	CHILLED WATER SUPPLY	PA015
----- CR -----	냉수 환수관	CHILLED WATER RETURN	PA016
---- CWS ----	냉각수 공급관	CONDENSER WATER SUPPLY	PA017
---- CWR ----	냉각수 환수관	CONDENSER WATER RETURN	PA018
----- ED -----	장비 배수관	EQUIPMENT DRAIN	PA019
----- E -----	팽창관	EXPANSION	PA020
-----RG-----	냉매 가스관	REFRIGERANT SUCTION	PA021
-----RL-----	냉매 액관	REFRIGERANT LOQUID	PA022
----HPWS----	열원수 공급관	HEAT PUMP WATER SUPPLY	PA023
----HPWR----	열원수 환수관	HEAT PUMP WATER RETURN	PA024
-----CD-----	응축 배수관	CONDENSATED DRAIN	PA025
---- DOS ----	경유 공급관	DIESEL OIL SUPPLY	PA026
---- DOR ----	경유 환유관	DIESEL OIL RETURN	PA027
---- DOV ----	경유 통기관	DIESEL OIL VENT	PA028
---- BOS ----	중유 공급관	BUNKER "C" OIL SUPPLY	PA029
---- BOR ----	중유 환수관	BUNKER "C" OIL RETURN	PA030
---- BOV ----	중유 통기관	BUNKER "C" OIL VENT	PA031
-----AV-----	통기관	AIR VENT	PA032
----BFW----	보일러 보급수관	BOILER FEED WATER	PA033
-----BS-----	브라인 공급관	BRINE SUPPLY	PA034
-----BR-----	브라인 환수관	BRINE RETURN	PA035
---- BBD ----	블로우 다운관	BOILER BLOW DOWN	PA036

(4) 배관 및 덕트 관련 도시기호(위생배관)

기 호	명 칭	Description	Code
위 생 배 관			
----- ○ -----	급수관	DOMESTIC COLD WATER	PP001
---- ○ ○ ----	급탕관	DOMESTIC HOT WATER SUPPLY	PP002
--- ○ ○ ○ ---	환탕관	DOMESTIC HOT WATER RETURN	PP003
----- + -----	정수관	WELL WATER	PP004
----- E -----	팽창관	EXPANSION	PP005
-----RW-----	중수관	RECYCLED WATER	PP006
----- IW -----	공업 용수	INDYSTRIAL WATER	PP007
----- D -----	배수관	DRAIN	PP008
----- S -----	오수관	SOIL	PP009
------V------	통기관	VENT	PP010
---- DWS ----	음용수 공급관	DRINKING WATER SUPPLY	PP011
---- DWR ----	음용수 환수관	DRINKING WATER RETURN	PP012
----- KD -----	주방 배수관	KITCHEN DRAIN	PP013
----- PD -----	주차장 배수관	PARKING DRAIN	PP014
----- RD -----	우수 배수관	ROOF DRAIN	PP015
-----WD-----	폐수관	WASTE DRAIN	PP016
-----WV-----	폐수 통기관	WASTE VENT	PP017
-----P°-----	급수 양수관	PUMPING COLD WATER SUPPLY	PP018
----- P+ -----	정수 양수관	PUMPING WELL WATER SUPPLY	PP019

제1장 핵·심·문·제
설비도서 작성

01 지표면 기준 배관높이 표시법
배관 도시기호 치수 기입법에서 포장된 지표면을 기준으로 배관 높이를 표시하는 법은?
① BOP
② TOP
③ GL
④ FL

해설 BOP : 배관 밑면을 기준으로 배관높이 표기
TOP : 배관 상부면을 기준으로 배관높이 표기
GL : 지표면을 기준으로 배관높이 표기
FL : 건축 당해층 바닥면을 기준으로 배관높이 표기

답 ③

02 설비 도면 도시기호
설비 도면에서 다음 도시기호는 무엇을 표시하는 것인가?

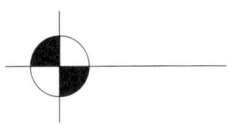

① 배관재질
② 배관레벨
③ 엘보
④ 크로스

해설 위 도시기호는 배관레벨을 표기하는데 사용하며 BOP(배관 하부레벨), COP(배관 중심레벨), TOP(배관 상부레벨) 등을 사용한다.

답 ②

03 유체의 종류와 기호 연결
설계도면 작성에서 유체의 종류와 기호의 연결 중 잘못된 것은?
① 공기 : A
② 가스 : G
③ 수증기 : V
④ 물 : W

해설 수증기 : S

답 ③

04 물의 표시기호
파이프 내 흐르는 유체가 "물"임을 표시하는 기호는?

① ─↙A─   ② ─↙O─
③ ─↖S─   ④ ─↖W─

해설 물 : W, 공기 : A, 오일 : O, 증기 : S

답 ④

05 게이트밸브 표시기호
다음 중 게이트 밸브를 나타내는 기호는?

① ─▷◁─   ② ─▷─
③ ─/\─   ④ ─♀─

해설 ② 앵글밸브, ③ 체크밸브, ④ 공기빼기밸브

답 ①

06 체크밸브 표시기호
다음 도시 기호가 의미하는 밸브는 무엇인가?

① 체크 밸브 ② 글로브 밸브
③ 슬루스 밸브 ④ 앵글 밸브

해설 체크 밸브(역지밸브)이다.

답 ①

07 온수공급관 기호
다음 중 온수공급관 기호로 올바른 것은?

① --- HWR ---   ② --- HWS ---
③ --- HTR ---   ④ --- HTS ---

해설 ① 온수 환수관, ③ 고온수 환수관, ④ 고온수 공급관

답 ②

08 신축조인트 기호
배관 도시기호 중 신축조인트(신축곡관)의 일반적인 표시기호는?

① 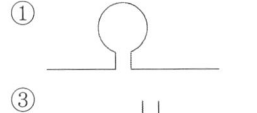   ②
③    ④

해설 ① : 루프형 신축곡관, ② : 역지변, ③ : 플랜지, ④ : 유니온

답 ①

09 엘보의 용접이음 표시기호
다음 중 엘보를 용접이음으로 나타낸 기호는?

① 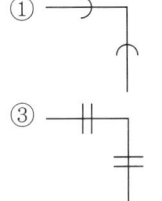   ②
③   ④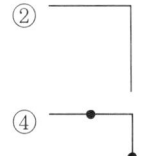

해설 ① : 소켓, ③ : 플랜지, ④ : 용접

답 ④

10 레듀서 표시기호
다음 배관 도시기호 중 레듀서 표시는 무엇인가?

① 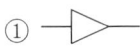   ②
③    ④

해설 ① : 레듀서, ② : 플랜지, ③ : 벨로즈형(단식) 신축이음, ④ : 슬리브형 신축이음

답 ①

11 배기덕트 기호
다음 덕트 도시기호 중에서 배기덕트는 어느 것인가?

①     ②
③    ④

해설 ① : 급기덕트, ② : 환기덕트, ③ : 배기덕트, ④ : 외기덕트

답 ③

12 선의 우선순위
건축설비 도면을 그릴 때 선이 겹칠 경우 최우선하는 선은 무엇인가?
① 중심선
② 외형선
③ 숨은선
④ 점선(절단선)

해설 2개 이상의 선이 겹칠 경우 최우선 순위는 외형선, 숨은선, 점선(절단선), 중심선 순이다.

답 ②

13 시공상세도
다음의 시공상세도(Shop drowing)에 관한 설명 중 옳지 않은 것은?
① 시공상세도 작성은 실시설계도면을 기준으로 현장여건을 반영하여 상세하게 작성하여야 한다.
② 시공상세도의 작성은 시공 품질관리를 위하여 감리와 감도자의 승인을 얻어 설계자가 작성한다.
③ 시공상세도는 전 공정을 대상으로 작성하는 것을 원칙으로 한다.
④ 시공상세도는 기술검토 등을 요하지 않는 단순한 사항을 제외하고는 각 공종에 대하여 시공 순서 및 규모에 따라 구분하여 공사착수 15일 전까지 제출하여야 한다.

해설 시공상세도의 작성은 시공 품질관리를 위하여 감리와 감도자의 승인을 얻어 현장시공자가 작성한다.

답 ②

제5편 설비 적산

제1장 공조, 열원 및 환기설비 적산

1. 공기조화설비 적산

1) 적산의 개념 및 적산의 순서

(1) 적산의 개념

일반적으로 공사비를 산출하는 일을 적산 또는 견적이라 말하고 있는데 관습상 적산은 금액으로 환산하기 이전의 재료의 수량산출 수단과 그 경과를 말하고, 견적이란 적산으로 결관된 요소를 금액으로 환산한 것을 의미한다.

(2) 적산의 순서

① 공사 내용을 파악한다.(공사 내용을 확실하게 파악한다.)
② 기기, 재료의 수량을 산출한다.(누락되지 않게 한다.)
③ 수량 산출 근거서를 작성한다.(품셈표에 의거) 라. 내역서에 기입한다.
④ 단가를 기입한다.
⑤ 직접 공사비를 산출한다.(직접노무비, 직접재료비, 경비)
⑥ 제경비를 산출한다.(간접재료비, 간접노무비, 경비, 일반관리비, 이윤)
⑦ 총원가를 산출한다.(순공사 원가+일반관리비+이윤)

(3) 계산 예시문제(공조배관경 산출문제)

예제 그림과 같은 냉방 시스템에서 각 실의 냉방부하를 냉각코일로 제거하며 배관의 마찰손실을 $50mmAq/m$로 하는 경우 ②구간 관경을 구하시오.(단 물 비열은 4.2kJ/kgK, 입구 출구 수온 7℃, 12℃)

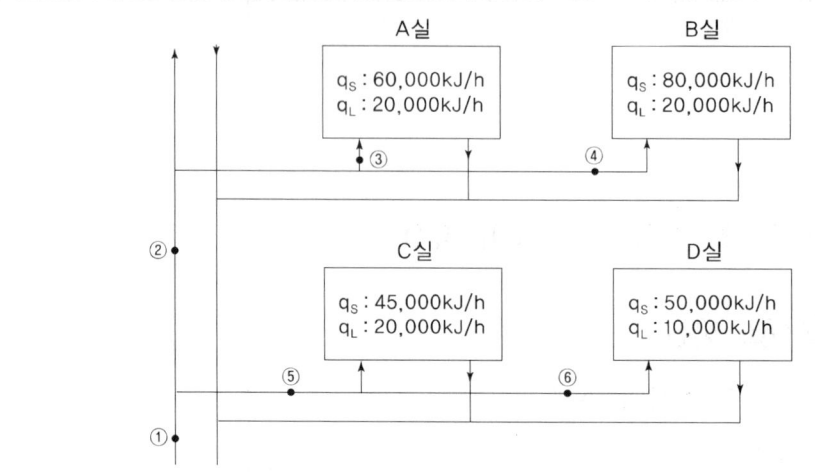

해설) 우선 ②구간은 A, B실을 담당하므로 유량을 구하는데 이때 냉각코일은 현열과 잠열을 모두 제거하므로

$q_T = WC\Delta t$ 에서

$$W = \frac{q_T}{C\Delta t} = \frac{60,000 + 20,000 + 80,000 + 20,000}{4.2(12-7)}$$

$= 8,571.43 L/h = 142.86 L/\min$

첨부 배관선도에서 유량 $142.86 L/\min$과 마찰손실 $50mmAq/m$ 교점을 찾으면 선도에서 관경 50A에 딱 걸리는 정도이다. 만약 50A를 조금만 넘어가도 65A를 선택해야 하는데 이 정도면 50A를 선정한다.

답) 50A

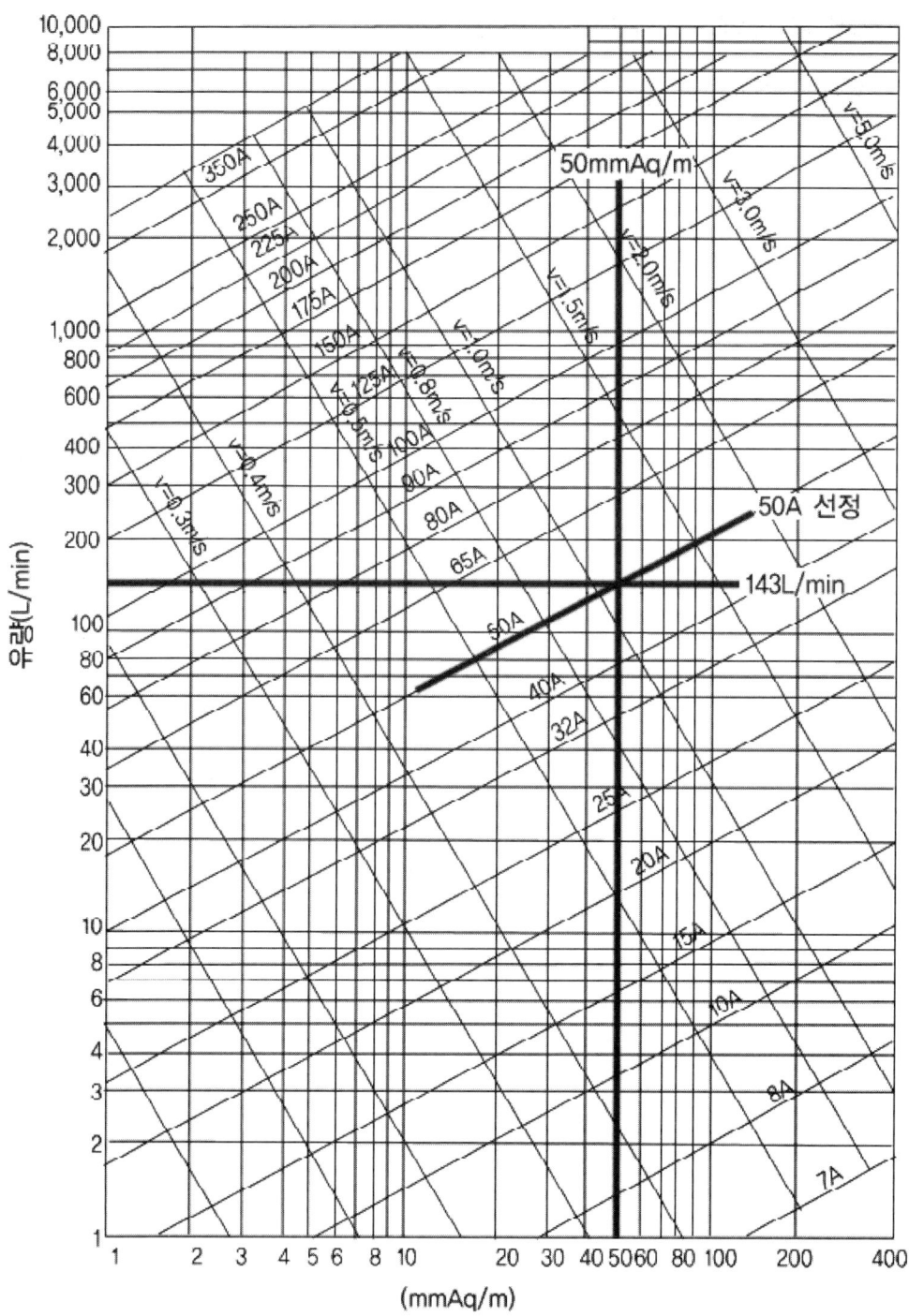

2. 열원설비 적산

1) 열원설비 적산순서

① 열원설비 용량 산정(진공온수보일러 200kW) → 수량산출 → 집계표 작성 → 단가산정
② 설치공량 등 산정(품셈표 근거) → 노무비산정(노임단가) → 내역서 작성(재료비, 노무비, 경비, 합계)
③ 총공사비 원가계산(간접비, 이윤 등 제경비 적용)

3. 환기설비 적산

덕트 적산 순서는 규격별 철판면적산출 → 품셈표에서 공량산출 → 재료비 노무비산출 → 내역서작성 → 원가계산(총공사비산정) 순이다.

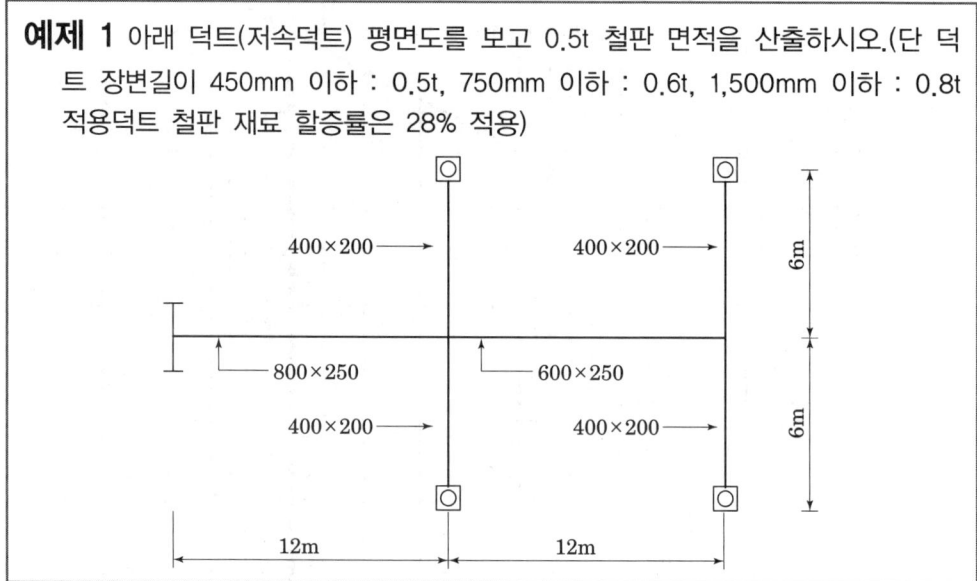

예제 1 아래 덕트(저속덕트) 평면도를 보고 0.5t 철판 면적을 산출하시오.(단 덕트 장변길이 450mm 이하 : 0.5t, 750mm 이하 : 0.6t, 1,500mm 이하 : 0.8t 적용덕트 철판 재료 할증률은 28% 적용)

해설) 0.5t는 장변 450mm 이하이며 도면에서 400×200 덕트만 해당한다.
400×200 덕트 총길이는 6m가 4개이므로 24m이다.
400×200 덕트는 둘레길이가 (0.4+0.2)×2=1.2m이고 길이가 24m이므로
덕트 면적=1.2×24=28.8m^2
철판 면적은 28% 할증조건이므로 할증 후 철판면적=28.8×1.28=36.86m^2

예제 2
위 1번 덕트(저속덕트) 평면도에서 0.6t 철판 면적을 산출하시오.(기타조건 동일)

해설) 위 평면도에서 0.6t는 장변 750mm 이하이며 도면에서 600×250 덕트만 해당한다.
600×250 덕트 총길이는 12m, 1개이므로 12m이다.
600×250 덕트는 둘레길이가 (0.6+0.25)×2=1.7m이고 길이가 12m이므로
덕트 면적=1.7×12=20.4m^2
철판 면적은 28% 할증 후 면적=20.4×1.28=26.11m^2

예제 3
1번 덕트(저속덕트) 평면도에서 0.8t 철판 면적을 산출하시오.(조건 동일)

해설) 위 평면도에서 0.8t는 장변 1,500mm 이하이며 도면에서 800×250 덕트만 해당한다.
800×250 덕트 총길이는 12m, 1개이므로 12m이다.
800×250 덕트는 둘레길이가 (0.8+0.25)×2=2.1m이고 길이가 12m이므로
덕트 면적=2.1×12=25.2m^2
철판 면적은 28% 할증 후 면적=25.2×1.28=32.26m^2

예제 4
1번 덕트(저속덕트) 평면도에서 0.5t 철판 제작설치에 필요한 직접재료비와 직접인건비를 산출하시오.(단 덕트공 단가 45,000원/인)

- 덕트 금속판의 재료할증률 28% 적용
- 덕트 제작설치의 공량할증률 20% 적용
- 덕트 크기별 철판두께는 저속덕트 기준
- 덕트 제작 설치에 필요한 재료비(철판면적 m^2당)

철판두께(mm)	0.5	0.6	0.8
재료비(원)	5,400	6,000	6,800

- 덕트 제작 설치에 필요한 공량(철판면적 m^2당)

철판두께(mm)	0.5	0.6	0.8
공량(인)	0.44	0.48	0.50

해설) 1) 0.5t는 450 이하이며 도면에서 400×200 덕트만 해당한다.
재료비는 철판면적(1에서 구한 28% 할증 후 36.86m^2)과 재료비(5,400원/m^2)로 구한다.
직접재료비= 36.86m^2×5,400=199,044원
2) 노무비(인건비)를 구하려면 공량을 산출해야 하는데 공량이란 덕트 제작설치를 위한 덕트공수이다.

위 1번 풀이에서 덕트 면적=1.2×24=28.8m^2인데 여기서 주의할 점은 덕트 공량산출은 할증 전 덕트면적을 기준한다. 즉 철판면적은 덕트를 제작할 때 손실되는 부분 때문에 할증을 주지만 공량은 손실되는 부분에 인력을 공급하지는 않기 때문에 공량은 할증 전 덕트 면적만 적용한다. 단 공량할증(여기서 20%)은 덕트 설치 위치가 어렵다거나 할 때 주는 할증이다. 여기서 면적할증과 공량할증을 명확히 구분해야 한다.(공량할증은 줄 때만 적용한다.)

철판 면적 28.8m^2에 대한 공량 0.44인/m^2와 20% 공량할증하면

28.8m^2×0.44×1.2=15.21공

직접인건비=15.21×45,000=684,450원

답) 직접재료비 199,044원, 직접인건비 684,450원

4. 급수설비 적산

1) 수량산출순서

① 큰 관경에서 작은 관경으로
② 주관에서 지관으로
③ 시공순서대로

2) 계산 예시문제(공조배관경 산출문제)

예제 다음과 같은 급수 계통과 조건을 참조하여 균등관법으로 (e)구간의 급수관경을 구하시오.

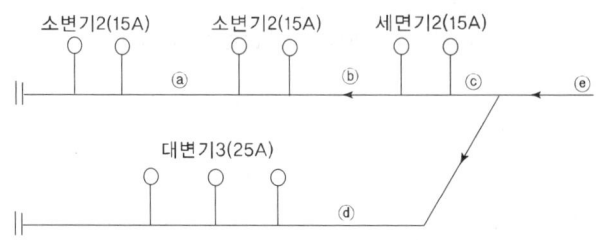

[상당관표]

관경	15A	20A	25A	32A	40A
15A	1				
20A	2	1			
25A	3.7	1.8	1		
32A	7.2	3.6	2	1	
40A	11	5.3	2.9	1.5	1
50A	20	10	5.5	2.8	1.9
65A	31	15	8.5	4.3	2.9

[동시사용률]

기구수	2	3	4	5	6	7	8	9	10	17
%	100	80	75	70	65	60	58	55	53	46

해설) 균등관(상당관)법은 모든 위생기구의 접속관경을 15A로 환산(상당관)한다. 상당관 표에서 대변기25A는 15A로 3.7개이다.

그러므로 (e)구간 상당수(15A) 합계는 2+2+2+(3×3.7)=17.1

동시사용률은 기구수로 구하고 기구는 9개이므로 표에서 55%를 적용하면

동시개구수(15A)=17.1×0.55=9.4

다시 상당관표에서 15A, 9.4는 직상 11개항에서 40A를 선정

답) e)구간의 급수 관경 : 40A

5. 급탕설비 적산

예제 급탕배관 수량산출과 공량산출 단가대비를 통하여 다음과 같이 재료비, 직접노무비가 주어질 때 제경비율을 참조하여 이윤과 총공사금액을 구하시오.
- 재료비 : 175,000,000원
- 노무비 : 직접노무비+80,000,000원, 간접노무비는 직접노무비의 15%
- 경비 : 23,000,000원
- 일반관리비 : 순공사원가의 5.5%
- 이윤 : 관련 항목의 15%

해설) 1) 이윤=(노무비+경비+일반관리비)에서

일반관리비=(재료비+노무비+경비)5.5%=순공사비×5.5%

- 순공사비=(175,000,000+80,000,000×1.15+23,000,000)=290,000,000

일반관리비=290,000,000×0.055=15,950,000

이윤=(노무비+경비+일반관리비)0.15

=(80,000,000×1.15+23,000,000+15,950,000)0.15=19,642,500원

2) 총공사원가=순공사비+일반관리비+이윤

=290,000,000+15,950,000+19,642,500=325,592,500원

답) 이윤=19,642,500

총공사금액=325,592,500

6. 오배수 · 통기설비 적산

예제 허브타입 주철관을 사용하는 배수관 공사에서 자재 수량산출이 아래 표와 같을 때 공량산출을 위한 규격별 수구수를 구하시오. (단 소제구는 수구수 산출에서 제외한다.)

	규격	단위	수량
직관	150∅×160L	개	5
	100∅×1000L	개	3
	100∅×600L	개	4
90° 곡관	100∅	개	3
45° 곡관	100∅	개	2
Y-T관	150∅×100∅	개	1
Y관	100∅	개	2
소재구	100∅	개	3

① 100ϕ 15개, 150ϕ 5개 ② 100ϕ 17개, 150ϕ 6개
③ 100ϕ 20개, 150ϕ 7개 ④ 100ϕ 22개, 150ϕ 7개

해설) 허브타입(소켓형) 주철관 접속법은 전통적인 납코킹 방식과 플랜지 방식이 있으며 최근에는 플랜지 방식이 선호된다. 수구수란 수구(암놈)와 삽구(숫놈)를 끼워 맞춤하는 개소를 말하며 소켓방식에서는 수량산출의 기초가 된다. 직관은 1개당 수구 1개소이며, Y관 Y-T관은 1개당 수구 2개소(규격별)로 산출한다. 수구수는 배관길이와는 관계 없다.

① 100ϕ 수구수 : 직관(3+4개소), 곡관(3+2개소), Y-T관(100ϕ 1개소), Y관(2×2개소)
② 150ϕ 수구수 : 직관(5개소), Y-T관(150ϕ 1개소)
③ 그러므로 수구수는 100ϕ : 3+4+3+2+1+(2×2)=17개소
　　　　　　　　　　　150ϕ : 5+1=6 개소

답) ②

설비 적산

01 적산순서

다음 중 적산 순서로 옳지 않은 것은?

① 시공순서대로
② 큰 관에서 작은 관으로
③ 가격이 고가에서 저가순으로
④ 주관에서 지관으로

해설 가격의 크고 낮음은 적산 순서의 원칙에 해당하지 않는다.

답 ③

02 공조설비 배관 평면도 부속 수량

아래 공조설비 배관 평면도를 보고 부속 수량을 구하시오.

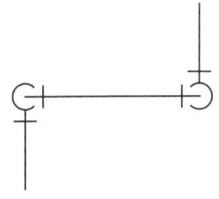

① 엘보 2개, 티이 1개
② 엘보 3개, 티이 2개
③ 엘보 4개
④ 엘보 5개

해설 위 평면도를 겨냥도(입체도)로 그려보면 아래와 같고 부속류는 엘보이고 수량은 4개이다.

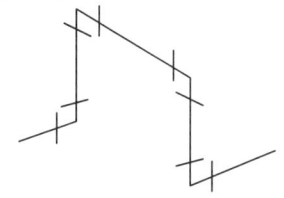

답 ③

03 증기트랩 배관 수량산출

아래 버킷형 증기트랩(25×20×25) 주변 바이패스배관에서 A-B구간에 대한 부속류 수량 산출에서 잘못된 것은?

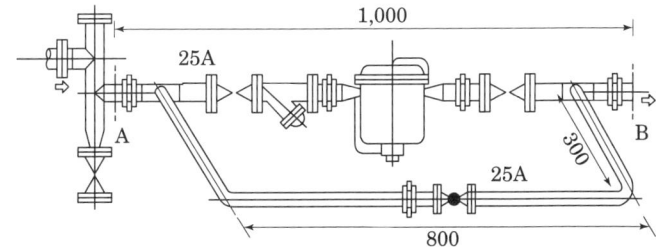

① 레듀서(25×20A) 2개 ② 유니언(25A) 5개
③ 스트레이너(20A) 1개 ④ 티이(25A) 2개

해설 버킷형 증기트랩(25×20×25) 주변 바이패스배관에서 트랩은 20A이므로 트랩 양단에 레듀서(25×20A)를 사용한다. 스트레이너는 레듀서 외측이므로 (25A, 1개)이며, 증기트랩은 (20A) 1개이고, 글로브밸브(25A) 1개, 플랜지(25A) 7개, 유니언 5개이다.

답 ③

04 증기 배관 평면도 수량산출
아래 증기 배관 평면도에 대한 부속 수량산출로 알맞은 것은?

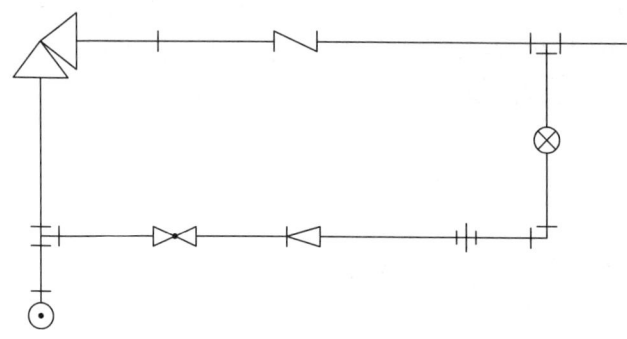

① 엘보 : 2개 ② 앵글밸브 : 2개
③ 글로브밸브 : 2개 ④ 티이 : 3개

해설 엘보(오른쪽 1개 포함) 2개, 앵글밸브 1개, 체크밸브 1개, 티이(왼쪽 1개 포함) 2개, 유니언 1개, 레듀서 1개, 글로브밸브 1개

답 ①

05 나사길이
호칭 지름 20A의 관을 그림과 같이 나사 이음할 때, 배관 중심 간의 길이가 200mm라 하면 실제 소요되는 강관 길이(mm)는 얼마인가?(단, 이음쇠의 중심에서 단면까지의 길이는 32mm, 나사가 물리는 최소의 길이는 13mm이다.)

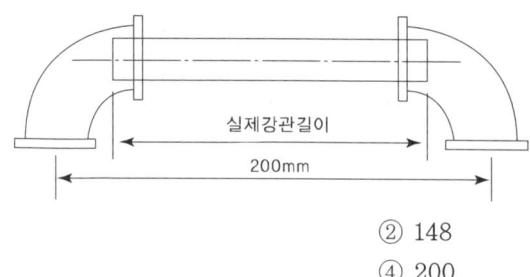

① 136 ② 148
③ 162 ④ 200

해설 양쪽으로 이음쇠(엘보)의 중심에서 단면까지의 길이(32mm)와 나사가 물리는 최소의 길이(13mm)의 차(32−13=19mm)를 빼 준 값이다.
$L = 200 - 2(32-13) = 162\text{mm}$

답 ③

06 급수 배관 본관 관경
아래 상당관표와 동시사용률을 이용하여 조건과 같은 급수 배관 본관 관경을 구하시오.

급수 배관 본관에 세정밸브 대변기(25A) 8대가 연결되는 경우 본관의 관경 선정

[상당관표]

관경	15A	20A	25A	32A	40A
15A	1				
20A	2	1			
25A	3.7	1.8	1		
32A	7.2	3.6	2	1	
40A	11	5.3	2.9	1.5	1
50A	20	10	5.5	2.8	1.9
65A	31	15	8.5	4.3	2.9

[동시사용률]

기구수	2	3	4	5	6	7	8	9	10	17
%	100	80	75	70	65	60	58	55	53	46

① 20A ② 25A
③ 40A ④ 50A

해설 대변기 1대(25A)는 15A상당관으로 3.7개이며 8대인 경우 누계는 3.7×8=29.6이다. 동시사용률은 기구수 8대일 때 58%이므로 동시개구수는 29.6×0.58=17.2이다. 다시 상당관표에서 15A, 17.2는 직상으로 20항에서 50A를 선정한다.

답 ④

07 배관평면도 부속수량
그림과 같은 배관 평면도에서 부속수량으로 알맞은 것은?

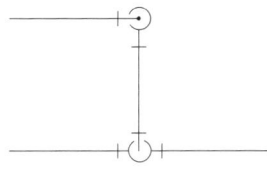

① 90° 엘보 2개, 티이 2개   ② 90° 엘보 3개, 티이 2개
③ 90° 엘보 3개, 티이 1개   ④ 90° 엘보 1개, 티이 3개

해설 위 평면도를 입체도로 그려 보면 아래와 같으며 엘보 3개 티이 1개이다.

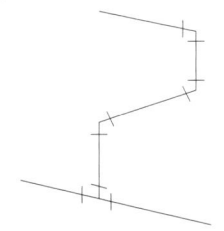

답 ③

제2과목

건축설비 설계

제1편 열원설비 설계
제2편 공기조화설비 설계
제3편 환기설비 설계
제4편 위생설비 설계

제1편 열원설비 설계

제1장 열원시스템 설계

1. 냉동기

1) 압축식 냉동기

(1) 일반사항

① 압축식 냉동기는 전기에너지를 압축기에서 기계적 에너지로 전환하여 냉동효과를 얻는 방식이다.
② 냉매 : 프레온가스(R-11, R-123) 등
③ 압축식 냉동사이클 : 압축기 → 응축기 → 팽창밸브 → 증발기

(2) 종류별 특징

구분	원심식(터보식)	왕복(동)식	회전식
원리	임펠러의 고속 회전에 의해 압축	피스톤의 왕복운동에 의해 압축	로터의 회전에 의해 압축
회전수	4,000rpm 이상	200~3,600rpm	1,000rpm 이상
냉동능력	중~대용량	소~중용량	소~대용량
적용	• 대형 냉동장치 • 공조시스템	에어컨 및 냉동기	• 소형 냉동장치 • 룸에어컨(소용량)

2) 흡수식 냉동기

(1) 일반사항

① 흡수식 냉동기는 저온상태에서는 서로 용해되는 두 물질을 고온에서 분리시켜 그중 한 물질이 냉매작용을 하여 냉동하는 방식을 말한다.
② 흡수식의 재생기(발생기)는 원심식의 압축기 역할로, 가스로 가열하여 냉매물질(H_2O)과 흡수액(LiBr)을 분리시킨다.(열에너지를 활용한 냉동효과 구현)
③ 냉매 : 물(H_2O) 등
④ 흡수액 : 리튬브로마이드(LiBr) 용액 등
⑤ 흡수식 냉동사이클 : 흡수기 → 재생기(발생기) → 응축기 → 증발기

(2) 장단점

장점	• 압축기가 없고 도시가스를 주에너지원으로 사용하여 에너지원의 사용을 분산시키는 효과가 있다.(전기 → 전기, 도시가스) • 하절기에 발생하는 전력피크(Peak)부하가 저하되고 전기요금이 절감된다. • 증기, 고온수, 폐열 등의 에너지원으로도 운전이 가능 하다. • 부분부하 시 기기효율이 높아 에너지 절약적이다. • 부하변동에 안정적이고, 소음이나 진동이 작다. • 낮은 온도에서 냉매가 증발할 수 있도록 진공상태에서 운전되므로 폭발에 안전하다.
단점	• 낮은 온도(6℃ 이하)의 냉수를 얻기가 어렵다. • 여름에도 보일러를 가동해야 한다. • 원심식에 비해 예냉시간이 길고, 설치면적 및 높이, 중량이 크며, 냉각탑을 크게 해야 한다.

(3) 2중 효용 흡수식 냉동기

2중 효용 흡수식 냉동기는 발생기를 저온발생기와 고온발생기로 구성한 것을 말하며, 단효용 흡수식에 비해 높은 효율을 나타내는 것이 특징이다.

3) 냉동능력

(1) 개념

냉동능력이란 단위시간에 증발기에서 흡수하는 열량을 말하며, 냉동톤(RT : Refrigeration Ton, 국제냉동톤 : CGS RT)과 미국냉동톤(USRT)이 있다.

(2) 종류

구분	내용
미국냉동톤(USRT)	32℉의 순수한 물 1ton(=2,000 lb)을 24시간 동안에 32℉의 얼음으로 만드는 데 필요한 냉각능력(시간당 열량)이다. (1USRT≒3.52kW)
냉동톤(RT : Refrigeration Ton, 국제냉동톤 : CGS RT)	0℃의 순수한 물 1ton을 24시간 동안에 0℃의 얼음으로 만드는 데 필요한 냉각능력(시간당 열량)이다. (1RT≒3.86kW)

2. 보일러

1) 보일러의 분류

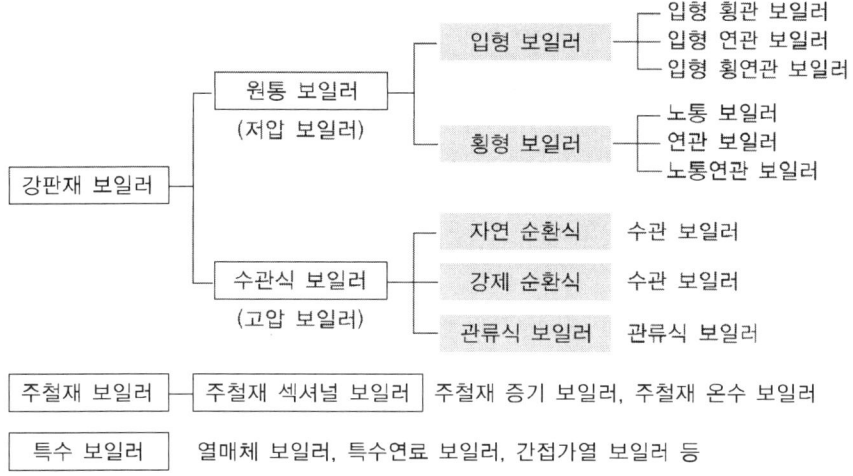

2) 보일러의 종류 및 특징

종류		특징
원통형 (둥근) 보일러	수직형 (입형) 보일러	• 수직으로 세운 드럼 내에 연관 또는 수관이 있는 소규모의 패키지 형으로 되어 있다. • 설치면적이 작고 취급이 용이하다.
	노통 연관 보일러	• 횡형 원통 내부에 파형노통의 연소실과 다수의 연관(Smoke Tube)을 조합한 내분식 보일러이다. • 보유 수량이 많아 부하변동에 대한 대응력이 좋다.
수관식 보일러		• 복사열이 크게 전달되도록 상부는 기수드럼, 하부는 물 드럼 및 여러 개의 수관으로 구성된 외분식 보일러이다. • 크기에 비해 전열면적이 크다. • 열효율이 좋다. • 증기 발생이 빠르고 대용량이다. • 보유수량이 적어 급수에 대한 수위 변동이 크고, 수위조절이 용이 하지 못하다. • 고도의 수처리가 필요하다.
관류식 보일러		• 급수가 드럼 없이 긴 관을 통과할 동안 예열, 증발, 과열되어 소요의 과열증기를 발생시키는 초고압용 외분식 보일러이다. • 가동시간이 짧고 증기발생속도가 빠르다. • 보일러 효율이 매우 높다.
주철제 보일러		• 주물로 제작된 섹션(Section, 쪽수)을 조립하여 본체를 구성한 저압용 보일러이다. • 조립식 구조로서 분할 반입이 용이하며, 용량 증감이 간편하다. • 충격에 약하고 취성의 특성이 있어 대용량, 고압에는 부적당하다.

3) 보일러 효율

보일러 효율은 입열량(연료연소열)에 대한 출력(보일러 발생열)의 비율로 표시하며 출력은 상당증발량이나 EDR(상당방열면적)로 보통 표현한다.

$$효율\ E = \frac{출력}{입력} = \frac{상당증발량 \times 2{,}257(kJ/h)}{연료량 \times 발열량(kJ/h)} = \frac{EDR \times 표준방열량}{연료량 \times 발열량}$$

4) 보일러 용량 표시법

① **상당증발량(Ge)** 보일러출력을 100℃ 증기 발생량으로 환산한 값

$$Ge = \frac{출력}{2{,}257} = \frac{G(h_2 - h_1)}{2{,}257}$$

G : 발생 증기량(kg/h), h_2 : 보일러 발생 증기 엔탈피(kJ/kg), h_1 : 급수 엔탈피
100℃ 증기 증발 잠열 : 2,257kJ/kg

② **상당방열면적(EDR)** 보일러출력을 EDR($1m^2$=756W)로 환산한 표시법
③ **발생 출력(kJ/h)** 보일러출력을 열량(kJ/h, kW)으로 표시한 것
④ **보일러 마력** 1시간에 100℃ 물 15.65kg을 전부 증기로 증발시키는 능력(전열면적 : $0.929m^2$, 방열면적 : $13m^2$)=15.65(kg/h)×2,257kJ/kg≒35,320kJ/h

5) 보일러 출력(kJ/h, kW)

① **정격출력** 난방부하+급탕부하+배관부하+예열부하
② **상용출력** 난방부하+급탕부하+배관부하
③ **정미출력** 난방부하+급탕부하

6) 보일러 용량 산정 순서

난방부하 계산 ⇒ 방열기용량 계산 ⇒ 배관열손실 계산 ⇒ 상용출력 계산 ⇒ 정격출력 계산

7) 방열기

(1) 방열기 종류

① **주형방열기** 2주, 3주, 3세주, 5세주형
② **벽걸이형 방열기** 세로형, 가로형
③ **길드방열기** 휜 튜브를 붙인 것으로 전열면적 확대
④ **대류방열기(컨벡터)** 대류작용을 촉진시키기 위해 상자 속에 방열기를 넣은 구조이다.
⑤ **베이스보드형** 컨벡터를 무릎 높이로 낮게 설치한 것으로 의자로 사용이 가능하다.
⑥ **관방열기** 파이프를 연결하여 현장 등에 사용하는 것으로 고압에도 잘 견디나 효율은 낮다.

(2) 표준방열량

① 증기난방(증기온도 102℃ 실온 18.5℃)
   증기 : $1m^2 EDR = 0.756 kW/m^2 = 756 W/m^2$
② 온수난방(온수온도 80℃ 실온 18.5℃)
   온수 : $1m^2 EDR = 0.523 kW/m^2 = 523 W/m^2$

(3) 상당방열면적(EDR, m^2)

① 증기난방 EDR=손실열량(kW)÷0.756
② 온수난방 EDR=손실열량(kW)÷0.523

(4) 증기방열기 응축수량 Q(kg/h)

Q=방열기 방열량(kJ/h)÷증기증발잠열(2,257kJ/kg)

(5) 방열기절수(N)

① 증기난방 N=방열기(kW)÷0.756÷1절당 방열면적
② 온수난방 N=방열기(kW)÷0.523÷1절당 방열면적

(6) 방열기 표시법

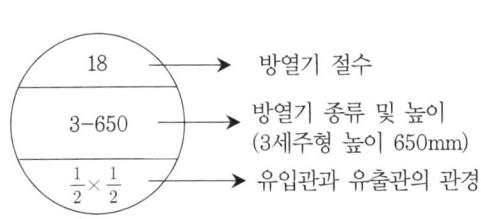
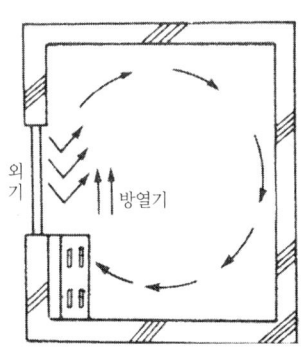

[그림 2-1] 방열기 배치와 대류작용

(7) 방열기 설치 방법

방열기는 실내 온도 분포가 균등하도록 설치해야하며, 따라서 틈새바람이 많은 창문 아래에 설치하여 창문에서 내려오는 냉기류를 가열하여 대류 작용으로 실내 온도가 균등하여 찬 공기가 거주자에게 직접 부딪히는 콜드드래프트를 방지해야 한다.
(벽과 방열기는 5~6㎝ 이격시켜 대류 작용을 원활하게 한다.)

3. 냉온수기

흡수식 냉동기의 원리를 이용한 것으로서 흡수식 냉동기의 증발기에서 열을 흡수하여 냉방(냉수), 응축기와 흡수기 부분에서의 발열을 활용한 난방(온수)을 수행하는 기기이다.

4. 열펌프

냉동기는 냉각 이외에 가열의 수단으로 사용할 수 있다. 이와 같은 경우를 열펌프라 한다. 그 원리는 냉동기와 같으며, 다만 그 목적이 다를 뿐이다. 열량으로서는 많으나 온도가 낮아 이용할 수 없는 열원(heat source)을 냉동기에 의해 온도를 높여 이용(승온열 이용)하는 것이 열펌프이다.

냉동기와 열펌프 사이클은 같으며, 냉동기는 저온부 냉동열을 이용하고 열펌프는 고온부 방열량을 이용한다. 냉동기와 히트펌프 사이클에서는 작동유체의 압축행정이 필요한데, 압축을 압축기에 의해 기계적으로 행하는 증기 압축식 냉사이클과 수용액의 농도 와 농도에 의해 증기압의 변화를 이용하는 흡수식 냉동사이클로 나눈다.

1) 열펌프의 성능계수 COP_H

증기압축식의 열펌프의 이론 사이클을 냉매의 증기선도에 표시하면 그림과 같다. 이때 열펌프는 응축부(2→3)의 방열량을 이용한다.

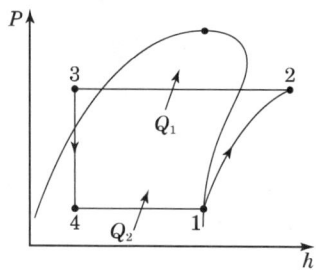

[그림 2-2] P-h선도에서의 열펌프 사이클

(1) 그 성능계수는 압축일(w)에 대한 응축일(2→3)로 다음과 같이 표시된다.

$$COP_H = \frac{q_1}{w} = \frac{h_2 - h_3}{h_2 - h_1}$$

(2) 열펌프(heat pump)의 가장 이상적인 경우로서 역 카르노 사이클을 생각하면 이때의 성능계수는 다음과 같이 나타낸다.

$$COP_H = \frac{q_1}{w} = \frac{T_1}{T_1 - T_2}$$

여기서, T_1 : 고열원의 절대온도[K], T_2 : 저열원의 절대온도[K]

2) 성능계수(coefficient of performance, COP) : 냉동기와 열펌프의 효율

① 냉동기 성능계수 $COP_R = \dfrac{Q_2}{W} = \dfrac{Q_2}{Q_1 - Q_2}$

② 열펌프 성능계수 $COP_H = \dfrac{Q_1}{W} = \dfrac{Q_1}{Q_1 - Q_2} = COP + 1$

Q_2 : 냉동능력, W : 압축일, Q_1 : 응축일(발열량)

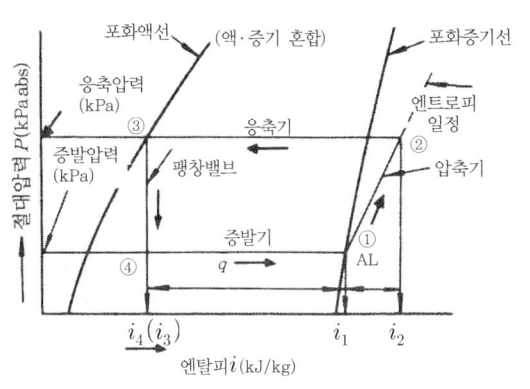

[그림 2-3] 몰리에르 선도상의 냉동 사이클

3) 열펌프의 특징

열역학적인 관점에서 본 열펌프의 특징은

(1) 저열원(heat source)에 있는 열을 온도를 높여서 이용한다는 것, 비록 소요 온도보다 낮은 온도라도 그것이 충분한 열량을 가지고 있으면 열펌프의 열원으로 사용할 수 있다.
(2) 운전에 소비한 에너지보다 많은 열에너지를 얻을 수 있다. 즉, 성능계수가 1보다 커진다는 것이다.
(3) 히트펌프는 한 장치로 4방밸브를 이용하여 냉각 및 가열에 모두 이용할 수 있다. 공조설비에 이용되는 히트펌프는 냉난방에 모두 이용되고 있다.

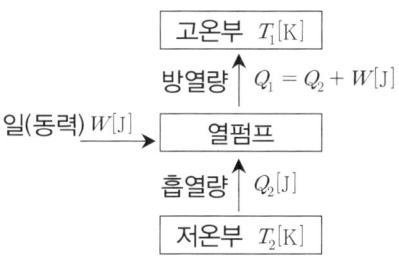

[그림 2-4] 히트펌프(열펌프)의 원리

5. 냉각탑

1) 냉각탑 원리

응축기의 냉각수를 냉각탑 안에서 분사하여 강제통풍에 의한 증발잠열로 냉각수를 냉각시킨 뒤 응축기에 순환시킨다. 결국 냉각탑은 증발기 흡수열량과 압축열량을 대기 중에 방출하는 것이다.

2) 냉각탑 종류

냉각방식에는 분무식, 충전식(일반적임), 밀폐식이 있으며 물과 공기의 접촉 방법에 따라 대향류형, 평행류형, 직교류형이 있으며 대향류형이나 직교류형을 일반적으로 적용한다.

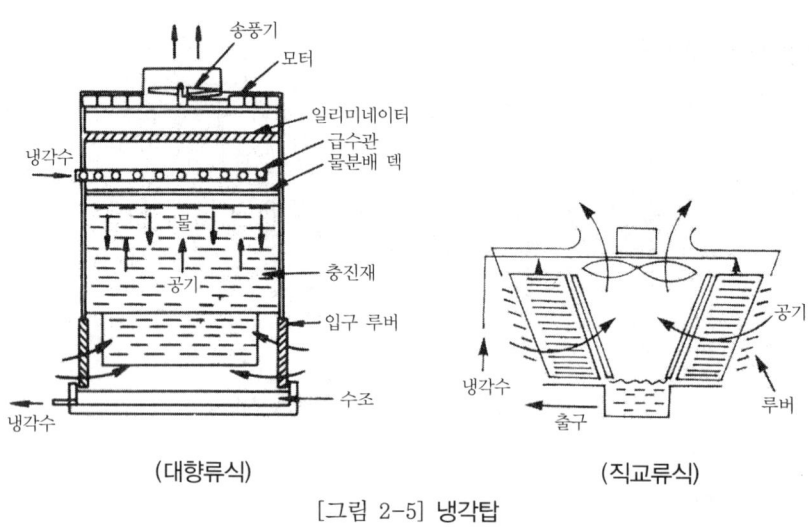

[그림 2-5] 냉각탑

3) 냉각탑 용량=냉동부하+압축기 동력(압축식)

냉각탑 용량=냉동부하+발생기부하(흡수식)

※ 흡수식이 압축식보다 발생기 가열 부하 때문에 냉각탑 용량이 크다.

4) 냉각탑 순환수량

냉각탑 용량(kJ/h)으로 냉각수량을 구한다.

$$Q_w = \frac{냉각탑\ 용량}{60 \times 4.19\ \Delta t}\ (\text{L/min})$$

∴ Δt : 냉각탑 입출구 수 온도차(쿨링레인지)

5) 보급수량

냉각탑 보급수량은 증발량, 비산량, 블로우다운(드레인)을 합한 양이며 보통 냉각수 순환량의 2% 내외이다.

6) 쿨링레인지

냉각수 입출구의 온도차(약 5℃ 정도)이며, 쿨링레인지는 클수록 냉각탑 냉각 능력이 양호한 것이다.

7) 쿨링어프로치

냉각수 출구온도와 입구 외기 습구온도의 차이며 쿨링어프로치는 작을수록 좋다.

6. 지역냉난방 시스템

지역냉난방이란 중앙식 냉난방의 일종으로 일정한 장소의 기계실(power plant)에서 넓은 지역 내의 여러 건물에 증기나 고온수 혹은 냉수를 공급하여 냉난방을 하는 방식이다. 주로 고온수방식을 채택하고 있다.

1) 장점
① 건물별로 냉난방 시설을 할 때보다 적은 용량으로 고효율 운전이 가능하여 에너지 비용이 절감되어 경제적이다.
② 중앙기계실에서 대규모 고효율 보일러를 운전하여 공해 방지가 용이하다.
③ 각 건물의 유효 면적이 증가한다.

2) 단점
① 배관의 길이가 길기 때문에 배관 열손실이 크다.
② 초기 시설 투자비가 높다.
③ 열의 사용량이 적으면 기본요금이 높아진다.

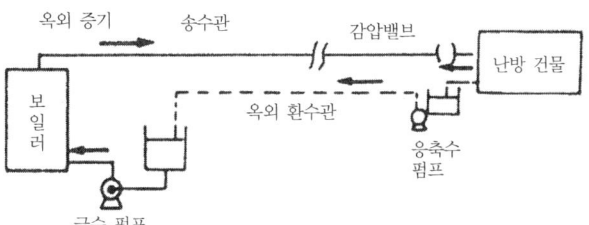

(a) 증기공급 → 응축수 환수

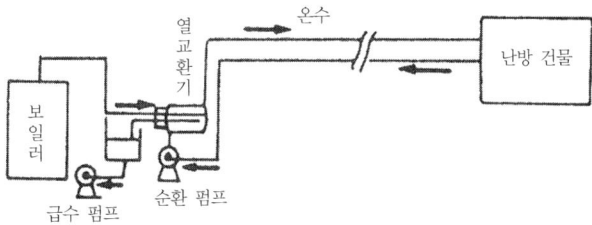

(b) 고온수공급 → 열교환기 → 온수공급

[그림 2-6] 지역난방의 배관방식

제1장 핵·심·문·제
열원시스템 설계

01 압축식 냉동기의 구성

압축식 냉동기의 구성 요소 중 고압부와 저압부의 경계선상에서 작동하는 장치는?

① 증발기와 응축기   ② 팽창밸브와 압축기
③ 증발기와 압축기   ④ 팽창밸브와 증발기

해설 고압부를 저압부로 만드는데 팽창밸브, 저압부를 고압부로 만드는 데는 압축기이다.

답 ②

02 압축식 냉동기의 구성

증기압축 냉동 사이클을 구성하고 있는 다음의 구성 요소의 기기들 중에서 냉매의 엔탈피가 일정치를 유지하는 것은 어느 것인가?

① 압축기   ② 응축기
③ 증발기   ④ 팽창밸브

해설 ① 압축기 : 단열 압축(등엔트로피 변화)
② 응축기, 증발기 : 정압, 등온변화
④ 팽창밸브 : 단열팽창(등엔탈피 변화)

답 ④

03 대수 평균 온도차 산출

다음 그림에서 대수 평균 온도차 MTD를 구하면 얼마인가?

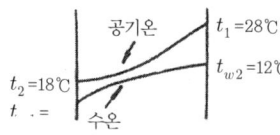 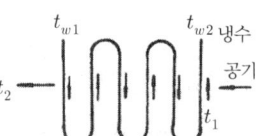

① 13.34℃   ② 14.24℃
③ 15.74℃   ④ 16.56℃

해설 $\text{MTD} = \dfrac{\Delta 1 - \Delta 2}{\ln \dfrac{\Delta 1}{\Delta 2}} = \dfrac{11 - 16}{\ln \dfrac{\Delta 1}{\Delta 2}} = 13.34℃$

$\Delta 1 = 18 - 7 = 11$, $\Delta 2 = 28 - 12 = 16$

답 ①

04 냉각탑 순환수량 산출

수냉식 공조장치의 냉방 능력이 5USRT이고 압축기 동력이 5kW이면 냉각탑을 통한 순환수량(L/min)은 얼마인가?(단, 냉각수의 온도차는 6℃이다.)

① 53.9　　　　　　　　　　② 60.9
③ 64.7　　　　　　　　　　④ 69.7

해설 1RT=3.86kJ/s=3.86kW, 1USRT=3.52kJ/s=3.52kW
　　　냉각탑 부하=응축기 부하=증발기+압축기=5×3.52+5=22.6kW
　　　1kW=1kJ/s=3,600kJ/h이므로 $W = \dfrac{q}{C \cdot \Delta t} = \dfrac{22.6 \times 3,600}{4.19 \times 60 \times 6} = 53.9\,\text{L/min}$

답 ①

05 냉각탑 주위 배관

냉각탑 주위 배관 시 옳지 않은 것은?

① 배수 및 오버 플로우관은 일반 배수관에 직결시키지 않는다.
② 펌프와 냉각탑이 동일한 레벨이면 냉각탑의 수면보다 낮은 위치에 펌프를 설치한다.
③ 냉각수 배관에는 응축기 입구에 스트레이너를 설치한다.
④ 냉각수 펌프의 수두는 토출 측 보다는 흡입측이 커야 한다.

해설 냉각수 펌프의 수두는 토출 측이 흡입 측보다 크다.

답 ④

06 냉각탑 특성

냉각탑에 관한 다음 기술 중 가장 적당한 것은?

① 보급수량은 냉각수 순환수량의 1~3% 정도를 고려하면 좋다.
② 기계통풍식의 대형 냉각탑으로부터 발생하는 소음은 무시할 정도로 적다.
③ 동일 냉동용량일 경우 흡수식 냉동기의 냉각수량은 터보 냉동기의 냉각수량보다 적다.
④ 냉각수는 외기의 건구온도보다 낮게 냉각시킬 수 없다.

해설 대형 냉각탑의 소음은 충분히 고려되어야 하며 흡수식인 경우 냉각수량이 많고 냉각수는 외기 습구온도보다 낮게 냉각시킬 수 없다.

답 ①

07 흡수식 냉동기의 냉매

다음 중 흡수식 냉동기의 냉매로 사용되는 것은?

① LiBr　　　　　　　　　　② LiBr+물
③ 물　　　　　　　　　　　④ 후레온

해설 흡수식 냉동기 냉매는 H_2O(흡수제 LiBr), NH_3(흡수제 H_2O) 등이다.

답 ③

08 냉각탑의 어프로치

냉각탑에서 입구수온을 t_{w1}, 출구 수온을 t_{w2}, 입구공기의 습구온도를 t_1' 출구 공기의 습구온도를 t_2'라 할 때 어프로치(approach)란 무엇인가?

① $t_{w2}-t_1'$
② $t_2'-t_1'$
③ $t_{w1}-t_{w2}$
④ $t_{w2}-t_{w1}$

해설 어프로치=냉각수 출구 수온-외기(입구)습구온도=$t_{w2}-t_1'$

답 ①

09 냉동기 일반사항

냉동기에 관한 다음 기술 중 부적당한 것은?

① 냉동기의 능력표시 단위로서 냉동톤이 이용되고 있다.
② 압축식 냉동기의 냉동사이클은 압축-응축-팽창-증발의 순이다.
③ 흡수식 냉동기는 압축식 냉동기에 비해 많은 전력을 소비한다.
④ 흡수식 냉동기의 설치면적은 압축식 냉동기에 비해 크다.

해설 흡수식 냉동기는 압축기가 없으므로 전력소비는 작다.

답 ③

10 냉각코일 용량 산출요소

다음 중 냉각코일의 용량과 관계가 없는 것은?

① 배관부하
② 실내 취득열량
③ 재열부하
④ 외기부하

해설 냉각코일부하는 실내 취득열량, 외기부하, 공조기기부하, 재열부하 등이다.

답 ①

11 흡수식 냉동 사이클

흡수식 냉동기의 냉동 사이클을 바르게 나타낸 것은?

① 압축 → 응축 → 팽창 → 증발
② 흡수 → 발생 → 응축 → 증발
③ 흡수 → 증발 → 압축 → 응축 → 발생
④ 압축 → 증발 → 응축 → 팽창

해설 흡수기에서 흡수시킨 후 발생기에서 가열하여 증기를 발생시키고 응축시킨 후 팽창시켜 증발기에서 증발한 증기를 다시 흡수한다.

답 ②

12 압축식 냉동 사이클의 구성
냉동 사이클 중 냉각수를 필요로 하는 것은?
① 압축기, 재생기
② 응축기, 흡수기
③ 발생기, 재생기
④ 발생기, 응축기

해설 증기압축식 냉동기는 응축기에서, 흡수식은 흡수기와 응축기에서 냉각수가 필요하다.

답 ②

13 냉동기의 종류
다음 중 임펠러의 원심력에 의해 냉매가스를 압축하는 냉동기는?
① 터보식 냉동기
② 스크류식 냉동기
③ 왕복동식 냉동기
④ 흡수식 냉동기

해설 터보식은 원심력을, 스크류식과 왕복식은 용적형, 흡수식은 압축기가 없다.

답 ①

14 냉동기 종류별 특징
다음의 냉동기에 관한 설명 중 옳지 않은 것은?
① 왕복동식 냉동기는 피스톤의 왕복운동에 의해 냉매증기를 압축하는 방식이다.
② 터보 냉동기는 재생기, 응축기, 증발기, 흡수기로 구성된다.
③ 스크류식 냉동기는 왕복운동 부분이 없어서 소음 및 진동이 적다.
④ 원심식 냉동기는 임펠러의 회전에 의한 원심력으로 냉매가스를 압축하는 형식이다.

해설 터보 냉동기는 압축기, 응축기, 팽창밸브, 증발기로 구성되며, 흡수식 냉동기는 재생기, 응축기, 증발기, 흡수기로 구성된다.

답 ②

15 리버스 리턴(역환수) 방식
온수난방 배관에서 리버스 리턴(Reverse return) 방식을 사용하는 이유는?
① 배관의 신축을 흡수하기 위하여
② 배관 내의 공기배출을 용이하게 하기 위하여
③ 배관의 길이를 짧게 하기 위하여
④ 온수의 유량분배를 균일하게 하기 위하여

해설 리버스 리턴 배관은 존별로 배관길이를 균등 → 저항을 균등 → 온수 유량분배 균등 → 난방온도 균등을 목적으로 한다.

답 ④

16 TAC 위험률의 의미
난방장치의 용량계산을 위한 설계용 외기온도를 설정할 때 TAC 온도 위험률 2.5% 온도의 의미로 가장 알맞은 것은?

① 2.5%의 시간에 해당하는 약 72시간의 외기온도가 설계 외기온도보다 낮을 가능성이 있다.
② 난방기간 동안의 외기온도가 설계 외기온도보다 2.5% 높을 가능성이 있다.
③ 난방기간 동안의 외기온도가 설계 외기온도보다 2.5% 낮을 가능성이 있다.
④ 2.5%의 시간에 해당하는 약 72시간의 외기온도가 설계 외기온도보다 높을 가능성이 있다.

해설 난방 시는 2.5%의 시간에 해당하는 약 72시간의 외기온도가 설계 외기온도보다 낮을 가능성이 있고, 냉방 시는 2.5%의 시간에 해당하는 약 72시간의 외기온도가 설계 외기온도보다 높을 가능성이 있다.

답 ①

17 섹션수 산출
실의 난방부하가 10kW인 사무실에 설치할 온수난방용 방열기의 필요 섹션수는?(단, 방열기 섹션 1개의 방열면적은 $0.20m^2$로 한다.)

① 74섹션
② 85섹션
③ 90섹션
④ 96섹션

해설 온수난방 $1m^2$EDR=0.523kW, 증기난방 $1m^2$EDR=0.756kW
그러므로 10kW=10/0.523=19.12m^2, 쪽수 N=19.12/0.2=95.6≒96sec

답 ④

18 보일러의 종류
수직으로 세운 드럼 내에 연관 또는 수관이 있는 소규모의 패키지형으로 되어 있으며, 규모가 작은 건물 및 일반 가정용 난방에 사용되는 보일러는?

① 주철제 보일러
② 연관 보일러
③ 수관 보일러
④ 입형 보일러

해설 입형 보일러는 수직으로 만들어서 설치면적이 적다.

답 ④

19 보일러용량 산정요소
다음 중 일반적인 난방용 보일러용량 산정 시 고려하지 않아도 되는 요소는?

① 예열 부하
② 난방 부하
③ 배관 열손실
④ 재열부하

해설 재열부하는 여름철에 발생하는 냉방 운전 시의 보일러 부하로 겨울철 난방부하에 충분히 포함되므로 보일러 용량 산정에서는 제외한다.

답 ④

20 표준방열량
증기를 이용하는 방열기에서 표준상태의 방열량은?

① 0.465kW/m^2
② 0.523kW/m^2
③ 0.698kW/m^2
④ 0.756kW/m^2

해설 온수난방 1m^2 EDR=0.523kW, 증기난방 1m^2 EDR=0.756kW(암기사항!!)

답 ④

21 온도조절식 트랩
다음 중 온도조절식(thermostatic type) 트랩에 속하는 것은?

① 플로트 트랩(float type)
② 벨로우즈 트랩(bellows trap)
③ 상향 버킷 트랩(open bucket trap)
④ 하향 버킷 트랩(inverted bucket trap)

해설 벨로우즈 트랩은 열에 의해 작동되며, 플로트, 버킷 트랩은 응축수량에 따라 작동된다.

답 ②

22 쪽수의 산출
손실열량(난방부하)이 50,000kJ/h인 실에 온수를 열매로 하는 방열기 쪽수는?(단, 방열기 쪽수당 방열면적은 0.26m^2이다.)

① 27쪽
② 86쪽
③ 102쪽
④ 142쪽

해설 EDR=50,000kJ/h=13.89kW=13.89/0.523=26.5m^2, 쪽수=26.5/0.26=101.9=102쪽

답 ③

23 온수 온돌 난방의 특징
온수 온돌 난방공간에 대한 다음 기술 중 가장 부적당한 것은?

① 실내 상하온도차가 적다.
② 예열시간이 길다.
③ 바닥 구조체에는 반드시 단열을 해야 한다.
④ 증기난방이나 온수난방에 비해 설비비가 싸다.

해설 온수 온돌 난방은 복사난방으로 설비비가 비싼 편이다.

답 ④

24 온수팽창량 산출

5℃인 물 1,300L를 80℃까지 가열하였을 때 온수의 팽창량은 얼마인가?(단, 5℃ 물의 밀도 999.8kg/m³, 80℃ 물의 밀도 972.0kg/m³이다.)

① 28.6L
② 37.2L
③ 43.8L
④ 62.1L

해설 $\Delta V = \left(\dfrac{r_1}{r_2} - 1\right)V = \left(\dfrac{999.8}{972.0} - 1\right)1,300 = 37.18\text{L}$

답 ②

25 증기배관 증기유속

증기배관에서 증기유속의 설명 중 옳은 것은?

① 저압 증기관 최저 35m/s, 고압 증기관 최저 45m/s
② 저압 증기관 최저 35m/s, 고압 증기관 최대 45m/s
③ 저압 증기관 최대 35m/s, 고압 증기관 최저 45m/s
④ 저압 증기관 최대 35m/s, 고압 증기관 최대 45m/s

해설 저압증기관 최대 유속 35m/s, 고압 증기관 최대 유속 45m/s

답 ④

제2편 공기조화설비 설계

제1장 공기조화설비 설계

1. 공기조화기 구성

공기조화기는 에어필터, 에어와셔, 가열코일, 냉각코일, 가습기, 송풍기 등으로 구성된다.

1) 에어필터

(1) 설치목적

공기 중 매연, 부진, 가스 등 인체에 해로운 물질을 제거하기 위해 설치한다.

(2) 집진원리

중력집진, 관성력집진, 원심력집진, 세정집진, 여과집진, 전기집진, 음파집진

(3) 종류

① **점착식 여과기** 기름에 담근 글라스울, 금속울 등에 풍속 1.5m/s 정도로 통과시켜 여재표면에 점착되어 제거한다.
② **건식 여과기** 스폰지, 합성수지섬유 등 건조섬유층을 풍속 1m/s 정도로 통과시켜 여과한다.
③ **습식 여과기** 공기세정기라 하며 케이싱 안에 물을 분무시키고 공기를 통과시켜 여과한다. (먼지가스에 효과가 높다.)
④ **전기집진식** 공기 중의 입자를 대전시켜 다른 전극에 의해 부착시켜 제거한다.

(4) 여과효율

$$여과효율(y) = \frac{C_1 - C_2}{C_1} \times 100(\%)$$

C_1 : 여과기 입구 농도(mg/m^3), C_2 : 여과기 출구 농도(mg/m^3)

(5) 여과기 성능검사법

① **질량법**   저성능필터(프리필터)에 적용한다.
② **비색법**   중성능필터(미디엄필터)에 적용한다.
③ **계수법**   고성능필터(HEPA, ULPA-초고성능)에 적용한다.

2) 에어와셔(공기세정기)

(1) 원리

노즐에서 물방울을 분사시키고 공기를 통과시켜 여과, 가열, 가습, 냉각, 감습 작용을 한다.

(2) 구조

엘리미네이터, 플러딩노즐, 입구루버(분무압력 0.05MPa, 풍속 2.5~3.5m/s)
① **엘리미네이터**   물방울이 세정기 밖으로 빠져나가지 않게 한다.
② **플러딩노즐**   엘리미네이터의 먼지를 씻어 낸다.
③ **입구루버**   세정기 내의 유입공기를 평행하게 한다.

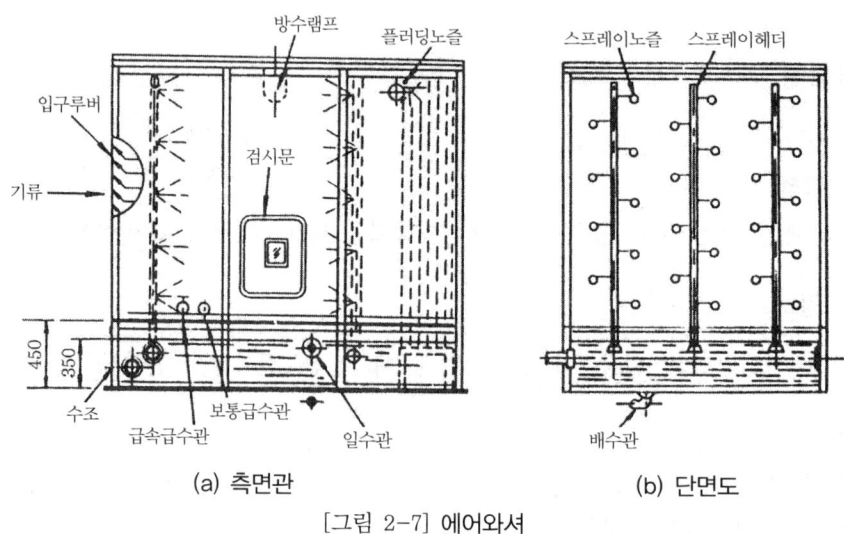

(a) 측면관   (b) 단면도

[그림 2-7] 에어와셔

3) 공기가열기(가열코일)

(1) 원리

공기를 가열하기 위한 장치로 온수와 증기를 사용한다.(평행류, 향류, 직교류 등)
일반적으로 대향류에 이용한다.

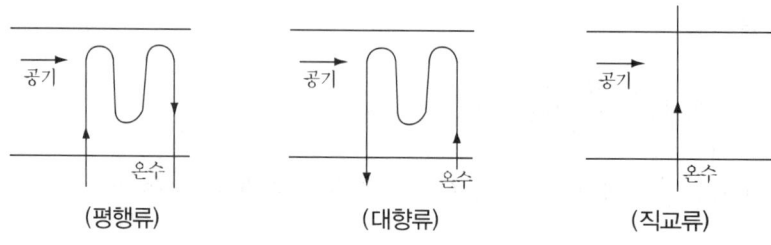

(평행류)   (대향류)   (직교류)

(2) 코일 통과 면적(A)

$$A = \frac{Q}{V \times 3{,}600} = \frac{G}{1.2 \times 3{,}600 \times V} = \frac{G}{4{,}320 \times V}$$

Q : 풍량(m³/s), G : 풍량(kg/h), V : 풍속(m/s)(가열코일 : 3~4m/s, 냉각코일 : 2~3m/s)

(3) 코일전열면적(S)

$$S = \frac{q(1{,}000/3{,}600)}{K \cdot \Delta t}$$

q : 가열량(kJ/h), K : 열통과율(W/m²K), Δt : 공기-온수온도차

① 산술 평균 온도차 공기 평균온도와 온수 평균온도와의 차
② 대수평균 온도차(MTD)

$$MTD = \frac{\Delta 1 - \Delta 2}{\ln \frac{\Delta 1}{\Delta 2}}$$

$\Delta 1$: 출구 물의 온도-입구 공기 온도=$t_{w2}-t_1$
$\Delta 2$: 입구 물의 온도-출구 공기 온도=$t_{w1}-t_2$

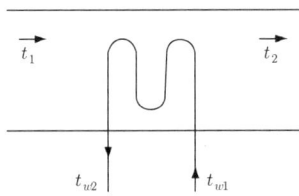

(4) 코일열수(N)

$q = K \cdot A \cdot MTD \cdot N$ 에서

$$N = \frac{q(1{,}000/3{,}600)}{K \cdot A \cdot MTD}$$

MTD : 공기, 열매의 대수평균온도차
A : 코일 1열당 전열면적(m²)
K : 열관류율(W/m²K)-전열면적에 대한 열관류율

4) 냉각코일

코일 표면온도가 공기노점온도보다 높은 건코일식과 노점온도보다 낮은 습코일식이 있다. 원리 및 기기용량산정은 가열코일과 같다.

5) 가습기, 감습기

(1) 가습방법(겨울철)

공기세정기, 증기분무, 증발접시, 원심식가습기, 압축공기에 의한 물분무, 초음파가습기 등

▶ **수분무식** 원심식, 초음파식, 노즐분무식(물)
▶ **증기식** 전열식, 적외선식, 노즐분무식(증기)
▶ **기화식** 회전식, 모세관식, 적하식

(2) 감습방법(여름철)

냉각코일 방법, 냉수분사 공기세정기, 실리카겔, 알루미나 등 고체 흡착제 이용방법과 액체 흡수제 이용방법이 있으나 주로 냉각코일 냉각제습법을 사용한다.

2. 공조기의 유지관리

1) 공조기 구성 및 구조

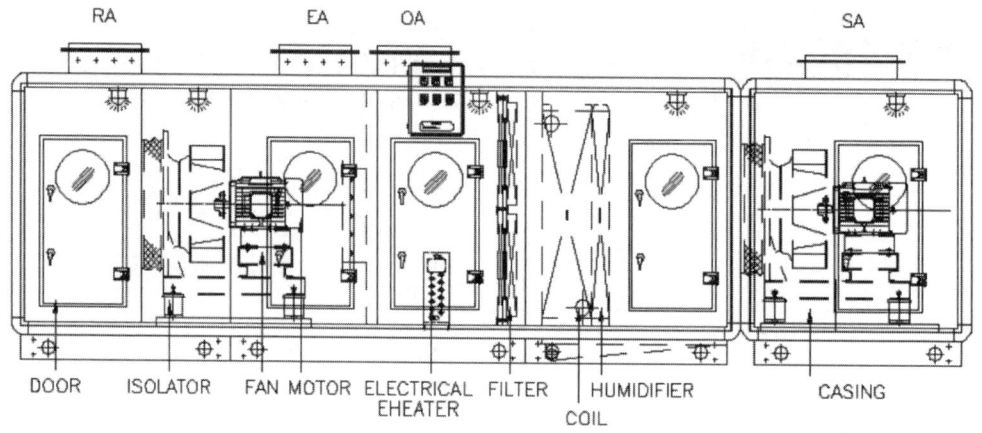

2) 공조기 구성요소별 점검 사항

공조기 구성 요소 중 점검이 필요한 부분은 주로 코일, 송풍기, 댐퍼류, 드레인팬 배수불량 등이다.

(1) 냉·온 코일의 정비사항 및 방법

냉각코일의 냉각능력 감소는 코일 내 잔여 공기가 유체 흐름을 방해하여 열교환을 저해하거나, 헤더 배관 구성상 튜브 상부 공기 잔류 또는 코일 전면에 오염으로 공기 통과를 방해하여 국부적으로 코일의 전열 효율 감소 등으로 점검하여 조치한다.

(2) 송풍기 풍량 저하

필터 막힘(필터 세정 및 교환) 벨트 이완(벨트 장력 조정 및 교환)

(3) 드레인팬 배수 불량

배수트랩 역류 및 응축수 배출이 안 되는 경우 트랩의 봉수 높이가 확보되지 않아, 드레인 팬 부분이 부압인 경우 외부의 공기가 기내로 역류하는 경우 배수 팬 배수구의 배관은 송풍기의 정압보다 큰 봉수를 가지는 배수용 트랩을 설치한다.

(4) 수격현상 발생

관내를 물의 유속이 급격히 변화하여 워터해머 영향으로 코일파손 우려되는 경우 배관 내 유속을 낮추거나 수격압 흡수장치(WHC)를 급수배관 내에 설치한다.

(5) 기타

코일 핀 오염(핀 세정), 배관 내 스트레이너 막힘(점검 후 청소), 증기 코일 능력저하(공기가 우회(By-Pass) 될 경우 차단판 설치), 이상소음 발생(베어링 결함, 벨트 결함, 베어링부 구리스 주입 및 교환, 장력 조정) 베어링의 과열(정격하중과 한계회전속도 초과 시-정격베어링으로 교체, 정렬되지 않은 베어링 사용-정렬된 베어링 사용과 축의 평형도 확인) 등을 점검한다.

3. 펌프의 특성 및 관리

(1) **왕복동펌프** 송수압 변동이 심함, 수량조절이 어렵다. 양수량이 적고 양정이 클 때 적합하다.(피스톤, 플런저, 워싱턴 펌프)
(2) **원심펌프** 고속회전에 적합하며, 양수량 조절이 용이하다. 양수량이 많고 고저양정에 사용한다.(일반적으로 볼류트 펌프는 저양정에, 터빈펌프는 고양정에 쓰인다.)

1) 왕복동펌프의 양수량(Q)

$$Q = A \cdot L \cdot N \cdot E_V$$

Q : 양수량(m^3/min), A : 피스톤단면적(m^2), L : 행정(m), N : 회전수(rpm), E_V : 용적 효율

2) 펌프의 전양정(HT)

전양정=흡입양정+토출양정+마찰손실수두+출구 측 수압수두

3) 펌프의 소요동력

$$kW = \frac{Q \times \gamma \times H}{60 \times 102 \times y} = \frac{Q \times \gamma \times g \times H}{60 \times 1000 \times y}$$

Q : 유량(m^3/min), γ : 비중량(kg/m^3), H : 전양정(m), y : 펌프효율

4) 비교회전도

비교회전도란 그 펌프와 유사한 펌프가 1m^3/min의 양수량에 대하여 1m의 양정을 가질 때 회전수(rpm)를 말한다. 비교회전도가 클수록 축류펌프에 속하며 작을수록 고양정 터빈펌프에 속한다.

$$N_s = N \cdot \frac{Q^{1/2}}{H^{3/4}}$$

N_s : 비회전도(rpm), N : 회전수(rpm), Q : 유량(m³/min), H : 양정(m)

5) 유효흡입양정(NPSH)

물은 이론상 0℃에서 10.33m, 100℃에서 0m를 흡입양정으로 할 수 있지만 실제 상온에서 6~7m밖에 흡입할 수 없다. 그 이상에서는 캐비테이션(공동 현상)이 일어나 양수할 수 없다. 이때 흡입 가능한 높이를 유효흡입양정이라 한다.

(1) 펌프설비에서 얻어지는 유효흡입양정(NPSH)

$$NPSH = \frac{P_0}{\gamma} - (\frac{P_v}{\gamma} + Z + H_f)$$

P_0 : 대기압(kg/m²) γ : 비중량(kg/m³) P_v : 수온 포화증기 압력(kg/m²)m
Z : 흡입양정(m) H_f : 흡입관 마찰 손실수두(m)

(2) 캐비테이션을 막기 위해서는 설비에서 얻어지는 유효 NPSH가 펌프의 필요 NPSH보다 커야 한다.

※ 유효NPSH ≥ 1.3 필요NPSH

6) 펌프 설치 시 주의사항

① 펌프와 전동기는 일직선상에 배치한다.
② 되도록 흡입양정을 낮춘다.(유효흡입양정-NPSH를 크게 한다.)
③ 흡입구는 수면위 관경의 2배 이상 잠기게 한다.
④ 소화펌프는 화재 시 불의 접근을 막도록 구획한다.

7) 펌프의 과부하 운전조건

① 원동기와 펌프의 연결이 불량할 때
② 이물질 유입 및 베어링 마모가 심할 때
③ 회전수가 증가할 때
④ 흡입양정이 감소할 때

8) 펌프 설치 운영 시 점검사항

(1) 흡입 foot valve strainer의 설치 깊이를 검토한다.
  ① 바닥면의 이물질 흡입방지를 위해 바닥면에서 최소 200mm 이격한다.
  ② 소용돌이 등으로 인한 공기의 유입을 방지하기 위해 벽면에서는 3D(관경) 이상 이격시킨다.
(2) 흡입 배관은 부압이 형성되지 않는지 NPSH를 확인한다.
(3) 흡입배관은 펌프를 향해 1/50~1/100 상향구배를 유지하여 공기가 정체하지 않게 한다.

(4) 흡입배관 레듀샤는 편심레듀샤를 상부가 수평으로 설치한다.(저항은 가능한 한 적게 되도록 하고 필요시 한 치수 크게 할 것)
(5) 펌프의 맥동에 의한 진동, 소음이 우려될 경우 펌프 토출측 배관부분의 0.5~1.0m 정도 길이를 2치수 큰 배관으로 설치를 검토한다.
(6) 펌프 토출구로부터 15m까지는 방진 행가를 설치한다.

9) 펌프의 이상현상

(1) 공동(Cavitation) 현상

① 수온이 상승하거나 빠른 속도로 물이 운동할 때 물의 압력이 증기압 이하로 낮아져 물속에 공동(기포, 기체거품)이 발생하는 현상이다.
② 물에서 빠져나온 기포는 펌프의 흡입을 저하시키는 원인이 된다.
③ 소음, 진동, 부식의 원인이 된다.
④ 발생원인 및 방지대책

발생원인	방지대책
펌프의 흡입양정이 클 경우	흡입양정을 작게 한다.(설비에서 얻는 유효 흡입양정이 펌프의 필요흡입양정보다 커야 한다.)
펌프의 마찰손실이 과대할 경우	부속류를 적게 하여 마찰손실수두를 줄인다.
펌프의 임펠러 속도가 클 경우	펌프의 임펠러 속도, 즉 회전수를 낮게 한다.
펌프의 흡입관경이 작을 경우	펌프의 흡입관경을 양수량에 맞추어 크게 설계한다.
펌프의 흡입수온이 높을 경우	펌프의 흡입수온을 낮게 한다

(2) 서징(Surging) 현상

① 산형(山形) 특성의 양정곡선을 갖는 펌프의 산형 왼쪽 부분에서 유량과 양정이 주기적으로 변동하는 현상이다.
② 펌프와 송풍기 등이 운전 중에 한숨을 쉬는 것과 같은 상태가 되어 펌프인 경우 입구와 출구의 진공계, 압력계의 침이 흔들리고 동시에 송출유량이 변화하는 현상, 즉 송출압력과 송출유량 사이에 주기적인 변동이 일어나는 현상을 말한다.

(3) 베이퍼록(Vapor-lock) 현상

① 비등점이 낮은 액체 등을 이송할 경우 펌프의 입구 측에서 발생되는 액체의 비등현상을 말한다.
② 액 자체 또는 흡입배관 외부의 온도가 상승할 경우, 흡입관 지름이 작거나 펌프 설치 위치가 적당하지 않을 경우, 흡입 관로의 막힘, 스케일 부착 등에 의한 저항이 증대될 경우, 펌프 냉각기가 작동하지 않거나 설치되지 않은 경우 발생한다.
③ 실린더 라이너의 외부를 냉각시키고, 흡입관 지름을 크게 하거나 펌프의 설치 위치를 낮추면 방지할 수 있다.

4. 송풍기의 특성

1) 송풍기의 분류

(1) 원심형(Centrifugal Fan)
① 터보형(Turbo Fan)
② 익형 : 에어포일팬(Airfoil Fan), 리미트로드팬(Limit Lord Fan)
③ 다익형(Siroco Fan)
④ 방사형(Radial Fan)
⑤ 관류형(Tubular Fan)

(2) 축류형(Axial Fan)
① 프로펠러형(Propeller Fan)
② 튜브형(Tube Axial Fan)
③ 베인형(Vane Axial Fan)

(3) 사류형(혼류형, Mixed Flow Type)

(4) 횡류형(직교류식, Cross Flow Type)

2) 송풍기 계산식

(1) 송풍기의 압력
송풍기 전압 = 송풍기 정압 + 송풍기 토출측 동압

(2) 송풍기의 축동력

$$kW = \frac{Q \cdot P_T}{60 \times 1,000 \times y_T}$$

Q : 공기량(m³/min), y_T : 전압효율, P_T : 송풍기전압(Pa)

(3) 송풍기 상사의 법칙

$$\frac{Q_2}{Q_1} = \left(\frac{N_2}{N_1}\right)\left(\frac{D_2}{D_1}\right)^3, \quad \frac{P_2}{P_1} = \left(\frac{N_2}{N_1}\right)^2\left(\frac{D_2}{D_1}\right)^2, \quad \frac{L_2}{L_1} = \left(\frac{N_2}{N_1}\right)^3\left(\frac{D_2}{D_1}\right)^5$$

Q : 풍량, N : 회전수, D : 직경, P : 정압, L : 동력

3) 공조설비 송풍량 계산법

(1) 실내송풍량(냉방, 난방) m(kg/h), Q(m³/h)

$$m = \frac{q_s}{1.01 \times \Delta t} (kg/h)$$

q_s : 실내 현열 부하(kJ/h)
Δt : 취출온도차=취출온도-실내온도
공기비열 : 1.01kJ/kgK

$$Q = \frac{q_s}{1.01 \times 1.2 \times \Delta t}(m^3/h)$$ 공기밀도 : 1.2kg/m³

(2) 취출공기온도(냉방기준)

$$m = \frac{q_s}{1.01 \times \Delta t}(kg/h) \text{에서} \quad \Delta t = \frac{q_s}{1.01 \times m}$$

$$td = tr - \frac{q_s}{1.01m}$$ td : 취출온도, tr : 실내온도

(3) 송풍기 풍량 제어의 에너지 소비 크기 순서

① 토출댐퍼제어 > 흡입댐퍼제어 > 흡입베인제어 > 가변익축류제어 > 회전수제어
② 토출댐퍼제어가 가장 에너지 소비가 크며, 회전수 제어가 가장 에너지 절약적이다.

5. 공조용 관재료 종류 및 특징

1) 금속관

(1) 주철관
① 내식성, 내구성, 내압성이 우수하다.
② 충격에 약하며, 인장강도가 작다.
③ 방열성능이 열세하다.
④ 선철의 함량이 적을수록 고급주철이다.
⑤ 강관에 비해 가격이 저렴하다.
⑥ 접합방법 : 소켓 접합, 플랜지 접합, 메커니컬 접합, 빅토리 접합, 타이튼 접합

(2) 강관
① 경량이며, 인장강도가 우수하고, 가장 많이 사용한다.
② 부식하기 쉬운 특징 때문에 내구연한이 짧다.
③ 내충격성이 좋으며, 굴곡성이 양호하다.
④ 배관용, 수도용, 열전달용, 구조용 등으로 사용한다.
⑤ 접합방법 : 나사접합, 플랜지 접합, 용접 접합

(3) 연관(납관)
① 굴곡성이 우수하고 시공성이 양호하다.
② 내산성이 좋으나, 알칼리에는 약하다.(콘크리트에 매입 시 주의를 요함)
③ 가격이 저렴하고 쉽게 변형된다.
④ 용도에 따라 1종(화학공업용), 2종(일반용), 3종(가스용)으로, 사용방법에 따라 수도용과 배수용으로 나뉜다.
⑤ 접합방법 : 플라스터 접합, 납땜 접합

(4) 동관

① 열전도율이 크고, 내식성이 강하다.(난방, 급탕용)
② 저온취성에 강하다.(냉동관 등에 이용)
③ 가격이 비교적 고가이다.
④ 접합방법 : 납땜 접합, 플레어 접합, 용접 접합, 경납땜

(5) 황동관

① 동의 합금관으로 관의 내외 면에 주석도금을 한 것이다.
② 접합방법 : 납땜 접합, 플레어 접합, 용접 접합, 경납땜

(6) 스테인리스관

① 철에 12~20% 정도의 크롬 등을 첨가하여 만든 합금강으로서, 외부 표면에 얇은 피막을 형성하여 부식을 방지한다.
② 피막이 파손되더라도 화학적으로 곧 재생되어 부식을 방지한다.
③ 접합방법 : 플랜지 접합, 용접 접합, 무용접 접합

2) 비금속관

종류	특징	접합방법
경질염화비닐관 (PVC관)	• 내화학적(내산 및 내알칼리)이다. • 내열성이 취약하다. • 마찰손실이 적고, 전기 절연 성과 열팽창률이 크다.	• 열간 공법 • 냉간 공법
콘크리트관	옥외배수나 상하수도의 배관으로 이용한다.	• 칼라 조인트 • 가볼트 조인트 • 심플렉스 조인트 • 모르타르 조인트
폴리에틸렌 피복관	지하매설용 가스관에 이용 한다.	• 플랜지 접합 • 용착 슬리브 접합 • 인서트 접합 • 테이퍼 접합 • 나사 접합

6. 배관관경 설계

배관관경 결정요소 : 유량, 유속, 마찰저항

1) 온수관경

유량과 압력강하를 구하여 유량 관경표에서 결정

(1) 순환수량(kg/s)

방열량(kJ/s)÷(4.19×방열기 입출구온도차(Δt))
- 온수 : $1m^2$EDR=$0.523kW/m^2$($0.523=450\times4.19/3,600$)

(2) 압력강하(R)

$$R = \frac{H \times 1,000}{L(1+k)} (mmAq/m)$$

H : 순환펌프양정(m), L : 보일러에서 최원방열기의 왕복순환 길이(m)
k : 국부저항 계수

2) 증기관경

EDR(증기량)과 압력강하로 구한다.

(1) 증기

1m²EDR=0.756kW/m²

$$증기 EDR(상당방열면적) = \frac{방열량(kJ/s)}{0.756} (m^2)$$

(2) 증기배관 압력강하(R)

$$R = \frac{\Delta P \cdot 100}{L(1+k)} (kPa/100m)$$

ΔP : 보일러와 최원방열기 사이의 증기 압력차(kPa)
L : 보일러에서 최원방열기까지 거리(m), k : 국부저항 계수

제1장 핵·심·문·제
공기조화설비 설계

01 가열량 산출식
다음 공조장치에서 가열기에 의한 가열량 q_h(kJ/h)은?

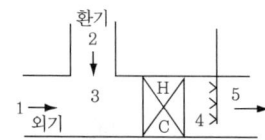

① $q_h = G(h_5 - h_3)$
② $q_h = G(h_3 - h_4)$
③ $q_h = G(h_1 - h_2)$
④ $q_h = G(h_4 - h_3)$

해설 가열기에 의한 가열량 q는 $q = G \Delta h$
G : 가열공기량(kg/h), Δh : 가열기 전·후 엔탈피차(kJ/kg)

답 ④

02 냉각열량 산출
냉수를 쓰는 대향류형 공기냉각 코일에서 28℃의 공기를 14℃로 냉각하는 데에 7℃의 냉수를 통하고 냉수온도와 냉각코일이 5℃ 상승하였을 때 공기의 냉각열량은?(단, 코일의 전체 열통과율은 230W/m²K이고 전열면적은 2.5m²이었다.)

① 4.26kW
② 5.26kW
③ 6.26kW
④ 7.26kW

해설 대향류형 냉각코일에서 $MTD = \dfrac{\Delta - \Delta 2}{\ln \dfrac{\Delta 1}{\Delta 2}} = \dfrac{16 - 7}{\ln \dfrac{16}{7}} = 10.89$

$q = K \cdot A \cdot MTD = 230 \times 2.5 \times 10.89 = 6,262W = 6.26kW$

답 ③

03 습공기의 특성
다음의 설명 중 옳은 것은?

① 코일의 열수가 증가할수록 바이패스 팩터(BF)는 커진다.
② 20℃의 습공기에서 90℃의 온수로 분무 가습하였을 경우 건구온도는 내려간다.
③ 코일을 통과하는 풍속이 커지면 바이패스 팩터는 감소한다.
④ 습공기의 노점온도는 습도가 낮을수록 높아진다.

해설 코일열수가 증가할수록, 풍속이 작을수록 BF는 작아지고, 온수 가습은 열수분비선(90℃인 경우 $u = 90 \times 4.19 = 377$kJ/kg)을 따라 변화하는데 건구온도는 감소한다.

답 ②

04 냉각코일 용량 산출 요소
다음 중 냉각코일의 용량과 관계가 없는 것은?
① 배관부하
② 실내 취득열량
③ 재열부하
④ 외기부하

해설 냉각코일부하는 실내 취득열량, 외기부하, 공조기기부하, 재열부하 등이다.

답 ①

05 냉각코일 용량 산출 요소
다음 중 혼합·냉각·재열의 과정을 거치는 공기조화 시스템의 냉각코일 용량으로 적당한 것은?
① (실내 현열부하)+(실내 잠열부하)
② (실내 현열부하)+(외기 현열부하)
③ (실내 전열부하)+(외기 전열부하)+(재열부하)
④ (실내 현열부하)+(외기 현열부하)+(재열부하)

해설 공조기에서 냉각코일 부하는 재열기가 있는 경우 실내 전열부하+외기 전열부하+재열부하이다.

답 ③

06 냉각코일 적용 특징
냉각코일에 대한 설명 중 옳은 것은?
① 공기의 흐름 방향과 코일 내에 있는 물의 흐름 방향이 동일한 평행류가 되도록 하는 것이 좋다.
② 대수 평균 온도차가 작을수록 코일의 열수는 감소한다.
③ 코일의 열수가 증가하면 바이패스 팩터가 커진다.
④ 코일의 정면 풍속은 2.0~3.0m/s의 범위 내로 하는 것이 좋다.

해설 평행류보다 대향류가 좋으며, 온도차가 클수록 코일열수는 감소하고 코일열수가 증가하면 BF는 작아진다.

답 ④

07 원심펌프의 구경 관계 요소
다음 중 원심펌프의 구경과 관련 있는 것은?
① 유량
② 양정
③ 동력
④ 비교회전수

해설 유량은 구경의 제곱에 비례한다.

답 ①

08 에어필터의 설치
중앙식 공기조화기에서 에어필터의 설치에 관한 설명 중 옳지 않은 것은?
① 공조기 내의 에어필터는 송풍기의 흡입 측이면서 코일의 앞쪽에 설치한다.
② 필터의 설치 위치 전후에는 점검과 보수를 위한 충분한 공간과 점검문을 둔다.
③ 유니트형 필터를 여러 개 설치하는 경우 통과면적을 최소로 한다.
④ 필터에 공기의 흐름방향이 있는 경우에는 역방향으로 설치되지 않도록 한다.

해설 유니트형 필터는 지그재그로 설치하여 통과 면적을 최대로 하여 통과 풍속을 감소시킬수록 집진효율이 좋아진다.

답 ③

09 정미흡입수두 정의
펌프의 정미흡입수두(NPSH)에 대한 정의로 옳은 것은?
① 펌프가 운전 중 공동현상이 일어날 때의 흡입 실양정이다.
② 펌프가 운전 중 공동현상이 일어날 때 흡입 실양정과 흡입관로 손실의 합이다.
③ 펌프가 운전 중 공동형상이 일어날 때 펌프의 흡입정압수두이다.
④ 운전 중 있는 펌프의 흡입구에서의 전압과 그 때 액체의 증기압에 해당하는 수두와의 차이다.

해설 NPSH=대기압-(흡입양정+흡입배관 마찰손실+포화증기압)
여기서 대기압-(흡입양정+마찰손실)=흡입구 전압이므로 NPSH=펌프 흡입구 전압-포화증기압

답 ④

10 캐비테이션의 발생 조건
다음 중 펌프설비에서 캐비테이션의 발생 조건과 가장 거리가 먼 것은?
① 흡수관의 손실수두가 작을 경우
② 유체의 온도가 높을 경우
③ 흡입 양정이 클 경우
④ 날개차의 원주속도가 클 경우

해설 NPSH가 작을수록 캐비테이션 가능성이 크므로 흡입양정이 크고, 흡입배관 마찰손실이 크고, 포화증기압이 클수록(온도가 높을수록 포화증기압 증가), 임펠러 속도가 클수록 캐비테이션이 발생가능하다.

답 ①

11 공기가열기 풍속
공기가열기에 적당한 풍속은 얼마인가?
① 0.5~1m/s
② 1~2m/s
③ 2~3m/s
④ 3~4m/s

해설 가열기 통과 풍속은 3~4m/s 냉각코일은 2~3m/s가 좋다. 냉각 코일이 약간 적다.

답 ④

12 펌프의 비교 회전수 크기 비교
펌프의 비교 회전수의 크기를 비교 것 중 옳은 것은?

① 터빈 펌프>볼류트 펌프>사류 펌프>축류 펌프
② 축류 펌프>볼류트 펌프>사류 펌프>터빈 펌프
③ 축류 펌프>사류 펌프>볼류트 펌프>터빈 펌프
④ 터빈 펌프>축류 펌프>볼류트 펌프>사류 펌프

해설 비교 회전수는 축류 펌프(1,100 이상)>사류 펌프(500~1,200)>볼류트 펌프(300~700)>터빈 펌프(300 이하)

답 ③

13 유효흡입양정
펌프의 NPSH(유효흡입양정)에 관한 설명 중 옳지 않은 것은?

① 펌프설비에서 얻어지는 NPSH는 기압의 영향을 받는다.
② 펌프설비에서 얻어지는 NPSH는 흡입양정, 수온, 마찰손실 등에 의해 결정된다.
③ 토오마의 캐비테이션계수는 비교회전수의 함수이다.
④ 펌프가 필요로 하는 NPSH보다 펌프설비에서 얻어지는 NPSH를 작게 한다.

해설 캐비테이션 현상을 방지하려면 필요 NPSH보다 유효 NPSH가 커야 한다.

답 ④

14 송풍기의 압력
송풍기에 대한 설명 중 부적당한 것은?

① 송풍기 동압은 출구 측 풍속에 의하여 결정된다.
② 송풍기 정압은 송풍기 전압과 동압의 합이다.
③ 송풍기 전압은 출구 측 전압과 입구 측 전압의 차이다.
④ 송풍기 전압은 입·출구 측 덕트 마찰저항과 같다.

해설 송풍기 정압=송풍기 전압-송풍기 동압

답 ②

15 송풍기 소요 동력 산출
어떤 송풍기에서 송풍량 3,600m³/h, 송풍기 전압 400Pa 전압 효율 60%일 때의 송풍기 소요 동력은?

① 0.67kW
② 1.68kW
③ 2.68kW
④ 3.68kW

해설 $L = \dfrac{Q \cdot P_r}{1{,}000 \cdot y_r} = \dfrac{3{,}600 \times 400}{3{,}600 \times 1{,}000 \times 0.6} = 0.67 \text{kW}$

송풍기 동력 계산에서 $P = \text{m}^3/\text{s} \times \text{Pa} = \text{m}^3/\text{s} \times \text{N}/\text{m}^2 = \text{Nm}/\text{s} = \text{J}/\text{s} = \text{W}$ 그러므로 풍량 곱하기 압력(Pa)이 곧 W가 된다. 1,000으로 나누면 kW가 된다.

답 ①

16 송풍기 소요 동력 산출

어떤 송풍기에서 송풍량 2600m³/h, 송풍기 전압 40mmAq 전압 효율 60%일 때의 송풍기 소요 동력은?

① 0.47kW
② 1.24kW
③ 2.86kW
④ 4.68kW

해설 $L = \dfrac{Q \cdot P_r}{102 \cdot y_r} = \dfrac{2{,}600 \times 40}{3{,}600 \times 102 \times 0.6} = 0.472 \text{kW}$

송풍기와 펌프 동력 계산은 수두(mAq, mmAq)와 압력(Pa, kPa)을 모두 이해하세요!!

답 ①

17 송풍기의 상사법칙

송풍기 상사법칙에 대한 설명 중 틀린 것은?

① 송풍량은 회전수에 비례한다.
② 정압은 회전수의 제곱에 비례한다.
③ 송풍량은 직경의 제곱에 비례한다.
④ 소요 동력은 회전수의 삼제곱(삼승)에 비례한다.

해설 송풍량은 회전수에 비례하고, 직경의 삼승에 비례한다.

답 ③

18 송풍기의 상사법칙

동일 송풍기에서 회전수를 2배로 했을 경우 풍량, 정압 및 소요 동력의 변화량에 대해 옳은 것은?

① 풍량 1배, 정압 2배, 소요 동력 2배
② 풍량 1배, 정압 2배, 소요 동력 4배
③ 풍량 2배, 정압 4배, 소요 동력 4배
④ 풍량 2배, 정압 4배, 소요 동력 8배

해설 회전속도 $N_1 \to N_2$

1) 풍량은 회전수에 비례하고 $Q_2 = Q_1 \dfrac{N_2}{N_1} = 2Q_1$

2) 정압은 제곱에 비례하고 $P_2 = P_1 \left(\dfrac{N_2}{N_1}\right)^2 = 4P_1$

3) 동력은 3제곱에 비례한다. $L_2 = L_1 \left(\dfrac{N_2}{N_1}\right)^3 = 8L_1$

답 ④

19 송풍기 번호
원심 송풍기 회전 날개의 지름이 750mm이다. 이 송풍기의 번호(No)는?
① 2(1/2) ② 4
③ 5   ④ 2

해설 원심 송풍기의 경우 $No = \dfrac{\text{회전날개의 지름(mm)}}{150mm}$, $No = \dfrac{750}{150} = 5$

축류 송풍기는 임펠러 지름을 100mm로 나누어 번호를 준다.

답 ③

20 음압레벨 산출
어떤 실에 각각 음압레벨이 80dB과 82dB인 2대의 송풍기를 동시에 운전할 때 음압레벨은?(단, 실내의 암소음은 무시한다)
① 80dB   ② 82dB
③ 84dB   ④ 162dB

해설 2소음(SPL_1과 SPL_2)의 합성 소음을 SPL_3이라 하면,
$SPL_3 = 10\log(10^{SPL1/10} + 10^{SPL2/10}) = 10\log(10^{80/10} + 10^{82/10}) = 84dB$

답 ③

21 소음기의 종류
다음 중 소리의 공명에 의한 소음 장치는 어느 것인가?
① 플레이트형 소음기   ② 머플러형 소음기
③ 엘보   ④ 소음 챔버

해설 머플러형 소음기의 내부에 여러 장의 격벽을 설치하면 공명 주파수를 여러 가지로 바꿀 수 있어 소음 효과를 높일 수 있다. 소음 챔버는 다공성의 흡음재를 이용한다.

답 ②

22 송풍기 번호
원심 송풍기의 번호가 No.6일 경우 날개의 직경은 얼마인가?
① 600mm   ② 720mm
③ 900mm   ④ 1,200mm

해설 회전 날개의 지름 $D = 6 \times 150mm = 900mm$

답 ③

제3편 환기설비 설계

제1장 환기시스템 설계

1. 환기시스템

1) 환기 방식의 종류
(1) **1종 환기** 강제급기(FAN)+강제배기(FAN)
(2) **2종 환기** 강제급기(FAN)+자연배기
(3) **3종 환기** 자연급기+강제배기(FAN)
(4) **4종 환기(자연환기)** 자연급배기

2) 환기 시스템 및 환기량 선정 시 고려사항
(1) 실의 크기, 필요 최소 외기량을 고려하여 환기시스템을 선정한다.
(2) 실내발열의 유무, 취기 또는 분진 발생의 유무에 따라 2종 3종 방식을 선정한다.
(3) 유독성 또는 폭발성 가스 발생 유무에 따라 2종 3종 방식을 선정한다.
(4) 실의 용도 및 크기에 따라 적합한 환기 방식 및 환기량을 선정한다.

3) 덕트의 구조

(1) **구조**
① **장방형 덕트** 좁은 스페이스에 설치가 용이하여 일반적으로 사용하지만 고압에는 부적당하며 보강해야 한다.
② **원형 덕트** 강도가 크고 공기저항이 적으며 설치공간을 많이 차지하고, 고압·저압 모두 쓰인다.

(2) **덕트의 용도상 분류**
① **간선 덕트 방식** 설비비가 싸고 덕트 스페이스가 적어지지만 먼 거리 덕트에는 공급이 원활치 못하다.
② **개별 덕트 방식** 설비비가 비싸고 덕트 스페이스도 커지지만 공기공급이 원활하다.
③ **환상 덕트 방식** 말단 취출구의 압력조절이 용이하다.

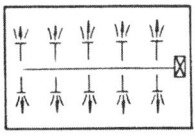 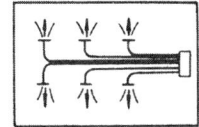 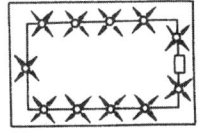

(a) 간선덕트 방식   (b) 개별덕트 방식   (c) 환상덕트 방식

[그림 2-8] 덕트 배치 방식

(3) 풍속에 따라 분류
① **저속 덕트(10~15m/s 이하)** 소음이 적고 동력 소모가 적다. 덕트 스페이스가 커진다.
② **고속 덕트(20~25m/s 이상)** 덕트 크기가 적어지고, 분배가 용이 하며 동력소모가 크고 FAN 시설비가 증가한다.

4) 덕트의 설계법
덕트 설계방법은 등속법, 등마찰법, 정압 재취법 등이 있는데
① 등속법은 개략적인 덕트 크기 결정에 유리하다.
② 정압 재취법은 취출구에서의 정압이 같도록 경로 압력 손실을 계산하여 설계한다.
③ 가장 많이 사용되는 설계법은 등마찰법이며 덕트 단위 길이당 마찰저항이 같도록 설계한다. 단위 길이당 마찰저항이 같으므로 압력손실을 구하기가 용이하다. 등마찰법에서 덕트 직경 결정방법은 풍량(m^3/min)과 마찰저항 R(Pa/m)이 결정되면 덕트 선도에서 구한다. 구하는 방법은 풍량과 마찰저항 R의 교차점에서 덕트경을 구한다. 또한 장방형 덕트로 하고자 할 때는 환산표를 이용하여 찾는다.

5) 덕트 동압과 마찰손실
덕트 동압, 마찰손실, 국부저항은 mmAq 단위와 Pa 단위가 모두 이용되므로 함께 정리해 두어야 한다.

(1) 덕트 동압(Pv)
① 수두

$$Pv = \frac{v^2}{2g}\gamma = mmAq$$

γ : 공기 비중량 $1.2 kgf/m^3$

② SI 단위

$$Pv = \frac{v^2}{2}\rho \ (Pa)$$

ρ : 공기 밀도 $1.2 kg/m^3$

(압력 환산에서 수주 1mmAq=9.8Pa이다.)

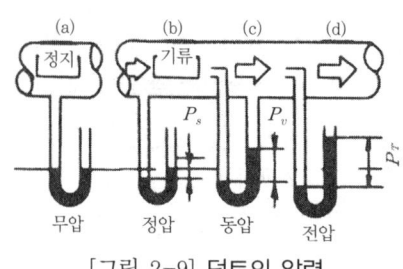

[그림 2-9] 덕트의 압력

(2) 직관 덕트 마찰손실 mmAq단위와 Pa가 병용된다.

① 수두

$$\triangle P = f \frac{L \times v^2}{d \times 2g} \gamma = mmAq$$

γ : 공기 비중량 $1.2 kgf/m^3$, v : 풍속, d : 덕트경, L : 덕트길이

② SI 단위

$$\triangle P = f \frac{L \times v^2}{d \times 2} \rho = Pa$$

ρ : 공기 밀도 $1.2 kg/m^3$, L : 덕트길이

(3) 덕트 부속기구 마찰손실(국부) 공학단위와 SI 단위가 병용된다.(엘보, 댐퍼류 저항)

① 수두

$$\triangle P = \zeta \frac{v^2}{2g} \gamma = mmAq$$

γ : 공기 비중량 $1.2 kgf/m^3$, v : 풍속, ζ : 국부저항계수

② SI 단위

$$\triangle P = \zeta \frac{v^2}{2} \rho = Pa$$

ρ : 공기 밀도 $1.2 kg/m^3$, ζ : 국부저항계수

6) 덕트의 소음

(1) 정의

소음해석 방법에는 음압레벨(음의 강도)과 파워레벨(음의 에너지량)이 있다.

① 음압레벨(SPL)=20log P/Po(dB)

Po : $2 \times 10^{-4} \mu dB$ P : 소음의 음압

② 파워 레벨(PWL)=10log W/Wo(dB)

Wo : $10^{-12} W$ W : 소음의 크기

(2) 덕트 소음방지 대책

① 덕트 도중 흡음재 설치
② 송풍기 출구에 풀리넘 채임버 장치
③ 댐퍼나 취출구에 흡음재 부착
④ 덕트 도중 적당한 곳에 흡음장치(셀형, 플레이트형)를 설치

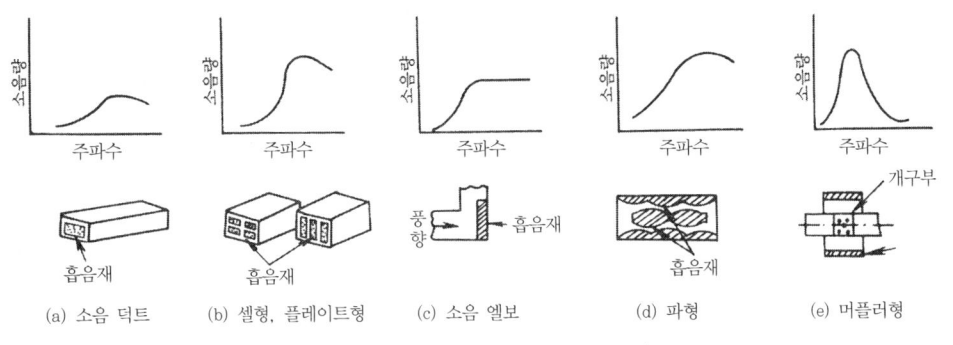

[그림 2-10] 각종 소음기와 그 특성

2. 열교환기기[전열교환기]

1) 일반사항

전열교환기(현열+잠열 교환)란, 공기조화기의 폐열회수설비로 공조부하 중 30% 정도를 차지하는 외기 도입에 따른 부하를 저감시키기 위하여 공조 배기로부터 직접(공기 대 공기) 열교환하여, 70% 전후의 열량을 회수하는 에너지 절약형 기기를 말한다.

2) 구성요소

(1) 급기팬/배기팬
(2) 열교환장치(전열소자)
(3) 댐퍼와 덕트
(4) 환기필터(여과장치)

3) 종류

(1) 고정식

① 각 단마다 배기→외기→배기 순으로 하며, 현열과 잠열은 칸막이판을 통해 전달하는 전열 교환기이다.
② 효율은 전면 풍속 3m/s이고 외기량/배기량=1일 때 60~70%이다.
③ 칸막이판이 있어 배기 오염물질의 이행이 적다.
④ 입·출구 덕트 연결이 어렵다.
⑤ 설치공간을 많이 차지한다.

(2) 회전식

① 특수 석면지를 절충하여 허니콤 상태로 한 원판을 회전하여 전열교환하는 장치이다.
② 로터의 상반부에 외기, 하반부에 배기가 통과한다.
③ 동계에는 배기의 온·습도가 외기보다 높아 외기의 엔탈피가 상승, 하계에는 외기의 엔탈피가 감소된다.
④ 회전체는 모터와 구동벨트에 의해 느린 속도(5~10rpm)로 회전한다.
⑤ 효율은 고정식과 동일하다.
⑥ 배기 중 오염 물질이 외기에 이행되는데, 이를 하류 공조기 필터로 제거해야 한다.
⑦ 덕트 연결이 쉽고 설치면적이 작다.

4) 전열교환기의 효율

개념도/효율	난방 시	냉방 시
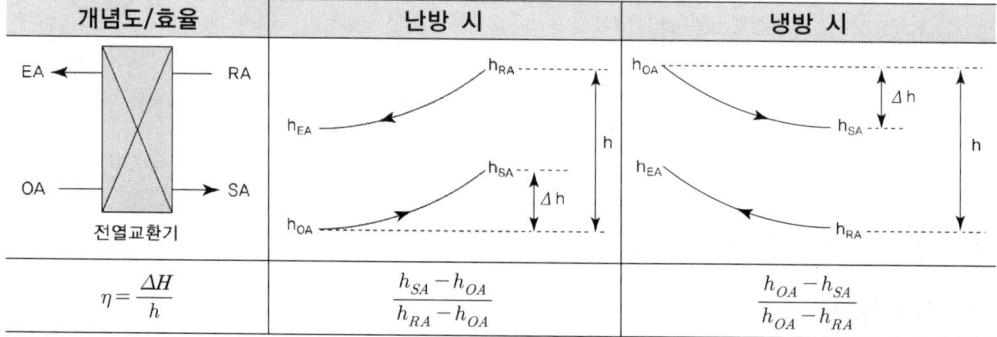	$\dfrac{h_{SA} - h_{OA}}{h_{RA} - h_{OA}}$	$\dfrac{h_{OA} - h_{SA}}{h_{OA} - h_{RA}}$

$\eta = \dfrac{\Delta H}{h}$

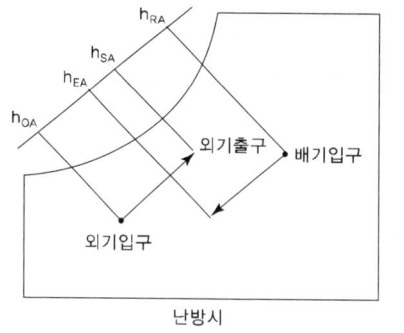

난방시

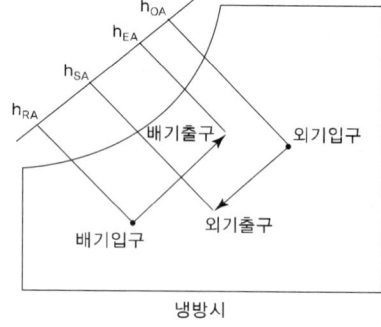

냉방시

[그림 2-11] 습공기선도에서의 전열교환기에 의한 열교환과정

5) 적용 시 주의사항

① 전열교환기 풍량은 최소 외기 도입량으로 한다.
② 외기냉방 시에는 별도 경로(바이패스 경로)로 공기를 이동시켜 전열교환을 하지 않는다.(불가능할 시 회전수 제어 등으로 효율 제어)
③ 전열교환기의 압력손실에 대응하는 외기팬, 흡기·배기팬을 설치한다.
④ 전열교환기 주변의 덕트 압력손실을 적게 한다.
⑤ 배기가 현저하게 오염되어 있는 경우에는 공기여과기와 활성탄 필터 등을 오염의 정도에 따라 설치해 처리한다.
⑥ 결로 발생이 되지 않도록 고려하여 설치한다.

제1장 핵·심·문·제
환기시스템 설계

01 소음기의 종류
다음 중 소리의 공명에 의한 소음 장치는 어느 것인가?
① 플레이트형 소음기
② 머플러형 소음기
③ 엘보
④ 소음 체임버

해설 플레이트형은 판진동에 의한 소음기, 머플러형은 공명, 소음 엘보는 내장된 흡음재, 송풍기 출구 등에는 공간(소음 체임버)을 두어 반사와 간섭으로 소음을 흡수한다.

답 ②

02 덕트에서의 누기 원인
덕트에서 공기의 누설 원인이 아닌 것은?
① 플랜지와 플랜지를 용접한 부분의 연결 불량
② 덕트와 판재 체결 리벳 불량
③ 플랜지와 철판 사이의 실재료 불량
④ 심부분의 실 재료를 덕트 내부에서 바른 경우

해설 실(seal) 재료를 덕트 외부에서 바를 경우 누설이 심하다.

답 ④

03 댐퍼의 종류
다음의 풍량조절 댐퍼 중에서 덕트 분기부에 설치해서 풍량의 분배를 하는데 사용하는 것은?
① 버터플라이 댐퍼
② 루버 댐퍼
③ 스플릿 댐퍼
④ 정풍량 댐퍼

해설 ① 버터플라이 댐퍼 : 단익 댐퍼라고도 하며 기류가 불안정하고 주로 소형 덕트에 쓰임
② 루버 댐퍼 : 다익 댐퍼로 날개가 여러 개로 기류가 안정되고, 대형 덕트에 사용(평행익형, 대향익형)
③ 스플릿 댐퍼 : 덕트의 분기부에서 풍량조절에 이용
④ 정풍량 댐퍼 : 일정 풍량이 일정하도록 조정되는 댐퍼

답 ③

04 콜드 드래프트의 원인
실내 기류 분포 중 콜드 드래프트(cold draft)의 원인이 아닌 것은?
① 인체주위의 공기온도가 너무 낮을 때
② 인체주위의 기류속도가 클 때
③ 주위공기의 습도가 높을 때
④ 주위 벽면의 온도가 낮을 때

해설 동일한 온도에서 습도가 높을 경우에는 온감을 느낀다.

답 ③

05 취출풍속의 상승거리
벽 취출구에서 동일한 취출 풍속일 때 상승거리가 가장 긴 시기는?
① 난방 시
② 냉방 시
③ 중간기
④ 어느 때나 동일

해설 기류는 난방 시 상승하고 냉방 시 하강한다. 따라서 하강거리는 냉방 시에 크고, 상승거리는 난방 시 온풍일수록 크다.

답 ①

06 취출구의 종류
극장 등에서 도달거리를 늘리기 위해 취출속도를 5m/s 이상으로 하여 사용되는 취출구는?
① 팬형(Pan)
② 슬로트형(slot)
③ 래지스터(Register)
④ 노즐(Nozzle)

해설 노즐은 구조가 간단하고 도달거리가 커서 극장, 로비 등에 이용된다.

답 ④

07 마노미터 압력측정
다음 그림과 같이 마노미터를 설치하였다. 각 마노미터에서 측정할 수 있는 것으로 옳은 것은?
① (a) 전압 (b) 정압 (c) 동압
② (a) 정압 (b) 동압 (c) 전압
③ (a) 동압 (b) 전압 (c) 정압
④ (a) 동압 (b) 정압 (c) 전압

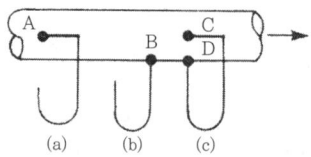

해설 (a) : 전압, (b) : 정압, (c) : 동압

답 ①

08 정압재취득법
덕트 설계 시 정압재취득법에 의한 방법의 원리는?
① 동압감소를 정압으로 회수
② 전압감소를 동압으로 회수
③ 정압감소를 동압으로 회수
④ 정압감소를 전압으로 회수

해설 정압재취득법은 말단으로 갈수록 감소하는 풍속에 의한 동압감소분을 정압으로 회수하여 취출구의 정압이 같도록 한다.

답 ①

09 댐퍼의 종류
대형 덕트의 개폐용으로 가장 적당한 댐퍼는?
① 스플릿 댐퍼
② 루버 댐퍼의 평행익형
③ 루버 댐퍼의 대향익형
④ 버터플라이 댐퍼

해설 대형 덕트에서 루버 댐퍼의 평행익형은 개폐용에 주로 쓰이며 마찰손실이 적은 반면 편류가 심하다. 대향익형은 풍량 조정용에 쓰인다.

답 ②

10 풍속계의 종류
유체의 풍속 측정 시 가장 편리하게 이용할 수 있는 풍속계는?
① 풍차 풍속계
② 열선식 풍속계
③ 피토관
④ 카타온도계에 의한 측정

해설 열선식 풍속계는 풍속을 쉽게 측정할 수 있다.

답 ②

11 덕트시공 시 유의사항
덕트의 시공에 관한 다음 기술 중 틀린 것은?
① 덕트의 단면을 변화시킬 때는 급격한 변화를 피하고 점차 확대 또는 축소시키는 것이 바람직하다.
② 덕트의 굴곡부(엘보)에 가까운 하류위치에는 취출구를 되도록 설치하지 않는 것이 좋다.
③ 스플릿 댐퍼는 원형덕트의 풍량 조정용에만 사용된다.
④ 플랙시블 이음은 송풍기의 진동을 덕트에 전달시키지 않게 하기 위해 송풍기와 덕트의 접속부에 잘 쓰인다.

해설 스플릿 댐퍼는 각형 덕트의 분기점에서 풍량 조절용에 주로 쓰인다.

답 ③

12 엘보의 압력 손실 산출
다음 그림과 같은 엘보에 대한 압력 손실은?(단, 곡관부의 손실계수는 0.35이다.)

① 1.24mmAq
② 2.24mmAq
③ 3.24mmAq
④ 4.24mmAq

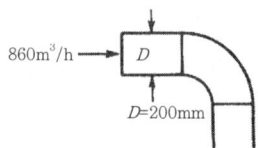

해설 풍속을 구하면 $V = \dfrac{Q}{A} = \dfrac{860}{3,600 \times \pi/4 \times 0.2^2} = 7.6\text{m/s}$

압력 손실 $P = \zeta \dfrac{V^2}{2g} \gamma = 0.35 \times \dfrac{7.6^2}{2 \times 9.8} \times 1.2 = 1.24\text{mmAq}$

답 ①

13 보온 필요 덕트
다음 중 보온을 해야 하는 덕트는?

① 환기덕트
② 외기 도입덕트
③ 배기덕트
④ 2중덕트 중 온풍덕트

해설 보온을 요하는 덕트 : 냉풍, 온풍덕트로 덕트 주변보다 온도차가 심한 덕트

답 ④

14 덕트 배치방식의 종류
다음 중 각 실의 개별제어성이 가장 우수한 덕트 배치방식은?

① 간선덕트(천장취출)
② 간선덕트(벽취출)
③ 개별덕트(천장취출)
④ 환상덕트(벽취출)

해설 간선덕트는 덕트 물량이 적으나 개별제어는 어렵고 개별덕트는 덕트 물량은 많으나 각 실별 제어가 가능하다. 환상덕트는 각 취출구의 정압을 균등히 하여 취출풍량이 안정된다.

답 ③

15 국부저항 상당길이 관계식
원형 덕트의 곡관부의 이형관에서 국부저항의 상당길이를 L'라 할 때 다음 설명 중 옳은 것은?(단, λ : 덕트재료의 마찰저항계수, d : 원형 덕트의 직경, ξ : 국부저항손실계수이다.)

① L'는 d, ξ에 비례하나 λ에는 반비례한다.
② L'는 d, λ에 비례하나 ξ에는 반비례한다.
③ L'는 d, ξ, λ에 모두 비례한다.
④ L'는 d, ξ, λ에 모두 반비례한다.

해설 국부저항 상당길이 : $L' = \dfrac{\xi \cdot d}{\lambda}$

답 ①

16 덕트 배치방식의 종류
덕트 배치법 중 덕트 말단에 가까운 취출구에서 송풍량의 불균형을 개선할 수 있는 방법은?
① 간선덕트(천장취출) ② 간선덕트(벽취출)
③ 개별덕트(천장취출) ④ 환상덕트(벽취출)

해설 환상덕트는 간선덕트를 환상으로 배치하여 덕트 햇다의 개념으로 각 취출구의 정압을 균등히 하여 취출풍량이 안정된다.

답 ④

17 환기와 배연
환기와 배연에 관한 설명 중 틀린 것은?
① 환기란 실내의 CO_2 가스만을 제거하기 위한 것이다.
② 환기는 급기 또는 배기를 통하여 이루어진다.
③ 배연 설비란 화재초기에 발생하는 연기를 제거함이 목적이다.
④ 배연 설비는 화재 시 소화, 피난 활동에 지장이 없도록 함이 목적이다.

해설 환기란 실내의 CO_2 이외에 열, 수분, 가스, 먼지 등을 제거함이 목적이다.

답 ①

18 자연환기 특성
자연환기에 대한 설명 중 잘못된 것은?
① 풍속, 온도차 등에 의해 이루어진다.
② 온도에 의한 자연환기에서 바닥근처에서는 실내공기가 외부로 빠져 나간다.
③ 온도차 의한 자연환기에서 실내외 압력차가 0인 중성대가 있다.
④ 자연환기는 기계환기에 비해 환기량이 불규칙하다.

해설 실내공기는 부력으로 상승하므로 천장 근처에 가벼운 공기가 고여 바닥근처는 밖에서 안으로 압력을 받고 천정에서는 안에서 밖으로 빠져나간다.

답 ②

19 자연환기에서의 급기구와 배기구 설치 위치
자연 환기를 시키기 위한 급기구와 배기구의 설치 위치로서 가장 적당한 것은?
① 급기구 및 배기구를 모두 낮은 곳에 설치
② 급기구 및 배기구를 모두 높은 곳에 설치
③ 급기구는 낮은 곳, 배기구는 높은 곳에 설치
④ 급기구는 높은 곳, 배기구는 낮은 곳에 설치

해설 급기구는 낮은 곳, 배기구는 높은 곳에 설치하여 자연배기를 유도한다.

답 ③

20 산업체 발생 오염물질 종류

다음은 산업체의 작업장에서 발생되는 오염물질이다. 다음 중 분진으로 구성된 것은?

① 활석, 알루미나
② 산화철, 흑연
③ 납석, 활성탄
④ 석면, 면진

해설 공기 중에 비산되는 분진에는 석면, 암면, 면진 등이 있다.

답 ④

21 실내외 압력차

바닥면에서 1m의 위치에 중성대가 있는 실에서 바닥면상 2m 지점에서의 실내외 압력차는 얼마인가?(단, 실내 공기 밀도 1.2kg/m³, 실외 공기 밀도 1.25kg/m³이다)

① 실내가 0.05Pa 높다.
② 실외가 0.05Pa 높다.
③ 실내가 0.49Pa 높다.
④ 실외가 0.49Pa 높다.

해설 $\Delta P = \Delta \rho \cdot g \cdot \Delta h = (1.25-1.2) \times 9.8 \times (2-1) = 0.49 \text{Pa}$

실내외 압력은 중성대를 기준으로 위쪽은 실내가 높고 아래쪽은 실외가 높다. 중성대 위쪽이므로 실내가 높다.

답 ③

22 용도별 환기방식

업무용 건물에서 독립된 환기를 하지 않아도 되는 것은?

① 주차장
② 복도
③ 화장실
④ 극장

해설 열, 수증기, 유해 물질과 가스, 냄새, 부유물질이 많이 발생하는 식당, 주방, 회의실, 주차장, 화장실, 창고 등에는 독립된 환기를 할 수 있도록 한다. 복도는 거실과 같이 환기한다.

답 ②

23 용도별 환기방식

다음은 부압(-)이 걸리는 상태 조건으로 환기를 해야 할 곳은?

① 주방
② 사무실
③ 회의실
④ 전시장

해설
1) 정압·부압(제1종 환기) : 병원, 수술실
2) 정압(제2종 환기) : 반도체 무균실
3) 부압(제3종 환기) : 주방, 화장실 등은 실내를 부압으로 만들어 주변실에 냄새가 새어나가지 않도록 환기한다.

답 ①

24 환기량 산출
유효 개구부 면적이 1.5m²이며 환기 계수 0.8, 기류 속도 0.2m/s일 때 환기량은?(단, 실내외 온도차 10℃이다)

① 0.24m³/h ② 2.4m³/h
③ 864m³/h ④ 8,640m³/h

해설 유효 개구부에 의한 환기량 계산에서 실내외 온도차는 관계가 없다.
$Q = A \cdot E \cdot V = 1.5 \times 0.8 \times 0.2 = 0.24$m³/s $= 0.24 \times 3,600 = 864$m³/h

답 ③

25 용도별 환기방식
실내에서 발생하는 취기와 수증기 등이 다른 공간으로 유출되지 않도록 실내가 부압이 되도록 하는 환기방식은?

① 자연환기 ② 급기팬과 배기팬의 조합
③ 급기팬과 자연배기의 조합 ④ 자연급기와 배기팬의 조합

해설 3종 환기 실내 부압 – 자연급기와 배기팬의 조합

답 ④

26 용도별 환기방식
기계 환기 중 대규모 공장이나 보일러실에 적용하는 환기법으로 환기효과가 가장 좋은 것은?

① 1종 환기 ② 2종 환기
③ 3종 환기 ④ 4종 환기

해설 대규모 공장이나 보일러실, 변전실 등에는 송풍기와 배풍기를 이용한 급·배기 병용의 1종 환기가 좋다.

답 ①

27 환기방식
화장실, 주방 등에 적용하여 배풍기만 사용하므로 실내압이 진공상태인 환기법은?

① 1종 환기 ② 2종 환기
③ 3종 환기 ④ 4종 환기

답 ③

28 용도별 환기방식
환기 장치인 후드(hood)의 설치 장소로 적당한 곳은?

① 주차장 ② 조리장
③ 보일러실 ④ 미용실

해설 조리실, 공장 등과 같이 국부적으로 오염물질이 발생하는 곳에 후드를 설치하여 국부환기한다.

답 ②

29 중성대

고층 건물 수직 공간(계단실)에서 외부의 압력과 실내의 압력이 동일한 위치는?

① 지하층 ② 중간층
③ 최상층 ④ 각 층과 동일

해설 수직공간의 중간층(중성대)에서 실내외 압력이 같다.

답 ②

30 필요 환기량 산출

서울 S극장에서 관람객이 1,000명이고 1인당 CO_2 발생량이 70L/h일 때 적절한 환기량(m^3/h)은?(단, 실내 허용 CO_2 농도 700ppm, 외기 CO_2 농도 400ppm이다)

① 23,330m^3/h ② 233,300m^3/h
③ 360,000m^3/h ④ 2,333,000m^3/h

해설 $Q = \dfrac{M}{C_i - C_0} = \dfrac{1,000 \times 70 \times 10^{-3}}{0.0007 - 0.0004} = 233,300 m^3/h$

답 ②

31 이산화탄소 농도 산출

500명이 관람하는 극장에 환기설비의 일부 고장으로 8,000m^3/h의 환기밖에 할 수가 없다. 실내의 CO_2 농도를 얼마로 유지할 수 있는가?(단, 1인당 CO_2 발생량 18L/h, 외기 CO_2 농도 400ppm이다)

① 500ppm ② 900ppm
③ 1,100ppm ④ 1,500ppm

해설 $\Delta C = \dfrac{M}{Q} = \dfrac{500 \times 18 \times 10^{-3}}{8,000} = 0.001125$

$C_i = 0.001125 + 0.0004 = 0.001525$

∴ 1,500ppm

답 ④

32 전열교환기

공조설비의 열회수장치인 전열교환기는 주로 무엇을 경감시키기 위한 장치인가?

① 실내부하 ② 외기부하
③ 조명부하 ④ 송풍기부하

해설 전열교환기는 배기의 버려지는 현열과 잠열을 회수하여 외기를 가열 또는 냉각하는 것으로 도입하는 외기로 인한 외기부하를 경감시킨다.

답 ②

33 전열교환기
에너지절감을 목적으로 사용하는 전열교환기는 어떤 열을 회수하는 장치인가?

① 복사열
② 대류열
③ 엔탈피
④ 엔트로피

해설 전열교환기는 엔탈피=전열(현열+잠열)제거에 적합하다.

답 ③

34 전열교환기
전열교환기에 관한 설명으로 가장 거리가 먼 것은?

① 현열과 잠열을 동시에 교환한다.
② 공기조화용 송풍량이 비교적 많은 곳에서 유리하다.
③ 열회수율이 좋고, 고온측 및 저온측 유체의 누설이 없는 것을 사용한다.
④ 배열회수에 이용되는 배기는 원칙적으로 주방 및 보일러의 배기가스를 이용한다.

해설 전열교환기는 열교환하는 두 공기가 전열 교환재료(엘리먼트)를 통해 서로 접촉하므로 오염 가능성이 있는 주방 및 보일러의 배기가스를 이용하는 경우 오염된 외기가 도입되어 급기가 오염된다.

답 ④

35 전열교환기
공기조화기에 내장된 전열교환기의 설치목적으로 가장 적합한 것은 무엇인가?

① 공조기의 배기(EA)와 외기(OA) 사이에서 현열을 교환하여 회수한다.
② 공조기의 배기(EA)와 급기(SA) 사이에서 현열을 교환하여 회수한다.
③ 공조기의 배기(EA)와 외기(OA) 사이에서 현열과 잠열을 교환하여 회수한다.
④ 공조기의 배기(EA)와 급기(SA) 사이에서 현열과 잠열을 교환하여 회수한다.

해설 전열교환기는 공조기에서 배기(EA)의 버려지는 유효열을 도입하는 외기(OA)와 열교환하여 현열과 잠열을 회수한다.

답 ③

제4편 위생설비 설계

제1장 급수시스템 설계

1. 급수량 및 배관설계

1) 급수량

(1) 1일당 급수량(Q_d) 산정방법

① 건물 사용 인원에 의한 방법

$$Q_d = N \times q$$

여기서, Q_d : 1일당 급수량(L/day), N : 급수인원(인)
q : 건물종류별 1일 1인당 사용수량($L/d \cdot 인$)

② 건물 면적에 의한 방법

$$Q_d = A \times k \times n \times q$$

여기서, Q_d : 1일당 급수량(L/day), A : 건물의 연면적(m²)
k : 건물 연면적에 대한 유효 면적의 비율(%), n : 유효 연면적당 인원(인/m²)
q : 건물종류별 1일 1인당 사용수량($L/d \cdot 인$)

③ 사용기구에 의한 방법

$$Q_d = Q_f \times F \times P$$

여기서, Q_d : 1일당 급수량(L/day), Q_f : 기구의 사용수량(L/day)
F : 기구 수(개), P : 기구의 동시사용률(%)

(2) 시간평균 예상 급수량(Q_h)

$$Q_h = \frac{Q_d}{T}(L/h)$$

여기서, T : 건물 평균 사용시간(h)

(3) 시간최대 예상 급수량(Q_m)

$$Q_m = Q_h \times (1.5 \sim 2.0)(L/h)$$

(4) 순간최대 예상 급수량(Q_p)

$$Q_p = \frac{Q_h \times (3 \sim 4)}{60}(L/\min)$$

2) 배관설계

(1) 급수 관경 설계

급수 관경은 최소한의 배관 시설비로서 목적하는 수압과 수량을 급수할 수 있도록 결정되어야 한다. 급수관의 용도에 따라 위생기구별 접속관경, 균등표에 의한 관경 결정(지관), 마찰저항선도에 의한 방법(주관)등의 급수관경 설계법을 적용한다.

(2) 위생기구별 급수관경

일반적으로 기구에 연결되는 관경은 다음의 표준치를 적용한다.

[표 2-1] 위생기구의 연결 관경

위생기구	급수관경	위생기구	급수관경
세면기	15mm	대변기(플러시 밸브)	25mm
소변기(일반)	15mm	욕조	15~20mm
소변기(플러시 밸브)	20~25mm	비데	15mm

(3) 균등표에 의한 관경 결정

옥내 급수관 등과 같이 간단한 배관의 관경 결정에 사용하는 방법으로 식으로 구하는 법은 다음 식에 의하고 도표화하면 아래 균등표와 같다.(단, 동시 사용률을 고려해야 한다.)

$$N = \left(\frac{D}{d}\right)^{5/2}$$

N : 작은 관 개수, d : 작은 관 직경(mm), D : 큰 관 직경(mm)

(※ 위 식에서 작은 관과 큰 관의 균등개수(N)는 이론적으로 단면적에 반비례하므로 직경의 제곱에 관계되지만 마찰손실을 고려하여 5/2제곱에 관계한다.)

[표 2-2] 기구의 동시 사용률(%)

기구수	2	3	4	5	10	15	20	30	50	100
동시사용률(%)	100	80	75	70	53	48	44	40	36	33

주) 이 표에 기재되어 있지 않는 것은 비례 배분에 의해 결정하면 된다.

[표 2-3] 급수관의 균등표

관경 mm(B)	10 (3/8)	15 (1/2)	20 (3/4)	25 (1)	32 (11/4)	40 (11/2)	50 (2)	65 (21/2)	80 (3)	90 (31/2)	100 (4)	125 (5)	150 (6)
10(3/8)	1												
15(1/2)	1.8	1											
20(3/4)	3.6	2	1										
25(1)	6.6	3.7	1.8	1									
32(1 1/4)	13	7.2	3.6	2	1								
40(1 1/2)	19	11	5.3	2.9	1.5	1							
50(2)	36	20	10.0	5.5	2.8	1.9	1						
65(2 1/2)	56	31	15.5	8.5	4.3	2.9	1.6	1					
80(3)	97	54	27	15	7	5	2.7	1.7	1				
90(3 1/2)	139	78	38	21	11	7.2	3.9	2.5	1.4	1			
100(4)	191	107	53	29	15	9.9	5.3	3.4	2	1.4	1		
125(5)	335	188	93	51	26	17	9.3	6	3.5	2.4	1.8	1	
150(6)	531	297	147	80	41	28	15	9.5	5.5	3.8	2.8	1.6	1

주) 1. 이 표는 마찰 손실을 계산에 포함한 것이다.
   2. $N = \left(\dfrac{D}{d}\right)^{5/2}$, d : 작은 관의 관경, D : 큰 관의 관경

> **예제** 20A 급수관이 10개 연결된 급수 본관의 관경을 균등관법을 이용하여 구하시오.

해설) 우선 20A 급수관의 15A 균등수는 2이며 → 기구수 10개일 때 누계는 10×2=20개이다. → 10개일 때 동시사용률은 53%이므로 동시개구수는 20×0.53=10.6이다. → 균등표에서 15A항 10.6은 20개항에 해당하여 40A를 선정한다.

(4) 마찰저항 선도에 의한 결정(급수부하 단위 이용법)

① 설계순서

급수부하 단위 → 동시 사용량 계산 → 허용마찰 손실 수두계산(동수구배) → 마찰저항 선도에 의한 관경 결정

② 동시사용량 계산

동시사용률과 같은 의미인데 그래프를 활용한다. 급수 부하단위(fu)를 구한 뒤 그래프에서 동시 사용량(L/min)을 구한다. 이때 세면기의 급수량(14L/min)을 기준(fu=1)한다.

[표 2-4] 기구급수부하단위

기구명	수전	기구급수부하단위		기구명	수전	기구급수부하단위	
		공중용	개인용			공중용	개인용
대변기	세정밸브	10	6	세면싱크 (수세1개당)	급수전	2	
대변기	세정탱크	5	3				
소변기	세정밸브	5		조리장싱크	급수전	4	2
소변기	세정탱크	3		청소용싱크	급수전	4	3
세면기	급수전	2	1	욕조	급수전	4	2
수세기	급수전	1	0.5	샤워	혼합밸브	4	2

주) 급탕 전 병용의 경우에는 1개의 급수전에 기구급수부하단위를 상기수치의 3/4으로 한다.

③ 허용마찰 손실 수두 계산

사용가능한 수압을 배관 길이당 허용 손실수두(사용 수두)로 바꾼 값이다.

$$R = \frac{H_1 - H_2}{L(1+k)} \times 1,000 \, (mmAq/m)$$

R : 허용마찰 손실 수두 $(mmAq/m)$

H_1 : 고가 탱크에서 각 층 기구까지의 수직 높이 (m)

H_2 : 각 층 기구의 최저 필요수두 (mAq)

L : 고가 탱크에서 최원 기구까지의 배관 길이 (m)

k : 국부 저항 비율 - 소규모 : 0.5 ~ 1.0, 대규모 : 0.3 ~ 0.5

[표 2-5] 관 이음쇠의 종류 및 밸브류의 국부 저항 상당관 길이(m)

관의 호칭 지름		90° 엘보	45° 엘보	90°T주관 (분류)	90°T주관 (직류)	슬루스 밸브	글로브 밸브	앵글 밸브	임펠러 양수기
mm	B								
15	1/2	0.6	0.36	0.9	0.18	0.12	4.5	2.4	3~4
20	3/4	0.75	0.45	1.2	0.24	0.15	6.0	3.6	8~11
25	1	0.90	0.54	1.5	0.27	0.18	7.5	4.5	12~15
32	11/4	1.20	0.72	1.8	0.36	0.24	10.5	5.4	19·24
40	11/2	1.50	0.90	2.1	0.45	0.30	13.5	5.6	20~26
50	2	2.10	1.20	3.0	0.60	0.39	16.5	6.6	25~35
65	21/2	2.40	1.50	3.6	0.75	0.48	19.5	8.4	-
80	3	3.00	1.80	4.5	0.90	0.60	24.0	10.2	-
90	31/2	3.60	2.10	5.4	1.08	0.72	30.0	12.2	-
100	4	4.20	2.40	6.3	1.20	0.81	37.5	15.0	-
125	5	5.10	3.00	7.5	1.50	0.99	42.0	16.5	-
150	6	6.00	3.60	9.0	1.80	1.20	49.5	21.0	-

※ 상당장 길이란 부속기구가 일으키는 마찰저항이 직관길이 몇 m에 상당 하는가를 환산해 놓은 것이다.

④ 관경 결정

위에서 구한 동시 사용량(L/min)과 허용마찰 손실수두(mmAq/m)를 이용하여 마찰저항 선도에서 교점을 찾아 알맞은 관경을 찾는다. 이때 유속(소구경 1m/s, 대구경 2m/s, 이내)이 지나치게 크지 않도록 설계함이 좋다.

2. 급수 기기용량 산정

1) 저수조 용량(V_s) 산출 : 1일 사용 수량을 저장할 용량

$$V_s \geq Q_d - Q_s T$$

여기서, V_s : 저수탱크 유효용량, Q_d : 1일 사용수량
  Q_s : 수도 인입관 등 수원으로부터 시간당 급수 능력
  T : 1일 평균 사용시간

2) 고가탱크 용량(V_E) 산출

최소 저수량에서 급수가압(양수) 펌프의 가동 시 최소 급수량을 더한 것이다. 펌프가 가동될 때의 유량이 최소 저수량이고, 펌프가 정지할 때의 유량이 최대 저수량이므로 저수조의 용량은 최대 저수량보다 크게 한다.

$$V_E = (Q_p - Q_{pu})T_1 + Q_{pu}T_2$$

여기서, V_E : 고가탱크의 용량, Q_p : 순간 최대 급수량
  Q_{pu} : 급수가압(양수) 펌프의 토출량
  T_1 : 순간 최대 예상급수량이 지속되는 시간
  T_2 : 급수가압(양수) 펌프의 최단 운전시간

3) 펌프용량 산정

(1) 축동력(P)

펌프의 효율이 적용된 동력으로서, 모터에 의해 펌프에 전해지는 동력이다.

$$P(kW) = \frac{QH}{E}$$

여기서, Q : 양수량(㎥/s), H : 펌프양정(kPa), E : 펌프의 효율(%)

(2) 소요동력(P)

실제 펌프 가동을 위해 필요한 동력으로서, 모터동력이라고도 하며 모터의 전달계수가 적용된다.

$$P(kW) = \frac{QH}{E}k$$

여기서, k : 전동기 전달계수(1.1 ~ 1.5)

(3) 펌프 상사의 법칙

특성 곡선에 나타난 양수량 Q(L/s), 전양정 H(m), 축동력 P는 펌프의 회전수 N을 N'로 임펠러직경을 D 를 D'로 변화했을 경우 다음 식으로 나타낸다.

① 양수량

$$\frac{Q'}{Q} = \frac{N'}{N}, \quad Q' = Q(\frac{N'}{N}), \quad Q' = Q(\frac{D'}{D})^3$$

② 양정

$$\frac{H'}{H} = (\frac{N'}{N})^2, \quad H' = H(\frac{N'}{N})^2, \quad H' = H(\frac{D'}{D})^2$$

③ 축동력

$$\frac{P'}{P} = (\frac{N'}{N})^3, \quad P' = P(\frac{N'}{N})^3, \quad P' = P(\frac{D'}{D})^5$$

3. 급수 구성기기 적용 시 유의사항

1) 저수조 및 급수배관 설계, 시공상 유의사항

(1) 저수조의 설치
① 저수 및 고가탱크는 물을 저장하는 공간으로 유해물질의 침입 및 오염이 최소화되어야 하므로, 건축부분과의 겸용은 피해야 한다.
② 상수탱크에 설치하는 뚜껑은 유효 안지름 1,000mm 이상의 것으로 한다.
③ 상수관 이외의 관은 상수용 탱크를 관통하거나 상부를 횡단해서는 안 된다.
④ 상수탱크는 청소 시 급수에 지장이 있을 경우 또는 기간에 따라 급수부하의 변동이 있는 경우에 대비하여 분할하여 설치하거나 칸막이를 설치한다.

(2) 급수배관 설계 및 시공상 주의사항
① 급수배관의 최소 관경은 15mm 이상으로 하며, 구배(기울 기)는 1/300~1/200 정도로 한다.
② 주배관에는 적당한 위치에 플랜지 이음을 하여 보수점검을 용이하게 하여야 한다.
③ 수격작용이 발생할 염려가 있는 급수계통에는 에어체임버나 워터해머 방지기 등의 완충장치를 설치한다.
④ 수평배관에는 공기가 정체하지 않도록 하며, 어쩔 수 없이 공기정체가 일어나는 곳에는 공기빼기밸브를 설치한다.
⑤ 벽 관통 시 슬리브(Sleeve)를 설치하고 그 속으로 배관이 관통할 경우, 구조체와 배관을 분리(이격)시켜 관의 설치 및 수리, 교체를 용이하게 하여야 한다.
⑥ 수리와 기타 필요시 관 속의 물을 완전히 뺄 수 있도록 기울기를 주어야 한다.

⑦ 급수관에서 상향 급수는 선단 상향 구배로 하고, 하향 급수에서는 선단 하향 구배로 한다.
⑧ 가능한 한 마찰손실이 작도록 배관하며 관의 축소는 편심 리듀서를 써서 공기의 고임을 피한다.

(3) 급수배관 매설깊이
중차량이 통과하는 도로에서의 급수배관 매설깊이는 1.2m 이상으로 한다.

(4) 매립배관과 슬리브(Sleeve) 설치 시 주의사항
① Sleeve 설치 전 건축협의를 거친다.(통과 위치, 주위 보강 관계통)
② Sleeve 설치를 위해 철근 훼손 시 필히 슬리브 주위를 보강한다.
③ 방수층 및 외벽 관통 시 지수판붙이 슬리브를 설치한다.
④ Sleeve 구경은 통과 구경보다 2단 커야 한다.
⑤ 배관 이음부의 코팅 및 보온은 기밀, 내압시험 완료 후 설치한다.
⑥ 배관 매설깊이는 기준에 따라 설치하며, 안전 보호커버 또는 슬리브를 설치한다.
⑦ 동파 방지에 충분한 단열 등으로 보온 예방 조치한다.
⑧ 타 자재와의 간섭을 검토하며, 벽체 및슬래브(Slab) 등의 관통 시는 구조적 영향을 최소화한다.

2) 수격작용

(1) 개념
① 수격현상(Water Hammer)이란 관 속을 충만하게 흐르는 액체(물)의 속도를 정지시키거나 흘려보내 물의 운동상태를 급격히 변화시킴으로써 일어나는 압력파 현상이다.
② 일종의 물에 의한 마찰음으로 수격작용은 소음·진동을 유발하고 수전 및 수전의 패킹이나 와셔 등에 손상을 입힌다.

(2) 특징
① 배관 파손 및 접속부 이완과 누설이 발생한다.
② Pipe Hanger, Guide의 이완 및 파손이 발생한다.
③ Valve 및 기기류가 파손된다.
④ 배관의 진동·소음으로 주거환경에 악영향을 미친다.

(3) 발생장소
① 개폐밸브
② 펌프의 토출 측
③ 곡관, 관경이 급변하는 곳

(4) 원인 및 대책

원인	• 관 내 유속 또는 압력이 급변할 때 일어나기 쉽다.(밸브 급개폐 및 급조작 시, 펌프 급정지 시, 배관에 굴곡지점이 많을 때) • 관 내 유속이 클 때 일어나기 쉽다.(관경이 작을 때, 수압이 클 때, 20m 이상 고양정일 때) • 감압밸브 미사용 시 일어나기 쉽다.
대책	• 배관 상단 및 기구류 가까이에 공기실(Air Chamber)이나 수격방지기를 설치한다. • 수압을 감소시키고 관 내 유속을 2m/s 이내로 느리게 하는 것이 좋다. • 밸브 및 수전류를 서서히 개폐한다. • 급수관경을 크게 하고, 펌프에 플라이휠(Fly Wheel)을 설치한다. • 가능하면 직선배관으로 한다. • 자동수압조절밸브 및 서지탱크(Surge Tank)를 설치한다. • 펌프의 토출 측에 스모렌스키 체크밸브를 설치한다.

3) 급수오염 방지

(1) 크로스 커넥션(Cross Connection) 방지
① 음용수의 오염현상으로서 수돗물에 수돗물 이외의 물질이 혼입되어 오염이 발생하는 현상이다.
② 배관의 잘못된 연결에 의해 발생하므로, 각 계통마다 배관을 색깔로 구분하여 크로스 커넥션의 방지가 필요하다.

(2) 배관의 부식 방지

(3) 저수탱크의 정체수 수질관리

제1장 핵·심·문·제
급수시스템 설계

01 수격작용 방지법

급수설비에서 수격작용(water hammer) 방지법이 아닌 것은?

① 밸브의 급개폐 조작을 하지 않도록 한다.
② 관 내 유속이 적어지도록 관경을 크게 한다.
③ 밸브 앞의 배관길이가 길게 설계한다.
④ 워터 해머 방지기를 발생원인 밸브기구의 바로 상류 측에 설치한다.

[해설] 밸브 앞의 배관길이가 길수록 워터 해머는 심해진다.

답 ③

02 조닝 필요성

초고층 건물에서 급수설비를 조닝(Zoning)하는 가장 주된 이유는?

① 급수압력 균등화
② 유지관리의 편리성
③ 급수용량의 균등화
④ 급수 펌프 운전의 편리성

[해설] 급수의 조닝은 초고층 빌딩에서 높이에 의한 정수압을 균등화하기 위한 것이다.

답 ①

03 급수설비 특성

급수설비에 관한 설명 중 옳은 것은?

① 하향급수 배관방식은 수도직결 급수방식인 경우에 가장 많이 사용되며 급수관의 수평주관은 1/250 이상의 올림구배로 한다.
② 고가수조의 용량은 양수펌프의 양수량과 상호관계가 있으며, 고가수조의 설치조건에 따라 좌우되는 경우가 많다.
③ 급수의 오염을 방지하기 위하여 크로스 커넥션(cross connection) 배관을 한다.
④ 급수방식 중 압력수조방식은 정전 시에도 단수가 되지 않으며 급수압력이 일정한 장점이 있다.

[해설] ① 하향 급수배관방식은 고가수조식에 쓰이고 수도직결 급수방식은 상향구배로 한다.
③ 급수의 오염을 방지하기 위하여 크로스 커넥션(cross connection) 배관을 방지한다.
④ 압력수조방식은 정전 시에 단수가 되며 급수압력이 일정하지 않다.

답 ②

04 초고층 건물의 급수배관
다음 중 초고층 건물의 급수배관에 대한 설명으로 옳지 않은 것은?

① 급수계통에 조닝(Zoning)이 필요하다.
② 중간 수조방식은 수압이 일정하다.
③ 중간 수조방식은 중간수조실, 양수펌프 등이 필요하다.
④ 감압밸브 방식에서는 감압밸브가 고장 나더라도 높은 수압이 기구에 작용하지 않는다.

해설 감압밸브 방식에서는 감압밸브가 고장 나면 감압되지 않은 높은 수압이 기구에 직접 작용한다.

답 ④

05 급수설비 설계순서
다음 중 급수설비의 설계순서에서 가장 먼저 이루어지는 것은?

① 수수조 설계
② 양수펌프 설계
③ 급수량 산정
④ 수도인입관 설계

해설 설계순서 : 급수량 산정-수수조 설계-수도인입관 설계-양수펌프 설계

답 ③

06 기구급수 부하단위
다음 중 기구급수 부하단위가 가장 큰 것은?

① 세면기
② 세정밸브식 소변기
③ 욕조
④ 세정밸브식 대변기

해설 급수 부하단위 세면기 fu=1, 소변기(공중용) 세정밸브 fu=5, 대변기(세정밸브) fu=6, 욕조 fu=2, 뒤 4장의 배수 부하단위와 혼동하지 마세요!!

답 ④

07 개폐밸브
급수관 도중에 설치하여 급수의 흐름을 조절하거나 개폐하는데 이용되는 밸브는?

① 팽창밸브
② 감압밸브
③ 지수밸브
④ 분수밸브

해설
1) 감압밸브 : 수압을 감소시켜 공급
2) 지수밸브(제수변) : 고장 수리 시 개폐용
3) 분수밸브 : 본관에서 분기하는 분기부에 설치하는 지수밸브

답 ③

08 중수도의 수질기준
수세식 화장실 용수로 사용하기 위한 중수도의 수질기준 내용으로 옳지 않은 것은?
① 대장균군수 : 검출되지 아니할 것
② BOD : 15mg/L 이하
③ 탁도 : 2NTU 이하
④ pH : 5.8~8.5

해설 중수도 BOD : 10mg/L 이하

답 ②

09 기구급수 부하단위
기구급수 부하단위와 관계없는 용어는?
① Hunter 곡선
② 관 균등표
③ 동시 사용유량
④ 기구의 사용용도

해설 기구급수 부하단위는 기구용도에 따라 Hunter 곡선을 이용하여 동시 사용유량을 구하는 것으로 관 균등표를 이용한 관경결정법과 함께 대표적인 관경결정방법(마찰저항 선도법)의 요소이다.

답 ②

10 공기실 설치 목적
급수배관 중에 공기실(air chamber)을 설치하는 목적으로 옳은 것은?
① 통기를 원활히 하기 위하여
② 수격작용을 방지하기 위하여
③ 배관구배를 유지하기 위하여
④ 수압을 낮추기 위하여

해설 공기실은 수격작용을 방지하는 수충압설비이다.

답 ②

11 급수관 오염원인
급수관 내에 오수가 들어와서 급수를 오염시키는 것은?
① 크로스 커넥션
② 발포존 현상
③ 쿨링 타워
④ 접촉여상

해설 크로스 커넥션은 급수관이 잘못 접속되어 부압 등으로 오염된 급수가 공급되는 것을 말한다.

답 ①

12 관경 결정법
대규모 건축물에서 수조에서의 취출관, 횡수주관, 급수주관을 결정하는 관경 결정법으로 사용하는 것 중 맞는 것은?
① 마찰저항 선도법
② 관 균등표법
③ 혼합방법
④ 트레인법

해설 말단의 급수지관 관경 결정법에는 관균등법이 이용되며 기구 연결관경은 기구별 접속관경을 사용한다. 횡주관 등 본관의 경우에 정확한 관경 결정법은 마찰저항 선도법을 이용한다.

답 ①

13 강판의 두께 산출
압력수조식 급수법에서 압력수조의 직경이 1m일 때, 강판의 두께를 구한 값으로 적당한 것은?(단, 수조는 최대 0.6MPa의 내압을 받고, 강판의 허용응력을 45MPa, 리벳의 이음효율을 75%라 한다.)

① 9mm
② 12mm
③ 15mm
④ 18mm

해설 $t = \dfrac{P \cdot D}{2 \cdot \sigma \cdot E} = \dfrac{0.6 \times 1,000}{2 \times 45 \times 0.75} = 8.9\text{mm}$

답 ①

14 급수설비 특성
급수설비에 관한 설명 가운데 옳지 않은 것은?

① 크로스 커넥션(cross connection)이란 급탕배관 이음법의 일종이다.
② 급수압력이 높으면 수전의 파손원인이 되며 또한 수격작용도 일으키기 쉽다.
③ 옥상수조식 급수법의 특징은 수전에 대한 압력변동이 적고, 취급이 간단한 점 등이다.
④ 탱크 없는 부스터방식(tankless booster system)은 급수압력을 일정하게 유지할 수 있다.

해설 크로스 커넥션은 배관연결이 잘못되어 급수가 오염되는 현상이다.

답 ①

15 저수조 및 고가수조 용량 산정
사용인원 800명인 사무소건물에서 지하층에 저수조를 두고 고가수조에 의한 하향공급식을 계획할 때 저수조 및 고가수조 용량으로 적합한 것은?(단, 1인 1일 급수량은 100L로 하고 비상발전기는 있는 것으로 본다.)

① 80m³, 10m³
② 160m³, 10m³
③ 80m³, 20m³
④ 160m³, 20m³

해설 1일 급수량 $Q = 800 \times 100L = 80\text{m}^3/\text{d}$, 저수조는 1일 급수량의 0.5~1일분이므로 40~80m³
고가수조는 피크로드의 1~2시간분으로 보면 피크로드=1일 급수량의 20%=16m³

답 ③

16 조닝방식 종류
고층건물의 수압을 조정하기 위한 급수구획(조닝) 방식과 관련 없는 것은?

① 층별식
② 중계식
③ 압력탱크식
④ 부스터방식

해설 고층건물 급수조닝에는 모든 방법이 이용될 수 있으나 주로 층별식, 중계식, 부스터식(조압 펌프) 등이 복합적으로 쓰인다.

답 ③

17 폭기법
물의 정수과정에서 폭기법을 사용하는 경우가 있다. 폭기법의 정수효과로서 옳지 않은 것은?
① 수중의 암모니아 유화수소 탄산가스 등을 추출한다.
② 수중의 철, 망간을 산화시킨다.
③ 물의 냄새 제거에도 효과가 있다.
④ 수중의 페놀을 제거한다.

해설 폭기는 휘발성 가스나 냄새 등을 제거할 수 있고 철 및 망간을 산화시키나 페놀 제거효과는 적다.

답 ④

18 최대 예상급수량
연면적 800m²인 사무소 건물의 시간당 평균 예상급수량이 1,000L/h일 때 시간 최대 예상급수량은?
① 500~1,000L/h
② 1,000~1,500L/h
③ 1,500~2,000L/h
④ 2,000~3,000L/h

해설 시간 최대 예상급수량=1.5~2.0(시간 평균급수량)이므로 1,500~2,000L/h

답 ③

19 펌프의 전동기 용량
시간 최대 예상양수량이 12,000L일 때 고가탱크에 급수하는 펌프의 전동기 용량으로 적당한 것은?(단, 실양정은 50m, 양수관의 마찰저항은 실양정의 20%, 토출구의 압력은 0.02 MPa, 펌프의 효율은 45%로 한다.)
① 4.5kW
② 5.5kW
③ 7.5kW
④ 11kW

해설 $kW = \dfrac{Q \cdot H}{102 \cdot E} = \dfrac{12000 \times 62}{3600 \times 102 \times 0.45} = 4.5 kW$

H=실양정+마찰손실+토출압력=50×1.2+0.02×100=62m

답 ①

20 고가탱크 용량
사무소의 1일 사용수량을 150m³, 건물 사용시간을 8시간이라고 할 때 이 사무소 고가탱크의 용량으로 적당한 것은?
① 35m³
② 45m³
③ 50m³
④ 55m³

해설 시간 최대급수량=$150 \div 8 \times 2 = 37.5 m^3/h$, 고가탱크 용량=시간 최대×1~2hr = $37.5 \times 1 \sim 2 = 37.5 \sim 75 m^3$

∴ 대략 $37.5 \sim 75 m^3$의 중간수치 $55 m^3$가 답이 된다.

답 ④

21 피스톤 펌프 종류
다음에서 피스톤 펌프는?

① 윙 펌프(wing pump)
② 오수 펌프(non dlog pump)
③ 보아홀 펌프(bore hole pump)
④ 워싱턴 펌프(worthington pump)

해설 워싱턴 펌프는 증기압을 원동력으로 하는 피스톤 펌프의 일종이다.

답 ④

22 급수관경 결정 방법
급수관의 관경을 결정하기 위해서는 순시 최대유량을 선정해야 한다. 이때 순시 최대유량 산정방법과 관련이 없는 것은?

① 1일의 사용수량을 예상하는 방법
② 기구급수부하 단위에 의한 방법
③ 달시와이즈 바하의 공식에 의하는 방법
④ 기구별 순시 최대유량의 합계에 의한 방법

해설 달시와이즈 바하 공식은 마찰손실계산식이다.

답 ③

23 압력수조의 설계
압력수조식 급수방식에서 압력수조의 수량은 수조 전용적의 몇 % 정도로 설계하는 것이 바람직한가?

① 60%
② 70%
③ 80%
④ 90%

해설 압력수조식에서 수조 내의 최대수량은 탱크용적의 70%정도로 설계한다.

답 ②

24 슬리브 설치 목적
급수배관에 슬리브를 설치하는 이유로 옳은 것은?

① 방동 방로를 위하여
② 관의 부식을 방지하기 위하여
③ 수격작용을 방지하기 위하여
④ 관의 신축과 팽창을 위하여

해설 슬리브란 배관이 벽체를 통과할 때 배관보다 한 치수 큰 슬리브를 매입하여 여기를 통과시키므로 교환이 용이하고 신축이 자유롭게 한 것이다.

답 ③

25 급수량 산정방법

건물의 급수량 결정과 관계없는 것은?

① 시설된 기구의 단위수
② 건물의 전 바닥면적
③ 건물의 전용적
④ 건물의 사용인원

해설 급수량 산정방법은 기구수와 인원수에 의해 구한다. 이때 인원수는 건물의 유효 바닥면적으로부터 구할 수 있다.

답 ③

26 냉각탑의 보급수량

사무소 건물 등의 1일 사용수량에 포함되는 냉각탑의 보급수량은?(단, 보급수량은 순환수량의 2%(보급계수), 냉동용량은 300USRT, 냉각수 순환수량은 17.7L/min · USRT, 1일 사용기간은 10시간이다.)

① $1.06m^3/day$
② $6.4m^3/day$
③ $32.9m^3/day$
④ $63.7m^3/day$

해설
1) 순환수량=300×17.7×60=318,600L/h
2) 보급수량=318,600L/h×0.02=6,372L/h
3) 1일 보급수량=6,372L/h×10=63.7m^3/d

답 ④

제2장 급탕시스템 설계

1. 급탕량 및 배관설계

1) 급탕량

(1) 급탕량은 급수량과 같이 시간대에 따라 변동이 심하므로 급탕량 산정 시 주의해야 한다.

$$Q_d(1일\ 급탕량) = N(사용원인) \cdot q_d(1일\ 1인\ 급탕량)$$

(2) 산정방법은 기구수에 의한 방법, 사용 인원에 의한 방법이 있으나 인원에 의한 방법이 정확하다.

$$Q_d = N \cdot q_d \qquad Q_d : 1일\ 급탕량,\ N : 사용\ 인원,\ q_d : 1일\ 1인\ 급탕량$$

2) 배관설계

급탕 배관 방식은 다음과 같이 분류한다.

급탕배관법	단관식	상향식	복관식	상향식
				하향식
				리버스 리턴 방식
		하향식		상하 혼용식

(1) 단관식

급탕관만 있고 환탕관은 없다.
① 주택 등의 소규모 설비에 적합하다.
② 처음에는 찬물이 나온다.(배관에 있던 물이 모두 나올 때까지)
③ 시설비가 싸다.
④ 보일러에서 탕전까진 15m 이내가 되게 한다.

(2) 복관식

① 급탕관과 환탕관으로 구성되어 탕이 계속 순환되어 수전을 열면 즉시 온수가 나온다.
② 배관길이가 길어져서 시설비가 비싸다.
③ 아파트 등의 중·대규모에 적합하다.

(3) 상향식

저탕조로부터 급탕 수평 주관을 배관하고 여기에서 수직관을 세워 상향으로 공급한다. 이때 선상향(역구배) 배관한다.

(4) 하향식

급탕주관을 건물 최고층까지 끌어 올린 후 수직관을 아래로 내려 하향으로 공급한다. 이때 선하향(순구배) 배관한다.

(5) 리버스 리턴 방식(역환수 방식)

상향식, 하향식의 경우에 각 층의 온도차를 줄이기 위하여 층마다의 순환 배관 길이를 같게 하도록 환탕관을 역환수시켜 배관한다.

이 방법은 각 층의 온수 순환을 균등하게 하여 공급온도를 일정하게 할 목적으로 쓰인다.

(6) 상·하 혼용식

건물의 일부는 상향식, 일부는 하향식으로 배관하는 경우 사용한다.

2. 기기용량 산정

1) 급탕부하 및 순환수량 산출

(1) 급탕부하(kW)

$$급탕부하 = 급탕량 \times 비열 \times 온도차(급탕온도 - 급수온도)$$

(2) 순환수량(L/min)

$$W = \frac{q}{\rho C \triangle t}$$

여기서, W : 순환수량(L/min), q : 총 손실열량(W)
ρ : 물의 밀도(kg/L), C : 물의 비열(4.19kJ/kg·K)

(3) 가열필요열량(kJ/h)

$$q = G \cdot C \cdot \triangle t$$

여기서, q : 필요열량(kJ/h), G : 온수량(kg/h)
C : 물의 비열(4.19kJ/kg·K), $\triangle t$: 급탕과 급수의 온도차(℃)

(4) 자연순환수두(H)

$$H = (\rho_1 - \rho_2)h$$

여기서, H : 자연순환수두(mAq), ρ_1 : 급수(저온)의 밀도(kg/L)
ρ_2 : 급탕(고온)의 밀도(kg/L), h : 가열기에서 수전까지의 높이(m)

3. 급탕 구성기기 적용 시 유의사항

1) 급탕배관 신축이음 및 시공상 주의사항

(1) 배관의 신축량
급탕 배관은 온수 공급 시와 중지 시 온도차가 심하여 길이의 신축이 커져서 제거하지 않을 경우, 이음쇠, 밸브류, 서포트 등에 큰 응력이 생겨 파손의 위험이 있다. 신축량 계산식은

$$\Delta L = L \cdot \alpha \cdot \Delta t (m)$$

L : 관 길이(m), α : 선팽창 계수, Δt : 온도차

[표 2-6] 관의 선팽창 계수

관 종류	선팽창 계수	관 종류	선팽창 계수
연 철 관	1.23×10^{-5}	동 관	1.7×10^{-5}
강 관	1.1×10^{-5}	황 동 관	1.87×10^{-5}
주 철 관	1.06×10^{-5}	연 관	2.86×10^{-5}

(2) 신축이음의 종류
① 배관의 신축을 흡수하는 이음쇠의 종류에는 슬리이브형, 벨로우즈형, 신축곡관, 스위블 조인트가 있고 시공 시 잡아당겨 연결하는 콜드 스프링법이 있다.
② 누수 여부의 크기 순서는 스위블 조인트＞슬리이브형＞벨로우즈형＞신축곡관이며 일반적으로 강관은 30m마다 동관은 20m마다 신축이음쇠 1개씩 설치한다.

(3) 신축이음의 특징
① 슬리이브형(sleeve type)
  - 신축량이 크고 소요공간이 작다.
  - 활동부 패킹의 파손 우려가 있어 누수되기 쉽다.
  - 보수가 용이한 곳에 설치한다.
② 벨로우즈형(bellows type)
  - 주름모양의 원형판에서 신축을 흡수한다.
  - 건축설비 신축이음으로 일반적으로 사용되며 설치 공간은 작은 편이다.
  - 누수의 염려가 있고 고압에는 부적당하다.
③ 신축곡관(expansion loop)
  - 파이프를 원형 또는 ㄷ자 형으로 밴딩하여 밴딩부에서 신축을 흡수한다.
  - 고압에 잘 견딘다.
  - 신축 길이가 길며 설치에 넓은 장소를 필요로 하므로 천정 수평관 및 옥외 배관에 적당하다.
  - 보수할 필요가 거의 없다.

④ 스위블 조인트(swivel joint)
- 2개 이상의 엘보를 이용하여 나사부의 회전이나 밴딩으로 신축 흡수
- 방열기 주변 배관에 많이 이용된다.
- 누수의 염려가 있다.

⑤ 볼 조인트(ball joint)
최근에 쓰이기 시작한 것이며 내측 케이스와 외측 케이스로 구성되어 있고, 일정 각도 내에서 자유로이 회전한다. 이 볼 조인트를 2~3개 사용하여 배관하면 관의 신축을 흡수할 수 있다. 수직관에서 분기되는 횡지관의 신축이음이나 직각 배관 등에 주로 쓰인다.
- 신축 곡관에 비해 설치 공간이 적다.
- 고온 고압에 잘 견디는 편이나 가스켓이 열화되는 경우가 있다.

⑥ 콜드 스프링
배관연결 시 잡아당겨 늘려 놓으면 나중에 온도 상승으로 팽창할 때 팽창량이 감소하여 신축이음쇠 사용개소를 감소시킬 수 있다.

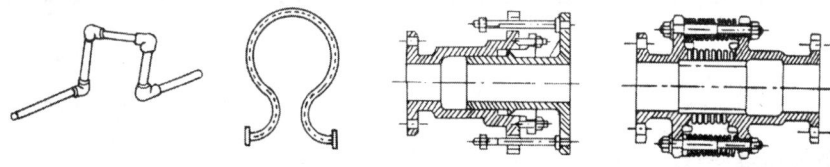

(a) 스위블 조인트   (b) 신축곡관   (c) 슬리브형 이음쇠   (d) 벨로우즈형 이음쇠

[그림 2-12] [신축 이음쇠]

(4) 급탕설비 시공상 주의사항

① 냉수, 온수를 혼합 사용해도 압력차에 의한 온도 변화가 없도록 한다.
② 배관은 적정한 압력손실 상태에서 피크 시를 충족시킬 수 있어야 한다.
③ 도피관(팽창관) 도중에는 절대 밸브를 달아서는 안 되며, 도피관(팽창관)의 배수는 간접배수로 한다.
④ 밀폐형 급탕시스템에는 온도 상승에 의한 압력을 도피시킬 수 있는 팽창탱크 등의 장치를 설치한다.
⑤ 수평관의 구배는 중력순환식인 경우 1/150, 기계식(강제식)인 경우 1/200 정도가 좋다.
⑥ 관의 신축을 고려하여 굽힘부분에는 스위블 이음 등으로 접합한다.
⑦ 관의 신축을 고려하여 건물의 벽 관통부분의 배관에는 슬리브를 사용한다.
⑧ 역구배나 공기정체가 일어나기 쉬운 배관 등 온수의 순환을 방해하는 것은 피한다.
⑨ 관 내 유속을 빠르게 하면 부식의 원인이 될 수 있다. 유속은 1.5m/s 이하로 제어되는 것이 부식 방지에 좋다.

(5) 공급방식에 따른 유의사항

구분	내용
상향식 (Up Feed System)	• 급탕수평주관을 설치하고 수직관을 세워 상향으로 공급하는 방식이다. • 급탕수평주관은 앞올림(선상향) 구배, 복귀 관은 앞내림(선하향) 구배로 한다.
하향식 (Down Feed System)	• 급탕주관을 건물 최고층까지 끌어올린 후수평주관을 설치하고 하향 수직관을 설치 하여 내려오면서 공급하는 방식이다. • 급탕관 및 복귀관 모두 앞내림(선하향) 구배로 한다.
상하향 혼합식 (Combined System)	건물의 저층부는 상향식, 3층 이상은 하향식으로 배관하는 방식이다.

(6) 팽창관(Expansion Pipe) 또는 안전관(Escape Pipe)

① 온수난방배관에서 발생하는 온수의 체적팽창을 도출시키기 위한 역할을 한다.
② 보일러에서 온수가 과열되어 증기가 발생하였을 경우에 증기의 도출을 위해 팽창탱크 수면으로 돌출시킨 관으로, 팽창관 또는 안전관(도피관)이라고도 한다.

2) 급탕설비 물의 팽창과 팽창탱크

(1) 팽창탱크 설치 필요성

급탕설비에서 시스템 보유수량이 온도차에 따라 팽창 수축하는데 물은 비압축성 유체로 압축되지 않으므로 팽창량을 흡수하기 위한 팽창탱크가 필요하다. 팽창 탱크 종류에는 개방형과 밀폐형이 있으며 최근에는 주로 밀폐형을 사용한다.

(2) 온수팽창량(ΔV) 산정

온수 팽창량은 아래 2가지 공식이 사용되나 일반적으로 ① 공식을 사용한다. 이때 장치 보유수량은 4℃ 기준이며, ②공식에서 장치보유수량은 ρ_1일 때 기준이다.

① $\Delta V = \left(\dfrac{1}{\rho_2} - \dfrac{1}{\rho_1}\right) \cdot V(L)$

② $\Delta V = \left(\dfrac{\rho_1}{\rho_2} - 1\right) \cdot V(L)$

V : 장치 내 보유수량(L)
ρ_1 : 가열 전 급탕온도에서 밀도(kg/L)
ρ_2 : 가열 후 급탕온도에서 밀도(kg/L)

(3) 개방형 팽창탱크 용량(팽창량의 1.5~2배 정도)

$V = (1.5 \sim 2.0) \cdot \Delta V \; (L)$

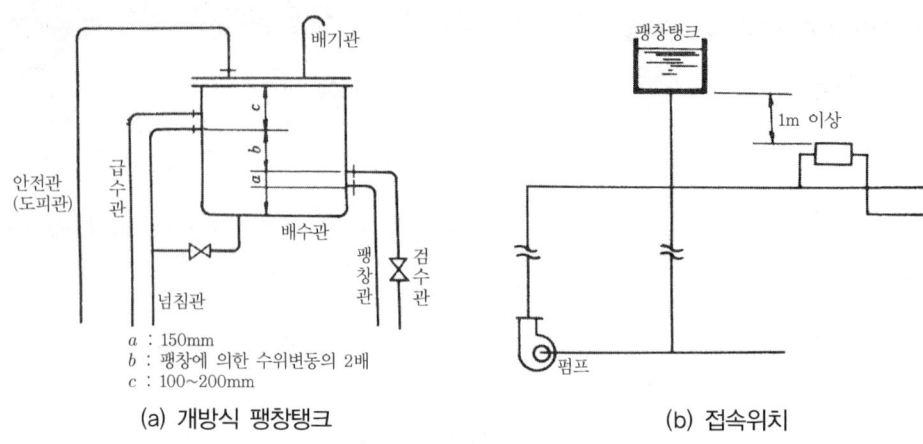

[그림 2-13] 개방식 팽창탱크와 접속위치

(4) 밀폐형 팽창탱크

$$\text{탱크용량} \quad V = \frac{\Delta V}{1-(Po/Pm)}$$

Po : 팽창탱크 최저 절대압력(MPa)
Pm : 최고사용 절대압력(MPa)

(5) 팽창탱크 접속위치

순환펌프 흡입측에 접속하며, 장치 내 온수온도가 가장 낮은 곳에 연결해야 배관 내 전체 압력 유지에 효과적이다.

제2장 핵·심·문·제
급탕시스템 설계

01 혼합온도 산출
60℃의 물 150L와 10℃의 물 70L를 혼합시켰을 때 혼합탕의 온도는 얼마 정도인가?
① 64℃
② 54℃
③ 44℃
④ 34℃

해설 혼합온도 $T_m = T_1 G_1 + T_2 G_2 / G_1 + G_2 = 60 \times 150 + 10 \times 70 / 150 + 70 = 44$

답 ③

02 기구별 급탕량
다음 급탕기구 중 1회당 급탕량이 가장 많은 것은?
① 세면기
② 주방 싱크
③ 샤워기
④ 양식 욕조제

해설 1회당 급탕량은 양식 욕조>샤워기>주방 싱크>세면기 순이다.

답 ④

03 기구 급탕부하단위의 산정
급탕배관의 관경 결정에서 기구 급탕부하단위는 기구 급수부하단위의 얼마 정도로 하는가?
① 1/2
② 1/3
③ 2/3
④ 3/4

해설 기구 급탕부하단위(fu)는 기구 급수부하단위의 3/4 정도로 본다.

답 ④

04 팽창량의 산정
배관 및 기기 내의 급탕량 2,000kg, 급수의 비중량 1kg/L, 급탕의 비중량 0.9kg/L일 때 팽창량(m^3)은?
① 0.11m^3
② 0.22m^3
③ 0.33m^3
④ 0.44m^3

해설 팽창탱크 크기 $V = \left(\dfrac{\rho_1}{\rho_2} - 1\right) 2{,}000 = \left(\dfrac{1}{0.9} - 1\right) 2{,}000 = 222\text{L} = 0.22\text{m}^3$

급탕 팽창량은 0.22m³이지만 팽창탱크 크기는 이 팽창량의 1.5~2배 정도로 한다.

답 ②

05 팽창관 높이

그림은 급탕설비계통을 나타낸 것이다. 수면 위 최저필요높이 H는 얼마인가?(단, 급수온도 5℃. 비중량 $r=1{,}000$kg/m³, 급탕온도 60℃, 비중량 $r=983$kg/m³)

① 0.7m   ② 0.9m
③ 1.1m   ④ 2.0m

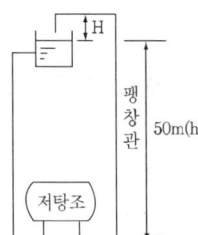

해설 $H = h\left(\dfrac{r_2}{r_1} - 1\right) = 50\left(\dfrac{1{,}000}{983} - 1\right) = 0.86\text{m}$

답 ②

06 급탕배관의 구배(기울기)

급탕배관의 구배(기울기)에 관한 기술 중 옳은 것은?

① 중력 순환식 1/100 이상, 강제 순환식 1/150 이상
② 중력 순환식 1/150 이상, 강제 순환식 1/200 이상
③ 중력 순환식 1/50 이상, 강제 순환식 1/100 이상
④ 중력 순환식 1/200 이상, 강제 순환식 1/150 이상

해설 급탕배관은 탕의 온도차에 의해 발생하는 배관 내 공기를 제거하기 위해 중력 순환식 1/150 이상, 강제 순환식 1/200 이상 기울기를 탕전이나 팽창탱크 쪽으로 둔다.

답 ②

07 급탕설비의 설치 특성

급탕설비에 관한 기술 중 옳지 않은 것은?

① 저탕조의 가열코일의 열통과율이 크면 클수록 코일 표면적은 적게 된다.
② 급탕 순환 펌프의 순환탕량은 배관의 열손실과 급탕 및 반탕관의 온도차에 의해 결정한다.
③ 급탕배관 시 관의 신축에 대비해야 하는데 동관은 강관보다 약 1.6배의 팽창계수를 가진다.
④ 온수보일러의 팽창관 구경은 온수온도에 의해 결정된다.

해설 팽창관 구경은 시스템 보유수량과 팽창량에 따라 결정된다.

답 ④

08 간접가열식 급탕설비의 트랩장치
간접가열식 급탕설비에서 트랩장치를 하는 이유로 맞는 것은?

① 응축수만을 보일러에 환수시키기 위하여
② 보일러에서 역류하는 악취를 방지하기 위하여
③ 신축을 흡수시키기 위하여
④ 배관 내의 소음을 줄이기 위하여

해설 간접가열식은 증기를 이용해 급탕을 가열하며, 이때 응축수가 발생하는데 이 응축수 분리에 트랩이 쓰인다.

답 ①

09 증기소비량 산출
시간당 급탕량 2,000L인 저탕조의 가열코일 전열면적(m^2)과 0.02MPa 증기 사용 시 증기소비량(kg/h)은?(단, 급수온도 10℃, 급탕온도 60℃, 증기압력 0.02MPa일 때 증기온도 104℃, 증발잠열 r=2,246kJ/kg, 코일 열관류율 K=506W/m^2K, 온도차는 대수평균을 적용하시오)

① 3.49m^2, 187kg/h
② 4.59m^2, 234kg/h
③ 34.9m^2, 234kg/h
④ 45.9m^2, 320kg/h

해설 증기와 급탕의 대수평균 온도차 MTD는

$$MTD = \frac{\Delta 1 - \Delta 2}{\ln\frac{\Delta 1}{\Delta 2}} = \frac{(104-10)-(104-60)}{\ln\frac{104-10}{104-60}} = 65.87℃$$

증기와 급탕의 열교환에서 $q = K \cdot A \cdot MTD$

$$A = \frac{q}{K \cdot MTD} = \frac{2,000 \times 4.19(60-10) \times 1,000}{3,600 \times 506 \times 65.87} = 3.49m^2$$

증기소비량 $L = \frac{q}{r} = \frac{2000 \times 4.19(60-10)}{2246} = 186.6kg/h$

[별해] 산술평균 온도차는 $\frac{60+10}{2} - 104 = =69℃$이고 이때 전열면적은 3.33$m^2$이다.

답 ①

10 펌프 순환량 결정방식
급탕설비에 있어서 순환 펌프의 순환량의 결정방식에 대하여 가장 적당한 것은?

① 사용수량과 같게 한다.
② 급탕량의 1/2로 한다.
③ 급탕량의 15~25%로 한다.
④ 배관 등에서의 방열손실량으로 산출한다.

해설 급탕설비에서 순환의 목적은 배관에서 열손실에 의한 온도강하를 막는데 있다.

답 ④

11 시간당 전력사용량

1,000L/h의 급탕을 전기온수기를 사용하여 공급할 때 시간당 전력사용량(kWh/h)은?(단, 급탕온도 70℃, 급수온도 10℃, 전기온수기의 전열효율은 95%로 한다.)

① 63
② 66
③ 70
④ 73

해설 가열량=$GC\Delta T$=1,000×4.19(70-10)=251,400kJ/h
∴ kWh/h=251,400/(3,600×0.95)=73.5kWh/h

답 ④

12 급탕부하 산정방식

한 시간당 급탕량이 12m³일 때 급탕부하를 계산한 것으로 맞는 것은?(단, 급탕 가열온도차는 60℃로 본다.)

① 12,000kJ/h
② 120,000kJ/h
③ 720,000kJ/h
④ 3,016,800kJ/h

해설 급탕부하=$GC\Delta T$=12,000×4.19×60=3,016,800kJ/h

답 ④

13 간접가열식 급탕설비의 구성

간접가열식 급탕설비와 관계가 가장 먼 것은?

① 가열 코일
② 열동 트랩
③ 마노미터
④ 서모스탯

해설 간접가열식에서는 열교환기, 가열 코일, 열동 트랩, 서모스탯 등이 필요하다. 마노미터는 기기 동압 측정용 계기이다.

답 ③

14 급탕배관설비 설치

급탕배관에 대한 설명 중 틀린 것은?

① 보통 팽창탱크는 에너지 절약을 위하여 밀폐식으로 한다.
② 복관식 급탕에서는 탕전을 열면 바로 뜨거운 물이 나온다.
③ 고급 호텔에서는 상업 호텔에 비하여 1일 사용 급탕량은 많으나 피크로드는 낮다.
④ 급탕배관 계통 중 가장 높은 곳에 팽창탱크를 설치한다.

해설 일반적으로 급탕 팽창탱크는 개방형으로 하며 가장 높은 곳에 개방형 설치가 곤란한 경우에는 기계실 등에 밀폐식으로 설치한다.

답 ①

15 용도별 급탕량

1인 1일 사용 급탕량이 가장 많은 건물은?

① 백화점　　　　　　　　② 사무소
③ 도서관　　　　　　　　④ 아파트

해설 1인 1일 급탕량 사무소 8~12L, 아파트 75~150L

답 ④

16 동관의 팽창량 산출

길이가 50m인 동관으로 된 급탕 수평주관에 급탕이 공급되어 관의 온도가 10℃에서 90℃까지 온도가 상승된 경우 동관의 팽창량은?(단, 동관의 선팽창계수 1.71×10^{-5}이다.)

① 0.68cm　　　　　　　　② 6.84cm
③ 0.75cm　　　　　　　　④ 7.47cm

해설 $L' = L \times \alpha \times \Delta T = 50 \times 1.71 \times 10^{-5} \times (90-10) = 0.0684\text{m} = 6.84\text{cm}$

답 ②

제3장 오배수시스템 설계

1. 오배수량 및 배관설계

1) 오배수량 및 배수관의 설계

(1) 배수관의 관경
① 배수관의 관경은 단위시간당 최대 유량을 기준으로 결정하는 것이 합리적이다.
② 시간당 최대 유량과 기구의 동시사용률 및 사용빈도수를 감안한 기구배수부하단위(DFU : Drain Fixture Unit)를 이용 하여 결정한다.
③ 이때 1DFU는 세면기의 배수량(28.5L/min)을 의미한다.
④ 배수부하단위의 기준이 되는 세면기(1FU) 배수관의 최소 관경(부속트랩의 구경)은 32mm이다. 소변기의 최소 관경은 32mm, 대변기의 최소 관경은 75mm이다.

(2) 배수배관 설치원칙
① 건물 내에서 지중배관은 피하고 피트 내 또는 가공배관을 한다.
② 배수는 원칙적으로 중력에 의해 옥외로 배출하도록 한다.
③ 엘리베이터 샤프트, 엘리베이터 기계실 등에는 배수배관을 설치하지 않는다.
④ 트랩의 봉수 보호, 배수의 원활한 흐름, 배관 내의 환기를 위해 통기배관을 설치한다.
⑤ 수직관, 수평관 모두 배수가 흐르는 방향으로 관경이 축소 되어서는 안 된다.
⑥ 땅속에 매설되는 배수관의 최소 구경은 50mm 이상으로 한다.

(3) 청소구(clean out) 설치
배수배관은 관이 막혔을 때 이것을 점검 수리하기 위해 배관 굴곡부나 분기점에 반드시 청소구(CO)를 설치해야 한다. 청소구를 필요로 하는 것은 다음과 같다.
① 가옥배수관과 부지 하수관이 접속되는 곳
② 배수수직관의 최하단부
③ 수평지관의 최상단부
④ 가옥 배수 수평 주관의 기점
⑤ 배관이 45° 이상의 각도로 구부러지는 곳
⑥ 수평관(관경 100mm 이하)의 직선거리 15m 이내마다, 100mm 초과의 관에서는 직선거리 30m 이내마다 설치
⑦ 각종 트랩 및 기타 배관상 특히 필요한 곳

2) 배수 및 통기배관의 시험

(1) 목적
트랩과 각 접속부분의 누수, 누기 여부를 파악하기 위해 시험을 실시한다.

(2) 시험진행 시점
① 수압 또는 기압시험은 건물 내의 배수통기관 시공 후, 보온 시공 이전 또는 은폐 이전에 진행한다.
② 기밀시험(연기시험, 박하시험)은 위생기구 등의 설치가 완료된 후 트랩을 봉수하여 실시한다.

(3) 시험종류 및 시험사항

시험종류	시험사항
수압시험	• 30kPa에 해당하는 압력에 30분 이상 견딜 것 • 수압시험과 기압시험은 위생기구 부착 전 배수, 통기 배관에 대하여 실시한다.
기압시험	• 35kPa에 해당하는 압력에 15분 이상 견딜 것 • 공기압축기 또는 시험기를 배수관의 적절한 장소에 접속하여 개구부를 모두 밀폐한 후 관 내에 공기압을 걸어 누출 여부를 검사한다. • 시험방법 중 가장 정확하다.
기밀시험	• 연기시험(Smoke Test) : 시험수두 25mm 이상, 15분간 유지 • 박하시험(Peppermint Test) : 시험대상 부분의 모든 트랩을 밀폐한 다음, 입관 7.5m당 박하유 50g을 4L 이상의 열탕에 녹여 그 용액을 통기구에 주입한 다음 그 통기구를 밀폐하여 박하의 누출 여부를 검사 한다.
만수시험	배수통기관에 3m 수두로 물을 채워 수압시험을 실시 한다.
통수시험	• 각 기구의 사용상태에 대응한 수량으로 배수하고 배수의 유하상황이나 트랩의 봉수 등에 이상 소음의 발생 여부를 검사한다. • 물을 통과해 보는 시험으로 최종점검에 해당한다.

2. 우수배관 설계

1) 부지 내의 우수 유출량 산정

넓은 면적의 우수배수량 산정방법에는 일반적으로 다음의 산정식(합리식)을 주로 적용한다.

$$Q = \frac{1}{360}(CIA)(m^3/s)$$

Q : 계획우수유출량(m³/sec), C : 유출계수, I : 강우강도(mm/hr), A : 배수면적(ha)

2) 우수 배관 결정방법

(1) 우수 수직관 관경 결정 방법
① 우수 수직관의 관경은 지붕면적과 최대 강우량을 기준으로 하여 구한다.
② 우수관이 담당하는 지붕면적은 수평으로 투영한 면적으로 한다.
③ 건물 수직벽에 떨어지는 빗물을 고려해야 하는 경우에는, 수직벽면에 30° 각도로 비가 뿌리는 것으로 가정하여 외벽면의 수평 투영면적 즉, 외벽면적의 50%를 우수가 유입하는 지붕면적에 가산한다.

④ 허용최대 지붕면적은 아래 표와 같이 강우량 100[mm/h]를 기초로 한다. 따라서 강우량이 100[mm/h]가 아닌 경우에는 지붕면적을 환산하여 관경을 구한다.

⑤ 강우량 100[mm/h]로 환산한 지붕면적(A)

$$A = 해당지붕면적 \times \frac{해당지역 최대 강우량}{100mm/h}$$

[표 2-7] 우수 수직관 관경표

관경 [mm]	허용최대 지붕면적 [m^2]
50	67
65	135
75	197
100	425
125	770
150	1,250
200	2,700

주) 1. 지붕면적은 모두 수평으로 투영한 면적으로 한다.
  2. 허용최대 지붕면적은 강우량 100[mm/h]를 기초로 산출한 것이다. 따라서 이외의 강우량에 대해서는 표의 수치에 「100/해당지역의 최대 강우량」을 곱해 산출한다.
  3. 정사각형 또는 직사각형의 우수수직관은, 거기에 접속하는 유입관의 단면적 이상으로 한다. 또한, 내면의 단변을 상당관경으로 하고, 「장변/단변」의 비율을 표의 값에 곱하여 그 허용 최대 지붕면적으로 한다.

(2) 우수 수평관 설계

우수 수평관 설계는 기본적으로 수직관 설계와 같으며 우수 수평 분기관·우수 수평 주관·부지 우수관의 관경은 구배를 고려하여 정한다.

3. 통기배관 설계

1) 통기관의 관경 결정

통기관은 배수관 내에 배수의 흐름에 따른 압력변화를 제거시킬 수 있도록 설정되어야 한다. 길이가 길수록 관경은 커져야 한다. 모든 통기관은 그와 접속하는 배수관경의 1/2 이상을 유지하면서 다음 관경 이상으로 한다.

(1) 각개 통기관   32A 이상
(2) 환상 통기관, 도피 통기관   32A 이상
(3) 결합 통기관   수직통기관 관경 이상으로 적용

2) 통기 배관적용 시 유의사항

① 바닥 아래의 통기관은 금지해야 한다. 만일 바닥 밑으로 통기관을 빼내는 경우 배수계통의 어느 한 곳이 막히면 그 곳보다 상류에서 흘러내리는 배수가 배수관 속에 충만하여 통기관 속으로 침입하게 되므로 통기관이 제 구실을 할 수 없게 된다.

② 오수 정화조의 배기관은 단독으로 대기 중에 개구해야 하며, 일반통기관과 연결해서는 안 된다.
③ 통기수직관을 빗물 수직관과 연결해서는 안 된다.
④ 오수 피트 및 잡배수 피트 통기관은 양자 모두 개별 통기관을 갖지 않으면 안 된다. 또 이 통기수직관은 간접 배수 계통의 통기수직관이나 신정통기관에 연결해서는 안 된다.
⑤ 통기관은 실내 환기용 덕트에 연결하여서는 안 된다.
⑥ 간접 배수 계통의 통기관, 간접 배수 계통의 신정통기관 및 통기수직관은 일반가정 오수 계통의 신정통기관과 통기수직관 및 통기 헤더에 연결하지 말고 단독으로 대기 중에 개구해야 한다.

4. 배수트랩 설계

1) 배수트랩 설계 시 고려사항

배수관에서 물이 흐르지 않을 경우 배수관 내의 악취가 배수관을 통하여 역류하는 일이 발생한다. 이것을 방지하기 위하여 배수관 중에 물을 채워 둠으로써 악취의 침입을 방지한다. 이를 트랩이라 한다.

(1) 트랩 설치 목적
위생기구에서 배수된 오수의 악취가 실내로 들어오지 못하도록 막아준다.

(2) 종류
① **사이폰식 트랩** S트랩, P트랩, U트랩
② **비사이폰 트랩** 드럼 트랩, 벨 트랩, 그리스 트랩, 가솔린 트랩, 샌드트랩, 헤어 트랩, 플라스터 트랩

(3) 트랩의 구비 조건
① 구조가 간단해야 한다.(가동부나 칸막이에 의해 봉수를 만들지 않을 것)
② 자체의 유수로 세정하고 오물이 정체하지 않아야 한다.
③ 봉수가 파괴되지 않는 구조여야 한다.
④ 내식성, 내구성 재료로 만들어야 한다.

(4) 트랩의 용도
① **S, P트랩** 세면기, 소변기, 대변기 등에 사용하며 S트랩은 바닥 횡지관에 접속시키며 사이폰 작용에 의한 봉수파괴가 쉽고 P트랩은 입관에 접속 시 이용된다.
② **U트랩** 가옥 트랩 또는 메인 트랩이라고도 하며 가옥 배수 본관과 공공 하수관 연결 부위에 설치하여 공공하수관의 악취가 옥내에 유입되는 것을 막는다.

③ **드럼 트랩** 싱크대 배수 트랩으로 사용된다. 다량의 물이 고이게 한 것으로 봉수보호가 잘된다.
④ **벨 트랩** 화장실 등의 바닥 배수 트랩에 이용된다.
⑤ **그리스 트랩** 주방 배수 중의 동식물성 지방분 제거에 이용되며 양식부 주방 등에 주로 쓰인다.
⑥ **가솔린 트랩** 차고, 세차장 등에서의 배수 중 휘발성 기름을 제거한다.
⑦ 샌드 트랩은 모래제거에, 헤어 트랩은 머리카락 제거, 플라스터 트랩은 석고 등의 부스러기, 런드리 트랩은 세탁기의 섬유조각을 제거한다.

2) 봉수 및 봉수 파괴 원인

트랩에서 가스 역류 방지를 위해 봉수가 채워져 있는데 봉수의 깊이는 보통 5~10cm이다. 봉수의 깊이가 5cm 이하이면 봉수가 파괴되기 쉽고 10cm 이상이면 배수저항이 증가한다. 또한 트랩의 역할을 완수하기 위하여 봉수가 잘 보존되어야 하는데 봉수의 파괴 원인은 다음과 같다.

① **자기 사이펀 작용** S트랩의 경우에 심하게 나타나는 현상으로 트랩 및 배수관이 자기 사이펀을 형성하여 트랩 내의 봉수가 배수관 쪽으로 흡인 배출된다.
② **흡출 작용(흡인 작용)** 수직관 가까이에 있는 트랩인 경우 수직관에서 다량의 물이 배수될 때 순간적으로 진공 상태가 되어 트랩의 봉수를 흡인한다.
③ **분출 작용(역압 작용)** 수직관 가까이 설치된 트랩인 경우 바닥 횡주관에 물이 정체되어 있고 수직관에 다량의 물이 배수될 때 트랩의 봉수가 실내 쪽으로 역류하게 된다.
④ **모세관 현상** 트랩에 걸레조각이나 머리카락이 낀 경우 모세관 현상에 의하여 봉수가 빠져 나가는 것
⑤ **증발** 트랩에 오래 동안 배수가 되지 않을 때 증발에 의하여 봉수가 파괴되는 현상
⑥ **자기 운동량에 의한 관성** 스스로의 운동량에 의하여 트랩의 오버 플로우면을 빠져 나가는 것. 또는 강풍 등에 의해 배수관 내의 기압 변동으로 봉수가 분출된다.

3) 봉수 파괴 방지

배수관 트랩의 봉수를 보호하기 위해 통기관을 설치한다.

5. 위생기구의 설계

1) 위생기구의 개념 및 조건

(1) 위생기구의 개념

위생기구란 급수관과 배수관 사이에서 물을 배수관으로 흘려보내는 각종 장치 및 기구를 말한다.

(2) 위생기구의 조건
① 흡수성이 작을 것
② 항상 청결하게 유지할 수 있을 것
③ 내식성, 내마모성이 있을 것
④ 제작 및 설치가 용이할 것

2) 위생기구의 종류

(1) 대변기 급수방식에 의한 분류

구분	내용
하이탱크식	• 설치 면적이 작다. • 세정 시 소리가 크다. • 탱크 내에 고장이 있을 때에 불편하다. • 급수관경 15A, 세정 관경 32A 마. 탱크 표준 높이 1.9m, 탱크 용량 15L
로우탱크식	• 인체공학적이다. • 소음이 적어 주택, 호텔에 이용되며, 급수압이 낮아도 이용이 가능하다. • 설치 면적이 크다. • 탱크가 낮아 세정관은 50mm 이상으로 한다. 급수관경은 15A이다.
세정밸브식 (flush valve system)	• 한 번 밸브를 누르면 일정량의 물이 나오고 잠긴다. • 수압이 0.1MPa 이상이어야 한다. • 급수관의 최소관경은 25A이다. • 레버식, 버튼식, 전자식이 있다. • 소음이 크고, 연속사용이 가능하다.

(2) 소변기
소변기는 벽걸이형과 스톨형으로 대별되며 작동방식에 따라 세락식과 블로아웃식이 있고 자동식과 수동식이 있다.

6. 위생기구 설치방법

1) 위생기구 설치 시 유의사항
① 위생기구의 설치장소 및 설치방법을 검토한다.
② 위생기구의 수도꼭지 방향과 조작의 적절성을 고려한다.
③ 청소의 용이성, 역류 방지, 수격작용(워터해머) 감소장치를 고려한다.
④ 바닥과 벽 배수관의 연결에 유의한다.
⑤ 동결 방지, 절수, 크로스 커넥션(오연결)에 유의한다.

2) 위생기구의 유닛화

(1) 개념
공장에서 화장실 내의 위생기구 및 타일 등을 유닛화하여 제작하며, 현장에서 조립하는 방식을 말한다.

(2) 목적
① 공사기간의 단축
② 공정의 단순화·합리화
③ 시공정도 향상
④ 인건비 및 재료비 절감

(3) 설비 유닛화를 위한 선행조건
① 현장조립이 용이할 것(설비의 현장조립이 원활하려면 유닛의 소요 배관이 건축물의 방수부를 통과하지 않고 바닥 위에서 처리가 가능해야 한다.)
② 가볍고 운반이 용이하며, 가격이 저렴할 것
③ 유닛화 내의 배관이 단순할 것

제3장 핵·심·문·제
오배수시스템 설계 및 위생기구 선정

01 시간당 전력사용량
다음 중 트랩의 종류와 그 사용 용도의 연결이 옳지 않은 것은?
① Grease Trap - 식당의 배수
② Sand Trap - 차고용 배수
③ Bell Trap - 욕실 바닥
④ Gasoline Trap - 병원, 정형외과의 배수

해설 Gasoline Trap(가솔린 트랩)은 휘발성 가스가 발생하는 곳에 설치하므로 주유소, 카센터, 세차장 등이다. 정형외과는 석고 부스러기 등을 제거하기 위해 플라스터 트랩을 설치한다.

답 ④

02 급탕부하 산정방식
고층 건축물에서 5층째마다 배수 수직주관과 통기 수직주관을 연결하여 설치한 관의 명칭으로서 맞는 것은?
① 신정 통기관
② 도피 통기관
③ 공용 통기관
④ 결합 통기관

해설
1) 각개 통기관 : 위생기구마다 통기관을 설치하는 것
2) 공용 통기관 : 2개 이상 위생기구를 공용으로 통기관을 설치하는 것
3) 회로 통기관(환상 통기관) : 배수횡지관에서 2개 이상의 트랩을 보호하기 위하여 최상류 기구의 바로 아래에서 통기관을 세워 통기수직관에 연결
4) 도피 통기관 : 회로 통기관을 도와서 통기 능률을 향상시키기 위하여 배수횡지관 최하류와 통기수직관을 연결
5) 신정 통기관 : 배수 수직관 상부를 곧장 연장하여 옥상 등에 개구시킨 것
6) 습식(습윤) 통기관 : 통기와 배수의 역할을 동시에 하는 통기관
7) 결합 통기관 : 고층 건물에서 통기 효과를 높이기 위해 5층마다 통기수직관과 배수수직관을 연결한 관

답 ④

03 간접가열식 급탕설비의 구성
다음 중 트랩의 봉수 파괴원인과 가장 거리가 먼 것은?
① 유도 사이펀작용
② 증발작용
③ 서징작용
④ 모세관작용

해설 서징작용은 펌프의 이상 현상이다.

답 ③

04 유효 봉수깊이
트랩의 유효 봉수깊이는 일반적으로 50~100mm이다. 봉수의 깊이가 100mm를 넘으면 어떠한 일이 발생하는가?

① 통수능력이 감소되며 그에 따라 자정작용이 없어지게 된다.
② 봉수가 쉽게 파괴된다.
③ 사이펀 현상이 커지게 된다.
④ 급탕의 온도저하를 막을 수 없게 된다.

해설 트랩의 봉수깊이가 50mm 이하이면 봉수가 파괴되기 쉽고, 100mm 이상이면 저항이 커져서 배수가 잘 안 되고 자기세정능력이 떨어진다.

답 ①

05 배수관의 최소 관경
배수관의 최소 관경에 대한 설명으로 틀린 것은?

① 옥내 배수횡지관의 관경은 32A 이상으로 한다.
② 옥외 부지 내의 배수관경은 50A 이상으로 한다.
③ 옥내의 잡배수관 등 고형물을 함유하는 배수관은 50A 이상으로 한다.
④ 대변기의 배수관은 2개 이상인 경우 50A 이상으로 한다.

해설 대변기의 배수관은 최소 75A 이상, 2개 이상인 경우 100A 이상으로 한다.

답 ④

06 포집기의 종류
지방분 등이 배수관 등에 유입되는 것을 막기 위하여 사용되는 포집기는?

① 그리스 포집기　　　　　　　　② 샌드 포집기
③ 플라스터 포집기　　　　　　　④ 가솔린 포집기

해설 ① 그리스 포집기 : 동식물성 기름 제거(식당)　② 샌드 포집기 : 토사 제거(세차장, 주차장)
　　　③ 플라스터 포집기 : 치과, 정형외과　　　　　　④ 가솔린 포집기 : 휘발성 가스(주유소, 카센터 등)

답 ①

07 배수관과 통기관의 배관
배수관과 통기관의 배관에 관한 기술 중 옳지 않은 것은?

① 가솔린 트랩의 통기관은 단독으로 옥상까지 입상하여 대기 중에 개구한다.
② 오버플로우관은 트랩의 유출구 측에 연결하여야 한다.
③ 우수 입관에 배수관을 연결하여서는 안 된다.
④ 냉장고 등에서의 배수는 간접배수관으로 한다.

해설 오버플로우관은 트랩의 유입부에 연결해야 하수관의 악취가 실내로 유입되는 것을 막을 수 있다.

답 ②

08 트랩과 통기관
트랩과 통기관에 대한 설명 중 틀린 것은?

① 트랩을 설치하면 배수능력이 크게 촉진된다.
② 통기관은 배수능력을 크게 향상시킨다.
③ 통기관의 끝은 건물 외부로 개방시킨다.
④ 트랩의 역할은 불순물과 침전물의 분리 기능도 있다.

해설 트랩은 악취의 역류방지 기능을 하며 배수능력은 오히려 감소한다. 불순물 분리기능을 갖는 트랩을 특히 포집기라 한다. 통기관은 배수관 내의 압력을 개방하여 흐름을 좋게 한다.

답 ①

09 트랩의 부속설비
다음 배수설비에만 이용되는 것은?

① S-트랩
② 역지밸브
③ 볼탭
④ 지수전

해설 S-트랩, P-트랩, U-트랩 등 배수 트랩은 배수관에만 설치한다.

답 ①

10 트랩 파괴 원인
위생기구에서 물을 갑자기 배수하는 경우 혹은 강풍으로 배수관 통에 급격한 압력의 변화가 일어난 경우는 트랩 S자형의 압봉 수면에 상하 교차로 동요가 생겨 봉수가 줄고 드디어는 봉수가 없어지는 현상이 생긴다. 이는 트랩의 봉수가 파괴되는 한 현상을 설명하였다. 다음의 어느 현상에 속하는가?

① 물의 운동량에 의한 관성
② 역압에 의한 작용
③ 감압에 의한 흡인작용
④ 모세관 현상

해설 물을 갑자기 배수하는 경우나 강풍으로 배수관 통에 급격한 압력의 변화가 생겨서 봉수가 파괴되는 것을 운동량에 의한 관성이라 한다.

답 ①

11 배수 배관 청소구
배수 배관 시 청소구를 설치하지 않아도 되는 곳은?

① 각종 트랩
② 수평지관의 최상단부
③ 배수수직관의 최상단부
④ 배관이 45° 이상의 굴곡부

해설 청소구는 막힐 우려가 있는 곳에 설치하며, 배수수직관의 최하단부에 C.O를 설치한다.

답 ③

12 트랩의 주요 역할
배수관에 사용되는 트랩의 주요 역할에 대한 기술 중 틀린 것은?
① 배수의 유량조절
② 각종 불순물의 분리
③ 유해가스 역류방지
④ 지방질의 분리

해설 트랩은 악취 역류방지와 각종 이물질의 제거 기능을 갖는다.

답 ①

13 배수·통기설비 특성
다음 배수·통기설비에 관한 설명 중 옳지 않은 것은?
① S트랩은 P트랩보다 자기 사이펀작용을 일으키기 쉽다.
② 배수 트랩의 봉수깊이는 일반적으로 50mm 이상 100mm 이하로 한다.
③ 통기관은 위생기구의 넘치는 부분보다 15cm 이하의 높이로 배관한다.
④ 흐름이 장해를 받으므로 배수 트랩을 이중으로 설치해서는 안 된다.

해설 통기관은 넘침선(오버플로우면)보다 15cm 이상으로 입상하여 통기주관에 연결해야 통기관으로 배수 유입을 막을 수 있다.

답 ③

14 트랩의 종류
트랩 중에서 바닥배수에 가장 적합한 것은?
① 벨 트랩
② S트랩
③ 그리스 트랩
④ 드럼 트랩

해설 ① 벨 트랩 : 바닥배수, ② S트랩 : 세면기, 대변기 등, ③ 그리스 트랩 : 주방(지방분 제거), ④ 드럼 트랩 : 싱크대

답 ①

15 배수 및 통기계통의 시험
다음 중 배수 통기계통의 검사 및 시험에 대한 설명으로 옳은 것은?
① 만수시험은 배수관에서의 누수 및 통기관에서의 취기의 누설방지를 목적으로 한다.
② 통수시험은 건물 내 오수·잡배수·통기관의 배관공사 일부를 완료한 후 만수시험을 하기 전에 실시한다.
③ 만수시험은 시험수두는 최소 6mAq로 하며, 유지시간은 최소 20분으로 한다.
④ 박하시험은 누설에 대한 판단이 쉽고, 누설부분을 발견하는 것도 용이하다.

해설 만수시험은 배관공사 완료 뒤 기구 부착 전에 실시하며 통수시험은 기구를 부착한 뒤 배수 흐름상태, 소음여부, 봉수 안전여부 등을 검사한다. 박하시험은 누설 여부를 판단하기가 어렵다.

답 ①

16 배수관 설치 시 유의사항
배수관에 대한 기술 중 틀린 것은?
① 옥내 배수관의 적당한 배관재는 연관이다.
② 배수관의 구배는 관경에 따라 달라져야 한다.
③ 배관과 주관의 접속부에는 Y관 혹은 TY관을 사용한다.
④ 배수관의 굴곡부에는 청소구를 설치해야 한다.

해설 옥내 배수관은 주철관, 경질비닐관 등이 적당하며 연관은 위생기구 접속부 등에 이용한다.

답 ①

17 봉수 파괴원인
배수수직관의 가까이에 설치된 세면기 등에서 일어나기 쉬운 봉수 파괴원인은?
① 모세관 현상
② 유도 사이펀 현상
③ 운동량에 의한 관성
④ 증발 작용

해설 수직관 가까이 트랩의 봉수 파괴원인은 감압에 의한 흡인작용(유도 사이펀 작용)과 역압에 의한 분출 작용 등이다.

답 ②

18 통기관의 관경
통기관의 관경에 관한 설명 중 옳지 않은 것은?
① 신정 통기관의 관경은 배수수직관의 관경보다 작게 해서는 안 된다.
② 각개 통기관의 관경은 그것이 접속되는 배수관 관경의 1/2 이상으로 한다.
③ 결합 통기관의 관경은 통기수직관과 배수수직관 중 큰 쪽의 관경보다 크게 해서는 안 된다.
④ 건물의 배수탱크에 설치하는 통기관의 관경은 50mm 이상으로 한다.

해설 결합 통기관의 관경은 통기수직관과 배수수직관 중 작은 쪽의 관경보다 작게 해서는 안 된다.

답 ③

19 배수 통기배관 수압시험
배수 통기배관 시공 완료 후 시행하는 수압시험에 관한 기술 중 옳은 것은?
① 3m 이상의 수두에 상당하는 수압에 30분 이상 유지하여야 한다.
② 25mm 이상 수두에 상당하는 수압에 15분 이상 유지하여야 한다.
③ 6m 이상 수두에 상당하는 수압에 15분 이상 유지하여야 한다.
④ 2.5m 이상의 수두에 상당하는 수압에 15분 이상 유지하여야 한다.

해설 1) 수압시험 : 3m 수두 30분간
   2) 기압시험 : 35kPa 기압으로 15분간

답 ①

제3과목

전기설비 및 소방시설 일반

제1편 전기이론 기초지식
제2편 건축전기설비 기초지식
제3편 자동제어 시스템 설계
제4편 소방시설 기초지식

제1편 전기이론 기초지식

제1장 전기이론 기초지식

1. 전기의 기초

1) 전하와 전기량
(1) 1암페어란 1초당 6.24×10^{18}개의 전자의 이동을 말하며, 전자 1개는 1.602×10^{-19}C의 전기량을 가진다.
(2) 정전 유도 현상 : 대전물체 부근에 절연된 도체가 있을 경우에는 정전계에 의해 대전물체에 가까운 쪽의 도체 표면에는 대전물체와 반대극성의 전하가 반대쪽에는 같은 극성의 전하가 대전 되게 되는데 이를 정전 유도 현상이라고 한다.

2) 키르히호프의 법칙
(1) **키르히호프 제1법칙** 한 점의 유입전류의 대수합은 유출전류의 대수합과 같다.
(2) **키르히호프 제2법칙** 폐회로의 한 방향으로의 기전력의 대수합과 전압강하의 대수합은 같다.

3) 정전기
(1) 전기력선
전장 내에서 단위 전하가 전기력을 받아 움직일 때 그 운동의 자취를 전기력선이라 한다.

※ 전기력선의 성질
① +전하에서 나와서 −전하 또는 무한원으로 간다.
② 도중에 끊어지거나 교차하지 않는다.
③ 전기력선이 밀할수록 전기장도 세다.
④ 전기력선의 밀도는 그 점의 전기장의 세기와 같다.
⑤ 전기력선은 대전체면에 대하여 수직으로 출입한다.

(2) 전위와 전위차

전장 내에서 단위 전하가 가지는 위치 에너지를 전위라 한다. 전위가 다른 두 지점간의 전위차를 전압이라 하며, 두 지점의 전압은 단위 전하를 옮기는데 소요되는 일의 크기이다.

$$V = \frac{W}{Q} \qquad V : 전압(V), \; W : 소요되는 일(J), \; Q : 전하(C)$$

(3) 균일한 전장에서의 전위차

전장의 세기가 E인 균일한 전장 내의 한점 A에서 전장의 방향으로 거리 d인 B점까지 전하 q를 옮기는데 전기장이 하는 일 $W = F \cdot d = q_E \cdot d$
또한 A · B 사이의 전위차가 V라고 하면 소요되는 일 $W = q \cdot V$이므로
$q_E \cdot d = qV \qquad \therefore V = E \cdot d$

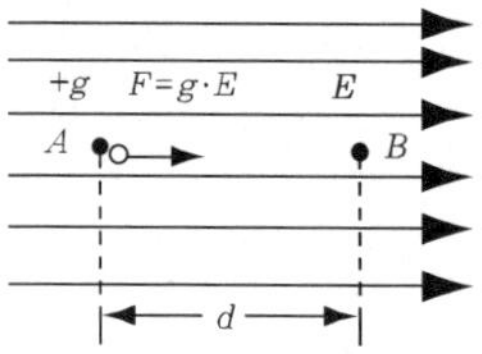

그림에서 균일한 전장에서는 A · B지점 간 전장의 세기는 같으며, 전위는 다르다.

[그림 3-1] 전기장

(4) 등전위면

전장 내의 전위가 같은 점을 연결해 나갈 때 이루는 면을 등전위면이라 한다. 등전위면을 따라 움직일 때의 일은 없다. 전기력선과 등전위면은 항상 수직으로 교차한다. 또한 등전위면끼리는 만나지 않는다.

4) 콘덴서

(1) 콘덴서의 전기 용량

정전기 유도의 원리를 이용하여 많은 전기량을 저축하기 위한 장치를 콘덴서라 하며 전기량 Q를 주었을 때 전위가 V만큼 높아졌을 때 콘덴서의 전기 용량(정전용량) C는 다음과 같다.

$$C = \frac{Q}{V}(F), \; Q = CV \qquad 여기서, \; C : 콘덴서의 전기용량(F), \; Q : 전하(C), \; V : 전압(V)$$

1C의 전기량에 의한 1V가 상승했을 때, 전기 용량을 1Farad(F)라 한다.
$1\mu F = 10^{-6} F \qquad 1pF = 10^{-12} F$

(2) 평행한 콘덴서의 전기 용량(C)

평행판 축전기의 전기 용량은 면적(S)에 비례하고 거리(d)에 반비례하며 유전율(ε)에 비례한다.

$$C = \frac{Q}{V} = \frac{\varepsilon \cdot SE}{E \cdot d} = \frac{\varepsilon \cdot S}{d}$$

(3) 축전기의 직렬 연결

전기 용량이 $C_1 \cdot C_2 \cdot C_3$인 축전기를 직렬로 연결하고 양 끝에 전압 V를 걸어주면 각 축전기에 같은 양의 전기량 Q가 충전되어

$$V_1 = \frac{Q}{C_1} \quad V_2 = \frac{Q}{C_2} \quad V_3 = \frac{Q}{C_3} \quad V = V_1 + V_2 + V_3 = \frac{Q}{C_1} + \frac{Q}{C_2} + \frac{Q}{C_3}$$

또한 전체 합성 전자용량을 C 라 하면 $V = \frac{Q}{C}$ 이므로

$$\frac{Q}{C} = \frac{Q}{C_1} + \frac{Q}{C_2} + \frac{Q}{C_3} \qquad \therefore \frac{1}{C} = \frac{1}{C_1} + \frac{1}{C_2} + \frac{1}{C_3}$$

※ 직렬 연결 각 축전기의 전기량이 같다.
　　　　　각 축전기에 걸리는 전압은 전기용량에 반비례한다.

(4) 축전기의 병렬 연결

$C_1 \cdot C_2 \cdot C_3$를 병렬로 연결하고 전압 V를 걸면 각 축전기에 동일한 전압 V가 걸리므로 각 축전기의 전기량

$$Q_1 = C_1 V \quad Q_2 = C_2 V \quad Q_3 = C_3 V$$

또한 전체 전기량 $Q = Q_1 + Q_2 + Q_3 = C_1 V + C_2 V + C_3 V$
합성 전기 용량을 C 라 하면 $Q = CV$ 이므로
$CV = C_1 V + C_2 V + C_3 V \qquad \therefore C = C_1 + C_2 + C_3$

※ 병렬연결 각 축전기에 걸리는 전압은 같다.
　　　　　각 축전기에 축적되는 전기량은 전기 용량에 반비례한다.

(5) 축전기에 저장된 전기에너지(W)

전기 용량 C인 축전기에 전압 V를 걸어 충전시키면 축전지 용량을 병렬로 연결하고 전기량에 비례하여 전압 V가 상승한다.

$$W = Q \cdot \frac{V}{2} = \frac{1}{2} CV^2 = \frac{Q^2}{2C} \text{(J)} \qquad \text{여기서, } Q : \text{전하}(C), \quad V : \text{전압}(V)$$
$$C : \text{콘덴서의 용량}(F)$$

5) 자기와 전류

(1) 자기력선의 성질

① N극에서 나와서 S극으로 들어간다.
② 도중에 갈라지거나 서로 만나지 않는다.
③ 자기력선에 그은 접선의 방향이 자기장의 방향이다.
④ 자기력선의 밀도가 자기장의 세기이다.

(2) 전류가 자기장에서 받는 힘

❶ 전자기력

자기장 내에서 도선에 전류를 흘리면 도선은 힘을 받게 되는데 이 전자기력(F)은
$F = BIL \sin\theta \text{(N)} \qquad B : \text{자속 밀도(Wb/m}^2), \quad I : \text{전류(A)}, \quad L : \text{도선 길이(m)}$

이때 힘을 받는 방향은 플레밍의 왼손법칙에 의한다.
※ 전동기의 원리는 플레밍의 왼손법칙에 의한다.

❷ 평행 전류 사이의 힘

평행 도선에 각각 $I_1 \cdot I_2$의 전류가 흐르고 도선사이의 거리가 r일 때 도선이 받는 힘 F는

$$F = BI_2L = 2 \times 10^{-7} \frac{I_1 I_2}{r} L (\text{N})$$

여기서, r : 도선 사이의 거리, B : 자속 밀도, L : 도선 길이
이때 전류의 방향이 같으면 인력, 반대 방향이면 척력이 작용한다.

❸ 로렌쯔힘

대전입자가 자기장에서 운동하면 전류가 흐르는 경우와 같으므로 힘을 받게 되는 힘 F는

$$F = BIL = B \cdot q \cdot v \qquad q : \text{대전입자 전하량(C)}, \; v : \text{운동속도(m/s)}$$

대전입자가 자기장에 수직으로 입사하면 원운동을 하게 되는데 전자는 시계 방향으로 양전자는 반시계 방향으로 원운동을 한다. 이때 전자가 받는 힘 F를 로렌쯔힘이라 한다.
※ 균일한 자기장에 수직으로 입사한 입자는 원운동을 한다.
　균일한 전기장에 수직으로 입사한 입자는 포물선운동을 한다.

6) 전자기 유도

자기장 속에서 도선이 운동하거나 코일 속의 자기장이 변화하면 도선 또는 코일에 기전력이 생겨 전류가 흐르는 현상을 전자 유도(전자기 유도)라 한다.
이때의 기전력을 유도 기전력이라 한다.

(1) 렌쯔의 법칙 유도 기전력의 방향은 항상 전류를 일으키는 원인과 반대 방향으로 된다.

(2) 패러데이 법칙 유도 기전력의 크기는 자속의 시간적 변화율에 비례한다.

$$v = -\frac{\Delta I}{\Delta t} \cdot n (\text{Volt}) \qquad \text{유도 기전력 } V = -BLv \qquad L : \text{도선길이}, \; v : \text{도선속도}$$

이때, 유도 기전력의 방향은 플레밍의 오른손법칙에 따른다.
집게손가락은 자속, 엄지손가락은 도선 운동방향, 가운데 손가락은 유도 기전력의 방향
※ 발전기는 플레밍의 오른손 법칙에 의한다.

(3) 자체 유도 자신의 전류 변화에 의하여 자신의 코일에 기전력이 유도되는 현상

$$V = -L\frac{\Delta I}{\Delta t} \qquad (L : \text{자체 유도 계수 } H)$$

(4) 상호유도 두 코일을 접근시키고 한 코일에 흐르는 전류의 변화로 다른 쪽 코일에도 유도기전력이 생기는 현상

$$V = -M\frac{\Delta I}{\Delta t} \qquad (M : \text{상호유도계수})$$

※ 변압기나 유도코일은 상호전자 유도 현상을 이용한다.

(5) 코일에 저장되는 에너지(W)

$$W = \frac{1}{2}LI^2 (\text{J}) \qquad \text{여기서, } L : \text{인덕턴스}(H), \; I : \text{전류}(A)$$

7) 각종 법칙의 정의

(1) **암페르 오른나사 법칙** 전류가 오른나사 진행방향일 때 자기장은 나사 회전 방향으로 발생한다.
(2) **플레밍의 왼손 법칙(전동기)** 자계 내의 도선에, 전류가 흐르면 도선이 받는 힘의 방향의 법칙
(3) **플레밍의 오른손 법칙(발전기)** 자계내의 도선을 움직이면, 도선의 유도 전류의 방향 법칙
(4) **렌쯔의 법칙** 자계를 변화 시키면 코일에 자계의 변화를 방해하는 방향으로 유도기전력이 발생한다.
(5) **페러데이 법칙** 유도 기전력의 크기는 자속의 시간적 변화율에 비례한다.
(6) **로렌쯔의 힘** 대전입자가 자기장에 수직으로 입사하면 받게 되는 힘을 말한다.
(7) **전자유도현상** 자기장 속에서 도선이 운동하거나 코일 속의 자기장이 변화하면 코일에 기전력이 생겨 전류가 흐르는 현상

2. 직류회로

1) 전압과 전류 측정

(1) **전류계(A)** 측정회로에 직렬로 연결, 내부저항이 작을수록 좋다.
(2) **전압계(V)** 측정회로에 병렬로 연결, 내부저항이 클수록 좋다.
(3) **분류기(R_s)** 전류계의 측정 범위를 넓히기 위해 전류계와 병렬로 연결
(4) **배율기(R_m)** 전압계의 측정 범위를 넓히기 위해 전압계와 직렬로 연결

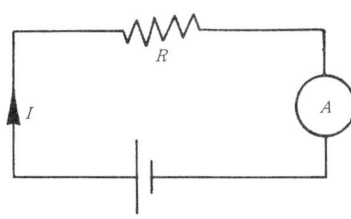

[그림 3-2] 전류계 접속

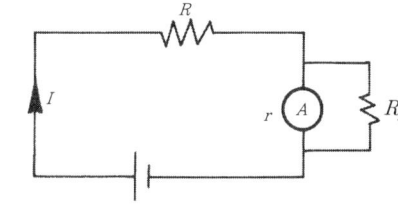

[그림 3-3] 분류기 접속

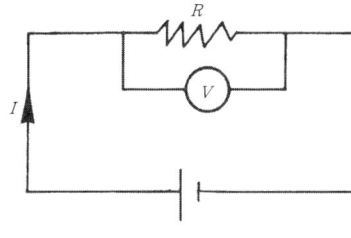

[그림 3-4] 전압계 접속

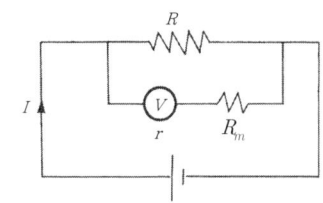

[그림 3-5] 배율기 접속

2) 오옴의 법칙

오옴의 법칙은 "도체에 흐르는 전류값은 저항에 반비례하고 전압에 비례한다."

$$I = \frac{V}{R} \quad \therefore \quad V = IR$$

3) 저항과 콘덴서의 연결

(1) 저항 직렬 시 합성 저항 $R = R_1 + R_2 + R_3$

   병렬 시 합성저항 $\frac{1}{R} = \frac{1}{R_1} + \frac{1}{R_2} + \frac{1}{R_3}$

(2) 콘덴서는 직렬 시 합성 용량 $C = \dfrac{1}{\frac{1}{C_1} + \frac{1}{C_2} + \frac{1}{C_3}}$

   병렬 시 합성용량 $C = C_1 + C_2 + C_3$

4) 휘스톤 브리지

휘스톤 브리지 회로를 통하여 미지저항을 측정할 수 있다.
다음 회로에서 K_2 접점을 닫았을 때 검류계(G)에 전류가 흐르지 않으면 평형조건에서 $PX = RQ$가 성립하고 이때 미지의 저항값 X를 구할 수 있다.

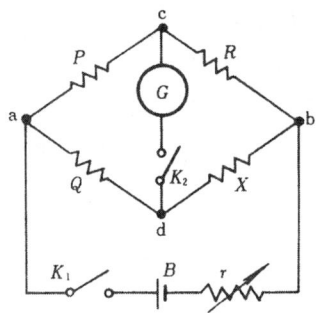

[그림 3-6] 휘스톤 브리지법

5) 저항의 측정

(1) 저항 측정의 종류

❶ **중저항의 측정** 전압 전류계법(전압 강하법)-피스톤 브리지법, 회로 시험법(테스터)
❷ **저저항의 측정** 켈빈 더블 브리지, 전위차계법
❸ **고저항의 측정** 절연 저항계, 메거
❹ **특수저항의 측정** 코올라우시 브리지

(2) 저항기

전류에 대하여 저항 작용을 할 수 있도록 만들어진 장치를 저항기라 하며 다음의 조건이 필요하다.

① 고유 저항이 클 것
② 저항의 온도 계수가 작을 것
③ 구리에 대한 열기전력이 적을 것

(3) 저항기에는 다음과 같은 종류가 있다.
  ❶ **고정 저항기** 표준 저항기, 권선 저항기, 탄소 피막 저항기
  ❷ **가변 저항기** 슬라이드 저항기, 다이얼형 저항기, 플러그형 저항기, 물 저항기

3. 교류회로

1) 교류 전기의 원리

균일한 자기장 속에서 직사각형 코일을 일정한 각속도로 회전시키면 코일이 자속을 쇄교하는 각도에 따라 유도 기전력이 변화하는 sin파형을 얻게 된다.

❶ **순시값** $Ve = V_m \sin \omega t$ V_e : 순시값
❷ **실효값** $V = \dfrac{1}{\sqrt{2}} V_m$ V : 실효값
  ω : 각속도$=2\pi f$
❸ **평균값** $V_a = \dfrac{2}{\pi} V_m$ V_m : 최대값
  V_a : 평균값
❹ **교류 전력의 실효값** $P = \dfrac{1}{2} P_m$ P_m : 전력최대값

2) 교류의 R(저항)·L(코일)·C(콘덴서)회로

(1) R만인 회로
  ① 전류와 전압이 동위상이다.
  ② $I = V/R$

(2) L만인 회로
  ① 전류의 위상이 전압보다 90° 늦다.
  ② 유도리액턴스(코일에 의한 저항값) $X_L = \omega L = 2\pi f_L$

(3) C만의 회로
  ① 전압의 위상이 전류보다 90° 늦다.
  ② 용량리액턴스(콘덴서에 의한 저항값) $X_C = 1/\omega L = 2\pi f_C$

(4) $R \cdot L \cdot C$ 직렬 회로
  ① 합성 임피던스 $Z = \sqrt{R^2 + (X_L - X_C)^2} = \sqrt{R^2 + \left(\omega L - \dfrac{1}{\omega C}\right)^2}$
  ② $I = V/Z$

(5) 직렬 공진

RLC 직렬 회로에서 리액턴스 성분이 0이 되면 전류와 전압이 동상이 된다. 이를 직렬 공진이라 한다. 공진 시 주파수 f는

$$\omega L - \frac{1}{\omega C} = 0, \quad \omega L = \frac{1}{\omega C}, \quad 2\pi fL = \frac{1}{2\pi fC} \quad f^2 = \frac{1}{(2\pi^2)^2 LC} \quad \therefore f = \frac{1}{2\pi\sqrt{LC}}$$

3) 교류회로의 전력

(1) 피상 전력(P_a) 전류와 전압의 스칼라 곱으로 겉보기 전력이다.

$P_a = VI[\text{VA}]$ 피상전력 = $\sqrt{유효전력^2 + 무효전력^2}$

(2) 유효전력(P) 전류와 전압의 벡터 곱으로 실질적인 소비전력이다.

유효전력 : $P = VI\cos\theta[\text{W}]$

역률 = $\cos\theta$ = 유효전력/피상전력 = R/Z

(3) 무효전력(P_r) $P_r = VI\sin\theta[\text{VAR}]$ $\therefore P_a = \sqrt{P^2 + P_r^2}$

무효율 = 무효전력/피상전력 = $\sin\theta = \sqrt{1-\cos^2\theta}$

역률 = 유효전력/피상전력$\cos\theta$

[표 3-1] 각종 부하의 역률

부하의 종류	역률(%)	부하의 종류	역률(%)
전등, 전열기, 다리미	100	형광등	60
전동기	60~90	아크용 전기	30

4) 3상 교류회로

(1) 3상 교류는 실효값이 같고 서로 $\frac{2}{3}\pi$의 위상차를 가지는 단상 교류 3개가 동시에 존재하는 것이다. 3상 교류의 순시값은 항상 0이다.

(2) Y결선 3상 교류의 전압과 전류의 관계

상전류 = 선간전류, 선간전압 = $\sqrt{3}$상전압

(3) △결선 3상 교류의 전압과 전류의 관계

선간전류 = $\sqrt{3}$상전류, 선간전압 = 상전압

제1장 핵·심·문·제
전기이론 기초지식

01 병렬 합성저항

내부저항 r인 전지 N개를 병렬 연결하여 전력을 수전받을 수 있는 부하 저항은?

① r/N ② Nr
③ r ④ $N2r$

해설 병렬연결 시 전지 내부저항의 합성은 r/N이다.

답 ①

02 전압 산출

다음 회로에서 5Ω에 걸리는 전압 E_1은 얼마인가?

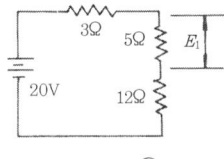

① 16V ② 10V
③ 8V ④ 5V

해설 직렬회로에서 전압은 저항에 비례하여 걸린다. $E = 20 \times \dfrac{5}{3+5+12} = 5V$

답 ④

03 각종 전기 관련 현상

도체에 대전체를 가까이 하면 도체의 자유전자가 흡인 혹은 반발되어서 도체의 대전체에 가까운 쪽에 대전체의 전하와 다른 부호의 전하가 생기고 먼 쪽에는 같은 부호의 전하가 생기는데 이런 현상을 무엇이라 하는가?

① 정전 유도 ② 정전기
③ 쿨롱 법칙 ④ 가우스 정리

해설 위와 같은 정전유도 현상에 의한 전기장, 유리 막대를 헝겊에 마찰시킬 때 전기를 띠는 대전 현상, 직류전압이 걸린 도체에서 생기는 전기장 등을 정전기라 한다.

답 ①

04 휘스톤 브리지
그림과 같이 접속한 회로에서 a, b단자 간에 합성 저항은?

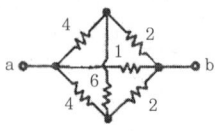

① 1Ω ② 1.5Ω
③ 2Ω ④ 3Ω

[해설] 휘스톤 브리지에서 1Ω과 6Ω에는 전류가 흐르지 않으므로 회로도는 ( ) 으로 된다.
※ 이때 합성저항은 3Ω이다.

답 ④

05 1암페어
1암페어를 바르게 정의한 것은?

① 1암페어란 1초당 6.24×10^{15}개의 전자의 이동을 말함
② 1암페어란 1초당 6.24×10^{16}개의 전자의 이동을 말함
③ 1암페어란 1초당 6.24×10^{17}개의 전자의 이동을 말함
④ 1암페어란 1초당 6.24×10^{18}개의 전자의 이동을 말함

답 ④

06 전압계의 연결
전압계를 이용하여 어떤 회로의 전압을 측정하고자 할 때 다음 설명 중 옳은 것은?

① 전압계는 회로에 직렬로 연결한다. ② 전압계는 회로에 병렬로 연결한다.
③ 전압계는 회로에 직병렬로 연결한다. ④ 아무렇게나 연결해도 관계가 없다.

[해설] 전압계는 회로에 병렬로, 전류계는 회로에 직렬로 연결한다.

답 ②

07 합성저항 산출
50Ω의 저항과 100Ω의 저항을 병렬로 접속했을 때 합성저항은?

① 0.006 ② 0.03
③ 17.4 ④ 33.33

[해설] $\dfrac{1}{R} = \dfrac{1}{R_1} + \dfrac{1}{R_2} = \dfrac{1}{50} + \dfrac{1}{100}$ ∴ $R = 33.33$

답 ④

08 전류 산출
어떤 저항에 100V의 전압을 가했더니 10A의 전류가 흘렀다. 이 저항에 95V의 전압을 가하면 몇 A의 전류가 흐르는가?
① 0.95
② 9.5
③ 10
④ 95

해설 저항 $R = \dfrac{V}{I} = 100 \div 10 = 10\Omega$, 10Ω저항에 95V를 걸면 $I = \dfrac{V}{R} = 95 \div 10 = 9.5A$

또는 전류는 전압에 비례하므로 10×95/100=9.5A

답 ②

09 전류 산출
100[V], 60[W]의 백열전구에 50[V]의 전압을 가했을 때 흐르는 전류는 약 몇 [A]인가?
① 0.1
② 0.3
③ 0.5
④ 0.7

해설 100[V], 60[W] 전구의 전류 $I = W/V$ = 60/100 = 0.6A

저항은 일정하고 전압이 변화하면 전류는 전압에 비례하므로 I=0.6×(50/100)=0.3A

※ 전구의 저항값을 구하여 계산해도 된다.

답 ②

10 역률 산출
3[Ω]의 저항과 4[Ω]의 유도성 리액턴스가 직렬로 연결된 교류 회로에서의 역률은 얼마인가?
① 75%
② 60%
③ 30%
④ 80%

해설 역률=리액턴스/임피던스

임피던스=$\sqrt{\text{저항}^2 + \text{유도리액턴스}^2} = \sqrt{3^2 + 4^2} = 5$

∴ 역률=3/5=0.6

답 ②

11 코일 저장 에너지 산출
4[H]의 코일에 5[A]의 전류가 흐를 때 코일에 축적되는 에너지는?
① 20[J]
② 50[J]
③ 100[J]
④ 200[J]

해설 코일 저장 에너지=$\dfrac{1}{2}LI^2 = \dfrac{1}{2} \times 4 \times 5^2 = 50J$

답 ②

12 소비전력량 산출

10[Ω]의 저항에 단상 200[V]의 전압을 1시간 동안 가하였을 때의 소비전력량은?

① 20[kWh] ② 40[kWh]
③ 4[kWh]   ④ 2[kWh]

해설 전력량=전력×시간
전력 $W=V^2/R=200^2/10=4,000W=4kW$
전력량=4kW×1h=4kWh

답 ③

13 전자의 전기량

전자의 전기량은 약 몇 [C]인가?

① 8.855×10^{-12} ② 1.602×10^{-19}
③ 3.14×10^{-27} ④ 9.11×10^{-31}

해설 전자 1개는 1.602×10^{-19}C 전기량을 가지므로 1암페어(1A=1C/s)란 1초당 6.24×10^{18}개의 전자의 이동을 의미한다.

답 ②

14 저항 산출

100V의 전압과 4A의 전류가 흐른다면 회로의 저항은 몇 Ω인가?

① 25   ② 120
③ 215   ④ 400

해설 전류 $I=\dfrac{V}{R}(A)$에서 저항 $R=\dfrac{V}{I}(\Omega)$ ∴ $R=\dfrac{V}{I}=\dfrac{100}{4}=25(\Omega)$

답 ①

15 도선의 저항

도선의 길이를 5배, 단면적을 10배로 하면 전기저항은 몇 배로 되는가?

① 1/2배 ② 2배
③ 3배   ④ 5배

해설 도선의 저항은 길이에 비례하고 단면적에 반비례한다. $R=L/A=5/10=1/2$

답 ①

16 옴의 법칙

어느 직류 전원에 의하여 전류를 흘릴 때 전원의 전압을 3배로 하고 전류는 1.5배로 하고자 할 때 저항은 몇 배로 해야 하는가?

① 1.25배 ② 1.5배
③ 2.0배   ④ 2.5배

해설 $I=\dfrac{V}{R}$에서 변화한 값을 대입하면 $1.5I=\dfrac{3V}{xR}$ ∴ $x=2$

답 ③

17 전기 관련 법칙
도체의 흐르는 전류가 전압에 비례하는 것은 무슨 법칙인가?

① 키르히호프 법칙 ② 오옴의 법칙
③ 주울의 법칙 ④ 렌쯔의 법칙

해설 1) 오옴의 법칙 : 전류는 전압에 비례하고 저항에 반비례한다.
2) 렌쯔의 법칙 : 유도 기전력의 방향은 항상 전류를 일으키는 원인과 반대 방향으로 된다.
3) 패러데이 법칙 : 유도 기전력의 크기는 자속의 시간적 변화율에 비례한다.
4) 키르히호프 제1법칙 : 한 점의 유입전류의 대수합은 유출전류의 대수합과 같다.
5) 키르히호프 제2법칙 : 폐회로의 한 방향으로의 전압강하의 대수합은 같다.
6) 주울의 법칙 : 도체의 발생열은 전류의 제곱, 저항, 시간에 비례한다.($q=I2RT$)

답 ②

18 저항의 접속
저항의 접속에 대한 설명 중 잘못된 것은?

① 두 개의 저항을 병렬 접속하는 경우 합성 저항은 각 저항값 보다 작다.
② 병렬 연결된 두 저항의 양단에 전압이 걸리면 각 저항에 걸리는 전압은 서로 같다.
③ 직류 전원 회로에서 병렬 연결된 회로에 전류가 흐를 때 저항값이 작은 쪽이 큰 쪽보다 많은 전류가 흐른다.
④ 직렬 연결된 회로에서 저항값이 작은 쪽이 큰 쪽보다 많은 전류가 흐른다.

해설 직렬연결 회로에서는 저항값에 무관하게 동일한 전류가 흐른다.

답 ④

19 전류량 산출
그림과 같은 회로에서 4Ω에 흐르는 전류는 얼마인가?

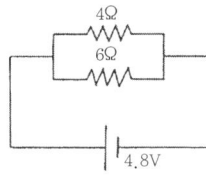

① 0.6A ② 1A
③ 1.2A ④ 1.6A

해설 4Ω과 6Ω이 병렬이므로 모두 4.8V가 걸린다.

4Ω에 흐르는 전류는 $I = \dfrac{V}{R} = \dfrac{4.8}{4} = 1.2A$

6Ω에 흐르는 전류 $I' = \dfrac{4.8}{6} = 0.8A$ 그러므로 전체전류는 1.2+0.8=2A이다.

답 ③

20 전류량 산출
20Ω 저항에 1.5V의 전압을 가하면 몇 mA의 전류가 흐르겠는가?
① 0.75
② 7.5
③ 75
④ 750

해설 전류 $I = \dfrac{V}{R} = \dfrac{1.5}{20} = 0.075\text{A} = 75\text{mA}$

답 ③

21 전압계의 연결
전압계를 이용하여 어떤 회로의 전압을 측정하고자 할 때 다음 설명 중 옳은 것은?
① 전압계는 회로에 직렬로 연결한다.
② 전압계는 회로에 병렬로 연결한다.
③ 전압계는 회로에 직병렬로 연결한다.
④ 아무렇게나 연결해도 관계가 없다.

해설 전압계는 회로에 병렬연결, 배율기는 전압계에 직렬연결

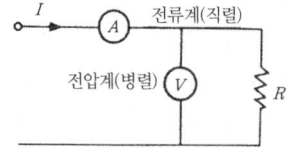

답 ②

22 소비전력의 산출
100V에서 600W의 전기다리미를 90V인 지역에서 사용하면 소비전력은 몇 W인가?
① 486W
② 540W
③ 667W
④ 740W

해설 전력은 저항이 일정하면 전압의 제곱에 비례하므로 $W = \dfrac{V^2}{R}$ 에서 $W = 600 \times \left(\dfrac{90}{100}\right)^2 = 486\text{W}$

답 ①

23 전압계의 측정
어떤 전압계의 측정 범위를 10배로 하고자 하면 배율기의 저항을 전압계 내부 저항의 몇 배로 하여야 하는가?
① 10배
② 11배
③ 9배
④ 1/9배

해설 배율기 저항=$(m-1)\cdot$전압계 저항=$(10-1)$배

답 ③

24 분류기 저항 산출
전류 용량 30mA, 내부 저항 5Ω의 전류계가 있다. 이것을 30A까지 측정할 수 있는 전류계로 하려면 분류기 저항은 대략 몇 Ω으로 하여야 하는가?
① 5,000Ω   ② 50Ω
③ 0.05Ω   ④ 0.005Ω

해설 분류기 저항 = $\dfrac{1}{m-1} = \dfrac{1}{\dfrac{30,000}{30}-1} = \dfrac{1}{999}$배   분류기 저항=5/999=0.005Ω

답 ④

25 전기 관련 각종 법칙
전류에 의한 자장의 자기력선의 방향을 결정하는 법칙은?
① 플레밍의 왼손 법칙   ② 플레밍의 오른손 법칙
③ 렌쯔의 법칙   ④ 앙페르의 법칙

해설 전류에 의한 자기력선의 방향 또는 자기력선에 의한 전류의 방향은 앙페르의 오른나사 법칙에 의해 결정된다.

답 ④

26 선간전압 산출
상전압이 200V인 3상 평형 Y결선인 교류 전압의 크기는 몇 V인가?
① 200V   ② 346V
③ 400V   ④ 600V

해설 선간전압=$\sqrt{3}\times$상전압 = $\sqrt{3}\times 200 = 346V$

답 ②

27 역률의 산출
피상전력이 100kVA, 유효전력이 60kW일 때 역률은?
① 0.4   ② 0.6
③ 0.8   ④ 1.0

해설 역률 = $\cos\theta = \dfrac{유효전력}{피상전력} = \dfrac{60,000}{100,000} = 0.6$

답 ②

제2편 건축전기설비 기초지식

제1장 전원설비/배선 및 부하설비/조명설비

1. 수변전설비

1) 수변전 설비의 필요성
건물의 전기설비 용량이 커지면 저압인입은 비경제적이므로 고압전기를 인입하여 변전설비를 이용해 적당한 전압으로 조정하여 공급한다.
- **고압인입 조건은 사무소건물** 계약전력 20kW 이상일 때
- **공장** 계약전력 50kW 이상일 때
  (1) 수용률=최대수용전력/부하설비용량
  (2) 부하율=평균수용전력/최대수용전력
  (3) 부등률=각부하최대 수용전력합/합부하 최대 수용전력
  (4) 수요율=최대사용전력/부하설비용량

2) 변전 설비 계획의 순서
  (1) 부하설비 용량을 추정한다.(설비용량=부하 밀도×연면적)
  (2) 수변전 설비 용량을 산출한다.(변압기 용량)
  (3) 계약 전력과 수전 전압 결정   (4) 배선 방식을 결정한다.
  (5) 주회로의 결선도 작성   (6) 변전 설비의 형식 선정
  (7) 제어 방식의 결정   (8) 변전설비의 위치와 면적을 결정한다.
  (9) 기기의 배치를 결정한다.

3) 큐비클형 배전반
  (1) 주로 옥내에 설치하며 옥외에 설치할 시는 배전반은 방수로 한다.
  (2) 중규모 정도에 적합하고 전 큐비클형보다 약간 싸다.

4) 큐비클
  (1) 옥내·옥외 설치 기능

(2) 소용량에서 대용량까지 광범위하다.
(3) 적은 면적을 차지하며 가격은 비싼 편이다.

5) 변전실 위치 및 구조
(1) 부하의 중심에 가깝고 배전에 편리한 곳일 것
(2) 기기의 반출입과 전원 인입이 편리할 것
(3) 보일러실, 펌프실, 예비발전실, 엘리베이터기계실과 관련성을 고려할 것
(4) 습기가 적고 채광 통풍(변압기에서 열이 남)이 양호할 것
(5) 천정 높이는 충분히 할 것(고압인 경우 3m(보아래), 특별 고압인 경우 4.5m 이상)
(6) 바닥은 케이블, 배관 등을 고려하여 20~30cm 정도로 한다.
(7) 바닥 하중은 중량에 견디도록 한다. (5~10kN/m^2)
(8) 격벽은 내화 구조로, 출입구는 방화문으로 한다.

6) 변전실의 면적
(1) $S = 5.5\sqrt{kVA}\,(m^2)$ ················· (a)
(2) $S = K(kVA)0.7\,(m^2)$ (일반적으로 적용) ······ (b)
  K : 특고압→고압 변성(1.7), 특고압→380(V)급으로 변성(1.4)
  고압→저압 변성(0.98)
  위 식 (a)는 대략적인 추정식으로 많이 사용되었으나 최근에는 식 (b)가 널리 사용되고 있다.

7) 변압기의 구조 및 원리
(1) 구조 1차 코일, 2차 코일, 철심, 외함, 부싱, 콘서베이터 등으로 구성된다.
(2) 원리 전기적 에너지가 1차 코일에 의해 자기적 에너지로 바뀌고 철심을 통하여 2차 코일에서 전자유도 작용에 의하여 전기적 에너지로 변환된다.
  이때, 다음과 같은 관계가 성립한다.
  $\dfrac{V_1}{V_2} = \dfrac{I_2}{I_1} = \dfrac{N_1}{N_2}\left(\dfrac{N_1}{N_2} : 권수비,\ \dfrac{V_1}{V_2} : 전압비,\ \dfrac{I_2}{I_1} : 전류비\right)$

8) 변압기 특징
(1) 성층 철심 사용 맴돌이 전류에 의한 손실을 감소시키기 위하여 0.35mm 정도의 얇은 규소 강판을 쌓아 철심을 만든다.
(2) 콘서 베이터 변압기의 호흡 작용에 의하여 수분이 침투하여 기름 및 절연물의 열화하는 것을 방지하기 위한 것으로 기름을 넣은 원통형의 탱크로 되어 있다.
(3) 절연유 전력 손실로 인하여 발생하는 열에 의한 온도 상승을 방지하고 전지적 위험을 방지할 목적

(4) **각종 손실과 대책**
    ① 철손 : 철심에 의한 손실(대책 : 얇은 규소 강판 사용)
    ② 구리손 : 코일에 의한 손실(대책 : 온도 상승 방지)

9) 변압기 종류

(1) **전원의 상수에 따라** 단상 변압기, 3상변압기
(2) **철심의 구조에 따라**
   ❶ **내철형** 철심이 안쪽에 있고 권선이 양쪽 철심각에 감겨 있다.
   ❷ **외철형** 권선이 안쪽에 있고 철심이 권선을 둘러싸고 있는 형식이다.
   ❸ **권철심형** 냉간 압연 강대를 감아서 만든 것으로 철손이 작고 여류 전자가 작게 흐르므로 철심의 단면적이 작고 가볍다.
   • 철심 : 규소 함유량 3~4%, 두께 0.35mm
   • 권선 : 둥근 동선(소용량용), 평각 동선(대용량용)
(3) **권선의 수에 따라** 단권변압기와, 3권 변압기가 있으며, 단권변압기는 1차 권선과 2차 권선의 일부분이 공통으로 되어 있고 전압비가 2보다 작은 범위에서 효율이 좋다.
(4) **각종 손실과 대책**
   ❶ **철손** 철심에 의한 손실(대책 : 얇은 규소 강판 사용)
   ❷ **구리손** 코일에 의한 손실(대책 : 온도 상승 방지)

10) 변압기 종류

(1) **전원의 상수에 따라** 단상 변압기, 3상변압기
(2) **철심의 구조에 따라**
   ❶ **내철형** 철심이 안쪽에 있고 권선이 양쪽 철심각에 감겨 있다.
   ❷ **외철형** 권선이 안쪽에 있고 철심이 권선을 둘러싸고 있는 형식이다.
   ❸ **권철심형** 냉간 압연 강대를 감아서 만든 것으로 철손이 작고 여류 전자가 작게 흐르므로 철심의 단면적이 작고 가볍다.
   • 철심 : 규소 함유량 3~4%, 두께 0.35mm
   • 권선 : 둥근 동선(소용량용), 평각 동선(대용량용)
(3) **권선의 수에 따라** 단권변압기와, 3권 변압기가 있으며, 단권변압기는 1차 권선과 2차 권선의 일부분이 공통으로 되어 있고 전압비가 2보다 작은 범위에서 효율이 좋다.

11) 전동기 종류

(1) **직류** 직권, 분권, 복권전동기
(2) **교류** ① 단상 : 분산기동, 반발기동, 콘덴서분상
           ② 삼상 : 농형유도, 동기, 권선형

2. 예비전원설비

1) 납축전지와 알칼리 축전지

 (1) 납축전지가 충분히 충전되었을 때, 양극판은 다갈색(적갈색)의 PbO_2, 음극판은 납색의 Pb이며 수용액은 묽은 H_2SO_4 방전 시에는 양극 음극 모두 회백색의 $PbSO_4$가 된다.

 (2) 알칼리 축전지의 음극은 카드뮴(Cd), 양극은 산화니켈(NiO_2H)로 구성된다. 수용액은 KOH이다.

2) 축전지실 구조 및 주의점

 (1) 천장 높이는 2.6m 이상으로 한다.
 (2) 진동이 없는 곳이어야 한다.
 (3) 충전 중에는 수소 가스의 발생을 수반하므로 배기 설비가 필요하다.
 (4) 개방형 축전지의 경우에는 실내 기구를 내산성 기재로 한다.
 (5) 축전지는 부하에 가깝도록 한다.
 (6) 축전지실의 배선은 비닐 배선을 사용한다.

3. 신전원설비

1) 태양광발전설비

(1) 태양전지판

 ① 태양전지판은 그림자가 발생하지 않는 곳으로 방위각은 최대한 남향으로 설치하여야 한다. 다만 건축물의 디자인 등 현장여건에 따라 최대의 일사 효율을 얻을 수 있도록 방위각을 조절하여야 한다.
 ② 경사각은 지역별로 최대 일사량을 받을 수 있도록 설치하여야 한다.
 ③ 설치 가능 면적과 발전 효율을 고려하여 최적의 효율을 얻을 수 있도록 설치하여야 한다.
 ④ 태양전지판은 피뢰설비로 보호하여야 한다.
 ⑤ 태양전지판 시공의 상세사항은 공사시방서에 따른다.

(2) 패널(panel)

 ① 수평이동 및 전도(넘어짐) 사고를 방지할 수 있도록 필요한 안전대책을 검토한다.
 ② 베이스용 형강은 기초볼트로 바닥면에 고정하여야 한다.
 ③ 반류에는 고정된 베이스용 형강의 위에 반을 설치하고, 볼트로 고정한다.
 ④ 패널 시공의 상세사항은 공사시방서에 따른다.

(3) 지지대

 ① 지지대는 자중·적재하중·적설·풍압·지진·진동·충격 등에 대하여 안전한 구조의 것으로 하고, 건축물에 설치 시 방수 등의 문제가 없도록 하여야 한다.

② 지지대 제작 시 형강류 및 모든 철재부위(부속 포함)은 용융아연도금 또는 녹방지 처리하여야 한다. 다만, 스테인리스제인 경우 예외로 한다.
③ 지지대 조립 시 파손·긁힘·흠집 등이 발생하지 않도록 한다.
④ 지지대 시공의 상세사항은 설계도 및 공사시방서에 따른다.

2) 풍력발전설비

(1) 돌풍과 같은 풍력을 제외한 양질의 충분한 풍력자원이 있는 곳에 설치하여야 한다.
(2) 주변에 풍속에 방해가 되는 풍력설비보다 높은 건물 및 나무 등이 없는 곳에 설치하여야 한다.
(3) 소형 풍력발전설비는 주변의 시설이나 도로, 민가, 축사 등이 풍력타워의 넘어짐에 의해 영향을 받지 않도록 시스템 전체 높이의 2배 이상의 이격거리를 확보하여야 한다.

3) 연료전지발전설비

(1) 시공조건 확인

① 구조물은 내연성, 내풍성, 내산성에 견딜 수 있도록 설치하여야 하며 사람이 접할 우려가 있고 감전, 상해 등의 우려가 있는 가동 부분은 안전장치(보호망 등)를 설치하여야 한다.
② 구조물의 재질은 내식성 또는 코팅재를 사용하여야 한다. 다만, 석면이 포함된 재료를 사용해서는 안 된다.
③ 전기 절연물 및 단열재는 최대사용온도에 충분히 견디고 흡습성이 적은 것을 사용하여야 한다.
④ 도전재료는 동, 동합금, 스테인리스강 또는 동등 이상의 것을 사용하여야 한다. 다만, 탄성이 필요한 부분 및 적용이 불가한 부분은 제한하지 않는다.
⑤ 연소 배기가스가 통과하는 부분은 불연 재료를 사용하여야 한다. 다만, 패킹류, 씰(Seal) 등의 기밀유지가 필요한 부분은 제한하지 않는다.

(2) 연료전지시스템 설치

① 내식성과 전기 안정성을 갖고 있어야 하며 압력, 진동, 열 등에 의해 생기는 응력에 충분히 견디는 구조이어야 한다.
② 연료가스 및 개질가스가 통과하는 부분은 불연재를 사용하여야 한다. 다만, 패킹류와 씰(Seal) 등의 기밀유지가 필요한 부분은 제한하지 않는다.
③ 설치에 대한 상세사항은 설계도 및 공사시방서에 따른다.

4. 간선 및 배선설비

1) 간선 배전방식

(1) 평행식 배전반에서 분전반마다 단독으로 배선하는 것으로 전압강하가 적고 설비비 고가, 대규모에 적용
(2) 나뭇가지식 한 개의 간선이 배전반에서 각 분전반을 거쳐 배선하는 것으로 전압강하가 크고 중소규모에 적용
(3) 병용식 평행식과 나뭇가지식을 적절히 조합한 것으로 가장 합리적이다.

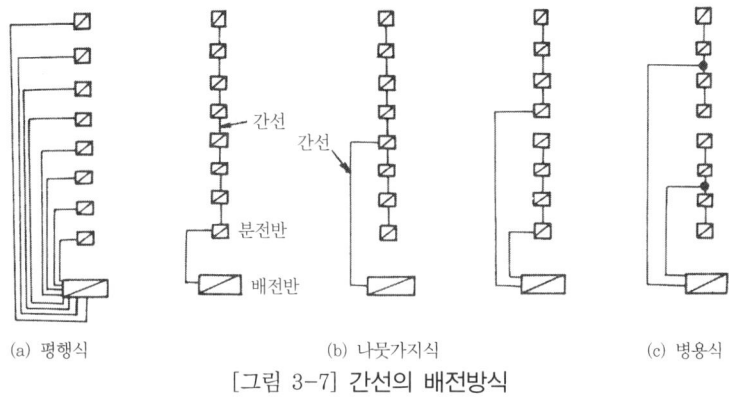

[그림 3-7] 간선의 배전방식

2) 분전반 및 분기회로

(1) 분전반

배전반(전원)으로부터 전기를 공급받아 말단부하에 배전하는 것으로 매입형과 노출형 등이 있다.

① 주개폐기, 분기회로용 개폐기, 자동차단기를 모아 놓은 것이다.
② 개폐기는 나이프스위치나 노퓨즈브레이커가 사용된다.
③ 분전반은 복도나 계단 근처의 벽에 설치한다.
④ 분전반 1개의 공급 면적은 1,000m^2 이내로 한다.
⑤ 분기회로 1개의 길이는 30m 이내로 한다.
⑥ 분전반 1개에는 분기 회로 20개 이내로 한다.
⑦ 1개 층에 분전반 1개 이상씩 설치한다.
⑧ 분전반은 3종 접지한다.

(2) 분기 회로

분기 회로는 다음 사항을 고려하여 부하를 정하고 배선 경로를 결정한다.

① 건물의 방 배치와 구조를 고려해서 배선하기 좋도록 회로를 나눈다.
② 계단 복도 등은 동일 회로로 한다.
③ 습기 있는 곳의 아웃렛은 별도 회로로 한다.
④ 같은 방 또는 같은 방향의 아웃렛은 같은 회로로 한다.

⑤ 단상 3선식 또는 3상 4선식일 때는 중앙선 이외의 각 선의 부하가 같도록 분기 회로의 부하를 밸런스시킨다.
⑥ 전등 및 콘센트 회로는 되도록 15A 분기 회로로 별도로 한다.
⑦ 전등 회로는 접속하는 전등수의 제한은 없으나 부하의 합계가 분기 개폐기 용량의 80% 정도로 억제한다.
⑧ 콘센트 회로는 한 회로에 수구수 8개 정도 이내로 한다.

5. 동력설비 및 반송설비

1) 동력설비

(1) **단상 2선식** 소규모 주택의 전등용(100V, 200V)
(2) **단상 3선식** 빌딩 등에서 대규모 전등용(100/200V)
(3) **3상 3선식** 동력전원으로 상간 전압이 일정하다.(200V, 440V)
(4) **3상 4선식** 동력과 전등을 대규모로 사용할 때 적합하다.(200/380V)

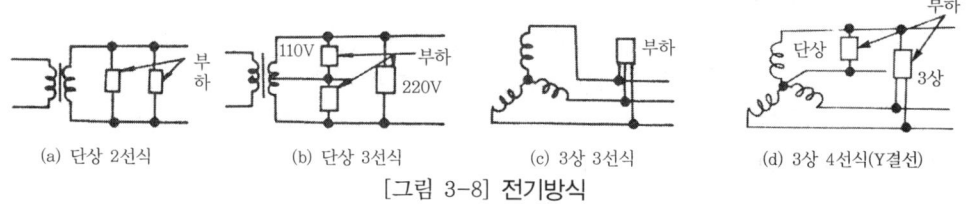

(a) 단상 2선식   (b) 단상 3선식   (c) 3상 3선식   (d) 3상 4선식(Y결선)

[그림 3-8] 전기방식

2) 배선공사 방법

(1) **애자사용 공사** 전개, 은폐장소에서 애자를 사용하여 전선을 고정한다.
(2) **버스덕트 공사** 간선 등의 대전류에 이용하며 동바 등을 이용한다.
(3) **목재몰드 공사** 목재에 홈을 파서 절연전선을 넣은 것으로 옥내배선의 건조한 곳에 저압용으로 이용된다.
(4) **금속몰드 공사** 철재 홈통에 절연전선을 넣고 뚜껑을 덮은 것이다.
(5) **금속관 공사** 주로 콘크리트 매입공사에 이용하며 금속관 내에 전선을 인입하여 사용한다. 전선 단면적은 관 단면적의 40% 이내, 금속관의 두께는 콘크리트 내에 묻어서 사용할 경우 1.2mm 이상, 그 외의 경우는 1mm 이상이어야 한다.
(6) **금속덕트 공사** 금속덕트 내에 부설하는 전선 및 케이블의 절연 피복을 포함한 단면적의 총합은 덕트 단면적의 20% 이하가 되도록 한다.
(7) **케이블 래크** 케이블 다발을 래크에 얹어 시설한다. 방열효과와 시공성이 좋아 절연전선 및 케이블의 부설에 많이 쓰인다.
(8) **가요전선관 공사** 플렉시블 콘듀트 공사라 하며, 굴곡이 심한 기기주변 말단 접속 배선에 주로 쓰인다.

3) 배선기구

(1) **계기용 변압기(PT)** 고전압을 직접 전압계로 측정하는 것은 위험하기도 하고 전압계의 절연으로 보아 대단히 비경제적이다. 그 때문에 보통 2차측을 100V로 한 변압기를 사용한다. 이 용도에 사용하는 변압기를 계기용 변압기라고 한다.

(2) **계기용 변성기(CT)** 대전류를 소전류로 바꾸어 측정이 가능하도록 하는 것으로써 어떤 전류값을 이에 비례하는 전류값으로 변성하는 계기용 변성기를 말한다.

(3) **계기용 변압변류기(MOF)** 변압기와 계기용 변압기를 하나로 한 것으로, 적산 전력계 등과 조합하여 전력 측정을 할 때의 변성 장치로서 주로 사용된다.

(4) **계전기(Relay)** 기기나 선로에 취부하여 고장 발생시에 기기를 손상하기 전에 간단한 동작으로 복잡한 또는 원방의 기기를 확실히 제어하고 또 다른 힘을 받아서 기기를 여러 가지 목적에 의해 동작시키는 장치

(5) **병렬콘덴서** 선로에 병렬로 접속하여 중부하시에 부하의 지상무효전력을 보상하고 역률의 개선, 전압강하의 경감, 전력손실의 저감을 목적으로 하는 콘덴서

(6) **변류기(CT)** CT라고 하는 계기용 변성기의 일종인데 대전류 특성에 사용하는 것으로 대전류를 변류기로 소전류로 하여 측정하는 것.

(7) **보호계전기** 전력선, 전력기기 등의 보호대상물에 발생한 이상상태에 반응하여 피해의 감소를 도모하고, 그 파급을 방지하기 위해 적절한 지령을 주는 것을 목적으로 하는 계전기를 보호계전기라 한다.

(8) **검전기(Voltage detector)** 전압, 전류, 전하의 유무를 알고 또는 이것을 측정하는 것

(9) **누전차단기(ELCB)** 개폐기구, 트립장치 등을 절연물 용기 내에 일체로 조립한 것으로 통전상태의 전로를 수동 또는 전기 조작에 의해 개폐할 수 있으며, 과부하, 단로 및 누전발생 시 자동적으로 전류를 차단하는 기구를 말한다.

4) 각종 기기

(1) **과전류계전기(OCR)** 전류의 크기가 일정치 이상으로 되었을 때 동작하는 계전기

(2) **단로기(DS)** 부하전류를 어떤 모양으로 제거한 후 회로를 격리하도록 하기 위한 장치. 공칭전압 3.3kV 이상 전로에 사용되며 기기의 보수점검 시 또는 회로전환 변경을 하기 위해 사용되지만 통상 부하전류의 개폐는 하지 않는 기기이다.

(3) **메거(Megger)** 절연저항계, 절연저항을 측정하는 계기. 메거는 100V, 250V, 500V, 1,000V용 등이 있다.

(4) **배선용차단기(MCCB)** 개폐기구, 트립장치 등을 절연물 용기 내에 일체로 조립한 것으로 통전상태의 전로를 수동 또는 전기 조작에 의해 개폐할 수 있으며, 과부하 및 단로 등의 이상 상태 시 자동적으로 전류를 차단하는 기구

(5) **기중차단기(ACB)** 전기회로에서 접촉자 간의 개폐동작이 공기 중에서 이상적으로 행해지는 차단기. 교류 1,000V 이하의 회로에서 사용한다.

6. 조명설비

1) 조명 설계순서

소요조도의 결정-전등의 종류 결정-조명방식과 조명기구 선정-광속 계산-조명기구 배치

2) 조명설계

(1) $NF(총광속) = E \times A \times D / U$

광속계산 요소 : 소요조도(E), 실의 면적(A), 감광보상률(D), 조명률(U), 광원수(N), 광속(F)

(2) 벽과 광원 사이의 간격 h(H는 광원과 작업면 사이의 높이)

벽면부 사용 시 $h < 1/3H$, 벽면부 미사용 시 $h < 1/2H$

(3) 광원 간의 배치간격 : $S \leq 1.5H$(S=거리, H=광원의 높이)

3) 조명기구 효율

나트륨등 > 메탈할로이드등 > 형광등 > 수은등 > 백열등

4) 조명기구 연색성

크세논등 > 백열등 > 메탈할로이드등 > 형광등 > 수은등 > 나트륨등

5) 건축화 조명

조명이 건축물과 일체가 되고, 건물의 일부가 광원의 역할을 하는 것으로 쾌적환경을 만들 수 있다. 발광면이 크고 음영이 부드러우나 청소는 어렵고 조명 효율이 직접조명에 비해 낮다.

(1) **광천장 조명** 반투명 플라스틱판이나 유리로 천장을 만든 후 내부에 광원을 넣어 천장 면이 빛나는 방식의 조명

(2) **코브 조명**(cove light) 천장에 턱을 만들고 턱을 따라 광원을 눈 가림판 등으로 가려 천장에 반사시키는 간접 조명

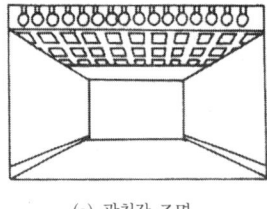
(a) 광천장 조명

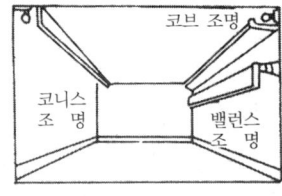
(b) 코브 조명

(3) **코니스 조명** 광원을 코너에 배치하고 벽면에 빛이 반사되도록 한 것.

(4) **다운라이트** 광원을 천장의 구멍 속에 배치하여 직하부분만 비추도록 한 간접 조명

(5) **루버 조명** 광원 아래 루버를 설치하여 글래어 존에서는 광원이 눈에 들어오지 않도록 간접조명

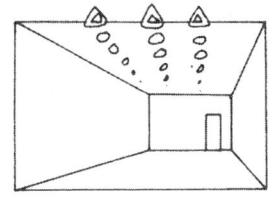
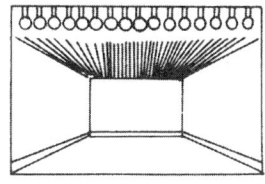

(c) 다운 라이트 　　　　　　　　(d) 루버 조명

(6) 밸런스 조명 광원을 벽면 중간에 배치하고 상하로 빛을 분산시키는 간접조명
(7) 캐노피 조명 벽면이나 천장의 일부가 돌출하도록 설치하는 조명

제1장 핵·심·문·제
전원설비/배선 및 부하설비/조명설비

01 백열전구 게터 사용 목적
백열전구에 게터를 사용하는 목적은?
① 효율 개선
② 광속 증가
③ 전력 감소
④ 수명 증가

해설 유리구 속에 게터(옥소)를 봉입하여 필라멘트에서 증발한 텅스텐을 다시 필라멘트에 보내어 수명을 연장하고 관벽을 투명하게 유지한다.

답 ④

02 도체 굵기 결정 3요소
옥내배전 선로의 도체 굵기를 결정하는데 3요소가 아닌 것은?
① 전류 용량
② 전압 강하
③ 전력 소비
④ 기계적 강도

해설 도선의 굵기는 전류용량, 허용 전압 강하, 전선의 기계적 강도를 고려한다.

답 ③

03 연색성
조명설비에서 연색성에 관한 설명으로 옳지 않은 것은?
① 평균 연색평가수(Ra)가 0에 가까울수록 연색성이 좋다.
② 일반적으로 할로겐전구가 고압수은램프보다 연색성이 좋다.
③ 연색성이란 물체가 광원에 의하여 조명될 때, 그물체의 색의 보임을 정하는 광원의 성질을 말한다.
④ 평균 연색평가수(Ra)란 많은 물체의 대표색으로서 7종류의 시험색을 사용하여 그 평균값으로부터 구한 것이다.

해설 연색평가지수(Ra)
- 자연의 태양광의 유사 정도를 판단하는 연색성을 수치화, 계량화한 것
- 연색평가지수는 0~100 범위의 수치를 가지며, 100에 가까울수록 연색성이 좋다고 한다.

답 ①

04 기동회전력
다음의 직류 전동기 중 기동회전력이 큰 순으로 맞게 되어 있는 것은?

① 직권형 > 분권형 > 복권형
② 복권형 > 직권형 > 분권형
③ 복권형 > 분권형 > 직권형
④ 직권형 > 복권형 > 분권형

해설 기동토크는 직권형이 가장 크고, 복권형, 분권형의 순이다.

답 ④

05 역률 개선 설비
부하설비의 역률이 낮았을 경우 무엇을 설치해야 하는가?

① 무효전력량계
② 전력용 콘덴서
③ 유도전압 조정기
④ 영상 변류기

해설 인덕턴스가 많아지면 역률이 감소하는데 이때 역률 개선을 위하여 콘덴서를 사용한다.

답 ②

06 부하설비용량 산출
신축 건축물의 전력을 공급하기 위한 수변전 설비의 설계 시 부하설비용량을 구하고자 할 때 관계식을 바르게 표기한 것은?

① 부하설비용량=최대 수용전력×부하율
② 부하설비용량=최대 수용전력×수용률
③ 부하설비용량=최대 수용전력×연면적
④ 부하설비용량=부하밀도×연면적

해설 부하설비용량=부하밀도×연면적으로 구하며 또한 건물의 수용률은 [최대 수용전력/부하설비 용량]이므로 부하설비용량=최대 수용전력/수용률로도 표현된다.

답 ④

07 권선비와 전압, 전류의 관계
다음의 변압기 회로에서 1차 전압을 $E_1 V$, 2차 전압을 $E_2 V$, 1차 전류를 $I_1 A$, 2차 전류를 $I_2 A$라 할 때 관계식을 바르게 표시한 것은?(단, 권선비는 $n_1 : n_2$이다.)

① $\dfrac{E_2}{E_1}=\dfrac{n_2}{n_1}$, $\dfrac{I_2}{I_1}=\dfrac{n_1}{n_2}$
② $\dfrac{E_2}{E_1}=\dfrac{n_1}{n_2}$, $\dfrac{I_2}{I_1}=\dfrac{n_1}{n_2}$
③ $\dfrac{E_2}{E_1}=\dfrac{n_2}{n_1}$, $\dfrac{I_2}{I_1}=\dfrac{n_2}{n_1}$
④ $\dfrac{E_2}{E_1}=\dfrac{n_1}{n_2}$, $\dfrac{I_2}{I_1}=\dfrac{n_2}{n_1}$

해설 전압은 권선수에 비례하고, 전류는 권선수에 반비례한다.

답 ①

08 각종 제동법
3상 유도 전동기를 급속히 정지 또는 감속시킬 경우 가장 손쉽고 효과적인 제동법은?

① 발전제동
② 와전류제동
③ 회생제동
④ 역상제동

해설 역상제동은 전기적 브레이크로 급정지에 적합하다.

답 ④

09 속도 제어법
직류 전동기에서의 속도 제어법이 아닌 것은?
① 계자 제어법
② 주파수 제어법
③ 전압 제어법
④ 저항 제어법

해설 주파수 제어법은 교류 모터의 속도 제어법으로 최근에 주로 쓰이고 있다.

답 ②

10 최대 3상 전력 산출
10kVA의 단상 변압기 2대로 공급할 수 있는 최대 3상 전력 kVA은?
① 8.66
② 17.32
③ 23.72
④ 34.64

해설 단상 변압기 V결선 시 변압기 활용률은 약 86.6%이므로, 10kVA의 단상 변압기 2대로 공급할 수 있는 최대 3상 전력 kVA는 10kVA×2×0.866=17.32kVA이다.

답 ④

11 각종 전기 방식
그림과 같이 간선의 전기 방식은?
① 단상 2선식
② 단상 3선식
③ 3상 3선식
④ 3상 4선식

해설 3선에서 2종류의 전압을 결선하는 단상 3선식이다.

답 ②

12 평균 수용전력과 최대 수용전력과의 비
어떤 기간 중에 평균 수용전력과 최대 수용전력과의 비를 무엇이라 하는가?
① 부하율
② 수용률
③ 부동률
④ 수요율

해설
- 부하율=평균수용전력/최대수용전력
- 수용률(수요율)=최대수용전력/부하설비용량
- 부동률=각 부하 최대 수용전력의 합/합성 최대 수용전력

답 ①

13 전동기의 회전방향 관련 법칙
전동기의 회전방향을 알 수 있는 것은?
① 플레밍의 왼손 법칙
② 플레밍의 오른손 법칙
③ 키르히호프 제1법칙
④ 키르히호프 제2법칙

해설
1) 전동기 회전 방향 : 플레밍 왼손 법칙
2) 발전기 전류 방향 : 플레밍 오른손 법칙

답 ①

14 과전류 차단기 시설 필요 개소
과전류 차단기를 시설하여야 할 곳은?
① 인입선
② 접지선
③ 다선식 선로의 중성선
④ 저압 선로의 접지선

해설 과전류 차단기는 인입선, 개폐기 등에 설치한다.

답 ①

15 회전수 산출
60Hz, 6극 유도전기의 슬립이 5%일 때 매분 회전수(rpm)는?
① 1,120rpm
② 1,130rpm
③ 1,140rpm
④ 1,150rpm

해설 $N = \dfrac{120 \cdot f}{P}(1-s) = \dfrac{120 \times 60}{6}(1-0.05) = 1,140 \, rpm$

답 ③

16 인터폰의 접속방식
인터폰을 접속방식에 따라 3종류로 분류된다. 인터폰의 종류와 관련 없는 것은?
① 모자식
② 상호식
③ 복합식
④ 수정식

해설 인터폰 접속방식은 회선이 가장 간단한 모자식과 가장 복잡하지만 접속이 편리한 상호식, 그리고 복합식이 있다.

답 ④

17 간선배선방식
1,000[A] 이상의 대전류를 필요로 하는 대규모 건물의 간선을 배선하는 방식은?
① 케이블 랙 공사
② 금속 덕트 공사
③ 셀룰라 덕트 공사
④ 버스 덕트 공사

해설 버스 덕트 공사는 간선 등의 대전류에 이용하며 동바 등을 이용한다.

답 ④

18 고압차단기 종류
고압 차단기의 종류가 아닌 것은?
① 공기차단기(ABB)
② 자기차단기(MCB)
③ 유입차단기(OCB)
④ 질소차단기(NCB)

해설 고압차단기의 종류에는 유입차단기, 공기차단기, 기중차단기, 진공차단기, 가스차단기, 자기차단기 등이 있다.

답 ④

19 변압기 용량
시설용량 400[kVA]의 일반 전등전열부하에 공급할 변압기를 선정하고자 한다. 이때 수용률이 70%라면 가장 적당한 변압기의 용량은?

① 250[kVA] ② 300[kVA]
③ 400[kVA] ④ 570[kVA]

해설 변압기 용량=최대수용전력=시설용량×수용률=400×0.7=280≒300[kVA]

답 ②

20 권수에 따른 전압
단권 변압기에서 1차 권선의 권수가 100회 공통 코일(2차 코일) 권수가 60회일 때 2차측 전압은 얼마인가?(단, 1차측 전압은 100[V]이다.)

① 100[V] ② 60[V]
③ 40[V]   ④ 160[V]

해설 전압은 코일 권수에 비례하므로 $V_2 = V_1(n_2/n_1)$=100(60/100)=60V

답 ②

21 회전속도 증가 방법
다음 중 3상 유도전동기의 회전속도를 증가시킬 수 있는 방법으로 가장 알맞은 것은?

① 극수를 증가시킨다.   ② 슬립을 증가시킨다.
③ 주파수를 증가시킨다. ④ 기동법을 변화시킨다.

해설 전동기 회전수는 극수와 슬립에 반비례하고, 주파수에 비례한다.

답 ③

22 배선 공사 방법
굴곡 장소가 많아서 금속관에 의하여 공사하기 어려운 경우, 금속관 공사나 금속 덕트 공사 등에 병용하여 부분적으로 이용되는 배선 공사 방법은?

① 목제 몰드 공사   ② 애자사용 몰드 공사
③ 가요전선관 공사   ④ 플로어 덕트 공사

해설 가요전선관 공사(플렉시블 콘듀트)는 굴곡이 심한 곳이나 진동을 차단할 곳에 적합하다.

답 ③

23 교류 전동기 종류
다음 중 교류 전동기가 아닌 것은?

① 권선형 유도 전동기   ② 동기 전동기
③ 셰이딩 코일형 유도 전동기 ④ 복권 전동기

해설 복권 전동기는 직류 전동기이다.

답 ④

24 수용률 산출식
다음 중 수용률을 옳게 표현한 것은?

① 수용률 = $\dfrac{\text{최대수용전력}}{\text{부하설비용량}}$ ② 수용률 = $\dfrac{\text{부하설비용량}}{\text{최대수용용량}}$

③ 수용률 = $\dfrac{\text{각 부하의 최대수용전력의 합}}{\text{합계 부하의 최대수용전력}}$ ④ 수용률 = $\dfrac{\text{평균수용전력}}{\text{최대수용전력}}$

해설 수용률이란 전체 설비용량 중 최대 수용전력이 차지하는 비이다. ③=부등률, ④=부하율

답 ①

25 부하설비용량 산출식
신축 건물의 전력을 공급하기 위한 수변전 설비의 설계 시 부하설비용량을 구하고자 할 때 관계식을 바르게 표기한 것은?

① 부하설비용량=최대 수용전력×부하율
② 부하설비용량=최대 수용전력×수용률
③ 부하설비용량=최대 수용전력×연면적
④ 부하설비용량=부하 밀도×연면적

해설 부하 설비 용량=부하 밀도×연면적으로 구한 후 수용률을 곱해 최대수용전력을 구한다.

답 ④

26 발전기의 유도기전력 관련 법칙
발전기의 유도기전력의 방향을 알기 위한 법칙은?

① 플레밍의 오른손 법칙
② 옴의 법칙
③ 암페어의 법칙
④ 패러데이의 법칙

해설 발전기의 유도 기전력을 알기 위한 법칙은 플레밍(Fleming)의 오른손 법칙이며 왼손 법칙은 전동기의 회전 방향과 관계가 있다.
1) Felming의 오른손 법칙 → 발전기(Generator) E=VBL $\sin\theta$(V)
2) Fleming의 왼손 법칙 → 전동기(Motor) F = BIL $\sin\theta$(N)

답 ①

27 배선방법
애자로 절연 전선을 지지하여 행하는 배선방법으로서 노출 공사와 은폐 공사에 이용되는 공사명은?

① 플로어 덕트 공사
② 애자 배선 공사
③ 버스 덕트 공사
④ 금속관 공사

해설 애자사용 공사는 사용 장소에 구애를 받지 않고 이용되나 최근의 옥내 배선에는 잘 쓰이지 않는 편이다.

답 ②

28 금속관 공사
금속관 공사로서 옳지 못한 것은?
① 주로 철근 콘크리트조의 매설 공사에 사용된다.
② 먼지나 습기가 있는 장소에도 사용된다.
③ 목조, 건축의 분전반으로부터 입상 배관이나, 스위치, 콘센트로의 인하하는 곳에도 사용된다.
④ 은폐공사에 주로 이용되고 노출 공사에는 이용되지 않는다.

해설 금속관 공사는 은폐, 노출 공사에 모두 이용된다.

답 ④

29 각종 배선 공사
배선 공사 중 절연성, 내식성이 뛰어나 화학공장, 연구실 등에 적합한 것은?
① 애자 사용 공사
② 목재 몰드 공사
③ 금속관 공사
④ 경질 비닐관 공사

해설 경질 비닐관 공사는 절연성, 내식성, 시공성 등이 뛰어나나 열, 내압에는 약하다.

답 ④

30 과전류 차단 스위치
과전류가 흐를 때 자동적으로 회로를 차단시켜 보호하는 것은?
① 서키트 브레이커
② 나이프 스위치
③ 금속함 스위치
④ 컷 아웃 스위치

해설 서키트 브레이커는 과전류가 흐를 때 자동으로 회로를 차단하여 기기를 보호한다.

답 ①

31 전등 조명 방식
전등 조명 방식 중 틀린 것은?
① 직접 조명
② 간접 조명
③ 전반확산 조명
④ 메탈 할라이드

해설 메탈 할라이드는 수은등을 개선한 조명기구이다.

답 ④

32 건축화 조명 특성
건축화 조명에 대한 기술 중 옳은 것은 어느 것인가?
① 발광 면적이 작다.
② 음영이 부드럽다.
③ 방의 용적이 증대된다.
④ 휘도가 높다.

해설 건축물의 일부를 반사면으로 활용하는 건축화 조명은 발광면적이 크고 휘도가 낮으며 음영이 부드럽고 장식 때문에 실용적이 감소한다.

답 ②

33 건축화 조명 특성
건축화 조명에 관한 기술 중 틀린 것은 어느 것인가?

① 조명 능률이 높다.
② 공사비, 유지비가 직접 조명에 비하여 비싸다.
③ 발광면이 크기 때문에 빛이 확산하여 음영이 부드러워진다.
④ 건축화 조명은 조명 기구를 노출시키지 않고 벽·기둥·보 등의 건축 구조물 자체를 발광체로 한 조명이다.

해설 조명능률은 떨어진다.

답 ①

34 조도 표시 단위
다음 중 조도를 표시하는 단위는 어느 것인가?

① 루멘   ② 칸델라
③ 룩스   ④ 램버트

해설 루멘(lm) : 광속(광량), 칸델라(cd) : 광도, 룩스(lx) : 조도, 램버트 : 휘도(단위면적당 반사 광속)

답 ③

35 눈부심 특성
눈부심에 관한 설명 중 틀린 것은 어느 것인가?

① 조도가 높은 쪽에서 낮은 쪽을 볼 때나 중간에 유리 같은 막이 있을 때도 생긴다.
② 눈에 입사하는 광속이 너무 커도 이런 현상이 생긴다.
③ 어두운 곳에서 밝은 곳으로 갑자기 이동 시 생긴다.
④ 불쾌감을 주고 피로 또는 시력의 일시적 감퇴를 초래한다.

해설 눈부심은 조도가 낮은 곳에서 높은 곳을 볼 때 생긴다.

답 ①

36 간접 조명과 직접 조명 비교
간접 조명을 직접 조명과 비교한 기술에서 틀린 것은 어느 것인가?

① 조도가 균일하다.   ② 강한 음영이 없다.
③ 설비비가 비싸다.   ④ 빛의 이용률이 크다.

해설 간접 조명은 빛의 이용률(조명률)은 낮다.

답 ④

37 건축화 조명의 종류
다음 건축화 조명에 대해 설명한 것 중 부적당한 것은?
① 코브라이트-간접 조명이지만 특히 간접 조명기구를 사용하지 않고 천장 또는 벽의 구조로서 만들어 놓은 것
② 다운 라이트-천장에 작은 구멍을 뚫어 그 속에 기구를 매입한 것
③ 광량 조명-연속열의 기구를 천장에 매입하거나 또는 보에 실시하는 방법
④ 광창 조명-천장면 전체에서 발광되도록 한 것

해설 광창 조명은 창 모양을 천장이나 벽에 갖추어 그 안에 광원을 매입하여 창문을 통한 채광 효과를 갖도록 한 것이다. 천장면 전체에서 발광되도록 한 것은 루버 조명이다.

답 ④

38 전반 조명과 국부 조명
다음에 열거한 것 중 전반 조명과 국부 조명 조도의 최소한의 비율로 맞는 것은?
① 1/2
② 1/5
③ 1/10
④ 1/20

해설 전반 조명은 국부 조명의 1/10 이상 되게 하여 눈부심을 억제한다.

답 ③

39 건축화 조명 매입 방법
다음 건축화 조명의 매입 방법에 속하지 않는 것은?
① 국부 조명
② 코브 라이트
③ 광창 조명
④ 다운 라이트

해설 국부 조명은 조명방식의 분류이다.

답 ①

40 광원의 연색성
광원의 연색성이 가장 좋은 등은?
① 백색 형광등
② 형광 수은등
③ 나트륨등
④ 크세논등

해설 1) 크세논등, 백열등 : 연색성이 좋다(붉은색이 많다).
2) 형광등 : 비교적 좋다(특히 연색성을 좋게 한 것도 있다).
3) 수은등, 나트륨등 : 연색성이 나쁘다.

답 ④

41 조명 관련 용어와 단위
조명에 대한 용어와 단위의 조합으로 잘못된 것은?
① 광속-lm(루멘) ② 조도-Lux(룩스)
③ 광도-W(와트) ④ 휘도-cd/m^2

해설 광도 : 칸델라(cd), 휘도 : 스틸브, 램버트

답 ③

42 광원의 연색성
광원에 있어서 연색성이란 무엇인가?
① 광원의 밝기를 말하며 물체의 색깔에 따라서 달라진다.
② 물체는 광원의 종류에 따라 색깔이 달라 보이는데 이러한 광원의 성질을 말한다.
③ 일반적으로 백열등보다는 형광등이 연색성이 좋다.
④ 광색은 적색광에 가까울수록 연색성이 나쁘다.

해설 연색성이란 색을 연출하는 성질로 광원에 따라 보이는 색깔이다.

답 ②

43 건축화 조명의 종류
건축화 조명 중 벽에 설치한 전구로 천장에 비추어 간접 조명하는 방식을 무엇이라 하는가?
① 다운 라이트 ② 밸런스 조명
③ 코니스 조명 ④ 코브 조명

해설 코브 조명은 벽에 설치한 전구로 천장에 넓은 구멍을 뚫고 반사된 빛이 비추도록 한다.

답 ④

44 조명 설계 순서
조명 설계의 순서를 아래 보기에서 나열하시오.

| ㉠ 조명 기구 배치 | ㉡ 조명 방식 결정 | ㉢ 소요 조도 결정 |
| ㉣ 광원의 선택 | ㉤ 조명 기구 선정 | |

① ㉠-㉡-㉢-㉣-㉤
② ㉢-㉣-㉡-㉤-㉠
③ ㉠-㉡-㉣-㉤-㉢
④ ㉢-㉡-㉤-㉠-㉣

해설 조명 설계순서 : 소요조도결정-광원선택-조명방식결정-조명기구선정-기구배치

답 ②

제2장 정보통신/건축물 방재설비

1. 전기통신설비

1) 인터폰 설비

(1) 인터폰설비의 개념

인터폰설비는 국선접속(일반적으로 공중 통신망에 접속)을 목적으로 하지 않는 구내연락을 위한 유선통화 전반적 설비를 말한다.

(2) 인터폰설비의 통화망 방식에 따른 분류

구분	내용
모자식	• 1대의 모기에 2대 이상의 자기를 접속해서 모기와 자기가 서로 호출해서 통화 하는 방식이다. • 자기끼리의 통화는 모기를 통해서 한다.
상호식	• 설치하는 각 기기가 전부 구조와 사용법이 동일하다. • 서로 어느 기기에서든지 임의의 다른 기기를 자유롭게 호출해서 통화할 수있다. • 통화 중인 기기의 통화에는 혼선되지 않고 별도로 몇 쌍의 통화가 가능하다.
복합식	• 몇 대의 자기를 접속한 모기 그룹이 몇 개 있는 경우 모자 간은 모자식으로 모기끼리는 상호식으로 호출해서 통화한다. • 모자식과 상호식의 조합에 의한 통화망이다.

2) TV공동수신설비

(1) 구성요소

안테나, 정합기, 분배·분기장치, 증폭기 등

(2) 설치방법

① 피뢰침 보호각 내에 있어야 한다.
② 강전류선으로부터 3m 이상 이격한다.
③ 방향성 결합기나 분배기를 사용하지 않는 플러그에는 더미 로드를 부착한다.
④ 풍속 40m/s 정도에 견디어야 한다.
⑤ 접합기의 설치높이는 바닥 위에서 30cm 높이로 한다.

2. 정보설비

1) 표시설비 및 정보화설비

(1) 유도등(표시 색채 : 바탕은 녹색, 표시글자는 백색)
(2) 유도표지(표시 색채 : 바탕은 백색, 화살표 및 문자는 녹색)
(3) 전기시계설비
(4) 월패드(Wall-pad)

3. 약전설비

1) 약전설비의 종류
전화설비, 인터폰설비, 전기시계설비, 안테나(공동수신)설비 등

4. 피뢰설비

1) 설치대상
20m 이상 높이의 건축물이나 공작물에 설치

2) 피뢰침의 설치
(1) 낙뢰의 피해를 안전하게 보호하는 돌침 및 수평도체의 보호각은 일반 건축물의 경우 60°, 위험물 관계 건축물의 경우 45°로 해야 함
(2) 피뢰침의 보호각은 가급적 작게 잡는 것이 안전

3) 피뢰설비의 수뢰부의 구성
뇌격전류를 받아들이기 위한 외부 피뢰설비의 일부분을 말하며 돌침·수평 도체·메시도체 등이 있음

4) 수뢰부 시스템의 보호범위 산정방식

구분	내용
메시법	보호 건물 주위에 망상도체를 적당한 간격으로 보호하는 방법
보호각법	피뢰침 보호각 내에 보호하는 방법
회전구체법	피뢰침과 지면에 닿는 회전구체를 그려 회전구체가 닿지 않는 부분을 보호범위로 산정하는 방법

5) 피뢰설비 보호방식

구분	내용
간이보호(가공지선)	보통보호보다 간단하며, 뇌해가 많은 지방의 높이 20m 이하 건물에서 자주적인 피뢰설비를 실시할 때 이용
보통보호(돌침)	목조 가옥에서는 증강보호가 좋고, 철근콘크리트 건축 물로서 옥상에 난간이 있는 경우는 보통보호로 함
증강보호 (수평도체 방식)	건축물 윗면의 모서리 부분, 뾰족한 모양을 한 부분의 위쪽에 수평도체식 피뢰설비를 하여 전체의 보호 능력이 증강된 방식
완전보호 (케이지 방식)	어떠한 뇌격에 대해서도 건물이나 내부에 있는 사람에게 위해를 가하지 않는 방식(산꼭대기 관측소, 휴게소, 매점 등)

6) 피뢰 시스템의 등급분류

피뢰 시스템의 효율(낙뢰 등에 의한 방전능력)에 따라 등급 분류

등급	시스템의 효율
I	0.98
II	0.95
III	0.90
IV	0.80

5. 접지설비

1) 접지시스템의 종류 및 접지극 시설방법

(1) 접지시스템 종류
① 접지시스템은 단독접지, 공통접지, 통합접지로 구분한다.
② 고압 및 특고압과 저압 전기설비의 접지극이 근접하여 시설되어 있는 변전소 또는 이와 유사한 장소는 공통접지로 할 수 있다.
③ 단독접지는 접지를 필요로 하는 개개의 설비에 대해서 각각 독립적으로 설치하는 것을 말한다.

(2) 낙뢰에 의한 과전압 등으로부터 전기전자기기 등을 보호하기 위해 한국전기설비규정 153.1에 따라 서지보호장치를 설치하여야 한다.

(3) 접지극 매설방법
① 매설하는 토양을 오염시키지 않는 공법으로 하고 가능한 한 다습한 장소.
② 매설은 해당 지역의 동결심도 이하의 깊이로 할 것. 다만, 변압기 중성점 접지극의 경우는 지표면에서 0.75 m 이하.

2) 접지도체의 선정 및 접속

(1) 접지도체에 큰 고장전류가 흐르지 않는 경우, 최소 단면적은 구리 6㎟, 철제 50㎟로 한다. 다만, 피뢰시스템이 접속되는 경우 구리는 16㎟, 철제 50㎟로 하여야 한다.
(2) 접속 공법은 전기적 연속성이 보장되도록 발열성 용접·압착접속·클램프 접속 또는 기계적인 내구성을 가진 접속장치를 사용하여야 한다. 다만, 클램프 접속 시 접지 재료에 손상을 주어서는 안 된다.

3) 보호도체의 단면적 보강

(1) 보호도체는 정상상태에서 전류의 전도성 경로로 사용 하여서는 안된다.
(2) 전기설비의 정상 운전상태에서 보호도체에 10 mA를 초과하는 전류가 흐르는 경우는 다음과 같이 보강하여야 한다.
① 보호도체가 한 개인 경우 단면적은 구리 10 ㎟ 이상, 알루미늄 16 ㎟ 이상

② 추가로 보호도체를 위한 별도의 단자가 구비된 경우, 최소 보호도체 단면적은 구리 10㎟ 이상, 알루미늄 16 ㎟ 이상

4) 접지저항 값

(1) 시공 후 접지저항 값은 설계도서 및 공사시방서보다 작은 값이 되도록 하여야 한다.
(2) 접지공사 후 목표로 한 접지저항 값을 얻을 수 없는 경우, 접지극의 추가·위치조정·공법의 변경 등으로 이에 도달하도록 하여야 한다.
(3) 시공 후 일정 기간이 경과하여도 접지저항 값이 유지되어야 하며, 접지 시공 장소를 준공도면에 정확히 표시하여야 한다.
(4) 접지저항 값은 설계도 및 공사시방서에 따른다.

5) 시공

(1) 접지도체 시공

① 외상을 받을 우려가 있는 경우에는 배관에 넣어 시공하여야 한다. 다만, 금속관을 사용하는 경우, 배관의 양단은 본딩 공사를 하여야 한다.
② 접지 대상 기기로 부터 0.6 m 이내의 부분과 지중 부분을 제외하고는 배관(금속관·합성수지관 등)에 넣어 보호하여야 한다.
③ 기기와 접지도체 사이의 접속은 전기적·기계적으로 확실하게 하여야 한다.
④ 접지도체 시공의 상세사항은 설계도 및 공사시방서에 따른다.

(2) 등전위본딩 시공

① 본딩도체는 외상을 받을 우려가 없도록 하여야 한다.
② 대상 기기와 본딩도체 사이의 접속은 전기적·기계적으로 확실하게 하여야 한다.
③ 건축물 등의 외부에서 내부로 인입(전력케이블·통신케이블·금속제 배관 등)하는 수가 많아서 1개소에 집중하여 등전위본딩 하기 어려운 경우, 여러 개소를 등전위본딩 도체로 연결하여 1점으로 집중시키는 방법으로 시공 하여야 한다.
④ 등전위본딩도체 시공의 상세사항은 설계도 및 공사시방서에 따른다.

(3) 접지극

① 접지극은 매설하는 토양을 오염시키지 않아야 하며, 가능하면 다습한 장소에 시공하여야 한다.
② 접지극의 접속은 기계적 강도를 갖는 접속 방법(발열성 용접, 압착접속, 클램프 접속 등)으로 하여야 한다. 다만, 클램프 사용 시 접지극 또는 접지도체를 손상시켜서는 안된다.
③ 지중에 매설된 금속제 수도관을 접지극으로 사용하는 경우 다음에 따른다.
  가. 접속 지점은 수도관(내경 75mm 이상) 또는 여기에서 분기된 수도관(내경 75mm 미만)의 분기점 5m 이내에서 하여야 한다. 다만, 금속제 수도관과 대지 간 저항 값이 2Ω 이하일 경우 분기점에서 거리는 5 m를 초과할 수 있다.

나. 접지도체와 금속제 수도관과 접속 부분을 수도계량기의 수용가 측에 설치할 경우 수도계량기 양단은 본딩을 시설하여야 한다.
다. 접지도체와 금속제 수도관과 접속 부분에 사람이 접촉될 우려가 있는 경우, 손상을 방지하기 위하여 보호장치를 시설하여야 한다.
라. 접지도체와 금속제 수도관의 접속에 사용하는 접지금구는 접속부에서 전기부식 발생되지 않아야 한다.
④ 접지극 시공의 상세사항은 설계도 및 공사시방서에 따른다.

(4) 옥외부분 접지
① 접지극의 매설은 해당 지역의 동결 깊이를 파악하여 그보다 깊게 하여야 한다. 다만, 고압·특고압 전기설비 또는 중성점 접지인 경우 0.75m 이하로 하여야 한다.
② 접지도체는 지표면 아래 0.75m 부터 지표면 위 2m 까지는 두께 2mm 이상의 합성수지관 또는 이와 동등 이상의 절연효력 및 강도가 있는 몰드로 덮어서 보호하여야 한다.
③ 접지도체를 철주 또는 금속체를 따라서 시공하는 경우에는 접지극을 철주의 밑면으로부터 0.3m 이상의 깊이에 매설하는 경우 이외에는 접지극을 지중에서 그 금속체로부터 1.0m 이상 이격하여 매설하여야 한다.
④ 옥외에 시공하는 접지도체의 상세사항은 설계도 및 공사시방서에 따른다.

6. 소방전기설비

1) 수신기
(1) 수신기는 감지기 또는 발신기에서 보내온 신호를 수신하여 화재의 발생을 당해 건물의 관계자에게 램프 표시 및 음향장치 등으로 알려 주는 것
(2) 종류 : P형(1급, 2급), R형, M형

2) 감지기
화재발생 시에 생기는 열 또는 연기 등에 의해서 자동적으로 화재의 발생을 감지하는 것, 작동방식에 따라 열감지기와 연기감지기가 있음

구분		감지원리
열감지기	정온식	주변 온도가 일정 온도에 달하였을 때 감지
	차동식	주변 온도의 일정한 온도 상승에 의한 감지
	보상식	정온식과 차동식의 성능을 가진 열감지기
연기감지기	광전식	연기에 의해 반응하는 것으로 광전효과 이용하여 감지
	이온화식	연기에 의해 이온농도가 변화되는 것으로 감지

3) 발신기
감지기의 동작 이전에 화재의 발생을 발견한 사람이 발신기의 단추를 눌러서 화재발생을 수신기에 전달하여 관계자에게 통보하는 것

4) 음향장치

(1) 감지기에 의해서 화재의 발생을 발견하면 벨 또는 사이렌 등으로 경종을 울리는 설비
(2) 음량은 설치 위치 중심 1m 떨어진 위치에서 90폰(Phon) 이상이고, 각 층마다 그 층의 각 부분으로부터 하나의 음향장치까지의 수평거리는 25m 이하가 되도록 설치

7. 방범설비 및 항공장애표시등 설비

1) 방범시설의 구성

방범설비	출입통제설비		텐키방식설비	
			카드인식설비(자기카드, IC카드)	
			생체인식설비(음성, 지문·장문, 홍체, 얼굴, 망막, 혈관)	
	침입감지설비	인력감시	영상정보처리기기(CCTV)설비	
			청음설비(집음마이크)	
		자동감시	점(Point) 방어형	마그네틱스위치
				리미트스위치
				진동감지기
				파손감지기
				매트스위치
			선(Line) 방어형	테이프식감지기
				빔식감지기
				광케이블감지기
			공간(Space) 방어형	초음파감지기
				전파감지기
				열선감지기
	침입통보설비(방범설비감시제어반)			

2) 항공장애표시등설비

(1) 항공장애등은 비행기의 야간비행이나 저공비행 시 안전하게 운항할 수 있도록 설치하는 것
(2) 건축물 또는 공작물의 높이가 60m 이상인 경우 설치 필요
(3) 수직거리 45m 간격으로 설치

제2장 핵·심·문·제
정보통신/건축물 방재설비

01 인터폰 접속방식
인터폰 접속 방식 중 각 기기 사이에 독립된 업무를 수행할 때 효과적이고 배선 본수가 많아지는 것은?
① 모자식
② 상호식
③ 복합식
④ 일대향식

해설 모자식은 중앙통제형, 상호식은 독립 권한형이다.

답 ②

02 공청 안테나 구성요소
공청 안테나 설비에 있어서 구성요소가 아닌 것은?
① 안테나
② 정합기
③ 검파기
④ 증폭기

해설 검파기는 TV 속에 있다.

답 ③

03 피뢰침 보호각
일반 건축물에 있어서 피뢰침 보호각은?
① 30°
② 45°
③ 60°
④ 80°

해설 피뢰침 보호각 일반 건축물 60°, 위험물 45°

답 ③

04 피뢰침 구성요소
피뢰침의 구성요소가 아닌 것은?
① 돌침부
② 피뢰도선
③ 접지전극
④ 정합기

해설 정합기는 안테나 설비이다.

답 ④

05 피뢰설비 보호범위 산정방식

피뢰설비에서 수뢰부 시스템의 설치 시 사용되는 보호범위 산정방식에 속하지 않는 것은?

① 메시법
② 면적법
③ 보호각법
④ 회전 구체법

해설 수뢰부 시스템의 보호범위 산정방식

산정방식	내용
메시법	보호 건물 주위에 망상도체를 적당한 간격으로 보호하는 방법
보호각법	피뢰침 보호각 내에 보호하는 방법
회전구체법	피뢰침과 지면에 닿는 회전구체를 그려 회전구체가 닿지 않는 부분을 보호범위로 산정하는 방법

답 ②

06 피뢰 시스템 등급 분류

피뢰 시스템에 관한 설명으로 옳지 않은 것은?

① 피뢰 시스템은 보호성능 정도에 따라 등급을 구분한다.
② 피뢰 시스템의 등급은 Ⅰ, Ⅱ, Ⅲ의 3등급으로 구분된다.
③ 수뢰부 시스템은 보호범위 산정방식(보호각, 회전구체법, 메시법)에 따라 설치한다.
④ 피보호 건축물에 적용하는 피뢰 시스템의 등급 및 보호에 관한 사항은 한국산업표준의 낙뢰 리스트 평가에 의한다.

해설 피뢰 시스템의 등급 분류(4개 등급으로 분류)

등급	시스템의 효율
Ⅰ	0.98
Ⅱ	0.95
Ⅲ	0.90
Ⅳ	0.80

답 ②

07 피뢰 시스템 수뢰부의 구성

피뢰 시스템의 수뢰부에 사용되지 않는 것은?

① 돌침
② 인하도선
③ 메시도체
④ 수평도체

해설 수뢰부란 뇌격전류를 받아들이기 위한 외부 피뢰설비의 일부분을 말하며, 돌침, 수평도체, 메시도체 등이 있다.

답 ②

08 항공기 추돌방지를 위한 안전등화
건축물 등에서 항공기의 추돌을 방지하기 위하여 설치하는 각종의 안전등화를 무엇이라 하는가?

① 선회등
② 유도로등
③ 항공등화
④ 항공장애표시등

해설 항공장애표시등
- 항공장애등은 비행기의 야간비행이나 저공비행 시 안전하게 운항할 수 있도록 설치하는 것
- 건축물 또는 공작물의 높이가 60m 이상인 경우 설치 필요
- 수직거리 45m 간격으로 설치

답 ④

09 인터폰설비 접속방식
인터폰설비의 통화망 구성방식에 속하지 않는 것은?

① 모자식
② 상호식
③ 복합식
④ 프레스토크식

해설 통화망 방식에 따른 분류

모자식	• 1대의 모기에 2대 이상의 자기를 접속해서 모기와 자기가 서로 호출해서 통화하는 방식이다. • 자기끼리의 통화는 모기를 통해서 한다.
상호식	• 설치하는 각 기기가 전부 구조와 사용법이 동일하다. • 서로 어느 기기에서든지 임의의 다른 기기를 자유롭게 호출해서 통화할 수 있다. • 통화중인 기기의 통화에는 혼선되지 않고 별도로 몇 쌍의 통화가 가능하다.
복합식	• 몇 대의 자기를 접속한 모기 그룹이 몇 개 있는 경우 모자 간은 모자식으로 모기끼리는 상호식으로 호출해서 통화 한다. • 모자식과 상호식의 조합에 의한 통화망이다.

답 ④

10 TV 공청설비 구성기기
TV 공청설비의 주요 구성기기에 해당하지 않는 것은?

① 증폭기
② 월패드
③ 컨버터
④ 혼합기

해설 월패드(Wall-pad) : 가정의 주방이나 거실 벽면에 부착된 형태로, 비디오 도어폰 기능뿐 아니라 조명·보일러·가전제품 등 가정 내 각종 기기를 제어할 수 있는 단말기를 말한다.

답 ②

11 약전설비 종류
다음 중 약전설비에 속하는 것은?

① 변전설비
② 전화설비
③ 축전지설비
④ 자가발전설비

해설 약전설비 : 전화설비, 인터폰설비, 전기시계설비, 안테나(공동수신) 설비 등

답 ②

제3편 자동제어시스템 설계

제1장 자동제어 기초이론 및 제어시스템 설계

1. 자동제어 이론 및 개요

1) 개념 및 목적

(1) 개념
① 자동제어란 실내의 온도, 습도, 환기 등을 목적에 맞게 자동으로 조절하는 것을 말한다.
② 검출부, 조절부, 조작부 등으로 구성되어 있고, 조절부의 제어 방식에 따라 피드백 제어와 시퀀스 제어로 구분된다.

(2) 목적
① 조작인원, 숙련기능공의 감소
② 환경, 제품의 질 향상
③ 에너지 절약
④ 운전비용 절감

2) 자동제어의 구성

구성	역할
검출부	실내의 온도, 습도, CO_2 농도 등을 검출하고, 검출된 데이터는 조절부로 보낸다.
조절부	검출부에서 보낸 데이터를 목표치와 비교하여 조절한 후 조작부로 보내며, 종류에는 온도조절기, 습도조절기 등이 있다.
조작부	조절부에서 조절된 신호에 의하여 밸브, 댐퍼 등을 조작 하여 실내 온습도를 제어하며, 주로 전동식 밸브, 전동식 댐퍼 등을 사용한다.

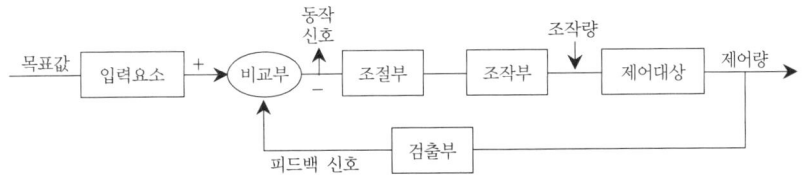

[그림 3-9] 자동제어 구성

3) 관련 용어

구분	내용
제어대상 (Control System)	제어량을 발생시키는 제어의 대상으로, 제어하려고 하는 기계 전체 또는 그 일부분을 말한다.
제어장치 (Control Device)	제어를 하기 위해 제어대상에 부착되는 장치로, 조절부, 설정부, 검출부 등이 이에 해당된다.
제어요소 (Control Element)	동작신호를 조작량으로 변화하는 요소로, 조절부와 조작부로 이루어진다.
제어량 (Controlled Value)	제어대상에 속하는 양으로, 제어대상을 제어하는 것을 목적으로 하는 물리적인 양을 말한다.(출력 발생 장치)
목표값 (Desired Value)	제어량이 어떤 값을 목표로 정하도록 외부에서 주어지는 값이다. (피드백 제어계에서는 제외 되는 신호)
기준입력 (Reference Input)	제어계를 동작시키는 기준으로 직접 제어계에 가해지는 신호를 말한다.(목표치와 비례 관계)
설정부(기준입력요소, Reference Input Element)	목표값을 제어할 수 있는 신호(기준입력신호)로 변환하는 요소이며 설정부라고 한다.(목표치 비례 기준입력신호 → 설정부)
외란 (Disturbance)	자동제어에서 기준입력 이외에서, 제어량에 변화를 주는 원인을 의미한다. 예를 들어 공조제어를 하는 실내에 창문을 열어 제어대상인 온습도에 영향을 주는 것을 말한다.
피드포워드 (Feed Forward)	외란이 제어대상으로 나타나기 전에 필요한 정정 동작을 행하는 것이다.
검출부 (Detecting Element)	제어대상으로부터 제어에 필요한 신호를 인출하는 부분(제어량 검출 주궤환 신호 발생 요소)
조절기 (Blind Type Controller)	설정부, 조절부 및 비교부를 합친 것
조절부 (Controlling Units)	제어계가 작용을 하는 데 필요한 신호를 만들어 조작부로 보내는 부분
비교부 (Comparator)	목표값과 제어량의 신호를 비교하여 제어동작에 필요한 신호를 만들어 내는 부분
조작량 (Manipulated Value)	제어장치가 제어대상에 가하는 신호로 제어장치의 출력인 동시에 제어대상의 입력인 신호
편차 검출기 (Error Detector)	궤환요소가 변환기로 구성되고 입력에도 변환기가 필요할 때에 제어계의 일부를 편차 검출기라 한다.

4) 자동제어의 종류 및 특징

(1) 제어방식에 의한 분류

구분	내용
시퀀스 제어 (Sequential Control)	• 미리 정해진 순서에 의하여 순차적으로 밸브, 댐퍼 등을 기동 정지시킨다. • 신호는 한 방향으로만 전달되는 개방회로 방식이다. • 디지털 신호(DI : Digital In, DO : Digital Out)로 제어한다.
피드백 제어 (Feedback Control)	• 검출부의 신호를 목표치와 비교한 후 수정동작을 하여 조작 부에 신호를 보내 제어하고, 자동제어에서 주로 사용한다. • 폐회로로 구성된 폐회로 방식이다. • 제어 결과를 끊기지 않게 검출하면서 정정동작을 행한다. • 아날로그 신호(AI : Analogue In, AO : Analogue Out)로 제어한다. • 전압, 보일러 내 압력, 실내온도 등과 같이 목표치를 일정하게 정해 놓은 제어에 사용한다.

(2) 목표값에 의한 분류

구분	내용
정치제어	목표값이 일정한 것
추종제어	목표값이 임의로 변화하는 것-변수제어
프로그램제어	미리 정해진 순서에 따라 목표값이 변화하는 것
캐스케이드 제어(Cascade Control)	2개의 제어계를 조합하여 1차 제어장치의 제어량을 측정하여 제어 명령을 발하고, 2차 제어장치의 목표치로 설정하는 제어

(3) 제어량의 성질에 의한 분류

구분	개념	제어량
프로세스 기구	플랜트나 생산 공정 중의 상태량을 제어량으로 하는 제어로서 외란의 억제를 주목적으로 한다.	온도, 유량, 압력, 액위, 농도, 밀도 등
서보기구 (추종제어)	기계적 변위를 제어량으로 해서 목표값이 임의의 변화에 추종하도록 구성된 제어계이다.	물체의 위치, 방위, 자세, 각도, 비행기 및 선박의 방향제어계, 미사일 발사대의 자동 위치제어계, 추적용 레이더, 자동 평형 기록계 등
자동조정 기구	전기적·기계적 양을 주로 제어하는 것으로서 응답속도가 대단히 빨라야 하는 것이 특징이다.	전압, 전류, 속도, 주파수, 회전속도, 힘, 발전기의 조속기 제어, 전전압 장치 제어 등

(4) 제어동작에 의한 종류

❶ 선형동작

기본동작	비례제어 P(Proportional) 동작	• 조절부의 전달 특성이 비례적인 특성을 가진 시스템이다. • 조작량 0~100%까지의 제어폭을 비례대라고 한다. • 목표치가 아닌 지점에서 안정상태가 유지될 때 이 안정상태의 값과 목표치의 차이를 잔류 편차라고 한다.
	적분제어 I(Integral) 동작	• 오차의 크기와 오차가 발생하고 있는 시간에 둘러싸인 면적의 크기에 비례하여 조작부를 제어하는 것이다. • 잔류오차가 없도록 제어 가능하다.
	미분제어 D(Differential) 동작	• 제어오차가 검출될 때 오차가 변화하는 속도에 비례하여 조작량을 변화시키는 동작이다. • 오차가 커지는 것을 미리 방지할 수 있다.
종합동작	비례적분제어 PI 동작	• 비례동작에 의해 발생되는 잔류오차를 소멸시키기 위해 적분동작을 부가한다. • 제어 결과가 진동적(간헐현상)으로 되기 쉬우나 잔류오차가 적다.
	비례미분제어 PD 동작	• 제어 결과에 빨리 도달하도록 미분동작을 부가한다. • 응답의 속응성이 좋다.
	비례적분 미분제어 PID 동작	• 비례적분동작에 미분동작을 추가한 것이다. • 정상 특성과 응답속도를 동시에 개선시키며 정정시간이 짧다.

❷ 비선형동작

공간적 불연속 동작	2위치(On-Off) 동작	편차의 정부(+, -)에 따라 조작부를 전폐, 전개하는 것이다.
	다위치 동작	조작량을 다단으로 분류하여 편차에 근거하여 적절한 단수에 조작 신호를 나타낸다.
	단속도 동작	제어량의 사이클링을 해결하기 위해 중립위치를 갖춘 조절기로 일정 회전의 모터를 갖춘 전동조작기에 의해서 행해진다.
시간적 불연속 동작	시간비례 동작	검출부로의 비례적인 신호를 근본으로 일정 주기 내에서의 온-오프 시간비율로 변화된 신호를 내고 위치비례동작에 가까운 제어를 하는 것이다.

(5) 자동제어 조작 방식에 따른 분류

❶ 종류

전기식	검출부	바이메탈이나 벨로우즈에 의한 온도 검출
	조절부	바이메탈이나 벨로우즈의 기계적 변위를 스냅스위치, 수은 스위치 등을 써서 조작신호를 낸다.
	조작부	• 2위치 제어나 비례제어 동작을 한다. • 밸브, 전자코일, 댐퍼 모듀프롤모터 등을 이용한다.
전자식	검출부	측온 저항체를 주로 이용한다.
	조절부	휘스톤 브리지 회로 이용 → 전류 변화 → 증폭 → 모터 구동
공기식	검출부	미소 기계식 변화를 노즐 플래버를 통해 증폭시킨다.
	조작부	벨로우즈, 다이어프램을 사용한다.

❷ 종류별 특징 비교

방 식	정도	검출지연	조작속도	가격	적 용
전기식	중	중	소	중	중·소규모의 장치, 터미널 유닛
전자식	고	소	소	고	중간 규모 이상의 장치
공기식	중	중	대	중	대규모 장치로 조작부의 수가 많은 것
전자공기식	고	소	대	고	고정도를 요하는 장치
기계식	저	대	중	저	온도 조절 밸브, 감압밸브, 플로트 밸브

5) 자동제어 기기

(1) 조작용 스위치

누름 단추 스위치	• 복귀형(Non Lock) : 누르고 있는 동안만 ON(a 접점), OFF(b 접점)되는 스위치
	• 보지형(Lock) : 누르고 손을 떼어도 ON 상태를 계속 유지하며, 손으로 다시 동작시켜야 복귀되는 스위치
	  - NO(a 접점) : Normally opened → 정상 개방 접점
	  - NC(b 접점) : Normally closed → 정상 폐쇄 접점

회전 스위치 (rotary switch)	트랜스퍼 접점, 혹은 c접점이라 한다. 회전에 의하여 접점이 개폐된다.
토글(toggle) 스위치	나이프 스위치 등을 말한다.

(2) 검출용 스위치(sensitive switch)
① 시퀀스 제어의 촉각 작용을 하는 소형 스위치이다.
② 마이크로 스위치와 리미트 스위치가 있다.

(3) 릴레이

팬 릴레이 (fan relay)	공기조화나 통풍을 위한 팬 모터를 작동시키는데 쓰이며 이 릴레이는 정상 개방 접점을 가지고 있으며 팬 모터 전류에 견딜 수 있는 만큼 충분한 용량이어야 한다.
록 아웃 릴레이 (lock out relat)	컴프레셔 모터의 보호 장치로서 다른 보호 장치들이 컴프레셔를 정지시키면 수동 복귀 시까지 재기동을 막도록 전기적 힘을 차단한다.
온도 릴레이	가열 코일이 감겨진 바이메탈 날을 이용한다.
전압 릴레이, 전류 릴레이, 열 릴레이	동기 기동 시 시동권선에 전류를 흘려 가동 시킨 후 전류를 차단한다.
과부하 릴레이 (overload relay)	• 과도한 전류에 의한 주부하 보호 장치이다. • 전류가 저항선 정격치 이상으로 흐르면 부수적인 열이 바이메탈에 방사되어 충분한 열이 생기면 바이메탈은 접점을 개방한다.

(4) 타이머
입력 신호를 받은 뒤 일정 시간 후에 출력을 내는 기기로서 제동식 타이머, 전자 유도 타이머, CR타이머, 모터 타이머 등이 있다.

(5) 조작용 기기
제어 대상에 조작량을 주는 기기

전기식	전자 밸브, 전동 밸브, 서보 모터 등
공기식	제동 밸브, 조작 실린더, 공기 모터 등
유압식	파일럿 밸브, 유압 모터, 서보 밸브 등

6) 전기기본 회로

(1) AND 회로
A, B가 동시에 작동할 때 출력 신호를 낸다. ($X = A \cdot B$)

(2) OR 회로
A, B중 어느 하나만 작동해도 출력 신호를 낸다. ($X = A + B$)

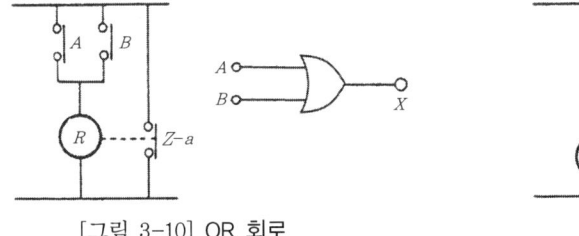

[그림 3-10] OR 회로

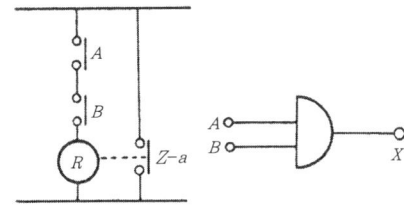

[그림 3-11] AND 회로

(3) NOT 회로
입력신호가 있을 때 출력 신호는 OFF된다. ($X = \overline{A}$)

(4) NOR 회로
A, B 중 하나만 작동해도 출력 신호는 OFF된다. ($X = \overline{A + B}$)

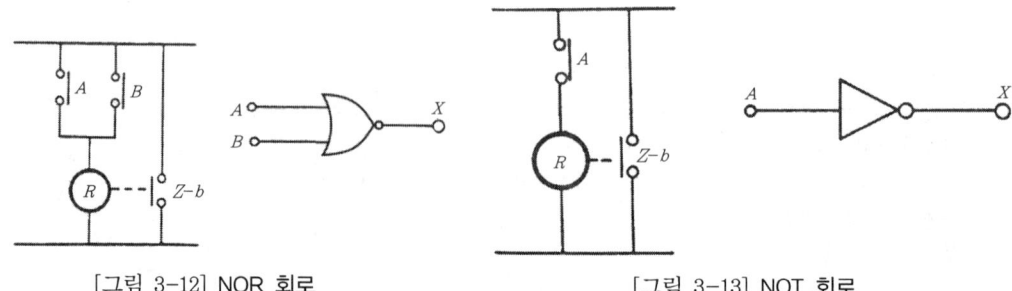

[그림 3-12] NOR 회로   [그림 3-13] NOT 회로

(5) NAND 회로
A, B가 동시에 작동할 때 출력 신호가 OFF된다. ($X = \overline{AB}$)

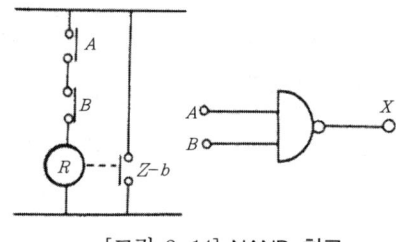

[그림 3-14] NAND 회로

2. 공기조화기

1) 공기조화기 제어 일반사항

(1) 외기 처리 공기조화기
외기 처리 공기조화기는 급기 온도나 급기의 이슬점 온도에 의해 제어한다. 계절에 따라 외기 냉방제어 채택이 가능하다.

(2) 정풍량 공기조화기
정풍량 공기조화기는 실내 또는 환기덕트의 온·습도에 의한 제어를 적용한다. 외기를 인입하는 외기 냉방제어와 이산화탄소 농도제어 등도 채택 가능하다.

(3) 변풍량 공기조화기
부하 조건이 어느 정도 비슷한 지역을 다시 분할해서 개별 변풍량장치(VAV)로 제어하고 그 방식에 맞게 공조기 전체 풍량도 인버터 등으로 조절한다. 변풍량 공기조화기는 개별 변풍량 장치를 실내 온도로 제어하고 그 방식에 맞게 급기온도와 팬의 풍량을 제어한다.

(4) 패키지형 공기조화기

실내 온도 등에 의해 압축기의 운전정지나 대수 제어 운전을 한다.

(5) 팬코일 유닛

팬코일 유닛은 실내나 환기 온도로 각 유닛 밸브의 개별 제어나 구역별로 묶인 밸브제어를 적용한다.

2) 공기조화기 제어 설계

(1) **기동** 중앙감시반에서 급기팬을 기동하면 공조가 시작되도록 한다. 이때 시간 지연 기능을 두어 기동 시에는 외기용 댐퍼모터가 먼저 동작하도록 한다.
(2) **실내 온도 제어** 정풍량 단일 덕트 방식은 환기덕트에 설치된 온도검출기의 검출온도에 따라 냉방밸브와 난방밸브를 비례 제어한다.
(3) **실내 습도 제어** 환기덕트 또는 실내에 설치된 습도검출기의 검출습도에 의해 가습밸브를 2위치 또는 비례 제어하여 실내 습도를 일정하게 유지시킨다.
(4) **환절기 댐퍼 제어** 외기, 배기, 환기 댐퍼는 엔탈피 제어에 의해 상호 연동 비례 제어 한다.
(5) **동하절기 시 댐퍼 제어** 외기, 배기 댐퍼는 최소 개도치 열림, 환기댐퍼는 역동작 된다.
(6) **워밍업 제어 시 댐퍼 제어** 외기, 배기 댐퍼는 완전 닫힘, 환기 댐퍼는 완전 열려 실내가 일정 온도에 도달 시까지 운전된다.
(7) **엔탈피 제어** 환절기 외기 냉방 시 환기덕트에 설치된 온·습도 검출기 와 외기 온·습도 검출기 엔탈피를 연산 비교하여 외기 엔탈피가 실내 엔탈피보다 낮은 경우 엔탈피 제어에 의한 댐퍼의 상호 연동 비례 제어로 실내 상태를 유지시킨다.
(8) **화재 감지** 환기 덕트에 설치된 이온화 연기검출기의 감지에 의해 급기, 환기팬을 정지시키고, 중앙감시반에 화재 경보 신호를 보낸다.
(9) **풍량 제어** 급기 및 환기 덕트에 설치된 풍량측정기와 급기덕트 내 설치된 정압 검출기는 덕트 내 풍량 및 정압을 검출하여 가변전압가변주파수(VVVF)방법 등으로 급기팬과 환기팬을 제어한다.
(10) **정지** 급기팬과 환기팬을 정지하고 냉방 밸브, 난방 밸브, 외기 댐퍼, 배기 댐퍼는 닫힘으로 설정하고 환기 댐퍼는 열림으로 설정한다.
(11) **중앙감시반 주요 관제점** 급기팬/환기팬 기동/정지 및 운전상태 감시, 화재 경보 감시, 혼합공기 온도 감시, 필터 차압 감시, 환기 온·습도 감시, 급기 온도·습도 감시, 외기 온·습도 감시

3) 자동제어 설계의 고려 사항

(1) 제어 밸브 구경 계산

공기조화기 제어 밸브의 구경 계산에는 다음을 고려하여 결정한다.

① 냉·난방 코일의 용량   ② 조절 밸브의 유량계수
③ 밸브 전후의 차압

(2) 공기조화기 제어 요소

❶ 온도 제어
정풍량 방식의 경우는 환기측의 공기온도로 냉·난방밸브를 제어하여 급기온도를 변화시키는 방법으로 실내온도를 일정하게 유지하고, 변풍량 방식의 경우는 급기측의 공기온도를 냉·난방밸브를 제어하여 급기온도를 일정하게 유지한다. 또한 항온 항습실, 실험실 등의 경우는 실내 온도에 의한 밸브제어를 한다. 회의실과 같이 사용빈도가 적은 곳은 임의로 열공급을 차단할 수 있는 제어를 한다. 실내에 설치되는 검출기는 전열기기에 인접하지 않고, 직사광이 닿지 않으며, 기류정체가 생기지 않는 곳에 설치한다.

❷ 습도 제어
일반적으로 2-위치 제어를 주로 행하며, 고정밀도 가습제어가 필요한 경우에는 저압 증기를 사용해서 비례-적분-미분(PID) 제어를 한다.

(3) 환기 제어
화재 발생 시에는 공기조화기의 급·배기팬을 정지한다. 초기 난방 제어 시에 외기 도입계통의 댐퍼 조작기는 외기가 들어오지 않도록 지연 연동동작으로 한다. 또한 공기조화기 정지 시에는 외기 및 배기댐퍼 조작기를 닫아서 건물 내 자연대류에 의한 외기 도입을 막아 열 손실을 방지한다. 외기 도입량은 CO_2 농도 검출기에 따라 자동으로 할 수도 있다.

3. 열원설비

1) 열원설비 제어 일반사항
열원설비의 기동/정지는 기기 부속반(현장제어반)에서 직접 조작한다. 단, 중앙감시 할 경우 중앙 감시반에서 원격 제어 할 수 있게 하며 열원설비의 대수제어를 행할 시는 중앙 감시반에서 원격 조작을 할 수 있어야 한다.

2) 열원설비 제어 설계

(1) 펌프 시스템의 대수 제어
펌프 시스템의 제어 설계는 정속펌프만의 대수제어 또는 변속펌프를 사용하여 제어하는 방법을 적용한다.

(2) 냉동기 시스템의 대수 제어
냉동기 시스템의 대수제어는 부하의 특성에 적합하게 냉수 순환량과 냉수를 공급하기 위해 냉동기의 개별 용량제어, 냉수 펌프제어, 냉수의 공급 및 환수 헤더 차압제어 등이 함께 고려되어야 한다.

(3) 냉각탑 제어

냉각탑은 냉각수 온도를 감지해서 냉각탑 팬 운전 제어를 수행하여 냉각수 온도를 일정하게 유지시킨다.

(4) 냉수 급수, 환수 헤더의 차압제어

냉수 급수, 환수 헤더의 차압제어는 헤더 차압을 검출하여 헤더 바이패스 밸브를 조절한다.

(5) 보일러시스템 제어

① 증기보일러의 운전은 원칙적으로 별도의 현장 제어반에서 직접(수동) 조작하게 설치하여야 하며, 비상시는 보일러가 자동 정지되도록 제어시스템이 구성되어야 한다.
② 응축수 수조의 보급수 제어는 전동 2방 변이나 2위치 제어밸브를 사용하며 고수위, 저수위를 감시하여야 한다.

(6) 열교환기 제어

열교환기는(Heat Exchanger)항상 온수가 일정한 온도로 공급되도록 온도제어를 한다.

3) 자동제어 설계의 고려 사항

(1) 냉동기 인터페이스

냉동기 제어반에서는 냉동기 기동/정지, 상태 및 경보 접점을 제공한다. 만약 냉동기와 통신방식으로 자동제어 감시반에서 인터페이스 할 경우 냉동기 공급 업체와의 협의를 통하여 관련 프로토콜을 개방하거나 개방형 프로토콜을 사용하여 자동제어 중앙 감시반과 인터페이스 할 수 있도록 한다.

(2) 냉열원 장비 인터록

냉열원 장비 관련 연동 제어 동작은 냉동기 공급 업체에서 제어 관련 시퀀스를 제공한다.

4. 환기설비

1) 환기 설비 제어 설계

(1) 배기팬이나 급기 팬의 기동 및 정지를 해야 한다.
(2) 주차장에 있는 배기 팬은 일산화탄소에 의한 환기량 제어를 한다.
(3) 발전기실의 환풍기는 발전장치와 연동되게 한다.
(4) 화재 발생 시 팬은 화재 경보신호에 의하여 정지 시킨다.

2) 지하 주차장 환기

(1) 지하 주차장 환기 설비 구성

① 지하 주차장 환기는 관련법에서 요구하는 환기설비를 내용으로 하며 주차장 구조 및 형태에 따라 관련법에 적합하도록 설치한다.

② 주차장 내부 일산화탄소 농도는 주차장을 이용하는 차량이 가장 빈번한 시각의 전후 8시간 평균치를 25 ppm 이하로 유지하도록 한다.

(2) 지하 주차장 환기 설비의 자동제어 구성
① 수동 조작에 의한 개별 기동/정지
② CO 검출기 및 타이머에 의한 연동
③ 지하주차장 팬의 기동/정지, 상태의 원격 제어
④ 유인팬은 배기팬과 연동

3) 펌프실, 기계실 환기
(1) 펌프실 환기팬의 제어는 전동기 제어반에서 수행한다.
(2) 기계실 환기팬의 제어는 전동기 제어반에서 수행한다.
(3) 펌프실, 기계실 환기 설비의 자동제어 구성은 제어방식 및 현장여건에 따른다.

5. 위생설비

1) 급수설비 제어
급수설비는 저수조에 저장된 물을 고가수조로 양수하거나 가압 방식으로 직접 배관에 공급하는 방식을 주로 이용하므로 이 경우의 수위 제어와 압력 조절을 위한 제어설비를 갖춘다.

(1) 가압급수방식의 제어
급수압력 및 급수량의 변화에 대응하기 위해 펌프의 대수제어, 순차제어, 회전수제어 및 이것을 조합한 제어방법 등을 적용한다.

(2) 고가수조 방식의 제어
① 지하저수조에 설치된 액면지시 조절 장치의 신호에 의해서 정수위 조절밸브를 제어시켜 수조 내의 수위를 일정하게 유지시킨다.
② 고가수조에 설치된 액면지시 조절 장치의 신호에 의해 급수펌프의 운전대수를 결정하여 기동/정지시켜 수조 내 수위를 일정하게 유지시킨다.

(3) 중앙감시반 관제점
① 지하저수조 수위계측　　　② 지하저수조 고·저수위 경보 감시
③ 고가수조 수위 계측　　　　④ 고가수조 고·저수위 경보 감시
⑤ 급수 펌프 기동/정지 및 운전상태 감시　⑥ 배관 내 공급측 압력 감시
⑦ 정수위밸브 동작 감시

(4) 자동제어 설계의 고려사항
① 수위조절기는 정수의 경우 플로트 타입이나 전극봉 방식을 이용한다.

② 지하저수조 갈수위시에는 급수 펌프가 동작되지 않도록 상호 연동하여 공회전을 방지할 수 있도록 제어한다.
③ 급수펌프의 경우 급수사용량에 따라 유량이 적을 때는 1대의 펌프만 운전하고 급수량이 증가하면 필요한 대수만큼 펌프를 차례로 가동할 수 있도록 제어한다.
④ 펌프의 기동/정지 순서를 일정시간마다 차례로 교대시켜 각 펌프의 운전시간을 균등하게 함으로써 장비전체의 수명을 연장할 수 있도록 제어한다.
⑤ 저수조나 고가수조의 고수위경보의 경우 큰 피해가 우려되므로 관리소나 경비실 등 관리인원이 상주하는 곳에 경광등이나 문자메시지서비스(SMS: Short Message Service) 등으로 위험을 알릴 수 있는 장치를 설치한다.

2) 급탕설비

(1) 급탕설비 제어 일반사항

급탕순환펌프가 기동되면, 설정한 급탕 설정온도에 맞춰 급탕 공급배관에 설치된 온도검출기의 검출온도에 의해 가열밸브를 비례제어하여 급탕공급 온도를 일정하게 유지시킨다.

(2) 급탕설비 제어 설계
① 급탕 공급배관에 설치된 온도검출기의 검출온도에 의해 가열밸브를 비례제어하여 급탕공급 온도를 일정하게 유지시킨다.
② 온수를 필요로 하는 시간만큼 스케줄에 의해 급탕 순환펌프의 기동/정지를 제어한다.

(3) 중앙감시반 관제점
① 급탕 순환펌프 기동/정지 및 운전상태 감시
② 급탕 공급 및 환수온도 감시
③ 급탕 가열밸브 비례제어 및 개도치 감시

(4) 자동제어 설계의 고려사항
① 펌프의 기동/정지 순서를 일정시간마다 차례로 교대시켜 각 펌프의 운전시간을 균등하게 함으로써 장비전체의 수명을 연장할 수 있도록 제어한다.
② 급탕 공급온도가 너무 높이 올라가 어린이나 장애인, 노약자 등이 뜨거운 물에 손을 닿을 수 있기 때문에 중앙감시반에서 급탕 공급온도 설정 제한을 두어 일정온도 이상을 공급 할 수 없도록 제어한다.

3) 배수설비

(1) 배수설비 제어 일반사항
① 배수설비의 자동제어는 배수가 필요한 물을 위생적으로 안전하게 건물 밖으로 배제시키기 위한 제어설비를 갖도록 한다.
② 배수조에 설치된 수위조절기에 의해 수위에 따라 배수펌프를 ON/OFF 제어 또는 순

차 기동/정지하여 수조 내 수위를 일정하게 유지하고 현재의 수위 상태를 중앙감시반에 전달한다.

(2) 배수설비 제어 설계
배수탱크에 설치된 액면 조절 장치(LC)는 수위에 따른 배수펌프를 순차 기동/정지시킨다.

(3) 중앙감시반 관제점
① 고수위 경보 감시　　② 배수펌프 상태 감시

(4) 자동제어 설계의 고려사항
① 펌프의 기동/정지 순서를 일정시간마다 차례로 교대시켜 각 펌프의 운전시간을 균등하게 함으로써 장비전체의 수명을 연장할 수 있도록 제어한다.
② 현장 여건에 따라서 대기 개념 없이 고수위 시에는 2대를 동시에 운전하고, 일정 수위가 되면 한 대만 운전하다가 저수위시에 2대의 펌프를 정지하는 스텝 제어를 한다.
③ 물이 넘칠 경우 기계실과 같이 큰 피해가 우려되는 경우 관리소나 경비실 등 관리 인원이 상주하는 곳에 경광등이나 문자 메시지 등으로 위험을 알릴 수 있는 장치를 설치한다.
④ 배수조에 설치되는 수위조절기는 오뚜기 방식을 사용한다.
⑤ 기계실, 펌프실의 경우 큰 피해가 우려되므로 관리소나 경비실 등 관리인원이 상주하는 곳에 경광등이나 문자메시지서비스(SMS:Short Message Service)등으로 위험을 알릴 수 있는 장치를 설치한다.

4) 우수설비

(1) 우수설비 제어 일반사항
우수설비의 자동제어는 저장된 우수를 살수, 세차용수, 수경용수, 소방용수, 재해시의 비상용수로 사용하기 위한 제어설비와 우수를 건물 밖으로 배제시키기 위한 제어설비를 갖추도록 한다.

(2) 우수설비 제어 설계
우수 저류조에 설치된 액면지시조절계의 신호에 의해서 조절밸브를 제어하여 저류조 내의 수위를 일정하게 유지시킨다.

(3) 중앙감시반 관제점
① 강우량 수위계측　　　　　　② 우수 저류조 수위계측
③ 우수 저류조 고,저수위 경보 감시　④ 배수펌프 기동/정지 및 운전상태 감시
⑤ 여과, 역세펌프 상태 감시

제1장 핵·심·문·제
자동제어 기초이론 및 제어시스템 설계

01 블록선도의 전달 함수
그림 블록선도의 전달 함수는?

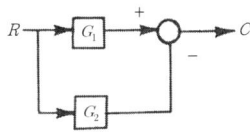

① $G_1 \cdot G_2$
② $G_1 \div G_2$
③ $G_1 + G_2$
④ $G_1 - G_2$

해설 G_1은 비교부에 (+)입력되고 G_2는 (−)입력되므로 $G = G_1 - G_2$

답 ④

02 일반 공업량 제어방식
제어량이 온도, 압력, 유량 및 액면 등과 같은 일반 공업량일 때의 제어는?

① 프로그램 제어
② 프로세스 제어
③ 시퀀스 제어
④ 추종 제어

해설 프로세스제어 : 제어량이 온도, 유량, 압력, 액위, 농도, 밀도 등의 플랜트나 생산 공정 중의 공업량을 제어량으로 하는 제어로서 프로세스에 가해지는 외란의 억제를 주목적으로 한다.

답 ②

03 논리식 산정
다음의 논리 심벌이 나타내는 식은?

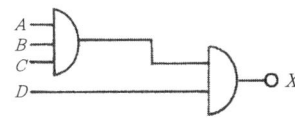

① $X = D$
② $X = (A \cdot B \cdot C)D$
③ $X = (A + B + C)D$
④ $X = A + B + C + D$

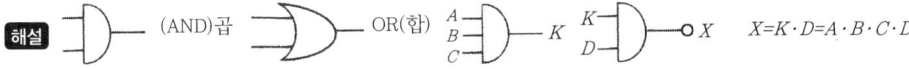

답 ②

04 제어요소
제어요소는 무엇으로 구성되는가?
① 비교부와 조작부
② 비교부와 검출부
③ 조절부와 조작부
④ 검출부와 조작부

해설 피드백 제어는 검출부, 비교부, 제어요소, 제어대상 등으로 구성되는데 제어요소는 조절부와 조작부로 구성되고 조절부는 비교부의 동작 신호를 받아 작동신호를 조작부에 보내어 조작량을 제어한다.

답 ③

05 자동제어기기 조작속도
공조실에서 사용되는 자동제어기기에서 조작속도가 가장 좋지 않은 것은?
① 공기식
② 전자 공기식
③ 전기식
④ 기계식

해설 공기식이 가장 빠르며 기계식, 전자공기식, 전자식, 전기식 순이다.

답 ③

06 온도검출소자
전자식 온도조절 스위치의 온도검출소자에 대한 설명 중 옳지 않은 것은?
① 금속 측온 저항체로 백금을 주로 사용한다.
② 반도체 측온 저항체로는 서미스터를 사용한다.
③ 열전대로는 디지털 검출 방식을 적용하여 사용한다.
④ 니켈 측온 저항체는 500[℃]까지 온도 저항 특성이 직선성의 관계가 유지된다.

해설 열전대로는 아날로그 검출 방식을 적용하며 디지털로 변환할 수 있다.

답 ③

07 시퀀스 제어
시퀀스 제어를 적용하기에 적합하지 않은 것은?
① 부스터 펌프의 압력 제어
② 팬의 기동/정지
③ 엘리베이터의 기동/정지
④ 공기조화기의 경보 시스템

해설 시퀀스 제어란 어떤 입력신호가 가해지면 정해진 순서대로 일정한 작동이 전개되는 것으로 부스터 펌프의 압력제어는 출력값과 입력값을 비교하며 일정한 출력값을 유지하는 피드백 제어가 적용된다.

답 ①

08 각종 제어의 종류
자동제어에서 제어량(출력)을 목표값과 비교하여 조작량을 제어 대상에 보내는 제어는?
① 시퀀스 제어
② 피드백 제어
③ 정치 제어
④ 추종 제어

해설 출력과 목표값을 비교하여 제어하는 것은 피드백 제어이다.

답 ②

09 각종 제어방식
목표값이 임의로 변화하고 제어량이 목표값을 따라 변화하는 제어 방식은?

① 정치 제어　　　　　　　　② 추종 제어
③ 프로그램 제어　　　　　　④ 시퀀스 제어

해설 ① 정치 제어 : 목표값이 일정한 것
② 추종 제어(변수 제어) : 목표값이 임의로 변화하는 것
③ 프로그램 제어 : 미리 정해진 순서에 따라 목표값이 변화하는 것

답 ②

10 제어요소
동작 신호를 조작량으로 변화시키는 제어 요소는 무엇으로 구성되는가?

① 조절부, 검출부　　　　　② 비교부, 조절부
③ 조절부, 조작부　　　　　④ 조작부, 비교부

해설 조절부는 동작 신호를 받아 작동신호를 조작부에 보내어 조작량을 제어한다.

답 ③

11 용도별 적용 제어방식
보일러에서 수위를 일정하게 유지하는 제어 시스템은 무슨 제어에 속하는가?

① 시퀀스 제어　　　　　　② 피드백 제어
③ 프로세스 제어　　　　　④ 프로그램 제어

해설 보일러의 수위, 압력, 실내온도 등의 제어값을 일정하게 유지하기 위해서는 출력을 목표값에 비교하여 조작하므로 피드백 제어이다.

답 ②

12 용도별 적용 제어방식
가정용 석유 보일러에서 스위치를 켜면 자동적으로 연소가 이루어진다. 무슨 제어에 의한 것인가?

① 시퀀스 제어　　　　　　② 피드백 제어
③ 프로그램 제어　　　　　④ 추종 제어

해설 보일러 시동 시 스위치 하나로 연속적인 동작이 순서대로 이루어지는 것을 시퀀스 제어라 하고 연소되기 시작한 후의 온수 온도를 일정하게 유지하도록 작동하는 제어는 피드백 제어라 한다. 그러므로 보일러에는 피드백 제어와 시퀀스 제어가 모두 적용된다.

답 ①

13 솔레노이드 밸브 동작
다음 중 솔레노이드(solenoid) 밸브의 동작에 해당되는 것은?

① 적분 동작　　　　　　　② 미분 동작
③ 2위치 동작　　　　　　④ 비례 동작

해설 솔레노이드(solenoid) 밸브는 신호에 따라 on-off 동작인 2위치 동작이다. 전동밸브는 비례동작이다.

답 ③

14 용도별 적용 제어방식

보일러 수면이 일정 범위 내에 있도록 급수량을 가감하는 제어 또는 증기 압력이 소정 범위 내에 있도록 연료 공급량이나 송풍기를 제어하는 것은?

① 수동 제어
② 피드백(feedback) 제어
③ 시퀀스(sequence) 제어
④ 인터로크(interlock) 제어

해설 피드백 제어(feedback control) : 원동기의 속도조절, 전력 계통의 주파수나 전압, 보일러의 증기압력, 실온의 제어 등과 같이 목표치가 일정한 제어에 사용된다.

답 ②

15 각종 변환장치

변위를 전압으로 변환하는 장치는?

① 벨로스
② 노즐 플래퍼
③ 서미스터
④ 차동 변압기

해설
① 벨로스 : 압력 → 변위
② 노즐 플래퍼 : 변위 → 압력
③ 서미스터 : 온도 → 전압
④ 차동변압기 : 변위 → 전압

답 ④

16 서보 모터

서보 모터(Servo Motor)가 속하는 제어기기는?

① 검출기기
② 조작기기
③ 비교기기
④ 증폭기기

해설 서보 모터(Servo Motor)는 변위를 조작하는 조작기기이다.

답 ②

17 각종 조작기 구동방식

공기조화기에 사용되는 조작기 중에서 구조가 간단하고 큰 조작력을 비교적 낮은 가격에 얻을 수 있으며 본래 비례제어에 적합한 조작기의 구동방식은?

① 전기식
② 공기식
③ 유압식
④ 공기·전자식

해설
1) 전기식 : 2위치 비례제어로서 설치비가 저렴하고 소규모 건물에 적합하다.
2) 전자식 : 2위치 비례제어로서 PI 또는 PID 설치가 중간 정도이고, 중규모 건물에 적합하다.
3) 공기식 : 비례적분제어이고 공업용은 PID이며, 압축공기를 동력원으로 설치비가 비싸고 중대규모 건축물에 적합하다.
4) 공기·전자식 : PI 또는 PID 동작으로 상용전원과 압축공기를 동력원으로 사용하며, 시설비가 비싸고 중대규모 건축물에 적합하다.
5) 유압식 : 수기압의 유압을 동력원으로 인화 위험이 있다.

답 ①

18 각종 제어법
제어량이 온도, 유량, 압력 등과 같은 상태량인 경우의 제어법은?
① 프로세스 제어
② 서보기구
③ 자동조정
④ 프로그램 제어

해설 ① 프로세스 제어 : 제어량이 온도, 유량, 압력, 액위, 농도, 밀도 등의 플랜트나 생산 공정 중의 상태량을 제어량으로 하는 제어로서 프로세스에 가해지는 외란의 억제를 주목적으로 한다. 그 예는 온도, 압력 제어 장치 등이 있다.
② 서보기구 : 물체의 위치, 방위, 자세 등이 기계적 변위를 제어량으로 해서 목표값의 임의의 변화에 추종하도록 구성된 제어계를 말하며, 비행기 및 선박의 방량 제어계, 미사일 발사대의 자동위치 제어계, 추적용 레이더, 자동 평형 기록계 등이 이에 속한다.
③ 자동조정 : 전압, 전류, 주파수, 회전 속도, 힘 등 전기적, 기계적 양을 주로 제어하는 것으로서 응답속도가 대단히 빨라야 하는 것이 특징이며 정전압 장치, 발전기의 조속기 제어 등이 이에 속한다.
④ 프로그램 제어 : 미리 정해진 순서에 따라 목표값이 변화하는 것

답 ①

19 제어를 위한 감지센서
정풍량 단일덕트 시스템에서 자동제어 계통의 냉각코일 밸브는 어떤 신호로 제어되는가?
① 환기덕트 온도센서
② 급기덕트 온도센서
③ 외기온도 센서
④ 외기와 환기의 혼합온도

해설 단일덕트 정풍량방식에서 냉각코일은 실내온도를 감지하여 작동하므로 환기덕트에 설치된 온도센서에 의해 작동된다.

답 ①

20 제어를 위한 감지센서
변풍량 단일덕트 시스템에서 자동제어 계통의 냉각코일 밸브는 어떤 신호로 제어되는가?
① 환기덕트 온도센서
② 급기덕트 온도센서
③ 외기온도 센서
④ 외기와 환기의 혼합온도

해설 단일덕트 변풍량방식에서 냉각코일은 급기온도를 일정하게 제어하므로 급기덕트에 설치된 온도센서에 의해 작동된다.

답 ②

21 제어를 위한 감지센서
정풍량 단일덕트 말단재열 시스템에서 말단 재열코일 밸브는 어떤 신호로 제어되는가?
① 환기덕트 온도센서
② 급기덕트 온도센서
③ 외기온도 센서
④ 실내온도

해설 단일덕트 정풍량 재열방식은 방식에서 재열코일은 실내온도를 감지하여 작동된다.

답 ④

22 제어를 위한 감지센서
이중덕트 시스템에서 믹싱박스(혼합상자) 밸브에서 냉온풍 혼합비는 무엇으로 제어되는가?
① 환기덕트 온도센서
② 급기덕트온도센서
③ 외기온도 센서
④ 실내온도

해설 이중덕트 시스템에서 냉온풍 혼합비는 실내온도를 감지하여 작동된다.

답 ④

23 제어를 위한 감지센서
변풍량 단일덕트 시스템에서 VAV 유닛의 풍량제어는 어떤 신호로 제어되는가?
① 환기덕트 온도센서
② 급기덕트 온도센서
③ 실내온도
④ 외기와 환기의 혼합온도

해설 단일덕트 변풍량방식에서 VAV 유닛의 풍량제어는 존별로 설치된 실내온도 센서에 의해 작동된다.

답 ③

24 제어를 위한 감지센서
시퀀스 제어를 적용하기에 적합하지 않은 것은?
① 부스터 펌프의 압력 제어
② 팬의 기동/정지
③ 엘리베이터의 기동/정지
④ 공기조화기의 경보시스템

해설 시퀀스 제어란 어떤 입력신호가 가해지면 정해진 순서대로 일정한 작동이 전개되는 것으로 부스터 펌프의 압력제어는 출력값과 입력값을 비교하며 일정한 출력값을 유지하는 피드백 제어가 적용된다.

답 ①

25 디지털방식(DDC)
자동제어방식 중 디지털방식(DDC)에 대한 설명으로 옳지 않은 것은?
① 기능의 고급화를 도모할 수 있다.
② 각종 제어로직은 손쉽게 소프트웨어에 의해 조정될 수 있다.
③ 자기진단 기능을 보유하고 있다.
④ 제어의 정밀도가 낮으며, 신뢰성이 다소 떨어진다.

해설 디지털 방식은 정밀도가 높으며, 신뢰성이 우수하다.

답 ②

26 각종 제어동작
제어목표값과 현재값과의 변화율을 이용하여 오버슈트 혹은 언더슈트 등을 감소시켜 과도상태의 편차를 제거하고 외란 등에 대하여 시스템의 안전도를 증가시키는 제어동작은?
① 미분제어동작
② 적분제어동작
③ 비례제어동작
④ 단속도제어동작

해설 편차를 제거하고 외란 등에 대하여 시스템의 안전도를 증가시키는 것은 미분제어동작이다.

답 ①

27 각종 제어동작
가정용 가스 보일러에서 스위치를 켜면 자동적으로 연소가 이루어진다. 무슨 제어에 의한 것인가?

① 시퀀스 제어
② 피드백 제어
③ 프로그램 제어
④ 추종 제어

해설 보일러 시동 시 스위치 하나로 배기-점화 등 연속적인 동작이 순서대로 이루어지는 것을 시퀀스 제어라 하고 온도를 일정하게 유지하도록 작동하는 제어는 피드백 제어라 한다. 그러므로 보일러에는 피드백 제어와 시퀀스 제어가 모두 적용된다.

답 ①

28 엔탈피 제어
엔탈피 제어에 관한 설명으로 옳지 않은 것은?

① 환절기에 사용하면 에너지절약 효과가 크다.
② 통상적으로 부하 재설정제어와 같이 사용한다.
③ 외기를 실내에 공급하여 냉방부하를 줄이는 방식이다.
④ 사람의 출입이 이용시간대에 따라서 크게 변화하는 백화점 등에 사용하면 효과가 크다.

해설 부하 재설정제어는 실내 온도 변화에 따른 급기온도 설정점을 변경하는 것으로 엔탈피 제어와는 독립적으로 운용한다.

답 ②

29 BEMS
BEMS에 대한 설명으로 적합하지 않은 것은?

① BEMS(Building Energy Management System)이란, 건물 내 에너지 사용기기에 센서 및 계측장비를 설치하고 수집된 에너지사용 정보를 최적화 분석하여 가장 효율적인 관리방안으로 자동제어 하는 '에너지수요관리 최적화 시스템'을 말한다.
② 설비의 최적운전을 통한 에너지 절감, 온실가스 배출량 감축, 효율적인 건물관리를 통한 유지관리비용 최소화뿐만 아니라 쾌적한 실내환경 제공을 목적으로 한다.
③ BEMS는 건물 내의 조명설비, 냉난방설비, 가스설비, 급탕설비, 신재생에너지설비 등을 계측 및 실시간 모니터링하고 분석하여 건물 에너지의 최적화제어를 한다.
④ 건물의 전 생애에 걸친 에너지소비량($LCCO_2$) 중 사용단계 에너지 소비량이 약 21%로 가장 큰 부분을 차지하므로 BEMS를 통한 운영시스템 효율화가 필요하다.

해설 건물의 전 생애에 걸친 에너지소비량($LCCO_2$) 중 사용단계 에너지 소비량이 약 83%로 가장 큰 부분을 차지하므로 BEMS를 통한 운영시스템 효율화가 필요하다.

답 ④

30 에너지절약 시스템

에너지절약 시스템에 대한 설명 중 적합하지 않은 것은?

① Night Purge란 건물의 냉방부하의 감소를 목적으로 야간에 저온의 외기를 이용하여 구조체 축열을 제거하고 기계적인 냉방이 시작되기 전에 건물을 예냉하는 운전 방법을 말한다.
② Night Purge는 저온의 외기를 다량 도입할 수 있는 전공기 공조시스템으로, 구조체의 열용량이 작을 때 효과적이다.
③ Night Setback은 아침 운전초기 예열부하의 감소를 목적으로 예열 1~2시간 전 외기온도를 검토하여 저온의 외기를 도입하는 운전방법을 말한다.
④ 실내를 난방구역, 공조가 불필요한 구역, 냉방구역으로 나누어 실내의 공조가 불필요한 구역을 Zero Energy Band라고 하고 불필요한 냉난방을 억제하여 에너지절약을 꾀한다.

해설 Night Purge는 구조체의 열용량이 클 때 열을 많이 축열할 수 있어 효과적이다.

답 ②

제4편 소방시설 기초지식

제1장 소화설비 및 소화활동설비

1. 화재의 소화

화재(연소)의 3요소는 가연물, 산소 공급원, 점화원이다. 화재가 발생하였을 때는 가연물 제거나 산소 공급원 차단을 각각 혹은 병행 실시함으로써 소화시킬 수 있다.

냉각 소화	물 등을 뿌려 냉각시킴으로써 발화 온도 이하로 만든다.
질식 소화법	모든 화재에 가장 적당한 소화 방법으로 유류 화재에 많이 이용되며 산소 공급원을 차단시킨다. CO_2 소화설비가 여기에 속한다.
파괴 소화법	화재가 확산되는 것을 막기 위하여 가열물을 파괴함으로써 차단하는 방법이다.
연쇄반응 차단법	연소의 연쇄반응을 분말, 포말, 할론설비 등과 같은 불활성 물질이 억제하여 소화시킨다.
희석 반응	가연물을 희석시키는 방법과 산소를 희석시키는 방법이 있으며, 불활성 기체 소화설비가 여기에 속한다.

2. 화재의 종류 및 소방시설의 종류

1) 화재의 종류

A급 화재 (일반 화재 : 백색)	연소 후 재를 남기는 화재로서 나무, 종이, 섬유 등의 화재이다.
B급 화재(유류 및 가스 화재 : 황색)	석유, 가스 등에 의한 화재로 주로 질식에 의한 소화가 효과가 있다.
C급 화재 (전기 화재 : 청색)	전기에 의한 화재로 주로 질식에 의한 소화가 효과적이며 특히 물에 의한 소화는 금하여야 한다.
D급 화재 (금속 화재 : 무색)	나트륨, 마그네슘 등과 같은 활성 금속에 의한 화재를 말하며 별도로 분류하기도 한다.
K급 화재 (주방 화재)	주방에서 식물성/동물성 식용유나 지방을 포함한 식품조리 중 발생하는 화재이다.

2) 소방시설의 종류

소화설비	옥내소화전, 스프링클러, 물분무, 포말, 분말, CO_2, 할로겐화물
경보설비	자동화재탐지설비, 전기화재경보기, 자동화재속보설비, 비상경보설비
피난설비	미끄럼대, 피난사다리, 완강기, 유도등, 비상조명등
소화용수설비	소화수조, 상수도 소화용수설비 등
소화 활동설비	배연설비, 연결살수설비, 연결 송수관설비, 비상콘센트 등

3. 소화기구

화재 발생 초기에 진화의 목적으로 사용되며, 이동할 수 있고 수동으로 작동시키며 포말, 분말, 이산화탄소 등의 소화기가 있다.

1) 설치 방법
(1) 소방 대상물의 각 부분에서 보행거리가 20m 이내가 되도록 배치한다.(대형 소화기는 30m 이내)
(2) 소화기는 바닥에서 1.5m 이내에 배치한다.
(3) 옥내외 소화전, 스프링클러 설비가 있는 건물은 규정 소화기 수의 2/3를 감할 수 있다. 11층 이상은 그러하지 아니한다.

2) 소화기 종류와 사용 대상 화재
소화기는 사용약제에 따라 다음과 같이 분류하며 총중량은 28kg 이하로 제한하고 있다.
(1) 산, 알칼리 소화기 (2) 이산화탄소 소화기 (3) 포말 소화기
(4) 분말 소화기 (5) 할로겐화물 소화기

4. 옥내소화전설비

옥내소화전 설비는 건물 내에 있는 사람이 화재를 초기에 진압할 목적으로 복도 등에 설치된 것을 말한다.

1) 소화원리
복도 등에 설치된 소화 호스를 화재 시 사람이 수동으로 작동시켜 물을 분사하여 진화시킨다.

2) 설비의 구성요소
수원, 가압송수장치(송수펌프, 압력수조, 고가수조), 배관, 옥내소화전함, 호스, 노즐, 제어 반, 비상전원 등

3) 설치기준

(1) 노즐의 최소 방수 압력 : 0.17MPa, 최대 방수 압력 : 0.7MPa
(2) 표준 방수량 : 130L/min
(3) 노즐의 구경 : 13mm
(4) 호스의 구경 : 40mm
(5) 호스의 길이 : 15m×2개
(6) 소화전 높이 : 바닥에서 1.5m 이내
(7) 설치 간격 : 층마다 설치하되 유효 반경 25m 이하가 되게 한다.
(8) 저수조 용량 : Q=소화전 1개 20분 표준방수량×동시사용개수, 동시사용개수는 각층 소화전 수 중 가장 많은 수를 택한다. 단, 2개 이상일 때는 2개를 기준한다.(소화전 1개의 20분 방수량 : $2.6m^3$)

5. 스프링클러설비

일정 규모 이상의 건물에 가장 일반적으로 이용되고 있으며, 고층건물, 지하층, 무창층 등의 소방차 진입이 곤란한 곳에 설치되어 초기 화재 시 97% 이상을 진화시키는 설비이다.

1) 소화 원리

실내 천장에 장치한 스프링클러 헤드의 용융편이 온도 상승(72℃ 내외)에 의해 녹으면서 자동적으로 물이 분사되어 소화되고, 이때 동시에 화재 경보장치가 작동하여 화재 발생을 알린다.

2) 설비 종류

(1) 폐쇄식

헤드 끝이 막혀 있고 배관 내에는 항상 물이나 압축 공기가 차 있어 용융편이 녹으면 곧바로 물이 방사된다.

❶ **습식(wet system)** 수원에서 헤드까지의 전 배관에 물이 채워져 있어 용융편이 녹자마자 곧바로 물이 방사된다. 가장 일반적으로 사용되며 겨울에는 얼지 않도록 보온이 요구된다. 하지만 이 방식은 동파 및 누수의 우려가 있다. 알람 밸브에서 경보와 제어가 가능하다.

❷ **건식(dry system)** 수원에서 공기 밸브까지만 물이 채워 있고 공기 밸브(경보겸용)에서 헤드까지는 압축공기가 채워 있다가 용융편이 녹으면 공기가 빠져나가면서 자동적으로 공기 밸브가 열려 급수된다. 프리액션 밸브를 이용하여 공기 밸브 전환으로 물이 공급된다.

(2) 개방형

폐쇄형 스프링클러로는 효과가 없거나 접근이 어려운 장소에 개방된 헤드를 설치하고 감지용 스프링클러 헤드에 의해 작동시키거나 혹은 소방차 송수구와 연결하여 소화하는 방식이다.

3) 헤드의 구조

(1) 헤드는 프레임, 반사판(디플렉터), 가용편, 레버 등으로 구성되어 있다.
(2) 온도(72℃ 내외)에 의해 가용편이 용융되는 합금형과 온도에 의해 밀봉된 액체가 팽창하여 유리구가 터지는 밸브형 및 케미칼형 등이 있다.
(3) 헤드의 종류에는 그림과 같은 일반형, 원형, 플러시형 등이 있으며 최근에 사무실 등에는 미관상 플러시형을 많이 채택한다.

[표 3-2] 스프링클러 헤드의 설치실 최고온도에 따른 표시온도(합금형, 휴지 블링크)

표시온도	설치실의 최고 온도	해당실의 종류	헤드의 색깔표시
보통온도 79℃ 미만	39℃ 미만	보통실	없음
중간온도 79~121℃	39~64℃	보일러실 등 화기 취급	백
고온도 121~162℃	64~106℃	건조실	청
초고온도 162℃ 이상	106℃ 이상	고온도 건조실	적

주) 68℃에 녹는 가용 합금의 예 : Bi 50%+Pb 25%+Cd 13%+Sn 12%

4) 설비기준

(1) 헤드 방수압력 : 0.1MPa 이상
(2) 표준 방수량 : 80L/min
(3) 저수량 Q=표준방수량×20분×동시사용개수
(4) 헤드 1개의 소화면적은 $10m^2$로 본다.
(5) 지관 1개에 설치하는 헤드수는 8개 이하이다.
(6) 하향식 헤드를 설치할 경우 헤드에 찌꺼기 유입을 방지하기 위해 회향식 배관을 한다.

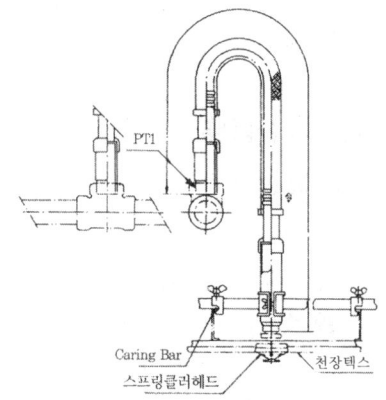

[그림 3-15] 회향식 배관 및 헤드설치도

5) 헤드 설치 간격

(1) 헤드 하나가 소화할 수 있는 면적 10m2 정도이다.
(2) 헤드의 배치 방법에는 정방형과 장방형이 있으며, 설치 간격과 방호 면적(정방형 배치인 경우)은 다음 표와 같다.

[표 3-3] 헤드의 설치 간격과 방호 면적

천장, 지붕, 건물의 구조 등	각 부분에서 수평거리(m)	헤드의 간격(m)	방호 면적(m²)
극장, 특수가연물	1.7	2.4	5.78
준내화 건축	2.1	3.0	8.76
내화 건축	2.3	3.2	10.56

주) 설치하는 헤드의 수는 한 쪽에 8개까지로 한다.
 ※ 11층 이상 일정규모 이상 건물에는 전 층에 스프링클러를 적용하도록 하고 있어 11층 이상 건축되는 아파트는 스프링클러를 전 층에 설치하고 있다(아파트의 헤드 설치 간격은 3.2m 이하).

6. 물분무등소화설비

스프링클러 설비와 유사하지만 물을 미세하게(직경 0.01~3mm) 분무시켜 질식작용과 증발 작용이 활발하여 냉각효과를 증대시켜 소화하는 방식이다.

1) 적용 대상 건물 : 자동차 차고, 주차장, 전기기기, 통신설비, 석유 정제공업 등
2) 살수 각도 : 30~120°
3) 유효 사정 거리 : 1~6m
4) 수원의 저수량 ≥10L/min×20min×바닥면적(m²)
5) 헤드 방수압 : 소화용 0.25~0.7MPa, 방호용 0.15~0.5MPa
6) 방수량 : 10~180L/min

7. 옥외소화전설비

대규모 건물의 화재 시 건물 외부에서 물을 방사하여 소화하는 것으로 주로 1,2층 소화를 목적으로 한다.

1) 설비 종류 및 구성

(1) 종류 : 지상식, 지하식
(2) 구성 : 수원, 가압송수장치, 배관, 옥외소화전함 등

2) 설치 기준

(1) 표준 방수압력 : 0.25MPa
(2) 호스 구경 : 65mm
(3) 표준 방수량 : 350L/min
(4) 수원 저수량 : Q=소화전 1개 표준방수량×20분×사용개수(N), 사용개수 N이 2개가 넘을 때는 2개를 기준으로 한다.

3) 배관경과 최대허용 유량

(1) 65A : 350L/min

(2) 100A : 700L/min

8. 기타 소화설비

1) 드렌처(Drencher)설비

건축물의 창, 외벽, 지붕 등에 노즐을 설치하여 인접 건물 화재 시, 노즐에서의 방수로 인해 수막(Water Curtain)을 형성하여 인접 건물로 인한 화재의 확산을 방지하는 설비이다.

2) 포말 소화설비

포말로 연소면을 덮어서 질식에 의한 소화 작용을 일으킨다.

대상 건물은 주차장, 비행기 격납고, 위험물 저장 탱크 등이며 최근에는 사용 예가 적다.

화학반응식은 $6NaHCO_3$(A제) + $Al_2(SO_4)_3$(B제) → $6CO_2 + 2Al(OH)_3 + 3Na_2SO_4$

3) 분말 소화설비

분말 약제(중조)를 압축저장했다가 화재 시 감지기가 탐지하여 분사 소화하는 방식이다.

(1) 원리   중조($NaHCO_3$)를 연소물에 방사하면 열분해하며 CO_2를 발생한다.

열흡수에 의한 냉각 작용과 CO_2가스에 의한 질식 효과를 노린다.

$$2NaHCO_3 \xrightarrow{\text{열흡수 840kJ/kg}} Na_2CO_3 + CO_2\uparrow + H_2O$$

(2) 대상 건물   난로, 자동차 차고 등 단, Na, K, Mg 등의 금속 화재에는 부적당하다.

(3) 종류   전 지역 방출 방식, 국소 방출 방식, 이동식 방출 방식

4) CO_2 소화설비

탄산가스를 압축액화 저장했다가 화재 시 분사시키므로 냉각 질식 작용에 의해 소화된다.

(1) 무색, 무취이며 전기 절연도가 높다.

(2) 가스 자체의 압력으로 동력이 불필요하다.

(3) 산소 농도 저하에 의한 사람의 질식에 유의할 것

(4) 도서관 서고, 통신기기실, 전자 계산실 등과 같이 사람이 없는 곳에 적용된다.

(5) 전 지역 방출, 국소 방출, 이동식 등이 있다.

5) 할로겐화물 소화설비

(1) 일명 할론 설비라고도 하며 불활성 기체를 이용한 소화설비이다. 사염화탄소와 취화메틸(CH_3Br) 등을 봄베 등에 가압했다 분사하면 증발잠열에 의한 냉각과 불연성의 무거운 가스에 의한 질식작용이 동시에 일어나 효과적인 소화가 된다.

(2) 전자 계산실, 변전실, 자동교환실, 서고 등에 적용되며 국제적인 사용규제 때문에 할론약제는 더 이상 소화약제로 사용이 곤란해졌다. 이에 대한 대책으로 7가지의 청정 소화약제(INER-GEN, NAFS-Ⅲ, FM-200 등)가 적극 권장되고 있다.

9. 제연설비

제연설비는 연기를 제거시켜 피난과 소화활동을 원활하게 할 수 있도록 하는 설비이다.

10. 연결송수관설비

고층 건물의 화재 시 혹은 법정 저수량을 모두 소비하고도 소화되지 않을 경우 소방차에 연결하여 소방차의 물을 건물 내로 공급하는 설비로써 특히 연결 송수관 사이어미즈 커넥션(siamese connection)이라 한다. 설비 기준은 다음과 같다.
(1) 방수구 방수 압력 : 0.35MPa 이상
(2) 방수량 : 450L/min
(3) 송수구, 방수구 구경 : 65mm
(4) 수직주관 구경 : 100mm
(5) 송수구, 방수구 높이 : 0.5~1.0m
(6) 송수구 소방펌프 송수 압력 : 0.7MPa
(7) 70m 이상 건물인 경우 가압송수 장치 필요
 • 펌프, 토출량 : 240L/min 이상 방수구, 3개 이상인 경우 1개당 800L 추가
 • 펌프 양정은 최상층 노즐 선단 압력이 최소한 0.35 MPa가 되도록 한다.

11. 연결살수설비

1) 소화원리

연결 살수설비란 소방관의 진입이 어려운 지하층 등에서 스프링클러 설비와 유사한 개방형 헤드를 설치하고 소방대 전용 송수구를 통해 실내로 물을 공급 살수하여 소화한다.

2) 설비의 구성요소

송수구, 연결살수관, 살수 헤드, 일제개방밸브, 선택밸브

3) 헤드의 유효반경

3.7m 이하

12. 비상콘센트설비

1) 설치기준
(1) 화재로 인해 소방관이 화재 진압을 위해 실내로 진입할 경우, 소화활동에 필요한 전기의 공급(조명 등)을 위해 설치되는 콘센트설비이다.
(2) 11층 이상의 각 층마다 어느 부분에서도 1개의 비상콘센트까지의 수평거리(유효반경)는 50m이하로 한다.
(3) 바닥면에서 0.8~1.5m의 높이에 설치한다.
(4) 1회선에 접속되는 콘센트의 수는 10개 이하로 한다.

2) 설치대상
(1) 지하층을 포함하는 층수가 11층 이상인 소방대상물의 11층 이상의 층
(2) 지하 3층 이상이고 지하층의 바닥면적의 합계가 1,000㎡ 이상인 지하층의 전층

제1장 핵·심·문·제
소화설비 및 소화활동설비

01 소화의 원리

다음 중 소화의 원리에 속하지 않는 것은?

① 냉각소화 ② 질식소화
③ 드렌처   ④ 파괴

해설 소화는 냉각, 질식, 파괴, 연쇄반응 차단, 희석 등에 의해 이루어진다.

답 ③

02 스프링클러 헤드까지의 수평거리

소방대상물이 노인복지시설인 경우, 스프링클러 헤드를 설치하는 천장 등의 각 부분으로부터 하나의 스프링클러 헤드까지의 수평거리는 최대 얼마 이하로 하여야 하는가?(단, 내화구조가 아닌 경우)

① 1.7m   ② 2.1m
③ 2.5m   ④ 3.2m

해설 스프링클러 헤드를 설치하는 천장·반자·천장과 반자사이·덕트·선반 등의 각 부분으로부터 하나의 스프링클러 헤드까지의 수평거리는 다음 각 호와 같이 하여야 한다.
1. 무대부· 특수가연물을 저장 또는 취급하는 장소 : 1.7m 이하
2. 랙크식 창고에 있어서는 2.5m 이하 특수가연물을 저장 랙크식 창고: 1.7 m 이하
3. 아파트에 있어서는 3.2m 이하
4. 기타 소방대상물에 있어서는 2.1m 이하(내화구조로 된 경우에는 2.3m 이하)

답 ②

03 옥내소화전 수원의 저수량

옥내소화전이 1층에 2개, 2층에 3개, 3층에 2개 설치되어 있는 건물이 있다. 이 건물의 옥내소화전 설비의 수원의 저수량은 최소 얼마 이상으로 하여야 하는가?

① $5.2m^3$ ② $7.2m^3$
③ $7.8m^3$ ④ $10.8m^3$

해설 옥내소화전 1개당 수원 130L/min×20분=$2.6m^3$
옥내소화전이 1개층에 2개 이상 설치하는 경우 저수량은 2개×$2.6m^3$ 이상으로 한다.
저수량=2×2.6=$5.2m^3$(최대 2개까지만 산정한다.)

답 ①

04 화재의 분류와 색깔 부호
다음 화재의 분류와 색깔 부호가 잘못 짝지어진 것은?

① A급 화재(일반화재) : 녹색
② B급 화재(유류) : 황색
③ C급 화재(전기) : 청색
④ D급 화재(금속화재) : 무색

해설 A급 화재 : 백색

답 ①

05 옥내소화전 방수 압력
다음의 옥내소화전설비에 관한 기준 내용 중 ( ) 안에 알맞은 것은?

> 하나의 옥내소화전을 사용하는 노즐선단에서의 방수 압력이 (   )을 초과할 경우에는 호스접결구의 인입 측에 감압장치를 설치하여야 한다.

① 0.3MPa
② 0.5MPa
③ 0.7MPa
④ 0.9MPa

해설 옥내소화전 최소 방수 압력 : 0.17MPa, 최대 방수 압력 : 0.7MPa
수압이 0.7MPa 이상이면 사용자가 노즐을 작동하기 어려워 감압장치로 0.7MPa 이하로 조절한다.

답 ③

06 연결송수관설비
연결송수관설비에서 몇 층 이상의 건축물에 쌍구형 방수구로 하여야 하는가?

① 5층
② 9층
③ 11층
④ 13층

해설 11층 이상 방수구는 쌍구형으로 하며 가압송수장치가 필요하다.

답 ③

07 옥내소화전 방수 압력
옥내소화전설비에서 당해 층의 모든 옥내소화전을 동시에 사용하는 경우 노즐 끝 단에서 방수압력으로 옳은 것은?

① 0.07~0.17MPa
② 0.17~0.7MPa
③ 0.37~1.7MPa
④ 1.7~7MPa

해설 옥내소화전 노즐선단 방수압 : 최소 0.17MPa~최대 0.7MPa

답 ②

08 스프링클러 헤드의 설치간격
방화대상물과 스프링클러 헤드의 설치간격(수평거리)의 조합이 틀린 것은?

① 무대부 : 1.7m 이하
② 비내화 건축물 : 2.1m 이하
③ 내화 건축물 : 2.3m 이하
④ 아파트에 있어서는 1.7m 이하

해설 아파트 헤드 설치 간격 3.2m 이하

답 ④

09 인접건물로부터의 화재 확산 방지 설비
건물의 외벽, 창, 지붕 등에 설치하여 인접건물에 화재가 발생했을 때 수막을 형성하여 화재의 연소를 방지하는 설비는?

① 스프링클러설비　　　　　　　② 드렌처설비
③ 연결송수관설비　　　　　　　④ 연결살수설비

해설 ② 드렌처 설비(연소방지 설비) : 건물의 외벽, 창, 지붕 등에 노즐을 설치하여 인접 건물에 화재 발생 시 노즐에서의 방수로 수막(water cutain)을 형성하여 불길이 번져옴을 방지하는 연소방지 설비이다.
③ 연결송수관설비 : 건물 소화수량을 모두 소비하고도 소화되지 않을 경우 소방차에 연결하여 소방차의 물을 건물 내로 공급하는 설비로서 특히 연결송수관설비를 사이어미즈 커넥션(siamese connection)이라 한다. 방수구 방수 압력 : 0.35MPa 이상, 방수량 : 450L/min
④ 연결살수설비 : 소방관의 진입이 어려운 지하층 등에서 스프링클러설비와 유사한 개방형 헤드를 설치하고 소방대 전용 송수구를 통해 실내로 물을 공급 살수하여 소화한다.

답 ②

10 옥내소화전 수원 저수량
3층 건물의 각층에 2개씩 옥내소화전이 설치되어 있는 경우 수원의 수량 계산 방법 중 옳은 것은?

① 6개×7m^3=42m^3　　　　　② 6개×1.7m^3=10.2m^3
③ 2개×1.5m^3=3m^3　　　　　④ 2개×2.6m^3=5.2m^3

해설 옥내소화전 1개당 수원 2.6m^3, 가장 많이 설치된 1개 층을 대상으로 수원 수량을 결정 그러므로 2×2.6m^3=5.2m^3(최대 2개까지만 산정한다.)

답 ④

11 스프링클러 헤드 1개당 소화 가능 면적
일반적으로 스프링클러 헤드 1개가 소화할 수 있는 면적은?

① 5m^2　　　　　　　　　　② 10m^2
③ 16m^2　　　　　　　　　 ④ 20m^2

해설 스프링클러 헤드 1개는 10m^2 정도를 커버하며 가지관 1개에 설치 헤드수는 8개 이내로 한다.

답 ②

12 화재감지기
감지기 주위의 온도가 일정한 농도의 연기를 포함하게 되면 작동하는 감지기는?

① 정온식 감지기　　　　　　　② 보상식 감지기
③ 차동식 감지기　　　　　　　④ 광전식 감지기

해설 연기감지기의 종류에는 광전식, 이온식 등이 있다. 정온식, 보상식, 차동식은 열감지기이다.

답 ④

13 화재감지기
다음 화재감지기 중 연기 발생에 의한 감지기는?
① 스포트형
② 분포형
③ 감지선형
④ 차광식

해설 연기감지기에는 이온식, 광전식(차광식)이 있다.

답 ④

14 소화설비별 표준 방수 압력
다음 각 소화설비에 있어서 각각의 표준 최소 방수 압력으로 틀린 것은?
① 옥내소화전설비 : 0.17MPa
② 연결송수관설비 : 0.25MPa
③ 옥외소화전설비 : 0.25MPa
④ 스프링클러설비 : 0.1MPa

해설 연결송수관설비의 선단 송수 압력은 최소 0.35MPa 이상이다.

답 ②

15 스프링클러 헤드 색깔
고온도에서 작동하는 스프링클러 헤드 색깔은?
① 무색 또는 흑색
② 백색
③ 청색
④ 적색 또는 오렌지색

해설 흑색(79℃ 미만)〈백색(중간온도 79~121℃)〈청색(고온도 121~162℃)〈적색(초고온도 162~204℃)〈녹색(204℃ 이상)

답 ③

16 연결송수관설비
연결송수관설비에 관한 설명 중 옳지 않은 것은?
① 송수구의 위치는 소방펌프 자동차가 용이하게 접근할 수 있는 곳으로 한다.
② 방수구의 설치 높이는 바닥면에서 0.5m 이상 1m 이하로 한다.
③ 방수구연결구의 구경은 50mm로 한다.
④ 연결송수관 전체를 사이어미즈 커넥션 또는 소방대 전용전이라고 한다.

해설 연결송수관설비 설치기준
    a) 방수구 방수 압력 : 0.35MPa 이상, 방수량 : 450L/min
    b) 송수구, 방수구 구경 : 65mm, 송수구, 방수구 높이 : 0.5~1.0m
    c) 수직주관 구경 : 100mm
    d) 송수구 소방펌프 송수 압력 : 0.7MPa

답 ③

17 옥내소화전 수원 저수량

옥내소화전이 1층에 3개, 2층에 4개, 3층에 4개 설비되어 있다. 이 건물의 소화용 저수량은?

① $5.2m^3$
② $10.4m^3$
③ $18.2m^3$
④ $28.0m^3$

해설 옥내소화전 1개당 수원 130L/min×20분=2.6m^3
옥내소화전이 1층에 2개 이상 설치하는 경우 저수량은 2개×2.6m^3 이상으로 한다.
저수량=2×2.6=5.2m^3(최대 2개까지만 산정한다.)

답 ①

18 개방형 스프링클러 설비

다음 중 개방형 스프링클러설비의 적용이 가장 알맞은 곳은?

① 날씨가 추워 동파의 위험이 예상되는 곳
② 도서관의 휴게실 같이 많은 사람이 일시적으로 모이는 곳
③ 천장이 낮은 도서관
④ 천장이 높은 극장의 무대부

해설 개방형은 물이 차있지 않으므로 폐쇄형에 비해 작동은 조금 늦으나 동파우려가 있는 곳에 주로 쓰인다.

답 ①

19 화재감지기

보일러실이나 주방과 같이 온도 변화가 심한 곳에서 실내온도가 일정 온도 이상에서 작동하는 감지기는?

① 정온식
② 차동식
③ 광전식
④ 이온화식

해설 온도변화가 심한 장소에서는 일정 온도 이상에서 작동하는 정온식이 좋다.

답 ①

20 화재감지기

실내 온도 상승속도가 일정 속도 이상일 때 작동하는 열감지기는?

① 차동식
② 정온식
③ 바이메탈식
④ 광전식

해설 차동식 열감지기는 누설공(리크홀)을 이용하여 특정 온도와는 무관하게 일정 온도 상승률 이상에서 작동한다.

답 ①

제4과목

건축설비 관련 법규

제1편 건축법 관련 법규
제2편 에너지계획 수립 관련 법규

건축설비 관련 법규 과목의 법규 내용은 출제빈도가 높은 핵심 부분만 선별하여 요약·정리하였으며, 장마다 핵심문제를 수록하여 시험에 효율적으로 대비하도록 하였습니다.
자세한 법규 내용은 법제처에서 제공하는 관련 법규 본문을 참고하시기 바랍니다.

제1편 관련 법규 검토

제1장 건축법/건축법 시행령/건축법 시행규칙

1. 각종 정의

1) 건축법 제2조(정의)

건축법 제2조(정의)

① 이 법에서 사용하는 용어의 뜻은 다음과 같다.
  1. "대지(垈地)"란 「공간정보의 구축 및 관리 등에 관한 법률」에 따라 각 필지(筆地)로 나눈 토지를 말한다. 다만, 대통령령으로 정하는 토지는 둘 이상의 필지를 하나의 대지로 하거나 하나 이상의 필지의 일부를 하나의 대지로 할 수 있다.
  2. "건축물"이란 토지에 정착(定着)하는 공작물 중 지붕과 기둥 또는 벽이 있는 것과 이에 딸린 시설물, 지하나 고가(高架)의 공작물에 설치하는 사무소·공연장·점포·차고·창고, 그 밖에 대통령령으로 정하는 것을 말한다.
  3. "건축물의 용도"란 건축물의 종류를 유사한 구조, 이용 목적 및 형태별로 묶어 분류한 것을 말한다.
  4. **"건축설비"란 건축물에 설치하는 전기·전화 설비, 초고속 정보통신 설비, 지능형 홈네트워크 설비, 가스·급수·배수(配水)·배수(排水)·환기·난방·냉방·소화(消火)·배연(排煙) 및 오물처리의 설비, 굴뚝, 승강기, 피뢰침, 국기 게양대, 공동시청 안테나, 유선방송 수신시설, 우편함, 저수조(貯水槽), 방범시설, 그 밖에 국토교통부령으로 정하는 설비를 말한다.**
  5. **"지하층"이란 건축물의 바닥이 지표면 아래에 있는 층으로서 바닥에서 지표면까지 평균높이가 해당 층 높이의 2분의 1 이상인 것을 말한다.**
  6. "거실"이란 건축물 안에서 거주, 집무, 작업, 집회, 오락, 그 밖에 이와 유사한 목적을 위하여 사용되는 방을 말한다.
  7. **"주요구조부"란 내력벽(耐力壁), 기둥, 바닥, 보, 지붕틀 및 주계단(主階段)을 말한다. 다만, 사이 기둥, 최하층 바닥, 작은 보, 차양, 옥외 계단, 그 밖에 이와 유사한 것으로 건축물의 구조상 중요하지 아니한 부분은 제외한다.**
  8. "건축"이란 건축물을 신축·증축·개축·재축(再築)하거나 건축물을 이전하는 것을 말한다.
  9. "대수선"이란 건축물의 기둥, 보, 내력벽, 주계단 등의 구조나 외부 형태를 수선·변경하거나 증설하는 것으로서 대통령령으로 정하는 것을 말한다.
  10. **"리모델링"이란 건축물의 노후화를 억제하거나 기능 향상 등을 위하여 대수선하거나 건축물의 일부를 증축 또는 개축하는 행위를 말한다.**
  11. "도로"란 보행과 자동차 통행이 가능한 너비 4미터 이상의 도로(지형적으로 자동차 통행이 불가능한 경우와 막다른 도로의 경우에는 대통령령으로 정하는 구조와 너비의 도로)로서 다음 각 목의 어느 하나에 해당하는 도로나 그 예정도로를 말한다.

가. 「국토의 계획 및 이용에 관한 법률」, 「도로법」, 「사도법」, 그 밖의 관계 법령에 따라 신설 또는 변경에 관한 고시가 된 도로
나. 건축허가 또는 신고 시에 특별시장·광역시장·특별자치시장·도지사·특별자치도지사(이하 "시·도지사"라 한다) 또는 시장·군수·구청장(자치구의 구청장을 말한다. 이하 같다)이 위치를 지정하여 공고한 도로

12. "건축주"란 건축물의 건축·대수선·용도변경, 건축설비의 설치 또는 공작물의 축조(이하 "건축물의 건축등"이라 한다)에 관한 공사를 발주하거나 현장 관리인을 두어 스스로 그 공사를 하는 자를 말한다.
12의2. "제조업자"란 건축물의 건축·대수선·용도변경, 건축설비의 설치 또는 공작물의 축조 등에 필요한 건축자재를 제조하는 사람을 말한다.
12의3. "유통업자"란 건축물의 건축·대수선·용도변경, 건축설비의 설치 또는 공작물의 축조에 필요한 건축자재를 판매하거나 공사현장에 납품하는 사람을 말한다.
13. "설계자"란 자기의 책임(보조자의 도움을 받는 경우를 포함한다)으로 설계도서를 작성하고 그 설계도서에서 의도하는 바를 해설하며, 지도하고 자문에 응하는 자를 말한다.
14. "설계도서"란 건축물의 건축등에 관한 공사용 도면, 구조 계산서, 시방서(示方書), 그 밖에 국토교통부령으로 정하는 공사에 필요한 서류를 말한다.
15. **"공사감리자"란 자기의 책임(보조자의 도움을 받는 경우를 포함한다)으로 이 법으로 정하는 바에 따라 건축물, 건축설비 또는 공작물이 설계도서의 내용대로 시공되는지를 확인하고, 품질관리·공사관리·안전관리 등에 대하여 지도·감독하는 자를 말한다.**
16. "공사시공자"란 「건설산업기본법」 제2조제4호에 따른 건설공사를 하는 자를 말한다.
16의2. "건축물의 유지·관리"란 건축물의 소유자나 관리자가 사용 승인된 건축물의 대지·구조·설비 및 용도 등을 지속적으로 유지하기 위하여 건축물이 멸실될 때까지 관리하는 행위를 말한다.
17. **"관계전문기술자"란 건축물의 구조·설비 등 건축물과 관련된 전문기술자격을 보유하고 설계와 공사감리에 참여하여 설계자 및 공사감리자와 협력하는 자를 말한다.**
18. "특별건축구역"이란 조화롭고 창의적인 건축물의 건축을 통하여 도시경관의 창출, 건설기술 수준향상 및 건축 관련 제도개선을 도모하기 위하여 이 법 또는 관계 법령에 따라 일부 규정을 적용하지 아니하거나 완화 또는 통합하여 적용할 수 있도록 특별히 지정하는 구역을 말한다.
19. **"고층건축물"이란 층수가 30층 이상이거나 높이가 120미터 이상인 건축물을 말한다.**
20. "실내건축"이란 건축물의 실내를 안전하고 쾌적하며 효율적으로 사용하기 위하여 내부 공간을 칸막이로 구획하거나 벽지, 천장재, 바닥재, 유리 등 대통령령으로 정하는 재료 또는 장식물을 설치하는 것을 말한다.
21. "부속구조물"이란 건축물의 안전·기능·환경 등을 향상시키기 위하여 건축물에 추가적으로 설치하는 환기시설물 등 대통령령으로 정하는 구조물을 말한다.

2) 건축법 시행령 제2조(정의)

시행령 제2조(정의)

이 영에서 사용하는 용어의 뜻은 다음과 같다.
1. "신축"이란 건축물이 없는 대지(기존 건축물이 철거되거나 멸실된 대지를 포함한다)에 새로 건축물을 축조(築造)하는 것[부속건축물만 있는 대지에 새로 주된 건축물을 축조하는 것을 포함하되, 개축(改築) 또는 재축(再築)하는 것은 제외한다]을 말한다.
2. "증축"이란 기존 건축물이 있는 대지에서 건축물의 건축면적, 연면적, 층수 또는 높이를 늘리는 것을 말한다.
3. "개축"이란 기존 건축물의 전부 또는 일부[내력벽·기둥·보·지붕틀(제16호에 따른 한옥의 경우

에는 지붕틀의 범위에서 서까래는 제외한다) 중 셋 이상이 포함되는 경우를 말한다]를 철거하고 그 대지에 종전과 같은 규모의 범위에서 건축물을 다시 축조하는 것을 말한다.

4. "**재축**"이란 건축물이 천재지변이나 그 밖의 재해(災害)로 멸실된 경우 그 대지에 다음 각 목의 요건을 모두 갖추어 다시 축조하는 것을 말한다.

   가. 연면적 합계는 종전 규모 이하로 할 것
   나. 동(棟)수, 층수 및 높이는 다음의 어느 하나에 해당할 것
   1) 동수, 층수 및 높이가 모두 종전 규모 이하일 것
   2) 동수, 층수 또는 높이의 어느 하나가 종전 규모를 초과하는 경우에는 해당 동수, 층수 및 높이가 「건축법」(이하 "법"이라 한다), 이 영 또는 건축조례(이하 "법령등"이라 한다)에 모두 적합할 것

5. "**이전**"이란 건축물의 주요구조부를 해체하지 아니하고 같은 대지의 다른 위치로 옮기는 것을 말한다.

14. "**발코니**"란 건축물의 내부와 외부를 연결하는 완충공간으로서 전망이나 휴식 등의 목적으로 건축물 외벽에 접하여 부가적(附加的)으로 설치되는 공간을 말한다. 이 경우 주택에 설치되는 발코니로서 국토교통부장관이 정하는 기준에 적합한 발코니는 필요에 따라 거실·침실·창고 등의 용도로 사용할 수 있다.

15. "**초고층 건축물**"이란 층수가 50층 이상이거나 높이가 200미터 이상인 건축물을 말한다.

15의2. "**준초고층 건축물**"이란 고층건축물 중 초고층 건축물이 아닌 것을 말한다.

17. "**다중이용 건축물**"이란 불특정한 다수의 사람들이 이용하는 건축물로서 다음 각 목의 어느 하나에 해당하는 건축물을 말한다.
    가. 다음의 어느 하나에 해당하는 용도로 쓰는 **바닥면적의 합계가 5천제곱미터 이상인 건축물**
    1) 문화 및 집회시설(동물원 및 식물원은 제외한다)
    2) 종교시설
    3) 판매시설
    4) 운수시설 중 여객용 시설
    5) 의료시설 중 종합병원
    6) 숙박시설 중 관광숙박시설
    나. 16층 이상인 건축물

17의2. "**준다중이용 건축물**"이란 다중이용 건축물 외의 건축물로서 다음 각 목의 어느 하나에 **해당하는 용도로 쓰는 바닥면적의 합계가 1천제곱미터 이상인 건축물**을 말한다.
   가. 문화 및 집회시설(동물원 및 식물원은 제외한다)
   나. 종교시설
   다. 판매시설
   라. 운수시설 중 여객용 시설
   마. 의료시설 중 종합병원
   바. 교육연구시설
   사. 노유자시설
   아. 운동시설
   자. 숙박시설 중 관광숙박시설
   차. 위락시설
   카. 관광 휴게시설
   타. 장례시설

18. "**특수구조 건축물**"이란 다음 각 목의 어느 하나에 해당하는 건축물을 말한다.
   가. 한쪽 끝은 고정되고 다른 끝은 지지(支持)되지 아니한 구조로 된 보·차양 등이 외벽(외벽이 없는 경우에는 외곽 기둥을 말한다)의 중심선으로부터 3미터 이상 돌출된 건축물

나. 기둥과 기둥 사이의 거리(기둥의 중심선 사이의 거리를 말하며, 기둥이 없는 경우에는 내력벽과 내력벽의 중심선 사이의 거리를 말한다. 이하 같다)가 20미터 이상인 건축물
다. 무량판 구조(보가 없이 바닥판·기둥으로 구성된 구조를 말한다. 이하 같다)를 가진 건축물로서 무량판 구조인 어느 하나의 층에 수직으로 배치된 주요구조부의 전체 단면적에서 보가 없이 배치된 기둥의 전체 단면적이 차지하는 비율이 4분의 1 이상인 건축물
라. 특수한 설계·시공·공법 등이 필요한 건축물로서 국토교통부장관이 정하여 고시하는 구조로 된 건축물
19. 법 제2조제1항제21호에서 "환기시설물 등 대통령령으로 정하는 구조물"이란 급기(給氣) 및 배기(排氣)를 위한 건축 구조물의 개구부(開口部)인 환기구를 말한다.

2. 용도별 건축물의 종류[건축법 시행령 별표1]

1. **단독주택**[단독주택의 형태를 갖춘 가정어린이집·공동생활가정·지역아동센터·공동육아나눔터(「아이돌봄 지원법」제19조에 따른 공동육아나눔터를 말한다. 이하 같다)·작은도서관(「도서관법」제4조제2항제1호가목에 따른 작은도서관을 말하며, 해당 주택의 1층에 설치한 경우만 해당한다. 이하 같다) 및 노인복지시설(노인복지주택은 제외한다)을 포함한다.)
   가. **단독주택**
   나. **다중주택** : 다음의 요건을 모두 갖춘 주택을 말한다.
      1) 학생 또는 직장인 등 여러 사람이 장기간 거주할 수 있는 구조로 되어 있는 것
      2) <u>독립된 주거의 형태를 갖추지 않은 것(각 실별로 욕실은 설치할 수 있으나, 취사시설은 설치하지 않은 것을 말한다)</u>
      3) <u>1개 동의 주택으로 쓰이는 바닥면적(부설 주차장 면적은 제외한다. 이하 같다)의 합계가 660제곱미터 이하이고 주택으로 쓰는 층수(지하층은 제외한다)가 3개 층 이하일 것.</u> 다만, 1층의 전부 또는 일부를 필로티 구조로 하여 주차장으로 사용하고 나머지 부분을 주택(주거 목적으로 한정한다) 외의 용도로 쓰는 경우에는 해당 층을 주택의 층수에서 제외한다.
      4) 적정한 주거환경을 조성하기 위하여 건축조례로 정하는 실별 최소 면적, 창문의 설치 및 크기 등의 기준에 적합할 것
   다. **다가구주택** : 다음의 요건을 모두 갖춘 주택으로서 **공동주택에 해당하지 아니하는 것**을 말한다.
      1) <u>주택으로 쓰는 층수(지하층은 제외한다)가 3개 층 이하</u>일 것. 다만, 1층의 전부 또는 일부를 필로티 구조로 하여 주차장으로 사용하고 나머지 부분을 주택(주거 목적으로 한정한다) 외의 용도로 쓰는 경우에는 해당 층을 주택의 층수에서 제외한다.
      2) <u>1개 동의 주택으로 쓰이는 바닥면적의 합계가 660제곱미터 이하일 것</u>
      3) <u>19세대(대지 내 동별 세대수를 합한 세대를 말한다) 이하</u>가 거주할 수 있을 것
   라. **공관(公館)**
2. **공동주택**[공동주택의 형태를 갖춘 가정어린이집·공동생활가정·지역아동센터·공동육아나눔터·작은도서관·노인복지시설(노인복지주택은 제외한다) 및 「주택법 시행령」 제10조제1항제1호에 따른 아파트형 주택을 포함한다]. 다만, 가목이나 나목에서 층수를 산정할 때 1층 전부를 필로티 구조로 하여 주차장으로 사용하는 경우에는 필로티 부분을 층수에서 제외하고, 다목에서 층수를 산정할 때 1층의 전부 또는 일부를 필로티 구조로 하여 주차장으로 사용하고 나머지 부분을 주택(주거 목적으로 한정한다) 외의 용도로 쓰는 경우에는 해당 층을 주택의 층수에서 제외하며, 가목부터 라목까지의 규정에서 층수를 산정할 때 지하층을 주택의 층수에서 제외한다.
   가. **아파트 : 주택으로 쓰는 층수가 5개 층 이상인 주택**
   나. **연립주택 : 주택으로 쓰는 1개 동의 바닥면적**(2개 이상의 동을 지하주차장으로 연결하는 경우에는 각각의 동으로 본다) **합계가 660제곱미터를 초과**하고, **층수가 4개 층 이하**인 주택

다. **다세대주택 : 주택으로 쓰는 1개 동의 바닥면적 합계가 660제곱미터 이하이고, 층수가 4개 층 이하인 주택**(2개 이상의 동을 지하주차장으로 연결하는 경우에는 각각의 동으로 본다)
라. **기숙사** : 다음의 어느 하나에 해당하는 건축물로서 공간의 구성과 규모 등에 관하여 국토교통부장관이 정하여 고시하는 기준에 적합한 것. 다만, 구분소유된 개별 실(室)은 제외한다.
  1) 일반기숙사 : 학교 또는 공장 등의 학생 또는 종업원 등을 위하여 사용하는 것으로서 해당 **기숙사의 공동취사시설 이용 세대 수가 전체 세대 수**(건축물의 일부를 기숙사로 사용하는 경우에는 기숙사로 사용하는 세대 수로 한다. 이하 같다)**의 50퍼센트 이상인 것**(「교육기본법」 제27조제2항에 따른 학생복지주택을 포함한다)
  2) 임대형기숙사 : 「공공주택 특별법」 제4조에 따른 공공주택사업자 또는 「민간임대주택에 관한 특별법」 제2조제7호에 따른 임대사업자가 임대사업에 사용하는 것으로서 임대 목적으로 제공하는 실이 20실 이상이고 해당 기숙사의 공동취사시설 이용 세대 수가 전체 세대 수의 50퍼센트 이상인 것

3. **제1종 근린생활시설**
가. 식품·잡화·의류·완구·서적·건축자재·의약품·의료기기 등 일용품을 판매하는 소매점으로서 같은 건축물(하나의 대지에 두 동 이상의 건축물이 있는 경우에는 이를 같은 건축물로 본다. 이하 같다)에 해당 용도로 쓰는 바닥면적의 합계가 1천 제곱미터 미만인 것
나. 휴게음식점, 제과점 등 음료·차(茶)·음식·빵·떡·과자 등을 조리하거나 제조하여 판매하는 시설(제4호너목 또는 제17호에 해당하는 것은 제외한다)로서 같은 건축물에 해당 용도로 쓰는 바닥면적의 합계가 300제곱미터 미만인 것
다. 이용원, 미용원, 목욕장, 세탁소 등 사람의 위생관리나 의류 등을 세탁·수선하는 시설(세탁소의 경우 공장에 부설되는 것과 「대기환경보전법」, 「물환경보전법」 또는 「소음·진동관리법」에 따른 배출시설의 설치 허가 또는 신고의 대상인 것은 제외한다)
라. **의원, 치과의원, 한의원**, 침술원, 접골원(接骨院), **조산원, 안마원, 산후조리원 등 주민의 진료·치료 등을 위한 시설**
마. 탁구장, 체육도장으로서 같은 건축물에 해당 용도로 쓰는 바닥면적의 합계가 500제곱미터 미만인 것
바. 지역자치센터, 파출소, 지구대, 소방서, 우체국, 방송국, 보건소, 공공도서관, 건강보험공단 사무소 등 주민의 편익을 위하여 공공업무를 수행하는 시설로서 같은 건축물에 해당 용도로 쓰는 바닥면적의 합계가 1천 제곱미터 미만인 것
사. **마을회관**, 마을공동작업소, 마을공동구판장, 공중화장실, 대피소, 지역아동센터(단독주택과 공동주택에 해당하는 것은 제외한다) 등 주민이 공동으로 이용하는 시설
아. 변전소, 도시가스배관시설, 통신용 시설(해당 용도로 쓰는 바닥면적의 합계가 1천제곱미터 미만인 것에 한정한다), 정수장, 양수장 등 주민의 생활에 필요한 에너지공급·통신서비스제공이나 급수·배수와 관련된 시설
자. 금융업소, 사무소, 부동산중개사무소, 결혼상담소 등 소개업소, 출판사 등 일반업무시설로서 같은 건축물에 해당 용도로 쓰는 바닥면적의 합계가 30제곱미터 미만인 것
차. **전기자동차 충전소(해당 용도로 쓰는 바닥면적의 합계가 1천제곱미터 미만인 것으로 한정**한다)
카. 동물병원, 동물미용실 및 「동물보호법」 제73조제1항제2호에 따른 동물위탁관리업을 위한 시설로서 같은 건축물에 해당 용도로 쓰는 바닥면적의 합계가 300제곱미터 미만인 것

4. **제2종 근린생활시설**
가. 공연장(극장, 영화관, 연예장, 음악당, 서커스장, 비디오물감상실, 비디오물소극장, 그 밖에 이와 비슷한 것을 말한다. 이하 같다)으로서 같은 건축물에 해당 용도로 쓰는 바닥면적의 합계가 500제곱미터 미만인 것
나. 종교집회장[교회, 성당, 사찰, 기도원, 수도원, 수녀원, 제실(祭室), 사당, 그 밖에 이와 비슷한 것을 말한다. 이하 같다]으로서 같은 건축물에 해당 용도로 쓰는 바닥면적의 합계가 500제곱미터 미만인 것

다. 자동차영업소로서 같은 건축물에 해당 용도로 쓰는 바닥면적의 합계가 1천제곱미터 미만인 것
라. 서점(제1종 근린생활시설에 해당하지 않는 것)
마. 총포판매소
바. 사진관, 표구점
사. 청소년게임제공업소, 복합유통게임제공업소, 인터넷컴퓨터게임시설제공업소, 가상현실체험 제공업소, 그 밖에 이와 비슷한 게임 및 체험 관련 시설로서 같은 건축물에 해당 용도로 쓰는 바닥면적의 합계가 500제곱미터 미만인 것
아. 휴게음식점, 제과점 등 음료·차(茶)·음식·빵·떡·과자 등을 조리하거나 제조하여 판매하는 시설(너목 또는 제17호에 해당하는 것은 제외한다)로서 같은 건축물에 해당 용도로 쓰는 바닥면적의 합계가 300제곱미터 이상인 것
자. **일반음식점**
차. **장의사, 동물병원,** 동물미용실, 「동물보호법」 제73조제1항제2호에 따른 동물위탁관리업을 위한 시설, 그 밖에 이와 유사한 것(제1종 근린생활시설에 해당하는 것은 제외한다)
카. 학원(자동차학원·무도학원 및 정보통신기술을 활용하여 원격으로 교습하는 것은 제외한다), 교습소(자동차교습·무도교습 및 정보통신기술을 활용하여 원격으로 교습하는 것은 제외한다), 직업훈련소(운전·정비 관련 직업훈련소는 제외한다)로서 같은 건축물에 해당 용도로 쓰는 바닥면적의 합계가 500제곱미터 미만인 것
타. **독서실, 기원**
파. 테니스장, 체력단련장, 에어로빅장, 볼링장, 당구장, 실내낚시터, 골프연습장, 놀이형시설(「관광진흥법」에 따른 기타유원시설업의 시설을 말한다. 이하 같다) 등 주민의 체육 활동을 위한 시설(제3호마목의 시설은 제외한다)로서 같은 건축물에 해당 용도로 쓰는 바닥면적의 합계가 500제곱미터 미만인 것
하. 금융업소, 사무소, 부동산중개사무소, 결혼상담소 등 소개업소, 출판사 등 일반업무시설로서 같은 건축물에 해당 용도로 쓰는 바닥면적의 합계가 500제곱미터 미만인 것(제1종 근린생활시설에 해당하는 것은 제외한다)
거. **다중생활시설**(「다중이용업소의 안전관리에 관한 특별법」에 따른 다중이용업 중 **고시원업**의 시설로서 국토교통부장관이 고시하는 기준과 그 기준에 위배되지 않는 범위에서 적정한 주거환경을 조성하기 위하여 건축조례로 정하는 실별 최소 면적, 창문의 설치 및 크기 등의 기준에 적합한 것을 말한다. 이하 같다)로서 같은 건축물에 해당 용도로 쓰는 바닥면적의 합계가 500제곱미터 미만인 것
너. 제조업소, 수리점 등 물품의 제조·가공·수리 등을 위한 시설로서 같은 건축물에 해당 용도로 쓰는 바닥면적의 합계가 500제곱미터 미만이고, 다음 요건 중 어느 하나에 해당하는 것
　1) 「대기환경보전법」, 「물환경보전법」 또는 「소음·진동관리법」에 따른 배출시설의 설치 허가 또는 신고의 대상이 아닌 것
　2) 「물환경보전법」 제33조제1항 본문에 따라 폐수배출시설의 설치 허가를 받거나 신고해야 하는 시설로서 발생되는 폐수를 전량 위탁처리하는 것
더. **단란주점**으로서 같은 건축물에 해당 용도로 쓰는 **바닥면적의 합계가 150제곱미터 미만인 것**
러. **안마시술소, 노래연습장**
머. 「물류시설의 개발 및 운영에 관한 법률」 제2조제5호의2에 따른 주문배송시설로서 같은 건축물에 해당 용도로 쓰는 바닥면적의 합계가 500제곱미터 미만인 것(같은 법 제21조의2제1항에 따라 물류창고업 등록을 해야 하는 시설을 말한다)

5. 문화 및 집회시설
　가. **공연장**으로서 제2종 근린생활시설에 해당하지 아니하는 것
　나. **집회장**[예식장, 공회당, 회의장, 마권(馬券) 장외 발매소, 마권 전화투표소, 그 밖에 이와 비슷한 것을 말한다]으로서 제2종 근린생활시설에 해당하지 아니하는 것

다. **관람장**(경마장, 경륜장, 경정장, 자동차 경기장, 그 밖에 이와 비슷한 것과 체육관 및 운동장으로서 **관람석의 바닥면적의 합계가 1천 제곱미터 이상인 것**을 말한다)
라. **전시장**(박물관, 미술관, 과학관, 문화관, 체험관, 기념관, 산업전시장, 박람회장, 그 밖에 이와 비슷한 것을 말한다)
마. **동·식물원**(동물원, 식물원, 수족관, 그 밖에 이와 비슷한 것을 말한다)

6. 종교시설
   가. 종교집회장으로서 제2종 근린생활시설에 해당하지 아니하는 것
   나. 종교집회장(제2종 근린생활시설에 해당하지 아니하는 것을 말한다)에 설치하는 봉안당(奉安堂)

7. **판매시설**
   가. **도매시장**(「농수산물유통 및 가격안정에 관한 법률」에 따른 농수산물도매시장, 농수산물공판장, 그 밖에 이와 비슷한 것을 말하며, 그 안에 있는 근린생활시설을 포함한다)
   나. **소매시장**(「유통산업발전법」 제2조제3호에 따른 대규모 점포, 그 밖에 이와 비슷한 것을 말하며, 그 안에 있는 근린생활시설을 포함한다)
   다. **상점**(그 안에 있는 근린생활시설을 포함한다)으로서 다음의 요건 중 어느 하나에 해당하는 것
      1) 제3호가목에 해당하는 용도(서점은 제외한다)로서 제1종 근린생활시설에 해당하지 아니하는 것
      2) 「게임산업진흥에 관한 법률」 제2조제6호의2가목에 따른 청소년게임제공업의 시설, 같은 호 나목에 따른 일반게임제공업의 시설, 같은 조 제7호에 따른 인터넷컴퓨터게임시설제공업의 시설 및 같은 조 제8호에 따른 복합유통게임제공업의 시설로서 제2종 근린생활시설에 해당하지 아니하는 것

8. **운수시설**
   가. 여객자동차터미널
   나. 철도시설
   다. 공항시설
   라. 항만시설
   마. 그 밖에 가목부터 라목까지의 규정에 따른 시설과 비슷한 시설

9. **의료시설**
   가. 병원(종합병원, 병원, 치과병원, 한방병원, 정신병원 및 요양병원을 말한다)
   나. 격리병원(전염병원, 마약진료소, 그 밖에 이와 비슷한 것을 말한다)

10. **교육연구시설**(제2종 근린생활시설에 해당하는 것은 제외한다)
    가. 학교(유치원, 초등학교, 중학교, 고등학교, 전문대학, 대학, 대학교, 그 밖에 이에 준하는 각종 학교를 말한다)
    나. 교육원(연수원, 그 밖에 이와 비슷한 것을 포함한다)
    다. 직업훈련소(운전 및 정비 관련 직업훈련소는 제외한다)
    라. 학원(자동차학원·무도학원 및 정보통신기술을 활용하여 원격으로 교습하는 것은 제외한다), 교습소(자동차교습·무도교습 및 정보통신기술을 활용하여 원격으로 교습하는 것은 제외한다)
    마. 연구소(연구소에 준하는 시험소와 계측계량소를 포함한다)
    바. 도서관

11. 노유자시설
    가. 아동 관련 시설(어린이집, 아동복지시설, 그 밖에 이와 비슷한 것으로서 단독주택, 공동주택 및 제1종 근린생활시설에 해당하지 아니하는 것을 말한다)
    나. 노인복지시설(단독주택과 공동주택에 해당하지 아니하는 것을 말한다)
    다. 그 밖에 다른 용도로 분류되지 아니한 사회복지시설 및 근로복지시설

12. 수련시설
    가. 생활권 수련시설(「청소년활동진흥법」에 따른 청소년수련관, 청소년문화의집, 청소년특화시설, 그 밖에 이와 비슷한 것을 말한다)

나. 자연권 수련시설(「청소년활동진흥법」에 따른 청소년수련원, 청소년야영장, 그 밖에 이와 비슷한 것을 말한다)
다. 「청소년활동진흥법」에 따른 유스호스텔
라. 「관광진흥법」에 따른 야영장 시설로서 제29호에 해당하지 아니하는 시설

13. 운동시설
    가. 탁구장, 체육도장, 테니스장, 체력단련장, 에어로빅장, 볼링장, 당구장, 실내낚시터, 골프연습장, 놀이형시설, 그 밖에 이와 비슷한 것으로서 제1종 근린생활시설 및 제2종 근린생활시설에 해당하지 아니하는 것
    나. 체육관으로서 관람석이 없거나 관람석의 바닥면적이 1천제곱미터 미만인 것
    다. 운동장(육상장, 구기장, 볼링장, 수영장, 스케이트장, 롤러스케이트장, 승마장, 사격장, 궁도장, 골프장 등과 이에 딸린 건축물을 말한다)으로서 관람석이 없거나 관람석의 바닥면적이 1천 제곱미터 미만인 것

14. **업무시설**
    가. 공공업무시설 : 국가 또는 지방자치단체의 청사와 외국공관의 건축물로서 제1종 근린생활시설에 해당하지 아니하는 것
    나. 일반업무시설 : 다음 요건을 갖춘 업무시설을 말한다.
       1) 금융업소, 사무소, 결혼상담소 등 소개업소, 출판사, 신문사, 그 밖에 이와 비슷한 것으로서 제1종 근린생활시설 및 제2종 근린생활시설에 해당하지 않는 것
       2) **오피스텔**(업무를 주로 하며, 분양하거나 임대하는 구획 중 일부 구획에서 숙식을 할 수 있도록 한 건축물로서 국토교통부장관이 고시하는 기준에 적합한 것을 말한다)

15. **숙박시설**
    가. **일반숙박시설 및 생활숙박시설**(「공중위생관리법」 제3조제1항 전단에 따라 숙박업 신고를 해야 하는 시설로서 국토교통부장관이 정하여 고시하는 요건을 갖춘 시설을 말한다)
    나. **관광숙박시설(관광호텔, 수상관광호텔, 한국전통호텔, 가족호텔, 호스텔, 소형호텔, 의료관광호텔 및 휴양 콘도미니엄)**
    다. **다중생활시설**(제2종 근린생활시설에 해당하지 아니하는 것을 말한다)
    라. 그 밖에 가목부터 다목까지의 시설과 비슷한 것

16. **위락시설**
    가. **단란주점으로서 제2종 근린생활시설에 해당하지 아니하는 것**
    나. **유흥주점**이나 그 밖에 이와 비슷한 것
    다. 「관광진흥법」에 따른 유원시설업의 시설, 그 밖에 이와 비슷한 시설(제2종 근린생활시설과 운동시설에 해당하는 것은 제외한다)
    라. 삭제 〈2010.2.18〉
    마. **무도장, 무도학원**
    바. **카지노영업소**

17. 공장
    물품의 제조·가공[염색·도장(塗裝)·표백·재봉·건조·인쇄 등을 포함한다] 또는 수리에 계속적으로 이용되는 건축물로서 제1종 근린생활시설, 제2종 근린생활시설, 위험물저장 및 처리시설, 자동차 관련 시설, 자원순환 관련 시설 등으로 따로 분류되지 아니한 것

18. 창고시설(제2종 근린생활시설에 해당하는 것과 위험물 저장 및 처리 시설 또는 그 부속용도에 해당하는 것은 제외한다)
    가. 창고(물품저장시설로서 「물류정책기본법」에 따른 일반창고와 냉장 및 냉동 창고를 포함한다)
    나. 하역장
    다. 「물류시설의 개발 및 운영에 관한 법률」에 따른 물류터미널
    라. 집배송 시설

19. 위험물 저장 및 처리 시설

「위험물안전관리법」, 「석유 및 석유대체연료 사업법」, 「도시가스사업법」, 「고압가스 안전관리법」, 「액화석유가스의 안전관리 및 사업법」, 「총포·도검·화약류 등 단속법」, 「화학물질 관리법」 등에 따라 설치 또는 영업의 허가를 받아야 하는 건축물로서 다음 각 목의 어느 하나에 해당하는 것. 다만, 자가난방, 자가발전, 그 밖에 이와 비슷한 목적으로 쓰는 저장시설은 제외한다.

　가. 주유소(기계식 세차설비를 포함한다) 및 석유 판매소
　나. 액화석유가스 충전소·판매소·저장소(기계식 세차설비를 포함한다)
　다. 위험물 제조소·저장소·취급소
　라. 액화가스 취급소·판매소
　마. 유독물 보관·저장·판매시설
　바. 고압가스 충전소·판매소·저장소
　사. 도료류 판매소
　아. 도시가스 제조시설
　자. 화약류 저장소
　차. 그 밖에 가목부터 자목까지의 시설과 비슷한 것

20. **자동차 관련 시설**(건설기계 관련 시설을 포함한다)

　가. 주차장
　나. 세차장
　다. 폐차장
　라. 검사장
　마. 매매장
　바. 정비공장
　사. 운전학원 및 정비학원(운전 및 정비 관련 직업훈련시설을 포함한다)
　아. 「여객자동차 운수사업법」, 「화물자동차 운수사업법」 및 「건설기계관리법」에 따른 차고 및 주기장(駐機場)
　자. 전기자동차 충전소로서 제1종 근린생활시설에 해당하지 않는 것

21. 동물 및 식물 관련 시설

　가. 축사(양잠·양봉·양어·양돈·양계·곤충사육 시설 및 부화장 등을 포함한다)
　나. 가축시설[가축용 운동시설, 인공수정센터, 관리사(管理舍), 가축용 창고, 가축시장, 동물검역소, 실험동물 사육시설, 그 밖에 이와 비슷한 것을 말한다]
　다. 도축장
　라. 도계장
　마. 작물 재배사
　바. 종묘배양시설
　사. 화초 및 분재 등의 온실
　아. 동물 또는 식물과 관련된 가목부터 사목까지의 시설과 비슷한 것(동·식물원은 제외한다)

22. 자원순환 관련 시설

　가. 하수 등 처리시설
　나. 고물상
　다. 폐기물재활용시설
　라. 폐기물 처분시설
　마. 폐기물감량화시설

23. 교정시설(제1종 근린생활시설에 해당하는 것은 제외한다)

　가. 교정시설(보호감호소, 구치소 및 교도소를 말한다)
　나. 갱생보호시설, 그 밖에 범죄자의 갱생·보육·교육·보건 등의 용도로 쓰는 시설

다. 소년원 및 소년분류심사원
라. 삭제 〈2023. 5. 15.〉
23의2. 국방·군사시설(제1종 근린생활시설에 해당하는 것은 제외한다)
「국방·군사시설 사업에 관한 법률」에 따른 국방·군사시설
24. 방송통신시설(제1종 근린생활시설에 해당하는 것은 제외한다)
　가. 방송국(방송프로그램 제작시설 및 송신·수신·중계시설을 포함한다)
　나. 전신전화국
　다. 촬영소
　라. 통신용 시설
　마. 데이터센터
　바. 그 밖에 가목부터 마목까지의 시설과 비슷한 것
25. 발전시설
발전소(집단에너지 공급시설을 포함한다)로 사용되는 건축물로서 제1종 근린생활시설에 해당하지 아니하는 것
26. 묘지 관련 시설
　가. 화장시설
　나. 봉안당(종교시설에 해당하는 것은 제외한다)
　다. 묘지와 자연장지에 부수되는 건축물
　라. 동물화장시설, 동물건조장(乾燥葬)시설 및 동물 전용의 납골시설
27. 관광 휴게시설
　가. 야외음악당
　나. 야외극장
　다. 어린이회관
　라. 관망탑
　마. 휴게소
　바. 공원·유원지 또는 관광지에 부수되는 시설
28. 장례시설
　가. 장례식장[의료시설의 부수시설(「의료법」 제36조제1호에 따른 의료기관의 종류에 따른 시설을 말한다)에 해당하는 것은 제외한다]
　나. 동물 전용의 장례식장
29. 야영장 시설
「관광진흥법」에 따른 야영장 시설로서 관리동, 화장실, 샤워실, 대피소, 취사시설 등의 용도로 쓰는 바닥면적의 합계가 300제곱미터 미만인 것

3. 대수선의 범위[건축법 시행령 제3조의2]

제3조의2(대수선의 범위)

법 제2조제1항제9호에서 "대통령령으로 정하는 것"이란 다음 각 호의 어느 하나에 해당하는 것으로서 증축·개축 또는 재축에 해당하지 아니하는 것을 말한다.
1. **내력벽**을 증설 또는 해체하거나 그 벽면적을 **30제곱미터** 이상 수선 또는 변경하는 것
2. **기둥**을 증설 또는 해체하거나 **세 개** 이상 수선 또는 변경하는 것
3. **보**를 증설 또는 해체하거나 **세 개** 이상 수선 또는 변경하는 것
4. **지붕틀**(한옥의 경우에는 지붕틀의 범위에서 서까래는 제외한다)을 증설 또는 해체하거나 **세 개** 이상 수선 또는 변경하는 것
5. **방화벽** 또는 **방화구획**을 위한 바닥 또는 벽을 증설 또는 해체하거나 수선 또는 변경하는 것

6. 주계단·피난계단 또는 특별피난계단을 증설 또는 해체하거나 수선 또는 변경하는 것
7. 삭제 〈2019. 10. 22.〉
8. 다가구주택의 가구 간 경계벽 또는 다세대주택의 세대 간 경계벽을 증설 또는 해체하거나 수선 또는 변경하는 것
9. 건축물의 외벽에 사용하는 마감재료(법 제52조제2항에 따른 마감재료를 말한다)를 증설 또는 해체하거나 벽면적 30제곱미터 이상 수선 또는 변경하는 것

4. 지방건축위원회[건축법 시행령 제5조의5]

제5조의5(지방건축위원회)

① 법 제4조제1항에 따라 특별시·광역시·특별자치시·도·특별자치도(이하 "시·도"라 한다) 및 시·군·구(자치구를 말한다. 이하 같다)에 두는 건축위원회(이하 "지방건축위원회"라 한다)는 다음 각 호의 사항에 대한 심의등을 한다.
  1. 법 제46조제2항에 따른 건축선(建築線)의 지정에 관한 사항
  2. 법 또는 이 영에 따른 조례(해당 지방자치단체의 장이 발의하는 조례만 해당한다)의 제정·개정 및 시행에 관한 중요 사항
  3. 삭제〈2014.11.11〉
  4. 다중이용 건축물 및 특수구조 건축물의 구조안전에 관한 사항
  5. 삭제〈2016.1.19〉
  6. 삭제〈2020.4.21〉
  7. 다른 법령에서 지방건축위원회의 심의를 받도록 한 경우 해당 법령에서 규정한 심의사항
  8. 건축조례로 정하는 건축물의 건축등에 관한 것으로서 특별시장·광역시장·특별자치시장·도지사 또는 특별자치도지사(이하 "시·도지사"라 한다) 및 시장·군수·구청장이 지방건축위원회의 심의가 필요하다고 인정한 사항

5. 리모델링[건축법 시행령 제6조의5]

제6조의5(리모델링이 쉬운 구조 등)

① 법 제8조에서 "대통령령으로 정하는 구조"란 다음 각 호의 요건에 적합한 구조를 말한다. 이 경우 다음 각 호의 요건에 적합한지에 관한 세부적인 판단 기준은 국토교통부장관이 정하여 고시한다.
  1. 각 세대는 인접한 세대와 수직 또는 수평 방향으로 통합하거나 분할할 수 있을 것
  2. 구조체에서 건축설비, 내부 마감재료 및 외부 마감재료를 분리할 수 있을 것
  3. 개별 세대 안에서 구획된 실(室)의 크기, 개수 또는 위치 등을 변경할 수 있을 것
② 법 제8조에서 "대통령령으로 정하는 비율"이란 100분의 120을 말한다. 다만, 건축조례에서 지역별 특성 등을 고려하여 그 비율을 강화한 경우에는 건축조례로 정하는 기준에 따른다.

6. 건축허가

1) 건축법 제11조(건축허가)

건축법 제11조(건축허가)

① 건축물을 건축하거나 대수선하려는 자는 특별자치시장·특별자치도지사 또는 시장·군수·구청장의 허가를 받아야 한다. 다만, 21층 이상의 건축물 등 대통령령으로 정하는 용도 및 규모의 건축물을 특별시나 광역시에 건축하려면 특별시장이나 광역시장의 허가를 받아야 한다.

2) 건축법 시행령 제8조(건축허가)

건축법 시행령 제8조(건축허가)

① 법 제11조제1항 단서에 따라 특별시장 또는 광역시장의 허가를 받아야 하는 건축물의 건축은 층수가 21층 이상이거나 연면적의 합계가 10만 제곱미터 이상인 건축물의 건축(연면적의 10분의 3 이상을 증축하여 층수가 21층 이상으로 되거나 연면적의 합계가 10만 제곱미터 이상으로 되는 경우를 포함한다)을 말한다.

7. 건축허가 신청 시 설계도서[건축법 시행규칙 제6조_별표2]

건축허가신청에 필요한 설계도서

도서의 종류	도서의 축척	표시하여야 할 사항
건축계획서	임의	1. 개요(위치·대지면적 등) 2. 지역·지구 및 도시계획사항 3. 건축물의 규모(건축면적·연면적·높이·층수 등) 4. 건축물의 용도별 면적 5. <u>주차장규모</u> 6. 에너지절약계획서(해당건축물에 한한다) 7. 노인 및 장애인 등을 위한 편의시설 설치계획서(관계법령에 의하여 설치의무가 있는 경우에 한한다)
배치도	임의	1. <u>축척 및 방위</u> 2. <u>대지에 접한 도로의 길이 및 너비</u> 3. <u>대지의 종·횡단면도</u> 4. <u>건축선 및 대지경계선으로부터 건축물까지의 거리</u> 5. <u>주차동선 및 옥외주차계획</u> 6. <u>공개공지 및 조경계획</u>
평면도	임의	1. <u>1층 및 기준층 평면도</u> 2. <u>기둥·벽·창문 등의 위치</u> 3. <u>방화구획 및 방화문의 위치</u> 4. <u>복도 및 계단의 위치</u> 5. <u>승강기의 위치</u>
입면도	임의	1. 2면 이상의 입면계획, 2. 외부마감재료 3. 간판 및 건물번호판의 설치계획(크기·위치)
단면도	임의	1. 종·횡단면도, 2. 건축물의 높이, 각층의 높이 및 반자높이
구조도 (구조안전 확인 또는 내진설계 대상 건축물)	임의	1. 구조내력상 주요한 부분의 평면 및 단면 2. 주요부분의 상세도면 3. 구조안전확인서
구조계산서 (구조안전 확인 또는 내진설계 대상 건축물)	임의	1. 구조계산서 목록표(총괄표, 구조계획서, 설계하중, 주요 구조도, 배근도 등) 2. 구조내력상 주요한 부분의 응력 및 단면 산정 과정 3. 내진설계의 내용(지진에 대한 안전 여부 확인 대상 건축물)
소방설비도	임의	「소방시설설치유지 및 안전관리에 관한 법률」에 따라 소방관서의 장의 동의를 얻어야 하는 건축물의 해당소방 관련 설비

8. 건축허가 사전승인[건축법 시행규칙 제7조_별표3]

대형건축물의 건축허가 사전승인신청 및 건축물 안전영향평가 의뢰시 제출도서의 종류

분야	도서종류	표시하여야 할 사항
설비	건축설비도	1. 비상용 승강기·승용승강기·에스컬레이터·난방설비·환기설비 기타 건축설비의 설비계획 2. 비상조명장치·통신설비 기타 전기설비설치계획
	소방설비도	옥내소화전설비·스프링클러설비·각종 소화설비·옥외소화전설비·동력소방펌프설비·자동화재탐지설비·전기화재경보기·화재속보설비와 유도 등 기타 유도표시 소화용수의 위치 및 수량배연설비·연결살수설비·비상콘센트설비의 설치계획
	상·하수도 계통도	상·하수도의 연결관계, 수조의 위치, 급·배수 등

9. 건축신고[건축법 제14조]

제14조(건축신고)

① 제11조에 해당하는 허가 대상 건축물이라 하더라도 다음 각 호의 어느 하나에 해당하는 경우에는 미리 특별자치시장·특별자치도지사 또는 시장·군수·구청장에게 국토교통부령으로 정하는 바에 따라 신고를 하면 건축허가를 받은 것으로 본다.
  1. 바닥면적의 합계가 85제곱미터 이내의 증축·개축 또는 재축. 다만, 3층 이상 건축물인 경우에는 증축·개축 또는 재축하려는 부분의 바닥면적의 합계가 건축물 연면적의 10분의 1 이내인 경우로 한정한다.
  2. 「국토의 계획 및 이용에 관한 법률」에 따른 관리지역, 농림지역 또는 자연환경보전지역에서 연면적이 200제곱미터 미만이고 3층 미만인 건축물의 건축. 다만, 다음 각 목의 어느 하나에 해당하는 구역에서의 건축은 제외한다.
     가. 지구단위계획구역
     나. 방재지구 등 재해취약지역으로서 대통령령으로 정하는 구역
  3. 연면적이 200제곱미터 미만이고 3층 미만인 건축물의 대수선
  4. 주요구조부의 해체가 없는 등 대통령령으로 정하는 대수선
  5. 그 밖에 소규모 건축물로서 대통령령으로 정하는 건축물의 건축
② 제1항에 따른 건축신고에 관하여는 제11조제5항 및 제6항을 준용한다.
③ 특별자치시장·특별자치도지사 또는 시장·군수·구청장은 제1항에 따른 신고를 받은 날부터 5일 이내에 신고수리 여부 또는 민원 처리 관련 법령에 따른 처리기간의 연장 여부를 신고인에게 통지하여야 한다. 다만, 이 법 또는 다른 법령에 따라 심의, 동의, 협의, 확인 등이 필요한 경우에는 20일 이내에 통지하여야 한다.
④ 특별자치시장·특별자치도지사 또는 시장·군수·구청장은 제1항에 따른 신고가 제3항 단서에 해당하는 경우에는 신고를 받은 날부터 5일 이내에 신고인에게 그 내용을 통지하여야 한다.
⑤ 제1항에 따라 신고를 한 자가 신고일부터 1년 이내에 공사에 착수하지 아니하면 그 신고의 효력은 없어진다. 다만, 건축주의 요청에 따라 허가권자가 정당한 사유가 있다고 인정하면 1년의 범위에서 착수기한을 연장할 수 있다.

10. 용도변경[건축법 제19조, 시행령 제14조]

1) 건축법 제19조(용도변경)

제19조(용도변경)

① **허가 대상** : 제4항 각 호의 어느 하나에 해당하는 시설군(施設群)에 속하는 **건축물의 용도를 상위군(제4항 각 호의 번호가 용도변경하려는 건축물이 속하는 시설군보다 작은 시설군을 말한다)에 해당하는 용도로 변경하는 경우**

② **신고 대상** : 제4항 각 호의 어느 하나에 해당하는 시설군에 속하는 **건축물의 용도를 하위군(제4항 각 호의 번호가 용도변경하려는 건축물이 속하는 시설군보다 큰 시설군을 말한다)에 해당하는 용도로 변경하는 경우**

③ 제4항에 따른 시설군 중 같은 시설군 안에서 용도를 변경하려는 자는 국토교통부령으로 정하는 바에 따라 특별자치시장·특별자치도지사 또는 시장·군수·구청장에게 건축물대장 기재내용의 변경을 신청하여야 한다. 다만, 대통령령으로 정하는 변경의 경우에는 그러하지 아니하다.

④ **시설군은 다음 각 호**와 같고 각 시설군에 속하는 건축물의 세부 용도는 대통령령으로 정한다.
  1. 자동차 관련 시설군
  2. 산업 등의 시설군
  3. 전기통신시설군
  4. 문화 및 집회시설군
  5. 영업시설군
  6. 교육 및 복지시설군
  7. 근린생활시설군
  8. 주거업무시설군
  9. 그 밖의 시설군

⑤ 제2항에 따른 허가나 신고 대상인 경우로서 용도변경하려는 부분의 바닥면적의 합계가 100제곱미터 이상인 경우의 사용승인에 관하여는 제22조를 준용한다. 다만, 용도변경하려는 부분의 바닥면적의 합계가 500제곱미터 미만으로서 대수선에 해당되는 공사를 수반하지 아니하는 경우에는 그러하지 아니하다.

⑥ 제2항에 따른 허가 대상인 경우로서 용도변경하려는 부분의 바닥면적의 합계가 500제곱미터 이상인 용도변경(대통령령으로 정하는 경우는 제외한다)의 설계에 관하여는 제23조를 준용한다.

⑦ 제1항과 제2항에 따른 건축물의 용도변경에 관하여는 제3조, 제5조, 제6조, 제7조, 제11조제2항부터 제9항까지, 제12조, 제14조부터 제16조까지, 제18조, 제20조, 제27조, 제29조, 제35조, 제38조, 제42조부터 제44조까지, 제48조부터 제50조까지, 제50조의2, 제51조부터 제56조까지, 제58조, 제60조부터 제64조까지, 제67조, 제68조, 제78조부터 제87조까지의 규정과 「녹색건축물 조성 지원법」 제15조 및 「국토의 계획 및 이용에 관한 법률」 제54조를 준용한다.

2) 시행령 제14조(용도변경)

제14조(용도변경)

③ 국토교통부장관은 법 제19조제1항에 따른 용도변경을 할 때 적용되는 건축기준을 고시할 수 있다. 이 경우 다른 행정기관의 권한에 속하는 건축기준에 대하여는 미리 관계 행정기관의 장과 협의하여야 한다.

④ 법 제19조제3항 단서에서 "대통령령으로 정하는 변경"이란 다음 각 호의 어느 하나에 해당하는 건축물 상호 간의 용도변경을 말한다. 다만, 별표 1 제3호다목(목욕장만 해당한다)·라목, 같은 표 제4호가목·사목·카목·파목(골프연습장, 놀이형시설만 해당한다)·더목·러목·머목, 같은 표 제7호다목2), 같은 표 제15호가목(생활숙박시설만 해당한다) 및 같은 표 제16호가목·나목에 해당하는 용도로 변경하는 경우는 제외한다.

1. 별표 1의 같은 호에 속하는 건축물 상호 간의 용도변경
2. 「국토의 계획 및 이용에 관한 법률」이나 그 밖의 관계 법령에서 정하는 용도제한에 적합한 범위에서 제1종 근린생활시설과 제2종 근린생활시설 상호 간의 용도변경

⑤ 법 제19조제4항 각 호의 시설군에 속하는 건축물의 용도는 다음 각 호와 같다.
1. 자동차 관련 시설군
   자동차 관련 시설
2. **산업 등 시설군**
   가. 운수시설
   나. 창고시설
   다. 공장
   라. 위험물저장 및 처리시설
   마. 자원순환 관련 시설
   바. 묘지 관련 시설
   사. 장례시설
3. **전기통신시설군**
   가. 방송통신시설
   나. 발전시설
4. **문화집회시설군**
   가. 문화 및 집회시설
   나. 종교시설
   다. 위락시설
   라. 관광휴게시설
5. 영업시설군
   가. 판매시설
   나. 운동시설
   다. 숙박시설
   라. 제2종 근린생활시설 중 다중생활시설
6. **교육 및 복지시설군**
   가. 의료시설
   나. 교육연구시설
   다. 노유자시설(老幼者施設)
   라. 수련시설
   마. 야영장 시설
7. 근린생활시설군
   가. 제1종 근린생활시설
   나. 제2종 근린생활시설(다중생활시설은 제외한다)
8. **주거업무시설군**
   가. 단독주택
   나. 공동주택
   다. 업무시설
   라. 교정시설
   마. 국방·군사시설
9. 그 밖의 시설군
   가. 동물 및 식물 관련 시설

⑥ 기존의 건축물 또는 대지가 법령의 제정·개정이나 제6조의2제1항 각 호의 사유로 법령 등에 부적합하게 된 경우에는 건축조례로 정하는 바에 따라 용도변경을 할 수 있다.
⑦ 법 제19조제6항에서 "대통령령으로 정하는 경우"란 1층인 축사를 공장으로 용도변경하는 경우로서 증축·개축 또는 대수선이 수반되지 아니하고 구조 안전이나 피난 등에 지장이 없는 경우를 말한다.

11. 구조 안전의 확인[건축법 시행령 제32조]

제32조(구조 안전의 확인)

① 법 제48조제2항에 따라 법 제11조제1항에 따른 건축물을 건축하거나 대수선하는 경우 해당 건축물의 설계자는 국토교통부령으로 정하는 구조기준 등에 따라 그 구조의 안전을 확인하여야 한다.
② 제1항에 따라 구조 안전을 확인한 건축물 중 **다음 각 호의 어느 하나에 해당하는 건축물**의 건축주는 해당 건축물의 설계자로부터 구조 안전의 확인 서류를 받아 법 제21조에 따른 착공신고를 하는 때에 그 확인 서류를 허가권자에게 제출하여야 한다. **다만, 표준설계도서에 따라 건축하는 건축물은 제외한다.**
  1. 층수가 2층[주요구조부인 기둥과 보를 설치하는 건축물로서 그 기둥과 보가 목재인 목구조 건축물(이하 "목구조 건축물"이라 한다)의 경우에는 3층] 이상인 건축물
  2. 연면적이 200제곱미터(목구조 건축물의 경우에는 500제곱미터) 이상인 건축물. 다만, 창고, 축사, 작물 재배사는 제외한다.
  3. 높이가 13미터 이상인 건축물
  4. 처마높이가 9미터 이상인 건축물
  5. 기둥과 기둥 사이의 거리가 10미터 이상인 건축물
  6. 건축물의 용도 및 규모를 고려한 중요도가 높은 건축물로서 국토교통부령으로 정하는 건축물
  7. 국가적 문화유산으로 보존할 가치가 있는 건축물로서 국토교통부령으로 정하는 것
  8. 제2조제18호가목, 다목 및 라목의 건축물
     * 가목 : 한쪽 끝은 고정되고 다른 끝은 지지(支持)되지 아니한 구조로 된 보·차양 등이 외벽(외벽이 없는 경우에는 외곽 기둥을 말한다)의 중심선으로부터 3미터 이상 돌출된 건축물
     * 다목 : 무량판 구조(보가 없이 바닥판·기둥으로 구성된 구조를 말한다. 이하 같다)를 가진 건축물로서 무량판 구조인 어느 하나의 층에 수직으로 배치된 주요구조부의 전체 단면적에서 보가 없이 배치된 기둥의 전체 단면적이 차지하는 비율이 4분의 1 이상인 건축물
     * 라목 : 특수한 설계·시공·공법 등이 필요한 건축물로서 국토교통부장관이 정하여 고시하는 구조로 된 건축물
  9. 별표 1 제1호의 단독주택 및 같은 표 제2호의 공동주택
③ 제1항 및 제2항 각 호 외의 부분 본문에도 불구하고 방화·방수·단열 등의 성능 개선을 위해 기존 건축물을 국토교통부령으로 정하는 바에 따라 증축 또는 대수선하는 건축주에 대해서는 다음 각 호의 요건을 모두 갖춘 경우 국토교통부령으로 정하는 바에 따라 구조 안전의 확인 방법을 달리 적용할 수 있다. 다만, 제3조의2제5호에 해당하는 경우에는 제1호를 적용하지 않는다.
  1. 주요구조부의 변경이 없을 것
  2. 법 제48조제1항에 따른 구조내력(構造耐力)의 변경이 국토교통부령으로 정하는 경미한 변경에 해당할 것
④ 제6조제1항제6호다목에 따라 기존 건축물을 건축 또는 대수선하려는 건축주는 법 제5조제1항에 따라 적용의 완화를 요청할 때 구조 안전의 확인 서류를 허가권자에게 제출하여야 한다.

12. 피난안전구역[건축법 시행령 제34조]

제34조(직통계단의 설치)
③ **초고층 건축물에는 피난층 또는** 지상으로 통하는 직통계단과 직접 연결되는 **피난안전구역**(건축물의 피난·안전을 위하여 건축물 중간층에 설치하는 대피공간을 말한다. 이하 같다)을 지상층으로부터 최대 30개 층마다 1개소 이상 설치하여야 한다.

13. 피난계단[건축법 시행령 제35조, 제41조]

1) 건축법 시행령 제35조

제35조(피난계단의 설치)
① 법 제49조제1항에 따라 <u>5층 이상 또는 지하 2층 이하인 층에 설치하는 직통계단은 국토교통부령으로 정하는 기준에 따라 피난계단 또는 특별피난계단으로 설치</u>하여야 한다. <u>다만, 건축물의 주요구조부가 내화구조 또는 불연재료로 되어 있는 경우로서 다음 각 호의 어느 하나에 해당하는 경우에는 그러하지 아니하다.</u>
  <u>1. 5층 이상인 층의 바닥면적의 합계가 200제곱미터 이하인 경우</u>
  <u>2. 5층 이상인 층의 바닥면적 200제곱미터 이내마다 방화구획이 되어 있는 경우</u>
② <u>건축물(갓복도식 공동주택은 제외한다)의 11층(공동주택의 경우에는 16층) 이상인 층(바닥면적이 400제곱미터 미만인 층은 제외한다) 또는 지하 3층 이하인 층(바닥면적이 400제곱미터미만인 층은 제외한다)으로부터 피난층 또는 지상으로 통하는 직통계단은 제1항에도 불구하고 특별피난계단으로 설치</u>하여야 한다.
③ 제1항에서 판매시설의 용도로 쓰는 층으로부터의 직통계단은 그 중 1개소 이상을 특별피난계단으로 설치하여야 한다.
④ 삭제〈1995. 12. 30.〉
⑤ 건축물의 5층 이상인 층으로서 문화 및 집회시설 중 전시장 또는 동·식물원, 판매시설, 운수시설(여객용 시설만 해당한다), 운동시설, 위락시설, 관광휴게시설(다중이 이용하는 시설만 해당한다) 또는 수련시설 중 생활권 수련시설의 용도로 쓰는 층에는 제34조에 따른 직통계단 외에 그 층의 해당 용도로 쓰는 바닥면적의 합계가 2천 제곱미터를 넘는 경우에는 그 넘는 2천 제곱미터 이내마다 1개소의 피난계단 또는 특별피난계단(4층 이하의 층에는 쓰지 아니하는 피난계단 또는 특별피난계단만 해당한다)을 설치하여야 한다.

2) 건축법 시행령 제41조

제41조(대지 안의 피난 및 소화에 필요한 통로 설치)
① 건축물의 대지 안에는 그 건축물 바깥쪽으로 통하는 주된 출구와 지상으로 통하는 피난계단 및 특별피난계단으로부터 도로 또는 공지(공원, 광장, 그 밖에 이와 비슷한 것으로서 피난 및 소화를 위하여 해당 대지의 출입에 지장이 없는 것을 말한다. 이하 이 조에서 같다)로 통하는 통로를 다음 각 호의 기준에 따라 설치하여야 한다.
  1. 통로의 너비는 다음 각 목의 구분에 따른 기준에 따라 확보할 것
     가. 단독주택 : 유효 너비 0.9미터 이상
     나. 바닥면적의 합계가 500제곱미터 이상인 문화 및 집회시설, 종교시설, 의료시설, 위락시설 또는 장례시설 : 유효 너비 3미터 이상
     다. 그 밖의 용도로 쓰는 건축물 : 유효 너비 1.5미터 이상
  2. 필로티 내 통로의 길이가 2미터 이상인 경우에는 피난 및 소화활동에 장애가 발생하지 아니하도록 자동차 진입억제용 말뚝 등 통로 보호시설을 설치하거나 통로에 단차(段差)를 둘 것

② 제1항에도 불구하고 다중이용 건축물, 준다중이용 건축물 또는 층수가 11층 이상인 건축물이 건축되는 대지에는 그 안의 모든 다중이용 건축물, 준다중이용 건축물 또는 층수가 11층 이상인 건축물에 「소방기본법」 제21조에 따른 소방자동차(이하 "소방자동차"라 한다)의 접근이 가능한 통로를 설치하여야 한다. 다만, 모든 다중이용 건축물, 준다중이용 건축물 또는 층수가 11층 이상인 건축물이 소방자동차의 접근이 가능한 도로 또는 공지에 직접 접하여 건축되는 경우로서 소방자동차가 도로 또는 공지에서 직접 소방활동이 가능한 경우에는 그러하지 아니하다.

14. 피난층 사이의 개방 공간[건축법 시행령 제37조]

제37조(지하층과 피난층 사이의 개방공간 설치)
바닥면적의 합계가 3천 제곱미터 이상인 공연장·집회장·관람장 또는 전시장을 지하층에 설치하는 경우에는 각 실에 있는 자가 지하층 각 층에서 건축물 밖으로 피난하여 옥외 계단 또는 경사로 등을 이용하여 피난층으로 대피할 수 있도록 천장이 개방된 외부 공간을 설치하여야 한다.

15. 방화구획 설치 등[건축법 시행령 제46조]

제46조(방화구획 등의 설치)
④ 공동주택 중 아파트로서 4층 이상인 층의 각 세대가 2개 이상의 직통계단을 사용할 수 없는 경우에는 발코니(발코니의 외부에 접하는 경우를 포함한다)에 인접 세대와 공동으로 또는 각 세대별로 **다음 각 호의 요건을 모두 갖춘 대피공간을 하나 이상 설치**해야 한다. 이 경우 인접 세대와 공동으로 설치하는 대피공간은 인접 세대를 통하여 2개 이상의 직통계단을 쓸 수 있는 위치에 우선 설치되어야 한다.
  1. **대피공간은 바깥의 공기와 접할 것**
  2. **대피공간은 실내의 다른 부분과 방화구획으로 구획될 것**
  3. **대피공간의 바닥면적은 인접 세대와 공동으로 설치하는 경우에는 3제곱미터 이상, 각 세대별로 설치하는 경우에는 2제곱미터 이상일 것**
  4. **대피공간으로 통하는 출입문은 제64조제1항제1호에 따른 60분+ 방화문으로 설치할 것**
  5. 국토교통부장관이 정하는 기준에 적합할 것

16. 옥상광장등의 설치[건축법 시행령 제40조]

제40조(옥상광장 등의 설치)
① 옥상광장 또는 2층 이상인 층에 있는 노대등[노대(露臺)나 그 밖에 이와 비슷한 것을 말한다. 이하 같다]의 주위에는 **높이 1.2미터 이상의 난간을 설치**하여야 한다. 다만, 그 노대등에 출입할 수 없는 구조인 경우에는 그러하지 아니하다.
② 5층 이상인 층이 제2종 근린생활시설 중 공연장·종교집회장·인터넷컴퓨터게임시설제공업소(해당 용도로 쓰는 바닥면적의 합계가 각각 300제곱미터 이상인 경우만 해당한다), **문화 및 집회시설**(전시장 및 동·식물원은 제외한다), 종교시설, 판매시설, 위락시설 중 주점영업 또는 장례시설의 용도로 쓰는 경우에는 **피난 용도로 쓸 수 있는 광장을 옥상에 설치하여야 한다.**
③ 다음 각 호의 어느 하나에 해당하는 건축물은 옥상으로 통하는 출입문에 「소방시설 설치 및 관리에 관한 법률」 제40조제1항에 따른 성능인증 및 같은 조 제2항에 따른 제품검사를 받은 **비상문자동개폐장치**(화재 등 비상시에 소방시스템과 연동되어 잠김 상태가 자동으로 풀리는 장치를 말한다)를 **설치**해야 한다.
  1. 제2항에 따라 피난 용도로 쓸 수 있는 광장을 옥상에 설치해야 하는 건축물

2. 피난 용도로 쓸 수 있는 광장을 옥상에 설치하는 다음 각 목의 건축물
   가. 다중이용 건축물
   나. 연면적 1천제곱미터 이상인 공동주택
④ 층수가 11층 이상인 건축물로서 11층 이상인 층의 바닥면적의 합계가 1만 제곱미터 이상인 건축물의 옥상에는 다음 각 호의 구분에 따른 공간을 확보하여야 한다.
   1. 건축물의 지붕을 평지붕으로 하는 경우 : 헬리포트를 설치하거나 헬리콥터를 통하여 인명 등을 구조할 수 있는 공간
   2. 건축물의 지붕을 경사지붕으로 하는 경우 : 경사지붕 아래에 설치하는 대피공간
⑤ 제4항에 따른 헬리포트를 설치하거나 헬리콥터를 통하여 인명 등을 구조할 수 있는 공간 및 경사지붕 아래에 설치하는 대피공간의 설치기준은 국토교통부령으로 정한다.

17. 내화구조[건축법 시행령 제56조]

제56조(건축물의 내화구조)

① 법 제50조제1항 본문에 따라 다음 각 호의 어느 하나에 해당하는 건축물(제5호에 해당하는 건축물로서 2층 이하인 건축물은 지하층 부분만 해당한다)의 주요구조부와 지붕은 내화구조로 해야 한다. 다만, 연면적이 50제곱미터 이하인 단층의 부속건축물로서 외벽 및 처마 밑면을 방화구조로 한 것과 무대의 바닥은 그렇지 않다.
   1. 제2종 근린생활시설 중 공연장·종교집회장(해당 용도로 쓰는 바닥면적의 합계가 각각 300제곱미터 이상인 경우만 해당한다), 문화 및 집회시설(전시장 및 동·식물원은 제외한다), 종교시설, 위락시설 중 주점영업 및 장례시설의 용도로 쓰는 건축물로서 관람실 또는 집회실의 바닥면적의 합계가 200제곱미터(옥외관람석의 경우에는 1천 제곱미터) 이상인 건축물
   2. 문화 및 집회시설 중 전시장 또는 동·식물원, 판매시설, 운수시설, 교육연구시설에 설치하는 체육관·강당, 수련시설, 운동시설 중 체육관·운동장, 위락시설(주점영업의 용도로 쓰는 것은 제외한다), 창고시설, 위험물저장 및 처리시설, 자동차 관련 시설, 방송통신시설 중 방송국·전신전화국·촬영소, 묘지 관련 시설 중 화장시설·동물화장시설 또는 관광휴게시설의 용도로 쓰는 건축물로서 그 용도로 쓰는 바닥면적의 합계가 500제곱미터 이상인 건축물
   3. 공장의 용도로 쓰는 건축물로서 그 용도로 쓰는 바닥면적의 합계가 2천 제곱미터 이상인 건축물. 다만, 화재의 위험이 적은 공장으로서 국토교통부령으로 정하는 공장은 제외한다.
   4. 건축물의 2층이 단독주택 중 다중주택 및 다가구주택, 공동주택, 제1종 근린생활시설(의료의 용도로 쓰는 시설만 해당한다), 제2종 근린생활시설 중 다중생활시설, 의료시설, 노유자시설 중 아동 관련 시설 및 노인복지시설, 수련시설 중 유스호스텔, 업무시설 중 오피스텔, 숙박시설 또는 장례시설의 용도로 쓰는 건축물로서 그 용도로 쓰는 바닥면적의 합계가 400제곱미터 이상인 건축물
   5. 3층 이상인 건축물 및 지하층이 있는 건축물. 다만, 단독주택(다중주택 및 다가구주택은 제외한다), 동물 및 식물 관련 시설, 발전시설(발전소의 부속용도로 쓰는 시설은 제외한다), 교도소·소년원 또는 묘지 관련 시설(화장시설 및 동물화장시설은 제외한다)의 용도로 쓰는 건축물과 철강 관련 업종의 공장 중 제어실로 사용하기 위하여 연면적 50제곱미터 이하로 증축하는 부분은 제외한다.
② 법 제50조제1항 단서에 따라 막구조의 건축물은 주요구조부에만 내화구조로 할 수 있다.

18. 배연설비[건축법 시행령 제51조]

제51조(거실의 채광 등)

① 법 제49조제2항 본문에 따라 단독주택 및 공동주택의 거실, 교육연구시설 중 학교의 교실, 의료시설의 병실 및 숙박시설의 객실에는 국토교통부령으로 정하는 기준에 따라 채광 및 환기를 위한 창문등이나 설비를 설치해야 한다.

② 법 제49조제2항 본문에 따라 <u>다음 각 호에 해당하는 건축물의 거실(피난층의 거실은 제외한다)에는 배연설비를 해야 한다.</u>

1. **6층 이상인 건축물**로서 다음 각 목의 어느 하나에 해당하는 용도로 쓰는 건축물
   가. <u>제2종 근린생활시설 중 공연장, 종교집회장, 인터넷컴퓨터게임시설제공업소 및 다중생활시설</u>(공연장, 종교집회장 및 인터넷컴퓨터게임시설제공업소는 해당 용도로 쓰는 바닥면적의 합계가 각각 300제곱미터 이상인 경우만 해당한다)
   나. 문화 및 집회시설
   다. 종교시설
   라. 판매시설
   마. 운수시설
   바. 의료시설(요양병원 및 정신병원은 제외한다)
   사. 교육연구시설 중 연구소
   아. 노유자시설 중 아동 관련 시설, 노인복지시설(노인요양시설은 제외한다)
   자. 수련시설 중 유스호스텔
   차. 운동시설
   카. 업무시설
   타. 숙박시설
   파. 위락시설
   하. 관광휴게시설
   거. 장례시설
2. <u>다음 각 목의 어느 하나에 해당하는 용도로 쓰는 건축물</u>
   가. 의료시설 중 요양병원 및 정신병원
   나. 노유자시설 중 노인요양시설·장애인 거주시설 및 장애인 의료재활시설
   다. 제1종 근린생활시설 중 산후조리원

19. 방화문의 구분[건축법 시행령 제64조]

제64조(방화문의 구분)

① 방화문은 다음 각 호와 같이 구분한다.
   1. <u>60분+ 방화문: 연기 및 불꽃을 차단할 수 있는 시간이 60분 이상이고, 열을 차단할 수 있는 시간이 30분 이상인 방화문</u>
   2. <u>60분 방화문: 연기 및 불꽃을 차단할 수 있는 시간이 60분 이상인 방화문</u>
   3. <u>30분 방화문: 연기 및 불꽃을 차단할 수 있는 시간이 30분 이상 60분 미만인 방화문</u>

② 제1항 각 호의 구분에 따른 방화문 인정 기준은 국토교통부령으로 정한다.

20. 승강기[건축법 제64조, 건축법 시행령 제90조]

1) 건축법 제64조

제64조(승강기)

① <u>건축주는 6층 이상으로서 연면적이 2천제곱미터 이상인 건축물(대통령령으로 정하는 건축물은 제외한다)을 건축하려면 승강기를 설치하여야 한다.</u> 이 경우 승강기의 규모 및 구조는 국토교통부령으로 정한다.

② <u>높이 31미터를 초과하는 건축물에는 대통령령으로 정하는 바에 따라 제1항에 따른 승강기뿐만 아니라 비상용 승강기를 추가로 설치하여야 한다.</u> 다만, 국토교통부령으로 정하는 건축물의 경우에는 그러하지 아니하다.

③ 고층건축물에는 제1항에 따라 건축물에 설치하는 승용승강기 중 1대 이상을 대통령령으로 정하는 바에 따라 피난용승강기로 설치하여야 한다.

2) 건축법 시행령 제90조

제90조(비상용 승강기의 설치)

① 법 제64조제2항에 따라 <u>높이 31미터를 넘는 건축물</u>에는 다음 각 호의 기준에 따른 대수 이상의 <u>비상용 승강기</u>(비상용 승강기의 승강장 및 승강로를 포함한다. 이하 이 조에서 같다)를 설치하여야 한다. 다만, 법 제64조제1항에 따라 설치되는 승강기를 비상용 승강기의 구조로 하는 경우에는 그러하지 아니하다.

  1. <u>높이 31미터를 넘는 각 층의 바닥면적 중 최대 바닥면적이 1천500제곱미터 이하인 건축물: 1대 이상</u>

  2. <u>높이 31미터를 넘는 각 층의 바닥면적 중 최대 바닥면적이 1천500제곱미터를 넘는 건축물: 1대에 1천500제곱미터를 넘는 3천 제곱미터 이내마다 1대씩 더한 대수 이상</u>

② 제1항에 따라 2대 이상의 비상용 승강기를 설치하는 경우에는 화재가 났을 때 소화에 지장이 없도록 일정한 간격을 두고 설치하여야 한다.

③ 건축물에 설치하는 비상용 승강기의 구조 등에 관하여 필요한 사항은 국토교통부령으로 정한다.

21. 지능형 건축물[건축법 제65조의2]

제65조의2(지능형건축물의 인증)

① 국토교통부장관은 지능형건축물[Intelligent Building]의 건축을 활성화하기 위하여 지능형건축물 인증제도를 실시한다.

② <u>국토교통부장관은 제1항에 따른 지능형건축물의 인증을 위하여 인증기관을 지정할 수 있다.</u>

③ 지능형건축물의 인증을 받으려는 자는 제2항에 따른 인증기관에 인증을 신청하여야 한다.

④ 국토교통부장관은 건축물을 구성하는 설비 및 각종 기술을 최적으로 통합하여 건축물의 생산성과 설비 운영의 효율성을 극대화할 수 있도록 다음 각 호의 사항을 포함하여 지능형건축물 인증기준을 고시한다.

  1. 인증기준 및 절차

  2. 인증표시 홍보기준

  3. 유효기간

  4. 수수료

  5. 인증 등급 및 심사기준 등

⑤ 제2항과 제3항에 따른 인증기관의 지정 기준, 지정 절차 및 인증 신청 절차 등에 필요한 사항은 국토교통부령으로 정한다.

⑥ 허가권자는 지능형건축물로 인증을 받은 건축물에 대하여 제42조에 따른 조경설치면적을 <u>100분의 85까지 완화하여 적용할 수 있으며, 제56조 및 제60조에 따른 용적률 및 건축물의 높이를 100분의 115의 범위에서 완화하여 적용할 수 있다.</u>

22. 건축설비의 원칙[건축법 시행령 제87조]

제87조(건축설비 설치의 원칙)
② 건축물에 설치하는 급수·배수·냉방·난방·환기·피뢰 등 **건축설비의 설치**에 관한 기술적 기준은 **국토교통부령으로 정하되, 에너지** 이용 합리화와 관련한 건축설비의 기술적 기준에 관하여는 **기후에너지환경부장관과 협의**하여 정한다.
④ 건축물에는 방송수신에 지장이 없도록 공동시청 안테나, 유선방송 수신시설, 위성방송 수신설비, 에프엠(FM)라디오방송 수신설비 또는 방송 공동수신설비를 설치할 수 있다. 다만, <u>**다음 각 호의 건축물에는 방송 공동수신설비를 설치하여야 한다.**</u>
  1. <u>공동주택</u>
  2. <u>바닥면적의 합계가 5천제곱미터 이상으로서 업무시설이나 숙박시설의 용도로 쓰는 건축물</u>

23. 관계전문기술자와의 협력[건축법 시행령 제91조의3]

제91조의3(관계전문기술자와의 협력)
② <u>**연면적 1만제곱미터 이상인 건축물**(창고시설은 제외한다)</u> 또는 에너지를 대량으로 소비하는 건축물로서 국토교통부령으로 정하는 건축물에 건축설비를 설치하는 경우에는 국토교통부령으로 정하는 바에 따라 다음 각 호의 구분에 따른 **관계전문기술자의 협력**을 받아야 한다.
  1. <u>전기, 승강기(전기 분야만 해당한다) 및 피뢰침 : 「기술사법」에 따라 등록한 건축전기설비기술사 또는 발송배전기술사</u>
  2. <u>급수·배수(配水)·배수(排水)·환기·난방·소화·배연·오물처리 설비 및 승강기(기계 분야만 해당한다) : 「기술사법」에 따라 등록한 건축기계설비기술사 또는 공조냉동기계기술사</u>
  3. <u>가스설비 : 「기술사법」에 따라 등록한 건축기계설비기술사, 공조냉동기계기술사 또는 가스기술사</u>
⑦ 제1항부터 제6항까지의 규정에 따라 설계자 또는 공사감리자에게 협력한 관계전문기술자는 공사현장을 확인하고, 그가 작성한 설계도서 또는 감리중간보고서 및 감리완료보고서에 설계자 또는 공사감리자와 함께 서명날인하여야 한다.

핵·심·문·제

건축법/건축법 시행령/건축법 시행규칙

01 각종 정의
다음 중 다중이용건축물에 속하지 않는 것은? (단, 16층 미만인 건축물)

① 종교시설로 쓰는 바닥면적의 합계가 5000㎡ 이상인 건축물
② 판매시설로 쓰는 바닥면적의 합계가 5000㎡ 이상인 건축물
③ 업무시설로 쓰는 바닥면적의 합계가 5000㎡ 이상인 건축물
④ 의료시설 중 종합병원으로 쓰는 바닥면적의 합계가 5000㎡ 이상인 건축물

해설 "다중이용 건축물"이란 불특정한 다수의 사람들이 이용하는 건축물로서 다음 각 목의 어느 하나에 해당하는 건축물을 말한다.
　가. 다음의 어느 하나에 해당하는 용도로 쓰는 바닥면적의 합계가 5천제곱미터 이상인 건축물
　　　1) 문화 및 집회시설(동물원 및 식물원은 제외한다)
　　　2) 종교시설　　　3) 판매시설　　　4) 운수시설 중 여객용 시설
　　　5) 의료시설 중 종합병원　　　6) 숙박시설 중 관광숙박시설
　나. 16층 이상인 건축물

답 ③

02 각종 정의
건축법령상 초고층 건축물의 정의로 옳은 것은?

① 층수가 50층 이상이거나 높이가 150m 이상인 건축물
② 층수가 50층 이상이거나 높이가 200m 이상인 건축물
③ 층수가 60층 이상이거나 높이가 150m 이상인 건축물
④ 층수가 60층 이상이거나 높이가 240m 이상인 건축물

해설 "초고층 건축물"이란 층수가 50층 이상이거나 높이가 200미터 이상인 건축물을 말한다.

답 ②

03 각종 정의
건축법령상 다음과 같이 정의되는 용어는?

> 건축물이 천재지변이나 그 밖의 재해로 멸실된 경우 그 대지에 종전과 같은 규모의 범위에서 다시 축조하는 것

① 증축　　　　　　　　　　② 재축
③ 개축　　　　　　　　　　④ 대수선

해설 재축
건축물이 천재지변이나 그 밖의 재해(災害)로 멸실된 경우 그 대지에 다음 각 목의 요건을 모두 갖추어 다시 축조하는 것을 말한다.

답 ②

04 각종 정의
건축법령상 다음과 같이 정의되는 용어는?

> 건축물의 내부와 외부를 연결하는 완충공간으로서 전망이나 휴식 등을 목적으로 건축물 외벽에 접하여 부가적으로 설치되는 공간을 말한다.

① 테라스 ② 발코니
③ 피난층 ④ 피난안전구역

해설 발코니
건축물의 내부와 외부를 연결하는 완충공간으로서 전망이나 휴식 등의 목적으로 건축물 외벽에 접하여 부가적(附加的)으로 설치되는 공간을 말한다. 이 경우 주택에 설치되는 발코니로서 국토교통부장관이 정하는 기준에 적합한 발코니는 필요에 따라 거실·침실·창고 등의 용도로 사용할 수 있다.

답 ②

05 각종 정의
다음은 건축법상 지하층의 정의이다. ( ) 안에 알맞은 것은?

> "지하층"이란 건축물의 바닥이 지표면 아래에 있는 층으로서 바닥에서 지표면까지 평균 높이가 해당 층 높이의 ( ) 이상인 것을 말한다.

① 2분의 1 ② 3분의 1
③ 4분의 1 ④ 3분의 2

해설 "지하층"이란 건축물의 바닥이 지표면 아래에 있는 층으로서 바닥에서 지표면까지 평균높이가 해당 층 높이의 2분의 1 이상인 것을 말한다.

답 ①

06 각종 정의
건축법령상 다음과 같이 정의되는 용어는?

> 건축물의 노후화를 억제하거나 기능 향상 등을 위하여 대수선하거나 건축물의 일부를 증축 또는 개축하는 행위를 말한다.

① 재축 ② 리빌딩
③ 리모델링 ④ 리노베이션

해설 건축법 제2조(정의)에 제시된 리모델링에 대한 설명이다.

답 ③

07 각종 정의
건축법상 다음과 같이 정의되는 용어는?

> 자기의 책임으로 이 법으로 정하는 바에 따라 건축물, 건축설비 또는 공작물이 설계도서의 내용대로 시공되는지를 확인하고, 품질관리·공사관리·안전관리 등에 대하여 지도·감독하는 자

① 건축주 ② 설계자
③ 공사감리자 ④ 공사시공자

해설 건축법 제2조(정의)에 제시된 공사감리자에 대한 설명이다.

답 ③

08 각종 정의
건축법령상 주요구조부에 속하지 않는 것은?

① 바닥 ② 지붕틀
③ 내력벽 ④ 옥외계단

해설 "주요구조부"란 내력벽(耐力壁), 기둥, 바닥, 보, 지붕틀 및 주계단(主階段)을 말한다. 다만, 사이 기둥, 최하층 바닥, 작은 보, 차양, 옥외 계단, 그 밖에 이와 유사한 것으로 건축물의 구조상 중요하지 아니한 부분은 제외한다.

답 ④

09 용도별 건축물의 종류
건축법령상 다음과 같이 정의되는 것은?

> 주택으로 쓰는 1개의 동의 바닥면적 합계가 660m² 이하이고, 층수가 4개 층 이하인 주택

① 연립주택 ② 다중주택
③ 다세대주택 ④ 다가구주택

해설 연립주택 660m² 초과, 다중 및 다가구주택 3층 이하

답 ③

10 용도별 건축물의 종류
다음은 건축법령상 다세대주택의 정의이다. (   ) 안에 알맞은 것은?

> 주택으로 쓰는 1개 동의 바닥면적 합계가 (㉠)제곱미터 이하이고, 층수가 (㉡) 개층 이하인 주택

① ㉠ 330, ㉡ 4 ② ㉠ 330, ㉡ 6
③ ㉠ 660, ㉡ 4 ④ ㉠ 660, ㉡ 6

해설 다세대 주택
주택으로 쓰는 1개 동의 바닥면적 합계가 660제곱미터 이하이고, 층수가 4개 층 이하인 주택(2개 이상의 동을 지하주차장으로 연결하는 경우에는 각각의 동으로 본다)

답 ③

11 용도별 건축물의 종류
건축법령상 의료시설에 속하는 것은?
① 한의원
② 요양병원
③ 치과의원
④ 동물병원

해설 한의원, 치과의원 1종 근린생활시설, 동물병원 2종 근린생활시설

답 ②

12 용도별 건축물의 종류
건축법령상 제1종 근린생활시설에 속하지 않는 것은?
① 세탁소
② 한의원
③ 마을회관
④ 일반음식점

해설 일반음식점은 제2종 근린생활시설이다.

답 ④

13 용도별 건축물의 종류
건축법령상 제2종 근린생활시설에 속하지 않는 것은?
① 한의원
② 동물병원
③ 노래연습장
④ 일반음식점

해설 한의원은 제1종 근린생활시설이다.

답 ①

14 대수선의 범위
다음 중 대수선의 범위에 속하지 않는 것은?
① 기둥 3개를 수선 또는 변경하는 것
② 특별피난계단을 증설 또는 해체하는 것
③ 방화벽 또는 방화구획을 위한 바닥을 증설하는 것
④ 내력벽의 벽면적 20㎡를 수선 또는 변경하는 것

해설 내력벽을 증설 또는 해체하거나 그 벽면적을 30제곱미터 이상 수선 또는 변경하는 것이 대수선의 범위에 포함된다.

답 ④

15 지방건축위원회
건축법령상 시·군·구에 두는 건축위원회 심의 사항에 속하지 않는 것은?
① 건축선의 지정에 관한 사항
② 층수가 16층인 건축물의 건축에 관한 사항
③ 건축물의 건축등과 관련된 분쟁의 조정 또는 재정에 관한 사항
④ 판매시설로서 해당 용도에 쓰는 바닥면적의 합계가 5000㎡인 건축물의 건축에 관한 사항

해설 건축선의 지정(보기 ①)과 다중이용건축물(보기 ②, ④), 특수구조 건축물의 구조안전에 관한 사항 등을 다루며, 건축물의 건축등과 관련된 분쟁의 조정 또는 재정에 관한 사항은 다루지 않는다.

답 ③

16 리모델링

건축법령상 리모델링이 쉬운 구조에 속하지 않는 것은? (단, 공동주택은 제외)

① 개별세대 안에서 구획된 실의 크기, 개수 또는 위치 등을 변경할 수 있을 것
② 구조체에서 건축설비, 내부 마감재료 및 외부 마감재료를 분리할 수 있을 것
③ 각 층에서 시공된 보, 기둥 등의 구조부재의 개수 또는 위치를 변경할 수 있을 것
④ 각 세대는 인접한 세대와 수직 또는 수평 방향으로 통합하거나 분할할 수 있을 것

해설 ③은 건축법령상 리모델링 쉬운 구조에 해당하지 않는다.

답 ③

17 건축허가

다음은 건축법상 건축허가에 관한 기준 내용이다. ( ) 안에 알맞은 것은?

> 건축물을 건축하거나 대수선하려는 자는 특별자치시장, 특별자치도지사 또는 시장, 군수, 구청장의 허가를 받아야 한다. 다만, ( ) 이상의 건축물 등 대통령령으로 정하는 용도 및 규모의 건축물을 특별시나 광역시에 건축하려면 특별시장이나 광역시장의 허가를 받아야 한다.

① 6층
② 11층
③ 16층
④ 21층

해설 21층 이상 건축물이 해당된다.

답 ④

18 건축허가 신청 시 설계도서

건축허가신청에 필요한 설계도서 중 배치도에 표시하여야 할 사항에 속하지 않는 것은?

① 주차장 규모
② 축척 및 방위
③ 공개공지 및 조경계획
④ 주차동선 및 옥외주차계획

해설 배치도 표시사항
1. 축척 및 방위
2. 대지에 접한 도로의 길이 및 너비
3. 대지의 종·횡단면도
4. 건축선 및 대지경계선으로부터 건축물까지의 거리
5. 주차동선 및 옥외주차계획
6. 공개공지 및 조경계획

답 ①

19 건축허가 신청 시 설계도서

건축법령상 건축허가신청에 필요한 설계도서에 속하지 않는 것은?

① 투시도
② 배치도
③ 평면도
④ 건축계획서

해설 건축허가신청에 필요한 설계도서
건축계획서, 배치도, 평면도, 입면도, 단면도, 구조도, 구조계산서, 소방설비도

답 ①

20 건축허가 사전승인신청
대형건축물의 건축허가 사전승인신청 시 제출도서의 종류 중 설비분야의 도서에 속하지 않는 것은?

① 소방설비도
② 건축설비도
③ 주차장 평면도
④ 상·하수도 계통도

해설 주차장 평면도는 건축분야에 속한다.

답 ③

21 건축신고
다음은 건축법상 건축신고와 관련된 기준 내용이다. ( ) 안에 속하지 않는 것은?

> 허가 대상 건축물이라 하더라도 바닥면적의 합계가 85㎡ 이내의 ( )의 경우에는 미리 특별자치시장·특별자치도지사 또는 시장·군수·구청장에게 신고를 하면 건축허가를 받은 것으로 본다.

① 신축
② 증축
③ 개축
④ 재축

해설 허가 대상 건축물이라 하더라도 바닥면적의 합계가 85㎡ 이내의 증축·개축 또는 재축의 경우에는 미리 특별자치시장·특별자치도지사 또는 시장·군수·구청장에게 신고를 하면 건축허가를 받은 것으로 본다.

답 ①

22 용도변경
다음 중 허가 대상에 속하는 용도변경은?

① 전기통신시설군 → 영업시설군으로 변경
② 근린생활시설군 → 그 밖의 시설군으로 변경
③ 교육 및 복지시설군 → 근린생활시설군으로 변경
④ 주거업무시설군 → 문화 및 집회시설군으로 변경

해설 보기 ①, ②, ③ 의 경우는 신고대상에 해당한다.

답 ④

23 용도변경
건축물의 용도변경과 관련하여 산업 등의 시설군에 속하는 건축물의 세부용도가 아닌 것은?

① 운수시설
② 발전시설
③ 장례식장
④ 창고시설

해설 발전시설 - 전기통신군

답 ②

24 용도변경
다음의 용도변경 중 허가 대상에 속하는 것은?

① 문화 및 집회시설에서 업무시설로의 용도변경
② 판매시설에서 문화 및 집회시설로의 용도변경
③ 방송통신시설에서 교육연구시설로의 용도변경
④ 자동차관련시설에서 문화 및 집회시설로의 용도변경

해설 보기 ①, ③, ④ 의 경우는 신고대상에 해당한다.

답 ②

25 구조안전의 확인
건축물을 건축하는 경우 해당 건축물의 설계자가 국토교통부령으로 정하는 구조 기준 등에 따라 그 구조의 안전을 확인하여야 하는 대상 건축물에 속하는 것은?

① 층수가 4층인 건축물
② 높이가 12m인 건축물
③ 연면적이 100㎡인 건축물
④ 기둥과 기둥 사이의 거리가 8m인 건축물

해설 ② 높이가 13m 이상인 건축물
③ 연면적이 200㎡ 이상인 건축물
④ 기둥과 기둥 사이의 거리가 10m 이상인 건축물

답 ①

26 피난안전 구역
다음은 직통계단의 설치에 관한 기준 내용이다. ( ) 안에 알맞은 것은?

> 초고층 건축물에는 피난층 또는 지상으로 통하는 직통계단과 직접 연결되는 피난안전 구역을 지상층으로부터 최대 ( ) 층마다 1개소 이상 설치하여야 한다.

① 10개
② 20개
③ 30개
④ 40개

해설 초고층 건축물에는 피난층 또는 지상으로 통하는 직통계단과 직접 연결되는 피난안전 구역을 지상층으로부터 최대 30층마다 1개소 이상 설치하여야 한다.

답 ③

27 피난안전 구역
초고층 건축물의 피난·안전을 위하여 지상층으로부터 최대 30개 층마다 설치하는 대피공간을 의미하는 것은?

① 무창층
② 개방공간
③ 안전지대
④ 피난안전구역

해설 피난안전 구역[건축법 시행령 제34조]
초고층 건축물에는 피난층 또는 지상으로 통하는 직통계단과 직접 연결되는 피난안전 구역을 지상층으로부터 최대 30층마다 1개소 이상 설치하여야 한다.

답 ④

28 피난계단

5층 이상 또는 지하 2층 이하인 층에 설치하는 직통계단을 피난계단 또는 특별피난계단으로 설치하지 않을 수 있는 경우에 속하지 않는 것은? (단, 건축물의 주요구조부가 내화구조 또는 불연재료로 되어 있는 경우)

① 5층 이상인 층의 바닥면적의 합계가 200㎡인 경우
② 5층 이상인 층의 바닥면적의 합계가 250㎡인 경우
③ 5층 이상인 층의 바닥면적 150㎡마다 방화구획이 되어 있는 경우
④ 5층 이상인 층의 바닥면적 100㎡마다 방화구획이 되어 있는 경우

해설 5층 이상인 층의 바닥면적의 합계가 200제곱미터 이하인 경우 예외조건이므로, 바닥면적 합계가 250㎡이면 설치하여야 한다.

답 ②

29 피난계단

건축물의 대지 안에는 그 건축물 바깥쪽으로 통하는 주된 출구와 지상으로 통하는 피난계단 및 특별피난계단으로부터 도로 또는 공지로 통하는 통로를 설치하여야 한다. 단독 주택의 경우 이 통로의 유효 너비는 최소 얼마 이상으로 하여야 하는가?

① 0.9m
② 1.2m
③ 1.5m
④ 3m

해설 피난계단 및 특별피난계단으로부터 도로 또는 공지로 통하는 통로 유효너비 기준
가. 단독주택 : 유효 너비 0.9미터 이상
나. 바닥면적의 합계가 500제곱미터 이상인 문화 및 집회시설, 종교시설, 의료시설, 위락시설 또는 장례시설 : 유효 너비 3미터 이상
다. 그 밖의 용도로 쓰는 건축물 : 유효 너비 1.5미터 이상

답 ①

30 피난층 사이의 개방 공간

다음은 지하층과 피난층 사이의 개방공간 설치에 관한 기준 내용이다. ( ) 안에 알맞은 것은?

> 바닥면적의 합계가 ( ) 이상인 공연장, 집회장, 관람장 또는 전시장을 지하층에 설치하는 경우에는 각 실에 있는 자가 지하층 각 층에서 건축물 밖으로 피난하여 옥외 계단 또는 경사로 등을 이용하여 피난층으로 대피할 수 있도록 천장이 개방된 외부공간을 설치하여야 한다.

① 1,000㎡
② 2,000㎡
③ 3,000㎡
④ 4,000㎡

해설 3,000㎡ 이상 설치 필요하다.

답 ③

31 방화구획 등의 설치
공동주택 중 아파트의 발코니에 설치하여야 하는 대피공간이 갖추어야 할 요건으로 옳지 않은 것은?

① 대피공간은 바깥의 공기와 접하지 않을 것
② 대피공간은 실내의 다른 부분과 방화구획으로 구획 될 것
③ 대피공간의 바닥면적은 각 세대별로 설치하는 경우에는 2㎡ 이상일 것
④ 대피공간의 바닥면적은 인접 세대와 공동으로 설치하는 경우에는 3㎡ 이상일 것

해설 대피공간은 바깥의 공기와 접해야 함.

답 ①

32 옥상광장 등의 설치
다음은 옥상광장 등의 설치에 관한 기준 내용이다. ( ) 안에 알맞은 것은?

> 옥상광장 또는 2층 이상인 층에 있는 노대나 그 밖에 이와 비슷한 것의 주위에는 높이 ( ) 이상의 난간을 설치하여야 한다. 다만, 그 노대 등에 출입할 수 없는 구조인 경우에는 그러하지 아니하다.

① 0.9m
② 1.2m
③ 1.5m
④ 1.8m

해설 옥상광장 또는 2층 이상인 층에 있는 노대(露臺)나 그 밖에 이와 비슷한 것의 주위에는 높이 1.2미터 이상의 난간을 설치하여야 한다. 다만, 그 노대등에 출입할 수 없는 구조인 경우에는 그러하지 아니하다.

답 ②

33 옥상광장 등의 설치
건축물의 지붕을 평지붕으로 하는 경우 건축물의 옥상에 헬리포트를 설치하거나 헬리콥터를 통하여 인명 등을 구조할 수 있는 공간을 확보하여야 하는 대상 건축물 기준으로 옳은 것은?

① 층수가 6층 이상인 건축물로서 6층 이상인 층의 바닥면적의 합계가 5천 제곱미터 이상인 건축물
② 층수가 6층 이상인 건축물로서 6층 이상인 층의 바닥면적의 합계가 1만 제곱미터 이상인 건축물
③ 층수가 11층 이상인 건축물로서 11층 이상인 층의 바닥면적의 합계가 5천 제곱미터 이상인 건축물
④ 층수가 11층 이상인 건축물로서 11층 이상인 층의 바닥면적의 합계가 1만 제곱미터 이상인 건축물

해설 층수가 11층 이상인 건축물로서 11층 이상인 층의 바닥면적의 합계가 1만 제곱미터 이상인 건축물의 옥상에는 다음 각 호의 구분에 따른 공간을 확보하여야 한다.
  1. 건축물의 지붕을 평지붕으로 하는 경우 : 헬리포트를 설치하거나 헬리콥터를 통하여 인명 등을 구조할 수 있는 공간
  2. 건축물의 지붕을 경사지붕으로 하는 경우 : 경사지붕 아래에 설치하는 대피공간

답 ④

34 옥상광장 등의 설치
피난 용도로 쓸 수 있는 광장을 옥상에 설치하여야 하는 대상에 속하지 않는 것은?
① 5층 이상인 층이 종교시설의 용도로 쓰는 경우
② 5층 이상인 층이 판매시설의 용도로 쓰는 경우
③ 5층 이상인 층이 문화 및 집회시설 중 공연장의 용도로 쓰는 경우
④ 5층 이상인 층이 문화 및 집회시설 중 전시장의 용도로 쓰는 경우

해설 5층 이상인 층이 제2종 근린생활시설 중 공연장·종교집회장·인터넷컴퓨터게임시설제공업소(해당 용도로 쓰는 바닥면적의 합계가 각각 300제곱미터 이상인 경우만 해당한다), 문화 및 집회시설(전시장 및 동·식물원은 제외한다), 종교시설, 판매시설, 위락시설 중 주점영업 또는 장례시설의 용도로 쓰는 경우에는 피난 용도로 쓸 수 있는 광장을 옥상에 설치하여야 한다.

답 ④

35 내화구조
주요구조부를 내화구조로 하여야 하는 건축물은?
① 종교시설의 용도로 쓰는 건축물로서 집회실의 바닥면적의 합계가 100㎡인 건축물
② 창고의 용도로 쓰는 건축물로서 그 용도로 쓰는 바닥면적의 합계가 300㎡인 건축물
③ 공장의 용도로 쓰는 건축물로서 그 용도로 쓰는 바닥면적의 합계가 1500㎡인 건축물
④ 위험물저장 및 처리시설의 용도로 쓰는 건축물로서 그 용도로 쓰는 바닥면적의 합계가 500㎡인 건축물

해설 ① 종교시설의 용도로 쓰는 건축물로서 집회실의 바닥면적의 합계가 200㎡ 이상인 건축물
② 창고의 용도로 쓰는 건축물로서 그 용도로 쓰는 바닥면적의 합계가 500㎡ 이상인 건축물
③ 공장의 용도로 쓰는 건축물로서 그 용도로 쓰는 바닥면적의 합계가 2,000㎡ 이상인 건축물

답 ④

36 배연설비
건축물의 설비기준 등에 관한 규칙으로 정하는 기준에 따라 건축물의 거실(피난층의 거실 제외)에 배연설비를 하여야 하는 대상 건축물에 속하지 않는 것은?(단, 6층 이상인 건축물의 경우)
① 공동주택
② 운수시설
③ 운동시설
④ 위락시설

해설 공동주택은 해당 없음.

답 ①

37 승강기
승강기를 설치하여야 하는 대상 건축물의 층수 및 연면적 기준으로 옳은 것은?
① 5층 이상으로서 연면적이 1000㎡ 이상인 건축물
② 5층 이상으로서 연면적이 2000㎡ 이상인 건축물
③ 6층 이상으로서 연면적이 1000㎡ 이상인 건축물
④ 6층 이상으로서 연면적이 2000㎡ 이상인 건축물

해설 건축주는 6층 이상으로서 연면적이 2천제곱미터 이상인 건축물(대통령령으로 정하는 건축물은 제외한다)을 건축하려면 승강기를 설치하여야 한다.

답 ④

38 승강기
비상용 승강기를 설치하여야 하는 대상 건축물로서 높이 31m를 넘는 각 층의 바닥면적 중 최대 바닥면적이 2000㎡인 경우, 원칙적으로 설치하여야 하는 비상용 승강기의 최소대수는?

① 1대
② 2대
③ 3대
④ 4대

해설 각 층 바닥면적 중 최대 바닥면적이 1,500㎡까지 1대, 매 3,000㎡ 마다 1대씩 추가 총 2대 필요.

답 ②

39 지능형 건축물
지능형 건축물의 인증에 관한 설명으로 옳지 않은 것은?

① 지능형 건축물 인증기준에는 인증표시, 홍보기준, 유효기간 등의 사항이 포함된다.
② 산업통상자원부장관은 지능형 건축물의 인증을 위하여 인증기관을 지정할 수 있다.
③ 국토교통부장관은 지능형 건축물의 건축을 활성화하기 위하여 지능형 건축물 인증제도를 실시한다.
④ 허가권자는 지능형 건축물로 인증받은 건축물에 대하여 조경설치면적을 100분의 85까지 완화하여 적용할 수 있다.

해설 지능형 건축물의 인증을 위한 인증기관은 국토교통부장관이 지정할 수 있다.

답 ②

40 건축설비의 원칙
다음은 건축설비 설치의 원칙에 관한 기준 내용이다. ( ) 안에 알맞은 것은?

> 건축물에 설치하는 급수·배수·냉방·난방·환기·피뢰 등 건축설비의 설치에 관한 기술적 기준은 (㉠)으로 정하되, 에너지 이용합리화와 관련한 건축설비의 기술적 기준에 관하여는 (㉡)과 협의하여 정한다.

① ㉠ 국토교통부령, ㉡ 산업통상자원부장관
② ㉠ 국토교통부령, ㉡ 미래창조과학부장관
③ ㉠ 산업통상자원부령, ㉡ 국토교통부장관
④ ㉠ 산업통상자원부령, ㉡ 미래창조과학부장관

해설 건축물에 설치하는 급수·배수·냉방·난방·환기·피뢰 등 건축설비의 설치에 관한 기술적 기준은 국토교통부령으로 정하되, 에너지 이용 합리화와 관련한 건축설비의 기술적 기준에 관하여는 산업통상자원부장관과 협의하여 정한다.

답 ①

41 건축설비의 원칙

건축법령상 방송 공동수신설비를 설치하여야 하는 대상 건축물에 속하는 것은?

① 수련시설
② 공동주택
③ 노유자시설
④ 문화 및 집회시설

해설 대상 건축물에 해당하는 것은 공동주택이다.

답 ②

42 건축설비의 원칙

방송 공동수신설비를 설치하여야 하는 대상 건축물에 속하지 않는 것은?

① 공동주택
② 바닥면적의 합계가 5000㎡으로서 판매시설의 용도로 쓰는 건축물
③ 바닥면적의 합계가 5000㎡으로서 업무시설의 용도로 쓰는 건축물
④ 바닥면적의 합계가 5000㎡으로서 숙박시설의 용도로 쓰는 건축물

해설 방송공동수신설비 설치 대상
1. 공동주택
2. 바닥면적의 합계가 5천제곱미터 이상으로서 업무시설이나 숙박시설의 용도로 쓰는 건축물

답 ②

43 관계전문기술자와의 협력

건축물에 급수, 배수, 환기, 난방설비를 설치하는 경우 건축기계설비기술사 또는 공조냉동기계설비기술사의 협력을 받아야 하는 대상 건축물의 연면적 기준은?(단, 창고시설은 제외)

① 3,000㎡ 이상
② 5,000㎡ 이상
③ 10,000㎡ 이상
④ 15,000㎡ 이상

해설 10,000㎡ 이상 협력이 필요하다.

답 ③

44 방화문의 구분

다음은 방화문의 구조에 관한 기준 내용이다. ( ) 안에 알맞은 것은?

> 60분+ 방화문은 국토교통부장관이 정하여 고시하는 시험기준에 따라 시험한 결과 연기 및 불꽃을 차단할 수 있는 시간이 (㉠) 이상이고, 열을 차단할 수 있는 시간이 (㉡) 이상인 방화문을 말한다.

① ㉠ 20분, ㉡ 10분
② ㉠ 40분, ㉡ 20분
③ ㉠ 1시간, ㉡ 30분
④ ㉠ 2시간, ㉡ 1시간

해설 방화문은 다음과 같이 구분한다.
1. 60분+ 방화문 : 연기 및 불꽃을 차단할 수 있는 시간이 60분 이상이고, 열을 차단할 수 있는 시간이 30분 이상인 방화문
2. 60분 방화문 : 연기 및 불꽃을 차단할 수 있는 시간이 60분 이상인 방화문
3. 30분 방화문 : 연기 및 불꽃을 차단할 수 있는 시간이 30분 이상 60분 미만인 방화문

답 ③

제2장 건축물의 설비기준 등에 관한 규칙

1. 관계전문기술자의 협력[건축물의 설비기준등에 관한 규칙 제2조]

제2조(관계전문기술자의 협력을 받아야 하는 건축물)

「건축법 시행령」(이하 "영"이라 한다) 제91조의3제2항 각 호 외의 부분에서 "국토교통부령으로 정하는 건축물"이란 다음 각 호의 건축물을 말한다.
1. **냉동냉장시설·항온항습시설**(온도와 습도를 일정하게 유지시키는 특수설비가 설치되어 있는 시설을 말한다) 또는 **특수청정시설**(세균 또는 먼지등을 제거하는 특수설비가 설치되어 있는 시설을 말한다)로서 당해 용도에 사용되는 바닥면적의 합계가 **5백제곱미터 이상**인 건축물
2. 영 별표 1 제2호가목 및 나목에 따른 **아파트 및 연립주택**
3. 다음 각 목의 어느 하나에 해당하는 건축물로서 해당 용도에 사용되는 바닥면적의 합계가 **5백 제곱미터 이상**인 건축물
   가. **목욕장**, 나. 물놀이형 시설(실내 설치된 경우 한정) 및 **수영장**(실내 설치된 경우 한정)
4. 다음 각 목의 어느 하나에 해당하는 건축물로서 해당 용도에 사용되는 바닥면적의 합계가 **2천 제곱미터 이상**인 건축물
   가. **기숙사**, 나. **의료시설**, 다. 유스호스텔, 라. **숙박시설**
5. 다음 각 목의 어느 하나에 해당하는 건축물로서 해당 용도에 사용되는 바닥면적의 합계가 **3천 제곱미터 이상인 건축물**
   가. **판매시설**, 나. **연구소**, 다. **업무시설**
6. 다음 각 목의 어느 하나에 해당하는 건축물로서 해당 용도에 사용되는 바닥면적의 합계가 **1만 제곱미터 이상**인 건축물
   가. 영 별표 1 제5호가목부터 라목까지에 해당하는 문화 및 집회시설, 나. 종교시설
   다. **교육연구시설**(연구소는 **제외**한다), 라. **장례식장**

2. 승용승강기의 설치기준[건축물의 설비기준등에 관한 규칙 제5조_별표 1의2]

승용승강기의 설치기준(별표 1의2)

	건축물의 용도	6층 이상의 거실 면적의 합계	3천제곱 미터 이하	3천제곱미터 초과
1.	가. 문화 및 집회시설(공연장·집회장 및 관람장만 해당한다) 나. **판매시설** 다. **의료시설**		2대	2대에 3천제곱미터를 초과하는 2천제곱미터 이내마다 1대를 더한 대수
2.	가. 문화 및 집회시설(**전시장** 및 동·식물원만 해당한다) 나. **업무시설** 다. 숙박시설 라. 위락시설		1대	1대에 3천제곱미터를 초과하는 2천제곱미터 이내마다 1대를 더한 대수
3.	**가. 공동주택** **나. 교육연구시설** **다. 노유자시설** 라. 그 밖의 시설		1대	1대에 3천제곱미터를 초과하는 3천제곱미터 이내마다 1대를 더한 대수

비고
1. **위 표에 따라 승강기의 대수를 계산할 때 8인승 이상 15인승 이하의 승강기는 1대의 승강기로 보고, 16인승 이상의 승강기는 2대의 승강기로 본다.**

3. 비상용 승강기[건축물의 설비기준등에 관한 규칙 제10조]

제10조(비상용 승강기의 승강장 및 승강로의 구조)
법 제64조제2항에 따른 비상용 승강기의 승강장 및 승강로의 구조는 다음 각 호의 기준에 적합하여야 한다.
1. 삭제 〈1996. 2. 9.〉
2. **비상용 승강기 승강장의 구조**
   가. 승강장의 창문·출입구 기타 개구부를 제외한 부분은 당해 건축물의 다른 부분과 내화구조의 바닥 및 벽으로 구획할 것. 다만, 공동주택의 경우에는 승강장과 특별피난계단(「건축물의 피난·방화구조 등의 기준에 관한 규칙」 제9조의 규정에 의한 특별피난계단을 말한다. 이하 같다)의 부속실과의 겸용부분을 특별피난계단의 계단실과 별도로 구획하는 때에는 승강장을 특별피난계단의 부속실과 겸용할 수 있다.
   나. 승강장은 각층의 내부와 연결될 수 있도록 하되, 그 출입구(승강로의 출입구를 제외한다)에는 60분+ 방화문 또는 60분 방화문을 설치할 것. 다만, 피난층에는 60분+ 방화문 또는 60분 방화문을 설치하지 않을 수 있다.
   다. 노대 또는 외부를 향하여 열 수 있는 창문이나 제14조제2항의 규정에 의한 배연설비를 설치할 것
   라. 벽 및 반자가 실내에 접하는 부분의 마감재료(마감을 위한 바탕을 포함한다)는 **불연재료로 할 것**
   마. 채광이 되는 창문이 있거나 예비전원에 의한 조명설비를 할 것
   바. 승강장의 바닥면적은 비상용 승강기 1대에 대하여 6제곱미터 이상으로 할 것. 다만, 옥외에 승강장을 설치하는 경우에는 그러하지 아니하다.
   사. 피난층이 있는 승강장의 출입구(승강장이 없는 경우에는 승강로의 출입구)로부터 도로 또는 공지(공원·광장 기타 이와 유사한 것으로서 피난 및 소화를 위한 당해 대지에의 출입에 지장이 없는 것을 말한다)에 이르는 거리가 30미터 이하일 것
   아. 승강장 출입구 부근의 잘 보이는 곳에 당해 승강기가 비상용 승강기임을 알 수 있는 표지를 할 것
3. **비상용 승강기의 승강로의 구조**
   가. 승강로는 당해 건축물의 **다른 부분과 내화구조로 구획할 것**
   나. 각층으로부터 피난층까지 이르는 승강로를 단일구조로 연결하여 설치할 것

4. 환기시설 기준[건축물의 설비기준등에 관한 규칙 제11조, 제11조의 2]

제11조(공동주택 및 다중이용시설의 환기설비기준 등)
① 영 제87조제2항의 규정에 따라 <u>신축 또는 리모델링하는 다음 각 호의 어느 하나</u>에 해당하는 <u>주택 또는 건축물</u>(이하 "신축공동주택등"이라 한다)은 <u>시간당 0.5회 이상의 환기가 이루어질 수 있도록 자연환기설비 또는 기계환기설비를 설치</u>해야 한다.
  1. <u>30세대 이상의 공동주택</u>
  2. 주택을 주택 외의 시설과 동일건축물로 건축하는 경우로서 주택이 30세대 이상인 건축물
④ 특별시장·광역시장·특별자치시장·특별자치도지사 또는 시장·군수·구청장(자치구의 구청장을 말하며, 이하 "허가권자"라 한다)은 30세대 미만인 공동주택과 주택을 주택 외의 시설과 동일 건축물로 건축하는 경우로서 주택이 30세대 미만인 건축물 및 단독주택에 대해 시간당 0.5회 이상의 환기가 이루어질 수 있도록 자연환기설비 또는 기계환기설비의 설치를 권장할 수 있다.
⑤ 다중이용시설을 신축하는 경우에 기계환기설비를 설치해야 하는 다중이용시설 및 각 시설의 필요 환기량은 별표 1의6과 같으며, <u>설치해야 하는 기계환기설비의 구조 및 설치는 다음 각 호의 기준에 적합</u>해야 한다.

1. 다중이용시설의 기계환기설비 용량기준은 시설이용 인원 당 환기량을 원칙으로 산정할 것
2. 기계환기설비는 다중이용시설로 공급되는 공기의 분포를 최대한 균등하게 하여 실내 기류의 편차가 최소화될 수 있도록 할 것
3. <u>공기공급체계·공기배출체계 또는 공기흡입구·배기구 등에 설치되는 송풍기는 외부의 기류로 인하여 송풍능력이 떨어지는 구조가 아닐 것</u>
4. <u>바깥공기를 공급하는 공기공급체계 또는 바깥공기가 도입되는 공기흡입구는 다음 각 목의 요건을 모두 갖춘 공기여과기 또는 집진기(集塵機) 등을 갖출 것</u>
   가. 입자형·가스형 오염물질을 제거 또는 여과하는 성능이 일정 수준 이상일 것
   나. 여과장치 등의 청소 및 교환 등 유지관리가 쉬운 구조일 것
   <u>다. 공기여과기의 경우 한국산업표준(KS B 6141)에 따른 입자 포집률이 계수법으로 측정하여 60퍼센트 이상일 것</u>
5. <u>공기배출체계 및 배기구는 배출되는 공기가 공기공급체계 및 공기흡입구로 직접 들어가지 아니하는 위치에 설치할 것</u>
6. 기계환기설비를 구성하는 설비·기기·장치 및 제품 등의 효율과 성능 등을 판정하는데 있어 이 규칙에서 정하지 아니한 사항에 대하여는 해당항목에 대한 한국산업표준에 적합할 것

제11조의2(환기구의 안전 기준)
① 영 제87조제2항에 따라 <u>환기구[건축물의 환기설비에 부속된 급기(給氣) 및 배기(排氣)를 위한 건축구조물의 개구부(開口部)를 말한다. 이하 같다]는 보행자 및 건축물 이용자의 안전이 확보되도록 바닥으로부터 2미터 이상의 높이에 설치</u>해야 한다. 다만, 다음 각 호의 어느 하나에 해당하는 경우에는 예외로 한다.
  1. 환기구를 벽면에 설치하는 등 사람이 올라설 수 없는 구조로 설치하는 경우. 이 경우 배기를 위한 환기구는 배출되는 공기가 보행자 및 건축물 이용자에게 직접 닿지 아니하도록 설치되어야 한다.
  2. 안전울타리 또는 조경 등을 이용하여 접근을 차단하는 구조로 하는 경우
② 모든 환기구에는 국토교통부장관이 정하여 고시하는 강도(强度) 이상의 덮개와 덮개 걸침턱 등 추락방지시설을 설치하여야 한다.

5. 개별난방설비[건축물의 설비기준등에 관한 규칙 제13조]

제13조(개별난방설비)
① 영 제87조제2항의 규정에 의하여 공동주택과 오피스텔의 난방설비를 개별난방방식으로 하는 경우에는 다음 각호의 기준에 적합하여야 한다.
  1. <u>보일러는 거실외의 곳에 설치</u>하되, 보일러를 설치하는 곳과 거실사이의 <u>경계벽은</u> 출입구를 제외하고는 <u>내화구조의 벽으로 구획할 것</u>
  2. <u>보일러실의 윗부분에는 그 면적이 0.5제곱미터 이상인 환기창을 설치하고, 보일러실의 윗부분과 아랫부분에는 각각 지름 10센티미터 이상의 공기흡입구 및 배기구를 항상 열려있는 상태로 바깥공기에 접하도록 설치할 것.</u> 다만, 전기보일러의 경우에는 그러하지 아니하다.
  3. 삭제
  4. 보일러실과 거실사이의 출입구는 그 출입구가 닫힌 경우에는 보일러가스가 거실에 들어갈 수 없는 구조로 할 것
  5. 기름보일러를 설치하는 경우에는 기름저장소를 보일러실외의 다른 곳에 설치할 것
  6. <u>오피스텔의 경우에는 난방구획을 방화구획으로 구획할 것</u>
  7. <u>보일러의 연도는 내화구조로서 공동연도로 설치할 것</u>
② 가스보일러에 의한 난방설비를 설치하고 가스를 중앙집중공급방식으로 공급하는 경우에는 제1항

의 규정에 불구하고 가스관계법령이 정하는 기준에 의하되, **오피스텔의 경우에는 난방구획을 방화구획으로 구획해야 한다.**
③ **허가권자는** 개별 보일러를 설치하는 건축물의 경우 소방청장이 정하여 고시하는 기준에 따라 **일산화탄소 경보기를 설치하도록 권장할 수 있다.**

6. 배연설비

1) 건축물의 설비기준등에 관한 규칙 제14조

제14조(배연설비)

① **법 제49조제2항에 따라 배연설비를 설치하여야 하는 건축물**에는 다음 각 호의 기준에 적합하게 **배연설비를 설치해야 한다.** 다만, 피난층인 경우에는 그렇지 않다.
  1. 영 제46조제1항에 따라 건축물이 방화구획으로 구획된 경우에는 그 구획마다 1개소 이상의 배연창을 설치하되, 배연창의 상변과 천장 또는 반자로부터 수직거리가 0.9미터 이내일 것. 다만, 반자높이가 바닥으로부터 3미터 이상인 경우에는 배연창의 하변이 바닥으로부터 2.1미터 이상의 위치에 놓이도록 설치하여야 한다.
  2. **배연창의 유효면적은** 별표 2의 산정기준에 의하여 산정된 **면적이 1제곱미터 이상**으로서 그 면적의 합계가 당해 건축물의 바닥면적(영 제46조제1항 또는 제3항의 규정에 의하여 방화구획이 설치된 경우에는 그 구획된 부분의 바닥면적을 말한다)의 100분의 1이상일 것. 이 경우 바닥면적의 산정에 있어서 거실바닥면적의 20분의 1 이상으로 환기창을 설치한 거실의 면적은 이에 산입하지 아니한다.
  3. **배연구는 연기감지기 또는 열감지기에 의하여 자동으로 열 수 있는 구조로 하되, 손으로도 열고 닫을 수 있도록 할 것**
  4. 배연구는 예비전원에 의하여 열 수 있도록 할 것
  5. 기계식 배연설비를 하는 경우에는 제1호 내지 제4호의 규정에 불구하고 소방관계법령의 규정에 적합하도록 할 것

② 특별피난계단 및 영 제90조제3항의 규정에 의한 비상용 승강기의 승강장에 설치하는 배연설비의 구조는 다음 각호의 기준에 적합하여야 한다.
  1. **배연구 및 배연풍도는 불연재료로 하고, 화재가 발생한 경우 원활하게 배연시킬 수 있는 규모로서 외기 또는 평상시에 사용하지 아니하는 굴뚝에 연결할 것**
  2. **배연구에 설치하는 수동개방장치 또는 자동개방장치**(열감지기 또는 연기감지기에 의한 것을 말한다)**는 손으로도 열고 닫을 수 있도록 할 것**
  3. **배연구는 평상시에는 닫힌 상태를 유지**하고, 연 경우에는 배연에 의한 기류로 인하여 닫히지 아니하도록 할 것
  4. **배연구가 외기에 접하지 아니하는 경우에는 배연기를 설치할 것**
  5. 배연기는 배연구의 열림에 따라 자동적으로 작동하고, 충분한 공기배출 또는 가압능력이 있을 것
  6. **배연기에는 예비전원을 설치할 것**
  7. 공기유입방식을 급기가압방식 또는 급·배기방식으로 하는 경우에는 제1호 내지 제6호의 규정에 불구하고 소방관계법령의 규정에 적합하게 할 것

2) 건축법 시행령 제51조

제51조(거실의 채광 등)

① 법 제49조제2항 본문에 따라 단독주택 및 공동주택의 거실, 교육연구시설 중 학교의 교실, 의료시설의 병실 및 숙박시설의 객실에는 국토교통부령으로 정하는 기준에 따라 채광 및 환기를 위한 창문등이나 설비를 설치해야 한다.

② 법 제49조제2항 본문에 따라 **다음 각 호에 해당하는 건축물의 거실(피난층의 거실은 제외한다)에는 배연설비를 해야 한다.**
   1. **6층 이상인 건축물**로서 다음 각 목에 해당하는 용도로 쓰는 건축물
      가. **제2종 근린생활시설 중 공연장, 종교집회장, 인터넷컴퓨터게임시설제공업소 및 다중생활시설**(공연장, 종교집회장 및 인터넷컴퓨터게임시설제공업소는 해당 용도로 쓰는 바닥면적의 합계가 각각 300제곱미터 이상인 경우만 해당한다)
      나. 문화 및 집회시설
      다. 종교시설
      라. 판매시설
      마. 운수시설
      바. 의료시설(요양병원 및 정신병원은 제외한다)
      사. 교육연구시설 중 연구소
      아. 노유자시설 중 아동 관련 시설, 노인복지시설(노인요양시설은 제외한다)
      자. 수련시설 중 유스호스텔
      차. 운동시설
      카. 업무시설
      타. 숙박시설
      파. 위락시설
      하. 관광휴게시설
      거. 장례시설
   2. **다음 각 목에 해당하는 용도로 쓰는 건축물**
      가. 의료시설 중 요양병원 및 정신병원
      나. 노유자시설 중 노인요양시설·장애인 거주시설 및 장애인 의료재활시설
      다. 제1종 근린생활시설 중 산후조리원

7. 피뢰설비[건축물의 설비기준등에 관한 규칙 제20조]

제20조(피뢰설비)

영 제87조제2항에 따라 **낙뢰의 우려가 있는 건축물, 높이 20미터 이상의 건축물** 또는 영 제118조제1항에 따른 **공작물로서 높이 20미터 이상의 공작물**(건축물에 영 제118조제1항에 따른 공작물을 설치하여 그 전체 높이가 20미터 이상인 것을 포함한다)에는 **다음 각 호의 기준에 적합하게 피뢰설비를 설치**해야 한다.
1. 피뢰설비는 한국산업표준이 정하는 피뢰레벨 등급에 적합한 피뢰설비일 것. 다만, **위험물저장 및 처리시설에 설치하는 피뢰설비는 한국산업표준이 정하는 피뢰시스템레벨 Ⅱ 이상**이어야 한다.
2. **돌침은 건축물의 맨 윗부분으로부터 25센티미터 이상 돌출시켜 설치**하되, 「건축물의 구조기준 등에 관한 규칙」제9조에 따른 설계하중에 견딜 수 있는 구조일 것
3. **피뢰설비의 재료는 최소 단면적이 피복이 없는 동선(銅線)을 기준**으로 수뢰부, 인하도선 및 접지극은 **50제곱밀리미터 이상이거나 이와 동등 이상**의 성능을 갖출 것
4. 피뢰설비의 인하도선을 대신하여 철골조의 철골구조물과 철근콘크리트조의 철근구조체 등을 사용하는 경우에는 전기적 연속성이 보장될 것. 이 경우 전기적 연속성이 있다고 판단되기 위하여는 건축물 금속 구조체의 최상단부와 지표레벨 사이의 전기저항이 0.2옴 이하이어야 한다.
5. 측면 낙뢰를 방지하기 위하여 높이가 60미터를 초과하는 건축물 등에는 지면에서 건축물 높이의 5분의 4가 되는 지점부터 최상단부분까지의 측면에 수뢰부를 설치하여야 하며, 지표레벨에서 최상단부의 높이가 150미터를 초과하는 건축물은 120미터 지점부터 최상단부분까지의 측면에 수뢰

부를 설치할 것. 다만, 건축물의 외벽이 금속부재(部材)로 마감되고, 금속부재 상호간에 제4호 후단에 적합한 전기적 연속성이 보장되며 피뢰시스템레벨 등급에 적합하게 설치하여 인하도선에 연결한 경우에는 측면 수뢰부가 설치된 것으로 본다.
6. 접지(接地)는 환경오염을 일으킬 수 있는 시공방법이나 화학 첨가물 등을 사용하지 아니할 것
7. 급수·급탕·난방·가스 등을 공급하기 위하여 건축물에 설치하는 금속배관 및 금속재 설비는 전위(電位)가 균등하게 이루어지도록 전기적으로 접속할 것
8. 전기설비의 접지계통과 건축물의 피뢰설비 및 통신설비 등의 접지극을 공용하는 통합접지공사를 하는 경우에는 낙뢰 등으로 인한 과전압으로부터 전기설비 등을 보호하기 위하여 한국산업표준에 적합한 서지보호장치[서지(surge : 전류·전압 등의 과도 파형을 말한다)로부터 각종 설비를 보호하기 위한 장치를 말한다]를 설치할 것
9. 그 밖에 피뢰설비와 관련된 사항은 한국산업표준에 적합하게 설치할 것

8. 건축물의 냉방시설[건축물의 설비기준등에 관한 규칙 제23조]

제23조(건축물의 냉방설비 등)
② 제2조제3호부터 제6호까지의 규정에 해당하는 건축물 중 산업통상자원부장관이 국토교통부장관과 협의하여 고시하는 건축물에 중앙집중냉방설비를 설치하는 경우에는 산업통상자원부장관이 국토교통부장관과 협의하여 정하는 바에 따라 축냉식 또는 가스를 이용한 중앙집중냉방방식으로 하여야 한다.
③ **상업지역 및 주거지역**에서 건축물에 설치하는 냉방시설 및 환기시설의 배기구와 배기장치의 설치는 다음 각 호의 기준에 모두 적합하여야 한다.
 1. **배기구는 도로면으로부터 2미터 이상의 높이에 설치할 것**
 2. 배기장치에서 나오는 열기가 인근 건축물의 거주자나 보행자에게 직접 닿지 아니하도록 할 것
 3. 건축물의 외벽에 배기구 또는 배기장치를 설치할 때에는 외벽 또는 다음 각 목의 기준에 적합한 지지대 등 보호장치와 분리되지 아니하도록 견고하게 연결하여 배기구 또는 배기장치가 떨어지는 것을 방지할 수 있도록 할 것
  가. 배기구 또는 배기장치를 지탱할 수 있는 구조일 것
  나. 부식을 방지할 수 있는 자재를 사용하거나 도장(塗裝)할 것

제2장 핵·심·문·제
건축물의 설비기준 등에 관한 규칙

01 관계 전문기술자의 협력

에너지를 대량으로 소비하는 건축물로서 가스·급수·배수설비를 설치하는 경우 건축기계설비기술사 또는 공조냉동기계기술사의 협력을 받아야하는 대상 건축물에 속하지 않는 것은? (단, 해당 용도에 사용되는 바닥면적의 합계가 2000㎡인 건축물)

① 기숙사
② 판매시설
③ 의료시설
④ 숙박시설

해설 판매시설은 3,000㎡ 이상

답 ②

02 관계 전문기술자의 협력

가스·급수·배수설비를 설치하는 경우 건축기계설비기술사 또는 공조냉동기계기술사의 협력을 받아야하는 대상 건축물에 속하지 않는 것은?

① 아파트
② 연립주택
③ 숙박시설로서 해당 용도에 사용되는 바닥면적의 합계가 2000㎡인 건축물
④ 업무시설로서 해당 용도에 사용되는 바닥면적의 합계가 2000㎡인 건축물

해설 업무시설은 3,000㎡ 이상

답 ④

03 승용승강기의 설치기준

다음과 같은 조건에 있는 문화 및 집회시설 중 관람장에 설치하여야 하는 승용승강기의 최소 대수는?

[조건]
- 층수 : 10층
- 각 층의 바닥면적 : 1,200㎡
- 각 층의 거실면적 : 1,000㎡
- 8인승 승용승강기 설치

① 2대
② 3대
③ 4대
④ 5대

해설 6층 이상의 거실면적으로 산정, 3,000㎡ 2대/추가 2,000㎡마다 1대씩 추가

승강기 설치대수 $= 2 + \dfrac{5 \times 1,000 - 3,000}{2,000} = 3$대

답 ②

04 승용승강기의 설치기준

다음과 같은 병원에 설치하여야 하는 승용승강기의 최소 대수는?

[조건]
- 층수 : 11층
- 각 층의 거실면적 : 2,500㎡
- 각 층의 바닥면적 : 3,000㎡
- 15인승 승용승강기 설치

① 4대 ② 5대
③ 8대 ④ 9대

해설 6층 이상 거실면적으로 산정, 3,000㎡ 2대/추가 2,000㎡마다 1대씩 추가

승강기 설치대수 $= 2 + \dfrac{6 \times 2,500 - 3,000}{2,000} = 8$대

답 ③

05 승용승강기의 설치기준

층수가 7층이며, 각 층의 거실면적이 3,000㎡인 문화 및 집회시설 중 전시장에 설치하여야 하는 승용승강기의 최소 대수는?(단, 15인승 승용승강기인 경우)

① 1대 ② 2대
③ 3대 ④ 4대

해설 6층 이상의 거실면적으로 산정, 3,000㎡까지 1대, 초과 2,000㎡마다 1대 추가

승강기 설치대수 $= 1 + \dfrac{2 \times 3,000 - 3,000}{2,000} = 2.5 = 3$대

답 ③

06 승용승강기의 설치기준

6층 이상의 거실 면적의 합계가 3,000㎡인 경우, 승용승강기를 최소 2대 이상 설치하여야 하는 건축물은?(단, 8인승 승강기의 경우)

① 숙박시설 ② 판매시설
③ 업무시설 ④ 교육연구시설

해설 3,000㎡ 이하인 경우 승용승강기 2대 이상 설치 필요 용도
가. 문화 및 집회시설(전시장 및 동·식물원만 해당한다)
나. 업무시설
다. 숙박시설
라. 위락시설

답 ②

07 승용승강기의 설치기준

6층 이상의 거실의 바닥면적의 합계가 12,000㎡인 업무시설에 설치하여야 하는 승용승강기의 최소 대수는? (단, 8인승 승강기의 경우)

① 4대 ② 5대
③ 6대 ④ 7대

해설 6층 이상의 거실면적으로 산정, 3,000㎡까지 1대, 초과 2,000㎡마다 1대 추가

승강기 설치대수 = $1 + \dfrac{12{,}000 - 3{,}000}{2{,}000}$ = 5.5 = 6대

답 ③

08 승용승강기의 설치기준

6층 이상의 거실면적의 합계가 20000㎡인 업무시설에 설치하여야 하는 승용승강기의 최소대수는?(단, 16인승 승용승강기를 설치하는 경우)

① 3대　　　　　　　　　　② 4대
③ 5대　　　　　　　　　　④ 6대

해설 6층 이상의 거실면적으로 산정, 3000㎡까지 1대, 초과 2000㎡마다 1대 추가(단, 16인승의 경우 1대를 2대로 간주)

승강기 설치대수 = $1 + \dfrac{20{,}000 - 3{,}000}{2{,}000}$ = 9.5 = 10대

16인승의 경우 1대 설치 시 2대 설치로 간주하므로, 10대 필요 시 5대만 설치 가능함
∴ 설치필요대수 5대

답 ③

09 승용승강기의 설치기준

다음 중 6층 이상의 거실면적의 합계가 2500㎡일 때 설치하여야 하는 승용승강기의 최소대수가 가장 많은 건축물의 용도는?(단, 15인승 승강기일 경우)

① 공동주택　　　　　　　② 위락시설
③ 업무시설　　　　　　　④ 의료시설

해설 의료시설은 2대, 나머지 보기의 용도는 1대를 최소 대수로 한다.

답 ④

10 비상용 승강기

건축물에 설치하는 비상용 승강기의 승강장 바닥면적은 비상용 승강기 1대에 대하여 최소 얼마 이상으로 하여야 하는가?

① 3㎡ 이상　　　　　　　② 6㎡ 이상
③ 9㎡ 이상　　　　　　　④ 12㎡ 이상

해설 승강장의 바닥면적은 비상용 승강기 1대에 대하여 6제곱미터 이상으로 해야 한다.

답 ②

11 비상용 승강기

피난층이 있는 비상용 승강기 승강장의 출입구로부터 도로 또는 공지에 이르는 거리는 최대 얼마 이하이어야 하는가?

① 10m　　　　　　　　　② 20m
③ 30m　　　　　　　　　④ 40m

해설 피난층이 있는 승강장의 출입구(승강장이 없는 경우에는 승강로의 출입구)로부터 도로 또는 공지(공원·광장 기타 이와 유사한 것으로서 피난 및 소화를 위한 당해 대지에의 출입에 지장이 없는 것)에 이르는 거리가 30미터 이하이어야 한다.

답 ③

12 비상용 승강기

비상용 승강기 승강장의 구조에 관한 기준 내용으로 옳지 않은 것은?
① 채광이 되는 창문이 있거나 예비전원에 의한 조명설비를 할 것
② 벽 및 반자가 실내에 접하는 부분의 마감 재료는 불연재료로 할 것
③ 승강장의 바닥면적은 비상용 승강기 1대에 대하여 5㎡이상으로 할 것
④ 노대 또는 외부를 향하여 열 수 있는 창문이나 배연설비를 설치할 것

해설 승강장의 바닥면적은 비상용 승강기 1대에 대하여 6제곱미터 이상으로 해야 한다.

답 ③

13 환기시설 기준

신축 또는 리모델링하는 경우 시간당 최소 0.5회 이상의 환기가 이루어질 수 있도록 자연환기설비 또는 기계환기설비를 설치하여야 하는 공동주택의 세대수 기준은?
① 20세대 이상
② 30세대 이상
③ 100세대 이상
④ 500세대 이상

해설 30세대 이상의 공동주택의 경우 시간당 0.5회 이상의 환기가 이루어질 수 있도록 자연환기설비 또는 기계환기설비를 설치해야 한다.

답 ②

14 환기시설 기준

30세대 이상의 아파트를 신축하는 경우 시간당 최소 몇 회 이상의 환기가 이루어질 수 있도록 자연환기설비 또는 기계환기설비를 설치하여야 하는가?
① 0.5회
② 0.7회
③ 1.2회
④ 1.5회

해설 30세대 이상의 공동주택의 경우 시간당 0.5회 이상의 환기가 이루어질 수 있도록 자연환기설비 또는 기계환기설비를 설치해야 한다.

답 ①

15 환기시설 기준

환기구(건축물의 환기설비에 부속된 급기 및 배기를 위한 건축구조물의 개구부)는 바닥으로부터 최소 얼마 이상의 높이에 설치하는 것이 원칙인가?
① 1m
② 2m
③ 3m
④ 4m

해설 환기구의 안전 기준
환기구(건축물의 환기설비에 부속된 급기(給氣) 및 배기(排氣)를 위한 건축구조물의 개구부(開口部))는 보행자 및 건축물 이용자의 안전이 확보되도록 바닥으로부터 2미터 이상의 높이에 설치해야 한다.

답 ②

16 환기시설 기준
다중이용시설을 신축하는 경우에 설치하여야 하는 기계환기설비의 구조 및 설치에 관한 기준내용으로 옳지 않은 것은?

① 다중이용시설의 기계환기설비 용량기준은 시설이용 인원당 환기량을 원칙으로 산정할 것
② 기계환기설비는 다중이용시설로 공급되는 공기의 분포를 최대한 균등하게 하여 실내 기류의 편차가 최소화가 될 수 있도록 할 것
③ 공기배출체계 및 배기구는 배출되는 공기가 공기공급체계 및 공기흡입구로 직접 들어가는 위치에 설치할 것
④ 공기공급체계 · 공기배출체계 또는 공기흡입구 · 배기구 등에 설치되는 송풍기는 외부의 기류로 인하여 송풍능력이 떨어지는 구조가 아닐 것

해설 공기배출체계 및 배기구는 배출되는 공기가 공기공급체계 및 공기흡입구로 직접 들어가지 아니하는 위치에 설치해야 한다.

답 ③

17 개별난방설비
오피스텔의 난방설비를 개별난방방식으로 하는 경우에 관한 기준 내용으로 옳지 않은 것은?

① 보일러실은 거실 이외의 장소에 설치할 것
② 보일러실의 윗부분에는 그 면적이 최소 1㎡ 이상인 환기창을 설치할 것
③ 기름보일러를 설치하는 경우는 기름저장소를 보일러실 외의 다른 곳에 설치할 것
④ 난방구획을 방화구획으로 구획할 것

해설 환기창의 최소 면적 0.5㎡ 이상이 되어야 한다.

답 ②

18 배연설비
6층 이상인 건축물로서 건축물의 거실에 국토교통부령으로 정하는 기준에 따라 배연설비를 설치하여야 하는 대상 건축물에 속하지 않는 것은?

① 종교시설
② 운수시설
③ 의료시설
④ 공동주택

해설 건축법 시행령 제51조에 근거하며 공동주택은 해당되지 않는다.

답 ④

19 배연설비

건축물의 특별피난계단에 설치하는 배연 설비의 구조에 관한 기준 내용으로 옳지 않은 것은?

① 배연구 및 배연풍도는 불연재료로 할 것
② 배연구는 평상시에는 닫힌 상태를 유지할 것
③ 배연구가 외기에 접하지 아니하는 경우에는 배연기를 설치할 것
④ 배연구 및 배연풍도는 화재가 발생한 경우 원활하게 배연시킬 수 있는 규모로서 평상시에 사용하는 굴뚝에 연결할 것

해설 배연구 및 배연풍도는 불연재료로 하고, 화재가 발생한 경우 원활하게 배연시킬 수 있는 규모로서 외기 또는 평상시에 사용하지 아니하는 굴뚝에 연결하여야 한다.

답 ④

20 피뢰설비

건축물의 설비기준 등에 관한 규칙에 따라 피뢰설비를 설치하여야 하는 대상 건축물의 높이 기준은?

① 10m 이상
② 15m 이상
③ 20m 이상
④ 30m 이상

해설 낙뢰의 우려가 있는 건축물, 높이 20미터 이상의 건축물 또는 높이 20미터 이상의 공작물에는 피뢰설비를 설치해야 한다.

답 ③

21 건축물의 냉방시설

상업지역 및 주거지역에서 건축물에 설치하는 냉방시설 및 환기시설의 배기구는 도로면으로부터 최소 얼마 이상의 높이에 설치하여야 하는가?

① 1m 이상
② 1.5m 이상
③ 1.8m 이상
④ 2m 이상

해설 상업지역 및 주거지역에서 건축물에 설치하는 냉방시설 및 환기시설의 배기구는 도로면으로부터 2미터 이상의 높이에 설치해야 한다.

답 ④

제3장 건축물의 피난·방화구조 등의 기준에 관한 규칙

1. 내화구조[건축물의 피난·방화구조 등의 기준에 관한 규칙 제3조]

제3조(내화구조)

영 제2조제7호에서 "국토교통부령으로 정하는 **기준에 적합한 구조**"란 다음 각 호의 어느 하나에 해당하는 것을 말한다.

1. **벽의 경우**에는 다음 각 목의 어느 하나에 해당하는 것
   가. **철근콘크리트조 또는 철골철근콘크리트조로서 두께가 10센티미터 이상인 것**
   나. 골구를 철골조로 하고 그 양면을 두께 4센티미터 이상의 철망모르타르(그 바름바탕을 불연재료로 한 것으로 한정한다. 이하 이 조에서 같다) 또는 두께 5센티미터 이상의 콘크리트블록·벽돌 또는 석재로 덮은 것
   다. 철재로 보강된 콘크리트블록조·벽돌조 또는 석조로서 철재에 덮은 콘크리트블록등의 두께가 5센티미터 이상인 것
   라. **벽돌조로서 두께가 19센티미터 이상인 것**
   마. 고온·고압의 증기로 양생된 **경량기포 콘크리트패널 또는 경량기포 콘크리트블록조로서 두께가 10센티미터 이상인 것**

2. **외벽 중 비내력벽인 경우**에는 제1호에도 불구하고 다음 각 목의 어느 하나에 해당하는 것
   가. **철근콘크리트조 또는 철골철근콘크리트조로서 두께가 7센티미터 이상인 것**
   나. 골구를 철골조로 하고 그 양면을 두께 3센티미터 이상의 철망모르타르 또는 두께 4센티미터 이상의 콘크리트블록·벽돌 또는 석재로 덮은 것
   다. 철재로 보강된 콘크리트블록조·벽돌조 또는 석조로서 철재에 덮은 콘크리트블록등의 두께가 4센티미터 이상인 것
   라. **무근콘크리트조**·콘크리트블록조·벽돌조 또는 석조로서 그 두께가 **7센티미터 이상**인 것

3. **기둥의 경우**에는 그 작은 **지름이 25센티미터 이상인 것**으로서 다음 각 목의 어느 하나에 해당하는 것. 다만, 고강도 콘크리트(설계기준강도가 50MPa 이상인 콘크리트를 말한다. 이하 이 조에서 같다)를 사용하는 경우에는 국토교통부장관이 정하여 고시하는 고강도 콘크리트 내화성능 관리기준에 적합해야 한다.
   가. **철근콘크리트조 또는 철골철근콘크리트조**
   나. 철골을 두께 6센티미터(경량골재를 사용하는 경우에는 5센티미터)이상의 철망모르타르 또는 두께 7센티미터 이상의 콘크리트블록·벽돌 또는 석재로 덮은 것
   다. 철골을 두께 5센티미터 이상의 콘크리트로 덮은 것

4. **바닥의 경우**에는 다음 각 목의 어느 하나에 해당하는 것
   가. **철근콘크리트조 또는 철골철근콘크리트조로서 두께가 10센티미터 이상인 것**
   나. 철재로 보강된 콘크리트블록조·벽돌조 또는 석조로서 철재에 덮은 콘크리트블록등의 두께가 5센티미터 이상인 것
   다. 철재의 양면을 두께 5센티미터 이상의 철망모르타르 또는 콘크리트로 덮은 것

5. **보(지붕틀을 포함한다)의 경우**에는 다음 각 목의 어느 하나에 해당하는 것. 다만, 고강도 콘크리트를 사용하는 경우에는 국토교통부장관이 정하여 고시하는 고강도 콘크리트내화성능 관리기준에 적합해야 한다.
   가. **철근콘크리트조 또는 철골철근콘크리트조**
   나. 철골을 두께 6센티미터(경량골재를 사용하는 경우에는 5센티미터)이상의 철망모르타르 또는 두께 5센티미터 이상의 콘크리트로 덮은 것
   다. 철골조의 지붕틀(바닥으로부터 그 아랫부분까지의 높이가 4미터 이상인 것에 한한다)로서 바로 아래에 반자가 없거나 불연재료로 된 반자가 있는 것

6. **지붕의 경우**에는 다음 각 목의 어느 하나에 해당하는 것
   가. **철근콘크리트조 또는 철골철근콘크리트조**
   나. 철재로 보강된 콘크리트블록조·벽돌조 또는 석조
   다. 철재로 보강된 유리블록 또는 망입유리(두꺼운 판유리에 철망을 넣은 것을 말한다)로 된 것
7. **계단의 경우에는 다음 각 목의 어느 하나에 해당하는 것**
   가. **철근콘크리트조 또는 철골철근콘크리트조**
   나. 무근콘크리트조·콘크리트블록조·벽돌조 또는 석조
   다. 철재로 보강된 콘크리트블록조·벽돌조 또는 석조
   라. **철골조**
8. 「과학기술분야 정부출연연구기관 등의 설립·운영 및 육성에 관한 법률」제8조에 따라 설립된 한국건설기술연구원의 장(이하 "한국건설기술연구원장"이라 한다)이 국토교통부장관이 정하여 고시하는 방법에 따라 품질을 시험한 결과 별표 1에 따른 성능기준에 적합할 것
9. 다음 각 목의 어느 하나에 해당하는 것으로서 한국건설기술연구원장이 국토교통부장관으로부터 승인받은 기준에 적합한 것으로 인정하는 것
   가. 한국건설기술연구원장이 인정한 내화구조 표준으로 된 것
   나. 한국건설기술연구원장이 인정한 성능설계에 따라 내화구조의 성능을 검증할 수 있는 구조로 된 것
10. 한국건설기술연구원장이 제27조제1항에 따라 정한 인정기준에 따라 인정하는 것

2. 방화구조[건축물의 피난·방화구조 등의 기준에 관한 규칙 제4조]

제4조(방화구조)
영 제2조제8호에서 "국토교통부령이 정하는 **기준에 적합한 구조**"란 다음 각 호의 어느 하나에 해당하는 것을 말한다.
1. **철망모르타르로서 그 바름두께가 2센티미터 이상인 것**
2. **석고판위에 시멘트모르타르 또는 회반죽을 바른 것으로서 그 두께의 합계가 2.5센티미터 이상인 것**
3. **시멘트모르타르위에 타일을 붙인 것으로서 그 두께의 합계가 2.5센티미터 이상인 것**
6. **심벽에 흙으로 맞벽치기한 것**
7. 「산업표준화법」에 따른 한국산업표준에 따라 시험한 결과 방화 2급 이상에 해당하는 것

3. 피난계단 및 특별피난계단의 구조[건축물의 피난·방화구조 등의 기준에 관한 규칙 제9조]

제9조(피난계단 및 특별피난계단의 구조)
① 영 제35조제1항 각 호 외의 부분 본문에 따라 건축물의 5층 이상 또는 지하 2층 이하의 층으로부터 피난층 또는 지상으로 통하는 직통계단(지하 1층인 건축물의 경우에는 5층 이상의 층으로부터 피난층 또는 지상으로 통하는 직통계단과 직접 연결된 지하 1층의 계단을 포함한다)은 피난계단 또는 특별피난계단으로 설치해야 한다.
② 제1항에 따른 **피난계단 및 특별피난계단의 구조는 다음 각 호의 기준에 적합**해야 한다.
   1. **건축물의 내부에 설치하는 피난계단의 구조**
      가. 계단실은 창문·출입구 기타 개구부(이하 "창문등"이라 한다)를 제외한 당해 건축물의 **다른 부분과 내화구조의 벽으로 구획할 것**
      나. **계단실의 실내에 접하는 부분**(바닥 및 반자 등 실내에 면한 모든 부분을 말한다)의 마감 (마감을 위한 바탕을 포함한다)은 불연재료로 할 것
      다. **계단실에는 예비전원에 의한 조명설비를 할 것**
      라. **계단실의 바깥쪽과 접하는 창문등**(망이 들어 있는 유리의 붙박이창으로서 그 면적이 각각

1제곱미터 이하인 것을 제외한다)은 당해 건축물의 다른 부분에 설치하는 창문등으로부터 2미터 이상의 거리를 두고 설치할 것
- 마. **건축물의 내부와 접하는 계단실의 창문등**(출입구를 제외한다)**은 망이 들어 있는 유리의 붙박이창으로서 그 면적을 각각 1제곱미터 이하로 할 것**
- 바. **건축물의 내부에서 계단실로 통하는 출입구의 유효너비는 0.9미터 이상으로 하고, 그 출입구에는 피난의 방향으로 열 수 있는 것으로서 언제나 닫힌 상태를 유지하거나 화재로 인한 연기 또는 불꽃을 감지하여 자동적으로 닫히는 구조**로 된 영 제64조제1항제1호의 60분+ 방화문(이하 "60분+ 방화문"이라 한다) 또는 같은 항 제2호의 **60분 방화문**(이하 "60분 방화문"이라 한다)**을 설치할 것**. 다만, 연기 또는 불꽃을 감지하여 자동적으로 닫히는 구조로 할 수 없는 경우에는 온도를 감지하여 자동적으로 닫히는 구조로 할 수 있다.
- 사. 계단은 내화구조로 하고 피난층 또는 지상까지 직접 연결되도록 할 것

2. 건축물의 바깥쪽에 설치하는 피난계단의 구조
   - 가. 계단은 그 계단으로 통하는 출입구외의 창문등(망이 들어 있는 유리의 붙박이창으로서 그 면적이 각각 1제곱미터 이하인 것을 제외한다)으로부터 2미터 이상의 거리를 두고 설치할 것
   - 나. 건축물의 내부에서 계단으로 통하는 출입구에는 60분+ 방화문 또는 60분 방화문을 설치할 것
   - 다. 계단의 유효너비는 0.9미터 이상으로 할 것
   - 라. 계단은 내화구조로 하고 지상까지 직접 연결되도록 할 것

3. **특별피난계단의 구조**
   - 가. 건축물의 내부와 계단실은 노대를 통하여 연결하거나 외부를 향하여 열 수 있는 면적 1제곱미터 이상인 창문(바닥으로부터 1미터 이상의 높이에 설치한 것에 한한다) 또는 「건축물의 설비기준 등에 관한 규칙」 제14조의 규정에 적합한 구조의 배연설비가 있는 면적 3제곱미터 이상인 부속실을 통하여 연결할 것
   - 나. 계단실·노대 및 부속실(「건축물의 설비기준 등에 관한 규칙」 제10조제2호 가목의 규정에 의하여 비상용 승강기의 승강장을 겸용하는 부속실을 포함한다)은 창문등을 제외하고는 내화구조의 벽으로 각각 구획할 것
   - 다. 계단실 및 부속실의 실내에 접하는 부분(바닥 및 반자 등 실내에 면한 모든 부분을 말한다)의 마감(마감을 위한 바탕을 포함한다)은 불연재료로 할 것
   - 라. 계단실에는 예비전원에 의한 조명설비를 할 것
   - 마. 계단실·노대 또는 부속실에 설치하는 건축물의 바깥쪽에 접하는 창문등(망이 들어 있는 유리의 붙박이창으로서 그 면적이 각각 1제곱미터이하인 것을 제외한다)은 계단실·노대 또는 부속실외의 당해 건축물의 다른 부분에 설치하는 창문등으로부터 2미터 이상의 거리를 두고 설치할 것
   - 바. 계단실에는 노대 또는 부속실에 접하는 부분외에는 건축물의 내부와 접하는 창문등을 설치하지 아니할 것
   - 사. 계단실의 노대 또는 부속실에 접하는 창문등(출입구를 제외한다)은 망이 들어 있는 유리의 붙박이창으로서 그 면적을 각각 1제곱미터 이하로 할 것
   - 아. 노대 및 부속실에는 계단실외의 건축물의 내부와 접하는 창문등(출입구를 제외한다)을 설치하지 아니할 것
   - 자. 건축물의 내부에서 노대 또는 부속실로 통하는 출입구에는 60분+ 방화문 또는 60분 방화문을 설치하고, 노대 또는 부속실로부터 계단실로 통하는 출입구에는 60분+ 방화문, 60분 방화문 또는 영 제64조제1항제3호의 30분 방화문을 설치할 것. 이 경우 방화문은 언제나 닫힌 상태를 유지하거나 화재로 인한 연기 또는 불꽃을 감지하여 자동적으로 닫히는 구조로 해야 하고, 연기 또는 불꽃으로 감지하여 자동적으로 닫히는 구조로 할 수 없는 경우에는 온도를 감지하여 자동적으로 닫히는 구조로 할 수 있다.

차. 계단은 내화구조로 하되, 피난층 또는 지상까지 직접 연결되도록 할 것
　　카. 출입구의 유효너비는 0.9미터 이상으로 하고 피난의 방향으로 열 수 있을 것
③ 영 제35조제1항 각 호 외의 부분 본문에 따른 피난계단 또는 특별피난계단은 돌음계단으로 해서는 안 되며, 영 제40조에 따라 옥상광장을 설치해야 하는 건축물의 피난계단 또는 특별피난계단은 해당 건축물의 옥상으로 통하도록 설치해야 한다. 이 경우 옥상으로 통하는 출입문은 피난방향으로 열리는 구조로서 피난 시 이용에 장애가 없어야 한다.
④ 영 제35조제2항에서 "갓복도식 공동주택"이라 함은 각 층의 계단실 및 승강기에서 각 세대로 통하는 복도의 한쪽 면이 외기에 개방된 구조의 공동주택을 말한다.

4. 관람석 등으로부터의 출구 설치 기준[건축물의 피난·방화구조 등의 기준에 관한 규칙 제10조]

제10조(관람실등으로부터의 출구의 설치기준)
① 영 제38조 각 호의 어느 하나에 해당하는 <u>건축물의 관람실 또는 집회실로부터 바깥쪽으로의 출구로 쓰이는 문은 안여닫이로 해서는 안 된다.</u>
② 영 제38조에 따라 <u>문화 및 집회시설 중 공연장의 개별 관람실(바닥면적이 300제곱미터 이상인 것만 해당</u>한다)의 <u>출구</u>는 다음 각 호의 <u>기준에 적합</u>하게 설치해야 한다.
　1. <u>관람실별로 2개소 이상 설치할 것</u>
　2. <u>각 출구의 유효너비는 1.5미터 이상일 것</u>
　3. <u>개별 관람실 출구의 유효너비의 합계는 개별 관람실의 바닥면적 100제곱미터마다 0.6미터의 비율로 산정한 너비 이상으로 할 것</u>

5. 건축물의 바깥쪽으로의 출구의 설치기준

제11조(건축물의 바깥쪽으로의 출구의 설치기준)
① 영 제39조제1항의 규정에 의하여 건축물의 바깥쪽으로 나가는 출구를 설치하는 경우 피난층의 계단으로부터 건축물의 바깥쪽으로의 출구에 이르는 보행거리(가장 가까운 출구와의 보행거리를 말한다. 이하 같다)는 영 제34조제1항의 규정에 의한 거리이하로 하여야 하며, 거실(피난에 지장이 없는 출입구가 있는 것을 제외한다)의 각 부분으로부터 건축물의 바깥쪽으로의 출구에 이르는 보행거리는 영 제34조제1항의 규정에 의한 거리의 2배 이하로 하여야 한다.
② 영 제39조제1항에 따라 <u>건축물의 바깥쪽으로 나가는 출구를 설치하는 건축물 중 문화 및 집회시설(전시장 및 동·식물원을 제외한다), 종교시설, 장례식장 또는 위락시설의 용도에 쓰이는 건축물의 바깥쪽으로의 출구로 쓰이는 문은 안여닫이로 하여서는 아니된다.</u>
③ 영 제39조제1항에 따라 건축물의 바깥쪽으로 나가는 출구를 설치하는 경우 관람실의 바닥면적의 합계가 300제곱미터 이상인 집회장 또는 공연장은 주된 출구 외에 보조출구 또는 비상구를 2개소 이상 설치해야 한다.
④ <u>판매시설의 용도에 쓰이는 피난층에 설치하는 건축물의 바깥쪽으로의 출구의 유효너비의 합계는 해당 용도에 쓰이는 바닥면적이 최대인 층에 있어서의 해당 용도의 바닥면적 100제곱미터마다 0.6미터의 비율로 산정한 너비 이상</u>으로 하여야 한다.
⑤ 다음 각 호의 어느 하나에 해당하는 건축물의 피난층 또는 피난층의 승강장으로부터 건축물의 바깥쪽에 이르는 통로에는 제15조제5항에 따른 경사로를 설치하여야 한다.
　1. 제1종 근린생활시설 중 지역자치센터·파출소·지구대·소방서·우체국·방송국·보건소·공공도서관·지역건강보험조합 기타 이와 유사한 것으로서 동일한 건축물안에서 당해 용도에 쓰이는 바닥면적의 합계가 1천제곱미터 미만인 것
　2. 제1종 근린생활시설 중 마을회관·마을공동작업소·마을공동구판장·변전소·양수장·정수장·대피소·공중화장실 기타 이와 유사한 것

3. 연면적이 5천제곱미터 이상인 판매시설, 운수시설
4. 교육연구시설 중 학교
5. 업무시설중 국가 또는 지방자치단체의 청사와 외국공관의 건축물로서 제1종 근린생활시설에 해당하지 아니하는 것
6. 승강기를 설치하여야 하는 건축물

⑥ 「건축법」(이하 "법"이라 한다) 제49조제1항에 따라 영 제39조제1항 각 호의 어느 하나에 해당하는 건축물의 바깥쪽으로 나가는 출입문에 유리를 사용하는 경우에는 안전유리를 사용하여야 한다.

6. 회전문의 설치기준[건축물의 피난·방화구조 등의 기준에 관한 규칙 제12조]

제12조(회전문의 설치기준)

영 제39조제2항의 규정에 의하여 **건축물의 출입구에 설치하는 회전문은 다음 각 호의 기준에 적합** 하여야 한다.

1. **계단이나 에스컬레이터로부터 2미터 이상의 거리를 둘 것**
2. 회전문과 문틀사이 및 바닥사이는 다음 각 목에서 정하는 간격을 확보하고 틈 사이를 고무와 고무펠트의 조합체 등을 사용하여 신체나 물건 등에 손상이 없도록 할 것
가. 회전문과 문틀 사이는 5센티미터 이상
나. 회전문과 바닥 사이는 3센티미터 이하
3. 출입에 지장이 없도록 일정한 방향으로 회전하는 구조로 할 것
4. **회전문의 중심축에서 회전문과 문틀 사이의 간격을 포함한 회전문날개 끝부분까지의 길이는 140 센티미터 이상이 되도록 할 것**
5. **회전문의 회전속도는 분당회전수가 8회를 넘지 아니하도록 할 것**
6. 자동회전문은 충격이 가하여지거나 사용자가 위험한 위치에 있는 경우에는 전자감지장치 등을 사용하여 정지하는 구조로 할 것

7. 헬리포트 설치[건축물의 피난·방화구조 등의 기준에 관한 규칙 제13조]

제13조(헬리포트 및 구조공간 설치 기준)

① 영 제40조제4항제1호에 따라 건축물에 설치하는 헬리포트는 다음 각 호의 기준에 적합해야 한다.
  1. **헬리포트의 길이와 너비는 각각 22미터 이상으로 할 것**. 다만, 건축물의 옥상바닥의 길이와 너비가 각각 22미터이하인 경우에는 헬리포트의 길이와 너비를 각각 15미터까지 감축할 수 있다.
  2. **헬리포트의 중심으로부터 반경 12미터 이내에는 헬리콥터의 이·착륙에 장애가 되는 건축물, 공작물, 조경시설 또는 난간 등을 설치하지 아니할 것**
  3. 헬리포트의 주위한계선은 백색으로 하되, 그 선의 너비는 **38센티미터**로 할 것
  4. **헬리포트의 중앙부분에는 지름 8미터의 "ⓗ"표지를 백색**으로 하되, "H"표지의 선의 너비는 **38센티미터로, "○"표지의 선의 너비는 60센티미터로 할 것**
  5. 헬리포트로 통하는 출입문에 영 제40조제3항 각 호 외의 부분에 따른 비상문자동개폐장치(이하 "비상문자동개폐장치"라 한다)를 설치할 것
② 영 제40조제4항제1호에 따라 옥상에 헬리콥터를 통하여 인명 등을 구조할 수 있는 공간을 설치하는 경우에는 직경 10미터 이상의 구조공간을 확보해야 하며, 구조공간에는 구조활동에 장애가 되는 건축물, 공작물 또는 난간 등을 설치해서는 안 된다. 이 경우 구조공간의 표시기준 및 설치기준 등에 관하여는 제1항제3호부터 제5호까지의 규정을 준용한다.
③ 영 제40조제4항제2호에 따라 설치하는 **대피공간은 다음 각 호의 기준에 적합**해야 한다.
  1. **대피공간의 면적은 지붕 수평투영면적의 10분의 1 이상 일 것**

2. 특별피난계단 또는 피난계단과 연결되도록 할 것
3. 출입구·창문을 제외한 부분은 해당 건축물의 다른 부분과 내화구조의 바닥 및 벽으로 구획할 것
4. **출입구는 유효너비 0.9미터 이상**으로 하고, 그 출입구에는 60분+ 방화문 또는 60분 방화문을 설치할 것
4의2. 제4호에 따른 방화문에 비상문자동개폐장치를 설치할 것
5. 내부마감재료는 불연재료로 할 것
6. 예비전원으로 작동하는 조명설비를 설치할 것
7. 관리사무소 등과 긴급 연락이 가능한 통신시설을 설치할 것

8. 방화구획의 설치[건축물의 피난·방화구조 등의 기준에 관한 규칙 제14조]

제14조(방화구획의 설치기준)

① 영 제46조제1항 각 호 외의 부분 본문에 따라 건축물에 설치하는 방화구획은 다음 각 호의 기준에 적합해야 한다.
  1. **10층 이하의 층은 바닥면적 1천제곱미터(스프링클러 기타 이와 유사한 자동식 소화설비를 설치한 경우에는 바닥면적 3천제곱미터)이내마다 구획할 것**
  2. **매층마다 구획할 것.** 다만, 지하 1층에서 지상으로 직접 연결하는 경사로 부위는 제외한다.
  3. **11층 이상의 층은 바닥면적 200제곱미터(스프링클러 기타 이와 유사한 자동식 소화설비를 설치한 경우에는 600제곱미터)이내마다 구획할 것. 다만, 벽 및 반자의 실내에 접하는 부분의 마감을 불연재료로 한 경우에는 바닥면적 500제곱미터(스프링클러 기타 이와 유사한 자동식 소화설비를 설치한 경우에는 1천500제곱미터)이내마다 구획하여야 한다.**
  4. 필로티나 그 밖에 이와 비슷한 구조(벽면적의 2분의 1 이상이 그 층의 바닥면에서 위층 바닥 아래면까지 공간으로 된 것만 해당한다)의 부분을 주차장으로 사용하는 경우 그 부분은 건축물의 다른 부분과 구획할 것

② 제1항에 따른 **방화구획은 다음 각 호의 기준에 적합하게 설치**해야 한다.
  1. 영 제46조에 따른 방화구획으로 사용하는 60분+ 방화문 또는 60분 방화문은 언제나 닫힌 상태를 유지하거나 화재로 인한 연기 또는 불꽃을 감지하여 자동적으로 닫히는 구조로 할 것. 다만, 연기 또는 불꽃을 감지하여 자동적으로 닫히는 구조로 할 수 없는 경우에는 온도를 감지하여 자동적으로 닫히는 구조로 할 수 있다.
  2. 다음 각 목에 해당하는 경우 그 부분을 별표 1 제1호에 따른 내화시간(내화채움성능이 인정된 구조로 메워지는 구성 부재에 적용되는 내화시간을 말한다) 이상 견딜 수 있는 내화채움성능이 인정된 구조로 메울 것
    가. 급수관·배전관 또는 그 밖의 관이나 전선 등이 방화구획을 관통하여 관통부가 생기는 경우
    나. 방화구획의 벽과 벽, 벽과 바닥, 바닥과 바닥 사이에 접합부가 생기는 경우
    다. 방화구획과 외벽 사이에 접합부가 생기는 경우
    라. 방화구획에 그 밖의 틈이 생기는 경우
  3. **환기·난방 또는 냉방시설의 풍도가 방화구획을 관통하는 경우에는 그 관통부분 또는 이에 근접한 부분에 다음 각 목의 기준에 적합한 댐퍼를 설치할 것.** 다만, 반도체공장건축물로서 방화구획을 관통하는 풍도의 주위에 스프링클러헤드를 설치하는 경우에는 그렇지 않다.
    가. **화재로 인한 연기 또는 불꽃을 감지하여 자동적으로 닫히는 구조로 할 것. 다만, 주방 등 연기가 항상 발생하는 부분에는 온도를 감지하여 자동적으로 닫히는 구조로 할 수 있다.**
    나. 국토교통부장관이 정하여 고시하는 비차열(非遮熱) 성능 및 방연성능 등의 기준에 적합할 것
  4. 영 제46조제1항제2호 및 제81조제5항제5호에 따라 설치되는 자동방화셔터는 다음 각 목의 요건을 모두 갖출 것. 이 경우 자동방화셔터의 구조 및 성능기준 등에 관한 세부사항은 국토교통부장관이 정하여 고시한다.

가. 피난이 가능한 60분+ 방화문 또는 60분 방화문으로부터 3미터 이내에 별도로 설치할 것
나. 전동방식이나 수동방식으로 개폐할 수 있을 것
다. 불꽃감지기 또는 연기감지기 중 하나와 열감지기를 설치할 것
라. 불꽃이나 연기를 감지한 경우 일부 폐쇄되는 구조일 것
마. 열을 감지한 경우 완전 폐쇄되는 구조일 것

③ 영 제46조제1항제2호에서 "국토교통부령으로 정하는 기준에 적합한 것"이란 한국건설기술연구원장이 국토교통부장관이 정하여 고시하는 바에 따라 다음 각 호의 사항을 모두 인정한 것을 말한다.
1. 생산공장의 품질 관리 상태를 확인한 결과 국토교통부장관이 정하여 고시하는 기준에 적합할 것
2. 해당 제품의 품질시험을 실시한 결과 비차열 1시간 이상의 내화성능을 확보하였을 것

④ 영 제46조제5항제3호에 따른 **하향식 피난구**(덮개, 사다리, 승강식피난기 및 경보시스템을 포함한다)**의 구조는 다음 각 호의 기준에 적합하게 설치**해야 한다.
1. 피난구의 덮개(덮개와 사다리, 승강식피난기 또는 경보시스템이 일체형으로 구성된 경우에는 그 사다리, 승강식피난기 또는 경보시스템을 포함한다)는 품질시험을 실시한 결과 비차열 1시간 이상의 내화성능을 가져야 하며, 피난구의 유효 개구부 규격은 직경 60센티미터 이상일 것
2. 상층·하층간 피난구의 수평거리는 15센티미터 이상 떨어져 있을 것
3. **아래층에서는 바로 위층의 피난구를 열 수 없는 구조일 것**
4. **사다리는 바로 아래층의 바닥면으로부터 50센티미터 이하까지 내려오는 길이로 할 것**
5. 덮개가 개방될 경우에는 건축물관리시스템 등을 통하여 경보음이 울리는 구조일 것
6. 피난구가 있는 곳에는 예비전원에 의한 조명설비를 설치할 것

⑤ 제2항제2호에 따른 내화채움방법에 필요한 사항은 국토교통부장관이 정하여 고시한다.

⑥ 법 제49조제2항 단서에 따라 영 제46조제7항에 따른 창고시설 중 같은 조 제2항제2호에 해당하여 같은 조 제1항을 적용하지 않거나 완화하여 적용하는 부분에는 다음 각 호의 구분에 따른 설비를 추가로 설치해야 한다.
1. 개구부의 경우 : 「소방시설 설치 및 관리에 관한 법률」제12조제1항에 따른 화재안전기준(이하 이 조에서 "화재안전기준"이라 한다)을 충족하는 설비로서 수막(水幕)을 형성하여 화재확산을 방지하는 설비
2. 개구부 외의 부분의 경우: 화재안전기준을 충족하는 설비로서 화재를 조기에 진화할 수 있도록 설계된 스프링클러

9. 복합건축물의 피난시설[건축물의 피난·방화구조 등의 기준에 관한 규칙 제14조2]

제14조의2(복합건축물의 피난시설 등)

영 제47조제1항 단서의 규정에 의하여 같은 건축물안에 공동주택·의료시설·아동관련시설 또는 노인복지시설(이하 이 조에서 "공동주택등"이라 한다)중 하나 이상과 위락시설·위험물저장 및 처리시설·공장 또는 자동차정비공장(이하 이 조에서 "위락시설등"이라 한다)중 하나 이상을 함께 설치하고자 하는 경우에는 다음 각 호의 기준에 적합하여야 한다.
1. **공동주택등의 출입구와 위락시설등의 출입구는 서로 그 보행거리가 30미터 이상이 되도록 설치할 것**
2. 공동주택등(당해 공동주택등에 출입하는 통로를 포함한다)과 위락시설등(당해 위락시설등에 출입하는 통로를 포함한다)은 내화구조로 된 바닥 및 벽으로 구획하여 서로 차단할 것
3. 공동주택등과 위락시설등은 서로 이웃하지 아니하도록 배치할 것
4. 건축물의 주요 구조부를 내화구조로 할 것
5. 거실의 벽 및 반자가 실내에 면하는 부분(반자돌림대·창대 그 밖에 이와 유사한 것을 제외한다. 이하 이 조에서 같다)의 마감은 불연재료·준불연재료 또는 난연재료로 하고, 그 거실로부터 지상으로 통하는 주된 복도·계단 그밖에 통로의 벽 및 반자가 실내에 면하는 부분의 마감은 불연재료 또는 준불연재료로 할 것

10. 계단의 설치기준[건축물의 피난·방화구조 등의 기준에 관한 규칙 제15조]

제15조(계단의 설치기준)

① 영 제48조의 규정에 의하여 건축물에 설치하는 **계단은 다음 각호의 기준에 적합**하여야 한다.
  1. **높이가 3미터를 넘는 계단에는 높이 3미터이내마다 유효너비 120센티미터 이상의 계단참을 설치할 것**
  2. **높이가 1미터를 넘는 계단 및 계단참의 양옆에는 난간**(벽 또는 이에 대치되는 것을 포함한다)**을 설치할 것**
  3. **너비가 3미터를 넘는 계단에는 계단의 중간에 너비 3미터 이내마다 난간을 설치할 것**. 다만, 계단의 단높이가 15센티미터 이하이고, 계단의 단너비가 30센티미터 이상인 경우에는 그러하지 아니하다.
  4. **계단의 유효 높이**(계단의 바닥 마감면부터 상부 구조체의 하부 마감면까지의 연직방향의 높이를 말한다)**는 2.1미터 이상**으로 할 것

⑤ 계단을 대체하여 설치하는 **경사로는** 다음 각호의 **기준에 적합**하게 설치하여야 한다.
  1. **경사도는 1 : 8을 넘지 아니할 것**
  2. 표면을 거친 면으로 하거나 미끄러지지 아니하는 재료로 마감할 것
  3. 경사로의 직선 및 굴절부분의 유효너비는 「장애인·노인·임산부등의 편의증진보장에 관한 법률」이 정하는 기준에 적합할 것

11. 복도의 너비 및 설치기준[건축물의 피난·방화구조 등의 기준에 관한 규칙 제15조2]

제15조의2(복도의 너비 및 설치기준)

① 영 제48조의 규정에 의하여 건축물에 설치하는 복도의 유효너비는 다음 표와 같이 하여야 한다.

구분	양옆에 거실이 있는 복도	기타의 복도
유치원·초등학교 중학교·고등학교	2.4미터 이상	1.8미터 이상
공동주택·오피스텔	1.8미터 이상	1.2미터 이상
당해 층 거실의 바닥면적 합계가 200제곱미터 이상인 경우	1.5미터 이상(의료시설의 복도 1.8미터 이상)	1.2미터 이상

② **문화 및 집회시설**(공연장·집회장·관람장·전시장에 한정한다), 종교시설 중 종교집회장, 노유자시설 중 아동 관련 시설·노인복지시설, 수련시설 중 생활권수련시설, 위락시설 중 유흥주점 및 장례식장의 관람실 또는 집회실과 접하는 복도의 유효너비는 **제1항에도 불구하고 다음 각 호에서 정하는 너비로 해야 한다.**
  1. **해당 층에서 해당 용도로 쓰는 바닥면적의 합계가 500제곱미터 미만인 경우 1.5미터 이상**
  2. **해당 층에서 해당 용도로 쓰는 바닥면적의 합계가 500제곱미터 이상 1천제곱미터 미만인 경우 1.8미터 이상**
  3. 해당 층에서 해당 용도로 쓰는 **바닥면적의 합계가 1천제곱미터 이상인 경우 2.4미터 이상**

12. 거실의 반자높이[건축물의 피난·방화구조 등의 기준에 관한 규칙 제16조]

제16조(거실의 반자높이)

① 영 제50조의 규정에 의하여 설치하는 **거실의 반자**(반자가 없는 경우에는 보 또는 바로 윗층의 바닥판의 밑면 기타 이와 유사한 것을 말한다. 이하같다)**는 그 높이를 2.1미터 이상으로 하여야 한다.**

② **문화 및 집회시설**(전시장 및 동·식물원은 제외한다), 종교시설, 장례식장 또는 위락시설 중 유흥

주점의 용도에 쓰이는 건축물의 관람실 또는 집회실로서 그 바닥면적이 200제곱미터 이상인 것의 반자의 높이는 제1항에도 불구하고 4미터(노대의 아랫부분의 높이는 2.7미터)이상이어야 한다. 다만, 기계환기장치를 설치하는 경우에는 그렇지 않다.

13. 채광과 환기를 위한 창문 등[건축물의 피난·방화구조 등의 기준에 관한 규칙 제17조]

제17조(채광 및 환기를 위한 창문등)
① 영 제51조에 따라 채광을 위하여 거실에 설치하는 창문등의 면적은 그 거실의 바닥면적의 10분의 1 이상이어야 한다. 다만, 거실의 용도에 따라 별표 1의3에 따라 조도 이상의 조명장치를 설치하는 경우에는 그러하지 아니하다.

거실의 용도에 따른 조도기준(제17조제1항관련_별표1의3)

거실의 용도구분	조도구분	바닥에서 85센티미터의 높이에 있는 수평면의 조도(룩스)
1. 거주	독서·식사·조리 기타	150 70
2. 집무	설계·제도·계산 일반사무 기타	700 300 150
3. 작업	검사·시험·정밀검사·수술 일반작업·제조·판매 포장·세척 기타	700 300 150 70
4. 집회	회의 집회 공연·관람	300 150 70
5. 오락	오락일반 기타	150 30
6. 기타		1란 내지 5란 중 가장 유사한 용도에 관한 기준을 적용한다.

② 영 제51조의 규정에 의하여 **환기를 위하여 거실에 설치하는 창문등의 면적은 그 거실의 바닥면적의 20분의 1 이상이어야 한다.** 다만, 기계환기장치 및 중앙관리방식의 공기조화설비를 설치하는 경우에는 그러하지 아니하다.
③ 제1항 및 제2항의 규정을 적용함에 있어서 수시로 개방할 수 있는 미닫이로 구획된 2개의 거실은 이를 1개의 거실로 본다.
④ 영 제51조제3항에서 "국토교통부령으로정하는 기준"이란 높이 1.2미터 이상의 난간이나 그 밖에 이와 유사한 추락방지를 위한 안전시설을 말한다.

14. 거실등의 방습[건축물의 피난·방화구조 등의 기준에 관한 규칙 제18조]

제18조(거실등의 방습)
① 영 제52조의 규정에 의하여 건축물의 최하층에 있는 거실바닥의 높이는 지표면으로부터 45센티미터 이상으로 하여야 한다. 다만, 지표면을 콘크리트바닥으로 설치하는 등 방습을 위한 조치를 하는 경우에는 그러하지 아니하다.

② 영 제52조에 따라 다음 각 호의 어느 하나에 해당하는 욕실 또는 조리장의 바닥과 그 바닥으로부터 높이 1미터까지의 안쪽벽의 마감은 이를 내수재료로 해야 한다.
1. 제1종 근린생활시설중 목욕장의 욕실과 휴게음식점의 조리장
2. 제2종 근린생활시설중 일반음식점 및 휴게음식점의 조리장과 숙박시설의 욕실

15. 경계벽등의 구조[건축물의 피난·방화구조 등의 기준에 관한 규칙 제19조]

제19조(경계벽 등의 구조)

① 법 제49조제4항에 따라 건축물에 설치하는 경계벽은 내화구조로 하고, 지붕밑 또는 바로 위층의 바닥판까지 닿게 해야 한다.
② 제1항에 따른 경계벽은 소리를 차단하는데 장애가 되는 부분이 없도록 다음 각 호의 어느 하나에 해당하는 구조로 하여야 한다. 다만, 다가구주택 및 공동주택의 세대간의 경계벽인 경우에는 「주택건설기준 등에 관한 규정」 제14조에 따른다.
 1. 철근콘크리트조·철골철근콘크리트조로서 두께가 10센티미터이상인 것
 2. 무근콘크리트조 또는 석조로서 두께가 10센티미터(시멘트모르타르·회반죽 또는 석고플라스터의 바름두께를 포함한다)이상인 것
 3. 콘크리트블록조 또는 벽돌조로서 두께가 19센티미터 이상인 것
 4. 제1호 내지 제3호의 것외에 국토교통부장관이 정하여 고시하는 기준에 따라 국토교통부장관이 지정하는 자 또는 한국건설기술연구원장이 실시하는 품질시험에서 그 성능이 확인된 것
 5. 한국건설기술연구원장이 제27조제1항에 따라 정한 인정기준에 따라 인정하는 것
③ 법 제49조제4항에 따른 가구·세대 등 간 소음방지를 위한 바닥은 경량충격음(비교적 가볍고 딱딱한 충격에 의한 바닥충격음을 말한다)과 중량충격음(무겁고 부드러운 충격에 의한 바닥충격음을 말한다)을 차단할 수 있는 구조로 하여야 한다.
④ 제3항에 따른 가구·세대 등 간 소음방지를 위한 바닥의 세부 기준은 국토교통부장관이 정하여 고시한다.

16. 건축물에 설치하는 굴뚝[건축물의 피난·방화구조 등의 기준에 관한 규칙 제20조]

제20조(건축물에 설치하는 굴뚝)

영 제54조에 따라 건축물에 설치하는 굴뚝은 다음 각호의 기준에 적합하여야 한다.
1. 굴뚝의 옥상 돌출부는 지붕면으로부터의 수직거리를 1미터 이상으로 할 것. 다만, 용마루·계단탑·옥탑등이 있는 건축물에 있어서 굴뚝의 주위에 연기의 배출을 방해하는 장애물이 있는 경우에는 그 굴뚝의 상단을 용마루·계단탑·옥탑등보다 높게 하여야 한다.
2. 굴뚝의 상단으로부터 수평거리 1미터 이내에 다른 건축물이 있는 경우에는 그 건축물의 처마보다 1미터 이상 높게 할 것
3. 금속제 굴뚝으로서 건축물의 지붕속·반자위 및 가장 아랫바닥밑에 있는 굴뚝의 부분은 금속외의 불연재료로 덮을 것
4. 금속제 굴뚝은 목재 기타 가연재료로부터 15센티미터 이상 떨어져서 설치할 것. 다만, 두께 10센티미터 이상인 금속외의 불연재료로 덮은 경우에는 그러하지 아니하다.

17. 지하층의 구조

제25조(지하층의 구조)

① 법 제53조에 따라 건축물에 설치하는 지하층의 구조 및 설비는 다음 각 호의 기준에 적합하여야 한다.

1. **거실의 바닥면적이 50제곱미터 이상인 층에는 직통계단외에 피난층 또는 지상으로 통하는 비상탈출구 및 환기통을 설치할 것.** 다만, 제8조제2항 각 호의 기준에 적합한 직통계단이 2개소 이상 설치되어 있는 경우에는 그러하지 아니하다.

1의2. 제2종근린생활시설 중 공연장·단란주점·당구장·노래연습장, 문화 및 집회시설중 예식장·공연장, 수련시설 중 생활권수련시설·자연권수련시설, 숙박시설중 여관·여인숙, 위락시설중 단란주점·유흥주점 또는 「다중이용업소의 안전관리에 관한 특별법 시행령」 제2조에 따른 다중이용업의 용도에 쓰이는 층으로서 그 층의 거실의 바닥면적의 합계가 50제곱미터 이상인 건축물에는 제8조제2항 각 호의 기준에 적합한 직통계단을 2개소 이상 설치할 것

2. **바닥면적이 1천제곱미터이상인 층에는 피난층 또는 지상으로 통하는 직통계단을 영 제46조의 규정에 의한 방화구획으로 구획되는 각 부분마다 1개소 이상 설치하되, 이를 피난계단 또는 특별피난계단의 구조로 할 것**
3. **거실의 바닥면적의 합계가 1천제곱미터 이상인 층에는 환기설비를 설치할 것**
4. **지하층의 바닥면적이 300제곱미터 이상인 층에는 식수공급을 위한 급수전을 1개소이상 설치할 것**

② 제1항제1호에 따른 **지하층의 비상탈출구는 다음 각호의 기준에 적합**하여야 한다. 다만, 주택의 경우에는 그러하지 아니하다.

1. **비상탈출구의 유효너비는 0.75미터 이상**으로 하고, **유효높이는 1.5미터 이상**으로 할 것
2. 비상탈출구의 문은 피난방향으로 열리도록 하고, 실내에서 항상 열 수 있는 구조로 하여야 하며, 내부 및 외부에는 비상탈출구의 표시를 할 것
3. **비상탈출구는 출입구로부터 3미터 이상 떨어진 곳에 설치할 것**
4. **지하층의 바닥으로부터 비상탈출구의 아랫부분까지의 높이가 1.2미터 이상**이 되는 경우에는 **벽체에 발판의 너비가 20센티미터 이상인 사다리를 설치**할 것
5. 비상탈출구는 피난층 또는 지상으로 통하는 복도나 직통계단에 직접 접하거나 통로 등으로 연결될 수 있도록 설치하여야 하며, 피난층 또는 지상으로 통하는 복도나 직통계단까지 이르는 **피난통로의 유효너비는 0.75미터 이상**으로 하고, 피난통로의 실내에 접하는 부분의 마감과 그 바탕은 **불연재료**로 할 것
6. 비상탈출구의 진입부분 및 피난통로에는 통행에 지장이 있는 물건을 방치하거나 시설물을 설치하지 아니할 것
7. 비상탈출구의 유도등과 피난통로의 비상조명등의 설치는 소방법령이 정하는 바에 의할 것

제3장 핵·심·문·제
건축물의 피난·방화구조 등의 기준에 관한 규칙

01 내화구조

다음 중 두께가 최소 10cm 이상인 경우 내화구조로 인정되는 것은? (단, 철근콘크리트조인 경우)

① 보
② 계단
③ 바닥
④ 지붕

해설 보, 계단, 지붕은 철근콘크리트조인 경우 두께에 관계없이 인정된다.

답 ③

02 내화구조

철골조로서 피복두께와 상관없이 내화구조로 인정되는 것은?

① 계단
② 기둥
③ 바닥
④ 내력벽

해설 보, 계단, 지붕은 철근콘크리트조인 경우 두께에 관계없이 인정된다.

답 ①

03 방화구조

다음 중 방화구조에 속하지 않는 것은?

① 심벽에 흙으로 맞벽치기한 것
② 철망모르타르로서 그 바름 두께가 2cm인 것
③ 시멘트모르타르 위에 타일을 붙인 것으로서 그 두께의 합계가 2.5cm인 것
④ 석고판 위에 시멘트모르타르 또는 회반죽을 바른 것으로서 그 두께의 합계가 2cm인 것

해설 석고판 위에 시멘트모르타르 또는 회반죽 바름의 경우 두께의 합계가 2.5cm 이상이어야 한다.

답 ④

04 방화구조

다음 중 방화구조에 속하지 않는 것은?

① 심벽에 흙으로 맞벽치기한 것
② 철망모르타르로서 그 바름 두께가 2cm인 것
③ 석고판 위에 시멘트모르타르 또는 회반죽을 바른 것으로서 그 두께의 합계가 2.5cm인 것
④ 시멘트모르타르 위에 타일을 붙인 것으로서 그 두께의 합계가 2cm인 것

해설 시멘트모르타르 위에 타일을 붙인 것으로서 그 두께의 합계가 2.5cm 이상이어야 한다.

답 ④

05 피난계단 및 특별피난계단의 구조
건축물의 내부에 설치하는 피난계단의 구조에 관한 기준 내용으로 옳지 않은 것은?

① 계단실에는 예비전원에 의한 조명설비를 할 것
② 계단실의 실내에 접하는 부분의 마감은 준불연 재료로 할 것
③ 계단은 내화구조로 하고 피난층 또는 지상까지 직접 연결하도록 할 것
④ 건축물의 내부에서 계단실로 통하는 출입구의 유효너비는 0.9m 이상으로 할 것

해설 불연재료를 적용하여야 한다.

답 ②

06 피난계단 및 특별피난계단의 구조
특별피난계단의 구조에 관한 기준 내용으로 옳지 않은 것은?

① 출입구의 유효너비는 0.8m 이상으로 할 것
② 계단실에는 예비전원에 의한 조명설비를 할 것
③ 계단은 내화구조로 하되, 피난층 또는 지상까지 직접 연결되도록 할 것
④ 건축물의 내부에서 노대 또는 부속실로 통하는 출입구에는 60+ 또는 60분 방화문을 설치 할 것

해설 출입구의 유효너비는 0.9m 이상으로 하여야 한다.

답 ①

07 관람석 등으로부터의 출구 설치기준
문화 및 집회시설 중 공연장의 개별관람석의 출구를 관람석별로 2개소 이상 설치하여야 하는 개별관람석의 바닥면적 기준은?

① 150㎡ 이상
② 300㎡ 이상
③ 450㎡ 이상
④ 600㎡ 이상

해설 문화 및 집회시설 중 공연장의 개별 관람실은 바닥면적이 300제곱미터 이상인 일 경우 출구는 다음 각 호의 기준에 적합하게 설치해야 한다.
1. 관람실별로 2개소 이상 설치할 것
2. 각 출구의 유효너비는 1.5미터 이상일 것
3. 개별 관람실 출구의 유효너비의 합계는 개별 관람실의 바닥면적 100제곱미터마다 0.6미터의 비율로 산정한 너비 이상으로 할 것

답 ②

08 관람석 등으로부터의 출구 설치 준
문화 및 집회시설 중 공연장의 개별관람석의 바닥면적이 300㎡인 경우, 개별관람석의 각 출구의 유효너비는 최소 얼마 이상으로 하여야 하는가?

① 1.0m
② 1.5m
③ 2.0m
④ 2.5m

해설 문화 및 집회시설 중 공연장의 개별 관람실은 바닥면적이 300제곱미터 이상인 일 경우 출구는 다음 각 호의 기준에 적합하게 설치해야 한다.
1. 관람실별로 2개소 이상 설치할 것
2. 각 출구의 유효너비는 1.5미터 이상일 것
3. 개별 관람실 출구의 유효너비의 합계는 개별 관람실의 바닥면적 100제곱미터마다 0.6미터의 비율로 산정한 너비 이상으로 할 것

답 ②

09 관람석 등으로부터의 출구 설치기준

문화 및 집회시설 중 공연장의 개별관람석의 바닥면적이 400㎡인 경우, 이 개별관람석에 설치하여야 하는 출구의 유효너비 합계는 최소 얼마 이상으로 하여야 하는가?

① 1.5m
② 1.8m
③ 2.4m
④ 3.0m

해설 출구의 유효너비 합계는 바닥면적 100㎡ 당 0.6m를 확보해 주어야 한다.

출구의 유효너비 합계 = $\frac{400}{100} \times 0.6$ = 2.4m

답 ③

10 관람석 등으로부터의 출구 설치기준

문화 및 집회시설 중 공연장의 개별관람석의 바닥면적이 1500㎡일 경우, 출구는 최소 몇 개 이상 설치하여야 하는가?(단, 각 출구의 유효너비를 2m로 하는 경우)

① 3개소
② 4개소
③ 5개소
④ 6개소

해설 출구의 유효너비 합계는 바닥면적 100㎡ 당 0.6m이고, 각 출구의 너비 2m이므로 다음과 같이 산출한다.

출구의 유효너비 합계 = $\frac{1,500}{100} \times 0.6$ = 9m

출구 설치 최소 필요 개소 = 9m/2m = 4.5 = 5개소

답 ③

11 건축물 바깥쪽으로의 출구 설치기준

다음 중 건축물의 바깥쪽으로의 출구로 쓰이는 문을 안여닫이로 하여서는 안되는 건축물의 용도는?

① 종교시설
② 업무시설
③ 판매시설
④ 문화 및 집회시설 중 전시장

해설 건축물의 바깥쪽으로 나가는 출구를 설치하는 건축물중 문화 및 집회시설(전시장 및 동·식물원을 제외), 종교시설, 장례식장 또는 위락시설의 용도에 쓰이는 건축물의 바깥쪽으로의 출구로 쓰이는 문은 안여닫이로 하여서는 아니된다.

답 ①

12 건축물 바깥쪽으로의 출구의 설치기준
각 층의 바닥면적이 1500㎡인 도매시장의 피난층에 설치하는 건축물의 바깥쪽으로의 출구의 유효너비 합계는 최소 얼마 이상이어야 하는가?

① 6.0m
② 7.5m
③ 9.0m
④ 10.5m

해설 출구의 유효너비 합계는 각 층 바닥면적 100㎡당 0.6m의 비율로 산정한 너비 이상이어야 한다.

출구의 유효너비 합계 = $\frac{1,500}{100} \times 0.6 = 9.0m$

답 ③

13 회전문의 설치기준
건축물의 출입구에 회전문을 설치하는 경우 계단이나 에스컬레이터로부터 최소 얼마 이상의 거리를 두고 설치하여야 하는가?

① 1.5m
② 2.0m
③ 2.5m
④ 3.0m

해설 건축물의 출입구에 설치하는 회전문은 계단이나 에스컬레이터로부터 2미터 이상의 거리를 두어야 한다.

답 ②

14 회전문의 설치기준
건축물의 출입구에 설치하는 회전문에 관한 기준 내용으로 옳지 않은 것은?

① 계단이나 에스컬레이터로부터 2m 이상의 거리를 둘 것
② 출입에 지장이 없도록 일정한 방향으로 회전하는 구조로 할 것
③ 회전문의 회전속도는 분당회전수가 10회를 넘지 아니하도록 할 것
④ 자동회전문은 충격이 가하여지거나 사용자가 위험한 위치에 있는 경우에는 전자감지장치 등을 사용하여 정지하는 구조로 할 것

해설 회전문의 회전속도는 분당회전수가 8회를 넘지 않도록 한다.

답 ③

15 헬리포트 설치
헬리포트의 설치에 관한 기준 내용으로 옳은 것은?

① 헬리포트의 길이와 너비는 각각 9m 이상으로 한다.
② 헬리포트의 중앙부분에는 지름 6m의 "ⓗ"표지를 황색으로 한다.
③ 헬리포트의 주위한계선은 백색으로 하되, 그 선의 너비는 38cm로 한다.
④ 헬리포트의 중심으로부터 반경 15m 이내에는 이·착륙에 장애가 되는 건축물·공작물 또는 난간을 설치하지 아니한다.

해설 길이와 너비 각각 22m 이상, 지름 8m의 "ⓗ"표지, 반경 12m 이내에 이·착륙에 장애가 되는 건축물·공작물을 설치하지 아니한다.

답 ③

16 헬리포트 설치
헬리포트의 설치에 관한 기준 내용으로 옳지 않은 것은?
① 헬리포트의 길이와 너비는 각각 25m 이상으로 할 것
② 헬리포트의 중앙부분에는 지름 8m의 "ⓗ"표지를 백색으로 할 것.
③ 헬리포트의 주위한계선은 백색으로 하되, 그 선의 너비는 38cm로 할 것.
④ 헬리포트의 중심으로부터 반경 12m 이내에는 이·착륙에 장애가 되는 건축물·공작물 또는 난간을 설치하지 아니 할 것.

해설 헬리포트의 길이와 너비는 각각 22미터이상으로 해야 한다.

답 ①

17 헬리포트 설치
건축물의 경사지붕 아래에 설치하는 대피공간에 관한 기준 내용으로 옳지 않은 것은?
① 특별피난계단 또는 피난계단과 연결되도록 할 것
② 관리사무소 등과 긴급 연락이 가능한 통신시설을 설치할 것
③ 대피공간의 면적은 지붕 수평투영면적의 20분의 1이상일 것
④ 출입구는 유효너비 0.9m 이상으로 하고, 그 출입구에는 60+방화문 또는 60분 방화문을 설치할 것

해설 건축물의 경사지붕 아래에 설치하는 대피공간의 면적은 지붕 수평투영면적의 10분의 1 이상이어야 한다.

답 ③

18 방화구획의 설치기준
11층 건축물로서 내부 마감재는 불연재로 마감되어 있고, 스프링클러 설비가 설치되어 있는 경우 방화구획 면적 설정 기준은?
① 200㎡ 이내 마다 구획
② 500㎡ 이내 마다 구획
③ 600㎡ 이내 마다 구획
④ 1,500㎡ 이내 마다 구획

해설 11층 이상의 층은 기본 200㎡마다 구획 → 불연재료 마감시 500㎡마다 구획 → 불연재료 마감과 스프링클러 설치 시 1,500㎡마다 구획

답 ④

19 복합건축물의 피난시설
같은 건축물 안에 공동주택과 위락시설을 함께 설치하고자 하는 경우, 공동주택의 출입구와 위락시설의 출입구는 서로 그 보행거리가 최소 얼마 이상이 되도록 설치하여야 하는가?
① 10m
② 20m
③ 30m
④ 40m

해설 공동주택등의 출입구와 위락시설등의 출입구는 서로 그 보행거리가 30미터 이상이 되도록 설치해야 한다.

답 ③

20 계단의 설치기준
연면적 200㎡를 초과하는 건축물에 설치하는 계단에 관한 기준 내용으로 옳은 것은?

① 계단을 대체하여 설치하는 경사로는 경사도가 1:6을 넘지 아니할 것
② 높이가 0.8m를 넘는 계단 및 계단참의 양옆에는 난간을 설치할 것
③ 너비가 3m를 넘는 계단에는 계단의 중간에 너비 4m 이내마다 난간을 설치할 것
④ 높이가 3m를 넘는 계단에는 높이 3m 이내마다 유효너비 1.2m 이상의 계단참을 설치할 것

해설 경사로 경사도 1:8이하, 높이 1.0m 넘는 계단 및 계단참의 양옆에 난간 설치, 너비가 3m를 넘는 계단에는 계단의 중간에 너비 3m이내 마다 난간을 설치해야 한다.

답 ④

21 계단의 설치기준
계단을 대체하여 설치하는 경사로의 경사도는 최대 얼마를 넘지 않도록 하여야 하는가?

① 1 : 4
② 1 : 8
③ 1 : 12
④ 1 : 16

해설 경사로의 경사도는 최대 1 : 8을 넘지 않도록 한다.

답 ②

22 복도의 너비 및 설치기준
연면적 200㎡를 초과하는 중고등학교 건축물에 설치하는 복도의 유효너비 기준으로 옳은 것은?(단, 양옆에 거실이 있는 복도)

① 1.5m
② 1.8m
③ 2.1m
④ 2.4m

해설 유치원, 중학교, 초등학교의 2.4m 이상의 유효너비를 가져야 한다.

답 ④

23 복도의 너비 및 설치기준
문화 및 집회시설 중 공연장의 관람석과 접하는 복도의 유효너비는 최소 얼마 이상이어야 하는가?(단, 당해 층의 바닥면적의 합계가 700㎡인 경우)

① 1.5m
② 1.8m
③ 2.4m
④ 2.7m

해설 문화 및 집회시설(공연장·집회장·관람장·전시장에 한정) 복도의 유효너비
1. 해당 층에서 해당 용도로 쓰는 바닥면적의 합계가 500제곱미터 미만인 경우 1.5미터 이상
2. 해당 층에서 해당 용도로 쓰는 바닥면적의 합계가 500제곱미터 이상 1천제곱미터 미만인 경우 1.8미터 이상
3. 해당 층에서 해당 용도로 쓰는 바닥면적의 합계가 1천제곱미터 이상인 경우 2.4미터 이상

답 ②

24 복도의 너비 및 설치기준

연면적이 500㎡인 오피스텔에 설치하는 복도의 유효너비는 최소 얼마이상으로 하여야 하는가?(단, 양옆에 거실이 있는 복도의 경우)

① 1.5m　　② 1.8m
③ 2.1m　　④ 2.4m

해설 오피스텔에 설치하는 복도의 유효너비
1. 양옆에 거실이 있는 경우 : 1.8m 이상
2. 기타의 복도 : 1.2m 이상

답 ②

25 거실의 반자높이

공동주택의 거실에 설치하는 반자의 높이는 최소 얼마 이상으로 하여야 하는가?

① 1.8m　　② 2.1m
③ 2.4m　　④ 2.7m

해설 공동주택의 거실의 반자는 그 높이를 2.1미터 이상으로 하여야 한다.

답 ②

26 거실의 반자높이

종교시설의 용도에 쓰이는 건축물의 집회실로서 그 바닥면적이 200㎡ 이상인 경우 반자의 높이는 최소 얼마 이상으로 하여야 하는가?(단, 기계환기장치를 설치하지 않는 경우)

① 2.1m　　② 2.4m
③ 3m　　　④ 4m

해설 문화 및 집회시설(전시장 및 동·식물원은 제외), 종교시설, 장례식장 또는 위락시설 중 유흥주점의 용도에 쓰이는 건축물의 관람실 또는 집회실로서 그 바닥면적이 200제곱미터 이상인 것의 반자의 높이는 4미터(노대의 아랫부분의 높이는 2.7미터)이상이어야 한다.

답 ④

27 거실의 반자높이

반자높이를 4m 이상으로 하여야 하는 대상에 속하지 않는 것은?(단, 기계환기 장치를 설치하지 않은 경우)

① 종교시설의 용도에 쓰이는 건축물의 집회실로서 그 바닥면이 200㎡인 것
② 장례식장의 용도에 쓰이는 건축물의 집회실로서 그 바닥면이 200㎡인 것
③ 판매시설의 용도에 쓰이는 건축물의 집회실로서 그 바닥면이 200㎡인 것
④ 문화 및 집회시설 중 공연장의 용도에 쓰이는 건축물의 관람석으로서 그 바닥면적이 200㎡인 것

해설 문화 및 집회시설(전시장 및 동·식물원은 제외), 종교시설, 장례식장 또는 위락시설 중 유흥주점의 용도에 쓰이는 건축물의 관람실 또는 집회실로서 그 바닥면적이 200제곱미터 이상인 것의 반자의 높이는 4미터(노대의 아랫부분의 높이는 2.7미터) 이상이어야 한다.

답 ③

28 거실의 반자높이

건축물의 관람석 또는 집회실로서 그 바닥면적이 200m² 이상인 것의 반자 높이를 최소 4m 이상으로 하여야 하는 건축물의 용도에 속하지 않는 것은?(단, 기계환기장치를 설치하지 않는 경우)

① 종교시설
② 장례식장
③ 문화 및 집회시설 중 전시장
④ 문화 및 집회시설 중 공연장

해설 문화 및 집회시설(전시장 및 동·식물원은 제외), 종교시설, 장례식장 또는 위락시설 중 유흥주점의 용도에 쓰이는 건축물의 관람실 또는 집회실로서 그 바닥면적이 200제곱미터 이상인 것의 반자의 높이는 4미터(노대의 아랫부분의 높이는 2.7미터) 이상이어야 한다.

답 ③

29 채광과 환기를 위한 창문 등

다음 중 건축물의 피난·방화구조 등의 기준에 관한 규칙상 거실의 용도에 따른 최소 조도 기준이 가장 높은 것은? (단, 바닥에서 85cm의 높이에 있는 수평면의 조도)

① 집회(집회)
② 집무(설계)
③ 작업(포장)
④ 거주(독서)

해설 집회 150lx, 설계 700lx, 포장 150lx, 독서 150lx

답 ②

30 채광과 환기를 위한 창문 등

다음은 공동주택 거실의 환기에 관한 기준 내용이다. ( ) 안에 알맞은 것은?

> 환기를 위하여 거실에 설치하는 창문 등의 면적은 그 거실의 바닥면적의 ( ) 이상이어야 한다. 다만, 기계환기장치 및 중앙관리방식의 공기조화설비를 설치하는 경우에는 그러하지 아니하다.

① 10분의 1
② 15분의 1
③ 20분의 1
④ 30분의 1

해설 환기를 위하여 거실에 설치하는 창문등의 면적은 그 거실의 바닥면적의 20분의 1 이상이어야 한다.

답 ③

31 거실 등의 방습

다음 중 바닥 부분에 국토교통부령으로 정하는 기준에 따라 방습을 위한 조치를 하여야 하는 대상에 속하지 않는 것은?

① 제1종 근린생활시설 중 공중화장실
② 제1종 근린생활시설 중 목욕장의 욕실
③ 제1종 근린생활시설 중 제과점의 조리장
④ 건축물의 최하층에 있는 거실(바닥이 목조인 경우)

해설 다음의 어느 하나에 해당하는 욕실 또는 조리장의 바닥과 그 바닥으로부터 높이 1미터까지의 안쪽벽의 마감은 이를 내수재료로 해야 한다.
1. 제1종 근린생활시설중 목욕장의 욕실과 휴게음식점의 조리장
2. 제2종 근린생활시설중 일반음식점 및 휴게음식점의 조리장과 숙박시설의 욕실

답 ①

32 거실 등의 방습

다음은 거실 등의 방습에 관한 기준 내용이다. ( ) 안에 알맞은 것은?

> 숙박시설의 욕실의 바닥과 그 바닥으로부터 높이 (   )까지의 안벽의 마감은 이를 내수재료로 하여야 한다.

① 0.5m
② 1m
③ 1.2m
④ 1.5m

해설 다음의 어느 하나에 해당하는 욕실 또는 조리장의 바닥과 그 바닥으로부터 높이 1미터까지의 안쪽벽의 마감은 이를 내수재료로 해야 한다.
1. 제1종 근린생활시설 중 목욕장의 욕실과 휴게음식점의 조리장
2. 제2종 근린생활시설 중 일반음식점 및 휴게음식점의 조리장과 숙박시설의 욕실

답 ②

33 거실 등의 방습

바닥과 그 바닥으로부터 높이 1m까지의 안벽의 마감을 내수재료로 하여야 하는 대상에 속하지 않는 것은?

① 숙박시설의 욕실
② 운동시설 중 수영장
③ 제1종 근린생활시설 중 휴게음식점의 조리장
④ 제2종 근린생활시설 중 일반음식점의 조리장

해설 다음의 어느 하나에 해당하는 욕실 또는 조리장의 바닥과 그 바닥으로부터 높이 1미터까지의 안쪽벽의 마감은 이를 내수재료로 해야 한다.
1. 제1종 근린생활시설중 목욕장의 욕실과 휴게음식점의 조리장
2. 제2종 근린생활시설중 일반음식점 및 휴게음식점의 조리장과 숙박시설의 욕실

답 ②

34 경계벽 등의 구조

교육연구시설 중 학교의 교실 간 경계벽의 차음을 위한 구조로서 적합하지 않은 것은?

① 벽돌조로서 두께가 15cm 인 것
② 철근콘크리트조로서 두께가 15cm 인 것
③ 철골철근콘크리트조로서 두께가 15cm 인 것
④ 무근콘크리트조로서 시멘트모르타르의 바름 두께를 포함하여 15cm인 것

해설 벽돌조의 경우 두께가 19cm 이상이어야 한다.

답 ①

35 건축물에 설치하는 굴뚝

건축물에 설치하는 굴뚝의 옥상 돌출부는 지붕면으로부터의 수직거리를 최소 얼마 이상으로 하여야 하는가?

① 1m
② 1.2m
③ 1.5m
④ 1.8m

해설 굴뚝의 옥상 돌출부는 지붕면으로부터의 수직거리를 1미터 이상으로 해야 한다.

답 ①

36 건축물에 설치하는 굴뚝

건축물에 설치하는 굴뚝에 관한 기준 내용으로 옳지 않은 것은?

① 굴뚝의 옥상 돌출부는 지붕면으로부터의 수직 거리를 1m 이상으로 할 것
② 금속제 굴뚝은 목재 기타 가연재로부터 10cm 이상 떨어져서 설치할 것
③ 굴뚝의 상단으로부터 수평거리 1m 이내에 다른 건축물이 있는 경우에는 그 건축물의 처마보다 1m 이상 높게 할 것
④ 금속제 굴뚝으로서 건축물의 지붕속·반자위 및 가장 아랫바닥밑에 있는 굴뚝의 부분은 금속 외의 불연재료로 덮을 것

해설 금속제 굴뚝은 목재 등 기타 가연재로부터 15cm 이상 이격하여 설치해야 한다.

답 ②

37 지하층의 구조

건축물에 설치하는 지하층의 구조 및 설비에 관한 기준 내용으로 옳지 않은 것은?

① 거실의 바닥면적의 합계가 1000㎡ 이상인 층에는 환기설비를 설치할 것
② 지하층의 바닥면적이 300㎡ 이상인 층에는 식수공급을 위한 급수전을 1개소 이상 설치할 것
③ 거실의 바닥면적이 30㎡ 이상인 층에는 직통계단 외에 피난층 또는 지상으로 통하는 비상탈출구 및 환기통을 설치할 것
④ 바닥면적이 1000㎡ 이상인 층에는 피난층 또는 지상으로 통하는 직통계단을 방화구획으로 구획되는 각 부분마다 1개소 이상 설치할 것

해설 거실의 바닥면적이 50제곱미터 이상인 층에는 직통계단외에 피난층 또는 지상으로 통하는 비상탈출구 및 환기통을 설치해야 한다.

답 ③

38 지하층의 구조

건지하층 중 환기설비를 설치하여야 하는 층의 거실 바닥면적 합계 기준으로 옳은 것은?

① 100㎡ 이상
② 300㎡ 이상
③ 500㎡ 이상
④ 1000㎡ 이상

해설 거실의 바닥면적의 합계가 1천제곱미터 이상인 지하층에는 환기설비를 설치해야 한다.

답 ④

39 지하층의 구조
건축물에 설치하는 지하층의 구조 및 설비에 관한 기준 내용으로 옳지 않은 것은?
① 거실의 바닥면적의 합계가 1000㎡ 이상인 층에는 환기설비를 설치할 것
② 지하층의 바닥면적이 300㎡ 이상인 층에는 식수공급을 위한 급수전을 1개소 이상 설치할 것
③ 지하층의 비상탈출구의 유효너비는 0.75m 이상으로 하고, 유효 높이는 1.5m 이상으로 할 것
④ 바닥면적이 1000㎡ 이상인 층에는 피난층 또는 지상으로 통하는 직통계단을 방화구획으로 구획되는 각 부분마다 1개소 이상 설치하되, 이를 반드시 특별피난계단의 구조로 할 것

해설 바닥면적이 1천 제곱미터 이상인 층에는 피난층 또는 지상으로 통하는 직통계단을 방화구획으로 구획되는 각 부분마다 1개소 이상 설치하되, 이를 피난계단 또는 특별피난계단의 구조로 해야 한다.

답 ④

40 지하층의 구조
건축물의 지하층에 설치하는 비상탈출구에 관한 기준 내용으로 옳지 않은 것은?
① 비상탈출구의 유효높이는 1.5m 이상으로 할 것
② 비상탈출구의 유효너비는 0.75m 이상으로 할 것
③ 비상탈출구는 출입구로부터 2m 이상 떨어진 곳에 설치할 것
④ 비상탈출구의 문은 피난방향으로 열리도록 하고, 실내에서 항상 열 수 있는 구조로 할 것

해설 비상탈출구는 출입구로부터 3m 이상 떨어진 곳에 설치해야 한다.

답 ③

제4장 기계설비법/기계설비법 시행령/기계설비법 시행규칙

1. 기계설비 발전 기본계획의 수립[기계설비법 제5조]

제5조(기계설비 발전 기본계획의 수립)
① **국토교통부장관은** 기계설비산업의 육성과 기계설비의 효율적인 유지관리 및 성능확보를 위하여 다음 각 호의 사항이 포함된 **기계설비 발전 기본계획**(이하 "기본계획"이라 한다)**을 5년마다 수립 · 시행하여야 한다.**
  1. 기계설비산업의 발전을 위한 시책의 기본방향
  2. 기계설비산업의 부문별 육성시책에 관한 사항
  3. 기계설비산업의 기반조성 및 창업지원에 관한 사항
  4. 기계설비의 안전 및 유지관리와 관련된 정책의 기본목표 및 추진방향
  5. 기계설비의 안전 및 유지관리를 위한 법령 · 제도의 마련 등 기반조성
  6. 기계설비기술자 등 기계설비 전문인력(이하 "전문인력"이라 한다)의 양성에 관한 사항
  7. 기계설비의 성능 및 기능향상을 위한 사항
  8. 기계설비산업의 국제협력 및 해외시장 진출 지원에 관한 사항
  9. 기계설비기술의 연구개발 및 보급에 관한 사항
  10. 그 밖에 기계설비산업의 발전과 기계설비의 안전 및 유지관리를 위하여 대통령령으로 정하는 사항
② 국토교통부장관은 기본계획을 수립하는 경우 관계 중앙행정기관의 장과 협의를 거쳐야 한다.

2. 기계설비 유지관리 준수 대상 건축물[기계설비법 시행령 제14조]

제14조(기계설비 유지관리에 대한 점검 및 확인 등)
① 법 제17조제1항에서 "대통령령으로 정하는 일정 규모 이상의 건축물등"이란 다음 각 호의 건축물, 시설물 등(이하 "건축물등"이라 한다)을 말한다. 〈개정 2021. 2. 2.〉
  1. 「건축법」 제2조제2항에 따라 구분된 용도별 건축물(이하 "용도별 건축물"이라 한다) 중 연면적 1만제곱미터 이상의 건축물(같은 항 제2호 및 제18호에 따른 공동주택 및 창고시설은 제외한다)
  2. 「건축법」 제2조제2항제2호에 따른 **공동주택**(이하 "공동주택"이라 한다) **중 다음 각 목의 어느 하나에 해당하는 공동주택**
     가. 500세대 이상의 공동주택
     나. 300세대 이상으로서 중앙집중식 난방방식(지역난방방식을 포함한다)의 공동주택
  3. 다음 각 목의 건축물등 중 해당 건축물등의 규모를 고려하여 국토교통부장관이 정하여 고시하는 건축물등
     가. 「시설물의 안전 및 유지관리에 관한 특별법」 제2조제1호에 따른 시설물
     나. 「학교시설사업 촉진법」 제2조제1호에 따른 학교시설
     다. 「실내공기질 관리법」 제3조제1항제1호에 따른 지하역사(이하 "지하역사"라 한다) 및 같은 항 제2호에 따른 지하도상가(이하 "지하도상가"라 한다)
     라. 중앙행정기관의 장, 지방자치단체의 장 및 그 밖에 국토교통부장관이 정하는 자가 소유하거나 관리하는 건축물등
② 법 제17조제3항에서 "대통령령으로 정하는 기간"이란 10년을 말한다.

3. 기계설비의 범위 [기계설비법 시행령 별표1]

기계설비의 범위(제2조 관련)

구분	내용
1. 열원설비	건축물등에서 에너지를 이용하여 열매체를 가열, 냉각하기 위하여 설치된 기계·기구·배관 및 그 밖에 성능을 유지하기 위한 설비
2. 냉난방설비	건축물등에서 일정한 실내온도 유지를 위하여 설치된 기계·기구·배관 및 그 밖에 성능을 유지하기 위한 설비
3. 공기조화·공기청정·환기설비	건축물등에서 온도, 습도, 청정도, 기류 등을 조절하기 위하여 설치된 기계·기구·배관 및 그 밖에 성능을 유지하기 위한 설비
4. 위생기구·급수·급탕·오배수·통기설비	건축물등에서 위생과 냉수·온수 공급, 오배수(汚排水), 오배수관 통기(通氣) 등을 위하여 설치된 기계·기구·배관 및 그 밖에 성능을 유지하기 위한 설비
5. 오수정화·물재이용설비	건축물등에서 오수를 정화하여 배출하거나 정화된 물을 재이용하기 위하여 설치된 기계·기구·배관 및 그 밖에 성능을 유지하기 위한 설비
6. 우수배수설비	건축물등에서 빗물을 외부로 배출하기 위하여 설치된 기계·기구·배관 및 그 밖에 성능을 유지하기 위한 설비
7. 보온설비	건축물등에 설치된 기계·기구·배관 및 그 밖에 성능을 유지하기 위한 설비의 보온, 보냉, 결로 및 동결 방지 등을 위하여 설치된 설비
8. 덕트(duct)설비	건축물등에 설치된 기계·기구·배관 및 그 밖에 성능을 유지하기 위한 설비의 풍량 등을 조절하고 급기(給氣)·배기 및 환기 등을 위하여 설치된 설비
9. 자동제어설비	건축물등에 설치된 기계·기구·배관 및 그 밖에 성능을 유지하기 위한 설비의 감시, 제어·관리 및 통제 등을 위하여 설치된 설비
10. 방음·방진·내진설비	건축물등에 설치된 기계·기구·배관 및 그 밖에 성능을 유지하기 위한 설비의 소음, 진동, 전도 및 탈락 등을 방지하기 위하여 설치된 설비
11. 플랜트설비	건축물등에서 생산물의 제조·생산·이송 및 저장이나 오염물질의 제거 및 저장 등을 위하여 설치된 기계·기구·배관 및 그 밖에 성능을 유지하기 위한 설비
12. 특수설비	가. 건축물등에서 냉동·냉장, 항온항습(온도와 습도를 일정하게 유지시키는 것), 특수청정(세균 또는 먼지 등을 제거하는 것), 생활폐기물 집하 및 이송, 전자파 차단 등을 위하여 설치된 기계·기구·배관 및 그 밖에 성능을 유지하기 위한 설비 나. 청정실(실내공간의 오염물질 등을 없애거나 줄이기 위하여 공기정화시설 등의 설비가 설치된 방), 자동창고(물건이 나가고 들어오는 모든 일을 컴퓨터가 자동적으로 제어하고 관리하는 창고), 집진기(먼지를 모으는 기기), 무대기계장치, 기송관(氣送管 : 압축 공기를 써서 물건을 운반하는 기계) 등의 설비와 그 설비를 위하여 설치된 기계·기구·배관 및 그 밖에 성능을 유지하기 위한 설비

4. 기계설비의 착공 전 확인과 사용 전 검사의 대상 건축물 또는 시설물[기계설비법 시행령 별표5]

기계설비의 착공 전 확인과 사용 전 검사의 대상 건축물 또는 시설물(제11조 관련)

1. 용도별 건축물 중 **연면적 1만제곱미터 이상인 건축물**(「건축법」 제2조제2항제18호에 따른 창고시설은 제외한다)
2. 에너지를 대량으로 소비하는 다음 각 목의 어느 하나에 해당하는 건축물
   가. 냉동·냉장, 항온·항습 또는 특수청정을 위한 특수설비가 설치된 건축물로서 해당 용도에 사용되는 바닥면적의 합계가 500제곱미터 이상인 건축물
   나. 「건축법 시행령」 별표 1 제2호가목 및 나목에 따른 아파트 및 연립주택
   다. 다음의 어느 하나에 해당하는 건축물로서 **해당 용도에 사용되는 바닥면적의 합계가 500제곱미터 이상인 건축물**
      1) 「건축법 시행령」 별표 1 제3호다목에 따른 목욕장
      2) 「건축법 시행령」 별표 1 제13호가목에 따른 놀이형시설(물놀이를 위하여 실내에 설치된 경우로 한정한다) 및 같은 호 다목에 따른 운동장(실내에 설치된 수영장과 이에 딸린 건축물로 한정한다)
   라. 다음의 어느 하나에 해당하는 건축물로서 **해당 용도에 사용되는 바닥면적의 합계가 2천제곱미터 이상인 건축물**
      1) 「건축법 시행령」 별표 1 제2호라목에 따른 **기숙사**
      2) 「건축법 시행령」 별표 1 제9호에 따른 의료시설
      3) 「건축법 시행령」 별표 1 제12호다목에 따른 유스호스텔
      4) 「건축법 시행령」 별표 1 제15호에 따른 숙박시설
   마. 다음의 어느 하나에 해당하는 건축물로서 **해당 용도에 사용되는 바닥면적의 합계가 3천제곱미터 이상인 건축물**
      1) 「건축법 시행령」 별표 1 제7호에 따른 **판매시설**
      2) 「건축법 시행령」 별표 1 제10호마목에 따른 연구소
      3) 「건축법 시행령」 별표 1 제14호에 따른 업무시설
3. 지하역사 및 연면적 2천제곱미터 이상인 지하도상가(연속되어 있는 둘 이상의 지하도상가의 연면적 합계가 2천제곱미터 이상인 경우를 포함한다)

5. 기계설비유지관리자의 자격 및 등급[기계설비법 시행령 별표5의2]

기계설비유지관리자의 자격 및 등급(제15조제2항 관련)

1. 일반기준
   가. 기계설비유지관리자는 책임기계설비유지관리자와 보조기계설비유지관리자로 구분하며, 책임기계설비유지관리자는 자격 및 경력 기준에 따라 특급·고급·중급·초급으로 구분한다. 이 경우 실무경력은 해당 자격의 취득 이전의 실무경력까지 포함한다.
   나. 가목에도 불구하고 국토교통부장관은 기계설비의 안전하고 효율적인 유지관리를 위하여 책임기계설비유지관리자 및 보조기계설비유지관리자의 경력, 자격·학력 및 교육을 다음의 구분에 따른 점수 범위에서 종합평가하여 그 결과에 따라 등급을 특급·고급·중급·초급으로 조정하여 산정할 수 있다.
      1) 실무경력 : 30점 이내
      2) 보유자격·학력 : 30점 이내
      3) 교육 : 40점 이내

다. 외국인 기계설비유지관리자의 인정 범위 및 등급
  외국인 기계설비유지관리자는 해당 외국인의 국가와 우리나라 간의 상호인정 협정 등에서 정하는 바에 따라 자격을 인정하되, 그 인정 범위 및 등급에 관하여는 가목 및 나목을 준용한다.
라. 그 밖에 기계설비유지관리자의 실무경력 인정, 등급 산정 및 인정 범위 등에 필요한 방법 및 절차에 관한 세부기준은 국토교통부장관이 정하여 고시한다.

2. 세부기준

구분		자격 및 경력 기준		종합평가 결과에 따른 등급 산정
		보유자격	실무경력	
가. 책임기계설비 유지관리자	1) 특급	가) 기술사		제1호나목에 따라 특급으로 산정된 기계설비유지관리자
		나) 기능장	10년 이상	
		다) 기사	**10년 이상**	
		라) 산업기사	13년 이상	
		마) 특급 건설기술인	10년 이상	
	2) 고급	가) 기능장	7년 이상	제1호나목에 따라 고급으로 산정된 기계설비유지관리자
		나) 기사	7년 이상	
		다) 산업기사	10년 이상	
		라) 고급 건설기술인	7년 이상	
	3) 중급	가) 기능장	4년 이상	제1호나목에 따라 중급으로 산정된 기계설비유지관리자
		나) 기사	4년 이상	
		다) 산업기사	7년 이상	
		라) 중급 건설기술인	4년 이상	
	4) 초급	가) 기능장		제1호나목에 따라 초급으로 산정된 기계설비유지관리자
		나) 기사		
		다) 산업기사	3년 이상	
		라) 초급 건설기술인		
나. 보조기계설비유지관리자		기계설비기술자 중 기계설비유지관리자에 필요한 자격을 갖추었다고 국토교통부장관이 정하여 고시하는 사람		

비고
1. 위 표에서 "기술사", "기능장", "기사" 및 "산업기사"란 각각 「국가기술자격법」 제9조제1호에 따른 국가기술자격의 등급 중 다음 각 목의 구분에 따른 분야의 국가기술자격 등급을 말한다.

가. 기술사 : 건축기계설비 · 기계 · 건설기계 · 공조냉동기계 · 산업기계설비 · 용접 분야
나. 기능장 : 배관 · 에너지관리 · 용접 분야
다. 기사 : 일반기계 · 건축설비 · 건설기계설비 · 공조냉동기계 · 설비보전 · 용접 · 에너지관리 분야
라. 산업기사 : 건축설비 · 배관 · 건설기계설비 · 공조냉동기계 · 용접 · 에너지관리 분야

2. 위 표에서 "건설기술인"이란 「건설기술 진흥법」 제2조제8호에 따른 건설기술인 중 같은 법 시행령 별표 1에 따른 기계 직무분야의 공조냉동 및 설비 전문분야와 용접 전문분야의 건설기술인을 말한다. 이 경우 해당 건설기술인의 등급은 「건설기술 진흥법 시행령」 별표 1에 따른다.

6. 기계설비성능점검업자에 대한 행정처분의 기준[기계설비법 시행령 별표8]

기계설비성능점검업자에 대한 행정처분의 기준(제20조 관련)

1. 일반기준
    가. 위반행위의 횟수에 따른 행정처분의 기준은 최근 1년간 같은 위반행위로 행정처분을 받은 경우에 적용한다. 이 경우 기간의 계산은 위반행위에 대하여 행정처분을 받은 날과 그 행정처분 후 다시 같은 위반행위를 하여 적발된 날을 기준으로 한다.
    나. 가목에 따라 가중된 부과처분을 하는 경우 가중처분의 적용 차수는 그 위반행위 전 부과처분 차수(가목에 따른 기간 내에 행정처분이 둘 이상 있었던 경우에는 높은 차수를 말한다)의 다음 차수로 한다.
    다. 위반행위가 둘 이상인 경우로서 그에 해당하는 각각의 처분기준이 다른 경우에는 그중 무거운 처분기준에 따른다. 다만, 둘 이상의 처분기준이 모두 영업정지인 경우에는 각 처분기준을 합산한 기간을 넘지 않는 범위에서 무거운 처분기준의 2분의 1 범위까지 가중하여 처분할 수 있다.
    라. 업무정지 처분기간 중 업무정지에 해당하는 위반사항이 있는 경우에는 종전의 처분기간 만료일의 다음 날부터 새로운 위반사항에 따른 업무정지처분을 한다.
    마. 행정처분권자는 처분기준이 영업정지인 경우 위반행위의 정도 · 동기 및 그 결과 등 다음의 사유를 고려하여 제2호의 개별기준에 따른 업무정지기간의 2분의 1 범위에서 그 기간을 줄이거나 늘릴 수 있다.
        1) 감경 사유
            가) 위반행위가 경미한 과실이나 사소한 부주의로 발생한 경우
            나) 위반행위가 적발된 날부터 최근 3년 이내에 법에 따른 업무정지 처분을 받은 사실이 없는 경우
        2) 가중 사유
            가) 위반행위가 고의나 중대한 과실로 발생한 경우 또는 위반행위가 적발된 날부터 최근 1년 이내에 법에 따른 업무정지 처분을 받은 사실이 있는 경우
            나) 해당 위반행위보다 중대한 위반행위를 은폐 · 조작하기 위하여 위반행위가 발생한 경우
    바. 마목의 감경 또는 가중 사유에 해당하는 경우 각 사유마다 제2호에서 정한 업무정지기간의 4분의 1씩을 줄이거나 늘린다.

2. 개별기준

위반행위	근거 법조문	행정처분기준		
		1차 위반	2차 위반	3차 이상 위반
가. 거짓이나 그 밖의 부정한 방법으로 등록한 경우	법 제22조 제2항제1호	등록취소		
나. 최근 5년간 3회 이상 업무정지 처분을 받은 경우	법 제22조 제2항제2호	등록취소		
다. 업무정지기간에 기계설비성능점검업무를 수행한 경우. 다만, 등록취소 또는 업무정지의 처분을 받기 전에 체결한 용역계약에 따른 업무를 계속한 경우는 제외한다.	법 제22조 제2항제3호	등록취소		
라. 기계설비성능점검업자로 등록한 후 법 제22조제1항에 따른 결격사유에 해당하게 된 경우(같은 항 제6호에 해당하게 된 법인이 그 대표자를 6개월 이내에 결격사유가 없는 다른 대표자로 바꾸어 임명하는 경우는 제외한다)	법 제22조 제2항제4호	등록취소		
마. 법 제21조제1항에 따른 대통령령으로 정하는 요건에 미달한 날부터 1개월이 지난 경우	법 제22조 제2항제5호	등록취소		
바. 법 제21조제2항에 따른 변경등록을 하지 않은 경우	법 제22조 제2항제6호	시정명령	업무정지 1개월	업무정지 2개월
사. 법 제21조제3항에 따라 발급받은 등록증을 다른 사람에게 빌려 준 경우	법 제22조 제2항제7호	업무정지 6개월	등록취소	

7. 기타 사항[기계설비 기술기준/위탁지정 관련 행정규칙]

[기계설비 기술기준]

기계설비의 착공 전 확인과 사용 전 검사 시 기계설비 설계자/시공자 및 감리업무 수행자의 업무
- ㉠ 기계설비 시공자
  - 기계설비 착공 전 확인표 작성
  - 기계설비 사용 전 확인표 작성
  - 기계설비 성능확인서 작성
  - 기계설비 안전확인서 작성
- ㉡ 감리업무 수행자
  - 기계설비 착공적합확인서 작성
  - 기계설비 사용적합확인서 작성

[위탁지정 관련 규칙]

기계설비 유지관리교육에 관한 업무 위탁
- 위탁업무의 내용 : 기계설비 유지관리교육에 관한 업무
- 관련 법령 : 기계설비법 시행령 제16조
- **위탁기관 : 대한기계설비건설협회**

제4장 핵·심·문·제

기계설비법/기계설비법 시행령/기계설비법 시행규칙

01 기계설비 발전 기본계획의 수립

기계설비법령에 따라 기계설비 발전 기본 계획은 몇 년마다 수립·시행하여야 하는가?

① 1
② 2
③ 3
④ 5

해설 기계설비 발전 기본계획의 수립(기계설비법 제5조)
국토교통부장관은 기계설비산업의 육성과 기계설비의 효율적인 유지관리 및 성능확보를 위하여 기계설비 발전 기본계획을 5년마다 수립·시행하여야 한다.

답 ③

02 기계설비 유지관리 준수 대상 건축물

기계설비 유지관리 준수 대상 건축물(기계 설비유지관리자 선임대상 건축물) 중 공동주택의 기준에 대해 다음 괄호 안에 들어갈 숫자는?

- (㉠)세대 이상의 공동주택
- (㉡)세대 이상으로서 중앙집중식 난방 방식(지역난방방식을 포함한다)의 공동주택

① ㉠ 500, ㉡ 500
② ㉠ 500, ㉡ 300
③ ㉠ 300, ㉡ 500
④ ㉠ 300, ㉡ 300

해설 기계설비 유지관리 준수 대상 건축물(기계설비법 시행령 제14조)
1. 연면적 10,000㎡ 이상의 건축물(창고시설은 제외)
2. 500세대 이상의 공동주택 또는 300세대 이상으로서 중앙집중식 난방 방식(지역난방 방식 포함)의 공동주택
3. 다음의 건축물 등 중 해당 건축물 등의 규모를 고려하여 국토교통부장관이 정하여 고시하는 건축물 등
   - 건설공사를 통하여 만들어진 교량·터널·항만·댐·건축물 등 구조물과 그 부대시설
   - 학교시설
   - 지하역사 및 지하도상가
4. 중앙행정기관의 장, 지방자치단체의 장 및 그 밖에 국토교통부장관이 정하는 자가 소유하거나 관리하는 건축물 등

답 ②

03 기계설비의 범위

기계설비법상 기계설비의 범위에 속하지 않는 것은?

① 플랜트설비
② 오수정화 및 물재이용설비
③ 가스설비
④ 위생기구설비

해설 가스설비는 기계설비법상 기계설비의 범위에 속하지 않는다.
기계설비의 범위(기계설비법 시행령 별표 1)
열원설비, 냉난방설비, 공기조화·공기청정·환기설비, 위생기구·급수·급탕·오배수·통기설비, 오수정화·물재이용설비, 우수배수설비, 보온설비, 덕트(Duct)설비, 자동제어설비, 방음·방진·내진설비, 플랜트설비, 특수 설비(청정실 구성 설비 등)

답 ③

04 기계설비의 착공 전 확인과 사용 전 검사의 대상 건축물 또는 시설물

기계설비법령에 따른 기계설비의 착공 전 확인과 사용 전 검사의 대상 건축물 또는 시설물에 해당하지 않는 것은?

① 연면적 1만㎡ 이상인 건축물
② 목욕장으로 사용되는 바닥면적 합계가 500㎡ 이상인 건축물
③ 기숙사로 사용되는 바닥면적 합계가 1천㎡ 이상인 건축물
④ 판매시설로 사용되는 바닥면적 합계가 3천㎡ 이상인 건축물

해설 기숙사로 사용되는 바닥면적 합계가 2천㎡ 이상인 건축 물이 해당된다.

답 ③

05 기계설비유지관리자의 자격 및 등급

건축설비기사를 보유하였다면 특급 책임기계설비유지관리자가 되려면 몇 년 이상의 실무경력이 있어야 하는가?

① 3년 이상
② 5년 이상
③ 10년 이상
④ 15년 이상

해설 기계설비유지관리자의 자격 및 등급(기계설비법 시행령 별표 5의2)에 따라 건축설비기사를 보유할 경우 실무경력 10년 이상이면 특급 책임기계설비유지관리자가 될 수 있다.(건축설비산업기사 취득자의 경우는 실무경력 13년 이상)

답 ③

06 기계설비성능점검업자에 대한 행정처분의 기준

기계설비법령에 따라 기계설비성능점검업자는 기계설비성능점검업의 등록한 사항 중 대통령령으로 정하는 사항이 변경된 경우에는 변경등록을 하여야 한다. 만약 변경등록을 정해진 기간 내 못한 경우 1차 위반 시 받게 되는 행정처분 기준은?

① 등록취소
② 업무정지 2개월
③ 업무정지 1개월
④ 시정명령

해설 변경등록을 정해진 기간 내 하지 않은 경우, 1차 위반 시시정명령, 2차 위반 시 업무정지 1개월, 3차 위반 시 업무 정지 2개월의 행정처분을 받게 된다.

답 ④

07 기타 사항

기계설비법령에 따른 기계설비 시공자의 업무에 해당하지 않는 것은?

① 기계설비 착공 전 확인표 작성
② 기계설비 사용 전 확인표 작성
③ 기계설비 성능확인서 작성
④ 기계설비 착공적합확인서 작성

해설 기계설비 착공적합확인서의 작성은 기계설비 감리업무 수행자의 업무사항이다.
기계설비의 착공 전 확인과 사용 전 검사 시 기계설비 시공자 및 감리업무 수행자의 업무(기계설비 기술기준)
㉠ 기계설비 시공자
- 기계설비 착공 전 확인표 작성
- 기계설비 사용 전 확인표 작성
- 기계설비 성능확인서 작성
- 기계설비 안전확인서 작성

㉡ 감리업무 수행자
- 기계설비 착공적합확인서 작성
- 기계설비 사용적합확인서 작성

답 ④

08 기타 사항

기계설비법령에 따라 기계설비 유지관리교육에 관한 업무를 위탁받아 시행하는 기관은?

① 한국기계설비건설협회
② 대한기계설비건설협회
③ 한국공작기계산업협회
④ 한국건설기계산업협회

해설 기계설비 유지관리교육에 관한 업무 위탁(위탁지정 관련 행정규칙)
- 위탁업무의 내용 : 기계설비 유지관리교육에 관한 업무
- 관련 법령 : 기계설비법 시행령 제16조
- 위탁기관 : 대한기계설비건설협회

답 ②

제5장 소방시설 설치 및 관리에 관한 법률/시행령/시행규칙

1. 각종 정의[소방시설 설치 및 관리에 관한 법률 시행령 제2조]

제2조(정의)
1. "무창층"(無窓層)이란 지상층 중 다음 각 목의 요건을 모두 갖춘 개구부(건축물에서 채광·환기·통풍 또는 출입 등을 위하여 만든 창·출입구, 그 밖에 이와 비슷한 것을 말한다)의 면적의 합계가 해당 층의 바닥면적(「건축법 시행령」 제119조제1항제3호에 따라 산정된 면적을 말한다. 이하 같다)의 30분의 1 이하가 되는 층을 말한다.
   가. 크기는 지름 50센티미터 이상의 원이 내접(內接)할 수 있는 크기일 것
   나. 해당 층의 바닥면으로부터 개구부 밑부분까지의 높이가 1.2미터 이내일 것
   다. 도로 또는 차량이 진입할 수 있는 빈터를 향할 것
   라. 화재 시 건축물로부터 쉽게 피난할 수 있도록 창살이나 그 밖의 장애물이 설치되지 아니할 것
   마. **내부 또는 외부에서 쉽게 부수거나 열 수 있을 것**
2. "**피난층**"이란 곧바로 지상으로 갈 수 있는 출입구가 있는 층을 말한다.

2. 소방시설의 분류[소방시설 설치 및 관리에 관한 법률 시행령 제3조_별표1]

소방시설
1. **소화설비** : 물 또는 그 밖의 소화약제를 사용하여 소화하는 기계·기구 또는 설비로서 다음 각 목의 것
   가. 소화기구
      1) **소화기**
      2) 간이소화용구 : 에어로졸식 소화용구, 투척용 소화용구, 소공간용 소화용구 및 소화약제 외의 것을 이용한 간이소화용구
      3) 자동확산소화기
   나. 자동소화장치
      1) 주거용 주방자동소화장치
      2) 상업용 주방자동소화장치
      3) 캐비닛형 자동소화장치
      4) 가스자동소화장치
      5) 분말자동소화장치
      6) 고체에어로졸자동소화장치
   다. **옥내소화전설비**[호스릴(hose reel) 옥내소화전설비를 포함한다]
   라. 스프링클러설비등
      1) **스프링클러설비**
      2) 간이스프링클러설비(캐비닛형 간이스프링클러설비를 포함한다)
      3) 화재조기진압용 스프링클러설비
   마. 물분무등소화설비
      1) 물분무소화설비
      2) 미분무소화설비
      3) 포소화설비
      4) 이산화탄소소화설비
      5) 할론소화설비

6) 할로겐화합물 및 불활성기체(다른 원소와 화학반응을 일으키기 어려운 기체를 말한다. 이하 같다) 소화설비
7) 분말소화설비
8) 강화액소화설비
9) 고체에어로졸소화설비
바. **옥외소화전설비**
2. **경보설비** : 화재발생 사실을 통보하는 기계·기구 또는 설비로서 다음 각 목의 것
   가. 단독경보형 감지기
   나. **비상경보설비**
      1) 비상벨설비
      2) 자동식사이렌설비
   다. **자동화재탐지설비**
   라. **시각경보기**
   마. 화재알림설비
   바. 비상방송설비
   사. **자동화재속보설비**
   아. **통합감시시설**
   자. **누전경보기**
   차. **가스누설경보기**
3. **피난구조설비** : 화재가 발생할 경우 피난하기 위하여 사용하는 기구 또는 설비로서 다음 각 목의 것
   가. 피난기구
      1) 피난사다리
      2) 구조대
      3) **완강기**
      4) 간이완강기
      5) 그 밖에 화재안전기준으로 정하는 것
   나. **인명구조기구**
      1) 방열복, 방화복(안전모, 보호장갑 및 안전화를 포함한다)
      2) 공기호흡기
      3) **인공소생기**
   다. 유도등
      1) 피난유도선
      2) 피난구유도등
      3) 통로유도등
      4) **객석유도등**
      5) 유도표지
   라. 비상조명등 및 휴대용비상조명등
4. **소화용수설비** : 화재를 진압하는 데 필요한 물을 공급하거나 저장하는 설비로서 다음 각 목의 것
   가. 상수도소화용수설비
   나. **소화수조·저수조**, 그 밖의 소화용수설비
5. **소화활동설비** : 화재를 진압하거나 인명구조활동을 위하여 사용하는 설비로서 다음 각 목의 것
   가. **제연설비**
   나. **연결송수관설비**
   다. **연결살수설비**
   라. **비상콘센트설비**

마. **무선통신보조설비**
바. 연소방지설비

3. 건축허가시 동의 필요 대상[소방시설 설치 및 관리에 관한 법률 시행령 제7조]

제7조(건축허가등의 동의대상물의 범위 등)
① 법 제6조제1항에 따라 **건축물 등의 신축·증축·개축·재축·이전·용도변경 또는 대수선의 허가·협의 및 사용승인**(「주택법」제15조에 따른 승인 및 같은 법 제49조에 따른 사용검사, 「학교시설사업 촉진법」제4조에 따른 승인 및 같은 법 제13조에 따른 사용승인을 포함하며, 이하 "건축허가등"이라 한다)**을 할 때 미리 소방본부장 또는 소방서장의 동의를 받아야 하는 건축물 등의 범위는 다음 각 호와 같다.**
  1. **연면적**(「건축법 시행령」제119조제1항제4호에 따라 산정된 면적을 말한다. 이하 같다)**이 400제곱미터 이상인 건축물**이나 시설. 다만, 다음 각 목의 어느 하나에 해당하는 건축물이나 시설은 해당 목에서 정한 기준 이상인 건축물이나 시설로 한다.
     가. 「학교시설사업 촉진법」제5조의2제1항에 따라 건축등을 하려는 **학교시설 : 100제곱미터**
     나. 별표 2의 특정소방대상물 중 **노유자**(老幼者) **시설 및 수련시설 : 200제곱미터**
     다. 「정신건강증진 및 정신질환자 복지서비스 지원에 관한 법률」제3조제5호에 따른 **정신의료기관**(입원실이 없는 정신건강의학과 의원은 제외하며, 이하 "정신의료기관"이라 한다) : **300제곱미터**
     라. 「장애인복지법」제58조제1항제4호에 따른 **장애인 의료재활시설**(이하 "의료재활시설"이라 한다) : **300제곱미터**
  2. **지하층 또는 무창층이 있는 건축물로서 바닥면적이 150제곱미터(공연장의 경우에는 100제곱미터) 이상인 층이 있는 것**
  3. **차고·주차장 또는 주차 용도로 사용되는 시설로서 다음 각 목의 어느 하나에 해당하는 것**
     가. 차고·주차장으로 사용되는 **바닥면적이 200제곱미터 이상인 층이 있는 건축물**이나 주차시설
     나. **승강기 등 기계장치에 의한 주차시설로서 자동차 20대 이상을 주차할 수 있는 시설**
  4. **층수**(「건축법 시행령」제119조제1항제9호에 따라 산정된 층수를 말한다. 이하 같다)**가 6층 이상인 건축물**
  5. **항공기 격납고**, 관망탑, 항공관제탑, 방송용 송수신탑

4. 수용인원의 산정 방법[소방시설 설치 및 관리에 관한 법률 시행령 제17조_별표7]

수용인원의 산정 방법
1. 숙박시설이 있는 특정소방대상물
   가. **침대가 있는 숙박시설 : 해당 특정소방대상물의 종사자 수에 침대 수(2인용 침대는 2개로 산정한다)를 합한 수**
   나. **침대가 없는 숙박시설 : 해당 특정소방대상물의 종사자 수에 숙박시설 바닥면적의 합계를 3㎡로 나누어 얻은 수를 합한 수**
2. 제1호 외의 **특정소방대상물**
   가. **강의실·교무실·상담실·실습실·휴게실 용도로 쓰는** 특정소방대상물 : 해당 용도로 사용하는 바닥면적의 합계를 1.9㎡로 나누어 얻은 수
   나. 강당, 문화 및 집회시설, 운동시설, 종교시설 : 해당 용도로 사용하는 바닥면적의 합계를 4.6㎡로 나누어 얻은 수(관람석이 있는 경우 고정식 의자를 설치한 부분은 그 부분의 의자 수로 하고, 긴 의자의 경우에는 의자의 정면너비를 0.45m로 나누어 얻은 수로 한다)

다. 그 밖의 특정소방대상물 : 해당 용도로 사용하는 바닥면적의 합계를 3㎡로 나누어 얻은 수

비고
1. 위 표에서 바닥면적을 산정할 때에는 복도(「건축법 시행령」 제2조제11호에 따른 준불연재료 이상의 것을 사용하여 바닥에서 천장까지 벽으로 구획한 것을 말한다), 계단 및 화장실의 바닥면적을 포함하지 않는다.
2. 계산 결과 소수점 이하의 수는 반올림한다.

5. 특정소방대상물 기준[소방시설 설치 및 관리에 관한 법률 시행령 제11조_별표4]

특정소방대상물의 관계인이 특정소방대상물에 설치·관리해야 하는 소방시설의 종류(제11조 관련)

1. 소화설비
   다. **옥내소화전설비를 설치해야 하는 특정소방대상물**은 다음의 어느 하나에 해당하는 것으로 한다. 다만, 위험물 저장 및 처리 시설 중 가스시설, 지하구 및 업무시설 중 무인변전소(방재실 등에서 스프링클러설비 또는 물분무등소화설비를 원격으로 조정할 수 있는 무인변전소로 한정한다)는 제외한다.
   1) **다음의 어느 하나에 해당하는 경우에는 모든 층**
      가) **연면적 3천㎡ 이상**인 것(터널은 제외한다)
      나) **지하층·무창층**(축사는 제외한다)으로서 **바닥면적이 600㎡ 이상인 층이 있는 것**
      다) **4층 이상인 층 중에서 바닥면적이 600㎡ 이상인 층이 있는 것**
   2) 1)에 해당하지 않는 근린생활시설, **판매시설**, 운수시설, 의료시설, 노유자 시설, 업무시설, **숙박시설**, 위락시설, 공장, 창고시설, 항공기 및 자동차 관련 시설, 교정 및 군사시설 중 국방·군사시설, 방송통신시설, 발전시설, 장례시설 또는 복합건축물로서 다음의 어느 하나에 해당하는 경우에는 모든 층
      가) **연면적 1천5백㎡ 이상인 것**
      나) **지하층·무창층으로서 바닥면적이 300㎡ 이상인 층이 있는 것**
      다) **4층 이상인 층 중에서 바닥면적이 300㎡ 이상인 층이 있는 것**
   3) 건축물의 옥상에 설치된 차고·주차장으로서 사용되는 면적이 200㎡ 이상인 경우 해당 부분
   4) 다음의 어느 하나에 해당하는 터널
      가) 길이가 1천m 이상인 터널
      나) 예상교통량, 경사도 등 터널의 특성을 고려하여 행정안전부령으로 정하는 터널
   5) 1) 및 2)에 해당하지 않는 공장 또는 창고시설로서 「화재의 예방 및 안전관리에 관한 법률 시행령」 별표 2에서 정하는 수량의 750배 이상의 특수가연물을 저장·취급하는 것
   라. **스프링클러설비를 설치해야 하는 특정소방대상물**(위험물 저장 및 처리 시설 중 가스시설 및 지하구는 제외한다)은 다음의 어느 하나에 해당하는 것으로 한다.
   1) **층수가 6층 이상인 특정소방대상물의 경우에는 모든 층**. 다만, 다음의 어느 하나에 해당하는 경우는 제외한다.
      가) 주택 관련 법령에 따라 기존의 아파트등을 리모델링하는 경우로서 건축물의 연면적 및 층의 높이가 변경되지 않는 경우. 이 경우 해당 아파트등의 사용검사 당시의 소방시설의 설치에 관한 대통령령 또는 화재안전기준을 적용한다.
      나) 스프링클러설비가 없는 기존의 특정소방대상물을 용도변경하는 경우. 다만, 2)부터 6)까지 및 9)부터 12)까지의 규정에 해당하는 특정소방대상물로 용도변경하는 경우에는 해당 규정에 따라 스프링클러설비를 설치한다.
   2) 기숙사(교육연구시설·수련시설 내에 있는 학생 수용을 위한 것을 말한다) 또는 복합건축물로서 연면적 5천㎡ 이상인 경우에는 모든 층

3) **문화 및 집회시설**(동·식물원은 제외한다), 종교시설(주요구조부가 목조인 것은 제외한다), 운동시설(물놀이형 시설 및 바닥이 불연재료이고 관람석이 없는 운동시설은 제외한다)로서 다음의 어느 하나에 해당하는 경우에는 모든 층
   가) **수용인원이 100명 이상인 것**
   나) **영화상영관의 용도로 쓰는 층의 바닥면적이 지하층 또는 무창층인 경우에는 500㎡ 이상, 그 밖의 층의 경우에는 1천㎡ 이상인 것**
   다) **무대부가 지하층·무창층 또는 4층 이상의 층에 있는 경우에는 무대부의 면적이 300㎡ 이상인 것**
   라) **무대부가 다) 외의 층에 있는 경우에는 무대부의 면적이 500㎡ 이상인 것**
4) **판매시설,** 운수시설 및 창고시설(물류터미널로 한정한다)로서 **바닥면적의 합계가 5천㎡ 이상이거나 수용인원이 500명 이상인 경우에는 모든 층**
5) 다음의 어느 하나에 해당하는 용도로 사용되는 시설의 바닥면적의 합계가 600㎡ 이상인 것은 모든 층
   가) 근린생활시설 중 조산원 및 산후조리원
   나) 의료시설 중 정신의료기관
   다) 의료시설 중 종합병원, 병원, 치과병원, 한방병원 및 요양병원
   라) 노유자 시설
   마) 숙박이 가능한 수련시설
   바) 숙박시설
6) 창고시설(물류터미널은 제외한다)로서 바닥면적의 합계가 5천㎡ 이상인 경우에는 모든 층
7) **특정소방대상물의 지하층·무창층**(축사는 제외한다) **또는 층수가 4층 이상인 층으로서 바닥면적이 1천㎡ 이상인 층이 있는 경우에는 해당 층**
8) 랙식 창고(rack warehouse): 랙(물건을 수납할 수 있는 선반이나 이와 비슷한 것을 말한다. 이하 같다)을 갖춘 것으로서 천장 또는 반자(반자가 없는 경우에는 지붕의 옥내에 면하는 부분을 말한다)의 높이가 10m를 초과하고, 랙이 설치된 층의 바닥면적의 합계가 1천5백㎡ 이상인 경우에는 모든 층
9) 공장 또는 창고시설로서 다음의 어느 하나에 해당하는 시설
   가) 「화재의 예방 및 안전관리에 관한 법률 시행령」 별표 2에서 정하는 수량의 1천 배 이상의 특수가연물을 저장·취급하는 시설
   나) 「원자력안전법 시행령」 제2조제1호에 따른 중·저준위방사성폐기물(이하 "중·저준위방사성폐기물"이라 한다)의 저장시설 중 소화수를 수집·처리하는 설비가 있는 저장시설
10) 지붕 또는 외벽이 불연재료가 아니거나 내화구조가 아닌 공장 또는 창고시설로서 다음의 어느 하나에 해당하는 것
    가) 창고시설(물류터미널로 한정한다) 중 4)에 해당하지 않는 것으로서 바닥면적의 합계가 2천5백㎡ 이상이거나 수용인원이 250명 이상인 경우에는 모든 층
    나) 창고시설(물류터미널은 제외한다) 중 6)에 해당하지 않는 것으로서 바닥면적의 합계가 2천5백㎡ 이상인 경우에는 모든 층
    다) 공장 또는 창고시설 중 7)에 해당하지 않는 것으로서 지하층·무창층 또는 층수가 4층 이상인 것 중 바닥면적이 500㎡ 이상인 경우에는 모든 층
    라) 랙식 창고 중 8)에 해당하지 않는 것으로서 바닥면적의 합계가 750㎡ 이상인 경우에는 모든 층
    마) 공장 또는 창고시설 중 9)가)에 해당하지 않는 것으로서 「화재의 예방 및 안전관리에 관한 법률 시행령」 별표 2에서 정하는 수량의 500배 이상의 특수가연물을 저장·취급하는 시설

11) 교정 및 군사시설 중 다음의 어느 하나에 해당하는 경우에는 해당 장소
  가) 보호감호소, 교도소, 구치소 및 그 지소, 보호관찰소, 갱생보호시설, 치료감호시설, 소년원 및 소년분류심사원의 수용거실
  나) 「출입국관리법」 제52조제2항에 따른 보호시설(외국인보호소의 경우에는 보호대상자의 생활공간으로 한정한다. 이하 같다)로 사용하는 부분. 다만, 보호시설이 임차건물에 있는 경우는 제외한다.
  다) 「경찰관 직무집행법」 제9조에 따른 유치장
12) 지하상가로서 연면적 1천㎡ 이상인 것
13) 발전시설 중 전기저장시설
14) 1)부터 13)까지의 특정소방대상물에 부속된 보일러실 또는 연결통로 등

바. **물분무등소화설비를 설치해야 하는 특정소방대상물**[위험물 저장 및 처리 시설 중 가스시설, 발전시설의 전기저장시설 중 무정전전원공급장치(UPS)의 시설 및 지하구는 제외한다]은 다음의 어느 하나에 해당하는 것으로 한다.
1) 항공기 및 자동차 관련 시설 중 항공기 격납고
2) <u>차고, 주차용 건축물</u> 또는 철골 조립식 주차시설. 이 경우 **연면적 800㎡ 이상인 것**만 해당한다.
3) 건축물의 내부에 설치된 차고·주차장으로서 차고 또는 주차의 용도로 사용되는 면적의 합계가 200㎡ 이상인 경우 해당 부분(50세대 미만 연립주택 및 다세대주택은 제외한다)
4) 기계장치에 의한 주차시설을 이용하여 20대 이상의 차량을 주차할 수 있는 시설
5) 특정소방대상물에 설치된 전기실·발전실·변전실(가연성 절연유를 사용하지 않는 변압기·전류차단기 등의 전기기기와 가연성 피복을 사용하지 않은 전선 및 케이블만을 설치한 전기실·발전실 및 변전실은 제외한다)·축전지실·통신기기실 또는 전산실, 그 밖에 이와 비슷한 것으로서 바닥면적이 300㎡ 이상인 것[하나의 방화구획 내에 둘 이상의 실(室)이 설치되어 있는 경우에는 이를 하나의 실로 보아 바닥면적을 산정한다]. 다만, 내화구조로 된 공정제어실 내에 설치된 주조정실로서 양압시설(외부 오염 공기 침투를 차단하고 내부의 나쁜 공기가 자연스럽게 외부로 흐를 수 있도록 한 시설을 말한다)이 설치되고 전기기기에 220볼트 이하인 저전압이 사용되며 종업원이 24시간 상주하는 곳은 제외한다.
6) 소화수를 수집·처리하는 설비가 설치되어 있지 않은 중·저준위방사성폐기물의 저장시설. 이 시설에는 이산화탄소소화설비, 할론소화설비 또는 할로겐화합물 및 불활성기체 소화설비를 설치해야 한다.
7) 예상 교통량, 경사도 등 터널의 특성을 고려하여 행정안전부령으로 정하는 터널. 이 시설에는 물분무소화설비를 설치해야 한다.
8) 국가유산 중 「문화유산의 보존 및 활용에 관한 법률」에 따른 지정문화유산(문화유산자료를 제외한다) 또는 「자연유산의 보존 및 활용에 관한 법률」에 따른 천연기념물등(자연유산자료를 제외한다)으로서 소방청장이 국가유산청장과 협의하여 정하는 것

사. <u>옥외소화전설비를 설치해야 하는 특정소방대상물(아파트등</u>, 위험물 저장 및 처리 시설 중 가스시설, 지하구 및 터널은 <u>제외</u>한다)은 다음의 어느 하나에 해당하는 것으로 한다.
1) <u>지상 1층 및 2층의 바닥면적의 합계가 9천㎡ 이상인 것</u>. 이 경우 같은 구(區) 내의 둘 이상의 특정소방대상물이 행정안전부령으로 정하는 연소(延燒) 우려가 있는 구조인 경우에는 이를 하나의 특정소방대상물로 본다.
2) 문화유산 중 「문화유산의 보존 및 활용에 관한 법률」 제23조에 따라 보물 또는 국보로 지정된 목조건축물
3) 1)에 해당하지 않는 공장 또는 창고시설로서 「화재의 예방 및 안전관리에 관한 법률 시행령」 별표 2에서 정하는 수량의 750배 이상의 특수가연물을 저장·취급하는 것

2. <u>경보설비</u>
가. 단독경보형 감지기를 설치해야 하는 특정소방대상물은 다음의 어느 하나에 해당하는 것으로

한다. 이 경우 5)의 연립주택 및 다세대주택에 설치하는 단독경보형 감지기는 연동형으로 설치해야 한다.
1) 교육연구시설 내에 있는 기숙사 또는 합숙소로서 연면적 2천㎡ 미만인 것
2) 수련시설 내에 있는 기숙사 또는 합숙소로서 연면적 2천㎡ 미만인 것
3) 다목7)에 해당하지 않는 수련시설(숙박시설이 있는 것만 해당한다)
4) 연면적 400㎡ 미만의 유치원
5) 공동주택 중 연립주택 및 다세대주택

나. **비상경보설비를 설치해야 하는 특정소방대상물**(모래·석재 등 불연재료 공장 및 창고시설, 위험물 저장 및 처리 시설 중 가스시설, 사람이 거주하지 않거나 벽이 없는 축사 등 동물 및 식물 관련 시설 및 지하구는 제외한다)은 다음의 어느 하나에 해당하는 것으로 한다.
1) **연면적 400㎡ 이상인 것은 모든 층**
2) **지하층 또는 무창층의 바닥면적이 150㎡(공연장의 경우 100㎡) 이상인 것은 모든 층**
3) 터널로서 길이가 500m 이상인 것
4) **50명 이상의 근로자가 작업하는 옥내 작업장**

다. **자동화재탐지설비를 설치해야 하는 특정소방대상물**은 다음의 어느 하나에 해당하는 것으로 한다.
1) **공동주택 중 아파트등·기숙사 및 숙박시설의 경우에는 모든 층**
2) **층수가 6층 이상인 건축물의 경우에는 모든 층**
3) 근린생활시설(목욕장은 제외한다), **의료시설**(정신의료기관 및 요양병원은 제외한다), **위락시설**, 장례시설 및 복합건축물로서 **연면적 600㎡ 이상**인 경우에는 모든 층
4) 근린생활시설 중 목욕장, 문화 및 집회시설, 종교시설, **판매시설**, 운수시설, 운동시설, 업무시설, 공장, 창고시설, 위험물 저장 및 처리 시설, 항공기 및 자동차 관련 시설, 교정 및 군사시설 중 국방·군사시설, 방송통신시설, 발전시설, 관광 휴게시설, 지하상가로서 **연면적 1천㎡ 이상인 경우에는 모든 층**
5) **교육연구시설**(교육시설 내에 있는 기숙사 및 합숙소를 포함한다), 수련시설(수련시설 내에 있는 기숙사 및 합숙소를 포함하며, 숙박시설이 있는 수련시설은 제외한다), 동물 및 식물 관련 시설(기둥과 지붕만으로 구성되어 외부와 기류가 통하는 장소는 제외한다), 자원순환 관련 시설, 교정 및 군사시설(국방·군사시설은 제외한다) 또는 묘지 관련 시설로서 **연면적 2천㎡ 이상인 경우에는 모든 층**
6) 노유자 생활시설의 경우에는 모든 층
7) 6)에 해당하지 않는 노유자 시설로서 연면적 400㎡ 이상인 노유자 시설 및 숙박시설이 있는 수련시설로서 수용인원 100명 이상인 경우에는 모든 층
8) 의료시설 중 정신의료기관 또는 요양병원으로서 다음의 어느 하나에 해당하는 시설
  가) 요양병원(의료재활시설은 제외한다)
  나) 정신의료기관 또는 의료재활시설로 사용되는 바닥면적의 합계가 300㎡ 이상인 시설
  다) 정신의료기관 또는 의료재활시설로 사용되는 바닥면적의 합계가 300㎡ 미만이고, 창살(철재·플라스틱 또는 목재 등으로 사람의 탈출 등을 막기 위하여 설치한 것을 말하며, 화재 시 자동으로 열리는 구조로 되어 있는 창살은 제외한다)이 설치된 시설
9) 판매시설 중 전통시장
10) 터널로서 길이가 1천m 이상인 것
11) 지하구
12) 3)에 해당하지 않는 근린생활시설 중 조산원 및 산후조리원
13) 4)에 해당하지 않는 공장 및 창고시설로서「화재의 예방 및 안전관리에 관한 법률 시행령」별표 2에서 정하는 수량의 500배 이상의 특수가연물을 저장·취급하는 것
  14) 4)에 해당하지 않는 발전시설 중 전기저장시설

3. 피난구조설비
    가. 피난기구는 특정소방대상물의 모든 층에 화재안전기준에 적합한 것으로 설치해야 한다. 다만, 피난층, 지상 1층, 지상 2층(노유자 시설 중 피난층이 아닌 지상 1층과 피난층이 아닌 지상 2층은 제외한다), 층수가 11층 이상인 층과 위험물 저장 및 처리시설 중 가스시설, 터널 및 지하구의 경우에는 그렇지 않다.
    나. 인명구조기구를 설치해야 하는 특정소방대상물은 다음의 어느 하나에 해당하는 것으로 한다.
        1) **방열복 또는 방화복(안전모, 보호장갑 및 안전화를 포함한다), 인공소생기 및 공기호흡기를 설치해야 하는 특정소방대상물 : 지하층을 포함하는 층수가 7층 이상인 것 중 관광호텔 용도로 사용하는 층**
        2) **방열복 또는 방화복(안전모, 보호장갑 및 안전화를 포함한다) 및 공기호흡기를 설치해야 하는 특정소방대상물 : 지하층을 포함하는 층수가 5층 이상인 것 중 병원 용도로 사용하는 층**
        3) **공기호흡기를 설치**해야 하는 특정소방대상물은 다음의 어느 하나에 해당하는 것으로 한다.
            가) **수용인원 100명 이상인 문화 및 집회시설 중 영화상영관**
            나) 판매시설 중 대규모점포
            다) 운수시설 중 지하역사
            라) 지하상가
            마) 제1호바목 및 화재안전기준에 따라 이산화탄소소화설비(호스릴이산화탄소소화설비는 제외한다)를 설치해야 하는 특정소방대상물
    다. 유도등을 설치해야 하는 특정소방대상물은 다음의 어느 하나에 해당하는 것으로 한다.
        1) 피난구유도등, 통로유도등 및 유도표지는 특정소방대상물에 설치한다. 다만, 다음의 어느 하나에 해당하는 경우는 제외한다.
            가) 동물 및 식물 관련 시설 중 축사로서 가축을 직접 가두어 사육하는 부분
            나) 터널
        2) **객석유도등은 다음의 어느 하나에 해당하는 특정소방대상물에 설치**한다.
            가) **유흥주점영업시설**(「식품위생법 시행령」 제21조제8호라목의 유흥주점영업 중 손님이 춤을 출 수 있는 무대가 설치된 카바레, 나이트클럽 또는 그 밖에 이와 비슷한 영업시설만 해당한다)
            나) **문화 및 집회시설**
            다) **종교시설**
            라) **운동시설**
        3) 피난유도선은 화재안전기준에서 정하는 장소에 설치한다.
    라. **비상조명등을 설치해야 하는 특정소방대상물**(창고시설 중 창고 및 하역장, 위험물 저장 및 처리 시설 중 가스시설 및 사람이 거주하지 않거나 벽이 없는 축사 등 동물 및 식물 관련 시설은 제외한다)은 다음의 어느 하나에 해당하는 것으로 한다.
        1) **지하층을 포함하는 층수가 5층 이상인 건축물로서 연면적 3천㎡ 이상인 경우에는 모든 층**
        2) 1)에 해당하지 않는 **특정소방대상물로서 그 지하층 또는 무창층의 바닥면적이 450㎡ 이상인 경우**에는 해당 층
        3) 터널로서 그 길이가 500m 이상인 것
    마. 휴대용비상조명등을 설치해야 하는 특정소방대상물은 다음의 어느 하나에 해당하는 것으로 한다.
        1) 숙박시설
        2) 수용인원 100명 이상의 영화상영관, 판매시설 중 대규모점포, 철도 및 도시철도 시설 중 지하역사, 지하상가
4. 소화용수설비
    상수도소화용수설비를 설치해야 하는 특정소방대상물은 다음 각 목의 어느 하나에 해당하는 것으로 한다. 다만, 상수도소화용수설비를 설치해야 하는 특정소방대상물의 대지 경계선으로부터

180m 이내에 지름 75㎜ 이상인 상수도용 배수관이 설치되지 않은 지역의 경우에는 화재안전기준에 따른 소화수조 또는 저수조를 설치해야 한다.
  가. **연면적 5천㎡ 이상인 것**. 다만, 위험물 저장 및 처리 시설 중 가스시설, 터널 또는 지하구의 경우에는 제외한다.
  나. 가스시설로서 지상에 노출된 탱크의 저장용량의 합계가 100톤 이상인 것
  다. 자원순환 관련 시설 중 폐기물재활용시설 및 폐기물처분시설
5. 소화활동설비
  가. **제연설비를 설치해야 하는 특정소방대상물**은 다음의 어느 하나에 해당하는 것으로 한다.
    1) **문화 및 집회시설, 종교시설**, 운동시설 중 **무대부의 바닥면적이 200㎡ 이상인 경우에는 해당 무대부**
    2) **문화 및 집회시설 중 영화상영관으로서 수용인원 100명 이상인 경우에는 해당 영화상영관**
    3) 지하층이나 무창층에 설치된 근린생활시설, 판매시설, 운수시설, 숙박시설, 위락시설, 의료시설, 노유자 시설 또는 창고시설(물류터미널로 한정한다)로서 해당 용도로 사용되는 바닥면적의 합계가 1천㎡ 이상인 경우 해당 부분
    4) 운수시설 중 시외버스정류장, 철도 및 도시철도 시설, 공항시설 및 항만시설의 대기실 또는 휴게시설로서 지하층 또는 무창층의 바닥면적이 1천㎡ 이상인 경우에는 모든 층
    5) 지하상가로서 연면적 1천㎡ 이상인 것
    6) 예상 교통량, 경사도 등 터널의 특성을 고려하여 행정안전부령으로 정하는 터널
    7) 특정소방대상물(갓복도형 아파트등은 제외한다)에 부설된 특별피난계단, 비상용 승강기의 승강장 또는 피난용 승강기의 승강장
  다. **연결살수설비를 설치해야 하는 특정소방대상물**(지하구는 제외한다)은 다음의 어느 하나에 해당하는 것으로 한다.
    1) **판매시설**, 운수시설, 창고시설 중 물류터미널로서 해당 용도로 사용되는 부분의 **바닥면적의 합계가 1천㎡ 이상인 경우에는 해당 시설**
    2) 지하층(피난층으로 주된 출입구가 도로와 접한 경우는 제외한다)으로서 바닥면적의 합계가 150㎡ 이상인 경우에는 지하층의 모든 층. 다만, 「주택법 시행령」 제46조제1항에 따른 국민주택규모 이하인 아파트등의 지하층(대피시설로 사용하는 것만 해당한다)과 교육연구시설 중 학교의 지하층의 경우에는 700㎡ 이상인 것으로 한다.
    3) 가스시설 중 지상에 노출된 탱크의 용량이 30톤 이상인 탱크시설
    4) 1) 및 2)의 특정소방대상물에 부속된 연결통로
  라. **비상콘센트설비를 설치해야 하는 특정소방대상물**(위험물 저장 및 처리 시설 중 가스시설 및 지하구는 제외한다)은 다음의 어느 하나에 해당하는 것으로 한다.
    1) **층수가 11층 이상인 특정소방대상물의 경우에는 11층 이상의 층**
    2) **지하층의 층수가 3층 이상이고 지하층의 바닥면적의 합계가 1천㎡ 이상인 것은 지하층의 모든 층**
    3) 터널로서 길이가 500m 이상인 것

6. 소방시설의 내진설계[소방시설 설치 및 관리에 관한 법률 시행령 제8조]

제8조(소방시설의 내진설계)
① 법 제7조에서 "대통령령으로 정하는 특정소방대상물"이란 「건축법」 제2조제1항제2호에 따른 건축물로서 「지진·화산재해대책법 시행령」 제10조제1항 각 호에 해당하는 시설을 말한다.
② 법 제7조에서 **"대통령령으로 정하는 소방시설"**이란 소방시설 중 **옥내소화전설비, 스프링클러설비 및 물분무등소화설비**를 말한다.

7. 성능위주설계를 하여야 하는 특정소방대상물의 범위[소방시설 설치 및 관리에 관한 법률 시행령 제9조]

제9조(성능위주설계를 하여야 하는 특정소방대상물의 범위)

법 제8조제1항에서 "대통령령으로 정하는 특정소방대상물"이란 다음 각 호의 어느 하나에 해당하는 특정소방대상물(신축하는 것만 해당한다)을 말한다.

1. <u>연면적 20만제곱미터 이상인 특정소방대상물</u>. 다만, 별표 2 제1호가목에 따른 아파트등(이하 "아파트등"이라 한다)은 제외한다.
2. <u>50층 이상</u>(지하층은 제외한다)이거나 지상으로부터 높이가 200미터 이상인 아파트등
3. <u>30층 이상</u>(지하층을 포함한다)이거나 지상으로부터 높이가 120미터 이상인 특정소방대상물(아파트등은 제외한다)
4. <u>연면적 3만제곱미터 이상인 특정소방대상물</u>로서 다음 각 목의 어느 하나에 해당하는 특정소방대상물
   가. 별표 2 제6호나목의 **철도 및 도시철도 시설**
   나. 별표 2 제6호다목의 **공항시설**
5. 별표 2 제16호의 창고시설 중 연면적 10만제곱미터 이상인 것 또는 지하층의 층수가 2개 층 이상이고 지하층의 바닥면적의 합계가 3만제곱미터 이상인 것
6. 하나의 건축물에 「영화 및 비디오물의 진흥에 관한 법률」 제2조제10호에 따른 영화상영관이 10개 이상인 특정소방대상물
7. 「초고층 및 지하연계 복합건축물 재난관리에 관한 특별법」 제2조제2호에 따른 지하연계 복합건축물에 해당하는 특정소방대상물
8. 별표 2 제27호의 터널 중 수저(水底)터널 또는 길이가 5천미터 이상인 것

8. 유사한 소방시설의 설치 면제 기준[소방시설 설치 및 관리에 관한 법률 시행령 제14조_별표5]

특정소방대상물의 소방시설 설치의 면제 기준(제14조 관련)

설치가 면제되는 소방시설	설치가 면제되는 기준
1. 자동소화장치	자동소화장치(주거용 주방자동소화장치 및 상업용 주방자동소화장치는 제외한다)를 설치해야 하는 특정소방대상물에 물분무등소화설비를 화재안전기준에 적합하게 설치한 경우에는 그 설비의 유효범위(해당 소방시설이 화재를 감지·소화 또는 경보할 수 있는 부분을 말한다. 이하 같다)에서 설치가 면제된다.
2. 옥내소화전설비	소방본부장 또는 소방서장이 옥내소화전설비의 설치가 곤란하다고 인정하는 경우로서 호스릴 방식의 미분무소화설비 또는 옥외소화전설비를 화재안전기준에 적합하게 설치한 경우에는 그 설비의 유효범위에서 설치가 면제된다.
3. 스프링클러설비	가. 스프링클러설비를 설치해야 하는 특정소방대상물(발전시설 중 전기저장시설은 제외한다)에 적응성 있는 자동소화장치 또는 **물분무등소화설비**를 화재안전기준에 적합하게 설치한 경우에는 그 설비의 유효범위에서 설치가 면제된다. 나. 스프링클러설비를 설치해야 하는 전기저장시설에 소화설비를 소방청장이 정하여 고시하는 방법에 따라 설치한 경우에는 그 설비의 유효범위에서 설치가 면제된다.

4. 간이스프링클러 설비	간이스프링클러설비를 설치해야 하는 특정소방대상물에 스프링클러설비, 물분무소화설비 또는 미분무소화설비를 화재안전기준에 적합하게 설치한 경우에는 그 설비의 유효범위에서 설치가 면제된다.	
5. **물분무등소화설비**	물분무등소화설비를 설치해야 하는 차고·주차장에 **스프링클러설비**를 화재안전기준에 적합하게 설치한 경우에는 그 설비의 유효범위에서 설치가 면제된다.	
6. 옥외소화전설비	옥외소화전설비를 설치해야 하는 문화유산인 목조건축물에 상수도소화용수설비를 화재안전기준에서 정하는 방수압력·방수량·옥외소화전함 및 호스의 기준에 적합하게 설치한 경우에는 설치가 면제된다.	
7. 비상경보설비	비상경보설비를 설치해야 할 특정소방대상물에 단독경보형 감지기를 2개 이상의 단독경보형 감지기와 연동하여 설치한 경우에는 그 설비의 유효범위에서 설치가 면제된다.	
8. **비상경보설비 또는 단독경보형 감지기**	비상경보설비 또는 단독경보형 감지기를 설치해야 하는 특정소방대상물에 **자동화재탐지설비** 또는 화재알림설비를 화재안전기준에 적합하게 설치한 경우에는 그 설비의 유효범위에서 설치가 면제된다.	
9. 자동화재탐지설비	자동화재탐지설비의 기능(감지·수신·경보기능을 말한다)과 성능을 가진 화재알림설비, 스프링클러설비 또는 물분무등소화설비를 화재안전기준에 적합하게 설치한 경우에는 그 설비의 유효범위에서 설치가 면제된다.	
10. 화재알림설비	화재알림설비를 설치해야 하는 특정소방대상물에 자동화재탐지설비를 화재안전기준에 적합하게 설치한 경우에는 그 설비의 유효범위에서 설치가 면제된다.	
11. 비상방송설비	비상방송설비를 설치해야 하는 특정소방대상물에 자동화재탐지설비 또는 비상경보설비와 같은 수준 이상의 음향을 발하는 장치를 부설한 방송설비를 화재안전기준에 적합하게 설치한 경우에는 그 설비의 유효범위에서 설치가 면제된다.	
12. **자동화재속보설비**	자동화재속보설비를 설치해야 하는 특정소방대상물에 **화재알림설비**를 화재안전기준에 적합하게 설치한 경우에는 그 설비의 유효범위에서 설치가 면제된다.	
13. 누전경보기	누전경보기를 설치해야 하는 특정소방대상물 또는 그 부분에 아크경보기(옥내 배전선로의 단선이나 선로 손상 등으로 인하여 발생하는 아크를 감지하고 경보하는 장치를 말한다) 또는 전기 관련 법령에 따른 지락차단장치를 설치한 경우에는 그 설비의 유효범위에서 설치가 면제된다.	
14. 피난구조설비	피난구조설비를 설치해야 하는 특정소방대상물에 그 위치·구조 또는 설비의 상황에 따라 피난상 지장이 없다고 인정되는 경우에는 화재안전기준에서 정하는 바에 따라 설치가 면제된다.	
15. 비상조명등	비상조명등을 설치해야 하는 특정소방대상물에 피난구유도등 또는 통로유도등을 화재안전기준에 적합하게 설치한 경우에는 그 유도등의 유효범위에서 설치가 면제된다.	
16. 상수도소화용수 설비	가. 상수도소화용수설비를 설치해야 하는 특정소방대상물의 각 부분으로부터 수평거리 140m 이내에 공공의 소방을 위한 소화전이 화재안전기준에 적합하게 설치되어 있는 경우에는 설치가 면제된다. 나. 소방본부장 또는 소방서장이 상수도소화용수설비의 설치가 곤란하다고 인정하는 경우로서 화재안전기준에 적합한 소화수조 또는 저수조가 설치되어 있거나 이를 설치하는 경우에는 그 설비의 유효범위에서 설치가 면제된다.	

17. 제연설비	가. 제연설비를 설치해야 하는 특정소방대상물[별표 4 제5호가목6)은 제외한다]에 다음의 어느 하나에 해당하는 설비를 설치한 경우에는 설치가 면제된다. 　1) 공기조화설비를 화재안전기준의 제연설비기준에 적합하게 설치하고 공기조화설비가 화재 시 제연설비기능으로 자동전환되는 구조로 설치되어 있는 경우 　2) 직접 외부 공기와 통하는 배출구의 면적의 합계가 해당 제연구역[제연경계(제연설비의 일부인 천장을 포함한다)에 의하여 구획된 건축물 내의 공간을 말한다] 바닥면적의 100분의 1 이상이고, 배출구부터 각 부분까지의 수평거리가 30m 이내이며, 공기유입구가 화재안전기준에 적합하게(외부 공기를 직접 자연 유입할 경우에 유입구의 크기는 배출구의 크기 이상이어야 한다) 설치되어 있는 경우 나. 별표 4 제5호가목7)에 따라 제연설비를 설치해야 하는 특정소방대상물 중 노대(露臺)와 연결된 특별피난계단, 노대가 설치된 비상용 승강기의 승강장 또는 「건축법 시행령」 제91조제5호의 기준에 따라 배연설비가 설치된 피난용 승강기의 승강장에는 설치가 면제된다.	
18. 연결송수관설비	연결송수관설비를 설치해야 하는 소방대상물에 옥외에 연결송수구 및 옥내에 방수구가 부설된 **옥내소화전설비, 스프링클러설비, 간이스프링클러설비 또는 연결살수설비**를 화재안전기준에 적합하게 설치한 경우에는 그 설비의 유효범위에서 설치가 면제된다. 다만, 지표면에서 최상층 방수구의 높이가 70m 이상인 경우에는 설치해야 한다.	
19. 연결살수설비	가. 연결살수설비를 설치해야 하는 특정소방대상물에 송수구를 부설한 **스프링클러설비, 간이스프링클러설비, 물분무소화설비 또는 미분무소화설비**를 화재안전기준에 적합하게 설치한 경우에는 그 설비의 유효범위에서 설치가 면제된다. 나. 가스 관계 법령에 따라 설치되는 물분무장치 등에 소방대가 사용할 수 있는 연결송수구가 설치되거나 물분무장치 등에 6시간 이상 공급할 수 있는 수원(水源)이 확보된 경우에는 설치가 면제된다.	
20. 무선통신보조설비	무선통신보조설비를 설치해야 하는 특정소방대상물에 이동통신 구내 중계기 선로설비 또는 무선이동중계기(「전파법」 제58조의2에 따른 적합성평가를 받은 제품만 해당한다) 등을 화재안전기준의 무선통신보조설비기준에 적합하게 설치한 경우에는 설치가 면제된다.	
21. 연소방지설비	연소방지설비를 설치해야 하는 특정소방대상물에 스프링클러설비, 물분무소화설비 또는 미분무소화설비를 화재안전기준에 적합하게 설치한 경우에는 그 설비의 유효범위에서 설치가 면제된다.	

9. 방염성능기준 이상의 실내장식물 등을 설치하여야 하는 특정소방대상물[소방시설 설치 및 관리에 관한 법률 시행령 제30조]

제30조(방염성능기준 이상의 실내장식물 등을 설치해야 하는 특정소방대상물)

법 제20조제1항에서 "대통령령으로 정하는 특정소방대상물"이란 다음 각 호의 것을 말한다.
1. 근린생활시설 중 의원, 치과의원, 한의원, 조산원, 산후조리원, 체력단련장, 공연장 및 종교집회장
2. 건축물의 옥내에 있는 다음 각 목의 시설
   가. 문화 및 집회시설
   나. 종교시설
   다. 운동시설(**수영장은 제외**한다)

3. 의료시설
4. 교육연구시설 중 **합숙소**
5. 노유자 시설
6. 숙박이 가능한 수련시설
7. 숙박시설
8. 방송통신시설 중 방송국 및 촬영소
9. 「다중이용업소의 안전관리에 관한 특별법」 제2조제1항제1호에 따른 다중이용업의 영업소(이하 "다중이용업소"라 한다)
10. 제1호부터 제9호까지의 시설에 해당하지 않는 것으로서 층수가 11층 이상인 것(**아파트등은 제외**한다)

10. 방염대상물품 및 방염성능기준[소방시설 설치 및 관리에 관한 법률 시행령 제31조]

제31조(방염대상물품 및 방염성능기준)
① 법 제20조제1항에서 "대통령령으로 정하는 물품"이란 다음 각 호의 것을 말한다.
  1. 제조 또는 가공 공정에서 방염처리를 한 다음 각 목의 물품
     가. 창문에 설치하는 커튼류(블라인드를 포함한다)
     나. 카펫
     다. 벽지류(두께가 2밀리미터 미만인 종이벽지는 제외한다)
     라. 전시용 합판·목재 또는 섬유판, 무대용 합판·목재 또는 섬유판(합판·목재류의 경우 불가피하게 설치 현장에서 방염처리한 것을 포함한다)
     마. **암막·무대막**(「영화 및 비디오물의 진흥에 관한 법률」 제2조제10호에 따른 영화상영관에 설치하는 스크린과 「다중이용업소의 안전관리에 관한 특별법 시행령」 제2조제7호의4에 따른 가상체험 체육시설업에 설치하는 스크린을 포함한다)
     바. 섬유류 또는 합성수지류 등을 원료로 하여 제작된 소파·의자(「다중이용업소의 안전관리에 관한 특별법 시행령」 제2조제1호나목 및 같은 조 제6호에 따른 단란주점영업, 유흥주점영업 및 노래연습장업의 영업장에 설치하는 것으로 한정한다)
  2. 건축물 내부의 천장이나 벽에 부착하거나 설치하는 다음 각 목의 것. 다만, 가구류(옷장, 찬장, 식탁, 식탁용 의자, 사무용 책상, 사무용 의자, 계산대, 그 밖에 이와 비슷한 것을 말한다. 이하 이 조에서 같다)와 너비 10센티미터 이하인 반자돌림대 등과 「건축법」 제52조에 따른 내부 마감재료는 제외한다.
     가. 종이류(두께 2밀리미터 이상인 것을 말한다)·합성수지류 또는 섬유류를 주원료로 한 물품
     나. 합판이나 목재
     다. 공간을 구획하기 위하여 설치하는 간이 칸막이(접이식 등 이동 가능한 벽체나 천장 또는 반자가 실내에 접하는 부분까지 구획하지 않는 벽체를 말한다)
     라. 흡음(吸音)을 위하여 설치하는 흡음재(흡음용 커튼을 포함한다)
     마. 방음(防音)을 위하여 설치하는 방음재(방음용 커튼을 포함한다)
② 법 제20조제3항에 따른 **방염성능기준은 다음 각 호의 기준에 따르되**, 제1항에 따른 방염대상물품의 종류에 따른 구체적인 방염성능기준은 다음 각 호의 기준의 범위에서 소방청장이 정하여 고시하는 바에 따른다.
  1. 버너의 불꽃을 제거한 때부터 불꽃을 올리며 연소하는 상태가 그칠 때까지 시간은 <u>20초 이내일 것</u>
  2. 버너의 불꽃을 제거한 때부터 불꽃을 올리지 않고 연소하는 상태가 그칠 때까지 시간은 <u>30초 이내일 것</u>

3. 탄화(炭化)한 면적은 50제곱센티미터 이내, 탄화한 길이는 20센티미터 이내일 것
4. 불꽃에 의하여 완전히 녹을 때까지 불꽃의 접촉 횟수는 3회 이상일 것
5. 소방청장이 정하여 고시한 방법으로 발연량(發煙量)을 측정하는 경우 최대연기밀도는 400 이하일 것

③ 소방본부장 또는 소방서장은 제1항에 따른 방염대상물품 외에 다음 각 호의 물품은 방염처리된 물품을 사용하도록 권장할 수 있다.
1. 다중이용업소, 의료시설, 노유자 시설, 숙박시설 또는 장례식장에서 사용하는 침구류·소파 및 의자
2. 건축물 내부의 천장 또는 벽에 부착하거나 설치하는 가구류

핵·심·문·제

소방시설 설치 및 관리에 관한 법률/시행령/시행규칙

01 각종 정의

다음은 소방시설 설치 및 관리에 관한 법령에 따른 무창층의 정의 이다. 밑줄 친 "각 목의 요건"의 내용으로 옳지 않은 것은?

> "무창층"(無窓層)이란 지상층 중 다음 <u>각 목의 요건</u>을 모두 갖춘 개구부의 면적의 합계가 해당 층의 바닥면적의 30분의 1 이하가 되는 층을 말한다.

① 외부에서 쉽게 부수거나 열 수 없을 것
② 도로 또는 차량이 진입할 수 있는 빈터를 향할 것
③ 크기는 지름 50cm 이상의 원이 내접할 수 있는 크기일 것
④ 해당 층의 바닥면으로부터 개구부 밑부분까지의 높이가 1.2m 이내일 것

해설 무창층은 내부 또는 외부에서 쉽게 부수거나 열 수 있어야 한다.

답 ①

02 각종 정의

다음은 소방시설 설치 및 관리에 관한 법령에 관한 법령에 따른 피난층의 정의로 가장 알맞은 것은?

① 지상 1층
② 지상 2층 이상의 층
③ 지상으로 통하는 직통계단이 있는 층
④ 곧바로 지상으로 갈 수 있는 출입구가 있는 층

해설 "피난층"이란 곧바로 지상으로 갈 수 있는 출입구가 있는 층을 말한다.

답 ④

03 소방시설의 분류

다음의 소방시설 중 경보설비에 속하지 않는 것은?

① 누전경보기
② 통합감지시설
③ 무선통신보조설비
④ 자동화재속보설비

해설 무선통신보조설비는 소화활동설비

답 ③

04 소방시설의 분류
다음의 소방시설 중 피난구조설비에 속하지 않는 것은?
① 완강기
② 인공소생기
③ 객석유도등
④ 시각경보기

해설 시각경보기는 경보설비

답 ④

05 소방시설의 분류
다음의 소방시설 중 소화활동설비에 속하는 것은?
① 유도등
② 완강기
③ 인명구조기구
④ 비상콘센트설비

해설 유도등, 완강기, 인명구조기구는 피난구조설비

답 ④

06 소방시설의 분류
다음의 소방시설 중 소화활동설비에 속하지 않는 것은?
① 제연설비
② 비상방송설비
③ 연결송수관설비
④ 비상콘센트설비

해설 비상방송설비는 경보설비

답 ②

07 소방시설의 분류
다음의 소방시설 중 소화활동설비에 속하지 않는 것은?
① 제연설비
② 연결살수설비
③ 옥내소화전설비
④ 연결송수관설비

해설 옥내소화전설비는 소화설비

답 ③

08 건축허가 시 동의 필요 대상
건축허가 등을 할 때 미리 소방본부장 또는 소방서장의 동의를 받아야 하는 대상 건축물의 연면적 기준은? (단, 업무시설의 경우)
① 100㎡
② 200㎡
③ 400㎡
④ 1000㎡

해설 연면적 400㎡ 이상인 건축물은 소방본부장 또는 소방서장의 동의를 받아야 한다.

답 ③

08 건축허가 시 동의 필요 대상

건축허가 등을 할 때 미리 소방본부장 또는 소방서장의 동의를 받아야 하는 대상 건축물에 속하지 않는 것은?

① 항공기 격납고
② 연면적이 100㎡인 수련시설
③ 차고·주차장으로 사용되는 층 중 바닥면적이 200㎡인 층이 있는 시설
④ 지하층 또는 무창층이 있는 건축물로서 바닥면적이 150㎡인 층이 있는 것

해설 수련시설의 경우 연면적이 200㎡ 이상이 해당한다.

답 ②

09 수용인원의 산정 방법

숙박시설이 있는 특정소방대상물의 수용인원 산정 방법으로 옳은 것은? (단, 침대가 있는 숙박시설의 경우)

① 숙박시설 바닥면적의 합계를 3㎡로 나누어 얻은 수
② 해당 특정소방대상물의 침대 수(2인용 침대는 2개로 산정)
③ 해당 특정소방대상물의 종사자수에 침대수(2인용 침대는 2개로 산정)를 합한 수
④ 해당 특정소방대상물의 종사자수에 숙박시설 바닥면적의 합계를 3㎡로 나누어 얻은 수를 합한 수

해설 숙박시설이 있는 특정소방대상물의 수용인원 산정방법
  가. 침대가 있는 숙박시설: 해당 특정소방대상물의 종사자 수에 침대 수(2인용 침대는 2개로 산정한다)를 합한 수
  나. 침대가 없는 숙박시설: 해당 특정소방대상물의 종사자 수에 숙박시설 바닥면적의 합계를 3㎡로 나누어 얻은 수를 합한 수

답 ③

10 특정소방대상물 기준

다음은 스프링클러설비를 설치하여야 하는 특정소방대상물에 관한 기준 내용이다. ( ) 안에 알맞은 것은?

> 판매시설로서 바닥면적의 합계가 (㉠) 이상이거나 수용인원이 (㉡) 이상인 경우에는 모든 층

① ㉠ 5,000㎡, ㉡ 300명
② ㉠ 5,000㎡, ㉡ 500명
③ ㉠ 10,000㎡, ㉡ 300명
④ ㉠ 10,000㎡, ㉡ 500명

해설 판매시설, 운수시설 및 창고시설(물류터미널로 한정한다)로서 바닥면적의 합계가 5천㎡ 이상이거나 수용인원이 500명 이상인 경우에는 모든 층에 스프링클러설비를 설치하여야 한다.

답 ②

11 특정소방대상물 기준
옥내소화전설비를 설치하여야 하는 특정소방대상물의 연면적 기준은?(단, 지하가 중 터널은 제외)

① 1,000㎡ 이상
② 2,000㎡ 이상
③ 3,000㎡ 이상
④ 4,000㎡ 이상

해설 옥내소화전설비를 설치해야 하는 특정소방대상물의 연면적 기준은 연면적 3천㎡ 이상이다.

답 ③

12 특정소방대상물 기준
특정소방대상물이 문화 및 집회시설인 경우, 모든 층에 스프링클러설비를 설치하여야 하는 수용인원 기준은?(단, 동·식물원은 제외)

① 50명 이상
② 100명 이상
③ 150명 이상
④ 200명 이상

해설 문화 및 집회시설의 경우 수용인원이 100명 이상일 경우 스프링클러설비를 설치하여야 한다.

답 ②

13 특정소방대상물 기준
특정소방대상물이 주차용 건축물인 경우, 물분무등소화설비를 설치하여야 하는 연면적 기준은?

① 300㎡ 이상
② 500㎡ 이상
③ 800㎡ 이상
④ 1000㎡ 이상

해설 차고, 주차용 건축물 또는 철골 조립식 주차시설의 경우 연면적 800㎡ 이상인 것이 해당한다.

답 ③

14 특정소방대상물 기준
옥외소화전설비를 설치하여야 하는 특정소방대상물의 바닥면적 기준은?(단 아파트 등 위험물 저장 및 처리시설 중 가스시설, 지하구 또는 지하가 중 터널은 제외)

① 지상 1층 및 2층의 바닥면적의 합계가 1000㎡ 이상인 것
② 지상 1층 및 2층의 바닥면적의 합계가 3000㎡ 이상인 것
③ 지상 1층 및 2층의 바닥면적의 합계가 6000㎡ 이상인 것
④ 지상 1층 및 2층의 바닥면적의 합계가 9000㎡ 이상인 것

해설 옥외소화전설비를 설치해야 하는 특정소방대상물
지상 1층 및 2층의 바닥면적의 합계가 9천㎡ 이상인 것. 이 경우 같은 구(區) 내의 둘 이상의 특정소방대상물이 행정안전부령으로 정하는 연소(延燒) 우려가 있는 구조인 경우에는 이를 하나의 특정소방대상물로 본다.

답 ④

15 특정소방대상물 기준
비상경보설비를 설치하여야 하는 특정 소방대상물의 연면적 기준은?(단, 특정소방대상물이 판매시설인 경우)

① 400㎡ 이상
② 600㎡ 이상
③ 1500㎡ 이상
④ 3500㎡ 이상

해설 비상경보설비를 설치해야 하는 특정 소방대상물
1) 연면적 400㎡ 이상인 것은 모든 층
2) 지하층 또는 무창층의 바닥면적이 150㎡(공연장의 경우 100㎡) 이상인 것은 모든 층
3) 지하가 중 터널로서 길이가 500m 이상인 것
4) 50명 이상의 근로자가 작업하는 옥내 작업장

답 ①

16 특정소방대상물 기준
다음 중 비상경보설비를 설치하여야 하는 특정소방대상물 기준으로 옳은 것은?

① 15명 이상의 근로자가 작업하는 옥내 작업장
② 30명 이상의 근로자가 작업하는 옥내 작업장
③ 40명 이상의 근로자가 작업하는 옥내 작업장
④ 50명 이상의 근로자가 작업하는 옥내 작업장

해설 비상경보설비를 설치해야 하는 특정소방대상물
1) 연면적 400㎡ 이상인 것은 모든 층
2) 지하층 또는 무창층의 바닥면적이 150㎡(공연장의 경우 100㎡) 이상인 것은 모든 층
3) 지하가 중 터널로서 길이가 500m 이상인 것
4) 50명 이상의 근로자가 작업하는 옥내 작업장

답 ④

17 특정소방대상물 기준
비상조명등을 설치하여야 하는 특정소방대상물 기준으로 옳은 것은?(단, 창고시설 중 창고 및 하역장, 위험물 저장 및 처리시설 중 가스시설은 제외)

① 지하층을 포함하는 층수가 3층 이상인 건축물로서 연면적 2000㎡ 이상인 것
② 지하층을 포함하는 층수가 3층 이상인 건축물로서 연면적 3000㎡ 이상인 것
③ 지하층을 포함하는 층수가 5층 이상인 건축물로서 연면적 2000㎡ 이상인 것
④ 지하층을 포함하는 층수가 5층 이상인 건축물로서 연면적 3000㎡ 이상인 것

해설 비상조명등을 설치해야 하는 특정소방대상물
1) 지하층을 포함하는 층수가 5층 이상 건축물로서 연면적 3천㎡ 이상인 경우에는 모든 층
2) 1)에 해당하지 않는 특정소방대상물로서 그 지하층 또는 무창층의 바닥면적이 450㎡ 이상인 경우에는 해당 층
3) 지하가 중 터널로서 그 길이가 500m 이상인 것

답 ④

18 특정소방대상물 기준

자동화재탐지설비를 설치하여야 하는 특정소방대상물에 속하지 않는 것은?

① 연면적이 600㎡ 숙박시설
② 연면적이 1,500㎡ 공동주택
③ 연면적이 1,500㎡ 판매시설
④ 연면적이 1,500㎡ 교육연구시설

해설 교육연구시설은 2,000㎡ 이상

답 ④

19 특정소방대상물 기준

특정소방대상물이 병원인 경우, 인명구조기구 중 방열복 및 공기호흡기를 설치하여야 하는 층수 기준은?

① 지하층을 포함하는 층수가 3층 이상인 병원
② 지하층을 포함하는 층수가 5층 이상인 병원
③ 지하층을 포함하는 층수가 7층 이상인 병원
④ 지하층을 포함하는 층수가 9층 이상인 병원

해설 방열복 또는 방화복(안전모, 보호장갑 및 안전화를 포함한다) 및 공기호흡기를 설치해야 하는 특정소방대상물: 지하층을 포함하는 층수가 5층 이상인 것 중 병원 용도로 사용하는 층

답 ②

20 특정소방대상물 기준

객석유도등을 설치하여야 하는 특성소방대상물에 속하는 것은?

① 학교
② 전시장
③ 종합병원
④ 도매시장

해설 전시장은 문화 및 집회시설에 속하므로 객석유도등을 설치하여야 하는 특성소방대상물임

답 ②

21 특정소방대상물 기준

상수도소화용수설비를 설치하여야 하는 특정소방대상물의 연면적 기준은?(단, 위험물 저장 및 처리 시설 중 가스시설, 지하가 중 터널 또는 지하구의 경우 제외)

① 3000㎡ 이상
② 5000㎡ 이상
③ 7000㎡ 이상
④ 10000㎡ 이상

해설 상수도소화용수설비를 설치해야 하는 특정소방대상물
가. 연면적 5천㎡ 이상인 것. 다만, 위험물 저장 및 처리 시설 중 가스시설, 지하가 중 터널 또는 지하구의 경우에는 제외한다.
나. 가스시설로서 지상에 노출된 탱크의 저장용량의 합계가 100톤 이상인 것
다. 자원순환 관련 시설 중 폐기물재활용시설 및 폐기물처분시설

답 ②

22 특정소방대상물 기준

다음 중 옥외소화전설비를 설치하여야 하는 특정소방대상물에 속하지 않는 것은?(단, 지상 1층 및 2층의 바닥면적의 합계가 9,000㎡인 경우)

① 아파트 등
② 판매시설
③ 종교시설
④ 문화 및 집회시설

해설 아파트등, 위험물 저장 및 처리 시설 중 가스시설, 지하구 및 지하가 중 터널은 제외한다.

답 ①

23 특정소방대상물 기준

다음은 제연설비를 설치하여야 하는 특정소방대상물에 대한 관한 기준 내용이다. ( ) 안에 알맞은 것은?

> 문화 및 집회시설로서 무대부의 바닥면적이 (㉠)이상 또는 문화 및 집회시설 중 영화상영관으로서 수용인원 (㉡) 이상인 것

① ㉠ 100㎡, ㉡ 100명
② ㉠ 100㎡, ㉡ 200명
③ ㉠ 200㎡, ㉡ 100명
④ ㉠ 200㎡, ㉡ 200명

해설 제연설비를 설치해야 하는 특정소방대상물(문화 및 집회시설)
1) 문화 및 집회시설, 종교시설, 운동시설 중 무대부의 바닥면적이 200㎡ 이상인 경우에는 해당 무대부
2) 문화 및 집회시설 중 영화상영관으로서 수용인원 100명 이상인 경우에는 해당 영화상영관

답 ③

24 특정소방대상물 기준

판매시설로서 해당용도로 사용되는 부분의 바닥면적의 합계가 최소 얼마 이상인 경우 연결살수설비를 설치하여야 하는가?

① 500㎡
② 1000㎡
③ 2000㎡
④ 3000㎡

해설 판매시설, 운수시설, 창고시설 중 물류터미널로서 해당 용도로 사용되는 부분의 바닥면적의 합계가 1천㎡ 이상인 경우 해당

답 ②

25 소방시설의 내진설계

다음의 소방시설의 내진설계기준과 관련된 내용 중 밑줄 친 "대통령령으로 정하는 소방시설"에 속하지 않는 것은?

> 특정소방대상물에 대통령령으로 정하는 소방시설을 설치하려는 자는 지진이 발생할 경우 소방시설이 정상적으로 작동될 수 있도록 소방청장이 정하는 내진설계기준에 맞게 소방시설을 설치하여야 한다.

① 소화기구 ② 스프링클러설비
③ 물분무등소화설비 ④ 옥내소화전설비

해설 "대통령령으로 정하는 소방시설"이란 소방시설 중 옥내소화전설비, 스프링클러설비 및 물분무등소화설비를 말한다.

답 ①

26 성능위주설계를 하여야 하는 특정소방대상물의 범위
철도, 공항시설의 경우 성능위주설계를 하여야 하는 특정소방대상물의 연면적 기준은?

① 10,000㎡ 이상 ② 20,000㎡ 이상
③ 30,000㎡ 이상 ④ 50,000㎡ 이상

해설 철도 및 도시철도시설, 공항시설은 연면적 30,000㎡ 이상을 기준으로 한다.

답 ③

27 유사한 소방시설의 설치 면제 기준
다음의 특정소방대상물의 소방시설 설치의 면제기준과 관련된 내용 중 ( ) 안에 적합한 설비는?

> 스프링클러설비를 설치하여야 하는 특정소방대상물에 ( )를 화재안전기준에 적합하게 설치한 경우에는 그 설비의 유효범위에서 설치가 면제된다.

① 피난설비 ② 비상경보설비
③ 옥외소화전설비 ④ 물분무등소화설비

해설 스프링클러설비를 설치해야 하는 특정소방대상물(발전시설 중 전기저장시설은 제외한다)에 적응성 있는 자동소화장치 또는 물분무등소화설비를 화재안전기준에 적합하게 설치한 경우에는 그 설비의 유효범위에서 설치가 면제된다.

답 ④

28 유사한 소방시설의 설치 면제 기준
다음은 특정소방대상물의 소방시설 설치의 면제에 관한 기준 내용이다. ( ) 안에 알맞은 것은?

> 물분무등소화설비를 설치하여야 하는 차고·주차장에 ( )를 화재안전기준에 적합하게 설치한 경우에는 그 설비의 유효범위에서 설치가 면제된다.

① 연결살수설비 ② 스프링클러설비
③ 옥내소화전설비 ④ 옥외소화전설비

해설 물분무등소화설비를 설치해야 하는 차고·주차장에 스프링클러설비를 화재안전기준에 적합하게 설치한 경우에는 그 설비의 유효범위에서 설치가 면제된다.

답 ②

29 유사한 소방시설의 설치 면제 기준

다음은 특정소방대상물의 소방시설 설치의 면제에 관한 기준 내용이다. ( ) 안에 알맞은 것은?

> 비상경보설비 또는 단독경보형 감지기를 설치하여야 하는 특정소방대상물에 (　　)를 화재 안전기준에 적합하게 설치한 경우에는 그 설비의 유효범위에서 설치가 면제된다.

① 비상방송설비 ② 자동화재탐지설비
③ 자동화재속보설비 ④ 무선통신보조설비

해설 비상경보설비 또는 단독경보형 감지기를 설치해야 하는 특정소방대상물에 자동화재탐지설비 또는 화재알림설비를 화재안전기준에 적합하게 설치한 경우에는 그 설비의 유효범위에서 설치가 면제된다.

답 ②

30 유사한 소방시설의 설치 면제 기준

다음은 특정소방대상물의 소방시설 설치의 면제에 관한 기준 내용이다. ( ) 안에 포함되지 않는 설비는?

> 연결살수설비를 설치하여야 하는 특정소방대상물에 송수구를 부설한 ( )를 화재안전기준에 적합하게 설치한 경우에는 그 설비의 유효범위에서 설치가 면제된다.

① 옥내소화전설비 ② 스프링클러설비
③ 물분무소화설비 ④ 미분무소화설비

해설 연결살수설비를 설치해야 하는 특정소방대상물에 송수구를 부설한 스프링클러설비, 간이스프링클러설비, 물분무소화설비 또는 미분무소화설비를 화재안전기준에 적합하게 설치한 경우에는 그 설비의 유효범위에서 설치가 면제된다.

답 ①

31 유사한 소방시설의 설치 면제 기준

다음은 특정소방대상물의 연결송수관설비 설치의 면제에 관한 기준 내용이다. ( ) 안에 포함되지 않는 설비는?

> 연결송수관설비를 설치하여야 하는 소방대상물에 옥외에 연결송수구 및 옥내에 방수구가 부설된 ( )를 화재안전기준에 적합하게 설치한 경우에는 그 설비의 유효범위에서 설치가 면제된다.

① 연결살수설비 ② 옥내소화전설비
③ 옥외소화전설비 ④ 스프링클러설비

해설 연결송수관설비를 설치해야 하는 소방대상물에 옥외에 연결송수구 및 옥내에 방수구가 부설된 옥내소화전설비, 스프링클러설비, 간이스프링클러설비 또는 연결살수설비를 화재안전기준에 적합하게 설치한 경우에는 그 설비의 유효범위에서 설치가 면제된다. 다만, 지표면에서 최상층 방수구의 높이가 70m 이상인 경우에는 설치해야 한다.

답 ③

32 방염성능기준 이상의 실내장식물 등을 설치하여야 하는 특정소방대상물

방염성능기준 이상의 실내장식물 등을 설치하여야 하는 특정소방대상물에 속하지 않는 것은?

① 숙박시설
② 옥내수영장
③ 의료시설 중 종합병원
④ 방송통신시설 중 방송국

해설 운동시설 중 옥내수영장은 제외한다.

답 ②

33 방염성능기준 이상의 실내장식물 등을 설치하여야 하는 특정소방대상물

방염성능기준 이상의 실내장식물 등을 설치하여야 하는 특정소방대상물에 속하지 않는 것은? (단, 건축물의 옥내에 있는 시설로 11층 미만인 것)

① 종교시설
② 업무시설
③ 문화 및 집회시설
④ 운동시설 중 볼링장

해설 업무시설은 방염성능기준 이상의 실내장식물 등을 설치하여야 하는 특정소방대상물에 속하지 않는다.

답 ②

34 방염대상물품 및 방염성능기준

방염대상물품에 요구되는 방염성능기준으로 옳지 않은 것은?

① 탄화한 면적은 50㎠ 이내, 탄화한 길이는 20㎠ 이내일 것
② 불꽃에 의하여 완전히 녹을 때까지 불꽃의 접촉 횟수는 2회 이상일 것
③ 버너의 불꽃을 제거한 때부터 불꽃을 올리며 연소하는 상태가 그칠 때까지 시간은 20초 이내일 것
④ 버너의 불꽃을 제거한 때부터 불꽃을 올리지 아니하고 연소하는 상태가 그칠 때까지 시간은 30초 이내일 것

해설 불꽃에 의하여 완전히 녹을 때까지 불꽃의 접촉 횟수는 3회 이상일 것

답 ②

제2편 에너지계획 수립 관련 법규

제1장 건축물의 에너지절약 설계기준/냉난방설비에 대한 설치 및 설계기준

1. 지역별 열관류율 기준 준수[건축물의 에너지절약 설계기준 제2조_별표1]

[별표1] 지역별 건축물 부위의 열관류율표

(단위 : W/㎡·K)

건축물의 부위				중부1지역[1]	중부2지역[2]	남부지역[3]	제주도
거실의 외벽	외기에 직접 면하는 경우	공동주택		0.150 이하	0.170 이하	0.220 이하	0.290 이하
		공동주택 외		0.170 이하	0.240 이하	0.320 이하	0.410 이하
	외기에 간접 면하는 경우	공동주택		0.210 이하	0.240 이하	0.310 이하	0.410 이하
		공동주택 외		0.240 이하	0.340 이하	0.450 이하	0.560 이하
최상층에 있는 거실의 반자 또는 지붕	외기에 직접 면하는 경우			0.150 이하		0.180 이하	0.250 이하
	외기에 간접 면하는 경우			0.210 이하		0.260 이하	0.350 이하
최하층에 있는 거실의 바닥	외기에 직접 면하는 경우	바닥난방인 경우		0.150 이하	0.170 이하	0.220 이하	0.290 이하
		바닥난방이 아닌 경우		0.170 이하	0.200 이하	0.250 이하	0.330 이하
	외기에 간접 면하는 경우	바닥난방인 경우		0.210 이하	0.240 이하	0.310 이하	0.410 이하
		바닥난방이 아닌 경우		0.240 이하	0.290 이하	0.350 이하	0.470 이하
바닥난방인 층간바닥				0.810 이하			
창 및 문	외기에 직접 면하는 경우	공동주택		0.900 이하	1.000 이하	1.200 이하	1.600 이하
		공동주택 외	창	1.300 이하	1.500 이하	1.800 이하	2.200 이하
			문	1.500 이하			
	외기에 간접 면하는 경우	공동주택		1.300 이하	1.500 이하	1.700 이하	2.000 이하
		공동주택 외	창	1.600 이하	1.900 이하	2.200 이하	2.800 이하
			문	1.900 이하			
공동주택 세대현관문 및 방화문	외기에 직접 면하는 경우 방화문			1.400 이하			
	외기에 간접 면하는 경우			1.800 이하			

비 고
1) 중부1지역 : 강원도(고성, 속초, 양양, 강릉, 동해, 삼척 제외), 경기도(연천, 포천, 가평, 남양주, 의정부, 양주, 동두천, 파주), 충청북도(제천), 경상북도(봉화, 청송)
2) 중부2지역 : 서울특별시, 대전광역시, 세종특별자치시, 인천광역시, 강원도(고성, 속초, 양양, 강릉, 동해, 삼척), 경기도(연천, 포천, 가평, 남양주, 의정부, 양주, 동두천, 파주 제외), 충청북도(제천 제외), 충청남도, 경상북도(봉화, 청송, 울진, 영덕, 포항, 경주, 청도, 경산 제외), 전라북도, 경상남도(거창, 함양)
3) 남부지역 : 부산광역시, 대구광역시, 울산광역시, 광주광역시, 전라남도, 경상북도(울진, 영덕, 포항, 경주, 청도, 경산), 경상남도(거창, 함양 제외)

2. 건축물 에너지절약 설계기준 용어의 정의[건축물의 에너지절약 설계기준 제5조]

제5조(용어의 정의)

이 기준에서 사용하는 용어의 뜻은 다음 각 호와 같다.

10. 건축부문
    - 나. "**외피**"라 함은 거실 또는 거실 외 공간을 둘러싸고 있는 벽·지붕·바닥·창 및 문 등으로서 **외기에 직접 면하는 부위를 말한다.**
    - 카. "**방습층**"이라 함은 습한 공기가 구조체에 침투하여 결로발생의 위험이 높아지는 것을 방지하기 위해 설치하는 **투습도가 24시간당 30g/㎡ 이하 또는 투습계수 0.28g/㎡·h·mmHg 이하의 투습저항을 가진 층**을 말한다.(시험방법은 한국산업규격 KS T 1305 방습포장재료의 투습도 시험방법 또는 KS F 2607 건축 재료의 투습성 측정 방법에서 정하는 바에 따른다) 다만, 단열재 또는 단열재의 내측에 사용되는 마감재가 방습층으로서 요구되는 성능을 가지는 경우에는 그 재료를 방습층으로 볼 수 있다.
    - 하. "**투광부**"라 함은 창, 문면적의 **50% 이상이 투과체**로 구성된 문, 유리블럭, 플라스틱패널 등과 같이 투과재료로 구성되며, 외기에 접하여 채광이 가능한 부위를 말한다.
    - 거. "**태양열취득률(SHGC)**"이라 함은 **입사된 태양열에 대하여 실내로 유입된 태양열취득의 비율**을 말한다.
    - 너. "**일사조절장치**"라 함은 태양열의 실내 유입을 조절하기 위한 차양, 구조체 또는 태양열취득률이 낮은 유리를 말한다. 이 경우 차양은 **설치위치에 따라 외부 차양과 내부 차양 그리고 유리간 차양으로 구분**하며, 가동여부에 따라 고정형과 가동형으로 나눌 수 있다.

11. 기계설비부문
    - 가. "**위험률**"이라 함은 냉(난)방기간 동안 또는 연간 총시간에 대한 온도출현분포중에서 가장 높은(낮은) 온도쪽으로부터 총시간의 일정 비율에 해당하는 온도를 제외시키는 비율을 말한다.
    - 나. "**효율**"이라 함은 설비기기에 공급된 에너지에 대하여 출력된 유효에너지의 비를 말한다.
    - 라. "**대수분할운전**"이라 함은 기기를 여러 대 설치하여 부하상태에 따라 최적 운전상태를 유지할 수 있도록 기기를 조합하여 운전하는 방식을 말한다.
    - 아. "**이코노마이저시스템**"이라 함은 중간기 또는 동계에 발생하는 냉방부하를 실내 엔탈피 보다 낮은 도입 외기에 의하여 제거 또는 감소시키는 시스템을 말한다.

3. 건축부문의 의무사항[건축물의 에너지절약 설계기준 제6조]

제6조(건축부문의 의무사항)

제2조에 따른 열손실방지 조치 대상 건축물의 건축주와 설계자 등은 다음 각 호에서 정하는 건축부문의 설계기준을 따라야 한다.

1. 단열조치 일반사항
    - 가. **외기에 직접 또는 간접 면하는 거실의 각 부위에는 제2조에 따라 건축물의 열손실방지 조치를 하여야 한다. 다만, 다음 부위에 대해서는 그러하지 아니할 수 있다.**
        1) **지표면 아래 2미터를 초과하여 위치한 지하 부위(공동주택의 거실 부위는 제외)로서 이중벽의 설치 등 하계 표면결로 방지 조치를 한 경우**
        2) **지면 및 토양에 접한 바닥 부위로서 난방공간의 외벽 내표면까지의 모든 수평거리가 10미터를 초과하는 바닥부위**
        3) 외기에 간접 면하는 부위로서 당해 부위가 면한 비난방공간의 외기에 직접 또는 간접 면하는 부위를 별표1에 준하여 단열조치하는 경우
        4) **공동주택의 층간바닥(최하층 제외) 중 바닥난방을 하지 않는 현관 및 욕실의 바닥부위**
        5) **방풍구조(외벽제외) 또는 바닥면적 150제곱미터 이하의 개별 점포의 출입문**

6) 「건축법 시행령」 별표1 제21호에 따른 동물 및 식물 관련 시설 중 작물재배사 또는 온실 등 지표면을 바닥으로 사용하는 공간의 바닥부위
7) 「건축법」 제49조제3항에 따른 소방관진입창(단, 「건축물의 피난·방화구조 등의 기준에 관한 규칙」 제18조의2제1호를 만족하는 최소 설치 개소로 한정한다.)

4. **기밀 및 결로방지 등을 위한 조치**
   가. 벽체 내표면 및 내부에서의 결로를 방지하고 단열재의 성능 저하를 방지하기 위하여 제2조에 의하여 단열조치를 하여야 하는 부위(창 및 문과 난방공간 사이의 층간 바닥 제외)에는 방습층을 단열재의 실내측에 설치하여야 한다.
   나. 방습층 및 단열재가 이어지는 부위 및 단부는 이음 및 단부를 통한 투습을 방지할 수 있도록 다음과 같이 조치하여야 한다.
      1) 단열재의 이음부는 최대한 밀착하여 시공하거나, 2장을 엇갈리게 시공하여 이음부를 통한 단열성능 저하가 최소화될 수 있도록 조치할 것
      2) 방습층으로 알루미늄박 또는 플라스틱계 필름 등을 사용할 경우의 이음부는 100㎜ 이상 중첩하고 내습성 테이프, 접착제 등으로 기밀하게 마감할 것
      3) 단열부위가 만나는 모서리 부위는 방습층 및 단열재가 이어짐이 없이 시공하거나 이어질 경우 이음부를 통한 단열성능 저하가 최소화되도록 하며, 알루미늄박 또는 플라스틱계 필름 등을 사용할 경우의 모서리 이음부는 150㎜ 이상 중첩되게 시공하고 내습성 테이프, 접착제 등으로 기밀하게 마감할 것
      4) 방습층의 단부는 단부를 통한 투습이 발생하지 않도록 내습성 테이프, 접착제 등으로 기밀하게 마감할 것
   다. <u>건축물 외피 단열부위의 접합부, 틈 등은 밀폐될 수 있도록 코킹과 가스켓 등을 사용하여 기밀하게 처리</u>하여야 한다.
   라. <u>외기에 직접 면하고 1층 또는 지상으로 연결된 출입문은 방풍구조로 하여야 한다. 다만, 다음 각 호에 해당하는 경우에는 그러하지 않을 수 있다.</u>
      <u>1) 바닥면적 3백 제곱미터 이하의 개별 점포의 출입문</u>
      <u>2) 주택의 출입문(단, 기숙사는 제외)</u>
      <u>3) 사람의 통행을 주목적으로 하지 않는 출입문</u>
      <u>4) 너비 1.2미터 이하의 출입문</u>
   마. <u>방풍구조를 설치하여야 하는 출입문에서 회전문과 일반문이 같이 설치되어진 경우, 일반문 부위는 방풍실 구조의 이중문을 설치</u>하여야 한다.
   바. <u>건축물의 거실의 창이 외기에 직접 면하는 부위인 경우에는 기밀성 창을 설치</u>하여야 한다.

4. 건축부문 권장사항[건축물의 에너지절약 설계기준 제7조]

제7조(건축부문의 권장사항)
에너지절약계획서 제출대상 건축물의 건축주와 설계자 등은 다음 각 호에서 정하는 사항을 제15조의 규정에 적합하도록 선택적으로 채택할 수 있다.

1. 배치계획
   가. 건축물은 대지의 향, 일조 및 주풍향 등을 고려하여 배치하며, **남향 또는 남동향 배치**를 한다.
   나. **공동주택은 인동간격을 넓게 하여 저층부의 태양열 취득을 최대한 증대시킨다.**
2. 평면계획
   가. <u>거실의 층고 및 반자 높이는 실의 용도와 기능에 지장을 주지 않는 범위 내에서 가능한 낮게 한다.</u>
   나. <u>건축물의 체적에 대한 외피면적의 비 또는 연면적에 대한 외피면적의 비는 가능한 작게 한다.</u>
   다. 실의 냉난방 설정온도, 사용스케줄 등을 고려하여 에너지절약적 조닝계획을 한다.

3. 단열계획
    가. 건축물 용도 및 규모를 고려하여 건축물 외벽, 천장 및 바닥으로의 열손실이 최소화되도록 설계한다.
    나. **외벽 부위는 외단열로 시공**한다.
    다. 외피의 모서리 부분은 열교가 발생하지 않도록 단열재를 연속적으로 설치하고, 기타 열교부위는 별표11의 외피 열교부위별 선형 열관류율 기준에 따라 충분히 단열되도록 한다.
    라. **건물의 창 및 문은 가능한 작게 설계하고, 특히 열손실이 많은 북측 거실의 창 및 문의 면적은 최소화한다.**
    마. 발코니 확장을 하는 공동주택이나 창 및 문의 면적이 큰 건물에는 단열성이 우수한 로이(Low-E) 복층창이나 삼중창 이상의 단열성능을 갖는 창을 설치한다.
    바. 태양열 유입에 의한 냉·난방부하를 저감 할 수 있도록 일사조절장치, 태양열취득률(SHGC), 창 및 문의 면적비 등을 고려한 설계를 한다. 건축물 외부에 일사조절장치를 설치하는 경우에는 비, 바람, 눈, 고드름 등의 낙하 및 화재 등의 사고에 대비하여 안전성을 검토하고 주변 건축물에 빛반사에 의한 피해 영향을 고려하여야 한다.
    사. 건물 옥상에는 조경을 하여 최상층 지붕의 열저항을 높이고, 옥상면에 직접 도달하는 일사를 차단하여 냉방부하를 감소시킨다.
4. **기밀계획**
    가. 틈새바람에 의한 열손실을 방지하기 위하여 외기에 직접 또는 간접으로 면하는 거실 부위에는 기밀성 창 및 문을 사용한다.
    나. 공동주택의 외기에 접하는 주동의 출입구와 각 세대의 현관은 방풍구조로 한다.
    다. 기밀성을 높이기 위하여 외기에 직접 면한 거실의 창 및 문 등 개구부 둘레를 기밀테이프 등을 활용하여 외기가 침입하지 못하도록 기밀하게 처리한다.
5. **자연채광계획**
    가. 자연채광을 적극적으로 이용할 수 있도록 계획한다. 특히 **학교의 교실, 문화 및 집회시설의 공용부분(복도, 화장실, 휴게실, 로비 등)은 1면 이상 자연채광이 가능하도록 한다.**

5. 기계부문의 의무사항[건축물의 에너지절약 설계기준 제8조]

제8조(기계부문의 의무사항)
에너지절약계획서 제출대상 건축물의 건축주와 설계자 등은 다음 각 호에서 정하는 기계부문의 설계기준을 따라야 한다.
1. 설계용 외기조건
    난방 및 냉방설비의 용량계산을 위한 외기조건은 각 지역별로 위험률 2.5%(냉방기 및 난방기를 분리한 온도출현분포를 사용할 경우) 또는 1%(연간 총시간에 대한 온도출현 분포를 사용할 경우)로 하거나 별표7에서 정한 외기온·습도를 사용한다. 별표7 이외의 지역인 경우에는 상기 위험률을 기준으로 하여 가장 유사한 기후조건을 갖는 지역의 값을 사용한다. 다만, 지역난방공급방식을 채택할 경우에는 산업통상자원부 고시 「집단에너지시설의 기술기준」에 의하여 용량계산을 할 수 있다.
2. **열원 및 반송설비**
    가. 공동주택에 중앙집중식 난방설비(집단에너지사업법에 의한 지역난방공급방식을 포함한다)를 설치하는 경우에는 「주택건설기준 등에 관한 규정」 제37조의 규정에 적합한 조치를 하여야 한다.
    나. **펌프**는 한국산업규격(KS B 6318, 7501, 7505등) 표시인증제품 또는 **KS규격**에서 정해진 **효율 이상의 제품을 설치**하여야 한다.

다. **기기배관 및 덕트**는 국토교통부에서 정하는 「**국가건설기준 기계설비공사 표준시방서**」의 보온 두께 이상 또는 그 이상의 열저항을 갖도록 **단열조치**를 하여야 한다. 다만, 건축물내의 벽체 또는 바닥에 매립되는 배관 등은 그러하지 아니할 수 있다.

3. 「**공공기관 에너지이용 합리화 추진에 관한 규정**」 제10조의 규정을 적용받는 건축물의 경우에는 **에너지성능지표 기계부문 10번 항목 배점을 0.6점 이상** 획득하여야 한다.
4. 영 제10조의2에 해당하는 **공공건축물을 건축 또는 리모델링하는 경우** 법 제14조의2제2항에 따라 에너지성능지표 **기계부문 1번 및 2번 항목 배점을 0.9점 이상** 획득하여야 한다.

6. 기계부문의 권장사항[건축물의 에너지절약 설계기준 제9조]

제9조(기계부문의 권장사항)
에너지절약계획서 제출대상 건축물의 건축주와 설계자 등은 다음 각 호에서 정하는 사항을 제15조의 규정에 적합하도록 선택적으로 채택할 수 있다.
1. 설계용 실내온도 조건
   난방 및 냉방설비의 용량계산을 위한 설계기준 실내온도는 난방의 경우 20℃, 냉방의 경우 28℃ 를 기준으로 하되(목욕장 및 수영장은 제외) 각 건축물 용도 및 개별 실의 특성에 따라 별표8에서 제시된 범위를 참고하여 설비의 용량이 과다해지지 않도록 한다.

7. 건축물의 냉방설비에 대한 설치 및 설계기준 용어정의[건축물의 냉방설비에 대한 설치 및 설계기준 제3조]

제3조(정의) 이 고시에서 사용하는 용어의 정의는 다음 각 호와 같다.
4. "**잠열축열식 냉방설비**"라 함은 포접화합물(Clathrate)이나 공융염(Eutectic Salt) 등의 상변화물질을 심야시간에 냉각시켜 동결한 후 그 밖의 시간에 이를 녹여 냉방에 이용하는 냉방설비를 말한다.
5. "**심야시간**"이라 함은 **23:00부터 다음 날 09:00까지**를 말한다. 다만, 한국전력공사에서 규정하는 심야시간이 변경될 경우는 그에 따라 상기 시간이 변경된다.
6. "**2차측 설비**"라 함은 저장된 냉열을 냉방에 이용할 경우에만 가동되는 냉수순환펌프, 공조용 순환펌프 등의 설비를 말한다.
8. "**축열률**"이라 함은 **통계적으로 연중 최대냉방부하를 갖는 날을 기준으로 그 밖의 시간에 필요한 냉방열량 중에서 이용이 가능한 냉열량이 차지하는 비율**을 말하며 백분율(%)로 표시한다.

8. 축냉식 전기냉방설비의 설계기준[건축물의 냉방설비에 대한 설치 및 설계기준 별표1]

구분	설계기준
가. 냉동기	① 냉동기는 "고압가스 안전관리법 시행규칙" 제8조 별표7의 규정에 따른 "냉동제조의 시설기준 및 기술기준"에 적합하여야 한다. ② 냉동기의 용량은 제4조에 근거하여 결정한다. ③ 부분축냉방식의 경우에는 냉동기가 축냉운전과 방냉운전 또는 냉동기와 축열조의 동시운전이 반복적으로 수행하는데 아무런 지장이 없어야 한다.
나. 축열조	① 축열조는 축냉 및 방냉운전을 반복적으로 수행하는데 적합한 재질의 축냉재를 사용해야 하며, 내부청소가 용이하고 부식되지 않는 재질을 사용하거나 방청 및 방식처리를 하여야 한다. ② 축열조의 용량은 제5조에 근거하여 결정한다. ③ 축열조는 내부 또는 외부의 응력에 충분히 견딜 수 있는 구조이어야 한다. ④ 축열조를 여러 개로 조립하여 설치하는 경우에는 관리 또는 운전이 용이하도록 설계하여야 한다. ⑤ 축열조는 보온을 철저히 하여 열손실과 결로를 방지해야 하며, 맨홀 등 점검을 위한 부분은 해체와 조립이 용이하도록 하여야 한다.
다. 열교환기	① 열교환기는 시간당 최대냉방열량을 처리할 수 있는 용량이상으로 설치하여야 한다. ② 열교환기는 보온을 철저히 하여 열손실과 결로를 방지하여야 하며, 점검을 위한 부분은 해체와 조립이 용이하도록 하여야 한다.
라. 자동제어설비	자동제어설비는 축냉운전, 방냉운전 또는 냉동기와 축열조를 동시에 이용하여 냉방운전이 가능한 기능을 갖추어야 하고, 필요할 경우 수동조작이 가능하도록 하여야 하며 감시기능 등을 갖추어야 한다.

제1장 핵·심·문·제
건축물의 에너지절약 설계기준/냉난방설비에 대한 설치 및 설계기준

01 지역별 열관류율 기준 준수
다음 중 건축물의 부위별 열관류율 기준이 가장 작은 부위는? (단, 중부2지역 공동주택/바닥난방을 기준으로 한다.)

① 바닥난방인 층간 바닥
② 외기에 직접 면하는 거실의 외벽
③ 외기에 직접 면하는 최하층에 있는 거실의 바닥
④ 외기에 직접 면하는 최상층에 있는 거실의 반자

해설 ① 바닥난방인 층간 바닥 : 0.810 W/m²K 이하
② 외기에 직접 면하는 거실의 외벽 : 0.170 W/m²K 이하
③ 외기에 직접 면하는 최하층에 있는 거실의 바닥 : 0.170 W/m²K 이하
④ 외기에 직접 면하는 최상층에 있는 거실의 반자 : 0.150 W/m²K 이하

답 ④

02 지역별 열관류율 기준 준수
건축물의 에너지절약 설계기준에 따른 단열재의 두께는 지역별로 다르다. 지역별 분류 중 중부2지역에 속하지 않는 곳은?

① 인천광역시
② 서울특별시
③ 대구광역시
④ 충남 천안시

해설 대구광역시는 남부지역에 속한다.

답 ③

03 건축물의 에너지절약 설계기준 용어의 정의
건축물의 에너지절약 설계기준에 따른 용어의 정의가 옳지 않은 것은?

① 거실의 외벽이라 함은 거실의 벽 중 외기에 직접 또는 간접 면하는 부위를 말한다.
② 외피라 함은 거실 또는 거실 외 공간을 둘러싸고 있는 벽·지붕·바닥·창 및 문 등으로서 외기에 직접 또는 간접 면하는 부위를 말한다.
③ 방풍구조라 함은 출입구에서 실내외 공기 교환에 의한 열출입을 방지할 목적으로 설치하는 방풍실 또는 회전문 등을 설치한 방식을 말한다.
④ 투광부라 함은 창,문면적의 50%이상이 투과체로 구성된 문, 유리블럭, 플라스틱 패널 등과 같이 투과재료로 구성되며, 외기에 접하여 채광이 가능한 부위를 말한다.

해설 "외피"라 함은 거실 또는 거실 외 공간을 둘러싸고 있는 벽·지붕·바닥·창 및 문 등으로서 외기에 직접 면하는 부위를 말한다.

답 ②

04 건축물의 에너지절약 설계기준 용어의 정의

다음은 건축물의 에너지절약 설계기준에 따른 방습층의 정의이다. ( ) 안에 알맞은 것은?

> "방습층"이라 함은 습한 공기가 구조체에 침투하여 결로발생의 위험이 높아지는 것을 방지하기 위해 설치하는 투습도가 24시간당 ( ) 이하 또는 투습계수 0.28g/㎡·h·mmHg 이하의 투습저항을 가진 층을 말한다.

① 10g/㎡
② 20g/㎡
③ 30g/㎡
④ 40g/㎡

해설 "방습층"이라 함은 습한 공기가 구조체에 침투하여 결로발생의 위험이 높아지기 위해 설치하는 투습도가 24시간당 30g/㎡ 이하 또는 투습계수 0.28g/㎡·h·mmHg 이하의 투습저항을 가진 층을 말한다.

답 ③

05 건축물의 에너지절약 설계기준 용어의 정의

다음은 건축물의 에너지절약 설계기준에 따른 용어의 정의이다. ( ) 안에 알맞은 것은?

> "투광부"라 함은 창, 문 면적의 ( ) 이상의 투광체로 구성된 문, 유리블록, 플라스틱패널 등과 같이 투과재료로 구성되며, 외기에 접하여 채광이 가능한 부위를 말한다.

① 50%
② 60%
③ 70%
④ 80%

해설 "투광부"라 함은 창, 문면적의 50% 이상이 투과체로 구성된 문, 유리블록, 플라스틱패널 등과 같이 투과재료로 구성되며, 외기에 접하여 채광이 가능한 부위를 말한다.

답 ①

06 건축물의 에너지절약 설계기준 용어의 정의

건축물의 에너지절약 설계기준에 따른 용어의 정의가 옳지 않은 것은?

① 태양열취득률(SHGC)이라 함은 입사된 태양열에 대하여 실내로 유입된 태양열취득의 비율을 말한다.
② 투광부라 함은 창, 문면적의 30% 이상이 투과체로 구성된 문, 유리블록, 플라스틱패널 등과 같이 투과재료로 구성되며, 외기에 접하여 채광이 가능한 부위를 말한다.
③ "효율"이라 함은 설비기기에 공급된 에너지에 대하여 출력된 유효에너지의 비를 말한다.
④ 차양장치라 함은 태양열의 실내 유입을 저감하기 위한 목적의 장치 또는 구조체로서 설치위치에 따라 외부 차양과 내부 차양 그리고 유리간 사이 차양으로 구분한다.

해설 "투광부"라 함은 창, 문면적의 50% 이상이 투과체로 구성된 문, 유리블록, 플라스틱패널 등과 같이 투과재료로 구성되며, 외기에 접하여 채광이 가능한 부위를 말한다.

답 ②

07 건축물의 에너지절약 설계기준 용어의 정의
다음은 건축물의 에너지절약 설계기준상 다음과 같이 정의되는 용어는?

> 냉(난)방기간 동안 또는 연간 총시간에 대한 온도출현분포 중에서 가장 높은(낮은) 온도쪽으로부터 총시간의 일정 비율에 해당하는 온도를 제외시키는 비율을 말한다.

① 효율 ② 위험률
③ 수용률 ④ 분포율

해설 건축물 에너지 절약설계기준 상의 위험률에 대한 설명이다.

답 ②

08 건축물의 에너지절약 설계기준 용어의 정의
건축물의 에너지절약 설계기준상 설비기기에 공급된 에너지에 대한 출력된 유효에너지의 비로 정의되는 용어는?

① 효율 ② 역률
③ 위험률 ④ 수용률

해설 건축물 에너지절약 설계기준 상의 효율에 대한 설명이다.

답 ①

09 건축물의 에너지절약 설계기준 용어의 정의
다음은 건축물의 에너지절약 설계기준상 다음과 같이 정의되는 용어는?

> 중간기 또는 동계에 발생하는 냉방부하를 실내 엔탈피보다 낮은 도입 외기에 의하여 제거 또는 감소시키는 시스템을 말한다.

① 변풍량제어 시스템 ② 이코노마이저 시스템
③ 비례제어운전 시스템 ④ 대수분할운전 시스템

해설 건축물 에너지절약 설계기준 상의 이코노마이저 시스템에 대한 설명이다.

답 ②

10 건축물의 에너지절약 설계기준 용어의 정의
다음은 건축물의 에너지절약 설계기준상 다음과 같이 정의되는 용어는?

> 기기를 여러 대 설치하여 부하상태에 따라 최적 운전상태를 유지할 수 있도록 기기를 조합하여 운전하는 방식

① 인버터운전 ② 간헐제어운전
③ 비례제어운전 ④ 대수분할운전시스템

해설 건축물 에너지절약 설계기준 상의 대수분할운전에 대한 설명이다.

답 ④

11 건축부문의 의무사항

다음은 건축물의 에너지절약 설계기준상 건축부문의 의무사항 내용이다. 밑줄 친 "부위"의 기준내용으로 옳지 않은 것은?

> 1. 단열조치 일반사항
>   가. 외기에 직접 또는 간접 면하는 거실의 각 부위에는 제2조에 따라 건축물의 열손실방지 조치를 하여야 한다. 다만, 다음 부위에 대해서는 그러하지 아니할 수 있다.

① 바닥면적 150㎡이하의 개별 점포의 출입문
② 공동주택의 층간바닥 중 바닥난방을 하는 현관 및 욕실의 바닥 부위
③ 지면 및 토양에 접한 바닥 부위로서 난방 공간의 외벽 내표면까지의 모든 수평거리가 10m를 초과하는 바닥 부위
④ 지표면 아래 2m를 초과하여 위치한 지하 부위(공동주택의 거실 부위는 제외)로서 이중벽의 설치 등 하계 표면결로 방지 조치를 한 경우

해설 바닥난방을 하지 않은 경우가 해당된다.

답 ②

12 건축부문의 의무사항

건축물의 에너지절약 설계기준에 따른 기밀 및 결로방지 등을 위한 조치 내용으로 옳지 않은 것은?

① 건축물의 거실의 창이 외기에 직접 면하는 부위인 경우에는 기밀성 창을 설치하여야 한다.
② 외기에 직접 면하고 1층 또는 지상으로 연결된 너비 1.0m의 출입문은 방풍구조로 하여야 한다.
③ 방풍구조를 설치하여야 하는 출입문에서 회전문과 일반문이 같이 설치되어진 경우, 일반문 부위는 방풍실 구조의 이중문을 설치하여야 한다.
④ 건축물 외피 단열부위의 접합부, 틈 등은 밀폐될 수 있도록 코킹과 가스켓 등을 사용하여 기밀하게 처리하여야 한다.

해설 너비 1.2m 이하 문은 방풍구조 예외조건이다.

답 ②

13 건축부문의 의무사항

건축물의 에너지절약 설계기준상 외기에 직접 면하고 1층 또는 지상으로 연결된 출입문을 방풍구조로 하지 않을 수 있는 경우에 속하지 않는 것은? [정답 1번]

① 기숙사의 출입문
② 너비가 1.2m인 출입문
③ 바닥면적이 200㎡인 개별 점포의 출입문
④ 사람의 통행을 주목적으로 하지 않는 출입문

해설 주택의 출입문은 예외조건이나 기숙사의 출입문은 방풍구조로 설치해야 하는 대상에 속한다.

답 ①

14 건축부분 권장사항
건축물 에너지절약 설계기준에 따른 건축부문의 권장사항으로 옳지 않은 것은?
① 공동주택은 인동간격을 넓게 하여 저층부의 일사 수열량을 증대시킨다.
② 건물의 창과 문은 가능한 작게 설계하고 특히 열손실이 많은 북측의 창면적은 최소화한다.
③ 건축물의 체적에 대한 외피면적의 비 또는 연면적에 대한 외피면적의 비는 가능한 크게 한다.
④ 거실의 층고 및 반자 높이는 실의 용도와 기능에 지장을 주지 않는 범위 내에서 가능한 낮게 한다.

해설 건축물의 체적에 대한 외피면적의 비 또는 연면적에 대한 외피면적의 비는 가능한 작게 한다.

답 ③

15 건축부분 권장사항
건축물 에너지절약 설계기준에 따른 건축부문의 권장사항으로 옳지 않은 것은?
① 외벽 부위는 외단열로 시공한다.
② 공동주택은 인동간격을 좁게 하여 저층부의 일사 수열량을 증대시킨다.
③ 건축물의 체적에 대한 외피면적의 비 또는 연면적에 대한 외피면적의 비는 가능한 적게 한다.
④ 거실의 층고 및 반자 높이는 실의 용도와 기능에 지장을 주지 않는 범위 내에서 가능한 낮게 한다.

해설 공동주택은 인동간격을 크게 하여 저층부의 일사 수열량을 증대시킨다.

답 ②

16 기계부문의 의무사항
다음은 건축물 에너지절약 설계기준에 따른 기계부문이 의무사항 내용이다. ( ) 안에 알맞은 것은?

> 난방 및 냉방설비의 용량계산을 위한 외기조건은 각 지역별로 위험률 (㉠)(냉방기 및 난방기를 분리한 온도출현분포를 사용할 경우) 또는 (㉡)(연간 총시간에 대한 온도출현 분포를 사용할 경우)로 하거나 별표7에서 정한 외기온·습도를 사용한다.

① ㉠ 1% ㉡ 1.5%
② ㉠ 1.5% ㉡ 1%
③ ㉠ 1% ㉡ 2.5%
④ ㉠ 2.5% ㉡ 1%

해설 설계용 외기조건
난방 및 냉방설비의 용량계산을 위한 외기조건은 각 지역별로 위험률 2.5%(냉방기 및 난방기를 분리한 온도출현분포를 사용할 경우) 또는 1%(연간 총시간에 대한 온도출현 분포를 사용할 경우)로 하거나 별표7에서 정한 외기온·습도를 사용한다.

답 ④

17 기계부문의 권장사항
다음은 건축물의 에너지절약 설계기준에 따른 설계용 실내온도 조건에 관한 설명이다. ( ) 안에 알맞은 것은?

> 난방 및 냉방설비의 용량계산을 위한 설계 기준 실내온도는 난방의 경우 (㉠), 냉방의 경우 (㉡)를 기준으로 하되(목욕장 및 수영장은 제외) 각 건축물 용도 및 개별 실의 특성에 따라 별표 8에서 제시된 범위를 참고하여 설비의 용량이 과다해지지 않도록 한다.

① ㉠ 20℃ ㉡ 25℃
② ㉠ 20℃ ㉡ 28℃
③ ㉠ 22℃ ㉡ 25℃
④ ㉠ 22℃ ㉡ 28℃

해설 설계용 실내온도 조건
난방 및 냉방설비의 용량계산을 위한 설계기준 실내온도는 난방의 경우 20℃, 냉방의 경우 28℃를 기준으로 하되(목욕장 및 수영장은 제외) 각 건축물 용도 및 개별 실의 특성에 따라 별표8에서 제시된 범위를 참고하여 설비의 용량이 과다해지지 않도록 한다.

답 ②

18 건축물의 냉방설비에 대한 설치 및 설계기준 용어정의
건축물의 냉방설비에 대한 설치 및 설계기준상 다음과 같이 정의되는 것은?

> 포접화합물(Clathrate)이나 공용염(Eutectic Salt) 등의 상변화물질을 심야시간에 냉각시켜 동결한 후 그 밖의 시간에 이를 녹여 냉방에 이용하는 냉방설비

① 빙축열식 냉방설비
② 수축열식 냉방설비
③ 잠열축열식 냉방설비
④ 현열축열식 냉방설비

해설 건축물의 냉방설비에 대한 설치 및 설계기준 상의 잠열축열식 냉방설비에 대한 설명이다.

답 ③

19 건축물의 냉방설비에 대한 설치 및 설계기준 용어정의
건축물의 냉방설비에 대한 설치 및 설계기준에 정의된 심야시간은?

① 21:00부터 다음날 09:00까지
② 22:00부터 다음날 09:00까지
③ 23:00부터 다음날 09:00까지
④ 24:00부터 다음날 09:00까지

해설 "심야시간"이라 함은 23:00부터 다음 날 09:00까지를 말한다.

답 ③

20 건축물의 냉방설비에 대한 설치 및 설계기준 용어정의
건축물의 냉방설비에 대한 설치 및 설계기준상 다음과 같이 정의되는 것은?

> 저장된 냉열을 냉방에 이용할 경우에만 가동되는 냉수순환펌프, 공조용 순환펌프 등의 설비

① 1차 측 설비
② 2차 측 설비
③ 부분축냉설비
④ 전체축냉설비

해설 건축물의 냉방설비에 대한 설치 및 설계기준 상의 2차측 설비에 대한 설명이다.

답 ②

21 건축물의 냉방설비에 대한 설치 및 설계기준 용어정의

건축물의 냉방설비에 대한 설치 및 설계기준상 다음과 같이 정의되는 것은?

> 통계적으로 연중 최대냉방부하를 갖는 날을 기준으로 그 밖의 시간에 필요한 냉방열량 중에서 이용이 가능한 냉열량이 차지하는 비율을 말하며 백분율(%)로 표시한다.

① 축열률
② 냉방률
③ 수용률
④ 이용률

해설 건축물의 냉방설비에 대한 설치 및 설계기준 상의 축열률에 대한 설명이다.

답 ①

22 축냉식 전기냉방설비의 설계기준

축냉식 전기냉방설비의 설계기준 내용으로 옳지 않은 것은?

① 축열조는 보온을 철저히 하여 열손실과 결로를 방지하여야 한다.
② 열교환기에서 점검을 위한 부분은 해체와 조립이 용이하도록 하여야 한다.
③ 열교환기는 시간당 최대냉방열량을 처리할 수 있는 용량 이상으로 설치하여야 한다.
④ 자동제어설비는 수동조작을 할 수 없도록 하여야 하며 감시기능 등을 갖추어야 한다.

해설 자동제어설비는 축냉운전, 방냉운전 또는 냉동기와 축열조를 동시에 이용하여 냉방운전이 가능한 기능을 갖추어야 하고, 필요할 경우 수동조작이 가능하도록 하여야 하며 감시기능 등을 갖추어야 한다.

답 ④

23 축냉식 전기냉방설비의 설계기준

축냉식 전기냉방설비의 설계기준 내용으로 옳지 않은 것은?

① 열교환기는 시간당 최소냉방열량을 처리할 수 있는 용량 이상으로 설치하여야 한다.
② 자동제어설비는 축냉운전, 방냉운전 또는 냉동기와 축열조를 동시에 이용하여 냉방운전이 가능한 기능을 갖추어야 한다.
③ 축열조는 보온을 철저히 하여 열손실과 결로를 방지해야 하며, 맨홀 등 점검을 위한 부분은 해체와 조립이 용이하도록 하여야 한다.
④ 부분축냉방식의 경우에는 냉동기가 축냉운전과 방냉운전 또는 냉동기와 축열조의 동시운전이 반복적으로 수행하는데 아무런 지장이 없어야 한다.

해설 열교환기는 시간당 최대냉방열량을 처리할 수 있는 용량이상으로 설치하여야 한다.

답 ①

제2장 각종 인증

1. 녹색건축 인증등급 구분[녹색건축 인증기준 제3조 별표10]

[별표10] 인증등급별 점수기준

구분		최우수 (그린1등급)	우수 (그린2등급)	우량 (그린3등급)	일반 (그린4등급)
신축	주거용 건축물	74점 이상	66점 이상	58점 이상	50점 이상
	단독주택	74점 이상	66점 이상	58점 이상	50점 이상
	비주거용 건축물	80점 이상	70점 이상	60점 이상	50점 이상
기존	주거용 건축물	69점 이상	61점 이상	53점 이상	45점 이상
	비주거용 건축물	75점 이상	65점 이상	55점 이상	45점 이상
그린 리모델링	주거용 건축물	69점 이상	61점 이상	53점 이상	45점 이상
	비주거용 건축물	75점 이상	65점 이상	55점 이상	45점 이상

〈비고〉
복합건축물이 주거와 비주거로 구성되었을 경우에는 바닥면적의 과반 이상을 차지하는 용도의 인증등급별 점수기준을 따른다.

2. 녹색건축 인증에 대한 인증기관의 요건[녹색건축 인증에 관한 규칙 제4조]

제4조(인증기관의 지정)
② **인증기관으로 지정을 받으려는 자**는 다음 각 호의 요건을 모두 갖춰야 한다.
  1. 인증업무를 수행할 전담조직을 구성하고 업무수행체계를 수립할 것
  2. 별표 1의 전문분야(이하 "해당 전문분야"라 한다) 중 **5개 이상의 분야에서 각 분야별로** 다음 각 목의 어느 하나에 해당하는 **1명 이상의 사람을 상근(常勤) 심사전문인력으로 보유**할 것
      가. 「건축사법」에 따른 **건축사** 자격을 취득한 사람
      나. 「국가기술자격법」에 따른 해당 전문분야의 **기술사** 자격을 취득한 사람
      다. 「**국가기술자격법**」에 따른 해당 전문분야의 기사 자격을 취득한 후 7년 이상 해당 업무를 수행한 사람
      라. 해당 전문분야의 **박사학위를 취득한 후 1년 이상** 해당 업무를 수행한 사람
      마. 해당 전문분야의 **석사학위를 취득한 후 6년 이상** 해당 업무를 수행한 사람
      바. 해당 전문분야의 **학사학위를 취득한 후 8년 이상** 해당 업무를 수행한 사람
  3. 다음 각 목에 관한 사항이 포함된 인증업무 처리규정을 마련할 것
      가. 녹색건축 인증 심사의 절차 및 방법
      나. 제7조에 따른 인증심사단 및 인증심의위원회의 구성·운영
      다. 녹색건축 인증 결과의 통보 및 재심사
      라. 녹색건축 인증을 받은 건축물의 인증 취소
      마. 녹색건축 인증 결과 등의 보고
      바. 녹색건축 인증 수수료의 납부방법 및 납부기간
      사. 녹색건축 인증 결과의 검증방법
      아. 그 밖에 녹색건축 인증업무 수행에 필요한 내용
  4. 법 제19조제1항에 따라 인증기관 지정이 취소된 자인 경우에는 제1항에 따른 지정 신청 기간 종료일 전에 그 지정이 취소된 날부터 1년이 경과했을 것

3. 녹색건축 인증 전문분야[녹색건축 인증에 관한 규칙 제4조_별표1]

[별표1] 전문분야(제4조제4항 관련)

전문분야	해당 세부분야
토지이용 및 교통	단지계획, 교통계획, 교통공학, 건축계획 또는 도시계획
에너지 및 환경오염	에너지, 전기공학, **건축환경, 건축설비**, 대기환경, 폐기물처리 또는 기계공학
재료 및 자원	건축시공 및 재료, 재료공학, 자원공학 또는 건축구조
물순환관리	수공학, 상하수도공학, 수질환경, **건축환경 또는 건축설비**
유지관리	건축계획, 건설관리, 건축설비 또는 건축시공 및 재료
생태환경	건축계획, 생태건축, 조경 또는 생물학
실내환경	온열환경, 소음·진동, 빛환경, 실내공기환경, 건축계획, 건축환경 또는 건축설비

4. 녹색건축 인증 인증신청[녹색건축 인증에 관한 규칙 제6조]

제6조(인증 신청 등)
① 다음 각 호의 어느 하나에 해당하는 자(이하 "건축주등"이라 한다)는 녹색건축 인증을 신청할 수 있다.
  <u>1. 건축주</u>
  <u>2. 건축물 소유자</u>
  <u>3. 사업주체 또는 시공자</u>(건축주나 건축물 소유자가 인증 신청에 동의하는 경우에만 해당한다)

5. 녹색건축 인증 유효기간[녹색건축 인증에 관한 규칙 제9조]

제9조(인증서 발급 및 인증의 유효기간 등)
③ <u>녹색건축 인증의 유효기간은</u> 제1항에 따라 녹색건축 인증서를 발급한 날부터 10년으로 한다.

6. 제로에너지 건축물 인증의 인증기관 지정[제로에너지 건축물 인증에 관한 규칙 제4조]

제4조(인증기관의 지정)
④ <u>인증기관은</u> 다음 각 호의 어느 하나에 해당하는 인증에 관한 <u>상근(常勤) 인증업무인력을 8명 이상 보유</u>하여야 한다.
  1. 「녹색건축물 조성 지원법 시행규칙」 제16조제5항에 따라 실무교육을 받은 **건축물에너지평가사**
  2. <u>건축사 자격을 취득한 후 3년 이상</u> 해당 업무를 수행한 사람
  3. 건축, 설비, 에너지 분야(이하 "해당 전문분야"라 한다)의 <u>기술사 자격을 취득한 후 3년 이상</u> 해당 업무를 수행한 사람
  4. 해당 전문분야의 기사 자격을 취득한 후 5년 이상 해당 업무를 수행한 사람
  5. 해당 전문분야의 박사학위를 취득한 후 3년 이상 해당 업무를 수행한 사람
  6. 해당 전문분야의 석사학위를 취득한 후 5년 이상 해당 업무를 수행한 사람
  7. 해당 전문분야의 학사학위를 취득한 후 7년 이상 해당 업무를 수행한 사람
  8. 해당 전문분야에서 10년 이상 해당 업무를 수행한 사람

7. 제로에너지 건축물 인증의 인증신청[제로에너지 건축물 인증에 관한 규칙 제4조]

제6조(인증 신청 등)
② 다음 각 호의 어느 하나에 해당하는 자(이하 "건축주등"이라 한다)는 인증을 신청할 수 있다.
  1. <u>건축주</u>
  2. <u>건축물 소유자</u>
  3. <u>사업주체 또는 시공자</u>(건축주나 건축물 소유자가 인증 신청에 동의하는 경우에만 해당한다)

8. 제로에너지 건축물 인증의 인증등급[제로에너지 건축물 인증기준 별표2]

[별표2] 제로에너지건축물 인증기준

ZEB 등급	구분 등급 산정 기준	제1호 에너지 자립률 (%)	제2호		제3호 건축물 에너지관리 시스템
			주거용 연간 단위면적당 1차 에너지소요량 (kWh/㎡·년)	비주거용 연간 단위면적당 1차 에너지소요량 (kWh/㎡·년)	
+ 등급		120이상	-10 미만	-70 미만	설치 여부 확인
1 등급		100이상	10 미만	-30 미만	
2 등급		80이상	30 미만	10 미만	
3 등급		60이상	50 미만	50 미만	
4 등급		40이상	70 미만	90 미만	
5 등급		20이상	90 미만	130미만	

9. 제로에너지 건축물 인증의 인증유효기간[제로에너지 건축물 인증에 관한 규칙 제9조]

제9조(인증서 발급 및 인증의 유효기간 등)
③ <u>인증의 유효기간은 인증을 받은 날부터 10년으로 한다.</u>

10. 지능형 건축물 인증의 인증기관 지정[지능형 건축물의 인증에 관한 규칙 제3조]

제3조(인증기관의 지정)
④ <u>인증기관은</u> 별표 1의 <u>전문분야별로 각 2명을 포함하여 12명 이상의 심사전문인력</u>(심사전문인력 가운데 상근인력은 전문분야별로 1명 이상이어야 한다)<u>을 보유</u>하여야 한다. 이 경우 심사전문인력은 다음 각 호의 어느 하나에 해당하는 사람이어야 한다.
  1. 해당 전문분야의 <u>박사학위나 건축사 또는 기술사 자격을 취득한 후 3년 이상</u> 해당 업무를 수행한 사람
  2. 해당 전문분야의 <u>석사학위를 취득한 후 9년 이상</u> 해당 업무를 수행하거나 <u>학사학위를 취득한 후 12년 이상</u> 해당 업무를 수행한 사람
  3. 해당 전문분야의 <u>기사 자격을 취득한 후 10년 이상</u> 해당 업무를 수행한 사람

11. 지능형 건축물인증에 대한 인증신청[지능형 건축물의 인증에 관한 규칙 제6조]

제6조(인증의 신청)
① 법 제65조의2제3항에 따라 다음 각 호의 어느 하나에 해당하는 자가 지능형건축물의 인증을 받으려는 경우에는 인증을 받기 전에 법 제22조에 따른 사용승인 또는 「주택법」 제49조에 따른 사용검사를 받아야 한다. 다만, 인증 결과에 따라 개별 법령에서 정하는 제도적·재정적 지원을 받는 경우에는 그러하지 아니하다.
<u>1. 건축주</u>
<u>2. 건축물 소유자</u>
<u>3. 시공자</u>(건축주나 건축물 소유자가 인증 신청을 동의하는 경우만 해당한다)

12. 지능형 건축물 인증의 인증유효기간[지능형 건축물 인증기준 제6조]

제6조(<u>인증 유효기간</u>)
① 인증의 유효기간은 인증일부터 **5년**으로 한다.

제2장 핵·심·문·제
각종 인증

01 녹색건축 인증등급 구분
녹색건축 인증등급 구분에 속하지 않는 것은?
① 우수(그린 2등급) ② 우량(그린 3등급)
③ 일반(그린 4등급) ④ 보통(그린 5등급)

해설 녹색건축 인증등급은 최우수(그린 1등급), 우수(그린 2등급), 우량(그린 3등급), 일반(그린 4등급)으로 구분한다.

답 ④

02 녹색건축 인증에 대한 인증기관의 요건
녹색건축 인증기관의 상근 심사전문인력에 해당하지 않는 사람은?
① 건축사 자격을 취득한 사람
② 해당 전문분야의 기술사 자격을 취득한 사람
③ 해당 전문분야의 기사 자격을 취득한 후 5년 이상 해당 업무를 수행한 사람
④ 해당 전문분야의 박사학위를 취득한 후 1년 이상 해당 업무를 수행한 사람

해설 기사자격 취득 후 7년 이상의 업무 수행이 필요하다.

답 ③

03 녹색건축 인증 전문분야
다음 중 녹색건축 인증 전문분야에 해당하지 않는 것은?
① 토지이용 및 교통 ② 건축환경 및 설비
③ 재료 및 자원 ④ 생태환경

해설 건축환경 및 설비는 전문분야가 아닌 세부분야에 속한다.

답 ②

04 녹색건축 인증 신청
다음 중 녹색건축 인증신청을 할 수 있는 사람이 아닌 것은?
① 건축주 ② 건축물 소유자
③ 설계자 ④ 시공자

해설 녹색건축의 인증신청은 건축주, 건축물 소유자, 사업주체 또는 시공자가 할 수 있다.

답 ③

05 녹색건축 인증유효기간

다음 중 녹색건축 인증의 유효기간으로 알맞은 것은?

① 3년　　　　　　　　　　② 5년
③ 7년　　　　　　　　　　④ 10년

해설　녹색건축 인증의 유효기간은 제1항에 따라 녹색건축 인증서를 발급한 날부터 10년으로 한다.

답 ④

06 제로에너지 건축물 인증의 인증기관 지정

제로에너지 건축물 인증 관련 인증기관이 보유하는 8명의 상근 인증업무인력의 자격요건과 맞지 않는 것은?

① 건축, 설비, 에너지 분야의 기술사 자격을 취득한 후 3년 이상 해당 업무를 수행한 사람
② 건축, 설비, 에너지 분야의 기사 자격을 취득한 후 5년 이상 해당 업무를 수행한 사람
③ 건축, 설비, 에너지 분야의 박사학위를 취득한 후 3년 이상 해당 업무를 수행한 사람
④ 건축, 설비, 에너지 분야의 학사학위를 취득한 후 5년 이상 해당 업무를 수행한 사람

해설　학사학위 취득 후 7년 이상 해당 업무를 수행하여야 한다.

답 ④

07 제로에너지 건축물 인증의 인증신청

다음 중 제로에너지 건축물 인증에 대한 인증신청을 할 수 있는 사람이 아닌 것은?

① 건축주　　　　　　　　　② 건축물 소유자
③ 설계자　　　　　　　　　④ 시공자

해설　제로에너지 건축물 인증에 대한 인증신청은 건축주, 건축물 소유자, 사업주체 또는 시공자가 할 수 있다.

답 ③

08 제로에너지 건축물 인증의 인증등급

제로에너지 건축물 인증에서 + 등급의 에너지 자립률의 최소기준은?

① 90% 이상　　　　　　　② 100% 이상
③ 110% 이상　　　　　　　④ 120% 이상

해설　+ 등급의 경우 에너지 자립률 120% 이상을 충족하여야 획득할 수 있다.

답 ④

09 제로에너지 건축물 인증의 인증유효기간

다음 중 제로에너지 건축물 인증의 유효기간으로 알맞은 것은?

① 3년　　　　　　　　　　② 5년
③ 7년　　　　　　　　　　④ 10년

해설　제로에너지 건축물 인증의 인증유효기간은 인증을 받은 날부터 10년으로 한다.

답 ④

10 지능형 건축물 인증의 인증기관 지정

지능형 건축물의 인증을 평가하는 인증기관은 전문분야별로 각2명을 포함하여 12명 이상의 심사전문인력을 보유하여야 한다. 보유하여야 하는 심사업무인력의 자격요건과 맞지 않는 것은?

① 해당 전문분야의 박사학위를 취득한 후 3년 이상 해당 업무를 수행한 사람
② 해당 전문분야의 기술사를 취득한 후 3년 이상 해당 업무를 수행한 사람
③ 해당 전문분야의 석사학위를 취득한 후 9년 이상 해당 업무를 수행한 사람
④ 해당 전문분야의 학사학위을 취득한 후 10년 이상 해당 업무를 수행한 사람

[해설] 학사학위 취득 후 12년 이상의 업무 수행한 사람이 해당된다.

답 ④

11 지능형 건축물 인증에 대한 인증신청

다음 중 지능형 건축물 인증을 신청을 할 수 있는 사람이 아닌 것은?

① 건축주　　　　　　　② 건축물 소유자
③ 설계자　　　　　　　④ 시공자

[해설] 지능형 건축물 인증에 대한 인증신청은 건축주, 건축물 소유자, 사업주체 또는 시공자가 할 수 있다.

답 ③

12 지능형 건축물 인증의 인증유효기간

다음 중 지능형 건축물 인증기준의 유효기간으로 알맞은 것은?

① 3년　　　　　　　② 5년
③ 7년　　　　　　　④ 10년

[해설] 지능형 건축물 인증의 인증유효기간은 인증일부터 5년으로 한다.

답 ②

부록

건축설비기사
기출모의고사
[최신 출제경향 반영]

건축설비기사 제1회 [기출모의고사]

제1과목 건축설비 계획

01 실의 용적이 5,000m³이고 필요 환기량이 10,000m³/h일 때, 환기횟수는 시간당 몇 회인가?

① 0.5회
② 1회
③ 2회
④ 4회

[해설] 환기횟수 = $\dfrac{환기량}{실용적} = \dfrac{10,000}{5,000} = 2$회/h

02 홀 용적 5,000m³, 잔향시간 1.6초인 실에서 잔향시간을 1초로 만들기 위해 추가적으로 필요한 흡음력은?

① 220m²
② 275m²
③ 300m²
④ 450m²

[해설] 잔향시간(초) = $0.16\left(\dfrac{실용적}{흡음력}\right)$ 에서

처음 잔향시간 1.6초일 때 흡음력은 $1.6 = 0.16\left(\dfrac{5000}{A}\right)$ $A = 500\,m^2$

잔향시간 1초일 때 흡음력은 $1 = 0.16\left(\dfrac{5000}{A}\right)$ $A = 800\,m^2$

그러므로 필요한 흡음력 = 800 - 500 = 300m²

03 단위 표면적을 통해 단위 시간에 고체벽의 양측 유체가 단위 온도차일 때 한쪽의 유체에서 다른 쪽 유체로 전달되는 열량을 의미하는 것은?

① 열전도율
② 열관류율
③ 열전도저항
④ 온도구배

[해설] 단위 표면적을 통해 단위 시간에 고체벽의 양측 유체가 단위 온도차일 때 한쪽의 유체에서 다른 쪽 유체로 전달되는 열량을 열관류율(W/m²K)이라 한다.

[해답] 1.③ 2.③ 3.②

04 위생기구가 갖추어야 할 구비조건으로 옳지 않은 것은?

① 흡수성이 클 것
② 제작 및 설치가 쉬울 것
③ 내식성, 내마모성이 있을 것
④ 항상 청결을 유지할 수 있을 것

해설 위생기구는 흡수성이 작아야 위생적이다.

05 결로발생의 방지 방법으로 옳지 않은 것은?

① 실내에서 수증기 발생을 억제한다.
② 비난방실 등으로의 수증기 침입을 억제한다.
③ 벽체의 표면온도를 실내공기의 노점온도보다 크게 한다.
④ 적절한 투습저항을 갖춘 방습층을 단열재의 저온측에 설치한다.

해설 적절한 투습저항을 갖춘 방습층을 단열재의 고온측(수증기압이 높은 쪽)에 설치한다.

06 중앙식 급탕방식에 관한 설명으로 옳은 것은?

① 가열기, 배관 등 설비규모가 작다.
② 배관 및 기기로부터의 열손실이 거의 없다.
③ 건물 완공 후 급탕개소의 증설이 용이하다.
④ 기구의 동시이용률을 고려하여 가열 장치의 총용량을 적게 할 수 있다.

해설 중앙식 급탕방식은 가열기, 배관 등 설비규모가 크고, 배관 및 기기로부터의 열손실이 많으며, 건물 완공 후 급탕개소의 증설이 어렵다. 하지만 기구의 동시이용률을 고려하면 가열 장치의 총용량은 적게 할 수 있다.

07 다음 중 혼합-냉각-재열의 과정을 거치는 공기조화시스템의 냉각코일 용량으로 알맞은 것은?

① 실내현열부하+실내잠열부하
② 실내현열부하+외기현열부하
③ 실내전열부하+외기전열부하+재열부하
④ 실내현열부하+외기현열부하+재열부하

해설 냉각코일 용량=실내전열부하+외기전열부하+재열부하

해답 4.① 5.④ 6.④ 7.③

08 세정수의 급수방식에 따른 대변기의 종류에 속하지 않는 것은?
① 로 탱크식
② 하이 탱크식
③ 전동 밸브식
④ 세정 밸브식

해설 대변기 급수방식에 전동밸브식은 없다. 주택용에 로 탱크식, 빌딩용에 세정 밸브식을 주로 적용한다.

09 압력배관용 탄소강관의 표시기호로 옳은 것은?
① SPPS
② SPPH
③ SPLT
④ SPHT

해설
- SPPS : 압력배관용 탄소강관
- SPPH : 고압배관용 탄소강관
- SPLT : 저온배관용 탄소강관
- SPHT : 고온배관용 탄소강관

10 먹는 물의 수소이온농도 기준으로 옳은 것은?(단, 샘물, 먹는 샘물 및 먹는 물 공동시설의 물이 아닌 경우)
① pH 4.8 이상 pH 8.4 이하
② pH 4.8 이상 pH 8.5 이하
③ pH 5.8 이상 pH 8.4 이하
④ pH 5.8 이상 pH 8.5 이하

해설 먹는 물은 pH 5.8~8.5 범위로 한다.

11 증기를 사일렌서(Silencer) 등에 의해 물과 혼합시켜 탕을 만드는 급탕방식은?
① 순간식
② 저탕식
③ 기수혼합식
④ 간접가열식

해설 증기를 물과 혼합시켜 탕을 만드는 급탕방식을 기수혼합식이라 하며, 소음을 줄이기 위하여 사일렌서(Silencer)를 사용한다.

12 다음 중 동관의 용도로 가장 부적절한 것은?
① 급수관
② 급탕관
③ 증기관
④ 냉온수관

해설 증기관은 주로 강관을 사용하며 동관은 부적합하다.

해답 8.③ 9.① 10.④ 11.③ 12.③

13
다음 중 급수배관이 벽체 또는 건축의 구조부를 관통하는 부분에 슬리브(sleeve)를 설치하는 이유로 가장 알맞은 것은?

① 관의 방동을 위하여
② 관의 방로를 위하여
③ 관의 부식방지를 위하여
④ 관의 수리·교체를 용이하게 하기 위하여

해설 슬리브는 관의 수리·교체를 용이하게 하고 배관의 진동이 벽체에 전달되지 않게 하기 위하여 설치하는 덧관이다.

14
실내 공기 오염의 종합적 지표로 사용되는 오염물질은?

① 미세먼지
② 이산화탄소
③ 포름알데히드
④ 휘발성 유기화합물

해설 실내 오염 지표로 이산화탄소(CO_2)를 사용한다.

15
공기조화부하 계산에 있어서 인체 발생열에 관한 설명으로 옳은 것은?

① 인체 발생열은 난방부하에서만 고려한다.
② 인체 발생열은 현열과 잠열 모두 발생한다.
③ 실내온도가 높아질수록 잠열 발생열량이 감소한다.
④ 인체 발생열은 재실자의 작업상태에 관계없이 항상 일정하다.

해설 인체 발생열은 냉방부하에서만 고려하며, 현열과 잠열 모두 발생한다. 냉방 시 실내온도가 높아질수록 현열은 감소하고 잠열은 증가하며 재실자의 작업상태에 따라 변화한다.

16
취출기류의 속도분포와 관련된 4단계 영역 중 제2영역에 관한 설명으로 옳은 것은?

① 천이구역이라고도 한다.
② 취출거리의 대부분을 차지한다.
③ 혼합된 공기(1차 공기+2차 공기)가 주위로 확산되는 영역이다.
④ 취출기류의 속도가 급격히 감소되어 주위 공기를 유인하는 힘이 없어진다.

해설
- 제1영역 : 취출구에서 취출된 기류가 취출 속도를 유지하는 구간
- 제2영역 : 천이구역이라 하며 기류속도가 취출거리의 제곱근에 반비례하는 구간
- 제3영역 : 기류속도가 취출거리에 반비례하여 0.25m/s까지 감소하는 구간
- 제4영역 : 혼합된 공기(1차 공기+2차 공기)가 주위로 확산되는 영역으로 취출기류의 속도가 급격히 감소되어 주위 공기를 유인하는 힘이 없어진다.

해답 13.④ 14.② 15.② 16.①

17 대향류형 냉각탑과 비교한 직교류형 냉각탑의 특징에 관한 설명으로 옳지 않은 것은?

① 설치면적이 크다.
② 열교환 효율이 좋다.
③ 팬 소요동력이 작다.
④ 점검·보수가 용이하다.

해설 직교류형 냉각탑은 높이가 낮아서 점검·보수가 용이하나 열교환 효율은 나쁘다.

18 공조되고 있는 실에서 콜드 드래프트(cold draft)의 원인과 가장 거리가 먼 것은?

① 습도가 낮을 때
② 기류의 속도가 낮을 때
③ 주위 벽면의 온도가 낮을 때
④ 겨울에 창문의 틈새바람이 많을 때

해설 기류의 속도가 높을 때 콜드 드래프트는 심해진다.

19 송풍기에 의해 수분이 급기덕트 내로 유입하는 것을 방지하기 위해 설치하는 공기조화기의 구성요소는?

① 가습기
② 공기세정기
③ 공기여과기
④ 엘리미네이터

해설 에어와셔에서 엘리미네이터(제수판)는 물방울이 덕트쪽으로 유출되는 것을 방지한다.

20 다음 중 축동력이 가장 적게 소요되는 송풍기 풍량 제어 방식은?

① 회전수 제어
② 흡입베인 제어
③ 토출댐퍼 제어
④ 슬라이드베인 제어

해설 축동력이 적게 소요되는 순서(에너지 절약순서) : 회전수 제어 > 흡입베인 제어 > 흡입댐퍼제어 > 토출댐퍼 제어

제2과목 건축설비 설계

21 배관의 수리, 교체를 편리하게 하기 위해 사용하는 배관 부속품은?

① 부싱
② 플러그
③ 유니온
④ 크로스

해설 배관의 최종 조립이나 분해가 필요한 부분에 유니온이나 플랜지를 사용한다.

해답 17.② 18.② 19.④ 20.① 21.③

22
사무실 건물의 화장실에 세면기 8개, 청소싱크 1개가 설치되어 있는 경우 배수 배출량은?(단, 세면기 fuD=1, 청소싱크 fuD=3, 전체의 동시사용률은 55%이며, 1fuD=28.5L/min이다.)

① 약 127L/min
② 약 172L/min
③ 약 285L/min
④ 약 570L/min

해설 $Q = (1 \times 8 + 3) \times 28.5 \times 0.55 = 172 \text{L/min}$

23
수격현상의 방지대책으로 옳지 않은 것은?

① 펌프계통의 유속을 증가시킨다.
② 위생기구 연결 시 에어챔버를 사용한다.
③ 수전의 급작스런 on-off 작동을 피한다.
④ 입상관 말단에 워터해머 흡수기를 설치한다.

해설 유속을 증가시키면 수격현상은 심해진다.

24
유체의 흐름에 관한 설명으로 옳지 않은 것은?

① 난류는 유체분자가 불규칙하게 서로 섞이는 혼란된 흐름이다.
② 일반적으로 층류에서 난류로 전이할 때의 유속을 임계유속이라 한다.
③ 레이놀즈 수에 의해 관 내의 흐름이 층류인지, 난류인지를 판별할 수 있다.
④ 관내에 유체가 흐를 때 어느 장소에서 흐름의 상태가 시간에 따라 변화하는 흐름을 정상류라 한다.

해설 관 내에 유체가 흐를 때 어느 장소에서 흐름의 상태가 시간에 따라 변화하지 않는 흐름을 정상류라 하고, 변화하는 흐름을 비정상류라 한다.

25
다음과 같은 조건에서 급탕순환펌프의 순환수량은?

• 배관계통의 전열손실량 : 4,000W	• 급탕온도 : 65℃, 환탕온도 : 55℃
• 물의 비열 : 4.2kJ/kg·K	

① 5.7L/min
② 10.5L/min
③ 20.9L/min
④ 30.4L/min

해설 $W = \dfrac{q}{C \Delta t} = \dfrac{4{,}000 \times 60}{1{,}000 \times 4.2(65-55)} = 5.71 \text{L/min}$

해답 22.② 23.① 24.④ 25.①

26
온도 20℃, 길이 100m인 동관에 탕이 흘러 60℃가 되었을 때, 이 동관의 팽창된 길이는?(단, 동관의 선팽창계수는 0.171×10⁻⁴/℃이다.)

① 34.2mm
② 68.4mm
③ 136.8mm
④ 171mm

해설 $\triangle L = L \times \alpha \times \triangle t = 100 \times 0.171 \times 10^{-4}(60-20) = 0.0684\text{m} = 68.4\text{mm}$

27
다음 중 S트랩에서 자기사이폰 작용에 의한 봉수의 파괴를 방지하기 위한 방법으로 가장 알맞은 것은?

① 트랩을 정기적으로 청소하여 이물질을 제거한다.
② 트랩의 내표면을 매끄럽게 한다.
③ 트랩과 위생기구가 연결되는 관의 관경을 트랩의 관경보다 더 크게 한다.
④ 트랩의 유출부분 단면적이 유입부분 단면적보다 큰 것을 설치한다.

해설 트랩에서 사이폰 작용을 막으려면 트랩의 유출부분 단면적이 유입부분 단면적보다 큰 것을 설치한다.

28
처리대상인원 1,000인, 1인 1일당 오수량 0.2m³, 오수의 평균 BOD 200ppm, BOD 제거율 85%인 오수처리시설에서 유출수의 BOD량은?

① 1.5kg/day
② 6kg/day
③ 30kg/day
④ 200kg/day

해설 오수의 유입 BOD 200ppm, BOD 제거율 85%인 오수처리시설을 거친 후
유출수의 BOD 농도는 200×(1−0.85)=30ppm
그러므로 유출 BOD 총량=1,000×0.2×30=6,000g/d=6kg/d

29
통기배관에 관한 설명으로 옳지 않은 것은?

① 통기수직관을 우수수직관과 연결해서는 안 된다.
② 통기수직관의 하단은 배수수직관에 60° 이상의 각도로 접속한다.
③ 루프통기관의 인출위치는 배수수평지관 최상류 기구의 하단측으로 한다.
④ 루프통기관에 연결되는 기구수가 많은 경우 도피통기관을 추가로 설치한다.

해설 통기수직관의 하단은 배수수직관에 60° 이하의 각도로 접속한다.

해답 26.② 27.④ 28.② 29.②

30 관내에 유체가 흐르고 있을 때 유체마찰에 의해 손실되는 압력강하(ΔP)를 다음과 같은 식으로 표현할 수 있다. 다음 식에서 λ가 의미하는 것은?(단, L은 관의 길이, d는 관의 직경, v는 유체의 유속, ρ는 유체의 밀도를 의미한다.)

$$\Delta P = \lambda \cdot \frac{L}{d} \cdot \frac{v^2}{2} \cdot \rho$$

① 점성계수
② 관마찰계수
③ 레이놀즈수
④ 동점성계수

해설 위 달시공식에서 λ가 의미하는 것은 관마찰계수이다.

31 급수배관의 관경 결정방법에 관한 설명으로 옳지 않은 것은?

① 관은 급수기구 중에서도 개인용과 공중용에 대한 기구급수부하단위는 공중용이 개인용보다 값이 크다.
② 유량선도에 의한 방법으로 관경을 결정하고자 할 때의 부하유량(급수량)은 기구급수부하 단위로 산정한다.
③ 소규모 건물에는 유량선도에 의한 방법이 중규모 이상의 건물에는 관균등표에 의한 방법이 주로 이용된다.
④ 기구급수부하단위는 각 급수기구의 표준 토출량, 사용빈도, 사용시간을 고려하여 1개의 급수기구에 대한 부하의 정도를 예상하여 단위화한 것이다.

해설 급수배관의 관경 결정방법에서 소규모 건물에는 관균등표에 의한 방법이, 중규모 이상의 건물에는 유량선도에 의한 방법이 주로 이용된다.

32 덕트와 부속기구에 관한 설명으로 옳지 않은 것은?

① 고속덕트는 가급적 원형덕트로 한다.
② 점검구는 풍량조정이나 점검을 해야 하는 곳에 설치한다.
③ 같은 양의 공기가 덕트를 통해 송풍될 때 풍속을 높게 하면 덕트의 단면 치수도 크게 하여야 한다.
④ 방화댐퍼는 화재 시에 덕트를 통해 방화구역으로 불이 번지지 않도록 덕트의 통로를 차단하는 역할을 한다.

해설 같은 양의 공기가 덕트를 통해 송풍될 때 풍속을 높게 하면 덕트의 단면 치수는 작게 한다. 이때 동력은 증가한다.

해답 30.② 31.③ 32.③

33. 다음 중 양수펌프로 사용되는 원심펌프에서 흡입양정이 이론치에 미치지 못하는 가장 큰 이유는?

① 대기압
② 관로손실
③ 펌프의 동력
④ 토출양정과의 차이

해설 원심펌프에서 이론적인 흡입양정은 대기압 10.33m이지만 관로마찰손실, 수온에 따른 포화 증기압 등으로 보통 5~6m 정도로 된다.

34. 기준면보다 20m 높이에 있는 관내에 물이 압력 60kPa, 유속 3m/s로 흐를 때 이 물의 전수두는?(단, 물의 밀도는 1kg/L이다.)

① 약 18.7m
② 약 26.6m
③ 약 38.7m
④ 약 83.1m

해설 전수두=위치+속도+압력=$Z + V^2/2g + P/\gamma = 20 + 3^2/2 \times 9.8 + 60/9.8 = 26.58 = 26.6$m

35. 다음과 같은 조건에서 바닥면적이 200m²인 일반 사무실의 조명기구로부터 취득되는 열량은?

[조건]
- 조명기구 : 형광등
- 바닥면적당 조명 소비전력 : 30W/m²
- 점등률 : 100%
- 안전기 발열량 25% 할증

① 6,500W
② 7,500W
③ 8,000W
④ 10,000W

해설 $q = 200 \times 30 \times 1.25 = 7,500$W

36. 표준적인 단일덕트 정풍량 방식에서 실내부하의 현열비(SHF) 선상에 있는 점이 아닌 것은?

① 실내공기 상태점
② 토출공기 상태점
③ 코일출구공기 상태점
④ 실내외공기 혼합공기 상태점

해설 실내외공기 혼합 상태점은 실내 부하의 현열비(SHF) 선상에 있지 않다.

해답 33.② 34.② 35.② 36.④

37 다음 중 공기조화설비 배관에서 압력계의 설치위치로 가장 알맞은 것은?

① 펌프출구
② 급수관 입구
③ 냉수코일 출구
④ 열교환기 출구

해설 공조설비의 펌프출구에서 압력계는 가장 유효하게 사용된다.

38 기기나 배관 내의 유량조절을 빈번하게 하지 않고 일정량으로 고정시키는 경우에 사용되는 밸브는?

① 유니온
② 볼밸브
③ 체크밸브
④ 플러그 콕

해설 플러그 콕은 90도 회전으로 일정량의 유량을 고정시키는 경우에 사용된다.

39 국소환기 설계에 관한 설명으로 옳지 않은 것은?

① 배출된 오염물질에 의한 대기오염이 되지 않도록 정화장치를 부착한다.
② 국소환기의 계통은 공간의 절약을 위해 공조장치의 환기덕트와 연결한다.
③ 배기장치는 배기가스에 의해 부식하기 쉬우므로 그에 상응한 재료를 사용한다.
④ 배풍기는 배기계통의 말단부에 두어 덕트 내 압력이 부(−)로 되도록 해서 다른 쪽으로의 누출을 방지한다.

해설 국소환기의 계통은 공조장치의 환기덕트와 별도로 외부로 연결한다.

40 냉방부하를 계산한 결과, 현열부하 90,000W인 건물의 송풍공기량은?(단, 취출온도차는 10℃이고, 공기의 비열은 1.21kJ/m³·K이다.)

① 약 26,777m³/h
② 약 33,242m³/h
③ 약 37,814m³/h
④ 약 42,150m³/h

해설 $Q = \dfrac{q_s}{C\Delta t} = \dfrac{90,000}{1,000 \times 1.21 \times 10} = 7.438 \text{m}^3/\text{s} = 26,777 \text{m}^3/\text{h}$

해답 37.① 38.④ 39.② 40.①

제3과목 전기 및 소방시설 일반

41 1,000[AT/m]의 자계 중에 어떤 자극을 놓았을 때 100[N]의 힘을 받는다고 한다. 자극의 세기는 몇 [Wb]인가?

① 0.01
② 0.1
③ 1
④ 10

해설 자계세기(H) = $\frac{\text{자극이 받는 힘}}{\text{자극 세기}}$ 에서 자극세기 = $\frac{\text{자극 받는 힘}}{\text{자계 세기}}$ = $\frac{100}{1,000}$ = 0.1 Wb

42 백열전구와 비교한 형광램프의 특징에 관한 설명으로 옳지 않은 것은?

① 램프의 휘도가 크다.
② 열을 적게 발산한다.
③ 수명이 길고 효율이 높다.
④ 전원 전압의 변동에 대하여 광속 변동이 적다.

해설 형광램프는 백열전구보다 램프의 휘도(눈부심)가 낮다.

43 온도 변화를 검출하는 열전대에 적용되는 원리는?

① 주울 효과
② 제백 효과
③ 퍼킨제 효과
④ 펠티어 효과

해설 제백 효과는 이종금속에 열을 가하면 미량의 전기가 발생하는 현상으로 열전대의 원리이다.

44 병원 등에 설치되는 모자식 전기시계에 관한 설명으로 옳은 것은?

① 자시계의 설치 높이는 하단부가 1.5m 이상으로 한다.
② 탁상형 모시계는 자시계 회로수가 3회로 이상인 경우 사용한다.
③ 모시계와 자시계를 연결하는 배선의 전압강하는 15% 이하가 되도록 한다.
④ 벽걸이형 모시계는 소규모 모시계로 자시계 회로수가 3회로 이내인 경우 사용한다.

해설 탁상형 및 벽걸이형 모시계는 소규모 모시계로 자시계 회로수가 3회로 이내인 경우 사용한다. 자시계의 설치 높이는 2m 이상, 모시계와 자시계 배선의 전압강하는 10% 이하가 되도록 한다.

해답 41.② 42.① 43.② 44.④

45 발전기실의 위치 선정 시 고려해야 할 사항으로 옳지 않은 것은?

① 연돌에서 가급적 멀리 위치할 것
② 실내 환기를 충분히 행할 수 있을 것
③ 배전실에 가깝고 침수의 우려가 없을 것
④ 기기의 반입·반출 및 운전 보수 면에서 편리할 것

해설 발전기실은 연돌에서 가급적 가깝게 위치할 것

46 다음 중 배선설비에 사용되는 전선의 굵기를 결정할 때 고려해야 할 요소가 아닌 것은?

① 전압강하
② 허용전류
③ 기계적 강도
④ 전선관 규격

해설 전선의 굵기는 전압강하, 허용전류, 기계적 강도로 결정되며 전선의 굵기에 따라 전선관 규격을 선정한다.

47 건축화 조명방식 중 천장면에 유리, 플라스틱 등과 같은 확산용 스크린판을 붙이고 천장 내부에 광원을 배치하여 천장을 건축화된 조명기구로 활용하는 방식은?

① 코퍼조명
② 코브조명
③ 광천장조명
④ 코닉스조명

해설 천장면에 유리, 플라스틱 등과 같은 확산용 스크린판을 붙이고 천장 내부에 광원을 배치하여 천장면을 조명기구화한 것을 광천장조명이라 한다.

48 철골조의 철골이나 철근콘크리트조의 철근과 연결하는 건축 구조계 접지에 관한 설명으로 옳지 않은 것은?

① 고신뢰도의 접지가 가능하다.
② 접지저항 값을 낮게 얻을 수 있다.
③ 도시지역의 한정된 부지에 적합하다.
④ 장비 간, 설비 간에 전위차가 발생하여 손상을 주거나 오동작을 유발하는 경우가 많다.

해설 건축 구조계 접지는 장비 간, 설비 간에 전위차가 작아서 손상을 주거나 오동작을 유발하는 경우가 적다.

해답 45.① 46.④ 47.③ 48.④

49 인화성 액체 등에 의한 기름화재의 분류는?

① A급 화재
② B급 화재
③ C급 화재
④ D급 화재

해설
- A급 화재 : 일반 화재
- B급 화재 : 유류화재
- C급 화재 : 전기 화재
- D급 화재 : 금속성 화재

50 제어동작 중에서 잔류편차(off set)를 일으키는 동작은?

① 미분제어
② 비례제어
③ 적분제어
④ 비례적분제어

해설 비례(P)제어는 잔류편차(off set)를 일으키고, 비례적분(PI)제어는 잔류편차를 없애준다.

51 전주에 설치하는 변압기에 주로 사용되는 냉각방식은?

① 공랭식
② 유입 수냉식
③ 유입 자냉식
④ 유입 송풍식

해설 전신주에 설치하는 변압기는 충전된 기름(유입)으로 스스로 냉각(자냉식)되는 방식이다.

52 10대의 전동기에 모두 동일한 전압을 인가하려면 어떻게 연결하면 되는가?

① 직렬전선
② 병렬전선
③ 직렬전선 2회로와 병렬전선 8회로
④ 직렬전선 2회로와 병렬전선 4회로

해설 여러 대의 기기에 동일한 전압을 인가하려면 병렬로 연결하며 주변의 모든 기기가 병렬로 연결된다.

53 교류전원의 순시값이 $e=100\sin 3\omega t$[V]일 때 주파수[Hz]는?(단, $\omega=314$[rad/s])

① 50
② 60
③ 120
④ 150

해설 각 속도 $=2\pi f=3w=3\times 314r=300\pi$ ($\because \pi=3.14 rad$)
$\therefore f=150\,Hz$

해답 49.② 50.② 51.③ 52.② 53.④

54. 다음의 옥외소화전설비의 수원에 관한 설명 중 ( ) 안에 알맞은 것은?

> 옥외소화전설비의 수원은 그 저수량이 옥외소화전의 설치개수(옥외소화전이 2개 이상 설치된 경우에는 2개)에 (   )를 곱한 양 이상이 되도록 하여야 한다.

① 1.7m³
② 2.6m³
③ 7m³
④ 12m³

해설 옥외 소화전 설비의 저수량은 1개당 방수량(350L/min)의 20분 용량(350×20=7,000L =7m³)으로 한다.

55. 엔탈피 제어에 관한 설명으로 옳지 않은 것은?

① 환절기에 사용하면 에너지 절약효과가 크다.
② 통상적으로 부하 재설정 제어와 같이 사용한다.
③ 외기를 실내에 공급하여 냉방부하를 줄이는 방식이다.
④ 사람의 출입이 이용 시간대에 따라서 크게 변화하는 백화점 등에 사용하면 효과가 크다.

해설 엔탈피 제어는 실내와 외기의 엔탈피를 비교하여 냉동기의 운전시간을 최대한 절감하는 에너지 절약 제어이며, 부하 재설정 제어는 실내 온도 변화에 따른 급기온도 설정점을 변경하는 제어이다.

56. 스프링클러헤드의 방수구에서 유출되는 물을 세분시키는 작용을 하는 것은?

① 프레임
② 유수검지장치
③ 일제개방밸브
④ 반사판(디프렉타)

해설 반사판(디프렉타)은 노즐(벙수구)에서 분사되는 물을 세분시킨다.

57. 직류전원의 저항을 접속한 후 전류를 흘릴 때 저항값을 10[%] 감소시키면 전류의 크기는 어떻게 변화되는가?

① 약 11% 감소
② 약 11% 증가
③ 약 15% 감소
④ 약 15% 증가

해설 옴의 법칙 $I=\dfrac{V}{R}$ 에서 저항이 10% 감소하면 전류 $I=\dfrac{V}{0.9R}=1.11$배
∴ 11% 증가한다.

해답 54.③ 55.② 56.④ 57.②

58. 1개의 마스터 안테나에서 다수의 TV 수상기에 입력전파를 분배하는 공시청설비에 사용되는 기기에 속하지 않는 것은?

① 혼합기
② 증폭기
③ 분배기
④ R형 수신기

해설 R형 수신기는 방재설비에 속한다.

59. 도시가스 사용시설에서 가스계량기와 전기계량기의 간격은 최소 얼마 이상으로 하여야 하는가?

① 15cm
② 30cm
③ 45cm
④ 60cm

해설 가스계량기와 전기계량기의 간격은 60cm 이상 이격시킨다.

60. 옥내소화전방수구는 바닥으로부터의 높이가 최대 얼마 이하가 되도록 설치하여야 하는가?

① 0.9m
② 1.2m
③ 1.5m
④ 1.8m

해설 옥내소화전방수구는 선채로 조작이 편리하게 바닥으로부터 1.5m 높이에 설치한다.

제4과목 | 건축설비 관련 법규

61. 비상용 승강기의 승강장 및 승강로의 구조에 관한 기준 내용으로 옳지 않은 것은?

① 승강장의 바닥면적은 비상용 승강기 1대에 대하여 5㎡ 이상으로 할 것
② 각 층으로부터 피난층까지 이르는 승강로를 단일구조로 연결하여 설치할 것
③ 승강장은 각 층의 내부와 연결될 수 있도록 하되, 그 출입구에는 60분+ 방화문 또는 60분 방화문을 설치할 것
④ 승강장에는 노대 또는 외부를 향하여 열 수 있는 창문이나 배연설비를 설치할 것

해설 〈설비기준 제10조〉 6㎡ 이상

해답 58.④ 59.④ 60.③ 61.①

62. 지하층의 비상탈출구는 출입구로부터 최소 얼마 이상 떨어진 곳에 설치하여야 하는가?(단, 주택이 아닌 경우)

① 1m
② 2m
③ 3m
④ 5m

해설 〈피난방화구조 제25조〉 3m 이상

63. 건축물을 특별시나 광역시에 건축하는 경우 특별시장 또는 광역시장의 허가를 받아야 하는 대상 건축물의 층수 기준은?

① 6층 이상
② 15층 이상
③ 21층 이상
④ 31층 이상

해설 〈건축법 제11조〉 21층 이상

64. 6층 이상의 거실면적의 합계가 15,000m²인 종합병원에 설치하여야 하는 승용승강기의 최소 대수는?(단, 8인승 승용승강기의 경우)

① 5대
② 6대
③ 7대
④ 8대

해설 〈설비기준 제5조 별표 1의 2〉 6층 이상 거실 면적 15,000 의료시설〈3천 이하 2대+2천마다 1대=2+6=8대〉

65. 다음은 지하층과 피난층 사이의 개방공간 설치에 관한 기준 내용이다. ( ) 안에 알맞은 것은?

> 바닥면적의 합계가 ( ) 이상인 공연장·집회장·관람장 또는 전시장을 지하층에 설치하는 경우에는 각 실에 있는 자가 지하층 각 층에서 건축물 밖으로 피난하여 옥외 계단 또는 경사로 등을 이용하여 피난층으로 대피할 수 있도록 천장이 개방된 외부공간을 설치하여야 한다.

① 1,000m²
② 3,000m²
③ 5,000m²
④ 10,000m²

해설 〈건축법령 제37조〉 3,000m²

해답 62.③ 63.③ 64.④ 65.②

66 옥외소화전설비를 설치하여야 하는 특정소방대상물의 지상 1층 및 2층의 바닥면적 합계 기준은?(단, 아파트 등, 위험물 저장 및 처리시설 중 가스시설, 지하구 또는 지하가 중 터널은 제외)

① 2,000㎡ 이상
② 5,000㎡ 이상
③ 9,000㎡ 이상
④ 12,000㎡ 이상

해설 〈소방법령 제15조 별표 5〉 9,000㎡ 이상

67 건축법령상 다음과 같이 정의되는 용어는?

> 건축물의 노후화를 억제하거나 기능 향상 등을 위하여 대수선하거나 일부 증축하는 행위를 말한다.

① 개축
② 리빌딩
③ 리모델링
④ 리노베이션

해설 〈건축법 제2조〉 리모델링이란 건축물의 노후화를 억제하거나 기능 향상 등을 위하여 대수선하거나 일부 증축하는 행위를 말한다.

68 건축물의 지붕을 평지붕으로 하는 경우 건축물의 옥상에 헬리포트를 설치하거나 헬리콥터를 통하여 인명 등을 구조할 수 있는 공간을 확보하여야 하는 대상 건축물 기준으로 옳은 것은?

① 층수가 6층 이상인 건축물로서 6층 이상인 층의 바닥면적의 합계가 5,000㎡ 이상인 건축물
② 층수가 6층 이상인 건축물로서 6층 이상인 층의 바닥면적의 합계가 10,000㎡ 이상인 건축물
③ 층수가 11층 이상인 건축물로서 11층 이상인 층의 바닥면적의 합계가 5,000㎡ 이상인 건축물
④ 층수가 11층 이상인 건축물로서 11층 이상인 층의 바닥면적의 합계가 10,000㎡ 이상인 건축물

해설 〈건축법령 제40조〉 옥상에 헬리포트 : 층수가 11층 이상인 건축물로서 11층 이상인 층의 바닥면적의 합계가 10,000㎡ 이상인 건축물

해답 66.③ 67.③ 68.④

69 건축물 관련 건축기준의 허용오차가 2% 이내가 아닌 것은?

① 출구 너비
② 반자 높이
③ 바닥판 두께
④ 건축물 높이

해설 〈건축법규칙 제20조〉 바닥판 두께 : 3% 이내

70 제연설비를 설치하여야 하는 특정소방대상물에 속하지 않는 것은?

① 지하가(터널은 제외)로서 연면적 1,000㎡인 것
② 문화 및 집회시설로서 무대부의 바닥면적이 150㎡인 것
③ 문화 및 집회시설 중 영화상영관으로서 수용인원이 100명인 것
④ 지하층에 설치된 숙박시설로서 해당 용도로 사용되는 바닥면적의 합계가 1,000㎡인 층

해설 〈소방법령 제11조 별표 4〉 문화 및 집회시설로서 무대부의 바닥면적이 200㎡인 것

71 급수, 배수, 환기, 난방 설비를 건축물에 설치하는 경우 건축기계설비기술사 또는 공조냉동기계기술사의 협력을 받아야 하는 대상 건축물에 속하는 것은?

① 연립주택
② 다세대주택
③ 기숙사로서 해당 용도에 사용되는 바닥면적의 합계가 1,000㎡인 건축물
④ 숙박시설로서 해당 용도에 사용되는 바닥면적의 합계가 1,000㎡인 건축물

해설 〈설비기준 제2조〉 연립주택이나 아파트는 면적 무관, 기숙사, 숙박시설은 2,000㎡ 이상인 건축물

72 기계설비법령에 따라 기계설비 발전 기본 계획은 몇 년마다 수립·시행하여야 하는가?

① 1
② 2
③ 3
④ 5

해설 〈기계설비법 제5조〉 기계설비 발전 기본계획의 수립
국토교통부장관은 기계설비산업의 육성과 기계설비의 효율적인 유지관리 및 성능확보를 위하여 기계설비 발전 기본계획을 5년마다 수립·시행하여야 한다.

해답 69.③ 70.② 71.① 72.④

73 다음의 소방시설 중 경보설비에 속하지 않는 것은?

① 누전경보기
② 비상방송설비
③ 무선통신보조설비
④ 자동화재탐지설비

해설 〈소방법령 제3조 별표 1〉 무선통신보조설비는 소화활동설비에 속한다.

74 다음 중 건축법령상 공동주택에 속하는 것은?

① 공관
② 기숙사
③ 다중주택
④ 다가구주택

해설 〈건축법령 제3조 5 별표 1〉 공관, 다중주택, 다가구주택은 단독주택에 속한다.

75 신축 또는 리모델링을 하는 경우 시간당 0.5회 이상의 환기가 이루어질 수 있도록 자연환기설비 또는 기계환기설비를 설치하여야 하는 공동 주택의 최소 세대수는?

① 30세대
② 100세대
③ 200세대
④ 300세대

해설 〈설비기준 제11조〉 30세대 이상 공동주택은 시간당 0.5회 이상 환기 필요

76 건축물의 출입구에 설치하는 회전문은 계단이나 에스컬레이터로부터 최소 얼마 이상의 거리를 두어야 하는가?

① 1.0m
② 1.5m
③ 2.0m
④ 2.5m

해설 〈피난방화구조 제12조〉 회전문은 계단이나 에스컬레이터로부터 2.0m 이상

77 공동주택의 거실에 설치하는 반자는 그 높이를 최소 얼마 이상으로 하여야 하는가?

① 2.1m
② 2.4m
③ 2.7m
④ 4m

해설 〈피난방화구조 제16조〉 반자의 높이 : 2.1m 이상

해답 73.③ 74.② 75.① 76.③ 77.①

78 건축물의 내부에 설치하는 피난계단의 구조에 관한 기준 내용으로 옳지 않은 것은?

① 계단실의 실내에 접하는 부분의 마감은 불연재료로 할 것
② 계단은 내화구조로 하고 피난층 또는 지상까지 직접 연결되도록 할 것
③ 건축물의 내부에서 계단실로 통하는 출입구의 유효너비는 0.6m 이상으로 할 것
④ 계단실은 창문·출입구 기타 개구부를 제외한 당해 건축물의 다른 부분과 내화구조의 벽으로 구획할 것

해설 〈피난방화구조 제9조〉 건축물의 내부에서 계단실로 통하는 출입구의 유효너비는 0.9m 이상으로 할 것

79 건축물의 에너지절약 설계기준에 따른 평균 열관류율의 계산 기준으로 옳은 것은?

① 외곽선 치수
② 중심선 치수
③ 내부 마감 치수
④ 지붕, 바닥은 외곽선, 외벽은 중심선 치수

해설 〈에너지절약 제5조 9의 따〉 평균 열관류율의 계산 기준 : 중심선 치수

80 다음 중 방염성능기준 이상의 실내장식물 등을 설치하여야 하는 특정소방대상물에 속하지 않는 것은?

① 아파트
② 숙박시설
③ 의료시설 중 종합병원
④ 방송통신시설 중 방송국

해설 〈소방법령 제30조〉 방염성능기준 이상의 실내장식물 : 아파트 제외

해답 78.③ 79.② 80.①

건축설비기사 제2회 [기출모의고사]

제1과목 건축설비 계획

01 소음방지대책 및 기술에 관한 설명으로 옳지 않은 것은?

① 소음방지대책은 소음원을 제거하거나 소음원 레벨을 저감시키는 것이 가장 바람직하다.
② 건물 내부의 고체전달소음은 일반적으로 장애범위가 공기전달소음보다 좁고 대책수립이 간단하다.
③ 경로대책은 음원에서의 거리 또는 장애물에 의한 음의 감쇠 등의 성질을 이용한 것이다.
④ 급배수 시에 발생하는 소음 전반을 방지 또는 저감시키기 위해서는 설계단계부터 배려할 필요가 있다.

해설 건물 내부의 고체전달소음은 일반적으로 장애범위가 공기전달소음보다 넓고 대책수립이 어려운 편이다.

02 결로를 방지하기 위한 방법으로 옳지 않은 것은?

① 냉방을 하여 건물 내부의 표면온도를 노점온도 이하로 한다.
② 환기를 통해 습한 공기를 제거한다.
③ 벽체 내부의 수증기압을 포화수증기압보다 작게 한다.
④ 단열을 강화하여 구조체의 열손실을 줄인다.

해설 결로를 방지하기 위해서는 냉방 시 건물 내부의 표면온도를 노점온도 이상으로 한다.

03 오수정화시설의 처리공법 중 활성오니법에 속하는 것은?

① 장기폭기방법
② 접촉산화방법
③ 살수여상방법
④ 회전원판접촉방법

해설 활성오니법에 표준활성오니법, 고율활성오니법, 장기폭기방법, 순산소법 등이 있고, 생물막법에 접촉산화법, 살수여상법, 회전원판법 등이 있다.

해답 1.② 2.① 3.①

04 다음과 같은 조건에서 실내측 벽면의 표면온도는?

- 벽체의 크기 : 1×1m²
- 벽체의 두께 : 100mm
- 외기온도 : 12℃
- 실내 공기온도(평균치) : 20℃
- 벽체 열관류율 : 2W/m²·K
- 실내측 표면 열전달률 : 8W/m²·K

① 18℃ ② 19℃
③ 20℃ ④ 21℃

해설 실내측 벽면 표면에 대하여 열관류와 열전달 사이에 열평형식을 세우면
$KA\triangle t = \alpha_i A \triangle t_s$
$2 \times 1 \times (20-12) = 8 \times 1 \times (20-t_s)$
$t_s = 18℃$

05 수도본관으로부터 저수탱크에 저수한 후 급수펌프로 건물 내에 급수하는 방식은?

① 고가탱크방식 ② 펌프직송방식
③ 수도직결방식 ④ 압력탱크방식

해설 저수탱크에서 급수펌프로 직접 급수하는 방식을 펌프직송방식(부스터 펌프방식)이라 한다.

06 펌프의 전양정이 41.6m, 양수량이 400L/min일 때, 펌프의 축동력은?(단, 펌프의 효율은 55%이다.)

① 3.94kW ② 4.54kW
③ 4.94kW ④ 5.44kW

해설 $kW = \dfrac{QH}{102E} = \dfrac{400 \times 41.6}{60 \times 102 \times 0.55} = 4.94kW$

07 다음 중 수자원 절약을 위한 배수 재이용 시에 검토할 사항과 가장 거리가 먼 것은?

① 공급시설의 안정성 ② 재이용수의 사용범위
③ 상수(上水)기구의 구성요소 ④ 배수의 수량과 수질의 안정성

해설 배수 재이용 시스템은 배수(하수)를 정화하여 중수를 만드는 시스템으로서, 상수기구의 구성요소와는 거리가 멀다.

해답 4.① 5.② 6.③ 7.③

08 다음 중 간접배수로 하여야 하는 기구에 속하지 않는 것은?

① 세탁기 ② 세면기
③ 제빙기 ④ 식기세정기

해설 세면기, 싱크대, 대변기, 욕조 등은 트랩을 이용하여 직접배수한다.

09 기구급수부하단위(Fu)가 1Fu인 위생기구의 종류 및 접속관경으로 옳은 것은?

① 세면기, 15mm ② 세면기, 25mm
③ 대변기, 15mm ④ 대변기, 25mm

해설 기구급수부하단위(Fu)가 1Fu인 기구는 세면기이고, 접속관경은 15mm이다.

10 물의 경도에 관한 설명으로 옳지 않은 것은?

① 경도의 표시는 도(度) 또는 ppm이 사용된다.
② 경도가 큰 물을 경수, 경도가 낮은 물을 연수라고 한다.
③ 일반적으로 물이 접하고 있는 지층의 종류와 관계없이 지표수는 경수, 지하수는 연수로 간주된다.
④ 물의 경도는 물속에 녹아 있는 칼슘, 마그네슘 등의 염류의 양을 탄산칼슘의 농도로 환산하여 나타낸 것이다.

해설 일반적으로 물이 접하고 있는 지층의 종류와 관계하여 지표수는 연수, 지하수는 경수로 간주된다.

11 배수 및 통기배관에 관한 설명으로 옳지 않은 것은?

① 기구배수관의 통기는 트랩위어 위로 연결한다.
② 배수수직관의 관경은 배수의 흐름방향으로 축소하지 않는다.
③ 배수수평관에는 배수와 그것에 포함되어 있는 고형물을 신속하게 배출하기 위하여 구배를 두어야 한다.
④ 간접배수계통 및 특수배수계통의 통기관은 다른 통기계통과 접속하여 공동으로 대기 중에 개구한다.

해설 간접배수계통 및 특수배수계통의 통기관은 다른 통기계통과 별도로 독립 통기한다.

해답 8.② 9.① 10.③ 11.④

12 공기조화방식 중 팬코일 유닛방식에 관한 설명으로 옳지 않은 것은?

① 각 유닛의 수동제어가 불가능하다.
② 덕트 방식에 비해 유닛의 위치 변경이 쉽다.
③ 각 실에 수배관으로 인한 누수의 우려가 있다.
④ 유닛을 창문 밑에 설치하면 콜드 드래프트를 줄일 수 있다.

해설 팬코일 유닛방식은 유닛마다 수동제어가 가능하여 각 실을 독립적으로 제어한다.

13 신축곡관이라고도 하며, 구부림을 이용하여 배관의 신축을 흡수하는 신축이음쇠는?

① 루프형　　　　　　　　② 벨로우즈형
③ 슬리브형　　　　　　　④ 스위블형

해설 배관을 ㄷ자형으로 벤딩하여 구부림을 이용한 신축이음을 루프(신축곡관)라 한다.

14 온수난방방식의 분류에 관한 설명으로 옳지 않은 것은?

① 순환방식에 따라 중력식과 강제식으로 분류할 수 있다.
② 배관방식에 따라 단관식과 복관식으로 분류할 수 있다.
③ 온수온도에 따라 저온수식과 고온수식으로 분류할 수 있다.
④ 팽창탱크방식에 따라 상향식과 하향식으로 분류할 수 있다.

해설 팽창탱크방식에 따라 개방형과 밀폐형으로 분류할 수 있다.

15 다음과 같은 조건에서 코일로 제거되는 전열량에 대한 현열량의 비는?

[조건]
㉠ 코일 입구공기의 온도 t_1=35℃　　㉡ 코일 입구공기의 엔탈피 h_1=72kJ/kg
㉢ 코일 출구공기의 온도 t_2=17℃　　㉣ 코일 출구공기의 엔탈피 h_2=42kJ/kg
㉤ 공기의 비열 1.01kJ/kg · K

① 0.606　　　　　　　　② 0.701
③ 0.806　　　　　　　　④ 0.901

해설 현열/전열 = $\dfrac{1.01(35-17)}{72-42}$ = 0.606

해답　12.①　13.①　14.④　15.①

16. 관내 유동에서 층류와 난류를 판단하는 기준이 되는 것은?

① 마하(Mach)수
② 프란틀(Prandtl)수
③ 그라숍(Grashof)수
④ 레이놀즈(Reynolds)수

해설 레이놀즈(Re)수가 2,000 이하는 층류, 4,000 이상은 난류로 구분한다.

17. 다음의 송풍기 풍량제어법 중 축동력이 가장 적게 소요되는 것은?

① 회전수제어
② 토출댐퍼제어
③ 흡입댐퍼제어
④ 흡입베인제어

해설 회전수제어는 가장 효율적이고 축동력이 가장 적게 소요된다.

18. 건구온도 20℃, 절대습도 0.015kg/kg'인 습공기 6kg의 엔탈피는?(단, 건공기 정압비열 1.01kJ/kg·K, 수증기 정압비열 1.85kJ/kg·K, 0℃에서 포화수의 증발잠열 2,501 kJ/kg)

① 58.24kJ
② 120.67kJ
③ 228.77kJ
④ 349.62kJ

해설 $H = mh = 61.01 \times 20 + 0.015(2,501 + 1.85 \times 20) = 6 \times 58.27 = 349.62 \text{kJ}$

19. 공기조화기의 가열코일 입구와 출구에서 공기의 상태값이 변화하지 않는 것은?

① 엔탈피
② 상대습도
③ 건구온도
④ 절대습도

해설 가열코일 입구와 출구에서 절대습도는 일정하다.

20. 다음 중 벽 취출구에서 동일한 취출 풍속일 때 상승거리가 가장 긴 시기는?

① 난방 시
② 냉방 시
③ 중간기
④ 어느 때나 동일

해설 취출구에서 상승거리는 온풍일수록 크기 때문에 난방 시 가장 크다.

해답 16.④ 17.① 18.④ 19.④ 20.①

제2과목 건축설비 설계

21 관 균등표에 의한 관경 결정 시 필요없는 것은?
① 균등수
② 유량선도
③ 기구의 접속 관경
④ 기구의 동시사용률

해설 유량선도는 급수부하단위(FU)를 이용하여 동시 사용 유량을 구한 뒤 유량 선도에서 관경을 구할 때 사용한다.

22 급수배관시스템에서 수격작용 발생에 따른 압력상승에 관한 설명으로 옳지 않은 것은?
① 관두께에 비례한다.
② 배관경에 비례한다.
③ 유체의 속도에 비례한다.
④ 압력파의 전달속도에 비례한다.

해설 수격작용 발생은 유속에 비례하므로 배관경에 반비례한다.

23 세정밸브식 대변기에서 토수된 물이나 이미 사용된 물이 역사이폰 작용에 의해 상수계통으로 역류하는 것을 방지하는 기구는?
① 볼탭
② 슬리브
③ 스트레이너
④ 버큠 브레이커

해설 세정밸브식 대변기에서 토수된 물이나 이미 사용된 물이 역사이폰 작용에 의해 상수계통으로 역류하는 것을 크로스커넥션(교차연결)이라 하며 방지하는 기구는 역류방지밸브나 버큠 브레이커를 사용한다.

24 배수트랩에 관한 설명으로 옳지 않은 것은?
① P트랩은 세면기 배수에 주로 이용된다.
② U트랩은 옥내 배수 수평주관 계통에 이용된다.
③ S트랩은 욕실 및 다용도실의 바닥배수에 주로 이용된다.
④ 트랩은 하수 유해 가스가 역류해서 실내로 침입하는 것을 방지하기 위해서 설치한다.

해설 S트랩은 세면기나 대변기에 이용되며 욕실 및 다용도실의 바닥배수에는 벨트랩을 주로 이용한다.

해답 21.② 22.② 23.④ 24.③

25
양수펌프 중심으로부터 2m 위에 저수조 수위가 일정하게 있고, 고가수조 수위는 펌프중심으로부터 30m 위에 있다. 양수배관 전체길이가 38m, 펌프의 토출압력이 15kPa일 때 최저 필요양정은?(단, 양수배관의 마찰손실수두는 50mmAq/m, 관이음 및 밸브류의 상당길이는 배관길이의 50%로 한다.)

① 30.85m ② 32.35m
③ 34.85m ④ 36.35m

해설 실양정은 h=30−2=28m
마찰손실은 hL=38×50×1.5=2,850mm=2.85m
토출압력=15kPa=1.5m
∴ 펌프양정=28+2.85+1.5=32.35m

26
중앙식 급탕방법 중 간접가열식에 관한 설명으로 옳지 않은 것은?

① 고압보일러가 필요하다.
② 대규모 급탕설비에 적합하다.
③ 보일러를 난방설비와 겸용할 수 있다.
④ 저탕조에는 온도조절장치(thermostat)를 설치하여 온도를 조절한다.

해설 간접가열식 급탕설비는 난방용 저압보일러로 간접 가열할 수 있다.

27
급탕설비에 관한 설명으로 옳지 않은 것은?

① 급탕사용량을 기준으로 급탕순환펌프의 유량을 산정한다.
② 급수압력과 급탕압력이 동일하도록 배관 구성을 하는 것이 바람직하다.
③ 급탕부하단위수는 일반적으로 급수부하단위수의 3/4을 기준으로 한다.
④ 급탕 배관 시 수평주관은 상향 배관법에서는 급탕관은 앞올림구배로 하고 환탕관은 앞내림 구배로 한다.

해설 급탕순환펌프의 유량은 배관에서의 열손실량으로 산정한다.

28
다음 중 동관의 사용용도로 가장 부적합한 것은?

① 급수관 ② 급탕관
③ 증기관 ④ 냉온수관

해설 증기관은 강관을 주로 사용하며 동관을 사용할 경우는 가장 두꺼운 K형을 사용한다.

해답 25.② 26.① 27.① 28.③

29 다음과 같은 조건에서 어느 건물의 시간 최대 예상급탕량이 4,000L/h일 때, 저탕조 내의 가열코일의 길이는?

[조건]
- ㉠ 급탕온도 : 65℃, 급수온도 : 5℃
- ㉡ 가열코일 : 관경 32mm의 동관, 단위 내측표면적당 관길이 11.4m/m²
- ㉢ 열관류율 : 1,000W/m²·K
- ㉣ 스케일에 따른 할증률 : 30%
- ㉤ 열원 : 온도 120℃ 증기
- ㉥ 물의 비열 : 4.2kJ/kg·K

① 약 5.9m ② 약 30.9m
③ 약 48.8m ④ 약 65.2m

해설 가열코일에서 열평형식은 $KA\Delta t = WC\Delta t$ 에 대입하면
$$1{,}000 \times \frac{3{,}600}{1{,}000} \times A\left(120 - \frac{5+65}{2}\right) = 4{,}000 \times 4.2(65-5)$$
전열면적 A=3.294m²
코일길이 L=3.294×11.4=37.55m
할증하면 L=37.55×1.3=48.8m

30 4℃ 물을 100℃로 가열하였을 때 팽창한 체적의 비율은?(단, 4℃ 물의 밀도는 1kg/L, 100℃ 물의 밀도는 0.9586kg/L)

① 2.78% ② 3.13%
③ 4.32% ④ 5.42%

해설 $\Delta v = \left(\dfrac{1}{\rho_2} - \dfrac{1}{\rho_1}\right) = \left(\dfrac{1}{0.9586} - \dfrac{1}{1}\right) = 0.0432 = 4.32\%$

31 다음과 같은 조건에서 실내 CO_2의 허용농도를 1,000ppm으로 할 때, 필요환기량은?

- 재실인원 : 10인
- 실내 1인당 CO_2 배출량 : 0.02m³/h
- 외기 CO_2 농도 : 350ppm

① 249.2m³/h ② 275.4m³/h
③ 307.7m³/h ④ 356.8m³/h

해설 $V = \dfrac{M}{C_i - C_o} = \dfrac{10 \times 0.02}{0.001 - 0.00035} = 307.7\text{m}^3/\text{h}$
1,000ppm=0.001, 350ppm=0.00035

해답 29.③ 30.③ 31.③

32. 각 방열기에 온수를 균등하게 공급하기 위해 각 방열기에 대한 공급관과 환수관의 길이를 대체로 같게 하는 배관방식은?

① 재순환방식
② 역환수방식
③ 변유량방식
④ 직접환수방식

해설 역환수방식은 공급관과 환수관의 길이를 같게 하는 배관방식으로 각 방열기에 온수를 균등하게 공급한다.

33. 공기조화기용 코일에 관한 설명으로 옳지 않은 것은?

① 더블서킷코일은 유량이 많을 때 사용된다.
② 대향류보다는 평행류로 하는 것이 전열효과가 좋다.
③ 냉수코일과 온수코일을 겸용으로 사용하는 경우 선정은 냉수코일을 기준으로 한다.
④ 튜브 내의 유속은 1.0m/s 전후로 하는 것이 펌프의 설비비 및 효율상 적당하다.

해설 공기조화기용 코일에서 대향류가 평행류에 비해 전열효과가 좋다.

34. 각종 보일러에 관한 설명으로 옳지 않은 것은?

① 수관보일러는 대형건물이나 지역난방 등에 사용된다.
② 관류보일러는 보유수량이 많아 주로 공조용으로 사용된다.
③ 주철제보일러는 규모가 비교적 작은 건물의 난방용으로 사용된다.
④ 연관보일러는 예열시간이 길고 반입 시 분할이 어렵다는 단점이 있다.

해설 관류보일러는 보유수량이 작아서 예열시간이 적게 소요된다.

35. 체크밸브에 관한 설명으로 옳지 않은 것은?

① 유체의 역류를 방지하기 위한 것이다.
② 스윙형 체크밸브는 수평배관에 사용할 수 없다.
③ 스윙형 체크밸브는 유수에 대한 마찰저항이 리프트형보다 적다.
④ 리프트형 체크밸브는 글로브 밸브와 같은 밸브시트의 구조로써 유체의 압력에 밸브가 수직으로 올라가게 되어 있다.

해설 스윙형 체크밸브는 수평, 수직 배관에 사용할 수 있고, 리프트형 체크밸브는 수평배관에만 사용할 수 있다.

해답 32.② 33.② 34.② 35.②

36 다음 중 송풍량이나 장비용량 결정을 주된 목적으로 하는 부하계산법은?
① 표준 bin법
② 냉난방도일법
③ 최대부하계산법
④ 동적열부하계산법

해설 공조에서 송풍량이나 장비용량 결정은 단위 시간당 부하계산법인 최대부하계산법으로 한다.

37 다음 중 다단펌프를 사용하는 가장 주된 목적은?
① 흡입양정이 큰 경우
② 토출량을 줄이기 위한 경우
③ 높은 토출양정이 필요한 경우
④ 수중에 펌프를 설치하는 경우

해설 다단펌프는 높은 토출양정이 필요한 경우에 사용한다.

38 수배관에서 위치수두 10mAq, 압력수두 30mAq, 속도 2.5m/s로 관 속을 흐르는 물의 전수두는?
① 13.06m
② 13.24m
③ 40.32m
④ 42.54m

해설 속도수두 $=\dfrac{v^2}{2g}=\dfrac{2.5^2}{2\times 9.8}=0.32\text{m}$

전수두=위치+압력+속도=10+30+0.32=40.32m

39 송풍기의 크기를 나타내는 송풍기 번호의 결정방법으로 옳은 것은?(단, 원심 송풍기의 경우)
① $\text{No}(\#)=\dfrac{\text{회전 날개의 지름(mm)}}{100(\text{mm})}$
② $\text{No}(\#)=\dfrac{\text{회전 날개의 지름(mm)}}{120(\text{mm})}$
③ $\text{No}(\#)=\dfrac{\text{회전 날개의 지름(mm)}}{150(\text{mm})}$
④ $\text{No}(\#)=\dfrac{\text{회전 날개의 지름(mm)}}{180(\text{mm})}$

해설 원심 송풍기 $\text{No}(\#)=\dfrac{\text{회전 날개의 지름(mm)}}{150(\text{mm})}$

축류 송풍기 $\text{No}(\#)=\dfrac{\text{회전 날개의 지름(mm)}}{100(\text{mm})}$

해답 36.③ 37.③ 38.③ 39.③

40 표준상태의 공기가 12m/s로 장방형 덕트 내로 흐르고 있다. 덕트 내에 풍량조절 댐퍼가 30° 각도로 설치되어 있을 때 댐퍼의 국부저항계수가 3.73이라면 댐퍼에 의한 압력손실은?(단, 공기의 밀도는 1.2kg/m³이다.)

① 164.5Pa ② 284.2Pa
③ 322.3Pa ④ 474.6Pa

해설 국소저항 $= \zeta \dfrac{v^2}{2} \rho = 3.73 \times \dfrac{12^2}{2} \times 1.2 = 322.3\text{Pa}$

제3과목 전기 및 소방시설 일반

41 엘리베이터의 구성장치 중 일정 이상의 속도가 되었을 때 브레이크나 안전장치를 작동시키는 기능을 하는 것은?

① 완충기 ② 조속기
③ 권상기 ④ 가이드 슈

해설 조속기는 엘리베이터가 일정 이상의 속도가 되었을 때 브레이크를 작동하여 속도를 조절하고 그 이상의 속도에서 안전장치를 작동시켜 정지시킨다.

42 자동화재탐지설비 하나의 경계구역 면적은 최대 얼마 이하로 하는가?(단, 해당 특정소방대상물의 주된 출입구에서 그 내부 전체가 보이는 것 제외)

① 150㎡ ② 300㎡
③ 500㎡ ④ 600㎡

해설 자동화재탐지설비 하나의 경계구역의 최대면적은 600㎡이며, 한 변의 길이는 50m 이하일 것

43 변압기에서 입력전력에 대한 출력전력의 비율을 의미하는 것은?

① 부하율 ② 수용률
③ 역률 ④ 효율

해설 변압기 효율=출력전력/입력전력
역률=유효전력/피상전력

해답 40.③ 41.② 42.④ 43.④

44 20[Ω]과 30[Ω]의 저항이 병렬로 연결되어 있을 때 합성저항은?

① 12[Ω]　　② 30[Ω]
③ 50[Ω]　　④ 64[Ω]

해설 병렬 저항의 합성저항

$$\frac{1}{R}=\frac{1}{R_1}+\frac{1}{R_2}$$

$$\frac{1}{R}=\frac{1}{20}+\frac{1}{30}$$

$$\therefore R=12\,\Omega$$

45 옥내소화전설비의 수원의 저수량은 최소 얼마 이상이 되도록 하여야 하는가?(단, 옥내소화전의 설치개수가 가장 많은 층의 설치개수는 5개이다)

① 1.3m³　　② 2.6m³
③ 3.9m³　　④ 5.2m³

해설 옥내소화전 1개당 수원 130L/min×20분=2.6m³
옥내소화전이 1개층에 2개 이상 설치하는 경우 저수량은 2개×2.6m³ 이상으로 한다.
저수량=2×2.6=5.2m³(최대 2개까지만 산정한다.)

46 빛의 분광특성이 색의 보임에 미치는 효과를 무엇이라고 하는가?

① 연색성　　② 색온도
③ 시감도　　④ 순응도

해설 연색성이란 빛의 분광특성에 따른 색의 보임에 미치는 효과로 크세논등은 연색성이 우수하고 형광등이나 수은등은 연색성이 나쁘다.

47 유입 변압기에서 콘서베이터(conservator)의 주된 사용 목적은?

① 열화 방지　　② 아크 방지
③ 과전압 방지　　④ 과전류 방지

해설 유입 변압기에서 콘서베이터는 변압기유가 공기 중의 산소와 수분으로부터 열화되는 것을 방지하기 위하여 질소 등을 봉입한다.

해답 44.① 45.④ 46.① 47.①

48 무접점 계전기에 사용되는 전력전자소자(트랜지스터, 다이오드)의 장점으로 옳지 않은 것은?

① 스위칭 속도가 빠르다.
② 전력소비가 대단히 작다.
③ 잡음(noise)의 영향을 받지 않는다.
④ 접점의 개폐동작으로 인한 마모현상이 없다.

해설 전력전자소자(트랜지스터, 다이오드)는 잡음(noise)의 영향을 받는다.

49 다음의 제어동작 중 ON-OFF 동작이라고도 하며, 항상 목표치와 제어결과가 일치하지 않는 동작간극을 일으키는 결점이 있는 것은?

① PI 제어동적
② 비례제어동작
③ 2위치 제어동작
④ 다위치 제어동작

해설 2위치 제어동작은 ON-OFF 동작으로 사이클링(Cycling)이 일어나며, 이러한 사이클링 현상을 줄이기 위해, 동작간극(Operation Gap/틈새)을 일으키며, 이것은 일정 범위의 불감대(Dead Zone)를 의미한다.

50 물분무소화설비를 설치하는 차고 또는 주차장의 배수설비에 관한 설명으로 옳지 않은 것은?

① 차량이 주차하는 바닥은 배수구를 향하여 100분의 2 이상의 기울기를 유지할 것
② 차량이 주차하는 장소의 적당한 곳에 높이 7cm 이하의 경계턱으로 배수구를 설치할 것
③ 배수설비는 가압송수장치의 최대 송수능력의 수량을 유효하게 배수할 수 있는 크기 및 기울기로 할 것
④ 배수구에는 새어나온 기름을 모아 소화할 수 있도록 길이 40m 이하마다 집수관·소화피트 등 기름분리장치를 설치할 것

해설 물분무소화설비를 설치하는 차고 또는 주차장의 배수는 적당한 곳에 높이 10cm 이상의 경계턱으로 배수구를 설치할 것

51 다음 중 옥내 배선의 전선 굵기 결정 요소와 가장 거리가 먼 것은?

① 전압 강하
② 허용 전류
③ 외부 온도
④ 기계적 강도

해답 48.③ 49.③ 50.② 51.③

해설 전선 굵기 결정요소는 전압강하, 허용전류, 기계적 강도이며, 외부온도는 직접적인 관계가 없다.

52
그림과 같은 회로에서 전류계(A)에 흐르는 전류가 0일 때 저항값 X[Ω]는?

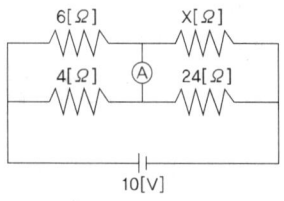

① 22　　② 36
③ 42　　④ 49

해설 위 회로에서 전류계 전류가 0일 때 휘트스톤 회로로 $6 \times 24 = 4 \times (X)$
∴ $X = 36Ω$

53
다음의 도시가스 가스 유량 산정식에서 d가 의미하는 것은?

$$Q = K\sqrt{\frac{hd^5}{SL}}$$

① 압력손실　　② 유량계수
③ 관의 내경　　④ 관의 길이

해설 d : 관내경, K : 유량계수, S : 가스비중, L : 관길이

54
권상하중 8[ton], 속도 20[m/min]로 권상하는 권상용 전동기의 용량[kW]은?(단, 전동기를 포함한 권상기의 효율은 65[%]이다.)

① 약 40　　② 약 50
③ 약 60　　④ 약 70

해설 $kW = \dfrac{8,000 \times 20}{60 \times 102 \times 0.65} = 40.2 kW$

55
교류전압 파형을 관찰할 수 있는 계측기는?

① 전압계　　② 전류계

해답 52.② 53.③ 54.① 55.④

③ 주파수계   ④ 오실로스코프

해설 오실로스코프는 교류 전압과 전류 파형을 관찰할 수 있는 계측기이다.

56 3상 4선식 평형회로에서 선간전압이 380[V]이고 선전류가 10[A]인 회로에 관한 설명으로 옳지 않은 것은?

① 상전류는 10[A]이다.   ② 상전압은 220[V]이다.
③ 피상전력은 약 6,580[VA]이다.   ④ 중성선에 흐르는 전류는 30[A]이다.

해설 3상 4선식 평형회로에서 상전류는 선전류와 같은 10[A]이다.
상전압은 선간전압의 $\frac{380}{\sqrt{3}}=220V$ 이다. 피상전력은 약 $\sqrt{3}IV=\sqrt{3}\times 10\times 380=6580VA$ 이다. 평형회로에서 중성선에 흐르는 전류는 0[A]이다.

57 전기시설물의 감전방지, 기기손상방지, 보호계전기의 동작확보를 위해 실시하는 공사는?

① 접지공사   ② 승압공사
③ 전압강하공사   ④ 트래킹(Tracking) 공사

해설 접지공사는 감전방지, 기기손상방지, 보호계전기의 동작확보를 실시한다.

58 다음 그림에서 합성 정전용량은?

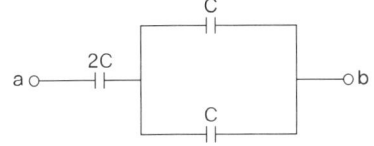

① C
② $2C$
③ $3C$
④ $4C$

해설 용량 C 2개의 병렬 합성 용량은 $2C$이고 $2C$ 2개의 직렬 합성 용량은 C이다.

59 스프링클러설비에서 고가수조의 자연낙차를 이용한 가압송수장치의 경우, 고가수조의 자연낙차수두(수조의 하단으로부터 최고층에 설치된 헤드까지의 수직거리)는 최소 얼마 이상이 되도록 하여야 하는가?(단, 배관의 마찰손실 수두는 무시하고 안전율은 15%로 한다.)

① 8.5m   ② 11.5m

해답 56.④ 57.① 58.① 59.②

③ 17m ④ 25m

해설 스프링클러설비 헤드 필요압력은 10m(100kPa)이므로 고가수조의 낙차 수두는 $h = 10 \times 1.15 = 11.5m$

60 다음의 옥외소화전설비의 배관 등에 관한 설명 중 ( ) 안에 알맞은 것은?

> 호스접결구는 지면으로부터 높이가 0.5m 이상 1m 이하의 위치에 설치하고 특정소방대상물의 각 부분으로부터 하나의 호스접결구까지의 수평거리가 최대 ( ) 이하가 되도록 설치하여야 한다.

① 15m ② 30m
③ 40m ④ 50m

해설 옥외소화전설비 호스접결구는 지면으로부터 높이가 0.5m 이상 1m 이하의 위치에 설치하고 특정소방대상물의 각 부분으로부터 하나의 호스접결구까지의 수평거리가 최대 40m 이하가 되도록 설치하여야 한다.(옥내소화전 25m)

제4과목 — 건축설비 관련 법규

61 특정소방대상물이 지하가 중 터널인 경우, 옥내소화전설비를 설치하여야 하는 길이 기준은?

① 500m 이상 ② 1,000m 이상
③ 1,500m 이상 ④ 2,000m 이상

해설 〈소방법령 제15조〉 별표 5 옥내소화전설비 : 터널인 경우 1,000m 이상

62 다음의 소방시설 중 경보설비에 속하지 않는 것은?

① 누전경보기 ② 비상방송설비
③ 자동화재속보설비 ④ 무선통신보조설비

해설 〈소방법령 제3조〉 별표 1 무선통신보조설비는 소화활동설비에 속한다.

해답 60.③ 61.② 62.④

63 건축물의 관람석 또는 집회실로부터 바깥쪽으로의 출구로 쓰이는 문을 안여닫이로 하여서는 안 되는 대상 건축물에 속하지 않는 것은?

① 종교시설
② 판매시설
③ 위락시설
④ 장례시설

해설 〈건축법령 제38조, 피난방화구조 제10조〉 판매시설은 해당 없음

64 건축물의 설계자가 해당 건축물에 대한 구조의 안전을 확인하는 경우 건축구조기술사의 협력을 받아야 하는 대상 건축물에 속하지 않는 것은?

① 5층인 건축물
② 특수구조 건축물
③ 다중이용 건축물
④ 준다중이용 건축물

해설 〈건축법령 제91조 3〉 건축구조기술사의 협력을 받아야 하는 대상 건축물 : 6층 이상인 건축물

65 다음의 무창층의 정의 내용 중 밑줄 친 각 목의 요건으로 옳지 않은 것은?

"무창층"이란 지상층 중 다음 각 목의 요건을 모두 갖춘 개구부 면적의 합계가 해당층의 바닥면적의 30분의 1 이하가 되는 층을 말한다.

① 내부 또는 외부에서 쉽게 부수거나 열 수 없을 것
② 도로 또는 차량이 진입할 수 있는 빈터를 향할 것
③ 크기는 지름 50cm 이상의 원이 내접할 수 있는 크기일 것
④ 해당 층의 바닥면으로부터 개구부 밑부분까지의 높이가 1.2m 이내일 것

해설 〈소방법령 제2조〉 내부 또는 외부에서 쉽게 부수거나 열 수 있을 것

66 건축법령상 고층건축물의 정의로 알맞은 것은?

① 층수가 30층 이상이거나 높이가 90m 이상인 건축물
② 층수가 30층 이상이거나 높이가 120m 이상인 건축물
③ 층수가 50층 이상이거나 높이가 150m 이상인 건축물
④ 층수가 50층 이상이거나 높이가 200m 이상인 건축물

해설 〈건축법 제2조〉 • 고층건축물 : 층수가 30층 이상이거나 높이가 120m 이상인 건축물
• 초고층건축물 : 층수가 50층 이상이거나 높이가 200m 이상인 건축물
• 준초고층건축물 : 층수가 30~50층이거나 높이가 120~200m인 건축물

해답 63.② 64.① 65.① 66.②

67 건축물의 용도변경과 관련된 시설군 중 문화집회 시설군에 속하지 않는 것은?

① 종교시설
② 위락시설
③ 수련시설
④ 관광휴게시설

해설 〈건축법령 14조〉 수련시설은 교육 복지 시설군에 속한다.

68 같은 건축물 안에 공동주택과 위락시설을 함께 설치하고자 하는 경우 공동주택의 출입구와 위락시설의 출입구는 서로 그 보행거리가 최소 얼마 이상이 되도록 설치하여야 하는가?

① 10m
② 20m
③ 30m
④ 40m

해설 〈피난방화구조 제14조 2〉 공동주택의 출입구와 위락시설의 출입구는 서로 그 보행거리가 최소 30m

69 건축물의 냉방설비에 대한 설치 및 설계 기준에 정의된 축냉식 전기냉방설비의 구분에 속하지 않는 것은?

① 지열식 냉방설비
② 수축열식 냉방설비
③ 빙축열식 냉방설비
④ 잠열축열식 냉방설비

해설 〈냉방설비기준 제3조〉 축냉식 전기냉방설비 : 수축열식, 빙축열식, 잠열축열식

70 교육연구시설 중 학교의 교실 간 소음방지를 위해 설치하는 경계벽의 구조로 옳지 않은 것은?

① 석조로서 두께가 15cm인 것
② 철근콘크리트조로서 두께가 12cm인 것
③ 무근콘크리트조로서 두께가 15cm인 것
④ 콘크리트블록조로서 두께가 15cm인 것

해설 〈피난방화구조 제19조〉 경계벽 : 콘크리트블록조로서 두께가 19cm 이상인 것

71 건축물의 에너지절약 설계기준상 외기에 직접 면하고 1층 또는 지상으로 연결된 출입문을 방풍구조로 하지 않을 수 있는 경우에 속하지 않는 것은?

해답 67.③ 68.③ 69.① 70.④ 71.①

① 기숙사의 출입문
② 너비가 1.2m인 출입문
③ 바닥면적이 200㎡인 개별 점포의 출입문
④ 사람의 통행을 주목적으로 하지 않는 출입문

해설 〈에너지절약기준 제6조 4 라〉 기숙사는 제외

72. 다음은 특별피난계단의 구조에 관한 기준 내용이다. ( ) 안에 알맞은 것은?

계단실 및 부속실의 실내에 접하는 부분의 마감은 (   )로 할 것

① 내화재료　　　　　　　　② 불연재료
③ 방화재료　　　　　　　　④ 준불연재료

해설 〈피난방화구조 제9조 ② 3〉 계단실 및 부속실의 실내에 접하는 부분의 마감은 불연재료로 할 것

73. 층수가 10층이며, 각 층의 거실면적이 2,000㎡인 백화점에 설치하여야 하는 승용승강기의 최소 대수는?(단, 16인승 승용승강기의 경우)

① 2대　　　　　　　　　　② 3대
③ 5대　　　　　　　　　　④ 6대

해설 〈설비기준 제5조〉 백화점(판매시설)은 3,000까지 2대 초과 2,000마다 1대 추가
6층 이상 거실면적 : 2,000×5=10,000
2대+4대=6대, 16인승은 1대가 2대분이므로 6÷2=3대

74. 대형건축물의 건축허가 사전승인신청 시 제출도서의 종류 중 기본설계도서에 속하지 않는 것은?

① 투시도　　　　　　　　　② 구조계획서
③ 내외마감표　　　　　　　④ 주차장평면도

해설 〈건축법규칙 제7조〉 별표 3 구조계획서는 건축계획서에 속한다.

75. 특별시나 광역시에 건축물을 건축할 경우, 특별시장이나 광역시장의 허가를 받아야 하는 대상건축물의 연면적 기준은?

① 연면적의 합계가 1만 제곱미터 이상인 건축물

해답　72.② 73.② 74.② 75.③

② 연면적의 합계가 2만 제곱미터 이상인 건축물
③ 연면적의 합계가 10만 제곱미터 이상인 건축물
④ 연면적의 합계가 20만 제곱미터 이상인 건축물

해설 〈건축법령 제8조〉 특별시장이나 광역시장의 허가 : 연면적의 합계가 10만 제곱미터 이상인 건축물

76 철도, 공항시설의 경우 성능위주설계를 하여야 하는 특정소방대상물의 연면적 기준은?
① 10,000㎡ 이상
② 20,000㎡ 이상
③ 30,000㎡ 이상
④ 50,000㎡ 이상

해설 〈소방법령 제9조〉 철도 및 도시철도은 연면적 30,000㎡이 해당한다.

77 신축 또는 리모델링하는 경우 시간당 0.5회 이상의 환기가 이루어질 수 있도록 자연환기 설비 또는 기계환기설비를 설치하여야 하는 대상 공동주택의 세대기준은?
① 30세대 이상
② 100세대 이상
③ 150세대 이상
④ 200세대 이상

해설 〈설비기준 제11조〉 [2020년 개정] 30세대 이상 공동주택은 시간당 0.5회 이상 환기 필요

78 건축물의 설비기준 등에 관한 규칙에 따라 피뢰설비를 설치하여야 하는 대상 건축물의 높이 기준은?
① 10m 이상
② 15m 이상
③ 20m 이상
④ 31m 이상

해설 〈설비기준 제20조〉 피뢰설비를 설치하여야 하는 대상 건축물의 높이 : 20m 이상

79 계단을 대체하여 설치하는 경사로의 경사도 기준으로 옳은 것은?
① 1:5를 넘지 아니할 것
② 1:6을 넘지 아니할 것
③ 1:7를 넘지 아니할 것
④ 1:8를 넘지 아니할 것

해설 〈피난방화구조 제15조〉 경사로의 경사도는 1:8를 넘지 아니할 것

해답 76.③ 77.① 78.③ 79.④

80 다음 중 녹색건축 인증 전문분야에 해당하지 않는 것은?

① 토지이용 및 교통
② 건축환경 및 설비
③ 재료 및 자원
④ 생태환경

해설 건축환경 및 설비는 전문분야가 아닌 세부분야에 속한다.

해답 80.②

건축설비기사 제3회 [기출모의고사]

제1과목 건축설비 계획

01 열교(thermal bridge) 현상에 관한 설명으로 옳지 않은 것은?

① 벽이나 바닥, 지붕 등의 건축물 부위에 단열이 연속되지 않는 부분이 있을 때 생긴다.
② 열교현상을 줄이기 위해서는 콘크리트라멘조의 경우 가능한 한 내단열로 시공한다.
③ 열교현상이 발생하는 부위는 표면온도가 낮아져서 결로가 쉽게 발생한다.
④ 열교현상이 발생하면 전체 단열성이 저하된다.

해설 열교현상을 줄이기 위해서는 가능한 한 외단열로 시공한다.

02 학교교실의 음 환경에 관한 설명으로 옳지 않은 것은?

① 교실과 복도의 접촉면이 큰 평면이 소음을 막는데 유리하다.
② 소리를 잘 듣기 위해서는 적당한 잔향시간이 필요하다.
③ 운동장에서의 소음은 배치계획으로 이를 방지할 수 있다.
④ 음악교실은 반사재와 흡음재를 적절히 사용한다.

해설 교실과 복도의 접촉면은 작을수록 소음을 막는데 유리하다.

03 그림과 같은 환기 방식이 적합하지 않은 실은?

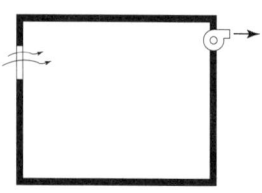

① 화장실 ② 수술실
③ 주방   ④ 욕실

해설 그림의 환기 방식은 3종 환기(급기구+배기팬)로 수술실은 실내를 양압으로 유지하는 제2종 환기를 적용한다.

해답 1.② 2.① 3.②

04 다음 중 배수트랩이 구비해야 할 조건과 가장 관계가 먼 것은?

① 가능한 한 구조가 간단할 것
② 배수 시에 자기세정이 가능할 것
③ 가동부분이 있으며 가동부분에 봉수를 형성할 것
④ 유효 봉수 깊이(50[mm] 이상 100[mm] 이하)를 가질 것

해설 배수트랩은 가동부분이 없어야 한다.

05 통기와 배수의 역할을 동시에 하는 통기관은?

① 루프통기관　　　　　　　② 결합통기관
③ 공용통기관　　　　　　　④ 습윤통기관

해설 습윤통기관은 배수관의 일부를 통기관으로 이용하는 것으로 통기와 배수의 역할을 동시에 하는 통기관이다.

06 2개 이상의 엘보(elbows)를 사용하여 배관의 신축을 흡수하는 신축이음쇠는?

① 루프형　　　　　　　　　② 스위블형
③ 슬리브형　　　　　　　　④ 벨로우즈형

해설 스위블형 신축이음은 2개 이상의 엘보를 이용하여 엘보의 벤딩과 회전으로 신축을 흡수한다.

07 경도가 높은 물이 보일러 용수로 적절하지 못한 이유는?

① 스케일이 많이 발생한다.　　　　② 물의 팽창량이 많아진다.
③ 유체의 흐름 저항이 낮아진다.　　④ 비등점이 낮아 물의 증발량이 많아진다.

해설 경도성분은 스케일을 형성하여 전열을 방해하여 과열의 원인이 된다.

08 냉동기의 증발기에서 일어나는 상태변화에 관한 설명으로 옳지 않은 것은?

① 압력이 높아진다.　　　　② 비엔탈피가 증가한다.
③ 비엔트로피가 증가한다.　④ 액체냉매가 기체냉매로 상이 변한다.

해설 증발기에서 압력은 일정하다.

해답　4.③　5.④　6.②　7.①　8.①

09
90℃의 물 500kg과 30℃의 물 1,000kg을 단열혼합하였을 때 혼합된 물의 온도는?
① 20℃
② 30℃
③ 45℃
④ 50℃

해설 $t = \dfrac{m_1 t_1 + m_2 t_2}{m_1 + m_2} = \dfrac{500 \times 90 + 1,000 \times 30}{500 + 1,000} = 50℃$

10
공기조화방식 중 전공기 방식에 관한 설명으로 옳지 않은 것은?
① 실내에 배관으로 인한 누수의 우려가 없다.
② 대형 덕트 공간이 필요 없어 설치가 용이하다.
③ 병원의 수술실, 공장의 클린룸과 같이 청정을 필요로 하는 곳에 적용이 가능하다.
④ 실내에 취출구나 흡입구를 설치하면 되므로 팬코일 유닛과 같은 기구의 노출이 없어서 실내 유효면적을 넓힐 수 있다.

해설 전공기 방식은 대형 덕트 공간이 필요하며 송풍 동력도 커서 비경제적이다.

11
급수방식 중 수도직결방식에 관한 설명으로 옳지 않은 것은?
① 고층으로의 급수가 어렵다.
② 일반적으로 하향급수 배관방식을 사용한다.
③ 저수조가 없으므로 단수 시에 급수가 불가능하다.
④ 위생성 및 유지·관리 측면에서 가장 바람직한 방식이다.

해설 수도직결방식은 수도 본관에서 급수전까지 상향급수 배관방식을 사용한다.

12
길이 ℓ[m]인 냉각수관이 수평으로 설치되어 있다. 이 관의 직관부 마찰저항 ΔP_f [Pa]를 구하는 공식으로 옳은 것은?(단, 관 마찰저항계수는 λ, 관경은 d[m], 유속은 v[m/sec], 유체의 밀도는 ρ[kg/m³]이다.)

① $\Delta P_f = d \cdot \dfrac{\ell}{\lambda} \cdot \dfrac{v^2}{2} \cdot \rho$
② $\Delta P_f = \lambda \cdot \dfrac{\ell}{d} \cdot \dfrac{v^2}{2} \cdot \rho$
③ $\Delta P_f = \lambda \cdot \dfrac{d}{\ell} \cdot \dfrac{v^2}{2} \cdot \rho$
④ $\Delta P_f = \dfrac{\ell}{\lambda \cdot d} \cdot \dfrac{v^2}{2} \cdot \rho$

해설 마찰저항은 $\Delta P_f = \lambda \cdot \dfrac{\ell}{d} \cdot \dfrac{v^2}{2} \cdot \rho$(Pa)과 $\Delta h = \lambda \cdot \dfrac{\ell}{d} \cdot \dfrac{v^2}{2g} \cdot \gamma$(mmAq)가 사용된다.

해답 9.④ 10.② 11.② 12.②

13
양수펌프로 사용되는 원심펌프에서 유효흡입 수두가 이론치에 미치지 못하는 가장 큰 이유는?

① 대기압
② 관로손실
③ 펌프의 동력
④ 토출양정의 변화

해설 유효흡입수두는 관로 마찰손실이나, 물의 포화수증기압, 흡입양정에 따라 감소한다.

14
고층건물의 배수입관(수직관)에 인접되어 접속되는 위생기구는 다음 중 어떤 원인에 의하여 봉수가 파괴될 가능성이 가장 높은가?

① 증발작용
② 모세관 현상
③ 자기사이폰 현상
④ 감압에 의한 흡인작용

해설 고층 건물에서 배수 수직관에서의 유속 증가로 동압이 증가하고 이때 감압(부압)에 의한 흡인 작용으로 봉수가 파괴된다.

15
온수난방과 비교한 증기난방의 특징으로 옳은 것은?

① 예열시간이 짧다.
② 한랭지에서 동결의 우려가 크다.
③ 부하변동에 따른 실내방열량의 제어가 용이하다.
④ 소요방열면적과 배관경이 크므로 설비비가 높다.

해설 증기난방은 수량이 적어서(보일러의 보유수량만 가열하므로) 예열시간이 짧고, 한랭지에서 동결의 우려가 작다. 부하변동에 따른 실내방열량의 제어가 곤란하고(증기는 ON-OFF 제어만 가능하다) 소요방열면적과 배관경은 작아서 설비비가 낮다.

16
수관보일러에 관한 설명으로 옳은 것은?

① 지역난방에는 사용할 수 없다.
② 부하변동에 대한 추종성이 높다.
③ 사용압력이 연관식보다 낮으며 예열시간이 길다.
④ 연관식보다 설치면적이 작고, 초기 투자비가 적게 든다.

해설 수관보일러는 용량이 커서 지역난방에 사용하며 부하변동에 대한 추종성이 높다. 사용압력이 높고 예열시간이 짧다. 설치면적이 작고, 초기 투자비가 많이 든다.

해답 13.② 14.④ 15.① 16.②

17 다음 중 외주부(perimeter zone)의 부하변동에 가장 효과적으로 대응할 수 있는 공기조화 방식은?

① 단일덕트방식
② 각층 유닛방식
③ 팬코일 유닛방식
④ 멀티존 유닛방식

해설 외주부의 부하변동에 가장 효과적으로 대응할 수 있는 공기조화 방식은 열 운반 능력이 우수한 전수식(팬코일 유닛방식)이다.

18 위생설비 유닛화의 목적과 가장 거리가 먼 것은?

① 인건비를 절약하기 위하여
② 시공의 질적 향상을 위하여
③ 현장에서의 작업량 확대를 위하여
④ 공기단축과 공정의 단순화를 위하여

해설 유닛화는 공장에서 대량 생산하여 조립된 유닛을 현장에서 직접 설치하므로 현장 작업량이 작다.

19 증기난방용 방열기의 표준 방열량은?

① 450W/㎡
② 523W/㎡
③ 650W/㎡
④ 756W/㎡

해설 온수난방 : 523W/㎡, 증기난방 : 756W/㎡

20 30℃의 외기 40%와 23℃의 환기 60%를 혼합하여 냉각코일로 냉각 감습하는 경우 바이패스 팩터가 0.2이면 코일의 출구온도는?(단, 코일 표면온도는 10℃이다.)

① 12.16℃
② 13.16℃
③ 14.16℃
④ 15.16℃

해설 우선 혼합공기 온도를 구하면 $t_m = 0.4 \times 30 + 0.6 \times 23 = 25.8℃$
코일출구온도 $= t_c + BF(t_m - t_c) = 10 + 0.2(25.8 - 10) = 13.16℃$

해답 17.③ 18.③ 19.④ 20.②

제2과목 건축설비 설계

21 급탕설비에 관한 설명으로 옳지 않은 것은?

① 급탕배관에는 팽창관이 필요하다.
② 급탕순환방식에는 중력식과 강제식이 있다.
③ 급탕규모가 큰 곳에는 환탕관에 순환펌프를 설치한다.
④ 급탕배관에는 보온재를 사용해야 하나 환탕 배관은 보온하지 않는다.

해설 급탕배관과 환탕 배관 모두 보온한다.

22 급수배관 설계 및 시공상의 주의점에 관한 설명으로 옳지 않은 것은?

① 급수주관으로부터 분기하는 경우 T이음쇠를 사용한다.
② 수격작용(water hammering) 방지를 위해서 기구류 가까이에 통기관을 설치한다.
③ 음료용 급수관과 다른 용도의 배관을 크로스 커넥션(cross connection)하지 않도록 한다.
④ 수평배관에는 공기가 정체하지 않도록 하며, 어쩔 수 없이 공기정체가 일어나는 곳에는 공기빼기 밸브를 설치한다.

해설 급수배관에서 수격작용 방지를 위해서 기구류 가까이에 공기실(Air Chamber)을 설치한다.

23 고가수조방식의 급수법에서 최고층에 세정밸브식 대변기가 설치되어 있다. 세정밸브에서 고가수조의 최저수면까지의 높이는 최소 얼마 이상으로 하여야 하는가? (단, 고가수조에서 세정밸브까지의 전 마찰 손실 수두는 10kPa이다.)

① 약 11m ② 약 12m
③ 약 14m ④ 약 16m

해설 세정밸브 필요압은 10mAq(100kPa)이므로
마찰손실을 더하면 최소 높이는 10m+1m(10kPa)=11m이다.

24 정화조에서 호기성 미생물의 활동이 가장 활발한 곳은?

① 부패조 ② 산화조
③ 소독조 ④ 여과조

해설 부패조(혐기성 미생물), 산화조(호기성 미생물)

해답 21.④ 22.② 23.① 24.②

25 양수량이 1m³/min, 양정이 10m인 펌프의 회전수를 10% 증가시켰을 경우 양정은 얼마가 되겠는가?

① 약 9m
② 약 10m
③ 약 12m
④ 약 14m

해설 상사법칙에 따라 회전수가 10% 증가하면 양정은 제곱에 비례하므로
$H = 10(1.1)^2 = 12.1m$

26 직관 내의 마찰손실수두와 관련된 다르시-와이스바하의 식에서 유체의 흐름이 층류일 경우 마찰계수 λ는?(단, Re는 레이놀즈수)

① $\lambda = \dfrac{32}{Re}$
② $\lambda = \dfrac{64}{Re}$
③ $\lambda = \dfrac{Re}{32}$
④ $\lambda = \dfrac{Re}{64}$

해설 층류에서 마찰계수는 $\lambda = \dfrac{64}{Re}$ 이다.

27 급탕설비의 온수순환에 관한 설명으로 옳은 것은?

① 순환펌프에 의한 강제순환은 물의 밀도차에 따른 순환이다.
② 강제순환수두는 배관의 길이와 마찰손실수두에 반비례한다.
③ 배관의 마찰손실수두가 자연순환수두보다 커지면 자연순환이 안 된다.
④ 중력순환수두는 순환높이에 비례하고 공급관과 반탕관에서의 물의 밀도 차이에 반비례한다.

해설 배관의 마찰손실수두가 자연순환수두보다 커지면 자연순환이 안 되기 때문에 강제순환(순환펌프)이 필요하다. 물의 밀도차에 따른 순환은 중력순환이다. 강제순환수두는 배관의 길이와 마찰손실수두에 비례한다. 중력순환수두는 순환높이에 비례하고 공급관과 반탕관에서의 물의 밀도 차에 비례한다.

28 축류형 송풍기의 종류에 속하지 않는 것은?

① 베인형
② 후곡형
③ 튜브형
④ 프로펠러형

해설 후곡형, 전곡익형, 다익형은 원심형 팬이다.

해답 25.③ 26.② 27.③ 28.②

29 수격작용에 관한 설명으로 옳지 않은 것은?

① 수격작용의 크기는 유속에 반비례한다.
② 양정이 높은 펌프를 사용할 때 발생하기 쉽다.
③ 수격작용은 에어챔버를 설치함으로써 완화시킬 수 있다.
④ 밸브를 급히 열어 정지 중인 배관 내의 물을 급격히 유동시킨 경우에도 발생한다.

해설 수격작용의 크기는 유속의 제곱에 비례한다.

30 다음의 위생기구를 배수부하 단위가 큰 것부터 작은 순으로 올바르게 나열한 것은?

| ㉠ 대변기(세정밸브 형식) | ㉡ 세면기 |
| ㉢ 샤워기(주택용) | ㉣ 소변기 |

① ㉠>㉣>㉢>㉡
② ㉠>㉡>㉣>㉢
③ ㉢>㉠>㉣>㉡
④ ㉢>㉣>㉠>㉡

해설 배수부하 단위가 가장 큰 것은 대변기(세정밸브 형식)이고 작은 것은 세면기이다.

31 펌프의 서징(Surging) 현상에 관한 설명으로 옳지 않은 것은?

① 토출배관 중에 수조 또는 공기체류가 있는 경우에 발생할 수 있다.
② 서징이 발생되면 유량 및 압력이 주기적으로 변동되면서 진동과 소음을 수반한다.
③ 토출량을 조절하는 밸브 위치가 수조 또는 공기가 체류하는 곳보다 하류에 있는 경우에 발생할 수 있다.
④ 펌프의 양정 특성곡선이 산형 특성이고, 그 사용범위가 오른쪽으로 감소하는 특성을 갖는 범위에서 사용하는 경우에 주로 발생한다.

해설 서징 현상은 펌프의 양정 특성곡선이 산형 특성이고, 그 사용범위가 오른쪽으로 증가하는 특성을 갖는 범위에서 사용하는 경우에 주로 발생한다.

32 온수배관에 관한 설명으로 옳지 않은 것은?

① 역환수방식
② 자연환수방식
③ 간접환수방식
④ 건식환수방식

해설 건식환수방식은 증기 배관에 적용하는 중력식 환수방법의 일종이다.

해답 29.① 30.① 31.④ 32.④

33 관 속을 흐르는 유체에 관한 설명으로 옳은 것은?

① 유속에 비례하여 유량은 증가한다.
② 유체의 점도가 클수록 유량은 증가한다.
③ 관의 마찰계수가 크면 유량은 증가한다.
④ 관경의 제곱에 반비례해서 유량은 증가한다.

해설 관내에서 유속에 비례하여 유량은 증가하고, 유체의 점도가 클수록 유량은 감소하며, 관의 마찰계수가 크면 유량은 감소한다. 관경의 제곱에 비례해서 유량은 증가한다.

34 원형덕트와 장방형 덕트의 환산식으로 옳은 것은?(단, d : 원형 덕트의 직경 또는 환산직경, a : 장방형 덕트의 장변길이, b : 장방형 덕트의 단변길이)

① $d = 1.3 \left[\dfrac{(a \cdot b)^5}{(a+b)^2} \right]^{1/8}$

② $d = 1.3 \left[\dfrac{(a \cdot b)^5}{(a-b)^2} \right]^{1/8}$

③ $d = 1.3 \left[\dfrac{(a \cdot b)^2}{(a+b)^5} \right]^{1/8}$

④ $d = 1.3 \left[\dfrac{(a \cdot b)^2}{(a-b)^5} \right]^{1/8}$

해설 $d = 1.3 \left[\dfrac{(a \cdot b)^5}{(a+b)^2} \right]^{1/8}$ 이 공식 암기법은 [ ]이 8승이 되어야 한다.

35 다음과 같은 조건에 있는 두께 250mm인 외벽(콘크리트 200mm+석고 플라스터 50mm)을 통해 들어오는 열량은?

- 콘크리트의 열전도율 : 1.4W/m·K
- 벽체의 실내측 표면 열전달률 : 20W/m·K
- 외벽의 면적 : 45m²
- 실내공기의 온도 : 24℃
- 석고 플라스터의 열전도율 : 0.5W/m·K
- 벽체의 실외측 표면 열전달률 : 7W/m·K
- 외기온도 : 33℃

① 약 914W
② 약 929W
③ 약 945W
④ 약 977W

해설 벽체 열관류율을 구하면 $\dfrac{1}{K} = \dfrac{1}{\alpha_i} + \dfrac{L_1}{\lambda_1} + \dfrac{L_2}{\lambda_2} + \dfrac{1}{\alpha_o}$ 에서

조건을 대입하면 $\dfrac{1}{K} = \dfrac{1}{20} + \dfrac{0.2}{1.4} + \dfrac{0.05}{0.5} + \dfrac{1}{7}$

$K = 2.30$

$q = KA\Delta t = 2.3 \times 45(33-24) = 932W$

계산과정의 소수점 처리에 따라 약간의 차이가 있다. (932W≒929W)

해답 33.① 34.① 35.②

36
다음과 같은 조건에서 실 체적이 500m³인 어떤 실의 틈새바람에 의한 현열부하와 잠열부하는 약 얼마인가?

> ㉠ 외기온습도 : t_o=32℃, x_o=0.0182kg/kg' ㉡ 실내온습도 : t_i=27℃, x_i=0.0099kg/kg'
> ㉢ 물의 증발잠열 r_o=2,501kJ/kg ㉣ 공기의 밀도 1.2kg/m³
> ㉤ 공기의 비열 1.01kJ/kg·K ㉥ 환기횟수 n=0.5회/h

① 현열부하 300W, 잠열부하 1,240W
② 현열부하 420W, 잠열부하 1,730W
③ 현열부하 600W, 잠열부하 2,480W
④ 현열부하 720W, 잠열부하 2,980W

해설 현열부하=$mC\triangle t$=0.5×500×1.2×1.01(32-27)=1,515kJ/h=420.8W
잠열부하=$2,501m\triangle x$=2,501×0.5×500×1.2(0.0182-0.0099)=6,227.5kJ/h
=1,729.9W

37
난방장치의 용량계산을 위한 설계용 외기온도를 설정할 때 "TAC 온도 위험률 2.5% 온도"의 의미로 가장 알맞은 것은?(단, 난방기간은 연간 121일이다.)

① 난방 기간 동안의 외기온도가 설계 외기온도보다 2.5% 높을 가능성이 있다.
② 난방 기간 동안의 외기온도가 설계 외기온도보다 2.5% 낮을 가능성이 있다.
③ 2.5%의 시간에 해당하는 약 72시간의 외기 온도가 설계 외기온도보다 높을 가능성이 있다.
④ 2.5%의 시간에 해당하는 약 72시간의 외기 온도가 설계 외기온도보다 낮을 가능성이 있다.

해설 TAC 온도 위험률 2.5% 온도란 난방기간 121일의 2.5%의 시간에 해당하는 약 72시간 (121×24×0.025≒72시간)의 실제 외기 온도가 설계 외기온도보다 낮을 가능성이 있다.

38
공조배관계에 부압방지를 위한 배관법으로 옳지 않은 것은?

① 순환펌프 토출측에 팽창탱크가 접속되는 것을 피한다.
② 순환펌프는 배관 도중 온도가 가장 높은 곳에 설치한다.
③ 팽창탱크는 장치의 가장 높은 곳보다 더 높은 위치로 한다.
④ 순환펌프는 배관 도중 가능한 한 압입양정이 높은 곳에 설치한다.

해설 공조배관계에 부압방지와 캐비테이션 방지를 위해 순환펌프는 배관 도중 온도가 가장 낮은 곳에 설치한다.

해답 36.② 37.④ 38.②

39. 습공기에 관한 설명으로 옳지 않은 것은?

① 절대습도가 일정한 경우 건구온도가 높을수록 비체적은 커진다.
② 절대습도가 일정한 경우 건구온도가 높을수록 엔탈피는 커진다.
③ 건구온도가 일정한 경우 상대습도가 높을수록 노점온도는 높아진다.
④ 건구온도가 일정한 경우 상대습도가 높을수록 절대습도는 낮아진다.

해설 건구온도가 일정한 경우 상대습도가 높을수록 절대습도는 높아진다.

40. 바닥면에서 1m의 위치에 중성대가 있는 실에서 바닥면상 2m 지점에서의 실내외 압력차는?(단, 실내공기의 밀도는 1.2kg/m³이며, 실외공기의 밀도는 1.25kg/m³이다.)

① 실내가 0.1mmAq 높다.
② 실외가 0.1mmAq 높다.
③ 실내가 0.05mmAq 높다.
④ 실외가 0.05mmAq 높다.

해설 중성대 아래쪽은 실외가 압력이 높고 중성대 위쪽은 실내가 높다.
$\triangle p = h(\rho_2 - \rho_1) = (2-1)(1.25-1.2) = 0.05 \text{mmAq}$

제3과목 전기 및 소방시설 일반

41. 가스사용시설에서 지상배관의 표면색상은?(단, 황색띠를 2중으로 표시한 경우 제외)

① 적색
② 백색
③ 황색
④ 녹색

해설 가스사용시설에서 지상배관의 표면색상은 황색을 원칙으로 한다.

42. 3상교류에 관한 설명으로 옳지 않은 것은?

① 회전자장을 만든다.
② 단상전력의 2배가 된다.
③ 대용량의 전력공급에 사용된다.
④ 각 상간의 위상차는 $\frac{2\pi}{3}$[rad]이다.

해설 3상교류는 단상전력의 $\sqrt{3}$ 배가 된다.
3상교류전력 $W = \sqrt{3} IV$

해답 39.④ 40.③ 41.③ 42.②

43
그림과 같은 회로에서 7[Ω]의 저항에 걸리는 전압은?

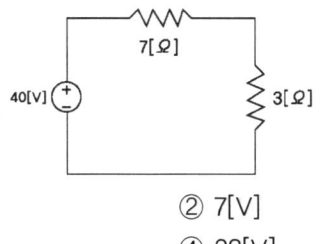

① 4[V]   ② 7[V]
③ 14[V] ④ 28[V]

해설 40V전원이 저항에 비례하여 걸리므로 $V_7 = 40\left(\dfrac{7}{7+3}\right) = 28V$
3[Ω]에는 12V가 걸린다.

44
멀티미터(테스터)로 측정할 수 없는 것은?
① 저항   ② 전력량
③ 교류전압   ④ 직류전류

해설 테스터는 저항, 전압, 전류를 측정한다.

45
20[kVA]의 단상 변압기 2대로 공급할 수 있는 최대 3상 전력[kVA]은?
① 약 20   ② 약 25
③ 약 30   ④ 약 35

해설 단상 변압기 V결선 시 변압기 활용률은 약 86.6%이므로, 20kVA의 단상 변압기 2대로 공급할 수 있는 최대 3상 전력 kVA는 20kVA×2×0.866=34.64kVA이다.

46
옥내소화전설비의 송수구에 관한 설명으로 옳지 않은 것은?
① 구경 65mm의 쌍구형 또는 단구형으로 할 것
② 송수구에는 이물질을 막기 위한 마개를 씌울 것
③ 송수구로부터 주 배관에 이르는 연결배관에는 개폐밸브를 설치할 것
④ 송수구의 가까운 부분에 자동배수밸브(또는 직경 5mm의 배수공) 및 체크밸브를 설치할 것

해설 송수구로부터 주 배관에 이르는 연결배관에는 밸브를 설치하지 말 것

해답 43.④ 44.② 45.④ 46.③

47 건축화 조명에 관한 설명으로 옳지 않은 것은?
① 조명기구 배치방식에 의하면 거의 전반조명 방식에 해당된다.
② 조명기구 배치방식에 의하면 거의 직접조명 방식에 해당된다.
③ 건축물의 천장이나 벽을 조명기구 겸용으로 마무리하는 것이다.
④ 천장면 이용방식으로는 다운라이트, 코퍼라이트, 광천장조명 등이 있다.

해설 건축화 조명은 조명기구 배치방식에 의하면 거의 간접조명 방식에 해당된다.

48 다음 중 피드백 제어 시스템에서 반드시 필요한 장치는?
① 감도를 향상시키는 장치
② 안정도를 향상시키는 장치
③ 입력과 출력을 비교하는 장치
④ 응답속도를 빠르게 하는 장치

해설 피드백 제어란 되먹임 제어로 입력과 출력을 비교하는 비교부가 필요하다.

49 다음과 같은 회로에서 a, b 간의 합성 정전용량은?

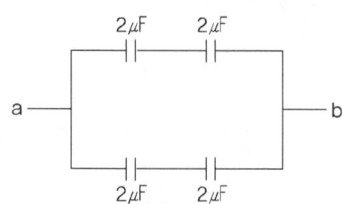

① 1[μF]
② 2[μF]
③ 4[μF]
④ 8[μF]

해설 2μF 2개의 직렬합성용량은 $\frac{1}{C} = \frac{1}{C_1} + \frac{1}{C_2}$ 에서 $\frac{1}{C} = \frac{1}{2} + \frac{1}{2}$
∴ $C = 1$
1μF 2개의 병렬합성용량은 $C = C_1 + C_2 = 1 + 1 = 2μF$

50 자동화재탐지설비의 감지기 중 감지기 주위의 공기가 일정한 농도의 연기를 포함하게 되었을 때 작동하는 감지기는?
① 차동식 감지기
② 정온식 감지기
③ 보상식 감지기
④ 이온화식 감지기

해설 연기를 감지하는 연감지기에는 이온화식, 광전식 등이 있다.

해답 47.② 48.③ 49.② 50.④

51
다음은 옥내소화전설비의 전동기에 따른 펌프를 이용하는 가압송수장치에 관한 설명이다. ( ) 안에 알맞은 것은?

> 특정소방대상물의 어느 층에 있어서도 해당 층의 옥내소화전(5개 이상 설치된 경우에는 5개의 옥내소화전)을 동시에 사용할 경우 각 소화전의 노즐선단에서의 방수압력이 ( ) 이상이 되는 성능의 것으로 할 것

① 0.1MPa ② 0.17MPa
③ 0.25MPa ④ 0.7MPa

해설 옥내소화전설비 노즐선단에서의 방수압력은 최소 0.17MPa, 최대 0.7MPa로 한다.

52
변압기의 1차 측 코일의 권수가 6,000, 2차 측 코일의 권수가 200일 때 1차 측 코일에 교류전압 3,000V 인가 시 2차 측 코일에 발생하는 교류전압 (V)은?

① 500 ② 200
③ 100 ④ 50

해설 발생 전압은 코일의 권수에 비례하여 변화한다.

$$\frac{N_2}{N_1} = \frac{V_2}{V_1} \Leftrightarrow V_2 = V_1 \frac{N_2}{N_1} = 3,000 \times \frac{200}{6,000} = 100\,V$$

여기서, N_1 : 변압기 1차 측 코일 권수 N_2 : 변압기 2차 측 코일 권수
V_1 : 1차 측 전압 V_2 : 2차 측 전압

53
비상콘센트설비에 비상전원으로 자가발전설비를 설치하는 경우 자가발전설비는 비상콘센트설비를 최소 얼마 이상 유효하게 작동시킬 수 있는 용량으로 하여야 하는가?

① 10분 ② 20분
③ 30분 ④ 60분

해설 비상콘센트설비에 비상전원으로 자가발전설비를 설치하는 경우 자가발전설비 용량은 20분 이상으로 한다. 대부분의 소방 관련 비상설비 용량은 20분으로 한다.

54
4극의 공조기팬용 유도전동기를 220[V] 60[Hz]의 전원으로 운전하는 경우 회전수는 얼마인가?(단, 전동기의 슬립(slip)은 5[%]이다.)

① 900[rpm] ② 1,710[rpm]

해답 51.② 52.③ 53.② 54.②

③ 1,750[rpm]   ④ 1,800[rpm]

해설 전동기 회전수는 극수에 반비례하고 주파수에 비례한다.
$$N = \frac{120f}{P}(1-s) = \frac{120 \times 60}{4}(1-0.05) = 1,710 \text{rpm}$$

55 옥외소화전설비에 관한 설명으로 옳지 않은 것은?

① 호스접결구는 지면으로부터 높이가 0.5m 이상 1m 이하의 위치에 설치하여야 한다.
② 옥외소화전설비에는 옥외소화전마다 그로부터 5m 이내의 장소에 소화전함을 설치하여야 한다.
③ 옥외소화전설비의 수원은 그 저수량이 옥외소화전의 설치개수에 5m³를 곱한 양 이상이 되도록 하여야 한다.
④ 호스접결구는 특정소방대상물의 각 부분으로부터 하나의 호스접결구까지의 수평거리가 40m 이하가 되도록 설치하여야 한다.

해설 옥외소화전설비의 수원은 그 저수량이 옥외소화전의 설치개수에 7m³(350L/min×20min=7m³)를 곱한 양 이상이 되도록 하여야 한다.
※ 옥내소화전설비의 수원은 그 저수량이 옥내소화전의 설치개수에 2.6m³(130L/min×20min=2.6m³)를 곱한 양 이상이 되도록 하여야 한다.

56 스프링클러설비의 배관 중 스프링클러헤드가 설치되어 있는 배관을 의미하는 것은?

① 주배관   ② 교차배관
③ 가지배관   ④ 급수배관

해설 스프링클러설비의 배관은 주배관→교차배관→가지배관→스프링클러헤드

57 다음 중 간선 및 배선설비 설계에서 일반적으로 가장 먼저 이루어지는 작업은?

① 부하 산정   ② 보호방식 결정
③ 간선의 배선방식 결정   ④ 배선의 부설방식 결정

해설 간선 및 배선설비 설계에서 일반적으로 가장 먼저 이루어지는 작업은 부하의 산정이다.

58 선간전압 220[V], 전류 70[A], 소비전력 18[kW]인 3상 유도전동기의 역률은?

① 0.67   ② 0.72

해답 55.③ 56.③ 57.① 58.①

③ 0.75   ④ 1.17

해설 역률 = $\dfrac{\text{소비전력}}{\text{피상전력}} = \dfrac{18,000}{\sqrt{3} \times 220 \times 70} = 0.67$

59 공조설비에서 DDC방식 중 변풍량(VAV) 제어방식의 특징으로 옳지 않은 것은?

① 부하변동이 심한 건축물에서는 사용이 곤란하다.
② 부하변동에 따른 송풍용 동력을 절약할 수 있다.
③ 순간적 대응이 빠르므로 주거 쾌적성이 향상된다.
④ 동시부하율을 고려하여 설비비를 경감시킬 수 있다.

해설 변풍량(VAV) 제어 방식은 부하 변동에 따라 송풍량을 제어하는 것으로 부하변동이 심한 건축물에 사용하면 효과적이다.

60 무한 직선도체의 전류에 의한 자계가 직선도체로부터 1[m] 떨어진 점에서 1[AT/m]로 될 때 도체의 전류의 크기는 몇 [A]인가?

① $\dfrac{\pi}{2}$ ② π
③ $\dfrac{3\pi}{2}$ ④ 2π

해설 자계 $H = \dfrac{I}{2\pi r}$에서 $I = H 2\pi r = 1 \times 2\pi \times 1 = 2\pi$

제4과목 건축설비 관련 법규

61 건축법령상 다중이용 건축물에 속하지 않는 것은?(단, 층수가 16층 미만인 경우)

① 종교시설의 용도로 쓰는 바닥면적의 합계가 5,000㎡인 건축물
② 판매시설의 용도로 쓰는 바닥면적의 합계가 5,000㎡인 건축물
③ 업무시설의 용도로 쓰는 바닥면적의 합계가 5,000㎡인 건축물
④ 의료시설 중 종합병원의 용도로 쓰는 바닥면적의 합계가 5,000㎡인 건축물

해설 〈건축법령 제2조 17항〉 업무시설, 동식물원, 전시장은 해당 없음.

해답 59.① 60.④ 61.③

62 다음의 소방시설 중 경보설비에 속하지 않는 것은?

① 비상방송설비 ② 자동화재탐지설비
③ 자동화재속보설비 ④ 무선통신보조설비

해설 〈소방법령 제3조〉 무선통신보조설비는 소화활동설비에 속한다.

63 방송 공동수신설비를 설치하여야 하는 대상건축물에 속하지 않는 것은?

① 다세대주택
② 다가구주택
③ 바닥면적의 합계가 5,000㎡으로서 업무시설의 용도로 쓰는 건축물
④ 바닥면적의 합계가 5,000㎡으로서 숙박시설의 용도로 쓰는 건축물

해설 〈건축법령 제87조〉 방송 공동수신설비를 설치하여야 하는 대상건축물 : 공동주택, 업무시설, 숙박시설, 다가구주택은 단독주택에 속한다.

64 건축법령상 다음과 같이 정의되는 주택의 종류는?

주택으로 쓰는 1개 동의 바닥면적 합계가 660㎡ 이하이고, 층수가 4개층 이하인 주택

① 다중주택 ② 연립주택
③ 다세대주택 ④ 다가구주택

해설 〈건축법령 제3조 5〉
• 다세대주택 : 주택으로 쓰는 1개 동의 바닥면적 660㎡ 이하이고, 층수가 4개층 이하
• 다가구주택 : 주택으로 쓰는 1개 동의 바닥면적 660㎡ 이하이고, 층수가 3개층 이하

65 문화 및 집회시설 중 공연장의 개별관람석의 바닥면적이 1,000m²인 경우, 개별관람석 출구의 유효너비 합계는 최소 얼마 이상으로 하여야 하는가?

① 3m ② 4m
③ 5m ④ 6m

해설 〈피난방화구조 제10조〉 100㎡마다 유효너비 0.6m → 1,000㎡일 때 6m

해답 62.④ 63.② 64.③ 65.④

66 방염성능기준 이상의 실내장식물 등을 설치하여야 하는 특정소방대상물에 속하는 것은?(단, 층수가 10층인 경우)

① 아파트 ② 기숙사
③ 숙박시설 ④ 실내수영장

해설 〈소방법령 제30조〉 방염성능기준 이상의 실내장식물 등을 설치하여야 하는 특정소방대상물 : 숙박시설, 문화 및 집회시설, 방송국, 촬영소, 종교시설 등

67 녹색건축 인증등급의 구분에 속하지 않는 것은?

① 우수(그린 2등급) ② 우량(그린 3등급)
③ 일반(그린 4등급) ④ 보통(그린 5등급)

해설 〈녹색건축기준 제3조〉 별표 12. 녹색건축 인증 등급은 최우수(그린 1등급), 우수(그린 2등급), 우량(그린 3등급), 일반(그린 4등급)으로 한다.

68 특정소방대상물이 문화 및 집회시설 중 공연장인 경우 모든 층에 스프링클러설비를 설치하여야 하는 수용인원 기준은?

① 100명 이상 ② 200명 이상
③ 500명 이상 ④ 1,000명 이상

해설 〈소방법령 제15조〉 별표 5. 문화 및 집회시설 중 공연장인 경우 모든 층에 스프링클러설비 : 100명 이상

69 공동주택의 거실에 설치하는 반자의 높이는 최소 얼마 이상이어야 하는가?

① 1.8m ② 2.1m
③ 2.7m ④ 4m

해설 〈피난방화구조 제16조〉 거실에 설치하는 반자의 높이는 최소 2.1m

70 연면적 200m²을 초과하는 건축물에 설치하는 계단에 관한 기준 내용으로 옳지 않은 것은?

① 돌음계단의 단너비는 그 좁은 너비의 끝부분으로부터 30cm의 위치에서 측정한다.
② 너비가 2m를 넘는 계단에는 계단의 중간에 너비 2m 이내마다 난간을 설치하여야 한다.

해답 66.③ 67.④ 68.① 69.② 70.②

③ 높이가 3m를 넘는 계단에는 높이 3m 이내마다 유효너비 1.2m 이상의 계단참을 설치하여야 한다.
④ 높이 1m를 넘는 계단 및 계단참의 양 옆에는 난간(벽 또는 이에 대치되는 것 포함)을 설치하여야 한다.

해설 〈피난방화구조 제15조〉 계단 너비가 3m를 넘는 계단에는 계단의 중간에 너비 3m 이내마다 난간을 설치하여야 한다.

71
건축물에 급수·배수·환기·난방설비를 설치하는 경우 건축기계설비기술사 또는 공조냉동기계기술사의 협력을 받아야 하는 대상 건축물에 속하지 않는 것은?(단, 연면적 10,000m² 미만인 건축물의 경우)

① 연립주택
② 판매시설로서 해당 용도에 사용되는 바닥면적의 합계가 2,000m²인 건축물
③ 의료시설로서 해당 용도에 사용되는 바닥면적의 합계가 2,000m²인 건축물
④ 숙박시설로서 해당 용도에 사용되는 바닥면적의 합계가 2,000m²인 건축물

해설 〈설비기준 제2조〉 판매시설로서 바닥면적의 합계가 3,000m² 이상인 건축물

72
다음 중 내화구조에 해당하지 않는 것은?

① 철골철근콘크리트조의 계단
② 두께 8cm인 철근콘크리트조의 바닥
③ 철재로 보강된 유리블록으로 된 지붕
④ 작은 지름이 25cm인 철근콘크리트조의 기둥

해설 〈피난방화구조 제10조〉 두께 10cm 이상인 철근콘크리트조의 바닥

73
6층 이상의 거실 면적의 합계가 3,000m²인 경우 설치하여야 하는 승용승강기의 최소 대수가 가장 많은 것은?(단, 8인승 승강기의 경우)

① 업무시설
② 숙박시설
③ 위락시설
④ 판매시설

해설 〈설비기준 제5조〉 동일한 면적일 때 문화, 집회, 판매, 의료시설이 가장 대수가 많다.

해답 71.② 72.② 73.④

74. 건축물의 출입구에 설치하는 회전문에 관한 기준내용으로 옳지 않은 것은?

① 계단이나 에스컬레이터로부터 1m 이상의 거리를 둘 것
② 회전문의 회전속도는 분당회전수가 8회를 넘지 아니하도록 할 것
③ 출입에 지장이 없도록 일정한 방향으로 회전하는 구조로 할 것
④ 회전문의 중심축에서 회전문과 문틀 사이의 간격을 포함한 회전문 날개 끝부분까지의 길이는 140㎝ 이상이 되도록 할 것

해설 〈피난방화구조 제12조〉 회전문은 계단이나 에스컬레이터로부터 2m 이상의 거리를 둘 것

75. 건축물의 옥상에 헬리포트를 설치하거나 헬리콥터를 통하여 인명 등을 구조할 수 있는 공간을 확보하여야 하는 대상 건축물 기준으로 옳은 것은?(단, 건축물의 지붕을 평지붕으로 하는 경우)

① 11층 이상인 층의 바닥면적의 합계가 3,000㎡ 이상인 건축물
② 11층 이상인 층의 바닥면적의 합계가 5,000㎡ 이상인 건축물
③ 11층 이상인 층의 바닥면적의 합계가 10,000㎡ 이상인 건축물
④ 11층 이상인 층의 바닥면적의 합계가 12,000㎡ 이상인 건축물

해설 〈피난방화구조 제40조〉 옥상에 헬리포트 : 11층 이상인 층의 바닥면적의 합계가 10,000㎡ 이상인 건축물

76. 화재안전기준에 따라 소화기구를 설치하여야 하는 특정소방대상물의 연면적 기준은?

① 10㎡ 이상
② 25㎡ 이상
③ 33㎡ 이상
④ 45㎡ 이상

해설 〈소방법령 제15조〉 별표 5. 소화기구 : 33㎡ 이상

77. 배연설비의 설치에 관한 기준 내용으로 옳지 않은 것은?

① 배연구는 수동으로 열고 닫을 수 없도록 할 것
② 배연창의 유효면적은 최소 1㎡ 이상으로 할 것
③ 배연구는 예비전원에 의하여 열 수 있도록 할 것
④ 건축법령에 의하여 건축물에 방화구획이 설치된 경우에는 그 구획마다 1개소 이상의 배연창을 설치할 것

해설 〈설비기준 제14조〉 배연구는 수동으로 열고 닫을 수 있도록 할 것

해답 74.① 75.③ 76.③ 77.①

78. 다음은 직통계단의 설치에 관한 기준 내용이다. ( ) 안에 알맞은 것은?

> 초고층 건축물에는 피난층 또는 지상으로 통하는 직통계단과 직접 연결되는 피난안전구역을 지상층으로부터 최대 ( )층마다 1개소 이상 설치하여야 한다.

① 10개
② 20개
③ 30개
④ 40개

해설 〈건축법령 제34조 ③항〉 30개 층마다 대피공간

79. 특별시나 광역시에 건축하는 경우 특별시장이나 광역시장의 허가를 받아야 하는 대상 건축물의 층수 기준은?

① 층수가 6층 이상인 건축물
② 층수가 16층 이상인 건축물
③ 층수가 21층 이상인 건축물
④ 층수가 31층 이상인 건축물

해설 〈건축법 제11조〉 21층 이상인 건축물 : 특별시나 광역시에서 시장 허가

80. 기계설비 유지관리 준수 대상 건축물(기계 설비유지관리자 선임대상 건축물) 중 공동주택의 기준에 대해 다음 괄호 안에 들어갈 숫자는?

> • (㉠)세대 이상의 공동주택
> • (㉡)세대 이상으로서 중앙집중식 난방 방식(지역난방방식을 포함한다)의 공동주택

① ㉠ 500, ㉡ 500
② ㉠ 500, ㉡ 300
③ ㉠ 300, ㉡ 500
④ ㉠ 300, ㉡ 300

해설 〈기계설비법 시행령 제14조〉 기계설비 유지관리 준수 대상 건축물
1. 연면적 10,000㎡ 이상의 건축물(창고시설은 제외)
2. 500세대 이상의 공동주택 또는 300세대 이상으로서 중앙집중식 난방 방식(지역난방방식 포함)의 공동주택
3. 다음의 건축물 등 중 해당 건축물 등의 규모를 고려하여 국토교통부장관이 정하여 고시하는 건축물 등
   • 건설공사를 통하여 만들어진 교량 · 터널 · 항만 · 댐 · 건축물 등 구조물과 그 부대시설
   • 학교시설
   • 지하역사 및 지하도상가
4. 중앙행정기관의 장, 지방자치단체의 장 및 그 밖에 국토교통부장관이 정하는 자가 소유하거나 관리하는 건축물 등

해답 78.③ 79.③ 80.②

건축설비기사 제4회 [기출모의고사]

제1과목 건축설비 계획

01 측창채광에 관한 설명으로 옳지 않은 것은?
① 비막이에 유리하다.
② 개폐조작이 용이하고, 유지관리가 쉽다.
③ 균일한 조도를 얻을 수 있다.
④ 주변 건물들에 의해 채광이 방해받을 수 있다.

해설 측창채광은 균일한 조도를 얻기는 어렵다.

02 표면결로의 방지대책으로 옳지 않은 것은?
① 냉교(cold bridge)가 생기지 않도록 주의한다.
② 환기로 실내 절대습도를 저하시킨다.
③ 실내에서 수증기 발생을 억제한다.
④ 외벽의 단열강화로 실내 측 표면온도를 저하시킨다.

해설 표면결로는 외벽의 내면 온도가 낮을 때 발생하므로 외벽의 단열강화로 실내 측 표면온도를 높여야 한다.

03 잔향시간에 관한 설명으로 옳은 것은?
① 강당의 최적 잔향시간은 음악당보다 길다.
② 잔향시간은 실내 공간의 용적에 비례한다.
③ 강당의 내부벽 재료는 잔향시간에는 영향을 주지 않는다.
④ 잔향시간은 정상상태에서 90dB의 음이 감쇠하는데 소요되는 시간을 말한다.

해설 잔향시간은 실내 공간의 용적에 비례한다. 즉 대공간일수록 잔향시간이 길다.

해답 1.③ 2.④ 3.②

04 다음 중 원칙적으로 청소구(clean out)를 설치하여야 하는 곳에 속하지 않는 것은?
① 배수수직관의 최상부
② 배수수평주관의 기점
③ 배수수평지관의 기점
④ 배수관이 45° 이상의 각도로 방향을 바꾸는 곳

해설 청소구는 배수수직관의 최하부에 둔다.

05 먹는 물의 수질기준에 따른 건강상 유해영향 무기물질에 속하지 않는 것은?
① 납   ② 페놀
③ 불소   ④ 수은

해설 페놀은 유기물에 속한다.

06 양수펌프의 흡수면으로부터 토출수면까지의 실제 높이는 20m이고 흡입관과 토출관의 관경이 같은 경우 펌프의 전양정은?(단, 관로의 전손실수두는 실양정의 20%로 한다.)
① 20m   ② 22m
③ 24m   ④ 26m

해설 전양정＝실양정＋마찰손실수두＋속도수두＝20＋20×0.2＝24m
속도수두는 흡입 토출속도가 같으므로 무시한다.

07 대변기의 세정방식 중 로탱크(low tank)식에 관한 설명으로 옳은 것은?
① 바닥으로부터 1.6m 이상 높은 위치에 탱크를 설치한다.
② 단시간에 다량의 물이 필요하기 때문에 일반 가정용으로는 사용하지 않는다.
③ 사용빈도가 많거나 일시적으로 많은 사람들이 연속하여 사용하는 장소에 적합하다.
④ 세정의 경우 탱크로의 급수압력에 관계없이 대변기로의 공급수량이나 압력이 일정하다.

해설 바닥으로부터 1.6m 이상 높은 위치에 탱크를 설치하는 방식은 하이탱크식이고, 로탱크식은 일반 가정용으로 주로 사용한다. 사용빈도가 많거나 일시적으로 많은 사람들이 연속하여 사용하는 장소에 적합한 방식은 세정밸브식이다. 로탱크식은 탱크에 저장된 물을 사용하므로 급수압력에 관계없이 대변기로의 공급수량이나 압력이 일정하다.

해답 4.① 5.② 6.③ 7.④

08 10℃의 냉수 100kg과 70℃의 탕 100kg을 혼합할 경우, 혼합수의 온도는?

① 36℃
② 38℃
③ 40℃
④ 42℃

해설 $t = \dfrac{m_1 t_1 + m_2 t_2}{m_1 + m_2} = \dfrac{100 \times 10 + 100 \times 70}{100 + 100} = 40$

m_1, m_2가 같을 때는 혼합온도는 평균온도, 즉 중간 값이다. 10과 70의 중간 40도가 된다.

09 배수수직관 내가 부압으로 되는 곳에 배수수평지관이 접속되어 있는 경우, 배수수평지관 내의 공기가 수직관으로 유인되어 봉수가 파괴되는 현상(작용)은?

① 증발 현상
② 모세관 현상
③ 유도사이폰 작용
④ 자기사이폰 작용

해설 유도사이폰 작용(감압에 의한 흡인작용)은 수직관 중 유속이 빠른 부분에서 동압이 증가하여 정압이 감소하면(부압) 유인작용이 발생한다.

10 통기관의 관경에 관한 설명으로 옳지 않은 것은?

① 신정통기관의 관경은 배수수직관 관경의 1/2 이상으로 한다.
② 루프통기관의 관경은 담당 배수수평지관의 1/2 이상으로 한다.
③ 건물의 배수탱크에 설치하는 통기관의 관경은 50mm 이상으로 한다.
④ 결합통기관의 관경은 통기수직관과 배수수직관 중 작은 쪽 관경 이상으로 한다.

해설 신정통기관의 관경은 배수수직관 관경보다 작게 하지 않는다.

11 수질과 관련된 용어의 설명으로 옳지 않은 것은?

① SS란 오수 중에 떠 있는 부유물질을 말하며, 탁도의 원인이 되기도 한다.
② DO란 오수 중의 산소요구량을 말하며, 오염도가 높을수록 산소요구량이 적다.
③ COD란 화학적 산소요구량을 말하며, COD값은 일반적으로 BOD값보다 높게 나타난다.
④ BOD란 생물화학적 산소요구량을 말하며 오수 중의 분해가능한 유기물 함유 정도를 간접적으로 측정하는데 이용된다.

해설 DO란 오수 중의 용존산소량을 말하며, 오염도가 높을수록 용존산소량은 감소한다.

해답 8.③ 9.③ 10.① 11.②

12 배관 일부의 교환 및 수리를 용이하게 하기 위하여 사용하는 배관 부속품은?

① 티
② 엘보
③ 플러그
④ 유니온

해설 유니온이나 플랜지는 배관의 최종 조립과 분해에 이용된다.

13 유체의 성질과 관련하여 다음 설명이 의미하는 것은?

> 에너지보존의 법칙을 유체의 흐름에 적용한 것으로서 유체가 갖고 있는 운동에너지, 중력에 의한 위치에너지 및 압력에너지의 총합은 흐름 내 어디에서나 일정하다.

① 파스칼의 원리
② 스토크스의 법칙
③ 뉴턴의 점성법칙
④ 베르누이의 정리

해설 베르누이의 정리는 관로 내의 유체의 에너지보존 법칙으로 유체가 갖고 있는 운동에너지, 위치에너지 및 압력에너지의 총합은 흐름 내 어디에서나 일정하다는 법칙이다.

14 급수방식 중 수도직결방식에 관한 설명으로 옳은 것은?

① 전력 차단 시 급수가 불가능하다.
② 3층 이상의 고층으로의 급수가 용이하다.
③ 저수조가 있으므로 단수 시에도 급수가 가능하다.
④ 수도 본관의 영향을 그대로 받아 수압 변화가 심하다.

해설 수도직결방식은 전력 차단 시에도 급수가 가능하며, 3층 이상의 고층으로의 급수는 곤란하며, 저수조가 없으므로 단수 시에는 급수가 불가능하다. 수도 본관의 수압으로 급수압이 결정되므로 피크로드 시에는 수압 변화가 심하다.

15 송풍기의 회전수 500rpm에서 풍량은 200m³/min이었다. 회전수를 600rpm으로 올렸을 경우 풍량은?

① 210m³/min
② 240m³/min
③ 288m³/min
④ 356m³/min

해설 송풍기 상사법칙에서 $\frac{Q_2}{Q_1}=\frac{N_2}{N_1}$ 에서 $Q_2 = Q_1\left(\frac{N_2}{N_1}\right) = 200\left(\frac{600}{500}\right) = 240$

해답 12.④ 13.④ 14.④ 15.②

16
개방식 배관의 펌프 흡입관 선단에 부착하여 펌프 운전 중에는 물론 펌프 정지 시에도 흡입관 내를 만수상태로 유지하기 위해 설치하는 것은?

① 관트랩
② 박스트랩
③ 스트레이너
④ 풋형 체크밸브

해설 풋형 체크밸브는 펌프 흡입관 선단에 부착하여 펌프 정지 시에도 흡입관 내를 만수상태로 유지하여 펌프 기동 시 양수가 가능해진다. 흡입관에 물이 없으면 물채움(프라이밍)이 필요하다.

17
온수난방방식에 관한 설명으로 옳은 것은?

① 용량제어가 어렵고 응축수에 의한 열손실이 크다.
② 실내온도의 상승이 빠르고 예열손실이 적어 간헐난방에 적합하다.
③ 증기난방에 비하여 소요방열면적과 배관경이 작으므로 설비비가 낮다.
④ 열용량이 크므로 보일러를 정지시켜도 실내 난방이 어느 정도 지속된다.

해설 온수난방방식은 용량제어가 쉽고, 응축수는 증기난방에서 발생하고, 실내온도의 상승은 느리고, 예열손실이 많아 간헐난방에 부적합하다. 또한 증기난방에 비하여 소요방열면적과 배관경이 커서 설비비가 높고, 열용량이 크므로 보일러를 정지시켜도 실내 난방이 어느 정도 지속되므로 주택에 많이 이용된다.

18
건물의 냉방부하의 종류 중 현열과 잠열성분을 모두 갖는 것은?

① 인체의 발생열량
② 벽체로부터의 취득열량
③ 유리로부터의 취득열량
④ 덕트로부터의 취득열량

해설 현열과 잠열성분을 모두 갖는 냉방부하는 인체발열량, 극간풍부하, 외기부하 등이다.

19
다음 중 재실인원이 적은 실에 부하변동이 크고 극간풍이 비교적 많은 경우 공조방식으로 가장 적절한 것은?

① FCU 방식
② 멀티존 유니트 방식
③ 2중 덕트 정풍량 방식
④ 단일덕트 정풍량 방식

해설 FCU 방식은 전수식으로 열공급량이 커서 외주부의 부하변동이 크고 극간풍이 비교적 많은 경우에 적합한 공조방식이며 신선공기 공급은 안 되므로 재실인원이 적은 실에 적절하다.

해답 16.④ 17.④ 18.① 19.①

20 습공기의 상태변화량 중 수분의 변화량과 엔탈피 변화량의 비율을 의미하는 것은?
① 현열비
② 열수분비
③ 접촉계수
④ 바이패스계수

해설 열수분비 = $\dfrac{엔탈피}{수분}$

제2과목 건축설비 설계

21 중앙식 급탕방식에 관한 설명으로 옳지 않은 것은?
① 급탕 개소마다 가열기의 설치 스페이스가 필요하다.
② 기구의 동시이용률을 고려하여 가열장치의 총용량을 적게 할 수 있다.
③ 호텔, 병원 등 급탕개소가 많고 소요 급탕량도 많이 필요한 대규모 건축물에 채용된다.
④ 배관에 의해 필요 개소에 급탕할 수 있다.

해설 중앙식 급탕방식은 배관으로 탕을 공급하므로 급탕 개소마다 가열기의 설치가 불필요하다.

22 급탕배관에 관한 설명으로 옳은 것은?
① 배관은 하향 구배로 하는 것이 원칙이다.
② 탕비기 주위의 급탕배관은 가능한 짧게 하고 공기가 체류하지 않도록 한다.
③ 배관은 신축에 견디도록 가능하면 요철부가 많도록 배관하는 것이 원칙이다.
④ 물이 뜨거워지면 수중에 포함된 공기가 분리되기 쉽고 이 공기는 배관의 상부에 모여서 급탕의 순환을 원활하게 한다.

해설 급탕배관은 공기 배출을 위해 배관은 원칙적으로 상향 구배로 하며 배관은 신축에 견디도록 하되 요철부는 없도록 하는 것이 원칙이다. 수중에 포함된 공기가 분리되면 이 공기는 급탕의 순환을 어렵게 한다.

23 원심 펌프의 일종으로 날개의 바깥쪽에 가이드베인(guide vane)을 설치한 것은?
① 터빈 펌프
② 기어 펌프
③ 베인 펌프
④ 피스톤 펌프

해설 원심 펌프에는 볼류트 펌프와 가이드베인을 설치하여 양정을 높인 터빈 펌프가 있다.

해답 20.② 21.① 22.② 23.①

24
양수량 2㎥/min, 전양정 50m, 효율이 60%인 펌프의 축동력은?(단, 유체의 밀도는 1,000kg/㎥이다.)
① 2.77kW
② 9.82kW
③ 16.33kW
④ 27.23kW

해설 펌프의 축동력(kW) = $\dfrac{QH}{102E}$

양수량 Q(L/s) : 2㎥/min → 33.33 L/s
전양정 H(mAq) : 50m
효율 E : 0.6
∴ 펌프의 축동력(kW) = $\dfrac{33.33 \times 50}{102 \times 0.60} = 27.23 kW$

25
급탕설비의 팽창관 및 팽창탱크에 관한 설명으로 옳지 않은 것은?
① 팽창관 도중에는 밸브를 설치하지 않는다.
② 가열장치의 과도한 수온 상승을 방지하기 위해 설치한다.
③ 개방식 팽창탱크는 급수방식이 고가탱크방식일 경우에 적합하며 급탕 보급탱크와 겸용할 수 있다.
④ 급수방식이 압력탱크방식이나 펌프직송방식의 중앙식 급탕설비의 경우에는 밀폐식 팽창탱크를 사용한다.

해설 팽창관 및 팽창탱크는 시스템 내부의 물의 팽창을 흡수하여 압력이 상승하는 것을 막아 기기를 보호한다.

26
직경 200mm의 강관에 2,400L/min의 물이 흐를 때 강관 내의 유속은?
① 0.04m/sec
② 0.40m/sec
③ 1.27m/sec
④ 1.72m/sec

해설 $v = \dfrac{Q}{A} = \dfrac{2,400 \div 1,000}{60\left(\dfrac{\pi \times 0.2^2}{4}\right)} = 1.27 \text{m/s}$

27
기구배수부하단위 산정의 기준이 되는 기구는?
① 욕조
② 세면기
③ 싱크대
④ 샤워기

해답 24.④ 25.② 26.③ 27.②

해설 기구배수부하단위란 위생기구의 배수량을 간단히 산정하기 위하여 세면기의 배수량을 기준(fu=1)하여 구한다. 대변기는 fu가 10 정도로 크다.

28 슬루스 밸브에 관한 설명으로 옳지 않은 것은?

① 게이트 밸브라고도 한다.
② 리프트가 커서 개폐에 시간이 걸린다.
③ 유체의 흐름을 단속하는 대표적인 밸브이다.
④ 유체의 흐름이 90°로 바뀌기 때문에 유체에 대한 저항이 크다.

해설 유체의 흐름이 90°로 바뀌기 때문에 유체에 대한 저항이 큰 밸브는 앵글밸브이다.

29 워터해머의 방지방법으로 옳지 않은 것은?

① 대기압식 또는 가압식 진공브레이커를 설치한다.
② 관내의 수압은 평상 시 높아지지 않도록 구획한다.
③ 배관은 가능한 한 우회하지 않고 직선이 되도록 계획한다.
④ 수압이 0.4MPa을 초과하는 계통에는 감압밸브를 부착하여 적절한 압력으로 감압한다.

해설 진공브레이커는 역류방지 설비이다.

30 다음 그림과 같은 엘보의 국부저항은?(단, 곡관부의 국부저항 손실계수는 0.35, 공기의 밀도는 1.2kg/m³이다.)

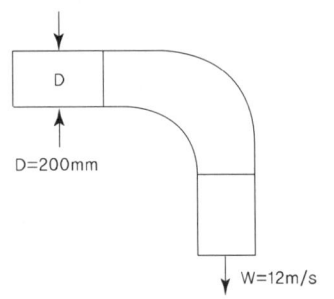

① 약 10Pa
② 약 20Pa
③ 약 30Pa
④ 약 40Pa

해설 $R = \dfrac{\zeta \times v^2 \times \rho}{2} = \dfrac{0.35 \times 12^2 \times 1.2}{2} = 30.24\text{Pa}$

31 창의 틈새바람 계산법에 속하지 않는 것은?

① 균열법
② 면적법

해답 28.④ 29.① 30.③ 31.④

③ 환기횟수법 ④ 굴뚝효과에 의한 계산법

해설 틈새바람 계산법은 균열법(크랙길이법), 창문 면적법, 환기횟수법 등이 있다.

32 배관의 마찰저항에 관한 설명으로 옳은 것은?
① 유속의 제곱에 비례한다.
② 관의 길이에 반비례한다.
③ 관 내경의 제곱에 비례한다.
④ 유체의 점성이 클수록 감소한다.

해설 배관의 마찰저항은 유속의 제곱에 비례하고, 관의 길이에 비례하며, 관 내경에 반비례하고, 유체의 점성이 클수록 커진다.

33 유체의 점성에 관한 설명으로 옳지 않은 것은?
① 유체의 동점성 계수는 점성계수와 밀도와의 비로 표시된다.
② 기체의 점성계수는 일반적으로 온도의 상승과 함께 증가한다.
③ 점성이 유체운동에 미치는 영향은 동점성계수 값에 의해 결정된다.
④ 점성력은 상호 접하는 층의 면적과 그 관계 속도의 제곱에 비례한다.

해설 점성력은 상호 접하는 층의 면적에 비례하고, 그 관계(상대) 속도의 제곱에 반비례한다.

34 냉각코일의 용량 결정 시 고려되는 요소와 가장 거리가 먼 것은?
① 배관부하
② 재열부하
③ 외기부하
④ 실내 취득열량

해설 냉각코일을 거쳐 냉동기로 순환되는 배관부하는 냉각코일 용량 요소가 아니다.

35 다음의 증기압축 냉동사이클의 압력(P)−엔탈피(h) 선도에 관한 설명으로 옳지 않은 것은?

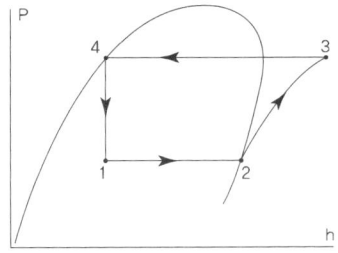

해답 32.① 33.④ 34.① 35.④

① 과정 1 → 2는 정압 증발 과정이다.   ② 과정 2 → 3은 단열 압축 과정이다.
③ 과정 3 → 4는 정압 응축 과정이다.   ④ 과정 4 → 1은 가열 팽창 과정이다.

해설 과정 4 → 1은 단열 팽창 과정이다.

36 다음 그림과 같은 여과장치의 효율은?

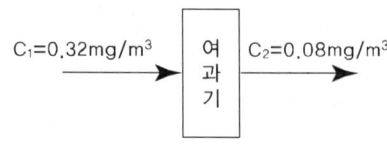

① 25%
② 66%
③ 75%
④ 83%

해설 $E = \dfrac{0.32 - 0.08}{0.32} = 0.75 = 75\%$

37 다음과 같은 조건에 있는 에어와셔의 입구수온은?

- 에어와셔의 통과공기량 : 20,000kg/h
- 에어와셔 입구공기 엔탈피 : 23.9kJ/kg
- 에어와셔 출구 수온 : 9.3℃
- 에어와셔의 수량(水量) : 15,600kg/h
- 에어와셔 출구공기 엔탈피 : 26.8kJ/kg
- 물의 비열 : 4.2kJ/kg · K

① 약 8.4℃
② 약 9.7℃
③ 약 10.2℃
④ 약 11.5℃

해설 에어와셔에서 공기와 분무수의 교환열량은 같으므로
$m \triangle h = WC \triangle t$ 에서
$\triangle t = \dfrac{m \triangle h}{WC} = \dfrac{20,000(26.8 - 23.9)}{15,600 \times 4.2} = 0.9℃$
$t_1 = 9.3 + 0.9 = 10.2℃$
에어와셔에서 공기는 가열되므로 물은 냉각된다. 그러므로 입구수온이 높다.

38 다음과 같은 조건에서 어느 작업장의 발생현열량이 4,000W일 때 필요환기량(m^3/h)은?

- 허용실내온도 : 35℃
- 공기의 밀도 : 1.2kg/m^3
- 외기온도 : 25℃
- 공기의 정압비열 : 1.01kJ/kg · K

① 411.3
② 698.8

해답 36.③   37.③   38.④

③ 872.5　　　　　　　　　　　④ 1188.1

해설 발생현열량과 환기에 의한 제거열량은 같으므로

$q = mC\triangle t$에서 $m = \dfrac{q}{C\triangle t} = \dfrac{4,000 \div 1,000}{1.01(35-25)} = 0.396 kg/s = 1188.1 m^3/h$

39. 정압 재취득법에 관한 설명으로 옳지 않은 것은?

① 고속덕트의 경우 부적합하다.
② 취출구 직전의 정압이 대략 일정해진다.
③ 등압법에 비해 송풍기 동력이 절약되며 풍량조절이 용이하다.
④ 덕트구간에서 앞 구간의 동압감소로 인해 얻은 정압을 다음 구간에서 이용하는 방법이다.

해설 정압 재취득법은 풍속변화가 큰 고속덕트의 경우에 적합하다.

40. 응축수의 드레인 배관이 필요 없는 곳은?

① 재열기　　　　　　　　　　② 팬코일 유닛
③ 패키지 공조기　　　　　　　④ 에어 핸들링 유닛

해설 재열기는 가열만하므로 응축수가 발생하지 않는다.

제3과목 | 전기 및 소방시설 일반

41. 전류가 도선을 통하여 흐를 때 도선의 둘레에 발생하는 것은?

① 전계　　　　　　　　　　　② 자계
③ 정전계　　　　　　　　　　④ 중력계

해설 페러데이법칙과 오른나사의 법칙으로 자계가 발생한다.

42. 작업면에 필요한 평균조도가 300[lx], 면적이 50[m²], 램프 한 개의 광속이 2500[lm], 감광보상률이 1.5, 조명률이 0.5일 때 전등의 소요수량은?

① 6개　　　　　　　　　　　② 12개
③ 18개　　　　　　　　　　　④ 24개

해답 39.① 40.① 41.② 42.③

해설 전등수는 조도와 면적, 감광보상률에 비례하고 광속과 조명률에 반비례한다.
$$N = \frac{EAD}{FU} = \frac{300 \times 50 \times 1.5}{2,500 \times 0.5} = 18개$$

43. 정보통신설비를 정보설비와 통신설비로 구분할 경우, 다음 중 통신설비에 속하지 않는 것은?

① 인터폰설비
② CCTV설비
③ TV공청설비
④ 화상회의설비

해설 정보설비란 일정한 정보를 취득하는 것이며 통신설비는 신호를 교환하는 것이다. CCTV설비는 정보설비로 분류한다.

44. 스프링클러설비에 관한 설명으로 옳지 않은 것은?

① 초기 화재 진압에 효과적이다.
② 소화약제가 물이므로 경제적이다.
③ 감지부의 구조가 기계적이므로 오보 및 오동작이 적다.
④ 다른 소화설비에 비해 시공이 단순하여 초기에 시설비용이 적게 든다.

해설 스프링클러설비는 다른 소화설비에 비해 시공이 복잡하여 초기에 시설비용이 많이 든다.

45. 가스계량기는 전기점멸기와 최소 얼마 이상의 거리를 유지하여야 하는가?

① 30cm
② 45cm
③ 60cm
④ 90cm

해설 가스계량기는 전기점멸기와는 30cm, 전기계량기 및 전기개폐기와는 60cm 이상 거리를 유지한다.

46. 수전설비에서 인입구 개폐기로 사용되지 않는 것은?

① LBS
② ASS
③ DS
④ PF

해설 LBS(Losd Breaking Switch)는 부하개폐기이며, DS(Disconnecting Switch)는 전자개폐기(단로기)로서 차단기 양단에 설치하여 무부하 상태에서 선로를 개방하고, ASS(Automatic Section Switch)는 자동 고장 구분 개폐기로 자동으로 개폐가 가능한 유입식 개폐기이다. PF(Power Fuse)는 특고압 기기의 단락전류 차단과 선로의 개폐가 목적이다.

해답 43.② 44.④ 45.① 46.④

47 우리나라의 가정용 전압은 교류 220[V]이다. 이 전압의 최대값은 몇 [V]인가?

① 220
② 220× $\sqrt{2}$
③ 220× $\sqrt{3}$
④ 440

해설 220[V]는 실효값이며 최대값은 220× $\sqrt{2}$ 이다.

48 인공광원 중 효율이 높지만 등황색의 단색광으로 색채의 식별이 곤란하므로 주로 터널 조명에 사용되는 것은?

① 형광램프
② 할로겐램프
③ 저압나트륨램프
④ 메탈핼라이드램프

해설 저압나트륨램프는 고효율 방전 등으로 연색성(색깔구분)은 나쁘다.

49 교류회로에서 전압 220[V], 전류 5[A]일 때 저항은 얼마인가?

① 22[Ω]
② 33[Ω]
③ 44[Ω]
④ 55[Ω]

해설 $R = \dfrac{V}{I} = \dfrac{220}{5} = 44\,\Omega$

50 전기설비의 전압구분에서 저압 기준으로 옳은 것은?

① 직류 400V 이하, 교류 400V 이하
② 직류 600V 이하, 교류 600V 이하
③ 직류 750V 이하, 교류 750V 이하
④ 직류 1,500V 이하, 교류 1,000V 이하

해설 전압의 분류

구분	교류	직류
저압	1,000V 이하	1,500V 이하
고압	1,000V 초과 7,000V 이하	1,500V 초과 7,000V 이하
특고압	7,000V 초과	

51 3상유도 전동기의 기동법으로 Y-△기동법을 사용하는 가장 주된 목적은?

① 전압을 높이기 위하여
② 기동전류를 줄이기 위하여
③ 전동기의 출력을 높이기 위하여
④ 전동기의 동기속도를 높이기 위하여

해답 47.② 48.③ 49.③ 50.④ 51.②

해설 전동기의 기동법으로 Y-△기동법을 사용하는 가장 주된 목적은 기동 시 기동전류를 줄이기 위해서이다.

52 정현파 교류의 파형률은 얼마인가?

① 1.0
② 1.11
③ 1.414
④ 1.571

해설 파형률 $= \dfrac{\text{실효값}}{\text{평균값}} = \dfrac{1/\sqrt{2}}{2/\pi} = \dfrac{\pi}{2\sqrt{2}} = 1.11$

53 피드백 제어에서 제어요소는 무엇으로 구성되는가?

① 비교부와 조작부
② 비교부와 검출부
③ 조절부와 조작부
④ 조절부와 검출부

해설 제어요소 = 조절부 + 조작부

54 피드백 제어방식을 제어동작에 의해 분류할 경우 다음 중 불연속 동작에 속하는 것은?

① 비례동작
② 미분동작
③ 적분동작
④ 다위치동작

해설 불연속 동작에는 2위치제어, 다위치제어가 있다.

55 C급화재가 의미하는 화재의 종류는?

① 일반화재
② 전기화재
③ 유류화재
④ 주방화재

해설 A급 : 일반화재, C급 : 전기화재, B급 : 유류화재

56 20[W] 형광램프 2개를 하루에 6시간씩 30일 동안 사용하였을 경우 사용전력량은?

① 0.24[kWh]
② 3.6[kWh]
③ 7.2[kWh]
④ 10.4[kWh]

해설 $kWh = 20 \times 2 \times 6 \times 30 = 7,200 Wh = 7.2 kWh$

해답 52.② 53.③ 54.④ 55.② 56.③

57
3층 건물의 각 층에 옥내소화전이 2개씩 설치되어 있는 경우, 옥내소화전설비의 수원의 저수량은 최소 얼마 이상이 되도록 하여야 하는가?

① 3.2m³
② 3.4m³
③ 5.2m³
④ 14m³

해설 옥내소화전이 가장 많이 설치된 1개층을 대상으로 저수량을 구한다.
$$Q = 130\text{L/min} \times 20\text{min} \times 2 = 5,200L = 5.2m^3$$

58
그림과 같이 반대의 극을 갖는 막대자석을 놓았을 때 상호 간에 작용하는 힘의 종류는?

| N | S |

① 흡인력
② 반발력
③ 회전력
④ 마찰력

해설 같은 극은 반발력, 다른 극은 인력(흡인력)을 가진다.

59
단상 유도전동기의 종류에 속하는 것은?

① 분권 전동기
② 타여자 전동기
③ 권선형 유도전동기
④ 콘덴서 기동형 전동기

해설
- 콘덴서 기동형 전동기 : 단상 유도전동기
- 분권 전동기, 타여자 전동기 : 직류전동기
- 권선형 유도전동기 : 3상유도전동기

60
스프링클러설비의 알람밸브에 리타딩챔버를 설치하는 주된 목적은?

① 오보를 방지한다.
② 자동배수를 한다.
③ 방수압을 시험한다.
④ 가압수의 온도를 검지한다.

해설 알람밸브의 압력스위치 하부에 설치돼 있는 리타딩챔버는 오작동방지를 위해 설치하며 알람밸브 압력스위치에 지연회로가 있으면 생략될 수 있다.

해답 57.③ 58.① 59.④ 60.①

제4과목 건축설비 관련 법규

61 다음 중 녹색건축 인증의 유효기간으로 알맞은 것은?

① 3년 ② 5년
③ 7년 ④ 10년

해설 〈녹색건축 인증에 관한 규칙 9조〉 녹색건축 인증의 유효기간은 제1항에 따라 녹색건축 인증서를 발급한 날부터 10년으로 한다.

62 건축물의 설비기준 등에 관한 규칙에 따라 피뢰설비를 설치하여야 하는 건축물의 높이기준은?

① 10m 이상 ② 15m 이상
③ 20m 이상 ④ 31m 이상

해설 〈건축설비기준 제20조〉 피뢰설비를 설치하여야 하는 건축물 : 20m 이상

63 공사의 공사감리자가 필요하다고 인정하면 공사 시공자에게 상세시공도면 작성을 요청할 수 있는 건축공사의 연면적 기준은?

① 연면적의 합계가 1,000㎡ 이상인 건축공사
② 연면적의 합계가 2,000㎡ 이상인 건축공사
③ 연면적의 합계가 5,000㎡ 이상인 건축공사
④ 연면적의 합계가 10,000㎡ 이상인 건축공사

해설 〈건축법 제25조, 시행령 제19조〉 시공자에게 상세 시공도면 작성을 요청할 수 있는 건축공사의 연면적 : 5,000㎡ 이상

64 연면적 200㎡를 초과하는 건축물에 설치하는 계단의 유효 높이(계단의 바닥 마감면부터 상부구조체의 하부 마감면까지의 연직방향의 높이)는 최소 얼마 이상으로 하여야 하는가?

① 1.8m ② 2.1m
③ 2.4m ④ 2.7m

해설 〈구조방화기준 제15조〉 계단의 유효 높이 2.1m 이상

해답 61.④ 62.③ 63.③ 64.②

65 건축물의 바깥쪽으로의 출구로 쓰이는 문을 안여닫이로 하여서는 안 되는 대상 건축물에 속하지 않는 것은?

① 종교시설
② 위락시설
③ 문화 및 집회시설 중 관람장
④ 문화 및 집회시설 중 전시장

해설 〈구조방화기준 제11조〉 문화 및 집회시설 중 전시장, 동식물원은 제외

66 건축물을 특별시나 광역시에 건축하는 경우, 특별시장이나 광역시장의 허가를 받아야 하는 대상 건축물의 연면적 기준은?

① 연면적의 합계가 1만 제곱미터 이상
② 연면적의 합계가 5만 제곱미터 이상
③ 연면적의 합계가 10만 제곱미터 이상
④ 연면적의 합계가 20만 제곱미터 이상

해설 〈건축법 제11조, 시행령 제8조〉 21층 이상, 연면적 10만 제곱미터 이상

67 다음의 소방시설 중 소화활동설비에 속하지 않는 것은?

① 제연설비
② 연결살수설비
③ 옥외소화전설비
④ 무선통신보조설비

해설 〈소방법령 제3조 별표 1〉 소화활동설비 : 제연설비, 연결송수관설비, 연결살수설비, 비상콘센트설비, 무선통신보조설비, 연소방지설비

68 모든 층에 주거용 주방자동소화장치를 설치하여야 하는 특정소방대상물은?

① 기숙사
② 아파트
③ 일반음식점
④ 휴게음식점

해설 〈소방법령 제15조 별표 5 나항〉 아파트, 31층 이상 오피스텔

69 다음 중 준다중이용 건축물에 속하지 않는 것은?(단, 해당 용도로 쓰는 바닥면적의 합계가 1,000m²인 건축물의 경우)

① 종교시설
② 판매시설
③ 위락시설
④ 수련시설

해설 〈건축법령 제2조 17.2〉 추가사항 : 준다중이용 건축물에 수련시설은 해당 없음

해답 65.④ 66.③ 67.③ 68.② 69.④

70 다음은 특정소방대상물의 소방시설 설치의 면제에 관한 기준 내용이다. ( ) 안에 포함되지 않는 소방시설은?

> 연소방지설비를 설치하여야 하는 특정소방대상물에 ( )를 화재안전기준에 적합하게 설치한 경우에는 그 설비의 유효범위에서 설치가 면제된다.

① 스프링클러설비　　　　② 옥내소화전설비
③ 물분무소화설비　　　　④ 미분무소화설비

해설 〈소방법령 제14조 별표 5〉 스프링클러설비, 물분무소화설비, 미분무소화설비

71 건축물에 설치하여야 하는 비상용 승강기의 승강장 및 승강로의 구조에 관한 기준 내용으로 옳지 않은 것은?
① 승강장은 각 층의 내부와 연결될 수 있도록 할 것
② 승강로는 당해 건축물의 다른 부분과 내화 구조로 구획할 것
③ 벽 및 반자가 실내에 접하는 부분의 마감 재료는 난연재료로 할 것
④ 각 층으로부터 피난층까지 이르는 승강로는 단일구조로 연결하여 설치할 것

해설 〈설비기준 제10조〉 벽 및 반자가 실내에 접하는 부분의 마감 재료는 불연재료로 할 것.

72 6층 이상의 거실면적의 합계가 5,000m²인 경우 설치하여야 하는 승용승강기의 최소 대수가 가장 많은 것은?(단, 8인승 승강기의 경우)
① 업무시설　　　　② 숙박시설
③ 위락시설　　　　④ 의료시설

해설 〈설비기준 제5조 별표 1〉 동일한 거실면적일 때 문화집회, 의료, 판매시설이 설치대수가 가장 많다.

73 건축법령상 단독주택에 속하지 않는 것은?
① 공관　　　　② 기숙사
③ 다중주택　　④ 다가구주택

해설 〈건축법령 제3조 5 별표 1〉 기숙사는 공동주택에 속한다.

해답　70.② 71.③ 72.④ 73.②

74 특별피난계단의 구조에 관한 기준 내용으로 옳지 않은 것은?

① 계단은 내화구조로 하되, 피난층 또는 지상까지 직접 연결되도록 할 것
② 출입구의 유효너비는 0.9m 이상으로 하고 피난의 방향으로 열 수 있을 것
③ 건축물의 내부에서 노대 또는 부속실로 통하여 출입구에는 60분+ 방화문 또는 60분 방화문 또는 30분 방화문을 설치할 것
④ 계단실에는 노대 또는 부속실에 접하는 부분 외에는 건축물의 내부와 접하는 창문 등을 설치하지 아니할 것

해설 〈피난방화구조기준 제9조〉 건축물의 내부에서 노대 또는 부속실로 통하여 출입구에는 60분+ 방화문 또는 60분 방화문을 설치할 것

75 건축물의 에너지절약 설계기준에 따른 건축부문의 권장사항으로 옳지 않은 것은?

① 건축물의 체적에 대한 외피면적의 비 또는 연면적에 대한 외피면적의 비는 가능한 크게 한다.
② 거실의 층고 및 반자높이는 실의 용도와 기능에 지장을 주지 않는 범위 내에서 가능한 낮게 한다.
③ 건물의 창 및 문은 가능한 작게 설계하고 특히 열손실이 많은 북측 거실의 창 및 문의 면적은 최소화한다.
④ 공동주택은 인동간격을 넓게 하여 저층부의 일사 수열량을 증대시킨다.

해설 〈에너지절약기준 제7조〉 건축물의 체적에 대한 외피면적의 비 또는 연면적에 대한 외피면적의 비는 가능한 작게 한다.

76 공동주택의 난방설비를 개별난방방식으로 하는 경우에 관한 기준 내용으로 옳지 않은 것은?

① 보일러의 연도는 방화구조로써 개별연도로 설치할 것
② 보일러실의 윗부분에는 면적이 0.5m² 이상인 환기창을 설치할 것
③ 기름보일러를 설치하는 경우에는 기름저장소를 보일러실 외의 다른 곳에 설치할 것
④ 보일러를 설치하는 곳과 거실 사이의 경계벽은 출입구를 제외하고는 내화구조의 벽으로 구획할 것

해설 〈설비기준 제13조〉 보일러의 연도는 내화구조로서 공동연도로 설치할 것. 실제로는 개별연도로 설치하는 경우가 많은데 이유는 보일러 급배기 구조(FF, FE 등)에 따라 예외 조항이 적용되기 때문이다.

해답 74.③ 75.① 76.①

77
건축물의 거실(피난층 거실 제외)에 국토교통부령으로 정하는 기준에 따라 배연설비를 하여야 하는 대상 건축물에 속하지 않는 것은?(단, 층수가 6층인 건축물의 경우)

① 판매시설 ② 종교시설
③ 문화 및 집회시설 ④ 제1종 근린생활시설

해설 〈건축법령 제51조 2〉 제2종 근린생활시설만 해당(1종보다 2종이 규모가 크다)

78
문화 및 집회시설 중 공연장의 개별관람석의 바닥면적이 500m²인 경우 개별관람석 출구의 유효너비의 합계는 최소 얼마 이상이어야 하는가?

① 1m ② 2m
③ 3m ④ 4m

해설 〈구조방화기준 제10조〉 100m²당 0.6m 비율 → 500m²일 때 3m

79
다음은 건축설비 설치의 원칙에 관한 기준 내용이다. ( ) 안에 알맞은 것은?

> 연면적이 (   ) 이상인 건축물의 대지에는 국토교통부령으로 정하는 바에 따라「전기사업법」제2조 제2호에 따른 전기사업자가 전기를 배전(配電)하는 데 필요한 전기설비를 설치할 수 있는 공간을 확보하여야 한다.

① 100m² ② 500m²
③ 1,000m² ④ 5,000m²

해설 〈건축법령 제87조 6항〉 500m² 이상

80
다음 중 제연설비를 설치하여야 하는 특정소방대상물에 속하지 않는 것은?

① 지하가(터널 제외)로써 연면적 1,000m²인 것
② 문화 및 집회시설로써 무대부의 바닥면적이 200m²인 것
③ 문화 및 집회서설 중 영화상영관으로써 수용인원 100명인 것
④ 지하층에 설치된 숙박시설로써 해당 용도로 사용되는 바닥면적의 합계가 500m²인 것

해설 〈소방법령 제11조 별표 4 5항가〉 지하층에 설치된 숙박시설로써 해당 용도로 사용되는 바닥면적의 합계가 1,000m² 이상인 것

해답 77.④ 78.③ 79.② 80.④

건축설비기사 제5회 [기출모의고사]

제1과목 건축설비 계획

01 자연환기에 관한 설명으로 옳은 것은?
① 실외의 풍속이 적을수록 환기량이 많아진다.
② 실내외의 온도차가 적을수록 환기량은 많아진다.
③ 일반적으로 목조주택이 콘크리트조 주택보다 환기량이 적다.
④ 한쪽에 큰 창을 두는 것보다 절반 크기의 창 2개를 서로 마주치게 설치하는 것이 환기 계획상 유리하다.

해설 자연환기는 실외의 풍속이 적을수록 환기량이 적어지며, 실내외의 온도차가 적을수록 환기량도 적어지고, 일반적으로 목조주택이 콘크리트조 주택보다 환기량이 많다.

02 실내음향에 관한 설명으로 옳지 않은 것은?
① 음의 계속시간이 길어지면 높이 감각은 둔해진다.
② 직접음은 전파경로가 가장 짧으므로 수음점에 최초로 도래한다.
③ 계획상 멀리 전달되게 하기도 하고 가까이에서 소멸되도록 하기도 한다.
④ 청중이 많을수록 흡음력이 커서 잔향시간이 적어진다.

해설 음의 계속시간이 길어지면 높이 감각은 예민해진다.

03 인공광원의 광질 및 특색에 관한 설명으로 옳지 않은 것은?
① 백열 전구는 일반적으로 휘도가 높고 열방사가 많다.
② 할로겐 램프는 고휘도이고 전시용, 옥외등 용으로 사용된다.
③ 형광등은 저휘도이고 수명이 백열전구에 비해 길다.
④ 수은등은 고휘도이고 점등시간이 매우 짧다.

해설 수은등은 고휘도이고 점등시간이 매우 길다.

해답 1.④ 2.① 3.④

04 중앙식 급탕방식 중 간접가열식에 관한 설명으로 옳지 않은 것은?

① 대규모 급탕설비에 적합하다.
② 고압용 보일러를 설치하여야 한다.
③ 가열보일러는 난방용 보일러와 겸용할 수 있다.
④ 저탕조 내에 설치한 코일을 통해서 관내의 물을 간접적으로 가열한다.

해설 간접가열식은 저압용 보일러로 급탕이 가능하다.

05 트랩의 봉수 파괴 원인 중 위생기구에서 트랩을 통하여 배수가 만수상태로 흐를 때 주로 발생하는 것은?

① 모세관 현상
② 자기 사이폰 작용
③ 감압에 의한 흡인작용
④ 역압에 의한 분출작용

해설 자기 사이폰 작용은 S형 트랩을 통하여 배수가 만수상태로 흐를 때 주로 발생한다.

06 배수수직관 내의 압력변화를 방지 또는 완화하기 위해 배수수직관으로부터 분기·입상하여 통기수직관에 접속하는 도피통기관은?

① 습통기관
② 신정통기관
③ 공용통기관
④ 결합통기관

해설 통기관 중에서 배수수직관과 통기수직관을 연결하는 것은 결합통기관이다.

07 다음 중 간접배수로 하여야 하는 기기·기구에 속하지 않는 것은?

① 제빙기
② 세탁기
③ 세면기
④ 식기세정기

해설 세면기, 대변기, 소변기, 싱크대 등은 트랩을 설치하는 직접배수를 한다.

08 다음 중 경도가 높은 물을 보일러 용수로 사용하지 않는 가장 주된 이유는?

① 비등점이 낮다.
② 전열량이 너무 커진다.
③ 부유물질이 많이 포함되어 있다.
④ 보일러 내면에 스케일이 발생된다.

해설 경도성분은 온도가 올라가면 스케일(관석)이 생겨 열전도를 방해하고 부식을 촉진시킨다.

해답 4.② 5.② 6.④ 7.③ 8.④

09 수질오염의 지표로 사용되는 것으로써 오수 중에 현탁되어 있는 부유물질을 의미하는 것은?

① DO
② SS
③ BOD
④ COD

해설
- DO : 용존산소
- SS : 부유물질
- BOD : 생물학적 산소요구량
- COD : 화학적 산소요구량

10 취출구의 허용풍속을 제한하는 가장 주된 이유는?

① 확산반경을 줄이기 위하여
② 송풍동력을 줄이기 위하여
③ 소음발생을 억제하기 위하여
④ 단락류 발생을 억제하기 위하여

해설 취출구의 풍속이 커지게 되면 와류 등의 발생으로 소음이 커지므로 취출구의 허용풍속을 제한할 필요가 있다.

11 바이패스형 변풍량 유닛(VAV unit)에 관한 설명으로 옳지 않은 것은?

① 유닛의 소음발생이 적다.
② 송풍덕트 내의 정압제어가 필요없다.
③ 덕트계통의 증설이나 개설에 대한 적응성이 적다.
④ 천장 내의 조명으로 인한 발생열을 제거할 수 없다.

해설 바이패스형 변풍량 유닛은 조명기구와 조합하여 천장 내의 조명으로 인한 발생열을 제거할 수 있다.

12 상당외기온도차(ETD, Equivalent Temperature Difference)에 관한 설명으로 옳은 것은?

① 난방부하의 계산에 있어서, 벽체를 통한 손실열량을 계산할 때 사용한다.
② 냉방부하의 계산에 있어서, 벽체를 통한 취득열량을 계산할 때 사용한다.
③ 벽체 외부에 흐르는 공기의 속도에 따른 열전달량을 고려한 온도차이다.
④ 주로 외기에 접하고 있지 않은 칸막이 벽, 천장, 바닥 등으로부터 열전달량을 구하는데 사용한다.

해설 상당외기온도차는 냉방부하의 계산에 있어서, 외벽체를 통한 취득열량을 계산할 때 일사에 의한 열취득을 외기온도로 환산하여 계산하는 방법이다.

해답 9.② 10.③ 11.④ 12.②

13. 증기난방에 관한 설명으로 옳지 않은 것은?

① 예열시간이 짧다.
② 온수난방에 비하여 쾌감도가 떨어진다.
③ 부하변동에 따른 실내 방열량의 제어가 곤란하다.
④ 극장, 영화관 등 천장과 높은 건물에 주로 사용된다.

해설 극장, 영화관 등 천장과 높은 건물에 증기난방을 적용하면 상층부에 고온의 공기가 자리하여 상하부의 온도차가 커져서 난방이 부적합하다.

14. 다음 중 인체의 열쾌적에 영향을 미치는 물리적 온열요소에 속하는 것은?

① 엔탈피
② 현열비
③ 상대습도
④ 노점온도

해설 열쾌적감은 온도, 습도, 기류, 복사의 영향을 받는다.

15. 10m×8m×3.5m 크기의 강의실에 35명의 사람이 있을 때 실내의 CO_2 농도를 0.1%로 하기 위한 필요 환기량은?(단, 1인당 CO_2 발생량은 0.02㎥/인·h이며, 외기의 CO_2의 농도는 0.03%이다.)

① 1,000㎥/h
② 1,400㎥/h
③ 1,600㎥/h
④ 2,000㎥/h

해설 $Q = \dfrac{M}{C_i - C_o} = \dfrac{35 \times 0.02}{0.001 - 0.0003} = 1,000 \text{m}^3/\text{h}$

16. 공기에 관한 설명으로 옳은 것은?

① 0℃ 건조공기의 엔탈피는 0kJ/kg이다.
② 절대습도가 0kg/kg'인 공기를 포화공기라고 한다.
③ 현열비가 1이라면 잠열부하만 있다는 것을 의미한다.
④ 열수분비가 0이라면 공기의 상태변화에 절대습도의 변화가 없었다는 의미이다.

해설 절대습도가 0kg/kg'인 공기를 건공기라고 하며, 현열비가 1이라면 현열부하만 있다는 것을 의미하고, 열수분비가 0이라면 공기의 상태변화에 엔탈피의 변화가 없었다는 의미이다.

해답 13.④ 14.③ 15.① 16.①

17 다음의 냉방부하 발생 요인 중 현열과 잠열 모두 갖는 것은?

① 인체발생열량
② 벽체로부터의 취득열량
③ 유리로부터의 취득열량
④ 덕트로부터의 취득열량

해설 현열과 잠열 부하를 모두 갖는 것은 인체부하, 침입외기부하, 외기부하, 전열(커피포트 등)부하 등이다.

18 배관재료의 일반적인 용도가 옳게 연결된 것은?

① 동관-증기 배관
② 주철관-냉각수 배관
③ 경질염화비닐관-냉매 배관
④ 스테인리스강관-급수 배관

해설 증기배관에는 강관이 주로 쓰이고, 냉각수 배관은 아연도금강관, 냉매배관은 강관이나 동관이 주로 쓰인다. 스테인리스강관은 급수, 급탕, 냉각수 배관 등 널리 쓰인다.

19 다음 중 습공기를 가열하였을 경우 증가하지 않는 것은?

① 엔탈피
② 비체적
③ 건구온도
④ 절대습도

해설 습공기를 가열하면 절대습도는 일정하다.

20 덕트의 배치방식 중 개별 덕트방식에 관한 설명으로 옳지 않은 것은?

① 덕트 스페이스가 많이 요구된다.
② 각 실의 개별 제어성이 우수하다.
③ 공사비가 적어 일반적으로 가장 많이 사용되는 방식이다.
④ 입상덕트(주덕트)에서 각개의 취출구로 덕트를 통해 분산하여 송풍하는 방식이다.

해설 개별 덕트방식은 각 실마다 독립된 개별덕트를 설치하므로 공사비는 증가한다.

해답 17.① 18.④ 19.④ 20.③

제2과목 건축설비 설계

21 온도 20℃, 길이 100m인 동관에 탕이 흘러 60℃가 되었을 때, 동관의 팽창량은 얼마인가?(단, 동관의 선팽창계수는 0.171×10^{-4}/℃이다.)

① 66.4mm
② 68.4mm
③ 76.4mm
④ 78.4mm

해설 $\triangle L = \alpha L \triangle t = 0.171 \times 10^{-4} \times 100(60-20) = 0.0684\text{m} = 68.4\text{mm}$

22 유체가 관경 50cm인 관 속을 2m/s의 속도로 흐를 때의 유량은?

① 0.39㎥/s
② 1.0㎥/s
③ 3.14㎥/s
④ 10㎥/s

해설 $Q = Av = \dfrac{\pi(0.5)^2 \times 2}{4} = 0.3925\text{m}^3/\text{s}$

23 대변기의 세정방식 중 플러시 밸브식에 관한 설명으로 옳지 않은 것은?

① 대변기의 연속 사용이 가능하다.
② 일반 가정용으로는 거의 사용되지 않는다.
③ 급수 관경 및 수압과 관계없이 사용가능하다.
④ 세정음에 유수음이 포함되기 때문에 소음이 크다.

해설 대변기의 세정방식 중 플러시 밸브식은 급수 관경 25mm, 수압 100kPa가 필요하다.

24 수도 본관에서 5m 높이에 있는 샤워기의 사용에 필요한 수도 본관의 최저 압력은?(단, 급수방식은 수도직결방식이며, 샤워기의 최저 필요압력은 100kPa, 배관 등의 마찰손실은 무시한다.)

① 약 105kPa
② 약 150kPa
③ 약 600kPa
④ 약 5,100kPa

해설 수도본관 압력=기구높이+필요압력+마찰손실(무시)
=50kPa(5m)+100=150kPa

해답 21.② 22.① 23.③ 24.②

25 연면적 3,000m²의 사무소 건물에 필요한 급수량은?(단, 이 건물의 유효면적은 연면적의 60%이고, 유효 면적당 인원은 0.2인/m², 1인 1일당 급수량은 100L이다.)
① 3,600L/d
② 3,600㎥/d
③ 36,000L/d
④ 36,000㎥/d

해설 $Q = 3,000 \times 0.6 \times 0.2 \times 100 = 36,000 L/d = 36 m^3/d$

26 급탕설비에서 급탕기기의 부속장치에 관한 설명으로 옳지 않은 것은?
① 안전밸브와 팽창탱크 및 배관 사이에는 차단 밸브를 설치한다.
② 온수탱크 상단에는 진공방지밸브를, 하부에는 배수밸브를 설치한다.
③ 순간식 급탕가열기에는 이상고온의 경우 가열원(열매체 등)을 차단하는 장치나 기구를 설치한다.
④ 밀폐형 가열장치에는 일정 압력 이상이면 압력을 도피시킬 수 있도록 도피밸브나 안전밸브를 설치한다.

해설 안전밸브와 팽창탱크 및 배관 사이에는 밸브를 설치하지 않는다.

27 관내에 유체가 흐를 때, 어느 장소에서의 흐름의 상태(음속, 압력, 밀도 등)가 시간에 따라 변화하지 않는 흐름을 무엇이라 하는가?
① 층류
② 난류
③ 정상류
④ 비정상류

해설 정상류란 배관 내에 유체가 흐를 때, 유체의 흐름 상태(압력, 밀도 등)가 변화하지 않는 흐름을 말한다.

28 중앙식 급탕방식의 설계상 유의사항으로 옳지 않은 것은?
① 각 계통 및 지관의 순환유량이 균등하게 되도록 한다.
② 수평배관의 길이가 가능한 한 길게 되도록 수직관을 배치한다.
③ 순환펌프는 과대하게 되지 않도록 설계하며 환탕관 측에 설치한다.
④ 열원기기 및 저탕조의 압력상승, 배관의 신축에 대한 안전대책을 고려한다.

해설 수평배관의 길이가 가능한 한 짧게 되도록 수직관을 배치하여 마찰손실이 적고 열손실도 적게 한다.

해답 25.③ 26.① 27.③ 28.②

29 배수관 내 배수의 흐름에 관한 설명으로 옳지 않은 것은?

① 배수수직관의 관경이 작을수록 종국길이는 짧다.
② 배수수평지관으로부터 배수수직관에 배수가 유입하면 배수량이 적을 때에는 배수는 수직관 관벽을 따라 지그재그로 강하한다.
③ 배수수직관 내를 배수가 관벽에 따라 나선형의 상태로 하강하는 현상을 수력도약현상(돗현상)이라고 한다.
④ 일반적으로 배수수직관의 허용류량은 30% 정도를 한도로 하고 있다.

해설 종국길이는 배수흐름이 등속도에 도달하는 수직길이로 배수수직관의 관경이 작을수록 종국길이는 짧다. 배수수직관 내를 배수가 관벽에 따라 나선형의 상태로 하강하는 현상은 섹스티아를 사용하는 배수흐름에서 발생하며 수력도약현상(점핑현상)은 수평배관에서 흐름이 막히면 배수 흐름이 튀어오르는 현상을 말한다.

30 스위블형 신축이음쇠에 관한 설명으로 옳은 것은?

① 패클리스 신축이음쇠라고도 한다.
② 이음부의 나사회전을 이용해서 배관의 신축을 흡수한다.
③ 고온고압용 증기배관에 주로 사용되며 온수난방용 배관에는 사용하지 않는다.
④ 강관 또는 동관을 곡관으로 구부려, 구부림을 이용하여 배관의 신축을 흡수한다.

해설 패클리스(팩리스) 신축이음쇠란 벨로우즈형을 말하며 스위블형 신축이음쇠는 2개 이상의 엘보를 사용하여 나사부의 회전을 이용하여 신축을 흡수하고 고압보다는 저압 온수배관에 적합하다. 강관 또는 동관을 곡관으로 구부려, 밴딩(구부림)을 이용하여 배관의 신축을 흡수하는 것은 루프형(신축곡관)이다.

31 1개의 실에 설치된 온수용 주철제 방열기의 상당방열면적(EDR)이 20이다. 동일한 방열기를 5개 실에 설치할 경우, 필요한 전체 온수순환량(L/min)은?(단, 방열기의 표준방열량 $0.523kW/m^2$, 방열기 입구온도 80℃, 출구온도 70℃, 온수의 비열 $4.2kJ/kg·K$, 온수의 밀도 1kg/L이다.)

① 15.2L/min
② 21.7L/min
③ 74.7L/min
④ 108.3L/min

해설 $20m^2$, 5개실이므로 EDR=$100m^2$
전체 방열량은 $0.523 \times 100 = 52.3kW$
온수순환량은 $q = WC\Delta t$ 에서
$$W = \frac{q}{C\Delta t} = \frac{52.3}{4.2(80-70)} = 1.2452 kg/s = 74.7 L/min$$

해답 29.③ 30.② 31.③

32 원심식 펌프에 관한 설명으로 옳지 않은 것은?

① 터보형 펌프의 일종이다.
② 유체가 회전차의 반경류 방향으로 흐른다.
③ 건축설비분야의 급수, 급탕, 배수 등에 주로 이용된다.
④ 원심식 펌프에는 피스톤 펌프와 로터리 펌프 등이 있다.

해설 원심식 펌프에는 볼류트형, 터빈형이 있으며 피스톤 펌프와 로터리 펌프는 용적형 펌프의 일종이다.

33 역류를 방지하여 오염으로부터 상수계통을 보호하기 위한 방법으로 적절하지 않은 것은?

① 토수구 공간을 둔다.
② 역류방지밸브를 설치한다.
③ 대기압식 또는 가압식 진공브레이커를 설치한다.
④ 수압이 0.4MPa을 초과하는 계통에는 감압밸브를 부착한다.

해설 감압밸브는 역류방지에 관계가 없다.

34 그림과 같은 전열교환기의 전열효율(η)을 올바르게 나타낸 것은?(단, 난방의 경우이며, X_1, X_2, X_3, X_4는 각 공기상태의 엔탈피를 나타낸다.)

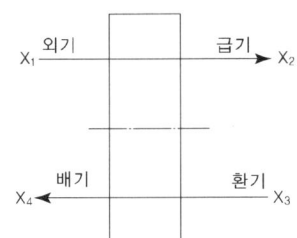

① $\eta = \dfrac{X_3 - X_1}{X_2 - X_1}$ 　　② $\eta = \dfrac{X_3 - X_4}{X_2 - X_4}$

③ $\eta = \dfrac{X_2 - X_1}{X_3 - X_1}$ 　　④ $\eta = \dfrac{X_3 - X_4}{X_3 - X_1}$

해설 전열효율 = $\dfrac{회수열량}{이용가능열량}$ = $\dfrac{외기 - 급기}{외기 - 환기}$ = $\dfrac{X_2 - X_1}{X_3 - X_1}$

해답 32.④ 33.④ 34.③

35 다음 중 주철관의 접합 방법에 속하는 것은?

① 나팔식 접합
② 메커니컬 접합
③ 플레어 너트 접합
④ 시멘트 모르타르 접합

해설 주철관은 메커니컬 접합을 주로 하며 허브이음, 노허브이음 등이 있다.

36 경질염화비닐관에 관한 설명으로 옳지 않은 것은?

① 전기절연성이 크고 금속관과 같은 전식작용을 일으키지 않는다.
② 열팽창률이 강관에 비해 작으며 온도변화에 따른 신축이 거의 없다.
③ 저온에 약하며 한랭지에서는 외부로부터 조금만 충격을 주어도 파괴되기 쉽다.
④ 내식성이 크고 염산, 황산, 가성소다 등의 부식성 약품에 의해 거의 부식되지 않는다.

해설 경질 염화비닐관(PVC)은 열팽창률이 강관에 비해 커서 온도변화에 따른 신축이 큰 편이다.

37 진공환수식 증기난방에서 리프트 이음(lift fitting)을 적용하는 경우는?

① 방열기보다 환수주관이 높을 때
② 환수배관법을 역환수식으로 할 때
③ 방열기보다 응축수 온도가 너무 높을 때
④ 진공펌프를 환수주관보다 낮게 설치할 때

해설 방열기가 아래에 설치되면 환수주관으로 응축수를 끌어올리기 위하여 리프트이음을 이용한다.

38 다음과 같은 조건에 있는 체적이 2,000m³인 실의 환기에 의한 현열부하는?

[조건]
- 외기상태 t_o=0℃, X_o=0.002kg/kg'
- 실내공기상태 t_r=24℃, X_r=0.010kg/kg'
- 공기의 비열 1.01/kJ/kg · K
- 공기의 밀도 1.2kg/m³
- 환기횟수 2회/h

① 16.32kW
② 26.69kW
③ 32.32kW
④ 59.33kW

해설 현열부하는 온도차에 의한 부하이므로
$q = mC\Delta t = 2,000 \times 2 \times 1.2 \times 1.01(24-0) = 116,352 kJ/h = 32.32 kWrm$

해답 35.② 36.② 37.① 38.③

39 흡수식 냉동기에 관한 설명으로 옳은 것은?

① 냉매로는 LiBr을 사용하고 흡수제로 물을 사용한다.
② 증발기, 압축기, 재생기, 응축기 등으로 구성되어 있다.
③ 기계적 에너지가 아닌 열에너지에 의해 냉동효과를 얻는다.
④ 1중 효용 흡수식 냉동기가 2중 효용 흡수식 냉동기보다 효율이 좋다.

해설 흡수식 냉동기는 흡수제로는 LiBr을 사용하고 냉매로는 물을 사용하며, 증발기, 흡수기, 재생기, 응축기 등으로 구성되어 있다. 압축식 냉동기가 압축기의 기계적 에너지를 이용하고, 흡수식 냉동기는 열에너지(증기, 고온수, 직화식)에 의해 냉동효과를 얻는다. 2중 효용 흡수식 냉동기가 1중 효용 흡수식 냉동기보다 효율이 좋다.

40 히트펌프에 관한 설명으로 옳지 않은 것은?

① 1대의 기기로 냉방과 난방을 겸용할 수 있다.
② 냉동사이클에서 응축기의 방열을 난방에 이용한다.
③ 냉동기의 성적계수가 히트펌프의 성적계수보다 1만큼 크다.
④ 히트펌프의 성적계수를 향상시키기 위해 지열 등을 이용할 수 있다.

해설 히트펌프의 성적계수가 냉동기의 성적계수보다 1만큼 크다.

제3과목 전기 및 소방시설 일반

41 합성최대수용전력이 1,500[kW], 부하율이 0.7일 때 부하의 평균 전력[kW]은?

① 1,050
② 1,500
③ 2,142
④ 3,000

해설 평균전력=합성최대수용전력×부하율=1,500×0.7=1,050kW

42 변압기에서 자기유도 작용으로 발생한 자속을 이동시키는 통로의 역할을 하는 것은?

① 철심
② 부싱
③ 1차측 코일
④ 2차측 코일

해설 얇은 규소강판의 철심은 자속의 이동통로기능을 한다.

해답 39.③ 40.③ 41.① 42.①

43 저압옥내 배선공사 중 직접 콘크리트에 매설할 수 있는 공사는?

① 금속관 공사　　　　　② 금속덕트 공사
③ 버스덕트 공사　　　　④ 금속몰드 공사

해설 금속관 공사
- 건물의 종류와 장소에 구애받지 않고 시공이 가능하다.
- 주로 콘크리트의 매입 배선에 사용한다.
- 화재에 대한 위험성이 적고 전선의 기계적 손상이 적다.
- 전선 교체가 용이하다.
- 전선은 접속점이 없는 절연전선을 사용한다.

44 보호구간으로 유입하는 전류와 보호구간에서 유출되는 전류의 벡터차와 출입하는 전류와의 관계비로 동작하는 보호계전기는?

① 거리 계전기　　　　　② 과전압 계전기
③ 과전류 계전기　　　　④ 비율차동 계전기

해설 비율차동 계전기는 유입하는 전류와 유출되는 전류의 벡터차와 출입하는 전류와의 관계비로 동작하는 보호계전기이다.

45 자동제어방식 중 디지털방식에 관한 설명으로 옳지 않은 것은?

① 자기진단 기능을 보유하고 있다.
② 기능의 고급화를 도모할 수 있다.
③ 제어의 정밀도가 낮으며 신뢰성이 다소 떨어진다.
④ 각종 제어로직은 손쉽게 소프트웨어에 의해 조정될 수 있다.

해설 디지털방식(DDC)은 기계식이나 전기식에 비하여 제어의 정밀도가 높으며 신뢰성이 우수하다.

46 피뢰 시스템에 관한 설명으로 옳지 않은 것은?

① 피뢰 시스템은 보호성능 정도에 따라 등급을 구분 한다.
② 피뢰 시스템의 등급은 Ⅰ, Ⅱ, Ⅲ의 3등급으로 구분된다.
③ 수뢰부 시스템은 보호범위 산정방식(보호각, 회전구체법, 메시법)에 따라 설치한다.
④ 피보호 건축물에 적용하는 피뢰 시스템의 등급 및보호에 관한 사항은 한국산업표준의 낙뢰 리스트 평가에 의한다.

해답 43.① 44.④ 45.③ 46.②

[해설] 피뢰 시스템의 등급 분류(4개 등급으로 분류)

등급	시스템의 효율
I	0.98
II	0.95
III	0.90
IV	0.80

47. 다음 설명에 알맞은 화재의 종류는?

> 인화성 액체, 가연성 액체, 석유 그리스, 타르, 오일, 유성도료, 솔벤트, 래커, 알코올 및 인화성 가스와 같은 유류가 타고 나서 재가 남지 않는 화재

① A급 화재 ② B급 화재
③ C급 화재 ④ K급 화재

[해설]
- A급 화재(일반화재) : 목재, 종이, 천 등 고체 가연물의 화재.
- B급 화재(기름화재) : 인화성 액체 및 고체의 유지류 등의 화재.
- C급 화재 : 전기화재
- D급 화재 : 금속화재(마그네슘, 나트륨, 칼륨)

48. 정보통신설비를 정보설비와 통신설비로 구분할 경우, 다음 중 정보설비에 속하지 않는 것은?

① TV 공청설비 ② 전기시계설비
③ 원격검침설비 ④ 홈네트워크설비

[해설] TV 공청설비, 전화설비는 통신설비에 속한다.

49. 220[V]용 200[W] 전구에 흐르는 전류는?

① 약 0.5[A] ② 약 0.9[A]
③ 약 2.2[A] ④ 약 4.4[A]

[해설] $I = \dfrac{W}{V} = \dfrac{200}{220} = 0.9\text{A}$

[해답] 47.② 48.① 49.②

50
최대 방수구역에 설치된 스프링클러헤드의 개수가 20개인 경우, 스프링클러설비의 수원의 저수량은 최소 얼마 이상이 되도록 하여야 하는가?(단, 개방형 스프링클러헤드를 사용하는 경우)

① 17㎥   ② 32㎥
③ 48㎥   ④ 64㎥

해설 스프링클러 1개당 수량은 80L/min×20분=1.6㎥, 20개이면 20×1.6=32㎥

51
다음 중 옥내소화전설비의 화재안전기준상 배관 내 사용압력이 1.2MPa 이상인 경우 배관재료로 가장 적합한 것은?

① 배관용 탄소강관   ② 압력배관용 탄소강관
③ 배관용 스테인리스강관   ④ 이음매 없는 구리 및 구리합금관

해설 1.2MPa(120m수두) 이상이면 압력배관용 탄소강관을 사용한다.

52
할로겐 램프에 관한 설명으로 옳지 않은 것은?

① 휘도가 낮다.   ② 흑화가 거의 일어나지 않는다.
③ 백열전구에 비해 수명이 길다.   ④ 광속이나 색온도의 저하가 극히 적다.

해설 할로겐 램프는 백열전구처럼 발열에 의한 발광원리를 이용하며 휘도가 높다.

53
전기 샤프트(ES)에 관한 설명으로 옳지 않은 것은?

① 전기 샤프트(ES)는 각 층마다 같은 위치에 설치한다.
② 전기 샤프트(ES)의 면적은 보, 기둥부분을 제외 하고 산정한다.
③ 전기 샤프트(ES)는 전력용(EPS)과 정보통신용 (TPS)을 공용으로 설치하는 것이 원칙이다.
④ 전기 샤프트(ES)의 점검구는 유지보수 시 기기의 반입 및 반출이 가능하도록 하여야 한다.

해설 전기 샤프트(ES, Electrical Shaft)는 용도별로 전력용(EPS)과 정보통신용(TPS)으로 구분하여 설치하는 것이 원칙이다. 다만, 각 용도의 설치 장비 및 배선이 적은 경우는 공용으로도 사용이 가능하다.

해답 50.② 51.② 52.① 53.③

54 다음의 설명에 알맞은 법칙은?

두 개의 전하 사이에 작용하는 전기력은 두 전하의 세기의 곱에 비례하고 거리의 제곱에 반비례한다.

① 옴의 법칙 ② 렌쯔의 법칙
③ 쿨롱의 법칙 ④ 키르히호프의 제1법칙

해설 쿨롱의 법칙은 두 개의 전하 사이에 작용하는 전기력은 두 전하의 세기의 곱에 비례하고 거리의 제곱에 반비례한다.

55 다음 설명에 알맞은 피드백 제어계의 구성요소는?

제어계의 상태를 교란시키는 외적작용으로써, 실내 온도 제어에서는 인체, 조명 등에 의한 발생열, 창문을 통한 태양일사, 틈새바람, 외기온도 등을 의미한다.

① 외란 ② 제어대상
③ 제어편차 ④ 주피드백 신호

해설 피드백 제어계에서 제어계의 상태를 교란시키는 외적인 작용을 외란이라 한다.

56 스프링클러설비에서 스프링클러헤드의 방수구에서 유출되는 물을 세분시키는 작용을 하는 것은?

① 익져스터 ② 디프렉타
③ 리타딩챔버 ④ 엑셀러레이터

해설 디프렉타는 스프링클러 헤드의 아랫부분에서 물을 세분시킨다.

57 변압기의 1차 측을 Y결선, 2차 측을 Δ결선으로 했을 경우, 1·2차 간 전압의 위상차는?

① 30° ② 45°
③ 60° ④ 90°

해설 3상 변압기의 1차 측을 Y결선, 2차 측을 Δ결선으로 했을 경우, 1·2차 간 전압의 위상차는 30°이다.

해답 54.③ 55.① 56.② 57.①

58 다음과 같은 RLC 직렬회로에서 역률은?

① 0.6
② 0.7
③ 0.78
④ 0.85

해설 역률 $=\dfrac{R}{Z}=\dfrac{30}{\sqrt{30^2+(60-20)^2}}=0.6$

59 자기인덕턴스 4[H]의 코일에 8[A]의 전류를 흘릴 때 코일에 저장되는 자기에너지는?

① 32[J]
② 64[J]
③ 128[J]
④ 256[J]

해설 $E=\dfrac{1}{2}LI^2=\dfrac{1}{2}\times 4\times 8^2=128J$

60 동일한 저항을 가진 3개의 도선을 병렬로 연결하였을 때의 합성저항은?

① 1개 도선저항의 1/3
② 1개 도선저항의 2/3
③ 1개 도선저항의 1배
④ 1개 도선저항의 3배

해설 저항을 가진 3개의 도선을 병렬로 연결하였을 때의 합성저항은 1/3이고, 3개의 도선을 직렬로 연결하였을 때의 합성저항은 3배이다.

제4과목 건축설비 관련 법규

61 건축물의 내부에 설치하는 피난계단의 구조에 관한 기준 내용으로 옳지 않은 것은?

① 계단실의 실내에 접하는 부분의 마감은 불연재료로 할 것
② 계단은 내화구조로 하고 피난층 또는 지상까지 직접 연결되도록 할 것
③ 건축물의 내부와 접하는 계단실의 창문 등의 면적은 각각 3㎡ 이하로 할 것
④ 건축물의 내부에서 계단실로 통하는 출입구의 유효너비는 0.9m 이상으로 할 것

해설 〈피난방화구조기준 제9조〉 건축물의 내부와 접하는 계단실의 창문 등의 면적은 각각 1㎡ 이하로 할 것

해답 58.① 59.③ 60.① 61.③

62 판매시설로써 옥내소화전설비를 모든 층에 설치하여야 하는 특정소방대상물의 연면적 기준은?

① 500㎡ 이상
② 1,000㎡ 이상
③ 1,500㎡ 이상
④ 2,000㎡ 이상

해설 〈소방법령 제15조 별표 5 1. 다 3)〉 1,500㎡ 이상

63 건축물을 특별시나 광역시에 건축하는 경우 특별시장이나 광역시장의 허가를 받아야 하는 대상건축물의 층수 기준은?

① 15층 이상
② 21층 이상
③ 30층 이상
④ 41층 이상

해설 〈건축법 제11조, 시행령 제8조〉 21층 이상, 연면적 10만 제곱미터 이상

64 제로에너지 건축물 인증 관련 인증기관이 보유하는 8명의 상근 인증업무인력의 자격요건과 맞지 않는 것은?

① 건축, 설비, 에너지 분야의 기술사 자격을 취득한 후 3년 이상 해당 업무를 수행한 사람
② 건축, 설비, 에너지 분야의 기사 자격을 취득한 후 5년 이상 해당 업무를 수행한 사람
③ 건축, 설비, 에너지 분야의 박사학위를 취득한 후 3년 이상 해당 업무를 수행한 사람
④ 건축, 설비, 에너지 분야의 학사학위를 취득한 후 5년 이상 해당 업무를 수행한 사람

해설 〈제로에너지 건축물 인증에 관한 규칙 4조〉 학사학위 취득 후 7년 이상 해당 업무를 수행하여야 한다.

65 같은 건축물 안에 공동주택과 위락시설을 함께 설치하고자 하는 경우, 공동주택의 출입구와 위락시설의 출입구는 서로 그 보행거리가 최소 얼마 이상이 되도록 설치하여야 하는가?

① 10m
② 20m
③ 30m
④ 50m

해설 〈피난구조기준 제14조 2〉 보행거리가 최소 30m

해답 62.③ 63.② 64.④ 65.③

66. 피난 용도로 쓸 수 있는 광장을 옥상에 설치하여야 하는 대상에 속하지 않는 것은?

① 5층 이상인 층이 종교시설의 용도로 쓰는 경우
② 5층 이상인 층이 판매시설의 용도로 쓰는 경우
③ 5층 이상인 층이 문화 및 집회시설 중 공연장의 용도로 쓰는 경우
④ 5층 이상인 층이 문화 및 집회시설 중 전시장의 용도로 쓰는 경우

해설 〈건축법령 제40조 2항〉 전시장, 동식물원 제외

67. 건축법령상 숙박시설에 속하지 않는 것은?

① 호스텔
② 청소년수련원
③ 의료관광호텔
④ 휴양 콘도미니엄

해설 〈건축법령 제3조5 별표 1〉 청소년수련원은 수련시설

68. 다음은 지하층과 피난층 사이의 개방공간 설치에 관한 기준 내용이다. ( ) 안에 알맞은 것은?

> 바닥면적의 합계가 ( ) 이상인 공연장·집회장·관람장 또는 전시장을 지하층에 설치하는 경우에는 각 실에 있는 자가 지하층 각 층에서 건축물 밖으로 피난하여 옥외 계단 또는 경사로 등을 이용하여 피난층으로 대피할 수 있도록 천장이 개방된 외부 공간을 설치하여야 한다.

① 1,000㎡
② 2,000㎡
③ 3,000㎡
④ 4,000㎡

해설 〈건축법령 제37조〉 3,000㎡ 이상

69. 특별피난계단에 설치하는 배연설비의 구조에 관한 기준 내용으로 옳지 않은 것은?

① 배연구 및 배연풍도는 불연재료로 할 것
② 배연구는 평상시에는 닫힌 상태를 유지할 것
③ 배연구는 평상시에 사용하는 굴뚝에 연결할 것
④ 배연기는 배연구의 열림에 따라 자동적으로 작동할 것

해설 〈설비기준 제14조 2항〉 배연구는 평상시에 사용하지 않는 굴뚝에 연결할 것

해답 66.④ 67.② 68.③ 69.③

70 방송 공동수신설비를 설치하여야 하는 대상건축물에 속하지 않는 것은?

① 연립주택
② 다가구주택
③ 바닥면적의 합계가 5,000㎡로써 업무시설의 용도가 쓰는 건축물
④ 바닥면적의 합계가 5,000㎡로써 숙박시설의 용도가 쓰는 건축물

해설 〈건축법령 제87조〉 방송 공동수신설비를 설치하여야 하는 대상건축물에 공동주택이 포함되는데 다가구주택은 공동주택에 속하지 않는다.

71 다음 중 다중이용건축물에 속하지 않는 것은?(단, 층수가 10층이며, 해당 용도로 쓰는 바닥면적의 합계가 5,000m²인 경우)

① 종교시설
② 판매시설
③ 위락시설
④ 숙박시설 중 관광숙박시설

해설 〈건축법령 제2조 17〉 위락시설은 해당하지 않는다.

72 다음은 건축물의 에너지절약 설계기준에 따른 방습층의 정의이다. ( ) 안에 알맞은 것은?

> 방습층이라 함은 습한 공기가 구조체에 침투하여 결로발생의 위험이 높아지는 것을 방지하기 위해 설치하는 투습도가 24시간당 (   ) 이하 또는 투습계수 0.28g/m²·h·mmHg 이하의 투습저항을 가진 층을 말한다.

① 10g/m²
② 20g/m²
③ 30g/m²
④ 40g/m²

해설 〈에너지절약기준 제5조9 카〉 투습도가 24시간당 30g/m² 이하

73 연면적 200m³을 초과하는 중·고등학교에 설치하는 복도의 유효너비는 최소 얼마 이상으로 하여야 하는가?(단, 양옆에 거실에 있는 복도의 경우)

① 1.5m 이상
② 1.8m 이상
③ 2.1m 이상
④ 2.4m 이상

해설 〈피난방화구조기준 제15조 2〉 양옆에 거실에 있는 복도 : 2.4m 이상, 기타 : 1.8m 이상

해답 70.② 71.③ 72.③ 73.④

74 기계설비법상 기계설비의 범위에 속하지 않는 것은?

① 플랜트설비
② 오수정화 및 물재이용설비
③ 가스설비
④ 위생기구설비

해설 가스설비는 기계설비법상 기계설비의 범위에 속하지 않는다.
기계설비의 범위(기계설비법 시행령 별표 1)
열원설비, 냉난방설비, 공기조화·공기청정·환기설비, 위생기구·급수·급탕·오배수·통기설비, 오수정화·물재이용설비, 우수배수설비, 보온설비, 덕트(Duct)설비, 자동제어설비, 방음·방진·내진설비, 플랜트설비, 특수 설비(청정실 구성 설비 등)

75 다음 중 허가 대상에 속하는 건축물의 용도변경은?

① 장례시설에서 발전시설로의 용도변경
② 위락시설에서 숙박시설로의 용도변경
③ 종교시설에서 운동시설로의 용도변경
④ 업무시설에서 교육연구시설로의 용도변경

해설 〈건축법 제19조 2항, 영 제14조5항〉 허가 대상에 속하는 건축물의 용도변경은 하위그룹(업무시설)에서 상위그룹(교육연구)으로 용도변경할 때이다.

76 다음은 소방시설의 내진설계에 관한 기준 내용이다. 밑줄 친 대통령령으로 정하는 소방시설에 속하지 않는 것은?

> 「지진·화산재해대책법」 제14조 제1항 각 호의 시설 중 대통령령으로 정하는 특정소방대상물에 <u>대통령령으로 정하는 소방시설</u>을 설치하려는 자는 지진이 발생할 경우 소방시설이 정상적으로 작동될 수 있도록 소방청장이 정하는 내진설계기준에 맞게 소방시설을 설치하여야 한다.

① 옥내소화전설비
② 스프링클러설비
③ 자동화재탐지설비
④ 물분무등소화설비

해설 〈소방법령 제15조2〉 소화설비, 소화용수설비, 소화활동설비가 포함되는데 자동화재탐지설비는 경보설비에 속한다.

77 다음은 주택에 설치하는 소방시설에 관한 기준내용이다. 밑줄 친 대통령령으로 정하는 소방시설에 해당하는 것은?

> 제8조(주택에 설치하는 소방시설) ① 다음 각 호의 주택의 소유자는 <u>대통령령으로 정하는 소방시설</u>을 설치하여야 한다.

해답 74.③ 75.④ 76.③ 77.①

1. 「건축법」 제2조제2항제1호의 단독주택
2. 「건축법」 제2조제2항제2호의 공동주택(아파트 및 기숙사는 제외한다)

① 소화기 및 단독 경보형 감지기
② 소화기 및 간이스프링클러설비
③ 간이소화용구 및 자동소화장치
④ 간이소화용구 및 자동식 사이렌설비

해설 〈소방법 제8조〉 주택에 설치하는 소방시설은 소화기구 및 단독 경보형 감지기

78 비상용 승강기의 승강장 및 승강로의 구조에 관한 기준 내용으로 옳지 않은 것은?

① 승강장은 각층의 내부와 연결될 수 있도록 할 것
② 승강로는 당해 건축물의 다른 부분과 내화구조로 구획할 것
③ 벽 및 반자가 실내에 접하는 부분의 마감재료는 불연재료로 할 것
④ 옥외승강장의 바닥면적은 비상용 승강기 1대에 대하여 5㎡ 이상으로 할 것

해설 〈설비기준 제10조〉 비상용 승강기의 승강장의 바닥면적은 1대에 대하여 6㎡ 이상으로 할 것이나, 옥외승강장은 조건이 없다.

79 승강기 설치 대상 건축물로써 각 층의 거실면적이 500㎡인 8층 병원에 설치하여야 하는 승용승강기의 최소 대수는?(단, 8인승 승강기인 경우)

① 1대
② 2대
③ 3대
④ 4대

해설 〈설비기준 제5조 별표 1〉
6층 이상 거실면적=500×3=1,500㎡
의료시설(병원)에서 6층 이상 거실면적이 3,000㎡ 이하일 때 2대(8인승)

80 건축물의 에너지절약 설계기준상 기계부문에 권장되는 냉방설비의 용량계산을 위한 설계기준 실내온도 기준은?(단, 목욕장 및 수영장은 제외한다.)

① 20℃
② 25℃
③ 28℃
④ 30℃

해설 〈에너지절약기준 제9조〉
• 난방 실내 설계온도 : 20℃
• 냉방 실내 설계온도 : 28℃

해답 78.④ 79.② 80.③

건축설비기사 제6회 [기출모의고사]

제1과목 건축설비 계획

01 눈부심(glare)의 방지 방법으로 옳지 않은 것은?
① 휘도가 낮은 광원을 사용한다.
② 플라스틱 커버가 장착된 조명기구를 사용한다.
③ 글래어 존(glare zone)에 광원을 설치한다.
④ 광원 주위를 밝게 한다.

해설 눈부심을 방지하기 위하여 글래어 존(glare zone)에 광원을 설치하지 않는다.

02 실내환기의 주된 목적이 아닌 것은?
① 습기 제거
② 적절한 산소공급
③ 기류속도 조정
④ CO_2 제거

해설 환기와 기류속도 조정은 거리가 멀다.

03 결합통기관에 관한 설명으로 옳은 것은?
① 각 기구마다 설치하는 통기관
② 배수·통기 양 계통 간의 공기 유통을 원활하게 하기 위해 배수수평지관과 루프통기관을 연결시키는 통기관
③ 배수수직관의 상부를 그대로 연장하여 대기에 개방되게 한 것으로 배수수직관이 통기관의 역할까지 하도록 한 통기관
④ 배수수직관이 길 경우 발생할 수 있는 배수수직관 내의 압력변화를 방지하기 위해 배수수직관과 통기수직관을 연결한 통기관

해설 결합통기관은 배수수직관이 길 경우 배수수직관 내의 통기성능 향상을 위하여 배수수직관과 통기수직관을 연결하는 통기관이다.

해답 1.③ 2.③ 3.④

04 만약 실내공기 중의 CO_2 농도가 1,000ppm이라 하면 실내의 공기 중에 CO_2가 차지하는 비율은 몇 %에 해당하는가?

① 0.01%
② 0.1%
③ 1%
④ 10%

해설 $1,000\text{ppm} = \dfrac{1,000}{10^6} = 0.001 = 0.1\%$

05 실내조명설계의 순서에서 가장 먼저 수행해야 하는 것은?

① 조명 기구의 디자인
② 소요 조도의 결정
③ 조명 방식의 결정
④ 기구 대수의 산출

해설 실내조명설계의 순서 : 소요 조도의 결정 → 조명 방식의 결정 → 기구 대수의 산출 → 조명 기구의 디자인

06 환기방식에 관한 설명으로 옳지 않은 것은?

① 화장실, 주방 등은 제3종 환기가 유리하다.
② 상향식 환기는 바닥면의 먼지 등을 일으킬 수 있다.
③ 제2종 환기란 급기팬과 배기팬이 모두 설치되는 것을 말한다.
④ 국소환기는 주방, 실험실에서와 같이 오염물질의 확산 및 발산을 가능한 극소화시키려고 할 때 적용된다.

해설 제2종 환기란 급기팬과 배기구를 이용하여 실내를 양압(+)으로 유지하여 오염가스의 침입을 막는데 쓰인다.

07 간접가열식 급탕법에 관한 설명으로 옳지 않는 것은?

① 대규모의 급탕설비에 사용할 수 없다.
② 보일러 내면에 스케일의 발생이 적다.
③ 탱크 내의 가열코일을 이용하여 가열한다.
④ 난방용 보일러를 사용하여 급탕할 수 있다.

해설 간접가열식 급탕법은 급탕전의 수압이 보일러에 작용하지 않으므로 대규모의 급탕설비에 저압보일러를 사용할 수 있다.

해답 4.② 5.② 6.③ 7.①

08 2개 이상의 엘보를 사용하여 이음부의 나사 회전을 이용해서 배관의 신축을 흡수하는 신축이음쇠는?

① 루프형 ② 슬리브형
③ 벨로우즈형 ④ 스위블형

해설 스위블형 이음은 2개 이상의 엘보를 사용하여 엘보의 회전과 밴딩현상으로 신축을 흡수한다.

09 다음 중 사이폰 트랩에 속하는 것은?

① P트랩 ② 벨트랩
③ 드럼트랩 ④ 그리스트랩

해설 사이폰 트랩(관트랩) : P, S, U트랩

10 다음 중 배관의 피복 목적과 가장 관계가 먼 것은?

① 방로 ② 방음
③ 방동 ④ 방진

해설 배관의 피복과 방진은 거리가 멀다.

11 수질에 관한 설명으로 옳은 것은?

① SS 값이 클수록 탁도가 작다.
② COD 값이 클수록 오염도가 작다.
③ BOD 값이 클수록 오염도가 작다.
④ BOD 제거율값이 클수록 처리능력이 양호하다.

해설 SS 값이 클수록 탁도가 크고, COD, BOD 값이 클수록 오염도가 크다.

12 유량조절용으로 사용되며 유체의 흐름방향을 90°로 전환시킬 수 있는 밸브는?

① 볼 밸브 ② 앵글 밸브
③ 체크 밸브 ④ 게이트 밸브

해설 유체의 흐름방향을 90°로 전환시킬 수 있는 밸브는 앵글 밸브이다.

해답 8.④ 9.① 10.④ 11.④ 12.②

13 대변기의 세정급수 방식 중 하이탱크식과 로탱크식에 관한 설명으로 옳은 것은?

① 하이탱크식은 로탱크식보다 세정소음이 작다.
② 로탱크식과 하이탱크식은 연속 사용이 가능하다.
③ 로탱크식은 하이탱크식보다 화장실 내의 공간을 적게 차지하여 유리하다.
④ 하이탱크식과 로탱크식은 탱크로의 급수수압이 다소 낮아도 사용이 가능하다.

해설 하이탱크식이 소음이 크며, 탱크식은 모두 연속사용이 어렵고, 수압이 낮아도 사용이 가능하다. 화장실 공간은 로탱크가 많이 차지한다.

14 압력탱크방식 급수법에 관한 설명으로 옳은 것은?

① 취급이 비교적 쉽고 고장도 없다.
② 전력 차단 시에는 사용할 수 없다.
③ 항상 일정한 수압을 유지할 수 있다.
④ 고가탱크방식에 비하여 관리비용이 저렴하고 저양정의 펌프를 사용한다.

해설 압력탱크방식은 취급이 비교적 어렵고, 고장도 생기고, 전력 차단 시에는 사용할 수 없고, 수압 변동이 크고, 고가탱크방식에 비하여 관리비용이 높고 고양정의 펌프를 사용한다.

15 배수배관에서 청소구의 원칙적인 설치 위치에 속하지 않는 것은?

① 배수횡주관 및 배수횡지관의 기점
② 배수수직관의 최상부 또는 그 부근
③ 배수횡주관과 부지 배수관의 접속점에 가까운 곳
④ 배수관이 45°를 넘는 각도로 방향을 전환하는 개소

해설 청소구는 배수수직관의 최하부 또는 그 부근에 설치한다.

16 다음 설명에 알맞은 유체 정역학 관련 이론은?

> 밀폐된 용기에 넣은 유체의 일부에 압력을 가하면, 이 압력은 모든 방향으로 동일하게 전달되어 벽면에 작용한다.

① 파스칼의 원리
② 피토관의 원리
③ 베르누이의 정리
④ 토리첼리의 정리

해설 파스칼의 원리는 수압기나 유압기의 원리에 이용되고 있다.

해답 13.④ 14.② 15.② 16.①

17 층류와 난류에 관한 설명으로 옳지 않은 것은?

① 층류영역에서 난류영역 사이를 천이영역이라고 한다.
② 층류에서 난류로 천이할 때의 유속을 평균유속이라고 한다.
③ 레이놀즈 수에 의해 관내의 흐름이 층류인지 난류인지를 판별할 수 있다.
④ 유체 유동 중 층류는 유체분자가 규칙적으로 층을 이루면서 흐르는 것이다.

해설 층류에서 난류로 천이할 때의 유속을 임계유속라고 한다.

18 냉방부하계산에 관한 설명으로 옳지 않은 것은?

① 외벽구조에 따라 상당온도차는 다르게 나타난다.
② 틈새바람에 의한 부하는 현열과 잠열 모두 고려한다.
③ 틈새바람량 계산법으로는 틈새법, 면적법, 환기횟수법 등이 있다.
④ 유리를 통한 열부하는 일사에 의한 직접 열취득만을 고려한다.

해설 유리를 통한 열부하는 일사에 의한 열부하와 관류(대류)부하를 고려한다.

19 공기조화방식 중 전공기 방식의 일반적인 특징으로 옳은 것은?

① 덕트 스페이스가 필요하다.   ② 실내공기의 오염이 심하다.
③ 실내에 누수의 염려가 많다.   ④ 중간기에 외기냉방을 할 수 없다.

해설 전공기 방식은 덕트방식으로 덕트스페이스가 필요하며, 실내공기의 오염이 적고, 실내에 누수의 우려는 없고, 중간기에 외기냉방을 할 수 있다.

20 다음 중 송풍기의 풍량제어 시 축동력이 가장 많이 소요되는 제어방법은?

① 회전수제어   ② 흡입베인제어
③ 흡입댐퍼제어   ④ 토출댐퍼제어

해설 축동력 소요순서 : 토출댐퍼제어 > 흡입댐퍼제어 > 흡입베인제어 > 회전수제어

해답 17.② 18.④ 19.① 20.④

제2과목 건축설비 설계

21 급탕배관에서 콘크리트벽의 관통 부위에 슬리브(sleeve) 배관을 하는 가장 주된 이유는?

① 관 내의 유속을 낮추기 위하여
② 관의 도장공사를 손쉽게 하기 위하여
③ 관 표면에 생기는 결로를 막기 위하여
④ 관이 자유롭게 신축할 수 있도록 하기 위하여

해설 배관이 벽체를 관통할 때 슬리브를 설치하고 통과시키면 신축이 자유롭고 교체가 편리하다.

22 양수펌프가 수면으로부터 2.5m 아래 지점에 설치되어 있다. 이때 수온은 32.5℃이고, 32.5℃ 물의 포화증기압은 50kPa이며, 수면 위에는 표준 대기압이 작용하고 있다. 이 양수펌프의 유효흡입양정은?(단, 마찰저항은 2.36mAq이며 물의 밀도는 0.996kg/L이다.)

① 약 2.5m
② 약 5.0m
③ 약 7.5m
④ 약 10.0m

해설 NPSH=대기압-(흡입양정+포화증기압+마찰손실)=$10.33-\left(-2.5+\frac{50}{10}+2.36\right)=5.47\text{m}$

23 원심식 펌프로 회전차 주위에 디퓨저인 안내 날개를 가지고 있는 펌프는?

① 터빈펌프
② 기어펌프
③ 피스톤펌프
④ 볼류트펌프

해설 원심식 펌프로 회전차(임펠러) 주위에 디퓨저(안내 날개)를 가지고 있는 펌프는 터빈펌프, 없으면 볼류트펌프이다.

24 급수관경 결정 시 필요없는 사항은?

① 수압표
② 관경균등표
③ 동시사용률표
④ 마찰저항선도

해설 급수관경 결정 시 관경균등표와 동시사용률표를 이용하는 방법과 급수부하단위와 마찰저항선도를 이용하는 방법이 있다.

해답 21.④ 22.② 23.① 24.①

25. 급수배관 설계 및 시공 시 주의사항으로 옳지 않은 것은?

① 수평배관에서 물이 고일 수 있는 부분에는 진공방지밸브를 설치한다.
② 상향 급수배관 방식의 경우 진행방향에 따라 올라가는 기울기로 한다.
③ 기구의 접속관 지름은 기구의 구경과 동일한 것을 원칙으로 하며 이것보다 작게 해서는 안 된다.
④ 수직배관에는 25~30m 구간마다 체크밸브를 설치하여 유동 정지 시의 역류에너지의 작용을 분산한다.

해설 급수배관 설계 시 수평배관에서 물이 고일 수 있는 부분에는 배수(드레인)밸브를 설치한다.

26. 1,000L/h의 급탕을 전기온수기를 사용하여 공급할 때 시간당 전력사용량은?(단, 물의 비열 4.2kJ/kg·K, 밀도 1kg/L, 급탕온도 70℃, 급수온도 10℃, 전기온수기의 전열효율은 95%로 한다.)

① 63.4kW/h
② 66.5kW/h
③ 70.2kW/h
④ 73.7kW/h

해설 $kW = \dfrac{WC\Delta t}{E} = \dfrac{1,000 \times 4.2(70-10)}{3,600 \times 0.95} = 73.7kW$

27. 아파트 1동 50세대의 급탕설비를 중앙공급식으로 하는 경우 1시간당 최대 급탕량은?(단, 각 세대마다 세면기(40L/h), 부엌싱크(70L/h), 욕조(110L/h)가 1개씩 설치되며, 기구의 동시사용률은 30%로 가정한다.)

① 2,700L/h
② 3,300L/h
③ 3,700L/h
④ 4,300L/h

해설 $Q = (40+70+110) \times 50 \times 0.3 = 3,300L/h$

28. 다음 중 펌프에서 캐비테이션 현상의 방지 대책과 가장 거리가 먼 것은?

① 관 내에 공기가 체류하지 않도록 배관한다.
② 양정에 필요 이상의 여유를 주지 않도록 한다.
③ 흡수관을 가능한 길게 하고 관경을 작게 한다.
④ 흡입조건이 나쁜 경우 회전수가 작은 펌프를 사용한다.

해설 캐비테이션 현상의 방지를 위해 흡수관을 가능한 짧고, 관경을 크게 한다.

해답 25.① 26.④ 27.② 28.③

29. 먹는 물의 수질기준에 따른 경도 기준으로 옳은 것은?(단, 수돗물의 경우)

① 100mg/L를 넘지 아니할 것
② 300mg/L를 넘지 아니할 것
③ 1,000mg/L를 넘지 아니할 것
④ 1,200mg/L를 넘지 아니할 것

해설 경도는 무기물질(Ca, Mg)로 유발되며 먹는 물에 적당하게(90~110mg/L) 함유되는 게 좋으며 300mg/L를 넘지 않도록 규정하고 있다.

30. 수증기를 만드는 원리에 따라 가습장치를 구분할 경우 다음 중 수분무식에 속하는 것은?

① 전열식
② 모세관식
③ 초음파식
④ 적외선식

해설 수분무식에 초음파식과 고압분무식이 있다.

31. 덕트의 치수 결정법에 관한 설명으로 옳지 않은 것은?

① 등속법은 덕트 내의 풍속을 일정하게 유지할 수 있도록 덕트 치수를 결정하는 방법이다.
② 등마찰손실법은 덕트의 단위길이당 마찰손실이 일정한 상태가 되도록 덕트마찰손실 선도에서 직경을 구하는 방법이다.
③ 등속법에 의한 덕트는 각 구간마다 압력손실이 다르므로 송풍기 용량을 구하기 위해서는 전체 구간의 압력손실을 구해야 하는 번거로움이 있다.
④ 등속법에 의한 덕트에 많은 풍량을 송풍하면 소음발생이나 덕트의 강도상에 문제가 발생하므로 일정 풍량 이상인 경우 등마찰손실법으로 결정한다.

해설 등마찰손실법에 의한 덕트에 많은 풍량을 송풍하면 소음발생이나 덕트의 강도상에 문제가 발생하므로 일정 풍량 이상인 경우 등속법으로 결정한다.

32. 냉동기에 관한 설명으로 옳지 않은 것은?

① 터보식 냉동기는 임펠러의 원심력에 의해 냉매가스를 압축한다.
② 터보식 냉동기는 대용량에서는 압축효율이 좋고 비례 제어가 가능하다.
③ 압축식 냉동기의 냉매순환 사이클은 압축기 → 응축기 → 팽창밸브 → 증발기이다.
④ 흡수식 냉동기는 열에너지가 아닌 기계적 에너지에 의해 냉동효과를 얻는다.

해설 흡수식 냉동기는 열에너지(증기, 고온수)를 이용하여 냉동효과를 얻는다.

해답 29.② 30.③ 31.④ 32.④

33 다음과 같은 특징을 갖는 천장취출구는?

- 확산형 취출구의 일종으로 몇 개의 콘(cone)이 있어서 1차 공기에 의한 2차 공기의 유인성능이 좋다.
- 확산반경이 크고 도달거리가 짧기 때문에 천장취출구로 많이 사용된다.

① 팬형
② 노즐형
③ 펑커형
④ 아네모스탯형

해설 몇 개의 콘(cone)으로 구성된 확산형 취출구는 아네모스탯형이다.

34 전열교환기에 관한 설명으로 옳지 않은 것은?

① 공기 대 공기의 열교환기로써, 습도차에 의한 잠열은 교환 대상이 아니다.
② 공기방식의 중앙공조시스템이나 공장 등에서 환기에서의 에너지 회수방식으로 사용된다.
③ 공조시스템에서 배기와 도입되는 외기와의 전열교환으로 공조기의 용량을 줄일 수 있다.
④ 전열교환기를 사용한 공조시스템에서 중간기(봄, 가을)를 제외한 냉방기와 난방기의 열 회수량은 실내·외의 온도차가 클수록 많다.

해설 전열교환기는 공기(외기) 대 공기(배기)의 열교환기로써, 온도차에 의한 현열과 습도차에 의한 잠열 모두 교환 대상이다.

35 진공환수식 증기난방에서 리프트 피팅(lift fitting)을 해야 하는 경우는?

① 방열기보다 환수주관이 높을 때
② 방열기보다 환수주관이 낮을 때
③ 배관 내의 유체 온도가 너무 높을 때
④ 배관 내의 유체 온도가 너무 낮을 때

해설 진공환수식에서 리프트 피팅은 방열기보다 환수주관이 높을 때 이용되며 1단의 높이는 1.5m 이내로 한다.

36 보일러에 관한 설명으로 옳지 않은 것은?

① 연관 보일러는 예열시간이 길고 수명이 짧다.
② 입형 보일러는 설치면적이 작고 취급이 용이하다.
③ 수관 보일러는 지역난방 또는 대형 건물에 주로 이용된다.
④ 관류 보일러는 보유수량이 많으므로 일반 공조용에 많이 이용된다.

해설 관류 보일러는 보유수량이 적으며 중소규모의 일반 공조용에 많이 이용된다.

해답 33.④ 34.① 35.① 36.④

37 증기트랩의 작동원리에 따른 분류 중 기계식 트랩에 속하는 것은?

① 버킷 트랩
② 디스크 트랩
③ 벨로우즈식 트랩
④ 바이메탈식 트랩

해설 버킷 트랩, 플로트 트랩은 기계식 트랩에 속한다.

38 축열시스템에 관한 설명으로 옳지 않은 것은?

① 심야전력의 이용이 가능하다.
② 냉동기의 용량을 감소시킬 수 있다.
③ 호텔의 공공부분과 같이 간헐운전이 심한 경우에는 적용할 수 없다.
④ 빙축열시스템은 냉각을 위한 냉동기, 축열을 위한 빙축열조, 외부와의 열교환을 위한 열교환기 등으로 구성된다.

해설 축열시스템은 호텔의 공공부분과 같이 간헐운전이 심한 경우에 적용하면 효과적이다.

39 다음 그림과 같은 냉수 배관계통에서 ㉠점의 냉수 순환량은?(단, 팬코일 유닛의 단위는 와트(W)이며, 물의 비열은 4.2kJ/kg·K, 물의 밀도는 1kg/L이다.)

- 팬코일 유닛의 입구, 출구 온도차 : 5℃
- 배관 및 기기의 열손실은 10%로 한다.

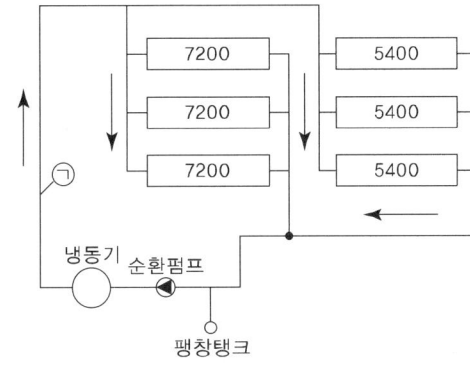

① 약 61L/min
② 약 119L/min
③ 약 122L/min
④ 약 134L/min

해설 ㉠점 부하=7,200×3+5,400×3=37,800W=37.8kW

유량 = $\dfrac{q}{C\Delta t} = \dfrac{37.8 \times 1.1}{4.2 \times 5} = 1.98 \text{kg/s} = 118.8 kg/\min = 118.8 \text{L/min}$

해답 37.① 38.③ 39.②

40 1인당 소요면적이 5m²이고, 사무실의 면적이 500m²일 때 인체발생열량은?(단, 1인당 발생현열량은 56W/인, 잠열량은 46W/인이다.)

① 9,400W
② 9,900W
③ 10,000W
④ 10,200W

해설 재실인원=500/5=100명
현열=100×56=5,600W
잠열=100×46=4,600W
인체발생열=5,600+4,600=10,200W

제3과목 | 전기 및 소방시설 일반

41 콘덴서에서 극판의 면적을 2배로 증가시키면 정전용량은 몇 배가 되는가?

① 1.5배
② 2배
③ 3배
④ 4배

해설 콘덴서에서 정전용량은 극판 면적에 비례하고 간격에 반비례한다.

42 각종 광원에 관한 설명으로 옳지 않은 것은?

① 형광램프는 점등장치를 필요로 한다.
② 저압나트륨램프는 인공광원 중에서 연색성이 가장 우수하다.
③ 고압수은램프는 광속이 큰 것과 수명이 긴 것이 특징이다.
④ 메탈할라이드램프는 고압수은램프보다 효율과 연색성이 우수하다.

해설 저압나트륨램프는 인공광원 중에서 연색성이 나쁜 편이다.

43 각종 센서로부터 전자적 신호를 받아 수치화된 디지털 신호로 제어하는 방식은?

① 전기식
② 공기식
③ 기계식
④ DDC방식

해설 DDC방식은 센서의 신호(아날로그 AO, AI)를 디지털신호(DO, DI)로 상호 변환하여 제어한다.

해답 40.④ 41.② 42.② 43.④

44 공조설비의 밸브나 댐퍼의 구동을 위하여 비례제어용으로 주로 사용되는 조작기는?

① 히트 펌프
② 서보 모터
③ 모듀트럴 모터
④ 직동식 전자밸브

해설 모듀트럴 모터(전동모터)는 밸브나 댐퍼의 비례제어에 널리 쓰인다.

45 차동식 분포형 화재감지에 속하지 않는 것은?

① 스폿식
② 공기관식
③ 열전대식
④ 열반도체식

해설 스폿식은 일정 지점에서 감지하며 분포형은 일정 지역을 감지한다.

46 단상 변압기의 2차 무부하 전압이 220[V]이고, 정격부하에서의 2차 단자전압이 200[V]일 경우 전압변동률은?

① 5[%]
② 7[%]
③ 10[%]
④ 12[%]

해설 전압변동률 $= \dfrac{\text{무부하전압} - \text{부하전압}}{\text{부하전압}} = \dfrac{220-200}{200} = 0.1 = 10\%$

47 가동코일형 계기에 관한 설명으로 옳은 것은?

① 고주파용이다.
② 교류 전용이다.
③ 직류 전용이다.
④ 직류, 교류 양용이다.

해설 가동코일형 계기란 영구 자석에 의한 자계 속에 코일을 매달고 이에 측정할 전류를 흐르게 하여 지침이 지시하게 되므로 직류 전류를 측정할 수 있다.

48 평형 3상 교류에서 각 상간의 위상차는?

① 60°
② 90°
③ 120°
④ 180°

해설 3상 교류에서 각 상간의 위상차는 360÷3=120°

해답 44.③ 45.① 46.③ 47.③ 48.③

49 다음은 옥외소화전설비의 호스접결구에 관한 기준 내용이다. ( ) 안에 알맞은 것은?

> 호스접결구는 지면으로부터 높이가 0.5m 이상 1m 이하의 위치에 설치하고 특정소방대상물의 각 부분으로부터 하나의 호스접결구까지의 수평거리가 ( ) 이하가 되도록 설치하여야 한다.

① 30m ② 40m
③ 50m ④ 60m

해설 옥외소화전설비 유효반경 40m, 옥내소화전설비 유효반경 25m

50 100[Ω]인 전열기 5대가 100[V] 전지에 병렬로 연결되어 있을 때 전열기 1대에서 소비되는 전력은?

① 20[W] ② 40[W]
③ 100[W] ④ 500[W]

해설 병렬 연결된 전열기에는 모두 100V전압이 걸린다.

$$소비전력 = IV = \frac{V^2}{R} = \frac{100^2}{100} = 100W$$

51 단권 변압기에서 1차 권선의 권수가 100회, 공통 코일(2차 코일) 권수가 60회일 때 2차측 전압은 얼마인가?(단, 1차측 전압은 100[V]이다.)

① 40[V] ② 60[V]
③ 100[V] ④ 160[V]

해설 $\frac{N_2}{N_1} = \frac{V_2}{V_1}$ 에서 $\frac{60}{100} = \frac{V_2}{100}$

$V_2 = 60V$

52 발전기에 적용되는 법칙으로 유도기전력의 방향을 알기 위하여 사용되는 법칙은?

① 오옴의 법칙 ② 키르히호프의 법칙
③ 플레밍의 왼손의 법칙 ④ 플레밍의 오른손의 법칙

해설 • 발전기의 원리 : 플레밍의 오른손의 법칙
• 전동기의 원리 : 플레밍의 왼손 법칙

해답 49.② 50.③ 51.② 52.④

53 옥내소화전설비에 관한 설명으로 옳지 않은 것은?

① 영하 10℃ 이하의 추운 곳에서의 배관은 습식으로 한다.
② 주배관 중 수직배관의 구경은 50mm 이상의 것으로 한다.
③ 방수구는 바닥으로부터 높이가 1.5m 이하가 되도록 한다.
④ 건물의 각 부분으로부터 하나의 옥내소화전방수구까지의 수평거리가 25m 이하가 되도록 한다.

해설 영하 10℃ 이하의 추운 곳에서의 배관은 건식으로 한다.

54 스프링클러설비를 구성하는 배관에 관한 설명으로 옳지 않은 것은?

① 가지배관이란 스프링클러헤드가 설치되어 있는 배관을 말한다.
② 주배관이란 직접 또는 수직배관을 통하여 가지배관에 급수하는 배관을 말한다.
③ 급수배관이란 수원 및 옥외송수구로부터 스프링클러헤드에 급수하는 배관을 말한다.
④ 신축배관이란 가지배관과 스프링클러헤드를 연결하는 구부림이 용이하고 유연성을 가진 배관을 말한다.

해설 스프링클러설비 주배관이란 직접 또는 수직배관을 통하여 교차배관에 급수하는 배관을 말한다.

55 220/380V 전원을 공급하는 빌딩 및 공장의 전등및 동력용 간선으로 가장 많이 사용되는 배선방식은?

① 단상 2선식
② 단상 3선식
③ 3상 3선식
④ 3상 4선식

해설 3상 4선식 : 동력과 전등 부하를 동시에 공급할 수 있어 대규모 건물에 적합하다.

56 나무, 섬유, 종이, 고무, 플라스틱류와 같은 일반 가연물이 타고 나서 재가 남는 화재를 의미하는 것은?

① A급 화재
② B급 화재
③ C급 화재
④ K급 화재

해설
- A급 화재 : 일반화재
- B급 화재 : 유류화재
- C급 화재 : 가스화재
- D급 화재 : 금속화재
- K급 화재 : 주방화재

해답 53.① 54.② 55.④ 56.①

57 자속의 단위로 사용되는 것은?

① 헨리[H] ② 패럿[F]
③ 쿨롱[C] ④ 웨버[wb]

해설 자속의 단위 : 웨버[wb]

58 정보통신설비를 정보설비와 통신설비로 구분할 경우, 다음 중 정보설비에 속하는 것은?

① 인터폰설비 ② TV공청설비
③ 홈네트워크설비 ④ 구내방송(PA)설비

해설
- 정보설비 : 홈네트워크설비
- 통신설비 : 인터폰설비, TV공청설비

59 어느 공장에 주파수 60[Hz], 50[kW]인 4극 유도전동기가 운전되고 있다. 이 전동기의 동기속도는?

① 1,500[rpm] ② 1,800[rpm]
③ 2,500[rpm] ④ 3,600[rpm]

해설 $N = \dfrac{120f}{P} = \dfrac{120 \times 60}{4} = 1,800\,\text{rpm}$

60 전기 관련 용어에 관한 설명으로 옳지 않은 것은?

① 전력은 열량으로 환산이 가능하다.
② 전류는 단위시간에 이동한 전기량을 말한다.
③ 저항의 크기는 물체의 단면적에 비례하고 길이에 반비례한다.
④ 전기회로에서 두 극 사이에 생기는 전기적인 고저차를 전위차 또는 전압이라 한다.

해설 저항의 크기는 물체의 단면적에 반비례하고 길이에 비례한다.

해답 57.④ 58.③ 59.② 60.③

제4과목 건축설비 관련 법규

61 건축물의 에너지절약 설계기준상 단열계획에 대한 건축부문의 권장사항으로 옳지 않은 것은?
① 외벽 부위는 내단열로 시공한다.
② 외피의 모서리 부분은 열교가 발생하지 않도록 단열재를 연속적으로 설치한다.
③ 건물의 창 및 문은 가능한 작게 설계하고, 특히 열손실이 많은 북측 거실의 창 및 문의 면적은 최소화한다.
④ 태양열 유입에 의한 냉·난방부하를 저감할 수 있도록 일사조절장치, 태양열투과율, 창 및 문의 면적비 등을 고려한 설계를 한다.

해설 〈에너지절약기준 제7조〉 외벽 부위는 외단열로 시공한다.

62 다음의 소방시설 중 경보설비에 속하지 않는 것은?
① 비상방송설비
② 자동화재속보설비
③ 자동화재탐지설비
④ 무선통신보조설비

해설 〈소방법령 제3조 별표 1〉 무선통신보조설비는 소화활동설비(소방관들이 소화활동 시 통신수단으로 사용)

63 공동주택에서 환기를 위하여 거실에 설치하는 창문 등의 면적은 그 거실의 바닥면적의 최소 얼마 이상이어야 하는가?(단, 기계환기장치 및 중앙관리방식의 공기 조화설비를 설치하지 않은 경우)
① 10분의 1
② 20분의 1
③ 30분의 1
④ 50분의 1

해설 〈피난방화구조기준 제17조〉 환기 1/20, 채광 1/10

64 건축물에 설치하는 복도의 유효너비 기준이 옳지 않은 것은?(단, 연면적 200m²를 초과하는 건축물이며, 양옆에 거실이 있는 복도의 경우)
① 초등학교-1.8m 이상
② 오피스텔-1.8m 이상
③ 공동주택-1.8m 이상
④ 고등학교-2.4m 이상

해설 〈피난방화구조기준 제15조 2〉 초등, 중, 고등학교-2.4m 이상

해답 61.① 62.④ 63.② 64.①

65
각 층의 거실면적의 합계가 1000m²로 동일한 15층의 문화 및 집회시설 중 공연장에 설치하여야 하는 승용승강기의 최소 대수는?(단, 15인승 승강기의 경우)

① 4대 ② 5대
③ 6대 ④ 7대

해설 〈설비기준 제5조〉 6층 이상 거실면적=10×1,000=10,000m²
3000까지 2대+초과 2,000마다 1대 추가
대수=2+(10,000-3,000)/2,000=5.5=6대
(만약 16인승 이상이면 : 6/2=3대)

66
종교시설의 용도에 쓰이는 건축물의 집회실로서 그 바닥면적이 200m² 이상인 경우 반자의 높이는 최소 얼마 이상으로 하여야 하는가?(단, 기계환기장치를 설치하지 않는 경우)

① 2.1m ② 2.4m
③ 3m   ④ 4m

해설 〈피난방화구조기준 제16조〉 반자의 높이는 최소 4m 이상(노대 아래 부분 2.7m)

67
헬리포트의 설치에 관한 기준 내용으로 옳은 것은?

① 헬리포트의 길이와 너비는 각각 9m 이상으로 한다.
② 헬리포트의 중앙부분에는 지름 6m의 "ⓗ" 표지를 황색으로 한다.
③ 헬리포트의 주위한계선은 백색으로 하되, 그 선의 너비는 38cm로 한다.
④ 헬리포트의 중심으로부터 반경 15m 이내에는 이·착륙에 장애가 되는 건축물 등을 설치하지 아니한다.

해설 〈피난방화구조기준 제13조〉 헬리포트의 길이와 너비는 각각 22m 이상으로, 헬리포트의 중앙부분에는 지름 8m의 "ⓗ" 표지를 백색으로, 헬리포트의 중심으로부터 반경 12m 이내에는 이·착륙에 장애가 되는 건축물 등을 설치하지 아니한다.

68
용도변경과 관련된 시설군 중 영업시설군에 속하지 않는 것은?

① 판매시설 ② 운동시설
③ 숙박시설 ④ 교육연구시설

해설 〈건축법령 제14조〉 교육연구시설은 교육 및 복지시설군에 속한다.

해답 65.③ 66.④ 67.③ 68.④

69 다음은 건축법령상 건축신고와 관련된 기준 내용이다. ( ) 안에 속하지 않는 것은?

> 허가 대상 건축물이라 하더라도 바닥면적의 합계가 85m² 이내의 ( )의 경우에는 미리 특별자치시장·특별자치도지사 또는 시장·군수·구청장에게 신고를 하면 건축허가를 받은 것으로 본다.

① 신축 ② 증축
③ 개축 ④ 재축

[해설] 〈건축법 제14조 1항〉 85m² 이내의 증축, 개축, 재축

70 기계설비법령에 따른 기계설비의 착공 전 확인과 사용 전 검사의 대상 건축물 또는 시설물에 해당하지 않는 것은?

① 연면적 1만㎡ 이상인 건축물
② 목욕장으로 사용되는 바닥면적 합계가 500㎡ 이상인 건축물
③ 기숙사로 사용되는 바닥면적 합계가 1천㎡ 이상인 건축물
④ 판매시설로 사용되는 바닥면적 합계가 3천㎡ 이상인 건축물

[해설] 〈기계설비법 시행령 별표 5〉 기숙사로 사용되는 바닥면적 합계가 2천㎡ 이상인 건축물이 해당된다.

71 세대수가 4세대인 주거용 건축물의 급수관지름의 최소 기준은?(단, 가압설비 등을 설치하지 않은 경우)

① 20mm ② 25mm
③ 32mm ④ 40mm

[해설] 〈설비기준 제18조 별표 3〉 4, 5세대 : 25mm

72 자동화재탐지설비를 설치하여야 하는 특정소방대상물에 속하지 않는 것은?

① 장례시설로써 연면적 600m²인 것 ② 숙박시설로써 연면적 600m²인 것
③ 위락시설로써 연면적 600m²인 것 ④ 판매시설로써 연면적 600m²인 것

[해설] 〈소방법령 제15조 별표 5 2의 라〉 판매시설 연면적 1,000m² 이상

해답 69.① 70.③ 71.② 72.④

73
다음은 스프링클러설비를 설치하여야 하는 특정소방대상물에 관한 기준 내용이다. ( ) 안에 알맞은 것은?

> 판매시설로써 바닥면적의 합계가 (㉠) 이상이거나 수용인원이 (㉡) 이상인 경우에는 모든 층

① ㉠ 5,000m², ㉡ 300명
② ㉠ 5,000m², ㉡ 500명
③ ㉠ 10,000m², ㉡ 300명
④ ㉠ 10,000m², ㉡ 500명

해설 〈소방법령 제15조 별표 5 1의 라〉 스프링클러설비 설치 : 판매시설로써 바닥면적의 합계가 (5,000m²) 이상이거나 수용인원이 (500명) 이상인 경우에는 모든 층

74
건축물의 피난층 외의 층에서 피난층 또는 지상으로 통하는 직통계단을 설치할 경우, 거실의 각 부분으로부터 계단에 이르는 보행거리가 원칙적으로 최대 얼마 이하가 되도록 설치하여야 하는가?(단, 거실로부터 가장 가까운 거리에 있는 계단의 경우)

① 5m
② 10m
③ 20m
④ 30m

해설 〈건축법령 제34조〉 30m 이하

75
방염성능기준 이상의 실내장식물 등을 설치하여야 하는 특정소방대상물에 속하지 않는 것은?

① 수영장
② 숙박시설
③ 의료시설 중 종합병원
④ 방송통신시설 중 방송국

해설 〈소방법령 제30조〉 수영장은 제외

76
다음은 피난안전구역에 관한 기준 내용이다. ( ) 안에 알맞은 것은?

> 초고층 건축물에는 피난층 또는 지상으로 통하는 직통계단과 직접 연결되는 피난안전 구역을 지상층으로부터 최대 ( ) 층마다 1개소 이상 설치하여야 한다.

① 15개
② 20개
③ 30개
④ 40개

해설 〈건축법령 제34조〉 30층마다 1개소 이상

해답 73.② 74.④ 75.① 76.③

77 지하층의 비상탈출구에 관한 기준 내용으로 옳지 않은 것은?

① 비상탈출구의 문은 피난방향으로 열리도록 할 것
② 비상탈출구는 출입구로부터 3m 이상 떨어진 곳에 설치할 것
③ 비상탈출구의 유효너비는 0.75m 이상으로 하고 유효높이는 1.5m 이상으로 할 것
④ 비상탈출구에서 피난층 또는 지상으로 통하는 복도나 직통계단까지 이르는 피난통로의 유효너비는 0.65m 이상으로 할 것

해설 〈피난방화구조기준 제25조〉 피난통로의 유효너비는 0.75m 이상

78 건축물에 급수·배수·환기·난방 등의 건축설비를 설치하는 경우 건축기계설비기술사 또는 공조냉동기계기술사의 협력을 받아야 하는 대상 건축물에 속하지 않는 것은?

① 아파트
② 연립주택
③ 숙박시설로써 해당 용도에 사용되는 바닥면적의 합계가 2,000m²인 건축물
④ 판매시설로써 해당 용도에 사용되는 바닥면적의 합계가 2,000m²인 건축물

해설 〈건축설비기준 제2조〉 판매시설 3,000m² 이상

79 건축법령상 제1종 근린생활시설에 속하지 않는 것은?

① 미용원   ② 치과의원
③ 마을회관   ④ 일반음식점

해설 〈건축법령 제3조의 5〉 일반음식점은 제2종 근린생활시설

80 건축법령상 다음과 같이 정의되는 용어는?

> 건축물의 내부와 외부를 연결하는 완충공간으로써 전망이나 휴식 등의 목적으로 건축물 외벽에 접하여 부가적으로 설치되는 공간

① 노대   ② 차양
③ 테라스   ④ 발코니

해설 〈건축법령 제2조〉 발코니

해답 77.④ 78.④ 79.④ 80.④

건축설비기사 제7회 [기출모의고사]

제1과목 건축설비 계획

01 다음 용어의 단위로서 옳지 않은 것은?

① 열전도율 : W/m·K
② 열전달률 : W/m²·K
③ 열관류율 : W/m³·K
④ 열용량 : J/K

해설 열관류율 : W/m²·K

02 실내음향설계 시 주의할 사항으로 옳지 않은 것은?

① 직접음과 반사음의 시간차를 가능한 크게 하여 충분한 음보강이 되도록 한다.
② 강연이나 연극 등 언어를 주사용 목적으로 할 경우 잔향시간은 비교적 짧게 처리한다.
③ 방해가 되는 소음이나 진동을 완전히 차단하도록 한다.
④ 실의 어느 위치에서나 음 분포가 균등하도록 한다.

해설 실내음향설계에서 실의 목적에 알맞게 직접음과 반사음의 시간차를 적당하게 하여 적합한 잔향시간을 갖도록 한다.

03 수도 본관에서 수직높이 3m인 곳에 세정밸브형 대변기가 수도직결방식의 급수방식으로 설치되었다. 이 대변기의 사용을 위해 필요한 수도본관의 최저압력은?(단, 세정밸브의 최저필요압력은 100kPa, 수도본관에서 세정밸브까지의 마찰손실수두는 1mAq이다.)

① 74kPa
② 100kPa
③ 140kPa
④ 470kPa

해설 수도본관압력＝밸브 필요압＋기구높이＋마찰손실
　　　　＝100＋3×10＋1×10
　　　　＝140kPa(수두 1m＝10kPa)

해답 1.③ 2.① 3.③

04 수격작용의 방지대책으로 옳지 않은 것은?

① 감압밸브 설치
② 수격방지기 설치
③ 바이패스관 설치
④ 펌프의 수평주관 길이 증가

해설 수격작용을 방지하기 위해서는 수평주관의 길이를 짧게 한다.

05 다음 설명에 알맞은 통기관은?

- 배수, 통기 양 계통 간의 공기의 유통을 원활히 하기 위해 설치하는 통기관을 말한다.
- 배수수평지관의 하류측의 관 내 기압이 높게 될 위험을 방지한다.

① 습통기관
② 도피통기관
③ 각개통기관
④ 신정통기관

해설 도피통기관은 루프 통기를 돕는 것으로 수직통기관과 수평 배수지관 하류 측을 연결한다.

06 트랩(trap)이 갖추어야 할 조건에 관한 설명으로 옳지 않은 것은?

① 자정 작용이 가능할 것
② S트랩의 경우 내부 치수가 동일할 것
③ 봉수깊이는 50mm 이상 100mm 이하일 것
④ 기구내장 트랩의 내벽 및 배수로의 단면형상에 급격한 변화가 없을 것

해설 S트랩의 경우 유입부분보다 유출부분을 크게 배관한다.

07 수질과 관련된 용어에 관한 설명으로 옳지 않은 것은?

① COD는 화학적 산소요구량을 말한다.
② BOD는 생물화학적 산소요구량을 말한다.
③ SS는 증발잔류물로서 부유물과 용해성 물질의 합계를 말한다.
④ 총질소는 무기성 및 유기성 질소의 총량을 나타낸 것이다.

해설 SS는 부유물 농도이며 TS는 증발잔류물로서 SS와 DS(용해성 물질)의 합계를 말한다.

해답 4.④ 5.② 6.② 7.③

08 오수의 생물화학적 처리법 중 생물막법에 속하지 않는 것은?

① 접촉산화방식 ② 살수여상방식
③ 표준활성오니방식 ④ 회전원판 접촉방식

해설 표준활성오니방식은 유동성 미생물을 이용한다.

09 다음 설명에 알맞은 밸브의 종류는?

- 유체를 일정한 방향으로만 흐르게 하고 역류를 방지하는데 사용한다.
- 시트의 고정핀을 축으로 회전하여 개폐되며 수평·수직 어느 배관에도 사용할 수 있다.

① 게이트밸브 ② 풋형 체크밸브
③ 스윙형 체크밸브 ④ 리프트형 체크밸브

해설 스윙형 체크밸브는 역지밸브이며 고정핀을 축으로 시트(디스크)를 스윙(회전)하여 개폐한다.

10 물의 경도에 관한 설명으로 옳지 않은 것은?

① 경도가 큰 물을 경수, 경도가 작은 물을 연수라고 한다.
② 연수는 쉽게 비누거품을 일으키지만 음료용으로는 적합하지 않다.
③ 경수를 보일러 용수로 사용하면 관내부에 스케일이 생겨 전열효율이 감소된다.
④ 물의 경도는 물속에 녹아 있는 칼슘, 마그네슘 등의 염류의 양을 탄산마그네슘의 농도로 환산하여 나타낸 것이다.

해설 물의 경도는 물속에 녹아 있는 칼슘, 마그네슘 등의 염류의 양을 탄산칼슘($CaCO_3$)의 농도로 환산하여 나타낸 것이다.

11 중앙식 급탕방식에 관한 설명으로 옳지 않은 것은?

① 배관으로부터의 열손실이 많다.
② 급탕 개소마다 가열기의 설치 스페이스가 필요하다.
③ 시공 후 기구 증설에 따른 배관 변경공사를 하기 어렵다.
④ 기계실 등에 다른 설비 기계와 함께 가열장치 등이 설치되기 때문에 관리가 용이하다.

해설 개별식 급탕법은 급탕 개소마다 가열기의 설치 스페이스가 필요하다.

해답 8.③ 9.③ 10.④ 11.②

12 단일덕트 정풍량방식에 관한 설명으로 옳은 것은?

① 전수방식의 특성이 있다.
② 중간기에 외기냉방이 가능하다.
③ 냉풍과 온풍을 혼합하는 혼합상자가 필요하다.
④ 부하특성이 다른 다수의 실의 공조에 적합하다.

해설 단일덕트 정풍량방식은 전공기방식의 특성이 있으며 중간기에 외기냉방이 가능하며 부하특성이 다른 다수의 실의 공조에는 부적합하다. 냉풍과 온풍을 혼합하는 혼합상자가 필요한 방식은 이중덕트방식이다.

13 호텔의 주방이나 레스토랑의 주방 등에서 배출되는 배수 중의 지방분을 포집하기 위하여 사용되는 포집기는?

① 오일 포집기
② 가솔린 포집기
③ 그리스 포집기
④ 플라스터 포집기

해설 그리스 포집기(트랩)는 동식물성 지방분을 제거하기에 적합하다. 대형 그리스 트랩은 냉각장치를 갖추기도 한다.

14 건구온도 30℃, 절대습도 0.015kg/kg'인 습공기 5kg의 전체 엔탈피는?(단, 공기의 정압비열 1.01kJ/kg·K, 수증기 정압비열 1.85kJ/kg·K, 0℃에서 포화수의 증발잠열 2,501kJ/kg)

① 228.77kJ
② 343.24kJ
③ 349.62kJ
④ 425.24kJ

해설 $h = m[C_{pa}t + x(\gamma + C_{pv}t)] = 5[1.01 \times 30 + 0.015(2501 + 1.85 \times 30)] = 343.24\text{kJ}$

15 10m×10m×3.2m 크기의 강의실에 35명의 사람이 있을 때 실내의 이산화탄소 농도를 0.1%로 하기 위해 필요한 환기량은?(단, 1인당 CO_2 발생량은 0.02㎥/h·인이며 외기의 CO_2농도는 0.03%이다.)

① 1,000㎥/h
② 1,400㎥/h
③ 1,600㎥/h
④ 2,000㎥/h

해설 환기량 $= \dfrac{M}{C_i - C_o} = \dfrac{35 \times 0.02}{0.001 - 0.0003} = 1,000\text{m}^3/\text{h}$

해답 12.② 13.③ 14.② 15.①

16 다음 중 간접배수로 하여야 하는 기기에 속하지 않는 것은?

① 세탁기　　　　　　　② 대변기
③ 제빙기　　　　　　　④ 식기세척기

해설 대변기, 세면기, 싱크대 등은 직접배수(트랩)한다.

17 건물의 냉방부하 발생 요인 중 현열만으로 구성된 것은?

① 인체의 발생열량　　　② 벽체로부터의 취득열량
③ 극간풍에 의한 취득열량　　　④ 외기의 도입으로 인한 취득열량

해설 인체, 극간풍, 외기 부하는 현열과 잠열부하이고, 벽체, 유리창, 조명부하는 현열부하이다.

18 다음 중 공조시스템에서 덕트 내에 변풍량(VAV) 유닛을 채용하는 가장 주된 이유는?

① 소음제거　　　　　　② 냉온풍의 혼합
③ 덕트 스페이스 감소　　　　　　④ 부하변동에 대한 대응

해설 변풍량(VAV)방식은 부하에 대응하여 유닛으로 공기량을 조절하여 실내 온도를 제어한다.

19 습공기선도상의 상태점(건구온도 26℃, 상대습도 50%)에서 건구온도만을 낮출 경우 상승하는 것은?

① 상대습도　　　　　　② 습구온도
③ 비체적　　　　　　　④ 엔탈피

해설 어떤 공기를 건구온도를 낮추면(절대습도는 일정) 상대습도는 증가한다.

20 건구온도가 15℃인 공기 10kg과 건구온도 30℃인 공기 5kg을 혼합하였을 경우 혼합공기의 온도는?

① 18℃　　　　　　　　② 20℃
③ 25℃　　　　　　　　④ 28℃

해설 $t = \dfrac{15 \times 10 + 30 \times 5}{10 + 5} = 20℃$

해답 16.② 17.② 18.④ 19.① 20.②

제2과목 건축설비 설계

21 관로의 마찰손실에 관한 설명으로 옳지 않은 것은?

① 유속이 빠를수록 관로의 마찰손실은 커진다.
② 관로의 길이가 길수록 관로의 마찰손실은 커진다.
③ 유체의 밀도가 클수록 관로의 마찰손실은 작아진다.
④ 관로의 내경이 클수록 관로의 마찰손실은 작아진다.

해설 유체의 밀도가 클수록 관로의 마찰손실은 커진다.

22 다음과 같은 경우 팽창관의 입상높이 h는 최소 얼마 이상으로 하여야 하는가?(단, 급탕 및 급수온도는 각각 80℃, 6℃이며, 이때의 물의 밀도는 각각 0.97108 kg/L, 0.99997kg/L이다.)

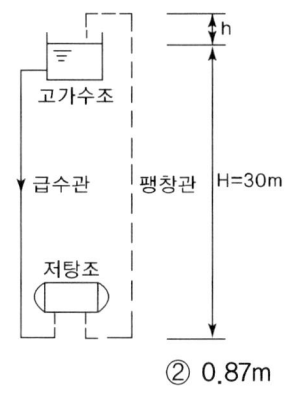

① 0.83m
② 0.87m
③ 0.90m
④ 0.93m

해설 팽창관 입상높이는 밀도차에 의한 액위 상승 이상으로 한다.
$h > H(\rho - \rho') = 30(0.99997 - 0.97108) = 0.87m$

23 온도 10℃, 길이 100m인 강관에 탕이 흘러 70℃가 되었을 때, 강관의 팽창량은? (단, 강관의 선팽창계수는 1.0×10^{-5}/℃이다.)

① 6mm
② 12mm
③ 6cm
④ 12cm

해설 $\triangle L = L \times \alpha \times \triangle t = 100 \times 1 \times 10^{-5} \times (70-10) = 0.06m = 6cm$

해답 21.③ 22.② 23.③

24 펌프에 관한 설명으로 옳은 것은?

① 펌프의 축동력은 회전수에 반비례한다.
② 볼류트 펌프는 임펠러 주위에 안내날개를 갖고 있기 때문에 고양정을 얻을 수 있다.
③ 펌프 1대에 임펠러 1개를 갖고 있는 것을 단단(單段)펌프라 하며 양정이 그다지 높지 않은 경우에 사용된다.
④ 캐비테이션을 방지하기 위해서는 흡수관을 가능한 한 길고 가늘게 함과 동시에 관내에 공기가 체류할 수 있도록 배관한다.

해설 펌프의 축동력은 회전수의 3제곱에 비례한다. 터빈 펌프는 임펠러 주위에 안내날개를 갖고 있기 때문에 고양정을 얻을 수 있다. 캐비테이션을 방지하기 위해서는 흡수관을 가능한 한 짧고 굵게 함과 동시에 관내에 공기가 체류하지 않도록 배관한다.

25 동시사용률이 높은 건물의 급탕설비에 관한 설명으로 옳은 것은?

① 가열부하와 최대부하의 차이가 크다.
② 일반적으로 최대부하 사용시간이 짧다.
③ 일반적으로 하루에 1시간 정도의 일정 시간에 사용된다.
④ 가열기 능력을 크게 하고 저장탱크는 소용량으로 계획하는 것이 효율적이다.

해설 샤워장과 같이 동시사용률이 높은 건물의 급탕설비는 가열부하와 최대부하가 비슷하고 일반적으로 최대부하 사용시간이 길다. 일반적으로 하루에 8시간 정도의 일정 시간에 사용되며 동시사용률이 높은 건물일수록 가열기 능력을 크게 하고 저장탱크는 소용량으로 계획하는 것이 효율적이다.

26 스테인리스 강관에 관한 설명으로 옳은 것은?

① 급수용 배관으로는 사용할 수 없다.
② 저온 충격성이 작아 한랭지 배관이 곤란하다.
③ 관의 두께에 따라 L, M, N형으로 분류할 수 있다.
④ 단위 길이당 중량이 가벼워 취급, 운반이 용이하다.

해설 스테인리스 강관(STS)은 급수용에 널리 사용하며 저온 내충격성이 커서 한랭지 배관에 적합하며 단위 길이당 중량이 가벼워 취급, 운반이 용이하다. 동관은 관의 두께에 따라 K, L, M, N형으로 분류할 수 있다.

해답 24.③ 25.④ 26.④

27 어느 배관에 15mm 세면기 1개, 20mm 소변기 2개, 25mm 대변기 2개가 연결될 때 이 배관의 관경은?

[동시사용률표]

기구수	2	3	4	5	10
동시사용률(%)	100	80	75	70	53

[관균등표]

관경(mm)	15	20	25	32	40	50
사용기구수	1	2	3.7	7.2	11	20

① 20mm ② 25mm
③ 32mm ④ 40mm

해설 1) 우선 관균등표를 이용하여 상당수를 구하면
　　15mm 세면기 1개=1개,
　　20mm 소변기 2개=2×2=4개,
　　25mm 대변기 2개=3.7×2=7.4개
　　합=1+4+7.4=12.4
2) 동시사용률은 기구수가 5개이므로 70%
3) 동시 개구수=12.4×0.7=8.68개
4) 균등표에서 15mm, 8.68 → 40mm 선정

28 급수설비에 사용되는 펌프의 양수량이 2,000L/min, 전양정이 10m일 경우 이 펌프의 축동력은?(단, 펌프의 효율은 55%이다.)

① 3.52W ② 3.52kW
③ 5.94W ④ 5.94kW

해설 $kW = \dfrac{QH}{102E} = \dfrac{2,000 \times 10}{60 \times 102 \times 0.55} = 5.94 kW$

29 건구온도 t_1=30℃, 상대습도 20%의 습공기 3,000m³/h를 공기냉각기에서 냉각시켜 건구온도 t_2=14℃의 공기를 만들 때 제거되는 현열량은?(단, 공기의 비열은 1.01kJ/kg · K, 밀도는 1.2kg/m³이다.)

① 16.16W ② 24.12W
③ 16.16kW ④ 24.12kW

해설 현열부하 $= mC\triangle t = 3,000 \times 1.2 \times 1.01(30-14) = 58,176 kJ/h = 16.16 kW$

해답 27.④ 28.④ 29.③

30 배관설비에 사용되는 신축 이음쇠의 종류에 속하지 않는 것은?

① 루프형
② 플랜지형
③ 슬리브형
④ 벨로우즈형

해설 신축 이음쇠의 종류에는 루프형, 슬리브형, 벨로우즈형, 스위블 조인트, 볼 조인트가 있다.

31 실내 공기 오염의 종합적 지표로 사용되는 오염물질은?

① 미세먼지
② 이산화탄소
③ 포름알데히드
④ 휘발성 유기화합물

해설 이산화탄소는 독성은 없으나 실내 오염도에 비례하므로 실내공기 오염지표로 사용된다.

32 위치수두 10mAq, 압력수두 30mAq, 속도 2.5m/s로 관속을 흐르는 물의 전수두는?

① 13.06mAq
② 13.24mAq
③ 40.32mAq
④ 42.54mAq

해설 속도수두 $= \dfrac{v^2}{2g} = \dfrac{2.5^2}{2 \times 9.8} = 0.32 mAq$]

전수두=위치수두+압력수두+속도수두=10+30+0.32=$40.32 mAq$

33 유체의 흐름방향을 한쪽으로만 제어하는 밸브는?

① 체크밸브
② 앵글밸브
③ 게이트밸브
④ 글로브밸브

해설 체크밸브(역지밸브)는 유체를 한 방향으로만 흐르게 하는 역지밸브이다.

34 증기난방설비에서 증기트랩을 사용하는 가장 주된 목적은?

① 온도를 조절하기 위하여
② 공기를 배출하기 위하여
③ 압력을 조절하기 위하여
④ 응축수를 배출하기 위하여

해설 증기트랩은 응축수는 배출하고 증기는 잡아둔다.

해답 30.② 31.② 32.③ 33.① 34.④

35 다음 중 원심형 송풍기가 아닌 것은?

① 다익형 ② 방사형
③ 후곡형 ④ 축류형

해설 축류형 송풍기는 선풍기처럼 축방향으로 송풍되며 축류형이다.

36 보일러의 출력 중 난방부하, 급탕부하, 배관부하, 예열부하의 합으로 표시되는 것은?

① 정미출력 ② 정격출력
③ 상용출력 ④ 과부하출력

해설 정격출력＝난방부하＋급탕부하＋배관부하＋예열부하
상용출력＝난방부하＋급탕부하＋배관부하

37 공기 2,000kg/h를 증기코일로 가열하는 경우, 코일을 통과하는 공기의 온도차가 25.5℃, 증기온도에서 물의 증발잠열이 2,229.52kJ/kg일 때 가열에 필요한 증기량은?(단, 공기의 정압비열은 1.01kJ/kg이다.)

① 18.2kg/h ② 23.1kg/h
③ 40.2kg/h ④ 50.2kg/h

해설 코일에서 증기와 공기는 열평형이 성립하므로
$mC\Delta t = G\gamma$에서 $G = \dfrac{mC\Delta t}{\gamma} = \dfrac{2,000 \times 1.01 \times 25.5}{2,229.52} = 23.1 kg/h$

38 취출구에서 수평 취출기류의 도달·강하 및 상승거리에 관한 설명으로 옳지 않은 것은?

① 상승거리는 기류의 풍속 및 실내공기와의 온도차에 비례한다.
② 강하거리는 기류의 풍속 및 실내공기와의 온도차에 반비례한다.
③ 취출구로부터 기류의 중심속도가 0.5m/s로 되는 곳까지의 수평거리를 최소 도달거리라고 한다.
④ 취출구로부터 기류의 중심속도가 0.25m/s로 되는 곳까지의 수평거리를 최대 도달거리라고 한다.

해설 상승거리는 온풍취출 시, 강하거리는 냉풍취출 시에 발생하며 온도차에 비례한다.

해답 35.④ 36.② 37.② 38.②

39 공기취출구에서 토출공기(1차 공기)량을 Q_1, 토출공기에 의해 유인된 실내공기(2차 공기)량을 Q_2라고 할 때 유인비는?

① $\dfrac{Q_1 + Q_2}{Q_2}$ ② $\dfrac{Q_1 + Q_2}{Q_1}$

③ $\dfrac{Q_1}{Q_1 + Q_2}$ ④ $\dfrac{Q_2}{Q_1 + Q_2}$

해설 유인비 = $\dfrac{1\text{차 공기} + 2\text{차 공기}}{1\text{차 공기}} = \dfrac{Q_1 + Q_2}{Q_1}$

40 압축식 냉동기의 구성요소 중 냉동의 목적을 직접적으로 달성하는 것은?

① 흡수기 ② 증발기
③ 발생기 ④ 응축기

해설 증발기에서 냉수나 냉풍을 만들고 응축기는 방열한다.

제3과목 전기 및 소방시설 일반

41 다음 중 물분무소화설비의 소화작용과 가장 관계가 먼 것은?

① 냉각효과 ② 질식효과
③ 희석효과 ④ 부촉매효과

해설 물분무소화설비는 주로 질식효과와 증발에 의한 냉각효과, 희석효과로 소화된다.

42 전선의 길이를 2배 증가, 단면적을 1/2로 감소시키면 동선의 저항은 어떻게 변하는가?

① 2배 증가 ② $\dfrac{1}{2}$로 감소

③ 4배 증가 ④ $\dfrac{1}{4}$로 감소

해설 동선의 저항은 길이에 비례하고 단면적에 반비례한다. $R = \dfrac{L}{A} = \dfrac{2}{1/2} = 4$배

해답 39.② 40.② 41.④ 42.③

43 옥외소화전설비용 수조에 관한 설명으로 옳지 않은 것은?
① 수조의 윗부분에는 청소용 배수밸브 또는 배수관을 설치하여야 한다.
② 동결방지조치를 하거나 동결의 우려가 없는 장소에 설치하여야 한다.
③ 수조가 실내에 설치된 때에는 그 실내에 조명설비를 설치하여야 한다.
④ 수조의 상단이 바닥보다 높은 때에는 수조의 외측에 고정식 사다리를 설치하여야 한다.

해설 수조의 아랫부분에는 청소용 배수밸브 또는 배수관을 설치하여야 한다.

44 10[Ω]의 저항 5개를 접속하여 얻을 수 있는 합성저항 중 가장 작은 값은?
① 0.5[Ω]
② 2[Ω]
③ 5[Ω]
④ 50[Ω]

해설 10[Ω]의 저항 5개를 접속하여 얻을 수 있는 합성저항 중 가장 작은 값은 병렬 연결할 때 10÷5=2[Ω], 가장 큰 값은 직렬 연결할 때 10×5=50[Ω]이다.

45 지락전류를 영상변류기로 검출하는 전류동작형으로 지락전류가 미리 정해 놓은 값을 초과할 경우, 설정된 시간 내에 회로나 회로의 일부의 전원을 자동으로 차단하는 장치는?
① 단로 스위치
② 절환스위치
③ 누전차단기
④ 과전류차단기

해설 누전차단기 : 전동기계기구가 접속되어 있는 전로(電路)에서 누전에 의한 감전위험을 방지하기 위해 사용되는 기기로서, 전원을 자동으로 차단하는 장치이다.

46 다음의 자동 화재탐지설비의 감지기 중 열감지기에 속하지 않는 것은?
① 광전식
② 보상식
③ 차동식
④ 정온식

해설 광전식, 이온식은 빛 감지기이다.

47 피뢰설비에서 수뢰부 시스템의 보호범위 산정방식에 속하지 않는 것은?
① 메시법
② 본딩법
③ 보호각법
④ 회전구체법

해답 43.① 44.② 45.③ 46.① 47.②

해설 피뢰설비에서 수뢰부 시스템은 돌침, 수평도체, 메시도체의 조합으로 이루어지며 보호범위 산정방식은 메시법, 보호각법, 회전구체법을 사용한다.

48 다음과 같은 특징을 갖는 배선공사는?

- 열적 영향이나 기계적 외상을 받기 쉽다.
- 관 자체가 절연체이므로 감전의 우려가 없다.
- 옥내의 점검할 수 없는 은폐 장소에도 사용이 가능 하다.

① 금속관 공사　　　　　　② 버스덕트 공사
③ 경질비닐관 공사　　　　④ 라이팅덕트 공사

해설 경질비닐관 공사
- 우수한 절연성 보유　　・경량이고 시공이 용이
- 내식성 우수　　　　　・내열성이 약하고, 기계적 강도가 낮음

49 정격전압 220[V]에서 1,210[W]의 전력을 소비하는 단상전열기를 200[V]에서 사용하면 소비전력[W]은?

① 1,000　　　　　　　　② 1,089
③ 1,100　　　　　　　　④ 1,210

해설 저항이 일정한 전열기의 소비전력은 전압의 제곱에 비례한다.

$W = IV = \dfrac{V}{R}V = \dfrac{V^2}{R}$

$W = 1,210\left(\dfrac{200}{220}\right)^2 = 1,000\text{W}$

50 농형 유도전동기에 관한 설명으로 옳지 않은 것은?

① 구조가 간단하여 취급방법이 간단하다.
② VVVF 방식으로 속도제어가 가능하다.
③ 기동전류가 커서 전동기 권선을 과열시키거나 전원전압의 변동을 일으킬 수 있다.
④ 슬립링에서 불꽃이 나올 염려가 있기 때문에 인화성 또는 폭발성 가스가 있는 곳에서는 사용할 수 없다.

해설 슬립링에서 불꽃이 나올 염려가 있는 타입은 권선형이며, 농형은 슬립링이 없어 불꽃이 나오지 않는다.

해답 48.③　49.①　50.④

51 교류전압을 사용하는 전동기의 인덕턴스 성분인 코일에 관한 설명으로 옳은 것은?
① 주파수를 빠르게 한다.　　② 코일에서는 전류보다 전압이 앞선다.
③ 코일에서는 전압보다 전류가 앞선다.　④ 용량성 저항으로 용량 리액턴스라 한다.

해설 교류전압을 사용하는 전동기의 코일(인덕턴스)은 전류흐름을 방해하여 전류보다 전압이 앞선다.

52 건축설비 자동제어 중 피드백 제어방식을 제어동작에 의해 분류하였을 때 조절기가 연속동작을 하지 않은 것은?
① 비례동작　　② 적분동작
③ 미분동작　　④ 다위치동작

해설 비례동작, 적분동작, 미분동작은 연속동작이지만, 2위치동작과 다위치동작은 불연속 동작이다.

53 V=154sin(314t-90°)[V]인 사인파 교류의 주파수[Hz]는?
① 30　　② 40
③ 50　　④ 60

해설 $\sin \omega t = \sin 314t$에서 $\omega = 2\pi f = 314$
∴ $f = 50 Hz$

54 점광원으로부터 R[m] 떨어진 장소에서 빛의 방향과 수직인 면의 조도[lx]는?(단, 광도는 I[cd]이다.)
① RI　　② $R^2 I$
③ $\dfrac{I}{R}$　　④ $\dfrac{I}{R^2}$

해설 조도(E)는 광도(I)에 비례하고 거리(R)의 제곱에 반비례한다. $E = \dfrac{I}{R^2}$

55 축전지의 충전방식 중 필요할 때마다 표준 시간율로 소정의 충전을 하는 방식은?
① 보통 충전　　② 급속 충전
③ 부동 충전　　④ 균등 충전

해답 51.② 52.④ 53.③ 54.④ 55.①

해설
- 보통 충전 : 필요할 때마다 표준 시간율로 소정의 충전을 하는 방식
- 급속 충전 : 짧은 시간에 보통 충전 전류의 2~3배의 전류로 충전하는 방식
- 부동 충전 : 축전지의 자기 방전을 보충함과 동시에 사용 부하에 대한 전력공급은 충전기가 부담하도록 하는 충전방식
- 균등 충전 : 전해조에서 일어나는 전위차를 보정하기 위하여 1~개월마다 1회, 정전압 충전하여 각 전해조의 용량을 균일화하는 충전방식
- 세류 충전 : 축전지의 자기 방전을 보충하기 위하여 부하를 off한 상태에서 미소 전류로 항상 충전하는 방식

56 전선에서 전류가 누설되지 않도록 전선을 비닐이나 고무 등의 저항률이 매우 큰 재료로 피복하는데 이처럼 전류가 누설되지 않도록 하는 재료 자체의 저항을 의미하는 것은?

① 도체저항 ② 접촉저항
③ 접지저항 ④ 절연저항

해설 전선 피복 재료의 자체 저항을 절연저항이라 한다.

57 옥내소화전이 1층에 3개, 2층에 4개, 3층에 4개가 설치되어 있다. 옥내소화전설비 수원의 저수량은 최소 얼마 이상이 되도록 하여야 하는가?

① 5.2m³ ② 7.8m³
③ 10.4m³ ④ 18.2m³

해설 옥내소화전 1개당 수원 130L/min×20분=2.6m³
옥내소화전이 1개층에 2개 이상 설치하는 경우 저수량은 2개×2.6m³ 이상으로 한다.
저수량=2×2.6=5.2m³(최대 2개까지만 산정한다.)

58 다음 중 강자성체에 속하지 않는 것은?

① 철 ② 크롬
③ 구리 ④ 니켈

해설 강자성체는 자기장과 같은 방향으로 강하게 자화된 뒤에 자기장이 제거돼도 자석의 성질을 가지는 것으로 철, 니켈, 크롬, 코발트 등이 이에 속한다. 상자성체는 자기장 안에 있으면 약하게 자화되고 자기장이 제거되면 자석의 성질을 잃는 것으로 공기, 산소, 알루미늄 등이 이에 속하며, 반자성체는 자기장과 반대 방향으로 자화되고 자기장이 제거되면 자석의 성질을 잃는 것으로 구리, 물, 실리콘 등이 이에 속한다.

해답 56.④ 57.① 58.③

59 폐쇄형 스프링클러헤드를 사용하는 스프링클러설비의 수원의 저수량 산정과 관련하여 스프링클러설비 설치장소가 아파트인 경우 스프링클러헤드의 기준개수는?

① 10개 ② 20개
③ 30개 ④ 40개

해설 스프링클러설비의 수원의 저수량 산정 시 스프링클러헤드의 기준개수는 아파트인 경우 10개, 지하층 제외 11층 이상 건물은 30개로 한다.

60 DDC방식에서 밸브나 댐퍼 등을 비례적으로 동작시키는 신호는?

① AI ② DI
③ AO ④ DO

해설 DDC방식에서 밸브나 댐퍼 등을 비례적으로 동작시키는 신호는 AO(아날로그 출력)이며 AI는 아날로그 입력(온도, 압력검출값), DO(디지털 출력), DI(디지털 입력)이다.

제4과목 건축설비 관련 법규

61 문화 및 집회시설 중 공연장의 개별관람석의 바닥면적이 1,000m²일 경우 이 관람석에는 출구를 최소 몇 개소 이상 설치하여야 하는가?(단, 각 출구의 유효너비를 1.5m로 하는 경우)

① 3개소 ② 4개소
③ 5개소 ④ 6개소

해설 〈피난방화 구조 기준 제10조〉 개별 관람석 출구의 유효너비의 합계는 개별 관람석의 바닥면적 100제곱미터마다 0.6미터의 비율로 산정한 너비 이상으로 할 것
- 출구 유효너비=(1,000/100)0.6=6m
  출구 개소=6÷1.5=4개소

62 건축법령상 아파트는 주택으로 쓰는 층수가 최소 얼마 이상인 주택을 말하는가?

① 3개 층 ② 5개 층
③ 7개 층 ④ 10개 층

해설 〈건축법령 제3조 5〉 아파트 : 주택으로 쓰는 층수가 5개 층 이상인 주택

해답 59.① 60.③ 61.② 62.②

63. 건축물의 용도변경과 관련된 시설군 중 영업시설군에 속하는 것은?

① 의료시설
② 운동시설
③ 업무시설
④ 문화 및 집회시설

해설 〈건축법령 제14조〉 영업시설군
  가. 판매시설   나. 운동시설
  다. 숙박시설   라. 제2종 근린생활시설 중 다중생활시설

64. 비상용 승강기 승강장의 구조에 관한 기준 내용으로 옳지 않은 것은?

① 채광이 되는 창문이 있거나 예비전원에 의한 조명설비를 할 것
② 벽 및 반자가 실내에 접하는 부분의 마감재료는 불연재료로 할 것
③ 노대 또는 외부를 향하여 열 수 있는 창문이나 배연설비를 설치할 것
④ 옥외에 승강장을 설치하는 경우, 승강장의 바닥면적은 비상용 승강기 1대에 대하여 6m² 이상으로 할 것

해설 〈설비기준 제10조〉 승강장의 바닥면적은 비상용 승강기 1대에 대하여 6제곱미터 이상으로 할 것. 다만, 옥외에 승강장을 설치하는 경우에는 그러하지 아니하다.

65. 비상용 승강기 설치 대상 건축물로서 높이 31m를 넘는 각 층의 바닥면적 중 최대 바닥 면적이 6,000m²일 때 설치하여야 하는 비상용 승강기의 최소 대수는?

① 1대
② 2대
③ 3대
④ 4대

해설 〈건축법령 제90조〉 비상용 승강기의 최소 대수 : 높이 31미터를 넘는 각 층의 바닥면적 중 최대 바닥면적이 1천500제곱미터를 넘는 건축물(1대에 1천500제곱미터를 넘는 3천제곱미터 이내마다 1대씩 더한 대수 이상)
대수=1+(6,000−1,500)÷3,000=2.5=3대

66. 건축법령상 교육연구시설에 속하지 않는 것은?

① 도서관
② 유치원
③ 어린이집
④ 직업훈련소

해설 〈건축법령 제3조 5〉 어린이집은 노유자시설에 속한다.

해답 63.② 64.④ 65.③ 66.③

67. 업무시설로서 건축허가 등을 할 때 미리 소방본부장 또는 소방서장의 동의를 받아야 하는 대상 건축물의 연면적 기준은?

① 연면적이 200㎡ 이상인 건축물
② 연면적이 400㎡ 이상인 건축물
③ 연면적이 600㎡ 이상인 건축물
④ 연면적이 800㎡ 이상인 건축물

해설 〈소방법령 제7조〉 건축허가 등을 할 때 미리 소방본부장 또는 소방서장의 동의를 받아야 하는 건축물 등의 범위는 연면적이 400제곱미터 이상인 건축물.

68. 공동주택과 오피스텔의 난방설비를 개별난방방식으로 하는 경우에 관한 기준 내용으로 옳지 않은 것은?

① 보일러의 연도는 내화구조로서 공동연도로 설치할 것
② 오피스텔의 경우에는 난방구획을 방화구획으로 구획할 것
③ 전기보일러의 경우 보일러실이 윗부분에 지름 10cm 이상의 공기흡입구를 설치할 것
④ 보일러는 거실 외의 곳에 설치하되 보일러를 설치하는 곳과 거실 사이의 경계벽은 출입구를 제외하고는 내화구조의 벽으로 구획할 것

해설 〈설비기준 제13조〉 보일러실의 윗부분에는 그 면적이 0.5제곱미터 이상인 환기창을 설치하고, 보일러실의 윗부분과 아랫부분에는 각각 지름 10센티미터 이상의 공기흡입구 및 배기구를 항상 열려있는 상태로 바깥공기에 접하도록 설치할 것. 다만, 전기보일러의 경우에는 그러하지 아니하다.

69. 다음의 소방시설 중 소화활동설비에 속하지 않는 것은?

① 옥내소화전설비
② 비상콘센트설비
③ 연결송수관설비
④ 무선통신보조설비

해설 〈소방법령 제3조 별표 1〉 소화활동설비 : 화재를 진압하거나 인명구조활동을 위하여 사용하는 설비로서 다음 각 목의 것
가. 제연설비   나. 연결송수관설비   다. 연결살수설비
라. 비상콘센트설비   마. 무선통신보조설비   바. 연소방지설비

70. 다음은 건축물의 에너지절약 설계기준에 따른 기계부분의 의무사항 중 설계용 외기조건에 관한 기준 내용이다. ( ) 안에 알맞은 것은?

> 난방 및 냉방설비의 용량계산을 위한 외기조건은 냉방기 및 난방기를 분리한 온도 출현분포를 사용할 경우 각 지역별로 위험률 ( )로 한다.

해답 67.② 68.③ 69.① 70.④

① 1%   ② 1.5%
③ 2%   ④ 2.5%

> **해설** 〈에너지절약기준 제8조〉 설계용 외기조건 : 난방 및 냉방설비의 용량계산을 위한 외기조건은 지역별로 위험률 2.5%(냉방기 및 난방기를 분리한 온도출현분포를 사용할 경우) 또는 1%(연간 총시간에 대한 온도출현 분포를 사용할 경우)로 하거나 별표 7에서 정한 외기온·습도를 사용한다.

71 건축물의 에너지절약 설계기준상 다음과 같이 정의되는 용어는?

> 기기를 여러 대 설치하여 부하상태에 따라 최적 운전 상태를 유지할 수 있도록 기기를 조합하여 운전하는 방식

① 대수제어운전   ② 대수분할운전
③ 비례제어운전   ④ 가변속제어운전

> **해설** 〈에너지 절약기준 제5조〉 "대수분할운전"이라 함은 기기를 여러 대 설치하여 부하상태에 따라 최적 운전상태를 유지할 수 있도록 기기를 조합하여 운전하는 방식을 말한다.

72 다음은 환기구의 안전에 관한 기준 내용이다. ( ) 안에 알맞은 것은?

> 환기구 [건축물의 환기설비에 부속된 급기 및 배기를 위한 건축구조물의 개구부를 말한다]는 보행자 및 건축물 이용자의 안전이 확보되도록 바닥으로부터 (   ) 이상의 높이에 설치하여야 한다.

① 1m   ② 2m
③ 3m   ④ 4m

> **해설** 〈설비기준 제11조 2〉 환기구는 보행자 및 건축물 이용자의 안전이 확보되도록 바닥으로부터 2미터 이상 높이에 설치하여야 한다.

73 문화 및 집회시설로서 모든 층에 스프링클러 설비를 설치하여야 하는 수용인원 기준은?(단, 동·식물원은 제외)

① 50명 이상   ② 70명 이상
③ 100명 이상   ④ 150명 이상

> **해설** 〈소방법령 제11조 별표 4〉 스프링클러설비를 설치하여야 하는 특정소방대상물(위험물 저장 및 처리 시설 중 가스시설 또는 지하구는 제외한다)은 다음의 어느 하나와 같다.

해답 71.② 72.② 73.③

1) 문화 및 집회시설(동·식물원은 제외한다), 종교시설(주요구조부가 목조인 것은 제외한다), 운동시설(물놀이형 시설은 제외한다)로서 다음의 어느 하나에 해당하는 경우에는 모든 층
   가) 수용인원이 100명 이상인 것
   나) 영화상영관의 용도로 쓰이는 층의 바닥면적이 지하층 또는 무창층인 경우에는 500㎡ 이상, 그 밖의 층의 경우에는 1천㎡ 이상인 것
   다) 무대부가 지하층·무창층 또는 4층 이상의 층에 있는 경우에는 무대부의 면적이 300㎡ 이상인 것
   라) 무대부가 다) 외의 층에 있는 경우에는 무대부의 면적이 500㎡ 이상인 것

74 다음은 건축설비 설치의 원칙에 관한 기준 내용이다. ( ) 안에 알맞은 것은?

> 건축물에 설치하는 급수·배수·냉방·난방·환기·피뢰 등 건축설비의 설치에 관한 기술적 기준은 (㉠)으로 정하되, 에너지 이용합리화와 관련한 건축설비의 기술적 기준에 관하여는 (㉡)과 협의하여 정한다.

① ㉠ 국토교통부령, ㉡ 산업통상자원부장관
② ㉠ 산업통상자원부장관, ㉡ 국토교통부령
③ ㉠ 국토교통부령, ㉡ 과학기술정보통신부장관
④ ㉠ 과학기술정보통신부령, ㉡ 국토교통부장관

해설 〈건축법령 제87조〉 건축물에 설치하는 급수·배수·냉방·난방·환기·피뢰 등 건축설비의 설치에 관한 기술적 기준은 국토교통부령으로 정하되, 에너지 이용 합리화와 관련한 건축설비의 기술적 기준에 관하여는 산업통상자원부장관과 협의하여 정한다.

75 연면적 200㎡를 초과하는 건축물에 설치하는 계단에 관한 기준 내용으로 옳지 않은 것은?

① 높이가 3m를 넘는 계단에는 높이 3m 이내마다 유효너비 120cm 이상의 계단참을 설치할 것
② 높이가 1m를 넘는 계단 및 계단참의 양옆에는 난간(벽 또는 이에 대치되는 것을 포함한다)을 설치할 것
③ 문화 및 집회시설 중 공연장에 쓰이는 건축물의 계단의 경우 계단 및 계단참의 너비를 120cm 이상으로 할 것
④ 계단의 유효 높이(계단의 바닥 마감면부터 상부 구조체의 하부 마감면까지의 연직방향의 높이를 말한다)는 1.8m 이상으로 할 것

해설 〈피난방화구조기준 제15조〉 계단의 유효 높이는 2.1m 이상으로 할 것

해답 74.① 75.④

76 제로에너지 건축물 인증 관련 인증기관이 보유하는 8명의 상근 인증업무인력의 자격요건과 맞지 않는 것은?

① 건축, 설비, 에너지 분야의 기술사 자격을 취득한 후 3년 이상 해당 업무를 수행한 사람
② 건축, 설비, 에너지 분야의 기사 자격을 취득한 후 5년 이상 해당 업무를 수행한 사람
③ 건축, 설비, 에너지 분야의 박사학위를 취득한 후 3년 이상 해당 업무를 수행한 사람
④ 건축, 설비, 에너지 분야의 학사학위를 취득한 후 5년 이상 해당 업무를 수행한 사람

해설 〈제로에너지 건축물 인증에 관한 규칙 4조〉 학사학위 취득 후 7년 이상 해당 업무를 수행하여야 한다.

77 소리를 차단하는데 장애가 되는 부분이 없도록 건축물의 피난·방화구조 등의 기준에 관한 규칙에서 정하는 구조로 하여야 하는 대상에 해당하지 않는 것은?

① 숙박시설의 객실 간 경계벽
② 의료시설의 병실 간 경계벽
③ 업무시설의 사무실 간 경계벽
④ 교육연구시설 중 학교의 교실 간 경계벽

해설 〈건축법령 제53조〉 다음 각 호의 어느 하나에 해당하는 건축물의 경계벽은 국토교통부령으로 정하는 기준에 따라 설치하여야 한다.
1. 단독주택 중 다가구주택의 각 가구 간 또는 공동주택(기숙사는 제외한다)의 각 세대 간 경계벽
2. 공동주택 중 기숙사의 침실, 의료시설의 병실, 교육연구시설 중 학교의 교실 또는 숙박시설의 객실 간 경계벽
3. 제2종 근린생활시설 중 다중생활시설의 호실 간 경계벽
4. 노유자시설 중 노인복지주택의 각 세대 간 경계벽

78 세대수가 10세대인 주거용 건축물에 설치하는 음용수용 급수관의 지름은 최소 얼마 이상이어야 하는가?

① 30mm
② 40mm
③ 50mm
④ 60mm

해설 〈설비기준 제18조〉 급수관의 지름은 9~16세대 : 40mm

79 숙박시설이 있는 특정소방대상물의 수용인원 산정방법으로 옳은 것은?(단, 침대가 있는 숙박시설의 경우)

① 숙박시설 바닥면적의 합계를 3㎡로 나누어 얻은 수
② 해당 특정소방대상물의 침대 수(2인용 침대는 2개로 산정)

해답 76.④ 77.③ 78.② 79.③

③ 해당 특정소방대상물의 종사자 수에 침대 수(2인용 침대는 2개로 산정)를 합한 수
④ 해당 특정소방대상물의 종사자 수에 숙박시설 바닥면적의 합계를 3㎡로 나누어 얻은 수를 합한 수

해설 〈소방법령 제15조 별표 4〉
(1) 침대가 있는 숙박시설의 경우 : 해당 특정소방물의 종사자 수에 침대 수(2인용 침대는 2개로 산정한다)를 합한 수
(2) 침대가 없는 숙박시설의 경우 : 해당 특정소방대상물의 종사자 수에 숙박시설 바닥면적의 합계를 3㎡로 나누어 얻은 수를 합한 수

80 다음은 리모델링에 대비한 특례 등에 관한 기준 내용이다. ( ) 안에 알맞은 것은?

리모델링이 쉬운 구조의 공동주택의 건축을 촉진하기 위하여 공동주택을 대통령령으로 정하는 구조로 하여 건축허가를 신청하면 제56조(건축물의 용적률), 제60조(건축물의 높이 제한) 및 제61조(일조 등의 확보를 위한 건축물의 높이 제한)에 따른 기준을 (   )의 범위에서 대통령령으로 정하는 비율로 완화하여 적용할 수 있다.

① 100분의 110
② 100분의 120
③ 100분의 140
④ 100분의 150

해설 〈건축법 제8조〉 리모델링이 쉬운 구조의 공동주택의 건축을 촉진하기 위하여 공동주택을 대통령령으로 정하는 구조로 하여 건축허가를 신청하면 제56조, 제60조 및 제61조에 따른 기준을 100분의 120의 범위에서 대통령령으로 정하는 비율로 완화하여 적용할 수 있다.

해답 80.②

건축설비기사 제8회 [기출모의고사]

제1과목 건축설비 계획

01 건물에서의 열전달에 관련된 용어의 단위 중 옳지 않은 것은?
① 열전도율 : W/(㎡·K)
② 대류 열전달률 : W/(㎡·K)
③ 열저항 : (㎡·K)/W
④ 열관류율 : W/(㎡·K)

해설 열전도율의 단위는 W/m·K이다.

02 여러 음이 혼합적으로 들리는 경우에서도 대화 상대의 소리만을 선택적으로 들을 수 있는 것과 관련된 현상은?
① 마스킹 효과
② 칵테일파티 효과
③ 간섭 효과
④ 코인시던스 효과

해설 인간이 자신이 원하는 음만을 골라서 들을 수 있는 것은 온갖 잡음이 섞인 칵테일파티에서도 자신의 이름을 부르는 소리는 똑똑하게 들을 수 있는 것과 같다고 해서 여러 음이 혼합적으로 들리는 경우에서도 대화 상대의 소리만을 선택적으로 들을 수 있는 것과 관련된 현상, 또는 그런 능력을 '칵테일파티 효과(cocktail party effect)'라고 한다.

03 일사량에 관한 설명으로 옳지 않은 것은?
① 일사량은 지면부근의 수평 평면에 입사하는 태양에너지의 단위면적당 양이다.
② 전천일사량은 단위면적의 수평면에 입사하는 태양복사의 총량이며, 직달일사, 천공의 전 방향에서 입사하는 산란일사 및 구름에서의 반사일사를 합한 것이다.
③ 직달일사량은 단위면적의 수평면에 입사하는 태양복사 중 산란광 및 반사광만을 포함한 일사량이다.
④ 산란일사량은 단위면적의 수평면에 입사하는 태양복사 중 직달일사를 제외하고, 대기 중에서 공기분자, 수증기, 에어로졸 등으로 산란된 빛의 에너지량이다.

해설 직달일사량은 단위면적의 수평면에 입사하는 태양복사 중 산란광 및 반사광만을 제외한, 순수한 태양광이 직접 수평면에 도달되는 것으로 전천 일사량의 80% 정도를 차지한다.

해답 1.① 2.② 3.③

04 병원의 수술실과 같이 외부 오염공기의 침입을 피하고자 할 때 가장 적합한 환기방법은?

① 압입식 환기법
② 흡출식 환기법
③ 병용식 환기법
④ 자연식 환기법

해설 수술실과 같이 외부 오염공기의 침입을 피하고자 할 때 가장 적합한 환기방법은 압입식 환기법으로 2종 환기라 하며 실내의 압력을 외부보다 높게 하여 오염된 외부 공기가 깨끗한 실내로 유입되지 않게 한다.

05 sabine의 잔향식에 관한 설명으로 옳지 않은 것은?

① 잔향 시간은 실내 흡음량에 비례한다.
② 잔향 시간은 실용적에 비례한다.
③ 비례상수는 0.16이다.
④ 잔향 시간은 흡음재료의 설치 위치와는 무관하다.

해설 sabine의 잔향식 $RT_{60} = \dfrac{0.16\,V}{A}$

RT_{60} = 음원이 -60dB가 되기까지 걸리는 시간(s)
V : 방의 Volume(m^3)
A : 공간 안에 있는 모든 물건의 흡음량과 흡음 면적(m^2)의 합
그러므로 잔향 시간은 실내 흡음량에 반비례한다.

06 세정밸브식 대변기에 진공 방지기(vacuum breaker)를 설치하는 주된 이유는?

① 사용수량을 줄이기 위하여
② 급수소음을 줄이기 위하여
③ 급수오염을 방지하기 위하여
④ 취기(냄새)를 방지하기 위하여

해설 세정밸브식 대변기에서 진공 방지기는 급수관에서 사이펀 현상에 의한 역류를 방지하는 것으로 급수오염(크로스 커넥션)을 방지한다.

07 주철관의 이음방법에 속하지 않는 것은?

① 소켓 이음
② 빅토릭 이음
③ 타이톤 이음
④ 플레어 이음

해설 플레어 이음은 동관에 사용된다.

해답 4.① 5.① 6.③ 7.④

08 먹는 물의 수질기준에 관한 설명으로 옳지 않은 것은?

① 색도는 5도를 넘지 아니할 것
② 수은은 0.01mg/L를 넘지 아니할 것
③ 시안은 0.01mg/L를 넘지 아니할 것
④ 수돗물의 경우 경도는 300mg/L를 넘지 아니할 것

해설 수은은 0.001mg/L를 넘지 아니할 것

09 고가수조방식의 급수방식에 관한 설명으로 옳지 않은 것은?

① 급수압력이 일정하다.
② 단수 시에도 일정량의 물을 급수할 수 있다.
③ 대규모의 급수 수요에 쉽게 대응할 수 있다.
④ 급수방식 중 위생 및 유지, 관리 측면에서 가장 바람직한 방식이다.

해설 고가수조방식은 수조에서 물의 정체시간이 길어져 급수방식 중 위생 및 유지, 관리 측면에서 가장 바람직하지 않다. 최근에는 사용되는 경우가 적다.

10 수질과 관련된 용어에 관한 설명으로 옳지 않은 것은?

① COD는 화학적 산소요구량을 의미한다.
② BOD는 생물화학적 산소요구량을 의미한다.
③ SS는 오수 중의 용존산소량을 ppm으로 나타낸 것이다.
④ 경도는 물속에 녹아있는 염류의 양을 탄산칼슘의 농도로 환산하여 나타낸 것이다.

해설 SS는 오수 중의 부유물질을 mg/L로 나타내며, DO는 용존산소량을 ppm으로 나타낸 것이다.

11 배수와 통기 간의 공기의 유통을 원활히 하기 위해 설치하는 것으로 배수 횡지관의 최하류에 설치하는 통기관은?

① 습통기관
② 도피통기관
③ 반송통기관
④ 루프통기관

해설 배수 횡지관의 최상류에는 루프통기를 설치하고, 루프 통기만으로 통기가 부족할 때 하류에 도피 통기관을 설치하여 루프 통기를 돕는다.

해답 8.② 9.④ 10.③ 11.②

12 배수트랩과 통기관에 관한 설명으로 옳지 않은 것은?

① 통기관을 설치하면 배수능력이 향상된다.
② 배수트랩을 설치하면 배수능력이 향상된다.
③ 배수트랩은 봉수가 파괴되지 않는 구조로 한다.
④ 통기관은 사이폰 작용에 의해서 트랩 봉수가 파괴되는 것을 방지한다.

해설 배수트랩은 악취가 실내로 역류하는 것을 막으며 트랩의 저항으로 배수능력은 감소된다.

13 국소식 급탕방식에 관한 설명으로 옳지 않은 것은?

① 배관길이가 길어 열손실이 크다.
② 급탕개소마다 가열기의 설치 공간이 필요하다.
③ 건물 완공 후에 급탕 개소의 증설이 비교적 용이하다.
④ 용도에 따라 필요한 개소에서 필요한 온도의 탕을 비교적 간단하게 얻을 수 있다.

해설 국소식(개별식) 급탕방식은 배관길이가 짧아 열손실이 적다.

14 건구온도 26℃, 상대습도 50%의 실내공기 700㎥와 건구온도 32℃, 상대습도 70%의 외기 300㎥을 혼합한 후 이를 다시 건구온도 20℃로 냉각하였다. 냉각도중 절대습도의 변화가 없었다면 냉각과정에 소요된 열량은?(단, 공기의 밀도는 1.2kg/㎥, 정압비열은 1.01kJ/kg · K이다.)

① 8,966.6kJ　② 9,453.6kJ
③ 10,322.5kJ　④ 10,977.8kJ

해설 공기의 혼합온도는 $t = \dfrac{26 \times 700 + 32 \times 300}{700 + 300} = 27.8℃$

27.8℃를 20℃로 냉각할 때 냉각열량은
$q = mC\Delta t = 1.2(700 + 300) \times 1.01(27.8 - 20) = 9,453.6 \text{kJ}$

15 다음 중 하절기 유리창별 표준일사열 취득량이 가장 적은 경우는?

① 수평천창(13시)　② 동측창(08시)
③ 남측창(16시)　④ 서측창(17시)

해설 유리창별 표준 일사열 취득량은 일사강도와 햇빛(일사) 각도에 비례한다. 취득량은 수평천창(13시)이 가장 크고, 남측창(16시)이 가장 작다.

해답 12.② 13.① 14.② 15.③

16 다음 중 특수통기방식의 일종인 소벤트 시스템에 사용되는 이음쇠는?
① 팽창관
② 섹스티아 벤드관
③ 섹스티아 이음쇠
④ 공기분리 이음쇠

해설 소벤트 시스템은 수직 배수관에 공기 주입과 공기 분리를 하도록 이음쇠를 사용한다.

17 배수설비에서 간접배수를 하여야 하는 기기·기구에 속하지 않는 것은?
① 욕조
② 세탁기
③ 제빙기
④ 식기세정기

해설 욕조, 세면기, 대변기, 싱크대 등은 직접배수한다. 직접배수하는 기구들은 배수 트랩을 갖추고 있다.

18 공기조화 용어 중 엔탈피(Enthalpy)가 의미하는 것은?
① 비체적
② 비습도
③ 전열량
④ 현열량

해설 엔탈피는 공기가 가지는 전열량으로 현열과 잠열의 합이다.

19 증기난방방식에 관한 설명으로 옳지 않은 것은?
① 예열시간이 짧다.
② 계통별 용량 제어가 용이하다.
③ 한랭지에서 동결의 우려가 작다.
④ 운전 시 증기해머로 인한 소음이 발생하기 쉽다.

해설 증기난방방식은 계통별 용량 제어가 어렵다.

20 다음의 냉방부하 발생 요인 중 현열과 잠열 부하를 모두 발생시키는 것은?
① 인체의 발생열량
② 벽체로부터의 취득열량
③ 유리로부터의 취득열량
④ 송풍기에 의한 취득열량

해설 인체의 발생열량, 극간풍부하, 외기부하, 커피포트 등은 현열과 잠열 부하를 모두 발생시킨다.

해답 16.④ 17.① 18.③ 19.② 20.①

제2과목 건축설비 설계

21 500L/h의 급탕을 하는 건물에서 전기순간 온수기를 사용했을 때 전기소비량은? (단, 물의 비열 4.2kJ/(kg · K), 급탕온도 60℃, 급수온도 15℃, 효율 80%)

① 27.2kW　　　　② 29.8kW
③ 32.8kW　　　　④ 38.4kW

해설 가열량 $= WC\Delta t = 500 \times 4.2(60-15) = 94,500$ kJ/h

이때 전기소비량은 $kW = \dfrac{94,500}{3,600 \times 0.8} = 32.8$ kW

22 다음과 같은 조건에 있는 사무실 건물의 1일 급수량은?

• 건물의 연면적 : 2,000㎡	• 건물의 유효면적과 연면적의 비 : 60%
• 유효면적당 인원 : 0.2인/㎡	• 1인 1일당 평균사용수량 : 100L/(d · 인)

① 20,000L/d　　　　② 24,000L/d
③ 40,000L/d　　　　④ 120,000L/d

해설 1일 급수량 $= 2,000 \times 0.6 \times 0.2 \times 100 = 24,000$ L/d

23 다음 중 급수설비를 설계하는데 있어 가장 먼저 이루어져야 하는 사항은?

① 급수량 산정　　　　② 저수조 크기 결정
③ 급수관 관경 결정　　④ 수도 인입관 설계

해설 급수설비 설계 : 급수량 산정 – 급수관 관경 결정 – 저수조 크기 결정 – 수도 인입관 설계

24 양수량 Q=15L/s, 유속 V=2m/s인 펌프의 구경으로 적당한 것은?

① 50mm　　　　② 100mm
③ 150mm　　　　④ 200mm

해설 $Q = Av$에서 $Q = \dfrac{\pi d^2}{4} \times v$

$d = \sqrt{\dfrac{4Q}{\pi v}} = \sqrt{\dfrac{4 \times 15 \times 10^{-3}}{\pi \times 2}} = 0.0977\text{m} = 100\text{mm}$

해답 21.③　22.②　23.①　24.②

25
가로 2m, 세로 2m, 높이 10m인 직육면체 수조에 물이 가득 차 있을 때, 바닥면에 작용하는 전압력은?

① 2ton
② 4ton
③ 20ton
④ 40ton

해설 수조의 바닥면 전압력은 전체 물의 중량이다.
$G = 2 \times 2 \times 10 = 40\mathrm{m}^3 = 40$톤

> 수조의 바닥면 압력은 깊이에 비례한다.
> 깊이=높이=10m 수두=100kPa=0.1MPa

26
물을 수송하는 직선관로의 마찰손실수두에 관한 설명으로 옳은 것은?

① 마찰손실수두는 관경에 정비례한다.
② 마찰손실수두는 속도수두에 반비례한다.
③ 관내 유속이 2배로 되면 마찰손실은 4배로 된다.
④ 배관 길이가 2배로 되면 마찰손실은 8배로 된다.

해설 마찰손실수두는 관경의 제곱에 반비례하며, 마찰손실수두는 속도수두(속도의 제곱에 비례)에 비례한다. 관 내 유속이 2배로 되면 마찰손실은 4배로 되고, 배관 길이가 2배로 되면 마찰손실은 2배로 된다.

27
급탕설비 중 개별식 급탕방식에 관한 설명으로 옳지 않은 것은?

① 배관길이가 길어 배관 중의 열손실이 크다.
② 건물 완공 후에도 급탕 개소의 증설이 비교적 쉽다.
③ 급탕개소마다 가열기의 설치 스페이스가 필요하다.
④ 용도에 따라 필요한 개소에서 필요한 온도의 탕을 비교적 간단하게 얻을 수 있다.

해설 개별식 급탕방식은 배관길이가 짧아 배관 중의 열손실이 작은 특징을 갖고 있다.

28
냉동기의 냉매가 구비해야 할 조건으로 옳지 않은 것은?

① 응고온도(응고점)가 낮을 것
② 전열효과가 작고 점도가 클 것
③ 증발압력이 대기압보다 높을 것
④ 임계온도가 높고 상온에서 액화할 것

해설 냉매는 전열효과가 크고, 점도가 작아야 한다.

해답 25.④ 26.③ 27.① 28.②

29. 급탕설비의 순환배관에서 관마찰저항으로 인한 순환량의 불균등을 방지하기 위한 배관방식은?

① 상향배관방식
② 하향배관방식
③ 강제순환방식
④ 리버스리턴방식

해설 리버스리턴방식은 각 부하의 배관길이가 불규칙할 때 역환수 배관으로 순환길이를 균등히 하여 급탕 순환량을 균등히 한다.

30. 급수배관의 계획 및 시공에 관한 설명으로 옳지 않은 것은?

① 음료용 급수관과 다른 용도의 배관을 크로스커넥션해서는 안 된다.
② 주배관에는 적당한 위치에 플랜지 이음을 하여 보수 점검을 용이하게 한다.
③ 수평배관에는 오물이 정체하지 않도록 하며, 어쩔 수 없이 각종 오물이 정체하는 곳에는 공기빼기밸브를 설치한다.
④ 높은 유수음이나 수격작용이 발생할 염려가 있는 급수계통에는 에어 챔버나 워터햄머방지기 등의 완충장치를 설치한다.

해설 급수배관의 수평배관에는 오물이 정체하지 않도록 하며, 어쩔 수 없이 각종 오물이 정체하는 곳에는 드레인 밸브를 설치한다.

31. 경질염화비닐관에 관한 설명으로 옳지 않은 것은?

① 전기 절연성이 크다.
② 내산, 내알카리성이 크다.
③ 온도 상승에 따라 기계적 강도가 약해진다.
④ 저온에서 충격에 강하므로 한랭지에 주로 사용된다.

해설 경질염화비닐관은 저온에서 충격에 약하므로 한랭지에 사용하지 않는다.

32. 증기트랩 중 플로트 트랩에 관한 설명으로 옳지 않은 것은?

① 다량의 응축수를 처리할 수 있다.
② 급격한 압력변화에도 잘 작동된다.
③ 동결의 우려가 있는 곳에 주로 사용된다.
④ 증기해머에 의해 내부손상을 입을 수 있다.

해설 플로트 트랩은 응축수를 저장하고 있어 동결의 우려가 있는 곳에는 부적합하다.

해답 29.④ 30.③ 31.④ 32.③

33. 다음과 같은 조건에서 틈새바람에 의한 냉방부하는?

- 틈새공기량 : 50kg/h
- 실내공기의 상태 : 25℃, 0.010kg/kg'
- 0℃에서 물의 증발잠열 : 2,501kJ/kg
- 외기의 상태 : 30℃, 0.016kg/kg'
- 공기의 정압비열 : 1.01kJ/kg · K

① 139.7W ② 186.2W
③ 278.5W ④ 341.3W

해설 냉방부하는 현열과 잠열의 합이다.
현열 $=mC\Delta t=50\times 1.01(30-25)=252.5$ kJ/h $=70.14$ W
잠열 $=\gamma(m\Delta x)=2,501\times 50(0.016-0.010)=750.3$ kJ/h $=208.42$ W
냉방부하 $=70.14+208.4=278.54$ W

34. 다음과 같은 조건에 있는 벽체의 실내표면 온도는?

- 외기온도 : −10℃
- 실내표면연절달율 : 9W/m² · K
- 실내온도 : 20℃
- 벽체의 열관류율 : 3W/m² · K

① 9℃ ② 10℃
③ 12℃ ④ 13℃

해설 벽체관류열량과 실내열전달량 사이에 열평형식을 세우면 $KA\Delta t = \alpha A\Delta t_s$
면적은 같다고 보면 $K\Delta t = \alpha \Delta t_s$
$3(20+10) = 9(20-t_s)$
$t_s = 10$℃

35. 원형 덕트의 곡관부에서 국부저항의 상당길이를 l이라 할 때 다음 설명 중 옳은 것은?(단, λ : 덕트재료의 마찰저항계수, d : 원형덕트의 직경, ξ : 국부저항손실계수)

① l은 d, ξ, λ에 모두 비례한다.
② l은 d, ξ, λ에 모두 반비례한다.
③ l은 d, ξ에 비례하나 λ에는 반비례한다.
④ l은 d, λ에 비례하나 ξ에는 반비례한다.

해설 국부저항을 직관부 저항으로 환산하면 $\lambda \dfrac{l v^2}{d 2g} = \xi \dfrac{v^2}{2g}$ 에서 $l = \dfrac{d\xi}{\lambda}$
l은 d, ξ에 비례하나 λ에는 반비례한다.

해답 33.③ 34.② 35.③

36 버터플라이 댐퍼에 관한 설명으로 옳지 않은 것은?

① 완전히 닫았을 때 공기의 누설이 적다.
② 운전 중에 개폐조작에 큰 힘을 필요로 한다.
③ 주로 대형덕트에서 풍량조절용으로 사용된다.
④ 날개가 중간 정도 열렸을 때 댐퍼의 하류측에 와류가 생기기 쉽다.

해설 버터플라이 댐퍼는 단익댐퍼로 주로 소형덕트에서 개폐용으로 사용된다.

37 다음 중 에어와셔에 엘리미네이터(eliminator)를 설치하는 이유로 가장 알맞은 것은?

① 기내의 기류분포를 고르게 하기 위해
② 섬유 등의 먼지를 효율적으로 제거하기 위해
③ 공기의 감습이 효과적으로 이루어지게 하기 위해
④ 분무된 물방울이 밖으로 나가지 못하도록 하기 위해

해설 엘리미네이터는 제수판으로 노즐에서 분무된 물방울이 덕트 쪽으로 나가지 못하도록 걸러주는 역할을 한다.

38 공기조화배관의 배관회로방식에 관한 설명으로 옳지 않은 것은?

① 밀폐회로방식은 순환수가 공기와 접촉하지 않으므로 물처리비가 적게 든다.
② 개방회로방식은 보통 축열방식이나 개방식 냉각탑의 냉각수 배관 등에 응용된다.
③ 개방회로방식의 경우 펌프의 양정에는 실양정이 포함되므로 동력비가 많이 든다.
④ 밀폐회로방식에는 물의 팽창을 흡수하기 위해 팽창관이 사용되며 팽창탱크는 사용하지 않는다.

해설 밀폐회로방식에는 물의 팽창을 흡수하기 위해 팽창탱크가 사용되며 팽창탱크와 연결하는 팽창관이 필요하다.

39 공기여과기를 통과하기 전의 오염농도가 0.45mg/m³, 통과한 후의 오염농도가 0.12mg/m³일 때, 이 여과기의 여과효율은?

① 약 35%
② 약 42%
③ 약 53%
④ 약 73%

해설 여과효율 = $\dfrac{\text{통과 전 농도} - \text{통과 후 농도}}{\text{통과 전 농도}} = \dfrac{C_i - C_o}{C_i} = \dfrac{0.45 - 0.12}{0.45} = 0.73 = 73\%$

해답 36.③ 37.④ 38.④ 39.④

40 수배관 내 유속에 관한 설명으로 옳지 않은 것은?

① 관 내에 흐르는 유속을 높이면 소음이 증가한다.
② 관 내에 흐르는 유속을 높이면 마찰손실이 감소한다.
③ 관 내에 흐르는 유속을 높이면 펌프의 소요동력이 증가한다.
④ 관 내에 흐르는 유속이 너무 낮으면 배관 내에 혼입된 공기를 밀어내지 못하여 물의 흐름에 대한 저항이 커진다.

해설 관 내에 흐르는 유속을 높이면 유속의 제곱에 비례하여 마찰손실이 증가한다.

제3과목 전기 및 소방시설 일반

41 전기설비용 시설공간(실)의 계획에 관한 설명으로 옳지 않은 것은?

① 변전실은 부하의 중심에 설치한다.
② 변전실은 외부로부터 전력의 수전이 용이해야 한다.
③ 중앙감시실은 일반적으로 방재센터와 겸하도록 한다.
④ 발전기실은 변전실에서 최소 10m 이상 떨어진 위치에 배치한다.

해설 발전기실과 변전실은 근거리에 위치시킨다.

42 간선의 배선방식 중 평행식에 관한 설명으로 옳은 것은?

① 공급 신뢰도가 낮아 중요 부하에 적응이 곤란하다.
② 나뭇가지식에 비해 배선이 단순하며 설비비가 저렴하다.
③ 용량이 큰 부하에 대하여는 단독의 간선으로 배선할 수 없다.
④ 사고발생 시 타부하에 파급효과를 최소한으로 억제할 수 있다.

해설 평행식은 각 분전반마다 배전반으로부터 1:2 단독으로 배선되어, 사고 발생 시 그 범위를 좁힐 수 있다.

43 3대의 전동기에 모두 같은 크기의 전압을 인가하기 위한 결선 방법은?

① 직렬결선
② 병렬결선
③ 직렬결선 1회로와 병렬결선 2회로
④ 직렬결선 2회로와 병렬결선 1회로

해설 가정의 형광등처럼 병렬결선은 동일한 전압이 인가된다.

해답 40.② 41.④ 42.④ 43.②

44 연결송수관설비에 관한 설명으로 옳은 것은?

① 송수구는 쌍구형으로 하며 구경은 최소 50mm 이상으로 한다.
② 방수구는 연결송수관설비의 전용방수구로서 구경은 최소 50mm 이상으로 한다.
③ 수원의 수위가 펌프보다 높은 위치에 있는 가압송수장치에는 반드시 물올림장치를 설치한다.
④ 가압송수장치는 방수구가 개방될 때 자동으로 기동되거나 또는 수동스위치의 조작에 따라 기동되도록 한다.

해설 ① 연결송수관설비에서 송수구는 쌍구형으로 구경은 최소 65mm 이상으로 한다.
② 방수구는 연결송수관설비의 전용방수구로서 구경은 최소 65mm 이상으로 한다.
③ 수원의 수위가 펌프보다 낮은 위치에 있는 가압송수장치에는 반드시 물올림장치를 설치한다.

45 최대 방수구역에 설치된 스프링클러헤드의 개수가 20개인 경우 스프링클러설비의 수원의 저수량은 최소 얼마 이상이 되도록 하여야 하는가?(단, 개방형 스프링클러헤드를 사용하는 경우)

① 16m³
② 32m³
③ 48m³
④ 64m³

해설 스프링클러 1개당 80L/min가 필요하며 수원 저수량은 20분 용량으로 한다.
저수량=20×80×20=32,000L=32m³

46 천장면을 사각이나 원형으로 오려내고 매입기구를 취부하여 실내의 단조로움을 피하는 조명방식은?

① 코퍼 조명
② 광천장 조명
③ 코니스 조명
④ 밸런스 조명

해설 코퍼 조명은 조명기구를 매입하여 천장면에서 반사광으로 조명하는 방식.

47 권수가 300회 감긴 코일에 10[A]의 전류가 흐른다면 발생된 기자력[AT]은?

① 150
② 300
③ 1,500
④ 3,000

해설 코일 기자력 $=NI=300\times10=3,000$ AT

해답 44.④ 45.② 46.① 47.④

48 액면조절장치의 감지부의 종류 중 액체 내의 전극봉 사이의 통전 상태로서 액면을 조절하며 저수조용으로 사용하는 것은?

① 액면식 ② 전극식
③ 플로트식 ④ 오뚝이식

해설 전극식 액면조절장치는 액체 내의 전극봉 사이의 통전 상태로서 액면을 조절하며 저수조용으로 사용된다.

49 사인파 교류의 실효값이 V, 최대값이 Vm일 때 평균값은?

① $\dfrac{V_m}{2\pi}$ ② $\dfrac{2V_m}{\pi}$
③ $\dfrac{\sqrt{2}\,V_m}{\pi}$ ④ $\dfrac{V_m}{\pi}$

해설 $V = \dfrac{V_m}{\sqrt{2}}$, 평균값 $= \dfrac{2V_m}{\pi}$

50 정온식 감지기의 감지원리로 옳은 것은?

① 주위온도가 일정온도 이상일 때 작동
② 주위온도가 일정온도 상승률 이상일 때 작동
③ 연기 침입 시 수광부의 광량이 감소되는 것을 검출
④ 특정파장의 복사 에너지를 전기 에너지로 변환하여 이를 검출

해설 정온식 감지기의 감지원리는 주위온도가 일정온도 이상일 때 작동하며, 주위온도가 일정온도 상승률 이상일 때 작동하는 방식은 차동식이다.

51 어느 도체의 단면에 2시간 동안 7,200[C]의 전기량이 이동했다고 하면 이때 흐르는 전류는?

① 1[A] ② 2[A]
③ 3[A] ④ 4[A]

해설 전류 $= 전기량(C)/s = \dfrac{7,200C}{2\times 3,600} = 1C/s = 1A$

해답 48.② 49.② 50.① 51.①

52 제어결과가 목표치를 중심으로 ON-OFF 동작을 하는 제어는?

① 비례 제어 ② 적분 제어
③ 2위치 제어 ④ 비례 적분 제어

해설 2위치 제어는 기기를 ON-OFF 동작을 하는 불연속 제어 방식이다.

53 소화의 종류 중 화학적 소화에 속하는 것은?

① 질식소화 ② 제거소화
③ 냉각소화 ④ 부촉매소화

해설
- 화학적 소화 : 촉매소화
- 물리적 소화 : 질식소화, 제거소화, 냉각소화

54 다음 직렬회로에서 R_1=2[Ω], R_2=3[Ω], R_3=5[Ω]이고 V=110[V]일 때 V_2의 값은?

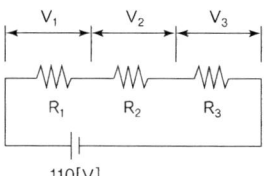

① 22[V] ② 33[V]
③ 55[V] ④ 110[V]

해설 직렬회로에서 전압은 저항에 비례하여 걸린다.
$$V = \frac{110 \times 3}{2+3+5} = 33\text{V}$$

55 다음 중 역률이 가장 양호한 것은?(단, 3상 380[V]로 운전할 경우)

① 에어컨 ② 전기히터
③ 펌프용 전동기 ④ 업소용 세탁기

해설 역률은 히터처럼 순수 저항체에서 가장 크다. 전동기처럼 코일회로가 있으면 역률은 감소한다.

해답 52.③ 53.④ 54.② 55.②

56 알칼리 축전지에 관한 설명으로 옳지 않은 것은?

① 고율방전특성이 좋다.
② 공칭전압은 2.0[V/셀]이다.
③ 극판의 기계적 강도가 강하다.
④ 부식성 가스가 발생하지 않는다.

해설 알칼리 축전지 공칭전압은 1.2[V/셀]이다.

57 다음 중 강자성체에 속하지 않는 것은?

① 철
② 니켈
③ 구리
④ 코발트

해설 강자성체는 외부에 의해 자화되었다가 외부 자기장을 제거하면 자성을 유지하는 물질로 철, 니켈, 코발트 등이며 구리는 반자성체이다.

58 다음과 같이 정의되는 화재의 종류는?

나무, 섬유, 종이, 고무, 플라스틱류와 같은 일반 가연물이 타고 나서 재가 남는 화재

① A급 화재
② B급 화재
③ C급 화재
④ K급 화재

해설 • A급 화재 – 일반화재 • B급 화재 – 유류화재 • C급 화재 – 전기화재

59 전기에 관한 기초사항으로 옳지 않은 것은?

① 전류는 발열작용, 화학작용, 자기작용을 한다.
② 병렬회로에서는 각각의 저항에 흐르는 전류의 값이 같다.
③ 오옴(Ohm)의 법칙은 전압, 전류, 저항 사이의 규칙적인 관계를 나타낸다.
④ 1W란 전압이 1V일 때 1A의 전류가 1s 동안에 하는 일을 말한다.

해설 병렬회로에서는 각각의 저항에 흐르는 전압의 값이 같으며, 직렬회로에서는 각각의 저항에 흐르는 전류의 값이 같다.

60 변압기에서 철심(core)이 하는 역할은?

① 자속의 이동통로
② 전류의 이동통로
③ 전압이 이동통로
④ 전력량의 이동통로

해설 변압기에서 철심(core)이 하는 역할은 자속의 이동통로이다.

해답 56.② 57.③ 58.① 59.② 60.①

제4과목 건축설비 관련 법규

61 공동주택 중 아파트로서 4층 이상인 층의 각 세대가 2개 이상의 직통계단을 사용할 수 없는 경우에는 발코니에 대피공간을 설치하여야 하는데 다음 중 이러한 대피공간이 갖추어야 할 요건으로 옳지 않은 것은?

① 대피공간은 바깥의 공기와 접하지 않을 것
② 대피공간은 실내의 다른 부분과 방화구획으로 구획될 것
③ 대피공간의 바닥면적은 각 세대별로 설치하는 경우에는 2㎡ 이상일 것
④ 대피공간의 바닥면적은 인접세대와 공동으로 설치하는 경우에는 3㎡ 이상일 것

해설 〈건축법령 제46조〉
1. 대피공간은 바깥의 공기와 접할 것
2. 대피공간은 실내의 다른 부분과 방화구획으로 구획될 것
3. 대피공간의 바닥면적은 인접 세대와 공동으로 설치하는 경우에는 3제곱미터 이상, 각 세대별로 설치하는 경우에는 2제곱미터 이상일 것
4. 국토교통부장관이 정하는 기준에 적합할 것

62 교육연구시설 중 학교의 교실 간 경계벽의 차음을 위한 구조로서 적합하지 않은 것은?

① 벽돌조로서 두께가 15cm인 것
② 철근콘크리트조로서 두께가 15cm인 것
③ 철골철근콘크리트조로서 두께가 15cm인 것
④ 무근콘크리트조로서 시멘트모르타르의 바름두께를 포함하여 두께가 15cm인 것

해설 〈피난방화구조기준 제15조〉 콘크리트블록조 또는 벽돌조로서 두께가 19센티미터 이상인 것

63 다음은 건축법상 지하층의 정의이다. ( ) 안에 알맞은 것은?

> "지하층"이란 건축물의 바닥이 지표면 아래에 있는 층으로서 바닥에서 지표면까지 평균 높이가 해당 층 높이의 (   ) 이상인 것을 말한다.

① 2분의 1   ② 3분의 1
③ 3분의 2   ④ 4분의 3

해설 〈건축법 제2조〉 5. "지하층"이란 건축물의 바닥이 지표면 아래에 있는 층으로서 바닥에서 지표면까지 평균높이가 해당 층 높이의 2분의 1 이상인 것을 말한다.

해답 61.① 62.① 63.①

64 다음의 소방시설 중 경보설비에 속하지 않는 것은?

① 비상방송설비　　　　　　② 자동화재탐지설비
③ 자동화재속보설비　　　　④ 무선통신보조설비

해설 〈소방법령 제3조〉 별표 1
2. 경보설비 : 화재발생 사실을 통보하는 기계·기구 또는 설비로서 다음 각 목의 것
　가. 단독경보형 감지기
　나. 비상경보설비
　　1) 비상벨설비
　　2) 자동식사이렌설비
　다. 시각경보기
　라. 자동화재탐지설비
　마. 비상방송설비
　바. 자동화재속보설비
　사. 통합감시시설
　아. 누전경보기
　자. 가스누설경보기
무선통신보조설비는 소화활동설비에 속한다.

65 건축물에 설치하는 비상용 승강기의 승강장 바닥면적은 비상용 승강기 1대에 대하여 최소 얼마 이상으로 하여야 하는가?(단, 옥내에 승강장을 설치하는 경우)

① 3㎡　　　　　　　　　　② 6㎡
③ 9㎡　　　　　　　　　　④ 12㎡

해설 〈설비기준 제10조〉 비상용 승강기의 승강장 바닥면적은 비상용 승강기 1대에 6㎡ 이상으로 한다.

66 층수가 9층이고, 각 층의 거실면적이 3,000㎡인 판매시설을 건축하고자 할 때 설치하여야 하는 승용승강기의 최소 대수는?(단, 16인승 승용승강기를 설치하는 경우)

① 4대　　　　　　　　　　② 5대
③ 6대　　　　　　　　　　④ 7대

해설 〈설비기준 제5조〉 별표 1의 2 판매시설은 3,000 이하에 2대 초과하는 2,000마다 1대 추가
그러므로 6층 이상 거실면적은 3,000㎡×4=12,000
3,000까지 2대+(9,000/2,000)=6.5=7대
16인승은 1대가 2대이므로 7÷2=3.5=4대

해답 64.④　65.②　66.①

67 종교시설의 용도에 쓰이는 건축물의 집회실로서 그 바닥면적이 300㎡인 경우 반자의 높이는 최소 얼마 이상이어야 하는가?(단, 기계환기장치를 설치하지 않은 경우)

① 2m ② 3m
③ 4m ④ 5m

해설 〈피난방화구조기준 제16조〉(거실의 반자높이)
① 영 제50조의 규정에 의하여 설치하는 거실의 반자(반자가 없는 경우에는 보 또는 바로 윗층의 바닥판의 밑면 기타 이와 유사한 것을 말한다. 이하 같다)는 그 높이를 2.1미터 이상으로 하여야 한다.
② 문화 및 집회시설(전시장 및 동·식물원은 제외한다), 종교시설, 장례식장 또는 위락시설 중 유흥주점의 용도에 쓰이는 건축물의 관람석 또는 집회실로서 그 바닥면적이 200제곱미터 이상인 것의 반자의 높이는 제1항의 규정에 불구하고 4미터(노대의 아랫부분의 높이는 2.7미터) 이상이어야 한다. 다만, 기계환기장치를 설치하는 경우에는 그러하지 아니하다.

68 다음 중 다중이용건축물에 속하지 않는 것은?(단, 해당용도로 쓰는 바닥면적의 합계가 5,000㎡이며, 층수가 15층인 건축물의 경우)

① 종교시설 ② 판매시설
③ 업무시설 ④ 의료시설 중 종합병원

해설 〈건축법령 제2조〉 17. "다중이용 건축물"이란 불특정한 다수의 사람들이 이용하는 건축물로서 다음 각 목의 어느 하나에 해당하는 건축물을 말한다.
가. 다음의 어느 하나에 해당하는 용도로 쓰는 바닥면적의 합계가 5천제곱미터 이상인 건축물
1) 문화 및 집회시설(전시장 및 동물원·식물원은 제외한다)
2) 종교시설
3) 판매시설
4) 운수시설 중 여객용 시설
5) 의료시설 중 종합병원
6) 숙박시설 중 관광숙박시설
나. 16층 이상인 건축물

69 건축물의 용도변경과 관련된 시설군 중 영업시설군에 속하지 않는 것은?

① 판매시설 ② 운동시설
③ 의료시설 ④ 숙박시설

해설 〈건축법령 제14조〉 의료시설은 교육 및 복지시설군에 속한다.

해답 67.③ 68.③ 69.③

70 판매시설로서 모든 층에 스프링클러설비를 설치하여야 하는 바닥면적 기준은?

① 바닥면적의 합계가 1,000㎡ 이상인 경우
② 바닥면적의 합계가 2,000㎡ 이상인 경우
③ 바닥면적의 합계가 5,000㎡ 이상인 경우
④ 바닥면적의 합계가 10,000㎡ 이상인 경우

해설 〈소방법령 제15조〉 별표 5 판매시설로서 바닥면적의 합계가 5,000㎡ 이상인 경우, 수용인원 500인 이상인 경우 모든 층에 스프링클러설비를 설치하여야 한다.

71 건축법령상 제1종 근린생활시설에 속하지 않는 것은?

① 한의원
② 마을회관
③ 산후조리원
④ 일반음식점

해설 〈건축법령 제3조 5〉 별표 1 일반음식점은 제2종 근린생활시설에 속한다.

72 제로에너지 건축물 인증에서 + 등급의 에너지 자립률의 최소기준은?

① 90% 이상
② 100% 이상
③ 110% 이상
④ 120% 이상

해설 + 등급의 경우 에너지 자립률 120% 이상을 충족하여야 획득할 수 있다.

73 문화 및 집회시설 중 공연장의 개별관람석 바닥면적이 2,000㎡일 경우 개별관람석의 출구는 최소몇 개소 이상 설치하여야 하는가?(단, 각 출구의 유효너비를 2m로 하는 경우)

① 3개소
② 4개소
③ 5개소
④ 6개소

해설
- 개별관람석 출구 유효너비 합계=(2,000/100)×0.6 =12m
- 출구 설치 개소=출구 유효너비 / 각 출구의 유효너비=12/2=6개소

해답 70.③ 71.④ 72.④ 73.④

74 다음 중 방송 공동수신설비를 설치하여야 하는 대상 건축물에 속하는 것은?
① 종교시설
② 고등학교
③ 다세대주택
④ 유스호스텔

해설 〈건축법령 제87조 4〉 공동주택(다세대주택은 공동주택에 속한다)

75 피난안전구역의 구조 및 설비에 관한 기준 내용으로 옳지 않은 것은?
① 피난안전구역의 높이는 1.8m 이상일 것
② 피난안전구역의 내부마감재료는 불연재료로 설치할 것
③ 비상용 승강기는 피난안전구역에서 승하차 할 수 있는 구조로 설치할 것
④ 건축물의 내부에서 피난안전구역으로 통하는 계단은 특별피난계단의 구조로 설치할 것

해설 피난안전구역의 높이는 2.1m 이상으로 한다.

76 방염성능기준 이상의 실내장식물 등을 설치하여야 하는 특정소방대상물에 속하는 것은?
① 층수가 6층인 업무시설
② 층수가 6층인 판매시설
③ 층수가 6층인 숙박시설
④ 건축물의 옥내에 있는 수영장

해설 〈소방법령 제30조〉 체력단련장, 숙박시설, 방송국, 문화, 집회, 종교, 운동시설 의료시설 등

77 건축물에 설치하는 배연설비에 관한 기준 내용으로 옳지 않은 것은?(단, 기계식 배연설비를 하지 않는 경우)
① 배연구는 손으로도 열고 닫을 수 있도록 한다.
② 배연구는 예비전원에 의해 열 수 있도록 한다.
③ 배연창의 유효면적은 최소 3m² 이상으로 하여야 한다.
④ 건축물이 방화구획으로 구획된 경우에는 그 구획마다 1개소 이상의 배연창을 설치하여야 한다.

해설 〈설비기준 제14조〉 배연창의 유효면적은 최소 1m² 이상으로 하여야 한다.

해답 74.③ 75.① 76.③ 77.③

78. 다음은 지하층과 피난층 사이의 개방공간의 설치에 관한 기준 내용이다. ( ) 안에 알맞은 것은?

> 바닥면적의 합계가 ( ) 이상인 공연장·집회장·관람장 또는 전시장을 지하층에 설치하는 경우에는 각 실에 있는 자가 지하층 각 층에서 건축물 밖으로 피난하여 옥외 계단 또는 경사로 등을 이용하여 피난층으로 대피할 수 있도록 천장이 개방된 외부 공간을 설치하여야 한다.

① 1,000㎡
② 2,000㎡
③ 3,000㎡
④ 5,000㎡

해설 〈건축법령 제37조〉 3,000㎡ 이상

79. 외기에 직접 면하고 1층 또는 지상으로 연결된 출입문을 방풍구조로 하여야 하는 것은?

① 아파트의 출입문
② 너비가 1.8m인 출입문
③ 바닥면적이 300㎡인 개별 점포의 출입문
④ 사람의 통행을 주목적으로 하지 않는 출입문

해설 〈에너지절약기준 제6조의 4〉 외기에 직접 면하고 1층 또는 지상으로 연결된 출입문은 방풍구조로 하여야 한다. 다만, 다음에 해당하는 경우에는 그러하지 않을 수 있다.
- 바닥면적 3백 제곱미터 이하의 개별 점포의 출입문
- 주택의 출입문(단, 기숙사는 제외)
- 사람의 통행을 주목적으로 하지 않는 출입문
- 너비 1.2미터 이하의 출입문

80. 건축물에 설치하는 방화벽에 관한 기준 내용으로 옳지 않은 것은?

① 내화 구조로서 홀로 설 수 있는 구조일 것
② 방화벽에 설치하는 출입문에는 60분+ 방화문 또는 60분 방화문을 설치할 것
③ 방화벽에 설치하는 출입문의 너비 및 높이는 각각 3.0m 이하로 할 것
④ 방화벽이 양쪽 끝과 위쪽 끝을 건축물의 외벽면 및 지붕면으로부터 0.5m 이상 튀어 나오게 할 것

해설 〈피난방화구조기준 제21조〉 방화벽에 설치하는 출입문의 너비 및 높이는 각각 2.5m 이하로 할 것

해답 78.③ 79.② 80.③

건축설비기사 제9회 [기출모의고사]

제1과목 건축설비 계획

01 실내 어느 1점에서 수평면 조도를 측정하니 220lx이었다. 옥외 전천공 수평면조도를 20,000lx로 할 때 실내 이 점의 주광률을 구하면?

① 1.1%   ② 2.1%
③ 3.1%   ④ 4.1%

[해설] 주광률 = $\dfrac{\text{수평면 조도}}{\text{전천공 조도}} = \dfrac{220}{20,000} \times 100 = 1.1\%$

02 다음 중 음의 단위와 관계가 없는 것은?

① cd   ② dB
③ W/㎠   ④ phon

[해설]
- cd : 광원의 밝기
- dB : 소음레벨
- W/㎠ : 음의 세기
- phon : 음의 크기

03 급수압력이 일정하며, 일반적으로 하향급수 배관방식이 사용되는 급수방식은?

① 수도직결방식   ② 고가수조방식
③ 압력수조방식   ④ 펌프직송방식

[해설] 고가수조방식은 정수두를 이용하므로 급수압력이 일정하고 고가수조에서 아랫방향(하향)으로 급수되므로 하향급수방식이다.

04 온도, 습도, 기류를 조합하여 인체의 실제 체감(體感)을 표시하는 척도가 되는 것은?

① TAC 온도   ② 임계온도
③ 절대온도   ④ 유효온도

[해설] 유효온도(ET)는 온도, 습도, 기류의 영향을 조합하여 체감온도로 환산한 것이다.

[해답] 1.① 2.① 3.② 4.④

05
수도본관으로부터 높이 10m에 설치된 세정밸브식 대변기의 사용을 위해 필요한 수도본관의 최저압력은?(단, 급수방식은 수도직결방식이며 배관 내의 마찰손실은 40kPa, 세정밸브식 대변기의 최저필요압력은 100kPa이다.)

① 70kPa
② 100kPa
③ 140kPa
④ 240kPa

해설 수도본관 압력=수전높이+마찰손실+기구필요압=10×10+40+100=210kPa
(10m 수두=10×10=100kPa, 1m 수두=10kPa)

06
대변기 세정수의 급수방식 중 로 탱크식에 관한 설명으로 옳지 않은 것은?

① 탱크로의 급수에 볼 탭이 사용된다.
② 하이 탱크식에 비해 세정소음이 작다.
③ 탱크로의 급수압력과 관계없이 대변기로의 급수수량이나 압력이 일정하다.
④ 단시간에 다량의 물이 필요하기 때문에 일반 가정용으로는 거의 사용되지 않는다.

해설 로 탱크식은 대변기 뒤 로 탱크에 물을 서서히 저장하여 레버를 누르면 일시에 다량의 물을 배출하여 세정하므로 일반 가정용으로 많이 사용된다.

07
액체 중에 직경이 작은 관을 세웠을 때, 관속의 액면이 관밖의 액면보다 높거나 낮게 되는 현상은?

① 층류 현상
② 난류 현상
③ 모세관 현상
④ 베르누이 현상

해설 모세관 현상은 액체와 관 표면의 접착력과 응집력의 관계로 액위가 상승하는 것으로 관경이 작을수록 모세관 현상은 심하게 발생한다.

08
물의 정수과정에서 물속에 있는 철분을 제거하기 위한 처리과정은?

① 혐기
② 폭기
③ 불소 주입
④ 응집제 첨가

해설 물속의 철분(Fe^{++})은 폭기하면 산화하여 산화철(FeO, Fe_2O_3)로 침전 제거된다. 하지만 정수처리에서 일반적으로 철분을 제거하는 방법은 연수화법으로 이온교환법 등을 사용한다.

해답 5.④ 6.④ 7.③ 8.②

09 중앙식 급탕방식에 관한 설명으로 옳지 않은 것은?

① 배관 및 기기로부터의 열손실이 작다.
② 기구의 동시이용률을 고려하여 가열장치의 총용량을 적게 할 수 있다.
③ 일반적으로 열원장치는 공조설비와 겸용하여 설치되기 때문에 열원단가가 싸다.
④ 기계실 등에 다른 설비 기계와 함께 가열장치 등이 설치되기 때문에 관리가 용이하다.

해설 중앙식은 배관의 길이가 길어 배관 열손실이 크다.

10 다음 중 통기관을 설치하는 목적과 가장 거리가 먼 것은?

① 트랩의 봉수를 보호한다.
② 배수관 내의 압력변동을 억제하여 배수의 흐름을 원활하게 한다.
③ 배수관 계통의 환기를 도모하여 관내를 청결하게 유지한다.
④ 배수관에 해로운 영향을 미칠 물질이 배수관에 들어가지 않도록 한다.

해설 저집기(그리스트랩, 헤어트랩, 샌드트랩, 가솔린 트랩 등)는 배수관에 해로운 영향을 미칠 물질이 배수관에 들어가지 않도록 한다.

11 다음 중 모세관 현상에 따른 트랩의 봉수파괴를 방지하기 위한 방법으로 가장 알맞은 것은?

① 트랩을 자주 청소한다.
② 각개통기관을 설치한다.
③ 관내 압력변동을 작게 한다.
④ 기구배수관 관경을 트랩구경보다 크게 한다.

해설 압력차(흡출, 흡인 등)에 의한 봉수파괴 방지법으로 통기관을 사용하나, 모세관 현상은 통기관으로 효과가 없으며 자주 청소하는 것이 가장 좋다.

12 세정밸브식 대변기에 버큠 브레이커를 설치하는 주된 이유는?

① 냄새 방지
② 급수소음 방지
③ 급수오염 방지
④ 배관의 부식방지

해설 대변기에서 버큠 브레이커는 역류에 따른 급수오염 방지에 사용한다.

해답 9.① 10.④ 11.① 12.③

13 다음 설명에 알맞은 환기방식은?

- 실내는 부압을 유지한다.
- 화장실, 욕실 등의 환기에 적합하다.

① 급기팬과 배기팬의 조합
② 급기팬과 자연배기의 조합
③ 자연급기와 배기팬의 조합
④ 자연급기와 자연배기의 조합

해설 자연급기와 배기팬의 조합으로 구성된 3종 환기는 실내가 부압(−)으로 주변실에 냄새 확산을 막을 수 있다.

14 증기난방 방식에 관한 설명으로 옳지 않은 것은?

① 예열시간이 온수난방에 비해 짧다.
② 온수난방에 비해 실내의 쾌감도가 좋다.
③ 온수난방에 비해 한랭지에서 동결의 우려가 적다.
④ 온수난방에 비해 부하변동에 따른 실내방열량의 제어가 곤란하다.

해설 증기난방은 온수난방에 비해 열매온도가 높아 쾌감도가 나쁘다.

15 틈새바람 양의 산출방법에 속하지 않는 것은?

① 환기횟수법
② 창문면적법
③ 실내면적법
④ 창문틈새길이법

해설 틈새바람양은 주로 환기횟수와 실내 용적으로 구하며, 창문면적법, 틈새길이법도 있다.

16 단일덕트 정풍량방식에 관한 설명으로 옳은 것은?

① 변풍량방식에 비해 설비비가 많이 든다.
② 2중 덕트방식에 비해 냉·온풍의 혼합손실이 많다.
③ 부하변동에 대한 제어응답이 변풍량 방식에 비해 느리다.
④ 실내의 열부하 변동에 따라 송풍량을 조절하는 방식이다.

해설 정풍량방식은 변풍량방식에 비해 설비비가 적게 드나, 운전비는 많이 든다. 2중 덕트방식은 냉·온풍의 혼합손실이 많다. 변풍량방식은 실내의 열부하 변동에 따라 송풍량을 조절하는 방식이며, 정풍량방식은 풍량은 일정하고 온도를 제어한다.

해답 13.③ 14.② 15.③ 16.③

17 동일 송풍기에서 회전수를 2배로 했을 경우 풍량, 정압 및 소요동력의 변화량으로 옳은 것은?

① 풍량 2배, 정압 4배, 소요동력 8배
② 풍량 2배, 정압 8배, 소요동력 4배
③ 풍량 4배, 정압 2배, 소요동력 8배
④ 풍량 4배, 정압 8배, 소요동력 2배

해설 송풍기의 회전수를 바꾸면 상사법칙에서 풍량은 회전수에 비례(2배)하고, 정압은 제곱(4배)에 비례하고, 동력은 3제곱(8배)에 비례한다.

18 상대습도 60%인 습공기의 건구온도(a), 습구온도(b), 노점온도(c)의 크기 관계가 옳은 것은?

① a>b>c
② b>a>c
③ b>c>a
④ c>b>a

해설 습공기는 건구온도>습구온도>노점온도이나 상대습도 100%일 때는 건구온도=습구온도=노점온도이다.

19 다음 중 주방, 공장, 실험실에서와 같이 오염물질의 확산 및 방산을 가능한 한 극소화시키려고 할 때 적용하는 환기방식은?

① 희석환기
② 국소환기
③ 전체환기
④ 자연환기

해설 일정 장소에서 발생하는 오염물질을 확산되지 않게 후드를 이용하여 환기(배출)하는 방식을 국소환기라 한다. 주방의 후드와 같은 구조이며 환기량이 적어 경제적이다.

20 유리창으로부터의 일사열 취득에 관한 설명으로 옳지 않은 것은?

① 투과율이 클수록 취득열량이 적다.
② 유리의 면적이 클수록 취득열량이 많다.
③ 유리의 차폐계수가 클수록 취득열량이 많다.
④ 반사유리는 여름철 취득열량을 줄이는데 유리하다.

해설 유리창 투과율이 클수록 취득열량이 많고, 유리의 차폐계수(차폐계수는 클수록 통과량이 많다)는 클수록 취득열량이 많다.

해답 17.① 18.① 19.② 20.①

제2과목 건축설비 설계

21 원심식 펌프로 회전차 주위에 디퓨저인 안내 날개를 갖는 펌프는?
① 마찰 펌프
② 터빈 펌프
③ 제트 펌프
④ 다이아프램 펌프

해설 볼류트펌프는 안내날개가 없고 터빈펌프는 안내날개가 있어 고양정에 쓰인다.

22 같은 구경의 강관을 직선으로 연결하고자 할 때 사용되는 강관 이음쇠류가 아닌 것은?
① 부싱
② 소켓
③ 니플
④ 유니온

해설 부싱은 이경관과 부속의 이음에 이용되고 레듀서는 이경관(직경이 다른 관)의 접합에 사용된다.

23 시간당 200L의 급탕을 필요로 하는 건물에서 전기온수기를 사용하여 급탕을 하는 경우 필요 전력은?(단, 물의 비열은 4.2kJ/kg·K, 급수온도는 10℃, 급탕온도는 60℃, 전기온수기의 가열효율은 95%이다.)
① 11.1kW
② 11.7kW
③ 12.3kW
④ 13.5kW

해설 $kW = \dfrac{WC\Delta t}{E} = \dfrac{200 \times 4.2(60-10)}{0.95} = 44210.5 \text{kJ/h} = 12.3 \text{kJ/s} = 12.3 \text{kW}$

24 펌프의 전양정이 60m이고, 30m³/h의 물을 양수하고자 할 때 요구되는 펌프의 축동력은?(단, 펌프의 효율은 55%)
① 2.7kW
② 4.9kW
③ 5.3kW
④ 8.9kW

해설 $kW = \dfrac{QH}{102E} = \dfrac{30 \times 1000 \times 60}{3600 \times 102 \times 0.55} = 8.9 \text{kW}$

위 식에서 Q는 L/s=kg/s를 사용한다. 그러므로 유량 m³/h는 1,000을 곱하고 3,600으로 나눈다.

해답 21.② 22.① 23.③ 24.④

25
다음과 같은 조건에 있는 연면적 2,000m²의 사무소 건물에 필요한 1일당 급수량은?

- 건물의 유효면적과 연면적의 비 : 50%
- 유효면적당 인원 : 0.2인/m²
- 1인 1일당 급수량 : 100L/d/c

① 10,000L/d
② 20,000L/d
③ 30,000L/d
④ 40,000L/d

해설 급수량=인원×1일 급수량=2,000×0.5×0.2×100=20,000L/d

26
BOD제거율(%) 산정방법을 올바르게 표현한 것은?

① $\dfrac{\text{유입수 BOD} - \text{유출수 BOD}}{\text{유입수 BOD}} \times 100$

② $\dfrac{\text{유출수 BOD} - \text{유입수 BOD}}{\text{유출수 BOD}} \times 100$

③ $\dfrac{\text{유입수 BOD} - \text{유출수 BOD}}{\text{유출수 BOD}} \times 100$

④ $\dfrac{\text{유출수 BOD} - \text{유입수 BOD}}{\text{유입수 BOD}} \times 100$

해설 BOD제거율(%) = $\dfrac{\text{제거 BOD}}{\text{유입 BOD}} = \dfrac{\text{유입수 BOD} - \text{유출수 BOD}}{\text{유입수 BOD}} \times 100$

27
다음과 같은 조건에서 급탕량이 2,000L/h인 저탕조의 가열코일 표면적은?

- 급수온도 : 10℃
- 급탕온도 : 60℃
- 증기온도 : 104℃
- 가열코일의 열관류율 : 506W/m²·K
- 물의 비열 : 4.2kJ/kg·K

① 약 3.3m²
② 약 6.6m²
③ 약 33.4m²
④ 약 65.9m²

해설 가열코일에서 급탕가열과 열교환량은 다음 식이 성립한다.

$WC\Delta t_w = KA\Delta t_m$

$2,000 \times 4.2(60-10) \times \dfrac{1,000}{3,600} = 506 \times A\left(104 - \dfrac{10+60}{2}\right)$

$A = 3.34\text{m}^2$

이 문제에서 주의할 점은 단위 환산이다. 왼쪽 항은 kJ/h이고 오른쪽 항은 열관류율 W이다. 그러므로 kJ/h에 1,000을 곱해서 J/h로 3,600으로 나누어 W(J/s)로 환산한다.

해답 25.② 26.① 27.①

28. 급탕배관의 설계 및 시공에 관한 설명으로 옳지 않은 것은?

① 배관은 균등한 구배를 둔다.
② 중앙식 급탕설비는 원칙적으로 강제순환방식으로 한다.
③ 관의 신축을 고려하여 건물의 벽관통부분의 배관에는 슬리브를 사용한다.
④ 온도강하 및 급탕수전에서의 온도 불균형을 방지하기 위해 단관식으로 한다.

해설 급탕배관에서 온도강하 및 급탕수전에서의 온도 불균형을 방지하기 위해 복관식 역환수방식(리버스리턴)을 적용한다.

29. 다음 중 급수설비에서 크로스 커넥션의 방지 대책으로 가장 알맞은 것은?

① 설비 내에 버큠 브레이커 및 역류방지 장치를 부착한다.
② 관내 유속을 억제하고 설비 내에 써지 탱크(surge tank) 및 안전밸브를 설치한다.
③ 배관 계통별로 색깔로 구분하여 오접합을 방지하며 통수시험에 의해 체크한다.
④ 수평배관에는 공기나 오물이 정체하지 않도록 하며, 어쩔 수 없이 공기 정체가 일어나는 곳에는 공기빼기밸브를 설치한다.

해설 급수설비에서 크로스 커넥션(교차연결=오접)을 방지하기 위한 가장 알맞은 대책은 배관을 계통별로 구분하여 오접합을 방지하고, 개별적으로 세정밸브식 대변기 등에서는 버큠 브레이커를 사용하기도 한다.

30. 배수 배관에서 청소구를 원칙적으로 설치하여야 하는 곳이 아닌 것은?

① 배수수평주관의 기점
② 배수수직관의 최상부
③ 배수수평지관의 기점
④ 배수관이 45°를 넘는 각도에서 방향을 전환하는 개소

해설 청소구는 막힐 우려가 있는 곳에 설치하며 배수수직관의 하부에 설치한다.

31. 중앙공조기의 전열교환기에서는 다음 중 어느 공기가 서로 열교환을 하는가?

① 외기와 실내 배기
② 외기와 실내 급기
③ 실내배기와 실내 급기
④ 환기(RA)와 실내 배기

해설 전열교환기는 도입하는 외기와 배출되는 실내 배기 사이에 현열과 잠열을 교환하여 버려지는 열을 회수하는 열회수 장치이다.

해답 28.④ 29.③ 30.② 31.①

32
관 내의 흐름이 층류인지 난류인지를 판별하는데 사용되는 레이놀즈수의 산정식으로 옳은 것은?(단, Re=레이놀즈수, v=관 내의 평균유속(m/s), d=관 내경(m), μ=유체의 동점성계수(㎡/s))

① $Re = \dfrac{\mu}{v \times d}$ ② $Re = \dfrac{d}{v \times \mu}$

③ $Re = \dfrac{v \times \mu}{d}$ ④ $Re = \dfrac{v \times d}{\mu}$

해설 레이놀즈수(Re) = $\dfrac{관성력}{점성력} = \dfrac{v \times d}{\mu}$

33
기준면보다 20m 높이에 있는 관 내에 물이 압력 60kPa, 유속 3m/s로 흐를 때 이 물의 전수두는?(단 물의 비중량은 1kg/L이다.)

① 약 18.7m   ② 약 26.6m
③ 약 38.7m   ④ 약 83.1m

해설 전수두=위치+속도+압력=$Z + V^2/2g + P/\gamma$=$20 + 3^2/2 \times 9.8 + 60/9.8 = 26.58 = 26.6$m

34
다음과 같은 조건에서 재실인원이 50명인 회의실의 외기 현열부하는?

• 1인당 필요한 외기량 : 80㎥/h	• 실내온도 : 26℃, 외기온도 : 32℃
• 공기의 밀도 : 1.2kg/㎥	• 공기의 정압비열 : 1.01kJ/kg · K

① 6,270W   ② 7,240W
③ 8,080W   ④ 9,120W

해설 도입외기량=$50 \times 80 = 4,000$㎥/h
현열부하=$mC\Delta t = 4,000 \times 1.2 \times 1.01(32-26) = 29,088 kJ/h = 8,080 W$

35
다음 중 대기오염이 심한 지역에 가장 적합한 냉각탑은?

① 개방식   ② 밀폐식
③ 대기식   ④ 자연통풍식

해설 밀폐식 냉각탑은 공기와 접촉이 없어 대기오염이 심한 지역에서 적합하다.

해답 32.④ 33.② 34.③ 35.②

36
건구온도 32℃, 절대습도 0.025kg/kg'인 습공기의 엔탈피는?(단, 건공기 정압비열 1.01kJ/kg · K, 수증기 정압비열 1.85kJ /kg · K, 0℃에서 포화수의 증발잠열 2501 kJ/kg)

① 71.12kJ/kg
② 96.33kJ/kg
③ 140.62kJ/kg
④ 182.52kJ/kg

해설 $h = C_{pa}t + x(\gamma + C_{pv}t) = 1.01 \times 32 + 0.025(2,501 + 1.85 \times 32) = 96.325 kJ/kg = 96.33 kJ/kg$

37
열원에서 각 방열기기까지의 공급관과 환수관의 도달거리의 합을 거의 같게 하여 배관의 마찰저항 값을 유사하게 함으로써 순환온수가 균등하게 흐르도록 한 배관방법은?

① 중력식
② 개방식
③ 역환수식
④ 진공환수식

해설 역환수식(리버스 리턴) 배관법은 열원에서 각 방열기기까지의 공급관과 환수관의 길이의 합을 거의 같게 하여 배관의 마찰저항 값을 균등하게 함으로써 온수 순환이 균등해지고, 온도가 균등해진다.

38
용량이 386kW인 터보 냉동기에 순환되는 냉수량은?(단, 냉각기 입구의 냉수온도 12℃, 출구의 냉수온도 6℃, 물의 비열 4.2kJ/kg · K)

① 약 46㎥/h
② 약 55㎥/h
③ 약 231㎥/h
④ 약 332㎥/h

해설 터보 냉동기의 용량은 증발기 냉동능력을 말하며 냉동능력은 냉수 냉각능력과 같다.
$Q_r = WC\Delta t$
$386kW = W \times 4.2(12-6)$
$W = 15.32 kg/s = 55 m^3/h$

냉동능력 kW이므로 유량은 kg/s이다.

39
다음 중 증기와 응축수 사이의 온도차를 이용하는 온도조절식 증기트랩에 속하는 것은?

① 드럼 트랩
② 버킷 트랩
③ 벨로우즈 트랩
④ 플로트 트랩

해설 온도조절식 증기트랩에 벨로우즈 트랩, 바이메탈 트랩이 있다.

해답 36.② 37.③ 38.② 39.③

40 벽면 취출구에서 공기를 수평으로 취출하는 경우, 취출공기의 이동에 관한 설명으로 옳지 않은 것은?

① 강하거리는 취출기류의 풍속에 비례한다.
② 상승거리는 취출기류의 풍속에 비례한다.
③ 도달거리는 취출기류의 풍속에 비례한다.
④ 강하거리는 취출공기와 실내공기의 온도차에 반비례한다.

해설 강하거리는 취출공기와 실내공기의 온도차에 비례한다. 즉 온도차가 클수록 강하거리도 크다. 냉풍일 때 하강, 온풍일 때 상승, 같을 때 수평으로 취출된다.

제3과목 전기 및 소방시설 일반

41 3[Ω]의 저항과 4[Ω]의 유도성 리액턴스가 직렬로 연결된 교류 회로에서의 역률은 얼마인가?

① 75% ② 60%
③ 30% ④ 80%

해설 저항(R)과 리액턴스(X_L)의 합성 임피던스(Z)를 구하면
$Z = \sqrt{R^2 + X_L^2} = \sqrt{3^2 + 4^2} = 5$
역률 $= \dfrac{R}{Z} = \dfrac{3}{5} = 0.6 = 60\%$

42 자동화재탐지설비의 감지기 중 열감지기에 속하지 않는 것은?

① 광전식 감지기 ② 차동식 감지기
③ 정온식 감지기 ④ 보상식 감지기

해설 광전식 감지기, 이온식 감지기는 연기감지기이다.

43 접속방식에 따라 분류한 인터폰 설비의 종류에 속하지 않는 것은?

① 모자식 ② 복합식
③ 상호식 ④ 교호 통화식

해설 교호 통화식(프레스토크식)과 동시통화식은 통화방식에 의한 인터폰설비 종류에 속한다.

해답 40.④ 41.② 42.① 43.④

44. 전기식 자동제어 시스템에 관한 설명으로 옳지 않은 것은?

① 신호처리가 쉽지만 원격조작이 어렵다.
② 기기의 구조가 복잡하여 취급이 불편하다.
③ 검출부와 조절부가 하나의 케이스 내에 함께 설치된다.
④ 신호전송 및 조작 동력원으로서 상용전원을 직접 사용한다.

해설 전기식 자동제어 시스템은 기계식에 비하여 기기의 구조가 간단하여 취급이 편하다.

45. 유효전력과 무효전력의 단위와 구분하기 위하여 사용되는 피상전력의 단위는?

① [W] ② [Ah]
③ [VA] ④ [VAR]

해설
- 유효전력 : [W]
- 전기량 : [Ah]
- 피상전력 : [VA]
- 무효전력 : [VAR]

46. 50[Ω]의 저항과 100[Ω]의 저항을 병렬로 접속하였을 때 합성저항은?

① 0.03[Ω] ② 17.4[Ω]
③ 33.33[Ω] ④ 150[Ω]

해설 병렬합성저항 $\dfrac{1}{R} = \dfrac{1}{R_1} + \dfrac{1}{R_2}$

$\dfrac{1}{R} = \dfrac{1}{50} + \dfrac{1}{100}$

$R = \dfrac{100}{3} = 33.3\,\Omega$

47. 유접점 시퀀스 제어 회로에 관한 설명으로 옳지 않은 것은?

① 동작상태의 확인이 쉽다.
② 전기적 노이즈(외관)에 대하여 안정적이다.
③ 기계적 진동에 강하며 개폐부하의 용량이 작다.
④ 독립된 다수의 출력회로를 동시에 얻을 수 있다.

해설 유접점 시퀀스 제어회로(릴레이회로)는 무접점 제어회로(PLC제어)에 비하여 기계적 진동에 약하며 개폐부하의 용량이 크다.

해답 44.② 45.③ 46.③ 47.③

48 전기화재에 대한 소화기의 적응 화재별 표시로 옳은 것은?

① A
② B
③ C
④ K

해설
- 일반화재 : A(백색)
- 유류화재 : B(황색)
- 전기화재 : C(청색)
- 금속화재 : D(회색)
- 주방화재 : K

49 3상 Y결선에서 선간전압이 220[V]인 3상 교류의 상전압은?

① 127[V]
② 220[V]
③ 381[V]
④ 440[V]

해설 Y결선에서 선간전압은 상전압의 $\sqrt{3}$ 배이고, 선전류는 상전류와 같다.

$$상전압 = \frac{1}{\sqrt{3}}(선간전압) = \frac{1}{\sqrt{3}}(220) = 127\,V$$

50 옥내소화전이 1층에 5개, 2층에 4개, 3층에 4개가 설치되어 있을 때 이 건물의 옥내소화전설비의 수원의 저수량은 최소 얼마 이상이 되도록 하여야 하는가?

① 5.2m³
② 10.4m³
③ 13m³
④ 23.4m³

해설 옥내소화전 1개당 수원 130L/min×20분=2.6m³
옥내소화전이 1개층에 2개 이상 설치하는 경우 저수량은 2개×2.6m³ 이상으로 한다.
저수량=2×2.6=5.2m³(최대 2개까지만 산정한다.)

51 LNG에 관한 설명으로 옳지 않은 것은?

① 주성분은 메탄(CH₄)이다.
② LPG에 비해 발열량이 작다.
③ 천연가스를 냉각하여 액화한 것이다.
④ 상온에서 공기보다 비중이 크므로 인화폭발의 우려가 있다.

해설 LNG의 주성분 메탄(CH_4)은 분자량이 16으로 공기(29)보다 가벼워서 인화 폭발의 우려가 적다. LPG (C_3H_8)는 분자량이 44로 공기보다 무거워 인화 폭발의 위험이 많다.

해답 48.③ 49.① 50.① 51.④

52 옥외소화전설비에 사용되는 호스의 구경은?

① 45mm ② 55mm
③ 60mm ④ 65mm

해설
- 옥외소화전설비 호스의 구경 : 65mm 이상
- 옥내소화전설비 호스의 구경 : 40mm 이상

53 건축설비에서 사용되는 농형 유도전동기에 관한 설명으로 옳지 않은 것은?

① 슬립링이 있기 때문에 불꽃의 염려가 없다.
② 속도제어 방법으로 VVVF방식 등을 사용할 수 있다.
③ 권선형 유도전동기에 비하여 구조가 간단하여 취급이 용이하다.
④ 기동전류가 커서 전동기 권선을 파열시키거나 전원전압의 변동을 일으킬 수 있다.

해설 농형 유도전동기는 슬립링이 없기 때문에 불꽃의 염려가 없다.

54 다음 중 변압기의 원리와 가장 관계가 깊은 것은?

① 정전유도 ② 전자유도
③ 발열작용 ④ 전계유도

해설 변압기는 전자유도 현상(코일과 쇄교하는 자속의 변화로 기전력이 유기되는 것)을 이용한다.

55 길이 20[m], 폭 20[m], 천장높이 5[m], 조명률 50[%]의 사무실에 40[W] 형광등을 설치하여 평균조도를 120[lx]로 하려고 한다. 형광등의 소요개수는?(단, 형광등 1개의 광속은 2500[lm], 보수율은 80[%]이다.)

① 43개 ② 45개
③ 48개 ④ 50개

해설 조명공식 $E = FUND/A$에서 E(조도), F(광속), U(조명률), N(개수), A(면적), D(보수율) 여기서 보수율과 감광보상률을 잘 구분해야 한다. 이 둘은 같은 의미인데 보수율(0.8)은 감광 보상률(1.25)의 역수관계이다. 위 식을 개수(N) 공식으로 바꾸면

$$N = \frac{AE}{FUD} = \frac{20 \times 20 \times 120}{2500 \times 0.5 \times 0.8} = 48개$$

해답 52.④ 53.① 54.② 55.③

56 교류의 크기를 나타내는데 있어서 평균치 V_a와 최대치 V_m과의 관계식으로 옳은 것은?

① $V_a=1.11 \times V_m$ ② $V_a=0.707 \times V_m$
③ $V_a=0.637 \times V_m$ ④ $V_a=\sqrt{2} \times V_m$

해설 교류전기에서
평균치(V_a) = $\frac{2}{\pi} V_m = 0.637 V_m$
실효치 = $(1/\sqrt{2})$(최대치)

57 제연설비의 설치장소는 제연구역으로 구획하여야 한다. 제연구역에 관한 설명으로 옳지 않은 것은?

① 거실과 통로(복도 포함)는 상호 제연구획한다.
② 하나의 제연구역의 면적은 1000㎡ 이내로 한다.
③ 하나의 제연구역은 직경 80m의 원내에 들어갈 수 있도록 한다.
④ 통로(복도 포함)상의 제연구역은 보행중심선의 길이가 60m를 초과하지 않도록 한다.

해설 하나의 제연구역은 직경 60m의 원내에 들어갈 수 있도록 한다.

58 건축화 조명방식에 속하지 않는 것은?

① 코브 조명   ② 코니스 조명
③ 광천장 조명   ④ 펜던트 조명

해설 건축화 조명방식은 건축물의 한 부분을 이용하는 것인데, 펜던트 조명은 조명기구를 매어 단 형식으로 건축화 조명에 속하지 않는다.

59 분전반을 설치하는 전기샤프트(ES)에 관한 설명으로 옳지 않은 것은?

① 각 층마다 같은 위치에 설치한다.
② ES의 면적은 보, 기둥 부분을 제외하고 산정한다.
③ 설치장비 공급의 편리성을 우선하며 각 층의 모서리 부분에 설치한다.
④ 전력용과 정보통신용과 같이 용도별로 구분하여 설치하되, 작은 규모일 경우는 공용으로 사용한다.

해설 분전반은 전력 공급의 효율성을 우선하며 각 층의 중앙 부분에 설치한다.

해답 56.③ 57.③ 58.④ 59.③

60 어떤 저항에 직류전압 100[V]를 가했더니 1[kW]의 전력을 소비하였다. 이때 흐른 전류는 몇 [A]인가?

① 0.01
② 5
③ 10
④ 100

해설 전류$(I) = \dfrac{전력(W)}{전압(V)} = \dfrac{1000W}{100V} = 10A$

제4과목 건축설비 관련 법규

61 건축물은 특별시나 광역시에 건축하려는 경우 특별시장이나 광역시장의 허가를 받아야 하는 건축물의 층수 기준은?

① 15층 이상
② 21층 이상
③ 31층 이상
④ 41층 이상

해설 〈건축법령 제8조〉 특별시장 또는 광역시장의 허가를 받아야 하는 건축물의 건축은 층수가 21층 이상이거나 연면적의 합계가 10만 제곱미터 이상인 건축물의 건축(연면적의 10분의 3 이상을 증축하여 층수가 21층 이상으로 되거나 연면적의 합계가 10만 제곱미터 이상으로 되는 경우를 포함한다)을 말한다.

62 다음의 소방시설 중 경보설비에 속하지 않는 것은?

① 유도등
② 비상방송설비
③ 자동화재속보설비
④ 자동화재탐지설비

해설 〈소방법령 제3조 별표 1〉 유도등은 피난구조설비에 속한다.

63 장례식장의 집회실로서 그 바닥면적이 200㎡ 이상인 경우 반자의 높이는 최소 얼마 이상이어야 하는가?(단, 기계환기장치를 설치하지 않은 경우)

① 2.1m
② 2.7m
③ 3.5m
④ 4m

해설 〈피난방화구조기준 제16조〉 장례식장의 집회실로서 그 바닥면적이 200㎡ 이상인 경우 반자의 높이는 최소 4m 이상이어야 한다.

해답 60.③ 61.② 62.① 63.④

64. 다음은 지하층과 피난층 사이의 개방공간 설치에 관한 기준 내용이다. ( ) 안에 알맞은 것은?

> 바닥면적의 합계가 (　　　) 이상인 공연장·집회장·관람장 또는 전시장을 지하층에 설치하는 경우에는 각 실에 있는 자가 지하층 각 층에서 건축물 밖으로 피난하여 옥외 계단 또는 경사로 등을 이용하여 피난층으로 대피할 수 있도록 천장이 개방된 외부 공간을 설치하여야 한다.

① 1,000㎡　　　② 2,000㎡
③ 3,000㎡　　　④ 4,000㎡

해설 〈건축법령 제37조〉 바닥면적의 합계가 3천 제곱미터 이상인 공연장·집회장·관람장 또는 전시장을 지하층에 설치하는 경우에는…

65. 건축법령상 다음과 같이 정의되는 주택의 종류는?

> 주택으로 쓰는 1개 동의 바닥면적(2개 이상의 동을 지하주차장으로 연결하는 경우에는 각각의 동으로 본다) 합계가 660제곱미터를 초과하고 층수가 4개 층 이하인 주택

① 다중주택　　　② 연립주택
③ 다세대주택　　④ 다가구주택

해설 〈건축법령 제3조 5〉 연립주택 : 주택으로 쓰는 1개 동의 바닥면적(2개 이상의 동을 지하주차장으로 연결하는 경우에는 각각의 동으로 본다) 합계가 660제곱미터를 초과하고, 층수가 4개 층 이하인 주택.

66. 건축물의 에너지절약 설계기준에 따른 건축부문의 권장사항으로 옳지 않은 것은?

① 공동주택은 인동간격을 넓게 하여 저층부의 일사 수열량을 증대시킨다.
② 건물의 창 및 문은 가능한 작게 설계하고, 특히 열손실이 많은 북측 거실의 창 및 문의 면적은 최소화한다.
③ 건축물의 체적에 대한 외피면적의 비 또는 연면적에 대한 외피면적의 비는 가능한 크게 한다.
④ 거실의 층고 및 반자 높이는 실의 용도와 기능에 지장을 주지 않는 범위 내에서 가능한 낮게 한다.

해설 〈에너지절약기준 제7조〉 건축물의 체적에 대한 외피면적의 비 또는 연면적에 대한 외피면적의 비는 가능한 작게 한다.

해답 64.③　65.②　66.③

67
욕실 또는 조리장의 바닥과 그 바닥으로부터 높이 1m까지의 안벽의 마감을 내수재료로 하여야 하는 대상에 속하지 않는 것은?

① 숙박시설의 욕실
② 공동주택의 욕실
③ 제1종 근린생활시설 중 목욕장의 욕실
④ 제1종 근린생활시설 중 휴게음식점의 조리장

해설 〈피난방화구조기준 제18조〉 공동주택은 해당 없음

68
6층 이상의 거실면적의 합계가 3000㎡인 경우, 승용승강기를 최소 2대 이상 설치하여야 하는 건축물은?(단, 8인승 승강기의 경우)

① 숙박시설
② 판매시설
③ 업무시설
④ 교육연구시설

해설 〈설비기준 제5조〉 1항에 해당하는 건물 용도 : 문화 및 집회시설(공연장 · 집회장, 관람장), 판매시설, 의료시설

69
기계설비법령에 따라 기계설비성능점검업자는 기계설비성능점검업의 등록한 사항 중 대통령령으로 정하는 사항이 변경된 경우에는 변경등록을 하여야 한다. 만약 변경등록을 정해진 기간 내 못한 경우 1차 위반 시 받게 되는 행정처분 기준은?

① 등록취소
② 업무정지 2개월
③ 업무정지 1개월
④ 시정명령

해설 변경등록을 정해진 기간 내 하지 않은 경우, 1차 위반 시 시정명령, 2차 위반 시 업무정지 1개월, 3차 위반 시 업무 정지 2개월의 행정처분을 받게 된다.

70
다음 중 다중이용 건축물에 속하지 않는 것은?(단, 층수가 15층이며 해당 용도로 쓰는 바닥면적의 합계가 5000㎡인 건축물의 경우)

① 종교시설
② 판매시설
③ 업무시설
④ 숙박시설 및 관광숙박시설

해설 〈건축법령 제2조 17항〉 업무시설은 해당 없음.

해답 67.② 68.② 69.④ 70.③

71
가구 수가 20가구인 주거용 건축물에서 음용수용 급수관의 최소 지름은?

① 25mm
② 32mm
③ 40mm
④ 50mm

해설 〈설비기준 제18조〉 급수관의 최소 지름 : 17세대 이상 50mm

72
다음은 특정소방대상물의 소방시설 설치의 면제기준 내용이다. ( ) 안에 알맞은 것은?

> 물분무등 소화설비를 설치하여야 하는 차고·주차장에 ( )를 화재안전기준에 적합하게 설치한 경우에는 그 설비의 유효범위에서 설치가 면제된다.

① 연결살수설비
② 옥외소화전설비
③ 옥내소화전설비
④ 스프링클러설비

해설 〈소방법령 제14조〉 물분무등 소화설비와 스프링클러 설비는 서로 면제 조건에 해당한다.

73
다음은 건축물의 에너지절약 설계기준에 따른 설계용 실내온도 조건에 관한 기준 내용이다. ( ) 안에 알맞은 것은?

> 난방 및 냉방설비의 용량계산을 위한 설계 기준 실내온도는 난방의 경우 (㉠), 냉방의 경우 (㉡)를 기준으로 하되 (목욕장 및 수영장은 제외) 각 건축물 용도 및 개별 실의 특성에 따라 별표 8에서 제시된 범위를 참고하여 설비의 용량이 과다해지지 않도록 한다.

① ㉠ : 18℃, ㉡ : 25℃
② ㉠ : 18℃, ㉡ : 28℃
③ ㉠ : 20℃, ㉡ : 25℃
④ ㉠ : 20℃, ㉡ : 28℃

해설 〈에너지절약기준 제9조〉 난방의 경우 20℃, 냉방의 경우 28℃를 기준

74
건축물의 관람실 또는 집회실로부터 바깥쪽으로의 출구로 쓰이는 문을 안여닫이로 해도 되는 건축물의 용도는?

① 장례시설
② 위락시설
③ 종교시설
④ 문화 및 집회시설 중 전시장

해설 〈건축법령 제38조, 피난방화기준 제10조〉 전시장, 동식물원 제외

해답 71.④ 72.④ 73.④ 74.④

75 건축법령상 방송 공동 수신설비를 설치하여야 하는 대상 건축물에 속하는 것은?

① 수련시설 ② 공동주택
③ 노유자시설 ④ 문화 및 집회시설

해설 〈설비기준 제87조〉
1. 공동주택
2. 바닥면적의 합계가 5천제곱미터 이상으로서 업무시설이나 숙박시설의 용도로 쓰는 건축물

76 옥외소화전설비를 설치하여야 하는 특정소방대상물의 바닥면적 기준은?(단, 아파트 등, 위험물 저장 및 처리시설 중 가스시설, 지하구 또는 지하가 중 터널은 제외)

① 지상 1층 및 2층의 바닥면적의 합계가 1,000㎡ 이상인 것
② 지상 1층 및 2층의 바닥면적의 합계가 3,000㎡ 이상인 것
③ 지상 1층 및 2층의 바닥면적의 합계가 6,000㎡ 이상인 것
④ 지상 1층 및 2층의 바닥면적의 합계가 9,000㎡ 이상인 것

해설 〈소방법령 제15조 별표 5 사항〉 바닥면적의 합계가 9,000㎡ 이상

77 문화 및 집회시설 중 공연장의 개별관람실의 바닥면적이 1500㎡인 경우, 이 관람실에 설치하여야 하는 출구의 최소 개수는?(단, 각 출구의 유효너비는 3m이다.)

① 2개소 ② 3개소
③ 4개소 ④ 5개소

해설 〈피난방화구조기준 제10조〉 개별 관람석 출구의 유효너비의 합계는 개별 관람석의 바닥면적 100제곱미터마다 0.6미터의 비율로 산정한 너비 이상으로 할 것

유효너비 = $\frac{1500}{100} \times 0.6 = 9m$

출구개소 = 9 ÷ 3 = 3개소

78 다음 중 건축법령상 제2종 근린생활시설에 속하지 않는 것은?

① 한의원 ② 독서실
③ 동물병원 ④ 일반음식점

해설 〈건축법령 제3조 5〉 한의원은 제1종 근린생활시설

해답 75.② 76.④ 77.② 78.①

79 건축물에 급수, 배수, 환기, 난방 등의 건축설비를 설치하는 경우 건축기계설비기술사 또는 공조냉동기계기술사의 협력을 받아야 하는 대상 건축물의 연면적 기준은?(단, 창고시설은 제외)

① 연면적 5,000㎡ 이상인 건축물
② 연면적 10,000㎡ 이상인 건축물
③ 연면적 20,000㎡ 이상인 건축물
④ 연면적 50,000㎡ 이상인 건축물

해설 〈건축법령 제91조 3〉 연면적 1만제곱미터 이상인 건축물

80 비상경보설비를 설치하여야 하는 특정소방대상물의 연면적 기준은?(단 특정소방대상물이 판매시설인 경우)

① 400㎡ 이상
② 600㎡ 이상
③ 1500㎡ 이상
④ 3500㎡ 이상

해설 〈소방법령 제15조 별표 5〉 비상경보설비를 설치하여야 하는 특정소방대상물 : 연면적 400㎡(지하가 중 터널 또는 사람이 거주하지 않거나 벽이 없는 축사는 제외한다) 이상이거나 지하층 또는 무창층의 바닥면적이 150㎡(공연장의 경우 100㎡) 이상인 것, 지하가 중 터널로서 길이가 500m 이상인 것, 50명 이상의 근로자가 작업하는 옥내 작업장

해답 79.② 80.①

건축설비기사 제10회 [기출모의고사]

제1과목 건축설비 계획

01 열의 이동에 관한 설명으로 옳지 않은 것은?
① 유체를 사이에 두고 양쪽의 고체 사이에 열이 이동하는 현상을 열관류라 한다.
② 복사는 열이 고온의 물체표면으로부터 저온의 물체표면으로 공간을 통하여 전달되는 현상이다.
③ 열전도는 열에너지가 주로 고체 속을 고온부에서 저온부로 이동하는 현상이다.
④ 물체 내부를 전도로 전달되는 열량은 전열면적, 온도차, 시간에 비례한다.

해설 고체 벽을 사이에 두고 양쪽의 유체 사이에 열이 이동하는 현상을 열관류라 한다.

02 열환경 지표 중 기온과 주벽의 복사열 및 기류의 영향을 조합시킨 지표로서, 습도의 영향이 고려되어 있지 않은 것은?
① 작용온도   ② 등온지수
③ 유효온도   ④ 합성온도

해설 기온과 주벽의 복사열 및 기류의 영향을 조합시킨 지표는 작용온도이고, 기온과 습도, 기류의 영향을 조합시킨 지표는 유효온도이다.

03 중앙식 급탕방법 중 간접가열식에 관한 설명으로 옳지 않은 것은?
① 대규모 급탕설비에 적합하다.
② 고압 보일러를 설치하여야 한다.
③ 보일러를 난방설비와 겸용할 수 있다.
④ 저탕조에는 온도조절장치(thermostat)를 설치하여 온도를 조절한다.

해설 간접가열식은 열교환기를 이용하므로 고층빌딩에서도 저압 증기보일러로 가열이 가능하다.

해답 1.① 2.① 3.②

04 레스토랑의 주방 등에서 배출되는 지방분 등이 배수관에 유입되는 것을 막기 위하여 사용되는 포집기는?

① 샌드 포집기
② 그리스 포집기
③ 가솔린 포집기
④ 플라스터 포집기

해설 그리스 포집기(트랩)는 주방에서 발생하는 지방분을 제거하는 트랩이다.

05 급수방식에 관한 설명으로 옳지 않은 것은?

① 수도직결방식은 급수압력이 일정하다.
② 펌프직송방식은 저수조의 수질관리가 필요하다.
③ 압력수조방식은 단수 시에 일정량의 급수가 가능하다.
④ 고가수조방식은 저수시간이 길어지면 수질이 나빠지기 쉽다.

해설 수도직결방식은 수도 본관의 압력변화와 시간대별 주변 급수부하에 따라 급수압력이 불규칙하다.

06 급탕배관 내에 흐르는 유체의 온도변화로 인하여 발생하는 관의 신축을 흡수할 목적으로 사용되는 신축이음쇠에 속하는 것은?

① 레듀셔
② 소켓이음
③ 스트레이너
④ 스위블 조인트

해설 신축이음에는 스위블 조인트, 벨로즈형, 신축곡관 등이 있다. 레듀셔는 이경관 이음쇠, 소켓이음은 배관 직선이음쇠, 스트레이너는 펌프나 밸브 입구에 설치하여 이물질을 제거하는 여과기이다.

07 다음 중 통기관의 설치 목적과 가장 거리가 먼 것은?

① 배수 계통 내의 배수 및 공기의 흐름을 원활히 한다.
② 배수관 계통의 환기를 도모하여 관내를 청결하게 유지한다.
③ 사이폰 작용 및 배압에 의해서 트랩봉수가 파괴되는 것을 방지한다.
④ 배수트랩의 봉수부에 가해지는 압력과 배수관 내의 압력차를 크게 하여 배수작용을 돕는다.

해설 통기관은 배수트랩의 봉수부에 가해지는 압력과 배수관 내의 압력차를 작게 하여 봉수를 보호한다.

해답 4.② 5.① 6.④ 7.④

08 강관 이음류 중 부싱(Bushing)의 용도로 옳은 것은?

① 배관의 말단부
② 관을 분기할 때
③ 배관을 90°로 구부릴 때
④ 구경이 다른 관을 접속하고자 할 때

해설 부싱은 레듀셔와 비슷하며 이경관 암수를 연결할 때 사용한다. 레듀셔(암나사)는 이경관끼리 연결, 부싱은 이경 암수나사로 관과 부속을 연결한다.

09 위생기구의 재질 중 위생도기에 관한 설명으로 옳지 않은 것은?

① 흡수성이 크다.
② 강도가 커서 내구력이 있다.
③ 오물이 부착되기 어려우며, 청소가 용이하다.
④ 복잡한 구조의 것을 일체화하여 제작할 수 있다.

해설 위생도기(대변기, 세면기, 소변기 등)는 흡수성이 없어 일반적으로 많이 사용한다.

10 급배수설비의 기본 원칙으로 옳지 않은 것은?

① 우수는 공공하수도에 배수하지 않도록 한다.
② 상수의 급수계통은 크로스 커넥션이 되어서는 안 된다.
③ 탱크 및 배수계통에는 통기관 등과 같은 적절한 통기 조치를 한다.
④ 급수계통은 역류나 역사이펀 작용의 위험이 생기지 않도록 한다.

해설 우수는 공공하수도에 배수하는데, 합류식에서는 합류관에, 분류식에서는 우수관에 배수한다.

11 증기난방에 관한 설명으로 옳은 것은?

① 온수난방에 비하여 열용량이 커 예열시간이 길게 소요된다.
② 온수난방에 비하여 부하변동에 따른 방열량 조절이 곤란하다.
③ 온수난방에 비하여 한랭지에서 운전정지 중에 동결의 위험이 크다.
④ 온수난방에 비하여 소요방열면적과 배관경이 크게 되므로 설비비가 높다.

해설 증기난방은 온수난방에 비하여 열용량이 작아 예열시간이 짧고, 증기의 응축 잠열을 이용하므로 부하변동에 따른 방열량 조절이 곤란하다. 한랭지에서 운전정지 중 동결의 위험은 작으며, 방열기 온도가 높아서 소요방열면적과 배관경이 작게 되므로 설비비가 작다.

해답 8.④ 9.① 10.① 11.②

12 습공기의 엔탈피(enthalpy)를 설명한 것으로 옳은 것은?

① 습공기가 갖는 현열량
② 습공기가 갖는 현열량과 잠열량의 합계
③ 습공기가 갖는 현열량을 전열량으로 나눈 값
④ 습공기가 갖는 전열량을 현열량으로 나눈 값

해설 습공기 엔탈피는 온도에 의한 현열량과 습도에 의한 잠열량의 합계이다.

13 냉방부하 계산 시 인체로부터의 취득열량을 계산한다. 다음 공간 중 인체 1인으로부터의 취득열량이 상대적으로 가장 많은 장소는?

① 극장
② 은행
③ 사무소
④ 볼링장

해설 인체 발열량은 활동량(체력 운동)이 많을수록 크다.

14 습공기를 냉각하였을 경우 상태 변화 내용으로 옳은 것은?

① 비체적은 감소한다.
② 엔탈피는 증가한다.
③ 건구온도는 변화없다.
④ 습구온도는 높아진다.

해설 습공기를 냉각하면 비체적은 감소하고, 엔탈피, 건구온도, 습구온도 모두 감소한다. 노점온도 이하로 냉각하면 절대습도도 감소한다. 이때 상대습도는 증가한다.

15 건구온도 20℃, 절대습도 0.015kg/kg'인 습공기 6kg의 엔탈피는?(단, 공기의 정압비열=1.01kJ/kg·K, 수증기의 정압비열=1.85kJ/kg·K, 0℃에서 포화수의 증발잠열 2501kJ/kg)

① 58.24kJ
② 120.67kJ
③ 228.77kJ
④ 349.62kJ

해설 습공기 엔탈피 = 현열 + 잠열
현열 = $C_{pa}t = 1.01 \times 20 = 20.2 kJ/kg$
잠열 = $x(\gamma + C_{pa}t) = 0.015(2501 + 1.85 \times 20) = 38.07 kJ/kg$
전체엔탈피 = $m(현열 + 잠열) = 6(20.2 + 38.07) = 349.62 kJ$

해답 12.② 13.④ 14.① 15.④

16 공조기 내에서 습공기가 다음 그림과 같이 상태변화를 할 때 변화과정으로 옳은 것은?

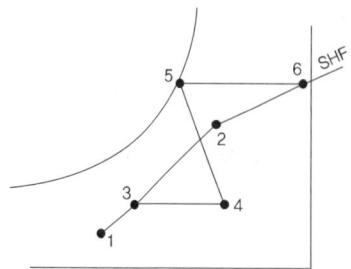

① 혼합-예열-가습-재열
② 혼합-가습-가열-재열
③ 혼합-냉각-가열-가습
④ 예열-혼합-가열-가습

해설 위 선도에서 실내 SHF선이 2-6선에 걸쳐 있으므로 2점이 실내 상태이고, 6점이 취출공기 상태인 난방 프로세스이다. 외기(1)과 실내 환기(2)가 혼합(3)되고 (4)까지 가열(예열)한 후 온수 분무하여 (5)까지 가습한 후 다시 (6)까지 재열하여 취출하는 공조 프로세스이다.

17 다음과 같은 조건에서 실내 CO_2의 허용농도를 1000ppm으로 할 때, 필요환기량은?

- 재실인원 : 10인
- 실내 1인당 CO_2 배출량 : 0.02㎥/h
- 외기 CO_2 농도 : 350ppm

① 249.2㎥/h ② 275.4㎥/h
③ 307.7㎥/h ④ 356.8㎥/h

해설 필요환기량은 실내 발생 CO_2와 제거되는 CO_2 사이에 물질 평형을 이용하여 구한다.
제거 CO_2=실내발생 CO_2
$Q(C_r - C_d) = M$
$Q = \dfrac{M}{(C_r - C_d)} = \dfrac{10 \times 0.02}{0.001 - 0.00035} = 307.7 m^3/h$

이때 CO_2 농도는 합유비로 환산한다. 1,000ppm=0.001

18 덕트 내의 풍속이 20m/s, 정압이 200Pa일 경우 전압의 크기는?(단, 공기의 밀도는 1.2kg/㎥이다.)

① 212Pa ② 220Pa
③ 330Pa ④ 440Pa

해설 전압 = 정압 + 동압$(\dfrac{v^2 \rho}{2}) = 200 + (\dfrac{20^2 \times 1.2}{2}) = 440 Pa$

해답 16.① 17.③ 18.④

19 냉방부하 중 일사에 의한 유리로부터의 취득열량에 관한 설명으로 옳지 않은 것은?
① 현열로만 구성되어 있다.
② 유리창의 방위에 따라 다르다.
③ 유리창의 차폐계수가 클수록 취득열량은 크다.
④ 북쪽 창은 햇빛이 닿지 않으므로 일사에 의한 취득열량은 생기지 않는다.

해설 북쪽 창은 직달일사는 적으나 천공일사가 있으므로 일사에 의한 취득열량은 생긴다.

20 다음 중 냉각수 배관재료로 가장 부적절한 것은?
① 동관
② 아연도강관
③ 스테인리스관
④ 경질염화비닐관

해설 냉각탑에 연결되는 냉각수 배관은 주로 강관을 사용하며 PVC는 부적합하다.

제2과목 건축설비 설계

21 급탕배관에 관한 설명으로 옳지 않은 것은?
① 급탕관의 최상부에는 공기빼기 장치를 설치한다.
② 중앙식 급탕설비는 원칙적으로 강제순환방식으로 한다.
③ 상향배관인 경우 급탕관은 하향구배, 반탕관은 상향구배로 한다.
④ 관의 신축을 고려하여 건물의 벽 관통부분의 배관에는 슬리브를 끼운다.

해설 상향배관인 경우 급탕관은 상향구배, 반탕관은 하향구배로 한다.

22 급탕배관방식 중 헤더방식에 관한 설명으로 옳지 않은 것은?
① 지관을 소구경의 배관으로 할 수 있다.
② 슬리브 공법을 채용하면 배관의 교환이 용이하다.
③ 헤더로부터의 지관 도중에 관이음 시공부가 많아야 한다.
④ 한 계통마다 관로의 보유수량이 적어 급탕대기 시간을 단축할 수 있다.

해설 급탕배관방식 중 헤더방식은 헤더에서 각 급탕 밸브에 단독 배관을 병렬로 설치하는 것으로 배관 도중에 이음부가 없거나 적어야 한다.

해답 19.④ 20.④ 21.③ 22.③

23. 급수관 내에 공기실(Air chamber)을 설치하는 이유는?

① 배관의 신축을 위해서
② 수압시험을 하기 위해서
③ 누출시험을 하기 위해서
④ 수격작용의 방지를 위해서

해설 급수관에 설치하는 공기실(Air chamber)은 수격작용(워터해머)을 방지한다.

24. 게이트 밸브(Gate valve)에 관한 설명으로 옳은 것은?

① 슬루스 밸브라고도 하며 유체의 흐름을 완전 개폐하는데 사용된다.
② 유체를 일정한 방향으로만 흐르게 하고 역류를 방지하는데 주로 사용된다.
③ 수평배관에만 사용되며 핸들을 90° 회전시키면 볼이 회전하여 완전 개폐가 가능하다.
④ 밸브를 완전히 열 경우 단면적이 갑자기 작아지므로 유체에 대한 마찰저항이 크다.

해설 유체를 일정한 방향(한 방향)으로만 흐르게 하고 역류를 방지하는 밸브는 역지밸브(체크밸브)이며, 볼밸브는 핸들을 90° 회전시켜 완전 개폐가 가능하다. 게이트 밸브나 볼밸브는 밸브를 조금 열 경우 단면적이 갑자기 작아지므로 유체에 대한 마찰저항이 크다.

25. 다음 중 고층건물에서 급수조닝을 하지 않을 경우 생길 수 있는 현상과 가장 거리가 먼 것은?

① 수격작용 발생
② 크로스 커넥션 발생
③ 물 흐르는 소리에 의한 소음 발생
④ 배관이나 기구에 큰 압력이 가해져 배관과 기구의 수명 단축

해설 고층건물에서 급수조닝을 하지 않을 경우 수압차로 이상현상이 발생할 수는 있으나 크로스 커넥션은 발생하지 않는다.

26. 매시간 15㎥의 물을 고가수조에 공급하고자 할 때 양수펌프에 요구되는 축동력은?(단, 펌프의 전양정 33m, 펌프의 효율 45%)

① 1kW
② 1.5kW
③ 2kW
④ 3kW

해설 $kW = \dfrac{QH}{102E} = \dfrac{15 \times 1000 \times 33}{3600 \times 102 \times 0.45} = 3.0$

해답 23.④ 24.① 25.② 26.④

27 청소구에 관한 설명으로 옳지 않은 것은?

① 배수수평지관 및 배수수평주관의 기점에 설치한다.
② 배수의 흐름과 반대 또는 직각방향으로 열 수 있도록 설치한다.
③ 배수관이 45°를 넘는 각도에서 방향을 전환하는 개소에 설치한다.
④ 배수관경이 125mm이면 직경이 125mm인 청소구를 설치하여야 한다.

해설 청소구는 배수관이 막힐 우려가 있는 곳에 설치하며 청소 공간을 확보한다. 청소구 크기는 배수관 관경과 같게 하되 100mm 이상에서는 최소 100mm로 한다.

28 고가수조방식의 건물에서 최상층에 세정밸브식 대변기가 설치되어 있다. 이 세정밸브의 사용을 위해 필요한 세정밸브로부터 고가수조 저수면까지의 최소 높이는? (단, 고가수조에서 세정밸브까지의 총 배관 길이는 15m이고, 마찰손실수두는 5mAq, 세정밸브의 필요압력은 100kPa이다.)

① 약 5m ② 약 7m
③ 약 15m ④ 약 27m

해설 고가수주높이=기구필요압+배관마찰손실수두
=100kPa+5mAq=10mAq+5mAq=15mAq=15m

1mAq=9.8kPa≒10kPa이며, 배관길이는 마찰손실에 포함된 값이다.

29 통기관의 최소 관경에 관한 설명으로 옳지 않은 것은?

① 각개 통기관은 그것이 접속되는 배수관 관경의 1/2 이상으로 한다.
② 결합 통기관은 통기수직관과 배수수직관 중 작은 쪽의 관경 이상으로 한다.
③ 도피 통기관은 배수수평지관의 관경 이상으로 하되 최소 75mm 이상으로 한다.
④ 루프 통기관은 배수수평지관과 통기수직관 중 작은 쪽 관경의 1/2 이상으로 한다.

해설 도피 통기관은 배수 수평지관의 1/2 이상으로 하되 최소 32mm 이상으로 한다.

30 다음 중 온도조절식 증기트랩에 속하는 것은?

① 버킷 트랩 ② 드럼 트랩
③ 플로트 트랩 ④ 벨로즈 트랩

해설 벨로즈 트랩은 증기와 응축수의 온도차를 이용하여 작동하는 온도조절식이며, 버킷 트랩, 드럼 트랩, 플로트 트랩은 응축수의 부력을 이용하는 기계식이다.

해답 27.④ 28.③ 29.③ 30.④

31 길이 50m, 내경 25mm인 직선 배관에 물이 2m/s의 속도로 흐르고 있다. 관마찰계수가 0.03일 때 마찰저항손실은?

① 12.24Pa
② 12.24kPa
③ 120Pa
④ 120kPa

해설 $\triangle p = \dfrac{fLv^2}{d \times 2} = \dfrac{0.03 \times 50 \times 2^2}{0.025 \times 2} = 120 kPa$

> 배관마찰손실은 물(밀도 ρ=1000kg/m³)인 경우 위 식으로 구하지만 모든 유체에 적용하는 식은 다음 식으로 구한다.
> $\triangle p = \dfrac{fLv^2\rho}{d \times 2}(Pa) = \dfrac{0.03 \times 50 \times 2^2 \times 1000}{0.025 \times 2} = 120000 Pa = 120 kPa$

32 급탕탱크(저탕조) 내에 1000L의 물을 10℃에서 80℃로 온도를 높였을 때 체적 증가량은?(단, 물의 밀도는 10℃에서는 0.99973kg/L, 80℃에서는 0.9718kg/L이다.)

① 29L
② 40L
③ 55L
④ 97L

해설 1) $\triangle v = \left(\dfrac{1}{\rho_2} - \dfrac{1}{\rho_1}\right)V = \left(\dfrac{1}{0.9718} - \dfrac{1}{0.99973}\right)1000 = 28.75L$

> 팽창량 구하는 식은 일반적으로 1)식을 이용한다. 1000L 부피가 4℃일 때는 1)식을 이용하고, 1000L 부피가 10℃일 때는 아래 2)식을 이용하지만 보통은 1)식을 이용한다. 밀도 0.99973이 거의 1에 가까워 계산 결과가 차이가 없다.
> 2) $\triangle v = \left(\dfrac{\rho_1}{\rho_2} - 1\right)V = \left(\dfrac{0.99973}{0.9718} - 1\right)1000 = 28.74L$

33 빙축열 등을 이용하는 축열시스템에 관한 설명으로 옳지 않은 것은?

① 열손실이 줄어든다.
② 운전비를 줄일 수 있다.
③ 심야전력을 이용할 수 있다.
④ 주간 피크 시간대에 전력부하를 절감할 수 있다.

해설 축열시스템은 심야전력(여유 에너지)을 이용하여 열을 저장, 사용하는 복잡한 과정을 거치므로 시설비가 고가이고, 열손실은 커져 시스템 전체 효율이 감소한다.

해답 31.④ 32.① 33.①

34 그림과 같은 전열교환기의 전열효율(η)을 올바르게 나타낸 것은?(단, 난방의 경우이며, X_1, X_2, X_3, X_4는 각 공기상태의 엔탈피를 나타낸다.)

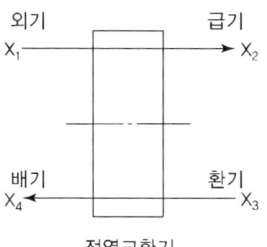

① $\eta = \dfrac{X_3 - X_1}{X_2 - X_1}$ ② $\eta = \dfrac{X_3 - X_4}{X_2 - X_4}$

③ $\eta = \dfrac{X_2 - X_1}{X_3 - X_1}$ ④ $\eta = \dfrac{X_3 - X_4}{X_3 - X_1}$

해설 전열교환기효율은 이용가능 엔탈피차(실내−외기)에 대한 실제 회수한 엔탈피(급기−외기)의 비로 구한다.

$$\eta = \frac{\text{급기} - \text{외기}}{\text{실내} - \text{외기}} = \frac{X_2 - X_1}{X_3 - X_1}$$

35 냉동기를 냉각목적으로 할 경우의 성적계수를 COP_C, 가열목적 즉, 히트 펌프로 사용될 경우의 성적계수를 COP_H라 할 때, 두 성적계수의 관계를 바르게 나타낸 것은?

① $COP_H + COP_C = 1$ ② $COP_H + 1 = COP_C$
③ $COP_H - COP_C = 1$ ④ $COP_C / COP_H = 1$

해설 $COP_C = \dfrac{Q_r}{Aw}$, $COP_H = \dfrac{Q_H}{Aw}$ 에서 히트펌프방열량 $Q_H = Q_r + Aw$ 이므로

$COP_H = \dfrac{Q_H}{Aw} = \dfrac{Q_r + Aw}{Aw} = \dfrac{Q_r}{Aw} + \dfrac{Aw}{Aw} = COP_C + 1$

$COP_H - COP_C = 1$

36 다음 중 펌프운전에서 캐비테이션이 발생하기 쉬운 조건과 가장 거리가 먼 것은?

① 흡입양정이 클 경우 ② 유체의 온도가 높을 경우
③ 펌프가 흡입수면보다 위에 있을 경우 ④ 흡입측 배관의 손실수두가 작을 경우

해설 펌프운전에서 캐비테이션은 흡입측 배관의 손실수두가 클수록 발생하기 쉽다.

해답 34.③ 35.③ 36.④

37 취출풍량 360㎥/h, 취출구 풍속 3.5m/s, 개구율 0.7인 취출구의 면적은?

① 0.03㎡
② 0.04㎡
③ 0.05㎡
④ 0.06㎡

해설 취출구 취출풍량=면적×개구율×풍속에서

$$면적 = \frac{풍량}{개구율 \times 풍속} = \frac{360}{3600 \times 0.7 \times 3.5} = 0.04 m^2$$

풍량단위(㎥/h)와 풍속단위(m/s)를 환산하기 위해 3600으로 나눈다.

38 보일러 주위 배관 중 하드포트 접속법에 관한 설명으로 옳은 것은?

① 배관이 온도변화에 의해 늘어나고 줄어드는 것을 흡수하기 위해 사용된다.
② 진공환수식에서 환수관보다 방열기가 낮은 위치에 있을 때 응축수를 끌어올리기 위해 사용된다.
③ 저압보일러에서 중력환수방식일 경우 환수관의 일부가 파손되었을 때 보일러수의 유실을 방지하기 위해 사용된다.
④ 열교환에 의해 생긴 응축수와 증기에 혼입되어 있는 공기를 배출하여 열교환기의 가열 작용을 유지하기 위해 사용된다.

해설 증기보일러 주위 배관 하드포트 접속법은 보일러수의 유실을 막아 보일러가 과열되는 것을 막아주는 안전장치이다.
①-신축이음, ②-리프트 휘딩, ④-증기 트랩

39 건구온도 26℃인 습공기 1000㎥/h를 14℃로 냉각시키는데 필요한 열량은?(단, 현열만에 의한 냉각이며, 공기의 정압비열은 1.01kJ/kg·K, 공기의 밀도는 1.2kg/㎥ 이다.)

① 약 2kW
② 약 3kW
③ 약 4kW
④ 약 5kW

해설 냉각코일에서 건코일일 때 냉각열량은
$q = mC\Delta t = 1.2 \times 1000 \times 1.01(26-14)$
$= 14544 kJ/h = 4.04 kJ/s = 4.04 kW$

해답 37.② 38.③ 39.③

40. 흡수식 냉동기의 구성요소 중 용액으로부터 냉매인 수증기와 흡수제인 LiBr로 분리시키는 작용을 하는 곳은?

① 증발기
② 응축기
③ 발생기
④ 흡수기

해설 흡수기에서 흡수제인 LiBr에 냉매인 수증기가 흡수되고 발생기에서 가열에 의해 수증기가 분리된다. 분리된 수증기는 응축기에서 응축되고 다시 증발기에서 증발잠열로 냉동효과를 얻는다.

제3과목 | 전기 및 소방시설 일반

41. 다음과 같은 조건에서 가로 40m, 세로 30m인 사무실의 평균조도를 400[lx]로 하기 위해 필요한 형광등의 개수는?

- 형광등 1개당 광속 : 4000[lm]
- 조명률 : 0.6
- 감광보상률 : 1.7

① 240개
② 260개
③ 280개
④ 340개

해설 전등유효광량=조도면 필요광량
NFD/U=AE
(N : 개수, F : 광속, D : 조명률, U : 감광보상률, A : 면적, E : 조도)
$N = \dfrac{AEU}{FD} = \dfrac{30 \times 40 \times 400 \times 1.7}{4000 \times 0.6} = 340$개

42. 스프링클러설비의 화재안전기준상 다음과 같이 정의되는 용어는?

가압된 물이 반사될 때 헤드의 축심을 중심으로 한 반원상에 균일하게 분산시키는 헤드

① 조기반응형 헤드
② 측벽형 스프링클러헤드
③ 개방형 스프링클러헤드
④ 폐쇄형 스프링클러헤드

해설 측벽형 스프링클러헤드는 천장이 아닌 벽에 설치하여 한 방향으로만 방사하는 헤드로 천장에 헤드를 설치할 수 없는 특수한 경우에 설치하며 물이 반사될 때 헤드의 축심을 중심으로 한 반원상에 균일하게 분산시키도록 한다.

해답 40.③ 41.④ 42.②

43 시퀀스(Sequence) 제어에 관한 설명으로 옳은 것은?

① 시퀀스 제어는 일명 피드백(Feedback) 제어라고도 한다.
② 시퀀스 제어계의 신호처리 방식은 유접점 방식만 있다.
③ 미리 정해진 순서에 따라 제어의 각 단계를 순차적으로 제어한다.
④ 시퀀스 제어 회로의 주전원과 조작전원은 반드시 동일해야 한다.

해설 시퀀스제어는 미리 정해진 순서에 따라 제어의 각 단계를 순차적으로 제어하는 것으로 보일러 작동(ON-OFF)이나, 집안의 세탁기, 선풍기 등 입력한 정보대로 작동한다.

44 직·병렬 전기회로에 관한 설명으로 옳지 않은 것은?

① 직렬회로에서는 각 저항에 흐르는 전류는 같다.
② 직렬회로에서 총 저항은 접속되어 있는 모든 저항을 합한 것이다.
③ 저항의 병렬회로보다 저항의 직렬회로에서 전압강하가 적어진다.
④ 병렬회로에서 각 저항에서의 전압강하는 저항의 크기와 관계없이 모두 같다.

해설 저항의 병렬회로보다 저항의 직렬회로에서 전압강하가 커진다.

45 교류의 크기를 표현하는데 사용되는 용어에 속하지 않는 것은?

① 평균값　　　　　　　　② 실효값
③ 순시값　　　　　　　　④ 정상값

해설 순시값은 위상차에 따라 변화하는 순간순간의 값이며, 최댓값, 평균값, 실효값으로 표현한다.

46 200[V], 1[kW]의 전열기를 100[V]의 전압으로 사용할 때 소비되는 전력[W]은?

① 100　　　　　　　　　② 200
③ 250　　　　　　　　　④ 500

해설 소비전력 $= W = IV = \dfrac{V^2}{R}$ 에서 $R = \dfrac{V^2}{W} = \dfrac{200^2}{1000} = 40\,\Omega$

$W = \dfrac{V^2}{R} = \dfrac{100^2}{40} = 250\,W$

> 동일한 전열기 소비전력은 전압의 제곱에 비례한다.
> 전압이 1/2로 감소(200 → 100)하므로 소비전력은 1/4로 감소(1000 → 250)한다.

해답 43.③　44.③　45.④　46.③

47 보호계전기의 종류에 속하지 않는 것은?

① 방향계전기
② 과전류 계전기
③ 부족 전압 계전기
④ 갭 저항형 계전기

해설 보호계전기는 전기기기나 전력 계통에 이상이 생겼을 때 그것을 빠르게 검출하고 차단한 뒤 고장이 확대되지 않도록 방지하는 장치로 전류 계전기(과전류), 전압 계전기(부족 전압), 전력 계전기, 방향 계전기, 차동 계전기 등이 있다.

48 3상 Y결선에서 선간전압이 200[V]인 3상 교류의 상전압은?

① 115[V]
② 346[V]
③ 453[V]
④ 600[V]

해설 3상 Y결선에서 선간전압= $\sqrt{3}$ 상전압이므로

상전압 = $\dfrac{선간전압}{\sqrt{3}} = \dfrac{200}{\sqrt{3}} = 115.5\,V$

49 다음 중 3상유도전동기의 회전속도를 증가시킬 수 있는 방법으로 가장 알맞은 것은?

① 극수를 증가시킨다.
② 슬립을 증가시킨다.
③ 주파수를 증가시킨다.
④ 기동법을 변화시킨다.

해설 3상 유도전동기의 회전속도는 극수나 슬립이 증가하면 감소하고, 주파수를 증가시키면 증가한다.

50 자동화재탐지설비의 수신기의 설치에 관한 설명으로 옳지 않은 것은?

① 수위실 등 상시 사람이 근무하는 장소에 설치하는 것이 원칙이다.
② 수신기의 조작스위치는 바닥으로부터 높이가 1.5m 이상 2.0m 이하인 장소에 설치하여야 한다.
③ 수신기는 감지기·중계기 또는 발신기가 작동하는 경계구역을 표시할 수 있는 것으로 하여야 한다.
④ 수신기의 음향기구는 그 음량 및 음색이 다른 기기의 소음 등과 명확히 구별될 수 있는 것으로 하여야 한다.

해설 수신기의 조작스위치는 바닥으로부터 높이가 0.8m 이상 1.5m 이하인 장소에 설치하여야 한다.

해답 47.④ 48.① 49.③ 50.②

51. 스프링클러설비의 배관 중 스프링클러 헤드가 설치되어 있는 배관을 의미하는 것은?

① 주배관
② 교차배관
③ 가지배관
④ 급수배관

해설 주배관 → 교차배관 → 가지배관(헤드 설치)

52. 연결살수설비의 송수구에 관한 기준 내용으로 옳지 않은 것은?

① 송수구는 구경 32mm의 쌍구형으로 설치하여야 한다.
② 지면으로부터 높이가 0.5m 이상 1.0m 이하의 위치에 설치하여야 한다.
③ 소방차가 쉽게 접근할 수 있고 노출된 장소에 설치하는 것이 원칙이다.
④ 개방형 헤드를 사용하는 송수구의 호스접결구는 각 송수구역마다 설치하는 것이 원칙이다.

해설 연결살수설비 송수구는 구경 65mm의 쌍구형으로 설치한다.

53. 금속관 배선공사에 관한 설명으로 옳지 않은 것은?

① 외부에 대한 고조파의 영향이 없다.
② 사용 목적에 따라 적합한 접지가 필요하다.
③ 외부적 응력에 대해 전선보호의 신뢰성이 높다.
④ 옥내의 습기가 많은 은폐장소에서는 사용이 불가능하다.

해설 금속관 배선공사는 옥내의 습기가 많은 은폐장소에도 사용이 가능하다.

54. 다음은 옥외소화전설비의 옥외소화전함 설치에 관한 기준 내용이다. ( ) 안에 알맞은 것은?

> 옥외소화전이 10개 이하 설치된 때에는 옥외소화전마다 ( ) 이내의 장소에 1개 이상의 소화전함을 설치하여야 한다.

① 5m
② 10m
③ 15m
④ 20m

해설 옥외소화전이 10개 이하 설치된 때에는 옥외소화전마다 5m 이내에 1개 이상의 소화전함을 설치하여야 한다.

해답 51.③ 52.① 53.④ 54.①

55
다음 중 정풍량 방식에서 냉난방 밸브의 제어기준이 되는 현재 실내의 온·습도를 측정하는 검출기의 설치 위치로 가장 적정한 것은?

① 외기측
② 급기측
③ 환기측
④ 혼합기측

해설 실내의 상태는 환기덕트에서 검출한다.

56
건축화 조명방식 중 천장면에 유리, 플라스틱 등과 같은 확산용 스크린판을 붙이고 천장 내부에 광원을 배치하여 천장을 건축화된 조명기구로 활용하는 방식은?

① 코브조명
② 밸런스조명
③ 광천장조명
④ 코니스조명

해설 천장면에 유리, 플라스틱 등과 같은 확산용 스크린판을 붙이고 천장 내부에 광원을 배치하여 천장을 건축화 조명하는 것을 광천장 조명이라 한다.

57
정전용량이 C_1, C_2인 두 콘덴서를 직렬로 연결한 회로에 전압 V를 인가할 경우 C_1에 걸리는 전압은?

① $(C_1 + C_2)V$
② $\dfrac{V}{C_1 + C_2}$
③ $\dfrac{C_1 V}{C_1 + C_2}$
④ $\dfrac{C_2 V}{C_1 + C_2}$

해설 콘덴서 직렬연결 시 전압은 용량에 반비례하여 걸린다.
C_1에는 $\dfrac{C_2 V}{C_1 + C_2}$, C_2에는 $\dfrac{C_1 V}{C_1 + C_2}$

58
변압기의 전부하 시의 2차 전압이 100[V], 무부하 시의 2차 전압이 102[V]이라면 전압변동률은?

① 1.96%
② 2%
③ 2.04%
④ 4%

해설 전압변동률 $= \dfrac{\text{무부하2차 전압} - \text{전부하2차전압}}{\text{전부하2차전압}} = \dfrac{102 - 100}{100} = 0.02 = 2\%$

해답 55.③ 56.③ 57.④ 58.②

59 도선의 길이를 10배, 단면적을 5배로 하면 전기저항의 크기는 몇 배로 되는가?
① 1배
② 2배
③ 3배
④ 5배

해설 도선의 저항은 길이에 비례하고 단면적에 반비례하므로 10/5=2배가 된다.

60 다음은 옥내소화전설비의 방수구에 관한 기준 내용이다. ( ) 안에 알맞은 것은?

> 특정소방대상물의 층마다 설치하되, 해당 특정소방대상물의 각 부분으로부터 하나의 옥내소화전 방수구까지의 수평거리가 ( ) 이하가 되도록 할 것. 다만, 복층형 구조의 공동주택의 경우에는 세대의 출입구가 설치된 층에만 설치할 수 있다.

① 10m
② 15m
③ 20m
④ 25m

해설 옥내소화전 방수구까지의 수평거리는 25m 이하가 되도록 할 것. 옥외소화전 방수구까지의 수평거리는 40m 이하가 되도록 할 것.

제4과목 건축설비 관련 법규

61 연면적 200㎡를 초과하는 공동주택에 설치하는 복도의 유효너비는 최소 얼마 이상으로 하여야 하는가?(단, 양옆에 거실이 있는 복도의 경우)
① 1.2m
② 1.6m
③ 1.8m
④ 2.4m

해설 〈피난방화 기준 15조 2〉 양옆에 거실이 있는 복도의 경우 오피스텔, 공동주택에 설치하는 복도의 유효너비(1.8m) 기타 1.2m

62 같은 건축물 안에 공동주택과 위락시설을 함께 설치하고자 하는 경우, 공동주택의 출입구와 위락시설의 출입구는 서로 그 보행거리가 최소 얼마 이상이 되도록 설치하여야 하는가?
① 10m
② 20m
③ 30m
④ 50m

해설 〈피난방화 기준 14조2〉 최소 30m

해답 59.② 60.④ 61.③ 62.③

63 건축물에 설치하는 지하층의 구조 및 설비에 관한 기준 내용으로 옳지 않은 것은?

① 거실의 바닥면적의 합계가 1000㎡ 이상인 층에는 환기설비를 설치할 것
② 지하층의 바닥면적이 300㎡ 이상인 층에는 식수공급을 위한 급수전을 1개소 이상 설치할 것
③ 거실의 바닥면적이 30㎡ 이상인 층에는 직통계단 외에 피난층 또는 지상으로 통하는 비상탈출구 및 환기통을 설치할 것
④ 바닥면적이 1000㎡ 이상인 층에는 피난층 또는 지상으로 통하는 직통계단을 방화구획으로 구획되는 각 부분마다 1개소 이상 설치할 것

해설 〈피난방화 기준 25조〉 거실의 바닥면적이 50㎡ 이상인 층에는 직통계단 외에 피난층 또는 지상으로 통하는 비상탈출구 및 환기통을 설치할 것

64 다음 중 다중이용건축물에 속하지 않는 것은?(단, 16층 미만인 건축물)

① 종교시설로 쓰는 바닥면적의 합계가 5,000㎡ 이상인 건축물
② 판매시설로 쓰는 바닥면적의 합계가 5,000㎡ 이상인 건축물
③ 업무시설로 쓰는 바닥면적의 합계가 5,000㎡ 이상인 건축물
④ 의료시설 중 종합병원으로 쓰는 바닥면적의 합계가 5,000㎡ 이상인 건축물

해설 〈건축법령 2조 17〉 업무시설은 해당 없음

65 상업지역 및 주거지역에서 건축물에 설치하는 냉방시설 및 환기시설의 배기구는 도로면으로부터 최소 얼마 이상의 높이에 설치하여야 하는가?

① 1m ② 1.5m
③ 1.8m ④ 2m

해설 〈설비기준 23조〉 냉방시설 및 환기시설의 배기구(실외기 등)는 도로면으로부터 최소 2m 이상 높이에 설치

66 건축허가 시 미리 소방본부장 또는 소방서장의 동의를 받아야 하는 건축물의 연면적 기준은?(단 건축물이 노유자시설인 경우)

① 100㎡ 이상 ② 200㎡ 이상
③ 300㎡ 이상 ④ 400㎡ 이상

해설 〈소방법령 7조〉 학교 : 100㎡ 이상, 노유자시설 : 200㎡ 이상, 정신의료기관 : 300㎡ 이상

해답 63.③ 64.③ 65.④ 66.②

67 기계설비법령에 따라 기계설비 유지관리교육에 관한 업무를 위탁받아 시행하는 기관은?

① 한국기계설비건설협회 ② 대한기계설비건설협회
③ 한국공작기계산업협회 ④ 한국건설기계산업협회

해설 〈위탁지정 관련 행정규칙〉 기계설비 유지관리교육에 관한 업무 위탁
- 위탁업무의 내용 : 기계설비 유지관리교육에 관한 업무
- 관련 법령 : 기계설비법 시행령 제16조
- 위탁기관 : 대한기계설비건설협회

68 건축물의 옥상에 헬리포트를 설치하거나 헬리콥터를 통하여 인명 등을 구조할 수 있는 공간을 확보하여야 하는 대상 건축물 기준으로 옳은 것은?(단, 층수가 11층 이상인 건축물로서 건축물의 지붕을 평지붕으로 하는 경우)

① 11층 이상인 층의 바닥면적의 합계가 3,000㎡ 이상인 건축물
② 11층 이상인 층의 바닥면적의 합계가 5,000㎡ 이상인 건축물
③ 11층 이상인 층의 바닥면적의 합계가 8,000㎡ 이상인 건축물
④ 11층 이상인 층의 바닥면적의 합계가 10,000㎡ 이상인 건축물

해설 〈건축법령 40조〉 11층 이상인 층의 바닥면적의 합계가 10,000㎡ 이상인 건축물

69 건축법령상 리모델링이 쉬운 구조에 속하지 않는 것은?(단, 공동주택의 경우)

① 구조체에서 건축설비, 내부 마감재료 및 외부마감재료를 분리할 수 있을 것
② 개별 세대 안에서 구획된 실의 크기, 개수 또는 위치 등을 변경할 수 있을 것
③ 각 층에 시공된 보, 기둥 등의 구조부재의 개수 또는 위치를 변경할 수 있을 것
④ 각 세대는 인접한 세대와 수직 또는 수평 방향으로 통합하거나 분할할 수 있을 것

해설 〈건축법령 6조 4〉 보, 기둥 등의 구조부재의 변경에 대한 내용은 해당 없다.

70 건축물의 출입구에 설치하는 회전문은 계단이나 에스컬레이터로부터 최소 얼마 이상의 거리를 두어야 하는가?

① 1m ② 2m
③ 3m ④ 4m

해설 〈피난방화기준 12조〉 계단이나 에스컬레이터로부터 2m 이상의 거리를 둘 것

해답 67.② 68.④ 69.③ 70.②

71 다음 중 제로에너지건축물 인증의 유효기간으로 알맞은 것은?

① 3년
② 5년
③ 7년
④ 10년

해설 〈제로에너지건축물 인증에 관한 규칙 9조〉 제로에너지건축물 인증의 인증유효기간은 인증을 받은 날부터 10년으로 한다.

72 다음의 소방시설 중 경보설비에 속하지 않는 것은?

① 누전경보기
② 비상방송설비
③ 무선통신보조설비
④ 자동화재탐지설비

해설 〈소방법령 3조〉 무선통신보조설비는 소화활동설비에 속한다.

73 화재안전기준에 따라 소화기구를 설치하여야 하는 특정소방대상물의 연면적 기준은?

① 10㎡ 이상
② 25㎡ 이상
③ 33㎡ 이상
④ 45㎡ 이상

해설 〈소방법령 15조 별표 5의 1〉 소화기구는 33㎡ 이상

74 특정소방대상물이 판매시설인 경우, 모든 층에 스프링클러설비를 설치하여야 하는 수용인원 기준은?

① 100명 이상
② 200명 이상
③ 500명 이상
④ 1000명 이상

해설 〈소방법령 1.5조 별표 5의 1.라〉 판매시설인 경우, 5000㎡ 이상, 수용인원 500명 이상일 때 모든 층에 스프링클러설비를 설치하여야 한다.

75 용도변경과 관련된 시설군 중 문화집회시설군에 속하는 건축물의 용도가 아닌 것은?

① 종교시설
② 수련시설
③ 위락시설
④ 관광휴게시설

해설 〈건축법령 14조〉 4. 문화집회시설군 가. 문화 및 집회시설 나. 종교시설 다. 위락시설 라. 관광휴게시설

해답 71.④ 72.③ 73.③ 74.③ 75.②

76. 다음 중 건축물의 관람실 또는 집회시설로서 그 바닥면적이 200㎡ 이상인 것의 반자의 높이를 4m 이상으로 하여야 하는 건축물은?(단, 기계환기장치를 설치하지 않은 경우)

① 종교시설의 용도에 쓰이는 건축물
② 공동주택 중 아파트의 용도에 쓰이는 건축물
③ 문화 및 집회시설 중 전시장의 용도에 쓰이는 건축물
④ 문화 및 집회시설 중 동물원의 용도에 쓰이는 건축물

해설 〈피난방화기준 16조〉 문화 및 집회시설(전시장 및 동·식물원은 제외한다), 종교시설, 장례식장 또는 위락시설 중 유흥주점의 용도에 쓰이는 건축물의 관람석 또는 집회실로서 그 바닥면적이 200제곱미터 이상인 것의 반자의 높이는 4미터(노대의 아랫부분의 높이는 2.7미터) 이상이어야 한다.

77. 건축법령상 다음과 같이 정의되는 것은?

> 주택으로 쓰는 1개 동의 바닥면적 합계가 660㎡ 이하이고, 층수가 4개 층 이하인 주택

① 아파트   ② 연립주택
③ 다세대주택   ④ 다가구주택

해설 〈건축법령 3조 5〉
1) 다가구주택 : 주택으로 쓰는 층수(지하층은 제외한다)가 3개 층 이하일 것. 1개 동의 주택으로 쓰이는 바닥면적(부설 주차장 면적은 제외한다. 이하 같다)의 합계가 660제곱미터 이하일 것, 19세대 이하가 거주할 것.
2) 연립주택 : 주택으로 쓰는 1개 동의 바닥면적 합계가 660제곱미터를 초과하고, 층수가 4개 층 이하인 주택
3) 다세대주택 : 주택으로 쓰는 1개 동의 바닥면적 합계가 660제곱미터 이하이고, 층수가 4개 층 이하인 주택

78. 6층 이상의 거실면적의 합계가 11,000㎡인 교육연구시설에 설치하여야 하는 승용승강기의 최소 대수는?(단, 8인승 승용승강기인 경우)

① 3대   ② 4대
③ 5대   ④ 6대

해설 〈설비기준 5조〉 교육연구시설은 3,000 이하에 1대 초과하는 3,000마다 1대 추가 11,000일 때 3,000에 1대 11,000-3,000=8,000이므로 3,000을 3번 초과한다.
설치 대수=1+3=4대

해답 76.① 77.③ 78.②

79 다음은 초고층 건축물에 설치하는 피난안전구역에 관한 기준 내용이다. ( ) 안에 알맞은 것은?

> 초고층 건축물에는 피난층 또는 지상으로 통하는 직통계단과 직접 연결되는 피난안전구역을 지상층으로부터 최대 ( )개 층마다 1개소 이상 설치하여야 한다.

① 10
② 20
③ 30
④ 40

해설 〈건축법령 34조 3〉 30개 층마다

80 건축물에 급수·배수·환기·난방설비를 설치하는 경우, 건축기계설비기술사 또는 공조냉동기계기술사의 협력을 받아야 하는 대상 건축물에 속하지 않는 것은?(단, 연면적 10000㎡ 미만인 건축물의 경우)

① 아파트
② 업무시설로서 해당 용도에 사용되는 바닥면적의 합계가 2000㎡인 건축물
③ 의료시설로서 해당 용도에 사용되는 바닥면적의 합계가 2000㎡인 건축물
④ 숙박시설로서 해당 용도에 사용되는 바닥면적의 합계가 2000㎡인 건축물

해설 〈설비기준 2조〉 아파트는 면적에 관계없이 해당하며, 업무시설은 바닥면적의 합계가 3000㎡ 이상인 건축물.

해답 79.③ 80.②

건축설비기사 제11회 [기출모의고사]

제1과목 건축설비 계획

01 잔향시간이란 음의 음압레벨이 얼마 감쇠하는데 소요되는 시간인가?

① 50dB ② 60dB
③ 70dB ④ 80dB

해설 잔향시간이란 음의 음압레벨이 처음보다 60dB 감쇠하는데(100만분의 1로 감쇠) 소요되는 시간이다.

02 건축음향 및 소음에 관한 설명으로 옳지 않은 것은?

① 강연이나 연극 등 언어를 주사용 목적으로 할 경우 잔향시간은 비교적 짧게 처리한다.
② 다목적용 오디토리엄에는 가변 흡음구조가 되도록 음향설계를 한다.
③ 반사음과 직접음과의 시간차가 가능한 한 크게 하여 충분한 음 보강이 되도록 한다.
④ 소음이 심한 도로변에 위치한 건물의 소음대책으로 방음벽을 설치한다.

해설 반사음과 직접음과의 시간차가 가능한 한 작게 하여 충분한 음 보강이 되도록 하며, 시간차가 커지면 반향으로 음이 감쇄한다.

03 다음 설명에 알맞은 트랩의 봉수파괴 원인은?

> 배수수직관 내가 부압으로 되는 곳에 배수수평지관이 접속되어 있을 경우, 배수수평지관 내의 공기가 수직관 쪽으로 유인되며 이에 따라 봉수가 이동하여 손실되는 현상

① 증발 현상 ② 모세관 현상
③ 유도사이펀 작용 ④ 자기사이펀 작용

해설 배수수직관 내가 부압으로 되는 곳에 배수수평지관이 접속되어 있을 경우, 배수수평지관 내의 공기가 수직관 쪽으로 유인되며 이에 따라 봉수가 파괴되는 현상을 유도사이펀 작용 또는 흡인(흡출)작용이라 한다.

해답 1.② 2.③ 3.③

04 간접가열식 급탕방식에 관한 설명으로 옳지 않은 것은?

① 가열보일러는 난방용 보일러와 겸용할 수 있다.
② 가열보일러의 열효율이 직접가열식에 비해 높다.
③ 저탕조는 가열코일을 내장하는 등 구조가 약간 복잡하다.
④ 고온의 탕을 얻기 위해서는 증기보일러 또는 고온수보일러를 써야 한다.

해설 간접가열식 급탕설비는 보일러와 열교환기에서 2번 열교환하여 공급되므로 가열보일러의 열효율이 직접가열식에 비해 낮다.

05 대변기의 세정방식 중 플러시 밸브식에 관한 설명으로 옳지 않은 것은?

① 대변기의 연속 사용이 가능하다.
② 일반 가정용으로는 사용이 곤란하다.
③ 세정음은 유수음도 포함되기 때문에 소음이 크다.
④ 레버의 조작에 의해 낙차에 의한 수압으로 대변기를 세척하는 방식이다.

해설 대변기 플러시 밸브식은 레버의 조작에 의해 급수관 수압으로 대변기를 세척하는 방식이므로 본관에서 일정 수압(10mAq) 이상이 요구된다.

06 결로발생의 원인이 될 수 있는 요소와 가장 거리가 먼 것은?

① 실내외의 온도차
② 실내의 환기상태
③ 건물지붕의 기울기
④ 건물외피의 단열상태

해설 결로는 온도차, 습도로 발생하며 지붕 기울기와는 관계가 없다.

07 트랩이 구비해야 할 조건으로 옳지 않은 것은?

① 가동부분이 있을 것
② 자정 작용이 가능할 것
③ 기구내장 트랩의 내벽 및 배수로의 단면 형상에 급격한 변화가 없을 것
④ 봉수부의 소제구는 나사식 플러그 및 적절한 가스켓을 이용한 구조일 것

해설 트랩에서 가동부분은 오래 사용하면 막히거나 유수저항을 일으키므로 가동부분이 없어야 한다.

해답 4.② 5.④ 6.③ 7.①

08 강관 이음쇠에 관한 설명으로 옳지 않은 것은?

① 엘보우(elbow)는 관의 방향을 바꿀 때 사용된다.
② 티(tee), 크로스(cross)는 관을 도중에서 분기할 때 사용된다.
③ 레듀셔(reducer)는 관경이 서로 다른 관을 접속할 때 사용된다.
④ 플러그(plug), 캡(cap)은 동일 관경의 관을 직선 연결할 때 사용된다.

해설 플러그(plug), 캡(cap)은 관 말단을 막을 때 사용된다.

09 다음 설명에 알맞은 유체역학 기초 이론은?

> 밀폐된 용기에 넣은 유체의 일부에 압력을 가하면, 이 압력은 모든 방향으로 동일하게 전달되어 벽면에 작용한다.

① 연속의 법칙　　　　　　② 파스칼의 원리
③ 피토관의 원리　　　　　④ 베르누이의 정리

해설 파스칼의 원리는 유체압력을 이용하여 큰 힘을 얻는 수압기의 원리이다.

10 유체의 흐름에 관한 설명으로 옳지 않은 것은?

① 난류는 유체분자가 불규칙하게 서로 섞이는 혼란된 흐름이다.
② 일반적으로 층류에서 난류로 천이할 때의 유속을 임계유속이라 한다.
③ 레이놀즈 수에 의해 관 내의 흐름이 층류인지 난류인지를 판별할 수 있다.
④ 관내에 유체가 흐를 때, 어느 장소에서 흐름의 상태가 시간에 따라 변화하는 흐름을 정상류라 한다.

해설 관내에 유체가 흐를 때, 어느 장소에서 흐름의 상태가 시간에 따라 일정한(변화가 없는) 흐름을 정상류라 한다.

11 통기수직관이 없는 방식으로 유수에 선회력을 주어 공기 코어를 유지시켜 하나의 관으로 배수와 통기를 겸하는 통기방식은?

① 섹스티아방식　　　　　② 각개통기방식
③ 신정통기방식　　　　　④ 회로통기방식

해설 섹스티아방식은 배수관의 중심부에 공기 코어를 형성하여 배수와 통기를 겸하는 one pipe 통기방식이라 한다.

해답 8.④　9.②　10.④　11.①

12 팬코일 유닛방식과 단일덕트방식을 병용하여 사용하는 경우에 관한 설명으로 옳지 않은 것은?

① 창면의 콜드 드래프트를 방지할 수 있다.
② 팬코일 유닛방식은 건물의 외부존의 부하를 담당한다.
③ 대형 건축물의 내부 존과 외부 존을 구분하여 공조하는 시스템에 적용된다.
④ 팬코일 유닛방식을 단독으로 설치한 것과 비교하여 설비비가 적게 든다.

해설 팬코일 유닛방식과 단일덕트방식을 병용하면 팬코일 유닛방식을 단독으로 설치한 것과 비교하여 설비비가 증가하나, 부하변동에 적응하고 실내 청정도를 높일 수 있다.

13 온수난방과 증기난방의 비교 설명으로 옳지 않은 것은?

① 온수난방은 증기난방에 비하여 운전정지 중에 동결의 위험이 크다.
② 온수난방은 증기난방에 비하여 소요방열면적과 배관경이 크게 된다.
③ 증기난방은 온수난방에 비하여 열용량이 커 예열시간이 길게 소요된다.
④ 온수난방은 증기난방에 비하여 난방부하 변동에 따른 온도조절이 용이하다.

해설 온수난방은 증기난방에 비하여 열용량이 커 예열(여열)시간이 길게 소요된다.

14 환기 방법 중 열기나 유해물질이 실내에 널리 산재되어 있거나 이동되는 경우에 사용하며, 전체 환기라고도 불리는 것은?

① 집중환기
② 희석환기
③ 국소환기
④ 자연환기

해설 실내 전반에 걸쳐 환기하는 방식을 희석환기(전체환기, 전반환기)라 한다.

15 기온·습도·기류의 3요소의 조합에 의한 실내온열감각을 기온의 척도로 나타낸 것은?

① 등가온도
② 작용온도
③ 등온지수
④ 유효온도

해설 기온·습도·기류의 3요소의 조합에 의한 실내온열감각(쾌적지수)을 유효온도(ET)라 하며 여기에 복사열을 고려하면 수정유효온도(CET)가 된다.

해답 12.④ 13.③ 14.② 15.④

16 습공기선도에 관한 설명으로 옳지 않은 것은?

① 현열비 '1'은 수평상태의 기울기를 나타낸다.
② 열수분비 '0'의 기울기는 비엔탈피선과 동일한 기울기를 나타낸다.
③ 습공기선도 상에서 건구온도 30℃, 습구온도 20℃인 습공기의 노점온도는 파악할 수 없다.
④ 습공기의 상태가 변화하고 이를 습공기선도에 표시하면 현열뿐만 아니라 잠열의 변화량도 알 수 있다.

해설 습공기선도상에서 건구온도와 습구온도를 알면 습공기의 노점온도를 알 수 있고, 절대습도와 수증기 분압만 알 때는 교점을 알 수 없어 노점온도를 파악할 수 없다.

17 500명을 수용하는 극장에서 1인당 이산화탄소 배출량이 20L/h일 때, 이산화탄소 농도가 0.05%인 외기를 도입하여 실내의 이산화탄소 농도를 0.1%로 유지하는데 필요한 환기량은?

① 15,000㎥/h   ② 20,000㎥/h
③ 25,000㎥/h   ④ 30,000㎥/h

해설 $Q = \dfrac{M}{C_i - C_o} = \dfrac{500 \times 20}{0.001 - 0.0005} = 20,000,000 L/h = 20,000 m^3/h$

18 다음 중 현열만을 취득하게 되는 냉방부하는?

① 인체의 발생열량   ② 벽체로부터의 취득열량
③ 외기로부터의 취득열량   ④ 틈새바람에 의한 취득열량

해설 벽체, 유리창, 조명기구 등의 부하는 현열부하만 있다. 공기나 수분이 포함되면 잠열부하도 있다.

19 다음 중 증기와 응축수 사이의 온도차를 이용하는 온도조절식 증기트랩에 속하는 것은?

① 버킷 트랩   ② 벨로즈 트랩
③ 열역학적 트랩   ④ 플로트 트랩

해설 벨로즈트랩은 온도차를 이용한 증기트랩이며, 버킷식, 플로트식은 부력을 이용한 트랩이고, 열역학적 트랩은 열유체역학을 이용한 방식이다.

해답 16.③ 17.② 18.② 19.②

20 중앙식 공기조화기에서 가습방식의 분류 중 수분무식에 속하지 않는 것은?

① 원심식
② 분무식
③ 초음파식
④ 적외선식

해설 가습장치의 종류
- 수분무식 : 원심식, 초음파식, 분무식
- 증기발생식 : 전열식, 전극식, 적외선식
- 증기공급식 : 노즐분무식, 과열증기식
- 증발식(기화식) : 회전식, 모세관식, 적하식

제2과목 건축설비 설계

21 통기관의 관경 결정에 관한 설명으로 옳지 않은 것은?

① 신정통기관의 관경은 배수수직관의 관경보다 작게 해서는 안 된다.
② 루프통기관의 관경은 배수수평지관과 통기수직관 중 작은 쪽 관경의 1/2 이상으로 한다.
③ 결합통기관의 관경은 통기수직관과 배수수직관 중 작은 쪽 관경의 1/2 이상으로 한다.
④ 각개통기관의 관경은 그것이 접속되는 배수관 관경의 1/2 이상으로 한다.

해설 결합통기관의 관경은 통기수직관과 배수수직관 중 작은 쪽 관경 이상으로 한다.

22 급탕설비의 급탕배관 시 고려사항으로 옳지 않은 것은?

① 급탕계통에는 유지 관리를 위해 용이하게 조작할 수 있는 위치에 개폐밸브를 설치한다.
② 탕비기 주위 등의 급탕배관은 가능한 짧게 하고 공기가 체류하지 않도록 균일한 구배로 한다.
③ 배관 길이가 30m를 초과하는 중앙식 급탕설비에서는 환탕관과 순환펌프를 설치하여 배관의 열손실을 보상한다.
④ 고층 건축물에서 급탕압력을 일정압력 이하로 제어하기 위해 감압밸브를 설치하는 경우 순환계통에 설치하도록 한다.

해설 고층 건축물에서 급탕압력을 일정압력 이하로 제어하기 위해 감압밸브를 설치하는 경우 급탕 라인에 연결되는 급수계통에 설치하도록 하며, 순환계통에는 밸브설치를 되도록 피한다.

해답 20.④ 21.③ 22.④

23. 워터해머를 방지하기 위한 방법으로 옳지 않은 것은?

① 급폐쇄형 수도꼭지를 사용한다.
② 관내의 수압은 평상시 높아지지 않도록 구획한다.
③ 배관은 가능한 한 우회하지 않고 직선이 되도록 계획한다.
④ 수압이 0.4MPa을 초과하는 계통에는 감압밸브를 부착하여 적절한 압력으로 감압한다.

해설 워터해머는 수압이 높거나, 유속의 급변 시 발생하므로 이를 방지하기 위해서는 완폐형 밸브(수전)가 좋다.

24. 아파트 1동 90세대의 급탕설비를 중앙공급식으로 할 경우, 시간당 최대 급탕량(A)과 저탕량(B)으로 옳은 것은?(단, 1세대당 기구 급탕량은 샤워 110L/h, 싱크 40L/h, 세탁기 70L/h를 기준으로 하고, 동시사용률은 30%를 저탕용량계수는 시간최대급탕량의 1.25를 적용한다.)

① A=5940L/h, B=7425L
② A=7425L/h, B=5940L
③ A=25740L/h, B=7425L
④ A=25740L/h, B=32175L

해설 총시간당 급탕량은 $Q = 90(110+40+70) = 19800 L/h$
시간최대급탕량 $= 19800 \times 0.3 = 5940 L/h$
저탕량 $= 5940 \times 1.25 = 7425 L/h$

25. 안지름 100mm의 관에서 2m/sec의 유속으로 물이 흐를 때 마찰손실수두가 10m라고 하면 이 관의 길이는 몇 m인가?(단, 마찰손실계수 f는 0.02로 한다.)

① 184
② 245
③ 262
④ 294

해설 마찰손실수두식에서 $h = \dfrac{f \times L \times v^2}{d \times 2g}$

$L = \dfrac{h \times d \times 2g}{f \times v^2} = \dfrac{10 \times 0.1 \times 2g}{0.02 \times 2^2} = 245m$

26. 압축식 냉동기의 구성요소 중 냉동의 목적을 직접적으로 달성하는 것은?

① 흡수기
② 증발기
③ 발생기
④ 응축기

해설 냉동기에서 증발기는 증발 잠열을 이용하여 냉열원(냉풍, 냉수, 브라인 등)을 얻는다.

해답 23.① 24.① 25.② 26.②

27 급탕배관에 관한 설명으로 옳지 않은 것은?

① 중앙식 급탕설비는 원칙적으로 강제순환방식으로 한다.
② 상향배관인 경우 급탕관은 하향구배, 환탕관은 상향구배로 한다.
③ 배관시공 시 굴곡배관을 해야 할 경우에는 공기빼기밸브를 설치한다.
④ 관의 신축을 고려하여 건물의 벽 관통부분배관에는 슬리브를 끼운다.

해설 상향배관인 경우 급탕관은 상향구배, 환탕관은 하향구배로 한다.

28 기구급수부하단위(Fu)가 1Fu인 위생기구의 종류 및 접속관경으로 옳은 것은?

① 세면기, 15mm
② 세면기, 25mm
③ 대변기, 15mm
④ 대변기, 25mm

해설 세면기는 기구급수부하단위(Fu)가 1Fu로 급수량은 14L/min으로 하며, 접속관은 15mm이다. 또한 세면기는 기구배수부하단위(Fu)가 1Fu로 배수량은 28L/min으로 한다.

29 급수배관방식에 관한 설명으로 옳지 않은 것은?

① 일반적으로 고가수조방식에서는 하향배관 방식이 사용된다.
② 상향배관방식에서 수직관의 관경은 올라갈수록 크게 한다.
③ 혼합배관방식으로 하는 경우 저층부는 상향배관방식으로 한다.
④ 상향배관방식에서는 관내의 공기를 배출하기 위해 관의 제일 윗부분에 공기빼기밸브 등을 설치한다.

해설 상향배관방식에서 수직관의 관경은 올라갈수록 작게 한다.

30 정화조의 성능을 나타내는 BOD 제거율(%)을 올바르게 나타낸 것은?

① $\dfrac{유출수\ BOD}{유입수\ BOD} \times 100$
② $\dfrac{유입수\ BOD - 유출수\ BOD}{유입수\ BOD} \times 100$
③ $\dfrac{유입수\ BOD}{유출수\ BOD} \times 100$
④ $\dfrac{유출수\ BOD - 유입수\ BOD}{유출수\ BOD} \times 100$

해설 $BOD 제거율 = \dfrac{유입수\ BOD - 유출수\ BOD}{유입수\ BOD} \times 100$

해답 27.② 28.① 29.② 30.②

31 동 및 동합금관에 관한 설명으로 옳지 않은 것은?
① 담수에 내식성은 크나 연수에는 부식된다.
② 탄산가스를 포함한 공기 중에서는 푸른 녹이 생긴다.
③ 동관은 두께별로 K, L, M형 등으로 구분할 수 있다.
④ 가성소다, 가성칼리 등 알칼리성에 심하게 침식된다.

해설 동 및 동합금관은 암모니아에 심하게 침식된다.

32 냉온수 배관의 기본회로 방식에 관한 설명으로 옳지 않은 것은?
① 배관의 최저부에는 물빼기밸브를 설치한다.
② 배관의 분기부에는 원칙적으로 밸브를 설치한다.
③ 밀폐회로 방식에 대해서는 1개의 순환계통에 팽창 탱크는 최소 2기 이상으로 한다.
④ 개방회로 방식에 대해서는 순환보일러 정지 시 기기, 배관 등을 만수상태로 유지한다.

해설 밀폐회로 방식에 대해서는 1개의 순환계통에 팽창 탱크는 최소 1기 이상으로 한다.

33 고가수조의 유효용량 산정 시 기준이 되는 급수량은?
① 1일 급수량
② 시간평균예상급수량
③ 순간최대예상급수량
④ 시간최대예상급수량

해설 고가수조의 유효용량 산정은 시간 최대 예상급수량의 2~3시간분으로 하며, 급수 본관이나 부스터 펌프 용량 산정은 순간최대 급수량을 기준한다.

34 다음과 같은 조건에서 연면적이 20,000㎡인 사무소에 필요한 1일 급수량(사용수량)은?

| ・건물의 유효면적과 연면적의 비 : 56% | ・유효면적당 인원 : 0.2인/㎡ |
| ・1일 1인당 급수량(사용수량) : 150L/d/c | |

① 33.6㎥/d
② 43.6㎥/d
③ 336㎥/d
④ 406㎥/d

해설 1일 급수량 $= 20,000 \times 0.56 \times 0.2 \times 150 = 336,000 L/d = 336 m^3/d$

해답 31.④ 32.③ 33.④ 34.③

35 국부저항의 상당길이에 관한 설명으로 옳지 않은 것은?

① 배관의 지름이 커질수록 상당길이는 길어진다.
② 45° 표준 엘보 보다는 90° 표준 엘보의 상당길이가 길다.
③ 밸브류의 경우 개폐도(開閉度)가 작을수록 상당길이는 길어진다.
④ 동일한 배관지름, 전개(全開)일 경우 앵글밸브보다 게이트밸브의 상당길이가 길다.

해설 동일한 배관지름, 전개 상태에서 앵글밸브가 게이트밸브보다 국부저항 상당길이가 길다.

36 다음 중 펌프의 흡입관에서 발생하는 공동현상의 방지 방법과 가장 거리가 먼 것은?

① 흡입양정을 낮춘다.
② 양흡입 펌프를 사용한다.
③ 흡입관의 관경을 크게 한다.
④ 펌프의 회전수를 증가시킨다.

해설 펌프의 흡입관에서 발생하는 공동현상은 압력이 낮을 때 발생하므로 회전수가 클수록 발생이 쉽다.

37 취출공기의 유동과 관련된 유인비를 옳게 나타낸 것은?

① $\dfrac{전공기량}{1차\ 공기량}$
② $\dfrac{1차\ 공기량}{전공기량}$
③ $\dfrac{2차\ 공기량}{1차\ 공기량}$
④ $\dfrac{1차\ 공기량}{2차\ 공기량}$

해설 유인비 $= \dfrac{전공기량}{1차\ 공기량} = \dfrac{1차\ 공기 + 2차\ 공기(유인공기)}{1차\ 공기량}$

38 냉각탑의 냉각수 입구온도가 t_{w1}, 출구온도가 t_{w2}이고, 공기의 입구 습구온도가 t_1, 출구 습구온도가 t_2일 때, 어프로치(approach)는?

① $t_{w1} - t_1$
② $t_{w2} - t_{w1}$
③ $t_2 - t_1$
④ $t_{w2} - t_1$

해설
- 어프로치 = 출구수온 - 공기의 입구 습구온도 = $t_{w2} - t_1$
- 쿨링 랜지 = 입구수온 - 출구수온 = $t_{w1} - t_{w2}$

해답 35.④ 36.④ 37.① 38.④

39 냉방부하 계산 시 구조체의 축열부하에 관한 설명으로 옳지 않은 것은?

① 구조체의 열용량과 관련이 있다.
② 시간지연(time-lag) 현상을 유발한다.
③ 간헐냉방을 하는 경우 예냉부하를 필요로 한다.
④ 구조체의 열용량이 클수록 피크로드는 증가한다.

해설 구조체의 열용량이 클수록 피크로드는 감소한다.

40 다음과 같은 조건으로 냉방운전을 하고 있을 경우, 필요송풍량은?

[조건]
  ㉠ 실내현열부하 : 72kW   ㉡ 공기의 비열 : 1.0kJ/kg · K
  ㉢ 공기의 밀도 : 1.2kg/m³   ㉣ 실내취출 공기온도 : 16℃
  ㉤ 실내 공기온도 : 26℃

① 6m³/s   ② 7m³/s
③ 8m³/s   ④ 9m³/s

해설 실내 송풍량은 실내부하와 취출공기의 열평형식에서 구한다.
$q = mC\Delta t$
$m = \dfrac{q}{C\Delta t} = \dfrac{72}{1(26-16)} = 7.2 kg/s = 6 m^3/s$

공기량을 질량(7.2kg/s)으로 구하고 밀도 1.2로 나누어 풍량(6m³/s)으로 구한다.

제3과목 전기 및 소방시설 일반

41 무접점 계전기에 사용되는 전력전자소자(트랜지스터, 다이오드)에 관한 설명으로 옳지 않은 것은?

① 스위칭 속도가 빠르다.
② 전력소비가 대단히 작다.
③ 잡음(noise)의 영향을 받지 않는다.
④ 접점의 개폐동작으로 인한 마모현상이 없다.

해설 전력전자소자(트랜지스터, 다이오드)는 잡음(noise)의 영향을 받기 때문에 고주파 영역을 피하는 게 좋다.

해답 39.④ 40.① 41.③

42 다음 설명에 알맞은 건축화 조명방식은?

- 천장과 벽면의 경계구석에 등기구를 배치하여 조명하는 방식이다.
- 천장과 벽면을 동시에 투사하는 실내 조명방식이다.

① 코너 조명 ② 코퍼 조명
③ 광천장 조명 ④ 밸런스 조명

해설 코너 조명은 천장과 벽면의 코너에 등기구를 배치하여 천장과 벽면을 동시에 조명하고, 코퍼 조명은 천장 면을 사각형이나 원형으로 파내고 그 내부에 조명 기구를 매립하여 하부를 집중 조명하며, 광천장 조명은 천장면 전체에서 비추는 조명방식이며, 밸런스 조명은 벽체 중간쯤에서 상하부를 조명하는 방식이다.

43 다음 설명에 알맞은 화재의 종류는?

전류가 흐르고 있는 전기기기, 배선과 관련된 화재

① A급 화재 ② B급 화재
③ C급 화재 ④ K급 화재

해설 A급 화재 : 일반화재, B급 화재 : 유류화재, C급 화재 : 전기화재, D급 화재 : 금속성 화재

44 피드백 제어방식을 제어동작에 의해 분류할 경우, 연속 동작에 해당하는 것은?

① 미분 동작 ② 2위치 동작
③ 다위치 동작 ④ ON-OFF 동작

해설 미분, 적분, 비례동작은 연속 동작이며, 2위치(ON-OFF) 동작, 다위치 동작은 불연속 동작이다.

45 다음은 교류의 표현에 관한 설명이다. ( ) 안에 알맞은 용어는?

전기에서는 서로 한 일이 비교될 수 있도록 교류의 크기를 나타낼 때에는 그 교류와 같은 일을 하는 직류의 크기로 대신 나타내며 그 때 직류의 크기를 그 교류의 ( )라고 한다.

① 실효치 ② 평균치
③ 비교치 ④ 균등치

해설 교류의 실효값은 최대값의 $1/\sqrt{2}$ 이다.

해답 42.① 43.③ 44.① 45.①

46 병원 등에 설치되는 모자식 전기시계에 관한 설명으로 옳은 것은?

① 자시계의 설치 높이는 하단부가 1.5m 이상으로 한다.
② 탁상형 모시계는 자시계 회로수가 3회로 이상인 경우 사용한다.
③ 모시계와 자시계를 연결하는 배선의 전압 강하는 15% 이하가 되도록 한다.
④ 벽걸이형 모시계는 소규모 모시계로 자시계 회로수가 3회로 이내인 경우 사용한다.

해설 자시계의 설치 높이는 하단부가 2.0m 이상으로 하고, 탁상형 모시계는 자시계 회로수가 3회로 이하인 경우 사용한다. 모시계와 자시계를 연결하는 배선의 전압 강하는 10% 이하가 되도록 한다.

47 다음 그림과 같은 회로의 합성 정전용량은?

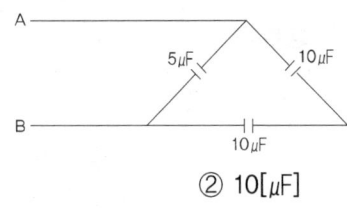

① 5[μF] ② 10[μF]
③ 15[μF] ④ 20[μF]

해설 위 회로를 다시 그려보면 아래와 같다.

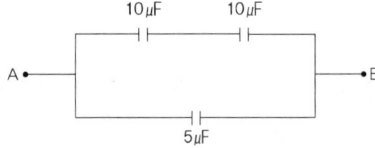

위 결선은 콘덴서 10μF, 2개 직렬과 여기에 5μF를 병렬 연결한 것이다. 우선 콘덴서 10μF, 2개 직렬 합성용량은 5μF이며 5μF, 2개 병렬연결 시 합성용량은 10μF이다. 콘덴서 합성용량 계산법은 직렬, 병렬에서 저항과 반대이다.

위쪽 직렬 부분 : $\dfrac{1}{\dfrac{1}{10}+\dfrac{1}{10}}=5\mu F$

합성정전용량(병렬계산)=5+5=10μF

48 납축전지가 방전되면 양(+)극은 어떠한 물질로 되는가?

① Pb ② PbSO$_4$
③ PbO ④ PbO$_2$

해설 납축전지가 방전되면 양(+)극, 음극 모두 황산납(PbSO$_4$)이 되며, 반대로 충전되면 양극은 과산화납(PbO$_2$) 음극은 납(Pb)이 된다.

해답 46.④ 47.② 48.②

49
어느 학교에서 면적이 200m²인 교실에 32[W] 형광램프를 설치하여 평균조도를 400[lx]로 설계하고자 할 때 소요 램프수는?(단, 형광램프 1개 광속은 3000[lm], 조명률은 0.6, 보수율은 0.8이다.)

① 14개 ② 28개
③ 42개 ④ 56개

해설 전등유효광량=조도면 필요광량

$EAD = FUN \Leftrightarrow EA \cdot \dfrac{1}{M} = FUN$

(N : 개수, F : 광속, U : 조명률, M : 보수율, A : 면적, E : 조도)

$N = \dfrac{EA}{FUM} = \dfrac{400 \times 200}{3000 \times 0.6 \times 0.8} = 55.6 = 56$개

50
다음이 설명하는 법칙은?

> 회로망 중의 한 점에 흘러 들어오는 전류의 총합과 흘러 나가는 전류의 총합은 같다.

① 오옴의 법칙 ② 키르히호프 제1법칙
③ 키르히호프 제2법칙 ④ 앙페르의 오른나사의 법칙

해설 키르히호프 제1법칙 : 한 점에 유입 전류의 총합과 유출 전류의 총합은 같다.
키르히호프 제2법칙 : 폐회로에서 한 방향으로의 전압강하의 합은 기전력의 합과 같다.

51
연결살수설비에 설치되는 송구구의 구경 기준은?

① 32mm ② 40mm
③ 50mm ④ 65mm

해설 연결살수설비에 설치되는 송구구의 구경은 65mm 이상으로 한다.

52
고압 이상 전로에서 단독으로 전로의 접속 또는 분리를 목적으로 하며 무전압이나 무전류에 가까운 상태에서 안전하게 전로를 개폐하는 것은?

① 퓨즈 ② 단로기
③ 변성기 ④ 콘덴서

해설 단로기는 회로 내의 접속을 분리하기 위해 또는 회로 또는 장치를 전원으로부터 절연하기 위해 이용되는 기계적인 개폐장치이다.

해답 49.④ 50.② 51.④ 52.②

53 다음과 같은 특징을 갖는 배선공사방식은?

- 열적 영향이나 기계적 외상을 받기 쉬운 곳이 아니면 금속배관과 같이 광범위하게 사용 가능하다.
- 관 자체가 절연체이므로 감전의 우려가 없으며 시공이 쉬운 게 장점이다.

① 버스덕트 공사 ② 애자사용 공사
③ 합성수지관 공사 ④ 플로어덕트 공사

해설 합성수지관 공사(경질비닐관 공사)
- 열적 영향이나 기계적 외상을 받기 쉬운 곳이 아니면 금속배 관과 같이 광범위하게 사용 가능하다.
- 관 자체가 절연체이므로 감전의 우려가 없으며 시공이 쉬운게 장점이며, 화학공장 등 간단히 배선을 요할 때 적합하다.

54 옥내소화전설비의 수조에 관한 설명으로 옳지 않은 것은?

① 수조의 상단에는 청소용 배수밸브 또는 배수관을 설치하여야 한다.
② 동결방지조치를 하거나 동결의 우려가 없는 장소에 설치하여야 한다.
③ 수조가 실내에 설치된 때에는 그 실내에 조명설비를 설치하여야 한다.
④ 수조의 상단이 바닥보다 높은 때에는 수조의 외측에 고정식 사다리를 설치하여야 한다.

해설 수조의 하부에는 청소용 배수밸브 또는 배수관을 설치하여야 한다.

55 플레밍의 왼손 법칙을 응용한 기기는?

① 펌프 ② 전동기
③ 발전기 ④ 변압기

해설
- 플레밍 왼손법칙 : 전동기 원리
- 플레밍 오른손법칙 : 발전기 원리

56 Y-△ 기동법은 어떤 전동기의 기동법인가?

① 직권 전동기 ② 동기 전동기
③ 유도 전동기 ④ 타여자 전동기

해설 Y-△ 기동법은 일반 유도 전동기 기동법이다.

해답 53.③ 54.① 55.② 56.③

57 역률에 관한 설명으로 옳은 것은?

① 백열전등이나 전열기의 역률은 100[%]이다.
② 무효전력에 대한 유효전력의 비를 역률이라 한다.
③ 역률은 부하의 종류와는 관계가 없으며 공급전력의 질을 의미한다.
④ 역률산정 시에 필요한 피상전력은 유효전력과 무효전력의 산술합이다.

해설 코일이 없는 백열전등이나 전열기의 역률은 100[%]이며, 역률은 피상전력에 대한 유효전력의 비를 말하며, 역률은 부하의 종류와는 관계가 깊고 역률이 클수록 공급전력의 질이 양호해진다. 역률산정 시에 필요한 피상전력은 유효전력과 무효전력의 벡터합이다.

58 다음의 옥외소화전설비의 수원에 관한 설명 중 ( ) 안에 알맞은 것은?

> 옥외소화전설비의 수원은 그 저수량이 옥외소화전의 설치개수(옥외소화전이 2개 이상 설치된 경우에는 2개)에 ( )를 곱한 양 이상이 되도록 하여야 한다.

① 1.7m³
② 2.6m³
③ 7m³
④ 12m³

해설 옥외 소화전 1개당 요구 방수량은 350L/min이며, 20분 연속 방수가 가능한 저수량이 필요하다. 저수량=350L/min×20분=7000L=7m³

59 3[Ω]의 저항과 4[Ω]의 유도 리액턴스가 병렬로 접속되어있을 때, 이 회로의 합성 임피던스는?

① 2.0[Ω]
② 2.2[Ω]
③ 2.4[Ω]
④ 2.6[Ω]

해설 저항과 코일의 병렬연결 시 합성저항(Z)은

$$\frac{1}{Z} = \sqrt{\frac{1}{R^2} + \frac{1}{X_L^2}}$$

$$\frac{1}{Z} = \sqrt{\frac{1}{3^2} + \frac{1}{4^2}}$$

$$\frac{1}{Z} = \sqrt{\frac{16}{144} + \frac{9}{144}} = \sqrt{\frac{25}{144}} = \frac{5}{12}$$

$$\therefore Z = 12/5 = 2.4\,\Omega$$

해답 57.① 58.③ 59.③

60. 스프링클러설비의 화재안전기준에 사용되는 교차배관의 정의로 옳은 것은?

① 각 층을 수직으로 관통하는 수직배관
② 스프링클러헤드가 설치되어 있는 배관
③ 직접 또는 수직배관을 통하여 가지배관에 급수하는 배관
④ 수원 및 옥외송수구로부터 스프링클러헤드에 급수하는 배관

해설 스프링클러설비에서 급수 경로는 수직배관(본관)-교차배관-가지배관-헤드이다.

제4과목 | 건축설비 관련 법규

61. 배연설비의 설치에 관한 기준 내용으로 옳지 않은 것은?

① 배연창의 유효면적은 1m² 이상으로 할 것
② 배연구는 예비전원에 의하여 열 수 있도록 할 것
③ 배연구는 연기감지기 또는 열감지기에 의해 자동으로 열 수 있는 구조로 할 것
④ 관련 규정에 따라 건축물이 방화구획으로 구획된 경우 그 구획마다 2개소 이상의 배연창을 설치할 것

해설 〈설비기준 14조〉 건축물이 방화구획으로 구획된 경우 그 구획마다 1개소 이상의 배연창을 설치할 것

62. 자동화재탐지설비를 설치하여야 하는 특정소방대상물에 속하지 않는 것은?

① 위락시설로서 연면적 600m² 이상인 것
② 숙박시설로서 연면적 600m² 이상인 것
③ 문화 및 집회시설로서 연면적 1000m² 이상인 것
④ 근린생활시설 중 목욕장으로서 연면적 800m² 이상인 것

해설 〈소방법령 15조 별표 5〉 근린생활시설 중 목욕장으로서 연면적 1000m² 이상인 것

63. 건축법령에 따른 건축물의 용도분류 중 숙박시설에 속하지 않는 것은?

① 호스텔
② 유스호스텔
③ 의료관광호텔
④ 휴양 콘도미니엄

해설 〈건축법령 3조5 별표 1, 15〉 유스호스텔은 수련시설에 속한다.

해답 60.③ 61.④ 62.④ 63.②

64 건축법령상 공동주택 중 아파트의 정의로 옳은 것은?

① 주택으로 쓰는 층수가 5개 층 이상인 주택
② 주택으로 쓰는 층수가 6개 층 이상인 주택
③ 주택으로 쓰는 1개 동의 바닥면적 합계가 660㎡를 초과하고, 층수가 5개 층 이상인 주택
④ 주택으로 쓰는 1개 동의 바닥면적 합계가 660㎡를 초과하고, 층수가 6개 층 이상인 주택

해설 〈건축법령 3조5 별표 1〉 아파트 : 주택으로 쓰는 층수가 5개 층 이상인 주택

65 문화 및 집회설 중 공연장의 개별 관람실 출구의 설치기준 내용으로 옳지 않은 것은?(단, 개별 관람실의 바닥면적이 300㎡ 이상인 경우)

① 관람실별로 2개소 이상 설치할 것
② 각 출구의 유효너비는 1.2m 이상일 것
③ 관람실로부터 바깥쪽으로의 출구로 쓰이는 문은 안여닫이로 하지 않을 것
④ 개별 관람실 출구의 유효너비의 합계는 개별 관람실의 바닥면적 100㎡마다 0.6m의 비율로 산정한 너비 이상으로 할 것

해설 〈피난방화기준 10조〉 각 출구의 유효너비는 1.5m 이상일 것

66 외기에 직접 면하고 1층 또는 지상으로 연결된 출입문을 방풍구조로 하지 않아도 되는 경우에 관한 기준 내용으로 옳지 않은 것은?

① 기숙사의 출입문
② 너비 1.2m 이하의 출입문
③ 바닥면적 300㎡ 이하의 개별점포의 출입문
④ 사람의 통행을 주목적으로 하지 않는 출입문

해설 〈에너지절약기준 6조〉 기숙사는 제외

67 방염성능기준 이상의 실내장식물 등을 설치하여야 하는 특정소방대상물에 속하는 것은?(단, 층수가 10층인 경우)

① 기숙사
② 판매시설
③ 숙박시설
④ 실내수영장

해설 〈소방법령 30조〉 체력단련장, 숙박시설, 방송통신시설 중 방송국 및 촬영소, 문화, 집회, 종교, 병원, 11층 이상

해답 64.① 65.② 66.① 67.③

68 건축물의 출입구에 설치하는 회전문에 관한 기준 내용으로 옳지 않은 것은?

① 계단이나 에스컬레이터로부터 1.5m 이상의 거리를 둘 것
② 회전문의 회전속도는 분당회전수가 8회를 넘지 아니하도록 할 것
③ 출입에 지장이 없도록 일정한 방향으로 회전하는 구조로 할 것
④ 회전문의 중심축에서 회전문과 문틀 사이의 간격을 포함한 회전문날개 끝부분까지의 길이는 140cm 이상이 되도록 할 것

해설 〈피난방화기준 12조〉 회전문은 계단이나 에스컬레이터로부터 2m 이상의 거리를 둘 것

69 세대수가 17세대인 다세대주택에 설치하는 음용수용 급수관의 지름은 최소 얼마 이상으로 하여야 하는가?

① 25mm ② 32mm
③ 40mm ④ 50mm

해설 〈설비기준 18조〉 17세대 이상 50mm 이상

70 바닥으로부터 높이 1m까지의 안벽의 마감을 내수재료로 하여야 하는 대상건축물이 아닌 것은?

① 단독주택의 욕실
② 제1종 근린생활시설 중 휴게음식점의 조리장
③ 제2종 근린생활시설 중 휴게음식점의 조리장
④ 제2종 근린생활시설 중 일반음식점의 조리장

해설 〈피난방화기준 18조〉 근린생활시설 중 목욕장의 욕실, 휴게음식점의 조리장, 일반음식점 및 휴게음식점의 조리장과 숙박시설의 욕실

71 건축물의 냉방설비에 대한 설치 및 설계기준에 정의된 축냉식 전기냉방설비의 구분에 속하지 않는 것은?

① 지열식 냉방설비 ② 수축열식 냉방설비
③ 빙축열식 냉방설비 ④ 잠열축열식 냉방설비

해설 〈냉방설비기준 3조 1〉 지열식은 해당 없음

해답 68.① 69.④ 70.① 71.①

72 다음의 소방시설 중 피난구조설비에 속하지 않는 것은?

① 완강기
② 인공소생기
③ 객석유도등
④ 시각경보기

해설 〈소방법령 3조 별표 1〉 시각경보기는 경보설비에 속한다.

73 공사감리자가 공사시공자로 하여금 상세시공도면을 작성하도록 요청할 수 있는 건축공사의 연면적 기준으로 옳은 것은?

① 1500㎡ 이상
② 3000㎡ 이상
③ 5000㎡ 이상
④ 10000㎡ 이상

해설 〈건축법령 19조 4〉 제25조제4항(공사 감리자는 시공상세도를 요청할 수 있다)에서 "대통령령으로 정하는 용도 또는 규모의 공사"란 연면적의 합계가 5천 제곱미터 이상인 건축공사를 말한다.

74 지능형 건축물의 인증에 관한 설명으로 옳지 않는 것은?

① 지능형 건축물 인증기준에는 인증표시 홍보기준, 유효기간 등의 사항이 포함된다.
② 산업통상자원부장관은 지능형 건축물의 인증을 위하여 인증기관을 지정할 수 있다.
③ 국토교통부장관은 지능형 건축물의 건축을 활성화하기 위하여 지능형 건축물 인증제도를 실시한다.
④ 허가권자는 지능형 건축물로 인증받은 건축물에 대하여 조경설치면적을 100분의 85까지 완화하여 적용할 수 있다.

해설 〈건축법 65조 2〉 국토교통부장관은 지능형 건축물의 인증을 위하여 인증기관을 지정할 수 있다.

75 다음 중 내화구조에 속하지 않는 것은?(단, 바닥의 경우)

① 철근콘크리트조로서 두께가 10㎝인 것
② 철골철근콘크리트조로서 두께가 10㎝인 것
③ 철재의 양면을 두께로 5㎝의 철망모르타르로 덮은 것
④ 무근콘크리트조·벽돌조 또는 석조로서 그 두께가 7㎝인 것

해설 〈피난방화기준 3조〉 바닥인 경우 무근콘크리트조·벽돌조 등은 내화구조에 해당되지 않는다.

해답 72.④ 73.③ 74.② 75.④

76 다음 중 제로에너지 건축물 인증에 대한 인증 신청을 할 수 있는 사람이 아닌 것은?

① 건축주
② 건축물 소유자
③ 설계자
④ 시공자

해설 〈제로에너지 건축물 인증에 관한 규칙 6조〉 제로에너지 건축물 인증에 대한 인증신청은 건축주, 건축물 소유자, 사업주체 또는 시공자가 할 수 있다.

77 제연설비를 설치하여야 하는 특정소방대상물에 속하지 않는 것은?

① 지하가(터널은 제외)로서 연면적 1000㎡인 것
② 문화 및 집회시설로서 무대부의 바닥면적이 150㎡인 것
③ 문화 및 집회시설 중 영화상영관으로서 수용인원이 100명인 것
④ 지하층에 설치된 숙박시설로서 해당용도로 사용되는 바닥면적의 합계가 1000㎡인 층

해설 〈소방법령 11조〉 문화 및 집회시설로서 무대부의 바닥면적이 200㎡ 이상인 것.

78 비상용 승강기의 승강장 및 승강로의 구조에 관한 기준 내용으로 옳지 않은 것은?

① 승강로는 당해 건축물의 다른 부분과 방화구조로 구획할 것
② 각 층으로부터 피난층까지 이르는 승강로를 단일구조로 연결하여 설치할 것
③ 승강장에는 노대 또는 외부를 향하여 열 수 있는 창문이나 배연설비를 설치할 것
④ 옥내에 있는 승강장의 바닥면적은 비상용 승강기 1대에 대하여 6㎡ 이상으로 설치할 것

해설 〈설비기준 10조〉 승강로는 당해 건축물의 다른 부분과 내화구조로 구획할 것

79 다음은 건축법상 건축허가에 관한 기준 내용이다. ( ) 안에 알맞은 것은?

> 건축물을 건축하거나 대수선하려는 자는 특별자치시장·특별자치도지사 또는 시장·군수·구청장의 허가를 받아야 한다. 다만, ( ) 이상의 건축물 등 대통령령으로 정하는 용도 및 규모의 건축물을 특별시나 광역시에 건축하려면 특별시장이나 광역시장의 허가를 받아야 한다.

① 6층
② 11층
③ 16층
④ 21층

해설 〈건축법 11조〉 21층 이상의 건축물 등 대통령령으로 정하는 용도 및 규모의 건축물을 특별시나 광역시에 건축하려면 특별시장이나 광역시장의 허가를 받아야 한다.

해답 76.③ 77.② 78.① 79.④

80 건축물의 바깥쪽에 설치하는 피난계단의 구조에 관한 기준 내용으로 옳지 않은 것은?

① 계단의 유효너비는 0.9m 이상으로 할 것
② 계단은 내화구조로 하고 지상까지 직접 연결되도록 할 것
③ 건축물의 내부에서 계단으로 통하는 출입구에는 60분+ 방화문 또는 60분 방화문을 설치할 것
④ 계단은 그 계단으로 통하는 출입구 외의 창문 등으로부터 1m 이상의 거리를 두고 설치할 것

해설 〈피난구조기준 19조〉 계단은 그 계단으로 통하는 출입구 외의 창문 등으로부터 2m 이상의 거리를 두고 설치할 것

해답 80.④

건축설비기사 제12회 [기출모의고사]

제1과목 건축설비 계획

01 결로발생의 방지 방법으로 옳지 않은 것은?
① 실내에서 수증기 발생을 억제한다.
② 비난방실 등으로의 수증기 침입을 억제한다.
③ 벽체의 표면온도를 실내공기의 노점온도보다 크게 한다.
④ 적절한 투습저항을 갖춘 방습층을 단열재의 저온측에 설치한다.

해설 결로는 고온 다습한 곳에서 발생하므로 적절한 투습저항을 갖춘 방습층을 단열재의 고온 측에 설치한다.

02 열전달에 관한 설명으로 옳은 것은?
① 열류량은 온도구배와 물체의 열전도율에 반비례한다.
② 물체 중에 온도차가 발생하면 열은 저온측에서 고온 측으로 흐른다.
③ 벽체표면과 이에 접하는 유체와의 전열현상은 대류에 의한 열전달이다.
④ 열류량은 표면온도와 유체온도의 차에 반비례한다.

해설 열류량은 온도구배와 반비례하고 물체의 열전도율에 비례하며, 물체 중에 온도차가 발생하면 열은 고온측에서 저온측으로 흐른다. 벽체표면과 이에 접하는 유체와의 대류에 의한 전열현상을 열전달이라 하며, 열류량(열전달)은 표면온도와 유체온도의 차에 비례한다.

03 실의 용적이 5,000㎥이고 필요환기량이 10,000㎥/h일 때 환기횟수는 시간당 몇 회인가?
① 0.5회   ② 1회
③ 2회   ④ 4회

해설 환기횟수 = $\dfrac{환기량}{실용적} = \dfrac{10,000}{5,000} = 2회/h$

해답 1.④ 2.③ 3.③

04 다음 중 잔향시간 계산에 필요한 인자가 아닌 것은?
① 실용적
② 실내 전 표면적
③ 음원의 음압
④ 실의 평균 흡음률

해설 음원의 음압은 잔향시간 계산요소가 아니다.

05 통기관에 관한 설명으로 옳지 않은 것은?
① 습통기관은 통기의 목적 외에 배수관으로도 이용되는 부분을 말한다.
② 결합통기관은 배수수직관 내의 압력변화를 방지 또는 완화하기 위해 설치한다.
③ 도피통기관은 각개통기방식에서 담당하는 기구수가 많은 경우 발생하는 하수가스를 도피시키기 위하여 통기수직관에 연결시킨 관이다.
④ 신정통기관은 최상부의 배수수평관이 배수수직관에 접속된 위치보다도 더욱 위로 배수수직관을 끌어올려 대기 중에 개구하여 통기관으로 사용하는 부분이다.

해설 도피통기관은 회로통기방식에서 담당하는 기구수가 많은 경우 발생하는 하수가스를 도피시키기 위하여 수평배수관 아래쪽에서 통기수직관에 연결시킨 관이다.

06 건물 내의 급수 방식에 관한 설명으로 옳은 것은?
① 수도직결방식은 고층의 급수 방법에 적합하다.
② 고가수조방식에서의 급수압력은 항상 변동한다.
③ 압력수조방식에서는 수조를 건물 상부에 설치해야 하므로 건축 구조상 부담이 된다.
④ 펌프직송방식에서 펌프 운전방식은 펌프의 대수를 제어하는 정속방식과 회전수를 제어하는 변속방식으로 분류할 수 있다.

해설 수도직결방식은 저층의 급수에 적합하고, 고가수조방식에서의 급수압력은 항상 일정한 편이며, 압력수조방식에서는 수조를 건물 하부에 설치해도 되므로 건축 구조상 유리하다.

07 양수량이 600L/min, 양정이 36m인 양수펌프의 축동력은?(단, 펌프의 효율은 70%이다.)
① 4.5kW
② 5.0kW
③ 6.4kW
④ 7.1kW

해설 $kW = \dfrac{QH}{102E} = \dfrac{600 \times 36}{60 \times 102 \times 0.7} = 5.04 kW$

해답 4.③ 5.③ 6.④ 7.②

08 간접가열식 급탕방식에 관한 설명으로 옳지 않은 것은?

① 난방용 보일러와 겸용할 수 있다.
② 보일러에서 만들어진 증기 또는 고온수를 열원으로 한다.
③ 저압보일러를 사용할 수 없으며 중압 또는 고압보일러를 사용하여야 한다.
④ 탱크에 가열코일을 설치하여 이 코일을 통해 물을 간접적으로 가열하는 방식이다.

해설 간접가열식 급탕방식에서 저압보일러를 사용할 수 있다. 왜냐면 급수 압력만 확보되면 열교환기에서 가열된 급탕이 급수압력으로 공급된다.

09 국소식 급탕방법에 관한 설명으로 옳지 않은 것은?

① 배관 및 기기로부터의 열손실이 많다.
② 건물완공 후에도 급탕개소의 증설이 비교적 쉽다.
③ 급탕개소마다 가열기의 설치 스페이스가 필요하다.
④ 주택 등에서는 난방 겸용의 온수보일러, 순간온수기를 사용할 수 있다.

해설 국소식 급탕방법(순간온수기)은 배관이 짧아 배관 및 기기로부터의 열손실이 적다.

10 다음 중 동관의 용도로 가장 부적절한 것은?

① 급수관 ② 급탕관
③ 증기관 ④ 냉온수관

해설 동관은 고온에서 취약하여 증기관에는 사용하지 않으나 저압 증기관에서 두께가 두꺼운 K 타입을 사용할 수도 있다.

11 유체의 성질과 관련하여 다음 설명이 의미하는 것은?

> 에너지보존의 법칙을 유체의 흐름에 적용한 것으로서 유체가 갖고 있는 운동에너지, 중력에 의한 위치에너지 및 압력에너지의 총합은 흐름 내 어디에서나 일정하다.

① 파스칼의 원리 ② 스토크스의 법칙
③ 뉴턴의 점성법칙 ④ 베르누이의 정리

해설 베르누이정리는 유체가 가지는 총에너지(압력+위치+속도)는 항상 같다는 원리이다.

해답 8.③ 9.① 10.③ 11.④

12 90℃의 물 500kg과 30℃의 물 1,000kg을 단열혼합하였을 때 혼합된 물의 온도는?

① 20℃ ② 30℃
③ 40℃ ④ 50℃

해설 $t = \dfrac{m_1 t_1 + m_1 t_1}{m_1 + m_2} = \dfrac{500 \times 90 + 1000 \times 30}{500 + 1000} = 50$

13 수평주관 내의 공기가 감압되어 봉수가 파괴되는 현상으로 배수 수직관의 가까이에 설치된 세면기 등에서 일어나기 쉬운 봉수 파괴 원인은?

① 증발 작용 ② 모세관 현상
③ 유도사이펀 작용 ④ 운동량에 의한 관성

해설 배수 수직관의 가까이에 설치된 세면기 등에서 수평주관 내의 공기가 감압되어 봉수가 파괴되는 현상을 감압에 의한 흡인작용(유도사이펀 작용)이라 한다.

14 기온, 습도, 기류의 3요소의 조합에 의한 실내온열감각을 기온의 척도로 나타낸 것은?

① 작용온도(OT) ② 유효온도(ET)
③ 수정유효온도(CET) ④ 예상온냉감신고(PMV)

해설
- 유효온도(ET) : 기온(온도), 습도, 기류의 3요소의 조합
- 작용온도(OT) : 기온(온도), 복사열, 기류의 3요소의 조합
- 수정유효온도(CET) : 기온(온도), 습도, 기류, 복사열의 4요소의 조합
- 예상온냉감신고(PMV) : 온냉감을 시험에 참여한 사람들이 투표하는 방식

15 어느 사무실이 다음과 같은 조건에 있을 때 이 사무실에 요구되는 환기량은?

- 재실인원 : 70인
- 재실자 1인당의 CO_2 발생량 : 0.02m³/h
- 실내 CO_2 허용농도 : 1000ppm
- 외기 중의 CO_2 농도 : 0.03%

① 500m³/h ② 1000m³/h
③ 1500m³/h ④ 2000m³/h

해설 $Q = \dfrac{M}{C_i - C_o} = \dfrac{70 \times 0.02}{0.001 - 0.0003} = 2000 m^3/h$

해답 12.④ 13.③ 14.② 15.④

16 다음 중 간접배수로 하여야 하는 기구는?

① 욕조 ② 세면기
③ 대변기 ④ 세탁기

해설 세탁기, 식기세척기, 저장탱크 드레인 등은 간접배수한다.

17 다음 중 유리창에 의한 일사 냉방부하 산정과 가장 관계가 먼 것은?

① 방위 ② 유리면적
③ 차폐계수 ④ 열관류율

해설 유리창 일사부하는 일사량(방위와 시간함수), 면적, 차폐계수(차광 효과)로 구한다.

18 다음의 냉방부하 발생 요인 중 현열과 잠열 모두 갖는 것은?

① 인체발생열량 ② 벽체로부터의 취득열량
③ 유리로부터의 취득열량 ④ 덕트로부터의 취득열량

해설 인체발생부하는 현열과 잠열 모두 가진다. 같은 성격의 부하로는 극간풍부하, 외기부하, 조리용전열기구 등이 있다.

19 다음의 습공기 선도상에서 공기의 상태점 A가 C로 변하는 상태변화를 무엇이라 하는가?

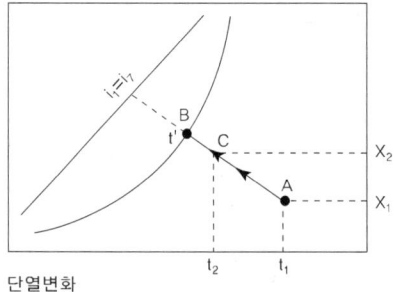

단열변화

① 가열감습 ② 가열가습
③ 냉각감습 ④ 증발냉각

해설 선도에서 A-C변화는 등엔탈피 변화로 에어와셔에서 순환수 분무할 때 얻을 수 있으며 단열분무, 증발냉각, 냉각가습 과정이다.

해답 16.④ 17.④ 18.① 19.④

20 온수난방에 관한 설명으로 옳지 않은 것은?

① 온수의 현열을 이용하여 난방하는 방식이다.
② 한랭지에서는 운전정지 중 동결의 우려가 있다.
③ 증기난방에 비해 예열시간이 짧아 간헐운전에 적합하다.
④ 증기난방에 비해 난방부하 변동에 따른 온도조절이 용이하다.

해설 온수난방은 증기난방에 비해 열용량이 커서 예열(여열)시간이 길어서 연속운전에 적합하다.

제2과목 건축설비 설계

21 저탕조의 용량이 2m³이고 급탕배관 내의 전체 수량이 1m³일 때 개방형 팽창탱크의 용량은?(단, 급수의 밀도는 1.0g/cm³이고, 온수의 밀도는 0.983g/cm³이다.)

① 약 0.03m³
② 약 0.04m³
③ 약 0.05m³
④ 약 0.06m³

해설 급탕설비 내의 총보유수량은 2+1=3m³

팽창량$(\triangle v) = (\frac{1}{\rho_2} - \frac{1}{\rho_1})V = (\frac{1}{0.983} - \frac{1}{1})3 = 0.052 m^3$

팽창탱크는 팽창량보다 커야 하므로 답은 0.06m³ 다만 이론적으로는 개방형 팽창탱크는 팽창량의 1.5배로 하므로 0.08m³ 정도가 적합하다.

22 다음 중 급수관에서 수격작용의 발생 우려가 가장 높은 것은?

① 관의 분기
② 관경의 확대
③ 관의 방향 전환
④ 관내 유수의 급정지

해설 수격작용(워터해머)는 유속이 급변(급정지)할 때 발생한다.

23 물의 경도는 건축설비에서 중요하게 다루고 있다. 그 이유와 가장 거리가 먼 것은?

① 배관 내 스케일 발생 원인
② 급수펌프 소요 동력 증가 원인
③ 열교환기의 열교환 효율 감소 원인
④ 배관 내 유체의 흐름 저항 감소 원인

해설 경도에 의한 스케일형성은 배관 내 유체의 흐름 저항 증가 원인이다.

해답 20.③ 21.④ 22.④ 23.④

24 종국유속과 관계있는 배관은?

① 기구배수관
② 배수수직관
③ 배수수평지관
④ 배수수평주관

해설 배수수직관에서 유출된 배수는 수직관에서 가속도가 붙어 유속이 증가하지만 공기 저항으로 곧 일정한 유속(종국유속)으로 낙하한다. 관종과 관경에 따라 다르지만 보통 종국유속은 5~10m/s, 종국유속에 도달하는 종국길이는 7~8m 정도이다.

25 다음 중 기구의 필요급수압력이 가장 작은 것은?

① 샤워
② 일반수전
③ 대변기 세정밸브
④ 소변기 세정밸브(스톨형 소변기)

해설 필요급수압력은 보통 일반수전 5.5m 수두, 소변기 세정밸브 10m 수두, 샤워기는 7m 수두, 대변기 세정밸브는 10m 수두 정도이다.

26 펌프의 비속도 n을 나타내는 식으로 옳은 것은?(단, 회전수를 N, 최고 효율점의 토출량을 Q, 최고 효율점의 전양정을 H로 나타낸다.)

① $n = N \cdot \dfrac{Q^{3/4}}{H^{1/2}}$

② $n = N \cdot \dfrac{Q^{1/2}}{H^{3/4}}$

③ $n = Q \cdot \dfrac{N^{3/4}}{H^{1/2}}$

④ $n = Q \cdot \dfrac{N^{1/2}}{H^{3/4}}$

해설 비속도란 펌프의 단위 유량과 단위 양정에 대한 회전수를 의미하며 $n = N \cdot \dfrac{Q^{1/2}}{H^{3/4}}$로 표현한다.

27 터빈펌프에 관한 설명으로 옳지 않은 것은?

① 펌프의 양수량은 축동력에 비례하여 증가한다.
② 토출밸브를 닫고 펌프를 운전하면 양수량이 0이다.
③ 최대효율로 운전하고 있을 때의 양정을 상용양정이라 한다.
④ 펌프의 양정과 양수량은 펌프의 회전수가 변하여도 항상 일정하다.

해설 펌프의 양정은 회전수의 제곱에 비례하며, 양수량은 펌프의 회전수에 정비례한다.

해답 24.② 25.② 26.② 27.④

28. 정화조의 유입수 BOD가 1000mg/L, 방류수 BOD가 400mg/L일 때, BOD 제거율은?

① 40%
② 50%
③ 60%
④ 70%

해설 제거율 $= \dfrac{1000-400}{1000} = 0.6 = 60\%$

29. 캐비테이션의 방지 방법으로 옳지 않은 것은?

① 흡입양정을 필요 이상으로 높게 하지 않는다.
② 흡입 조건이 나쁜 경우는 비속도를 작게 하기 위해 회전수가 작은 펌프를 사용한다.
③ 흡수관을 가능한 한 짧고 굵게 함과 동시에 관내에 공기가 체류하지 않도록 배관한다.
④ 설계상의 펌프 운전범위 내에서 항상 필요 NPSH가 유효NPSH보다 크게 되도록 배관계획을 한다.

해설 캐비테이션을 방지하려면 설계상의 펌프 운전범위 내에서 항상 펌프의 필요 NPSH가 배관의 유효 NPSH보다 작게 되도록 한다.

30. 진공방지기(vaccum breaker)가 사용되는 대변기의 급수방식은?

① 하이탱크식
② 세정밸브식
③ 사이펀식
④ 로탱크식

해설 대변기 세정밸브식은 수압도 높고, 밸브가 닫힐 때 수압 변동도 커서 진공방지기를 설치해야 수격작용을 막을 수 있다.

31. 지름 150mm, 길이 320m인 원형관에 매초 60L의 물이 흐를 때, 관내의 마찰손실수두는?(단, 관마찰계수 f=0.03이다.)

① 약 3.4m
② 약 10.2m
③ 약 37.7m
④ 약 40.8m

해설 유속 $v = \dfrac{Q}{A} = \dfrac{0.06}{(\pi/4)0.15^2} = 3.4 m/s$

$h = \dfrac{fLv^2}{d2g} = \dfrac{0.03 \times 320 \times 3.4^2}{0.15 \times 2 \times 9.8} = 37.7 mAq$

해답 28.③ 29.④ 30.② 31.③

32 급수로부터 각 유닛을 거쳐 나오는 총길이가 동일하므로 기기마다의 저항이 균일하게 되고, 따라서 유량을 균일하게 할 수 있는 배관회로 방식은?

① 역환수방식 ② 자연환수방식
③ 간접환수방식 ④ 건식환수방식

해설 역환수 방식(리버스리턴방식)은 존별로 배관길이를 균등히 하여 저항을 조정하며 유량을 균등하게 하는 방법이다.

33 다음 그림과 같은 여과장치의 효율은?

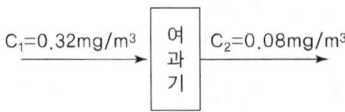

① 25% ② 66%
③ 75% ④ 88%

해설 여과 효율 = $\dfrac{\text{제거량}}{\text{유입량}} = \dfrac{0.32 - 0.08}{0.32} = 0.75$

34 원형 덕트와 장방형 덕트의 환산식으로 옳은 것은?(단, d : 원형덕트의 직경 또는 환산직경, a : 장방형 덕트의 장변길이, b : 장방형 덕트의 단변 길이)

① $d = 1.3 \left[\dfrac{(a \cdot b)^5}{(a+b)^2}\right]^{1/8}$ ② $d = 1.3 \left[\dfrac{(a \cdot b)^5}{(a-b)^2}\right]^{1/8}$

③ $d = 1.3 \left[\dfrac{(a \cdot b)^2}{(a+b)^5}\right]^{1/8}$ ④ $d = 1.3 \left[\dfrac{(a \cdot b)^2}{(a-b)^5}\right]^{1/8}$

해설 $d = 1.3 \left[\dfrac{(a \cdot b)^5}{(a+b)^2}\right]^{1/8}$ 환산식은 동일 풍량에서 저항이 같도록 원형 덕트와 각형 덕트 사이즈를 환산하는 식이다.

35 단효용 흡수식 냉동기와 비교한 2중 효용 흡수식 냉동기의 특징으로 옳은 것은?

① 고압응축기와 저압응축기가 있다. ② 고온증발기와 저온증발기가 있다.
③ 고온발생기와 저온발생기가 있다. ④ 냉각탑의 용량이 커진다.

해설 2중 효용 흡수식 냉동기는 고온발생기와 저온발생기가 있다.

해답 32.① 33.③ 34.① 35.③

36 어떤 송풍기의 회전속도가 460rpm일 때 송풍기 전압은 32mmAq이었다. 이 송풍기를 600rpm으로 운전하였을 때의 송풍기 전압은?

① 32.0mmAq
② 41.7mmAq
③ 54.4mmAq
④ 71.0mmAq

해설 상사법칙에서 $\dfrac{P_2}{P_1} = (\dfrac{N_2}{N_1})^2$

$P_2 = P_1 (\dfrac{N_2}{N_1})^2 = 32 (\dfrac{600}{460})^2 = 54.4 mmAq$

37 수배관에서 위치수두 10mAq, 압력수두 30mAq, 속도 2.5m/s로 관 속을 흐르는 물의 전수두는?

① 13.06m
② 13.24m
③ 40.32m
④ 42.54m

해설 전수두=위치+압력+속도

속도수두= $\dfrac{v^2}{2g} = \dfrac{2.5^2}{2 \times 9.8} = 0.32 mAq$

전수두=10+30+0.32=40.32mAq

38 덕트에 관한 설명으로 옳지 않은 것은?

① 덕트의 보강을 위해서 다이아몬드 브레이크 등을 사용한다.
② 덕트를 분기할 경우 덕트 굽힘부 가까이에서 분기하는 것은 피하는 것이 좋다.
③ 덕트의 굽힘부에서 곡률반경이 작거나 직각으로 구부러질 때 안내날개를 설치한다.
④ 단면을 바꿀 때 확대부에서는 경사도 30° 이하, 축소부에서는 경사도 45° 이하가 되도록 한다.

해설 단면을 바꿀 때 확대부에서는 경사도 15° 이하, 축소부에서는 경사도 30° 이하가 되도록 한다.

39 다음의 보일러 출력 표시방법 중 가장 큰 값을 갖는 것은?

① 정미출력
② 상용출력
③ 정격출력
④ 과부하출력

해설 보일러 출력은 정미출력<상용출력<정격출력<과부하출력 순으로 커진다.

해답 36.③ 37.③ 38.④ 39.④

40 공조배관계에 부압방지를 위한 배관법으로 옳지 않은 것은?

① 순환펌프 토출측에 팽창탱크가 접속되는 것을 피한다.
② 순환펌프는 배관 도중 온도가 가장 높은 곳에 설치한다.
③ 팽창탱크는 장치의 가장 높은 곳보다 더 높은 위치로 한다.
④ 순환펌프는 배관 도중 가능한 한 압입양정이 높은 곳에 설치한다.

해설 순환펌프는 배관 도중 온도가 가장 낮은 곳에 설치한다.

제3과목 | 전기 및 소방시설 일반

41 소화설비의 소화방법에 관한 설명으로 옳지 않은 것은?

① 물분무소화설비는 제거 소화법이다.
② 옥내소화전설비는 냉각 소화법이다.
③ 스프링클러설비는 냉각 소화법이다.
④ 불연성 가스 소화설비는 질식 소화법이다.

해설 물분무소화설비는 냉각 질식 소화법이다.

42 소방차로부터 스프링클러설비에 송수할 수 있는 송수구에 관한 기준 내용으로 옳지 않은 것은?

① 구경 65mm의 단구형으로 할 것
② 송수구에는 이물질을 막기 위한 마개를 씌울 것
③ 지면으로부터 높이가 0.5m 이상 1m 이하의 위치에 설치할 것
④ 송수구의 가까운 부분에 자동배수밸브(또는 직경 5mm의 배수공) 및 체크밸브를 설치할 것

해설 송수구는 구경 65mm의 쌍구형으로 할 것

43 두 개의 전극을 이용하여 정전용량이 큰 콘덴서를 만들기 위한 방법으로 알맞은 것은?

① 극판의 면적을 작게 한다.
② 극판의 거리를 멀게 한다.
③ 극판 사이의 전압을 높게 한다.
④ 극판 사이에 유전체를 삽입한다.

해설 콘덴서의 정전용량은 극판 면적을 크게, 거리는 좁게, 유전율이 클수록 증가한다.

해답 40.② 41.① 42.① 43.④

44 스프링클러설비의 알람밸브에 리타딩챔버를 설치하는 주된 목적은?
① 오보를 방지한다.
② 자동배수를 한다.
③ 방수압을 시험한다.
④ 가압수의 온도를 검지한다.

해설 리타딩챔버의 기능은 누수로 인한 유수검지장치의 오동작을 방지하기 위한 안전장치이다.

45 저압옥내배선 공사 중 점검할 수 없는 은폐된 장소에서 시설할 수 없는 공사는?
① 금속관공사
② 금속덕트공사
③ 2종 가요전선관 공사
④ 합성수지관(CD관 제외)공사

해설 은폐된 곳에서는 관으로 된 전선관을 사용한다.

46 전기용접기의 주된 원리는 무엇을 응용한 것인가?
① 전자력
② 자기유도
③ 전자유도
④ 줄(Joule)열

해설 전기용접기는 전기 저항을 이용하여 발생하는 열(줄열)로 모재를 용융하여 용접한다.

47 다음 중 배선설비에 사용되는 전선의 굵기를 결정할 때 고려해야 할 요소가 아닌 것은?
① 전압강하
② 허용전류
③ 기계적 강도
④ 전선관 규격

해설 전선 굵기는 허용전류, 전압강하, 기계적강도 3가지를 고려한다.

48 수용장소의 수전설비용량에 대한 최대 수용전력의 비율을 백분율로 나타낸 것은?
① 수용률
② 부등률
③ 역률
④ 부하율

해설 수용률 $= \dfrac{\text{최대수용전력}}{\text{수전설비용량}}$

해답 44.① 45.② 46.④ 47.④ 48.①

49
급기팬에 220[V]의 교류전압을 가하니 10[A]의 전류가 전압보다 60° 뒤져서 흐른다. 이 급기팬을 2시간 사용할 때의 소비전력량은?

① 0.55[kWh]　　　② 2.2[kWh]
③ 4[kWh]　　　　④ 792[kWh]

해설 피상전력은 VA=IV=10×220=2200VA=2.2kVA
역률은 cos60=0.5
소비전력은 피상전력×역률이므로 KW=2.2×0.5=1.1kW
2시간 동안 소비전력은 kWh=1.1×2=2.2kWH

50
저항 R과 인덕턴스 L의 병렬회로에 있어서 전류와 전압의 위상관계는?

① 전류는 전압보다 뒤진다.　　② 전류와 전압은 동상이다.
③ 전류는 전압보다 45° 앞선다.　　④ 전류는 전압보다 90° 앞선다.

해설 인덕턴스 L(코일)은 전류 흐름을 방해하는 성질이 있어 전류가 전압보다 뒤진다.

51
다음 설명에 알맞은 피드백 제어계의 구성 요소는?

> 제어계의 상태를 교란시키는 외적 작용으로서, 실내온도제어에서는 인체 · 조명 등에 의한 발생열, 창문을 통한 태양일사, 틈새바람, 외기온도 등을 의미한다.

① 외란　　　　　　② 제어대상
③ 제어편차　　　　④ 주피드백신호

해설 외란이란 외부에서 제어계의 상태를 교란시키는 요소들로 실내온도제어에서는 인체 · 조명 등에 발생열 등이다.

52
연결송수관설비 방수구의 호스접결구의 설치위치로 옳은 것은?

① 바닥으로부터 높이 0.5m 이상 1m 이하의 위치
② 바닥으로부터 높이 0.5m 이상 1.5m 이하의 위치
③ 바닥으로부터 높이 1m 이상 1.5m 이하의 위치
④ 바닥으로부터 높이 1m 이상 2m 이하의 위치

해설 방수구의 호스접결구의 설치위치는 호스를 연결하기에 적합한 위치로 바닥으로부터 높이 0.5m 이상 1m 이하로 정해진다.

해답 49.② 50.① 51.① 52.①

53
자동화재탐지설비에서 하나의 경계구역의 면적은 최대 얼마 이하로 하는가?(단, 해당 특정소방대상물의 주된 출입구에서 그 내부 전체가 보이는 것 제외)
① 150㎡   ② 300㎡
③ 500㎡   ④ 600㎡

해설 자동화재탐지설비에서 하나의 경계구역의 면적은 최대 600㎡ 이하로 한다.

54
암페어의 오른손 법칙이 적용되는 기기는?
① 저항   ② 축전지
③ 난방코일   ④ 솔레노이드 밸브

해설 암페어의 오른손 법칙은 전류에 의해 발생되는 자계의 방향에 관한 법칙으로 암페어의 오른나사법칙이라고도 한다. 솔레노이드 밸브에 응용된다.

55
광원에서 나가는 전광속 대비 피조면에 도달하는 광속의 비율을 의미하는 것은?
① 이용률   ② 조명률
③ 유지율   ④ 감광보상률

해설 조명률이란 광원에서 나가는 전광속(빛의 량) 대비 피조면에 도달하는 광속의 비율을 의미하며 직접 조명에서 크고, 간접 조명에서 작아진다.

56
인터폰설비의 통화망 구성 방식에 따른 구분에 속하지 않는 것은?
① 모자식   ② 상호식
③ 복합식   ④ 개별식

해설 인터폰설비 방식에 모자식, 상호식, 복합식이 있다.

57
주파수가 120[Hz]인 교류 파형의 주기는?
① 약 0.083[sec]   ② 약 0.0083[sec]
③ 약 0.00083[sec]   ④ 약 0.000083[sec]

해설 주기 $T = \dfrac{1}{f(주파수)} = \dfrac{1}{120} = 8.3 \times 10^{-3}(\text{sec})$

해답 53.④ 54.④ 55.② 56.④ 57.②

58 다음 설명에 알맞은 화재의 종류는?

인화성 액체, 가연성 액체, 타르, 오일, 유성도료, 솔벤트, 래커, 알코올 및 인화성 가스와 같은 유류가 타고 나서 재가 남지 않는 화재

① A급 화재 ② B급 화재
③ C급 화재 ④ K급 화재

해설 A급 화재(일반화재), B급 화재(유류화재), C급 화재(전기화재), K급 화재(주방화재)

59 그림의 회로도와 같이 논리식이 Y=X₁·X₂로 표시되는 논리회로의 종류는?

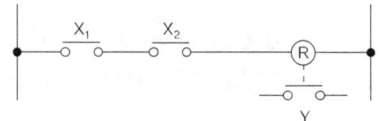

① AND회로 ② OR회로
③ NOT회로 ④ NAND회로

해설 회로에서 X_1과 X_2가 모두 ON 되어야 Y 릴레이가 작동하는 AND 회로($Y=X_1 \cdot X_2$)이다.

60 건축화 조명에 관한 설명으로 옳지 않은 것은?

① 조명기구 배치방식에 의하면 거의 전반조명 방식에 해당된다.
② 조명기구 배관방식에 의하면 거의 직접조명 방식에 해당된다.
③ 건축물의 천장이나 벽을 조명기구 겸용으로 마무리하는 것이다.
④ 천장면 이용방식으로는 다운라이트, 코퍼라이트, 광천장 조명 등이 있다.

해설 건축화 조명은 대부분 건축물의 천장이나 벽을 조명기구로 겸용하는 간접조명방식에 속한다.

제4과목 건축설비 관련 법규

61 건축물 관련 건축기준의 허용오차 범위로 옳지 않은 것은?

① 출구 너비 : 2% 이내 ② 반자 높이 : 2% 이내
③ 벽체 두께 : 2% 이내 ④ 바닥판 두께 : 3% 이내

해설 〈건축법 규칙 20조〉 벽체 두께 : 3% 이내

해답 58.② 59.① 60.② 61.③

62 방송 공동수신설비를 설치하여야 하는 대상 건축물에 속하지 않는 것은?

① 아파트 ② 연립주택
③ 다가구주택 ④ 다세대주택

해설 〈건축법령 87조〉 공동주택(아파트, 연립주택, 다세대주택), 바닥면적의 합계가 5천제곱미터 이상으로서 업무시설이나 숙박시설의 용도로 쓰는 건축물

63 건축법령상 다중이용 건축물에 속하지 않는 것은?(단, 15층 이하이며, 해당 용도로 쓰는 바닥면적의 합계가 5000㎡ 이상인 건축물)

① 종교시설 ② 판매시설
③ 위락시설 ④ 의료시설 중 종합병원

해설 〈건축법령 2조 17〉 위락시설은 준다중이용 건축물에 속한다.

64 다음은 환기구의 안전 기준 내용이다. ( ) 안에 알맞은 것은?

영 제87조제2항에 따라 환기구[건축물의 환기설비에 부속된 급기(給氣) 및 배기(排氣)를 위한 건축구조물의 개구부(開口部)를 말한다.]는 보행자 및 건축물 이용자의 안전이 확보되도록 바닥으로부터 ( ) 이상의 높이에 설치하여야 한다.

① 1m ② 2m
③ 3m ④ 4m

해설 〈설비기준 11조 2〉 2m

65 다음 중 신고 대상에 속하는 용도변경은?

① 전기통신시설군에서 자동차 관련 시설군으로의 용도변경
② 근린생활시설군에서 주거업무시설군으로의 용도변경
③ 영업시설군에서 문화 및 집회시설군으로의 용도 변경
④ 교육 및 복지시설군에서 산업 등의 시설군으로의 용도변경

해설 〈건축법 19조 4〉 신고대상은 상위에서 하위로 변경할 때 7. 근린생활시설군에서 8. 주거업무시설군로 변경 시 신고 대상

해답 62.③ 63.③ 64.② 65.②

66 건축법령상 제1종 근린생활시설에서 속하지 않는 것은?

① 이용원 ② 치과의원
③ 마을회관 ④ 일반음식점

해설 〈건축법령 3조5〉 별표 1 일반음식점은 제2종 근생에 속한다. (1종보다 2종이 큰 것들이다)

67 다음은 옥내소화전설비를 설치하여야 하는 특정소방대상물에 대한 기준 내용이다. ( ) 안에 알맞은 것은?

> 연면적 3000㎡ 이상(지하가 중 터널은 제외한다.)이거나 지하층·무창층(축사는 제외한다) 또는 층수가 4층 이상인 것 중 바닥면적이 (   ) 이상인 층이 있는 것은 모든 층

① 300㎡ ② 600㎡
③ 1000㎡ ④ 1200㎡

해설 〈소방법령 15조〉 별표 5 옥내소화전설비 설치대상 건물 600㎡ 이상

68 다음의 소방시설 중 소화활동설비에 속하지 않는 것은?

① 제연설비 ② 비상방송설비
③ 연소방지설비 ④ 무선통신보조설비

해설 〈소방법령 3조〉 별표 1 비상방송설비는 경보설비에 속한다.

69 건축물의 에너지절약 설계기준에 따른 건축부문의 권장사항으로 옳지 않은 것은?

① 공동주택은 인동간격을 넓게 하여 저층부의 일사 수열량을 증대시킨다.
② 건축물의 체적에 대한 외피면적의 비 또는 연면적에 대한 외피면적의 비는 가능한 크게 한다.
③ 거실의 층고 및 반자 높이는 실의 용도와 기능에 지장을 주지 않는 범위 내에서 가능한 낮게 한다.
④ 건물의 창 및 문은 가능한 작게 설계하고, 특히 열손실이 많은 북측 거실의 창 및 문의 면적은 최소화한다.

해설 〈에너지절약기준 7조〉 건축물의 체적에 대한 외피면적의 비 또는 연면적에 대한 외피면적의 비는 가능한 작게 한다.

해답 66.④ 67.② 68.② 69.②

70 욕실 또는 조리장의 바닥과 그 바닥으로부터 높이 1m까지의 안벽의 마감을 내수재료로 하여야 하는 대상에 속하지 않는 것은?

① 아파트의 욕실
② 숙박시설의 욕실
③ 제1종 근린생활시설 중 목욕장의 욕실
④ 제1종 근린생활시설 중 휴게음식점의 조리장

해설 〈피난방화기준 18조〉 아파트는 해당 없음

71 교육연구시설 중 학교의 교실 간 소음 방지를 위해 설치하는 경계벽의 구조로 옳지 않은 것은?

① 석조로서 두께가 15cm인 것
② 철근콘크리트조로서 두께가 12cm인 것
③ 무근콘크리트조로서 두께가 15cm인 것
④ 콘크리트블록조로서 두께가 15cm인 것

해설 〈피난방화기준 19조〉 콘크리트블록조로서 두께가 19cm 이상인 것.

72 건축물의 설비기준 등에 관한 규칙에 따라 피뢰설비를 설치하여야 하는 대상 건축물의 높이 기준은?

① 10m 이상
② 15m 이상
③ 20m 이상
④ 30m 이상

해설 〈설비기준 20조〉 피뢰설비 : 20m 이상 건물

73 지능형 건축물의 인증을 평가하는 인증기관은 전문분야별로 각 2명을 포함하여 12명 이상의 심사전문인력을 보유하여야 한다. 보유하여야 하는 심사업무인력의 자격요건과 맞지 않는 것은?

① 해당 전문분야의 박사학위를 취득한 후 3년 이상 해당 업무를 수행한 사람
② 해당 전문분야의 기술사를 취득한 후 3년 이상 해당 업무를 수행한 사람
③ 해당 전문분야의 석사학위를 취득한 후 9년 이상 해당 업무를 수행한 사람
④ 해당 전문분야의 학사학위을 취득한 후 10년 이상 해당 업무를 수행한 사람

해설 〈지능형 건축물의 인증에 관한 규칙 3조〉 학사학위 취득 후 12년 이상의 업무 수행한 사람이 해당된다.

해답 70.① 71.④ 72.③ 73.④

74 배연설비의 설치에 관한 기준 내용으로 옳지 않은 것은?

① 배연창의 유효면적은 2㎡ 이상으로 할 것
② 배연구는 예비전원에 의하여 열 수 있도록 할 것
③ 배연구는 연기감지기 또는 열감지기에 의하여 자동으로 열 수 있는 구조로 할 것
④ 건축물이 방화구획으로 구획된 경우에는 그 구획마다 1개소 이상의 배연창을 설치할 것

해설 〈설비기준 14조〉 배연창의 유효면적은 1㎡ 이상으로 할 것

75 계단의 설치에 관한 기준 내용으로 옳지 않은 것은?

① 계단의 유효높이는 1.8m 이상으로 할 것
② 중학교의 계단인 경우 단높이는 18㎝ 이하, 단너비는 26㎝ 이상으로 할 것
③ 너비 3m를 넘는 계단에는 계단의 중간에 너비 3m 이내마다 난간을 설치할 것
④ 높이 3m를 넘는 계단에는 높이 3m 이내마다 유효너비 1.2m 이상의 계단참을 설치할 것

해설 〈피난방화기준 15조〉 계단의 유효높이는 2.1m 이상으로 할 것

76 다음 중 6층 이상의 거실면적의 합계가 6000㎡인 경우, 설치하여야 하는 승용승강기의 최소대수가 가장 많은 것은?(단 8인승 승용승강기의 경우)

① 업무시설
② 숙박시설
③ 문화 및 집회시설 중 전시장
④ 문화 및 집회시설 중 공연장

해설 〈설비기준 5조〉 승강기 설치 대수는 공연장, 집회, 관람, 판매, 의료시설 건축물에서 가장 많다.

77 주요구조부를 내화구조로 하여야 하는 대상건축물 기준으로 옳지 않은 것은?

① 종교시설의 용도로 쓰는 건축물로서 집회실의 바닥면적의 합계가 200㎡ 이상인 건축물
② 장례시설의 용도로 쓰는 건축물로서 집회실의 바닥면적의 합계가 200㎡ 이상인 건축물
③ 판매시설의 용도로 쓰는 건축물로서 그 용도로 쓰는 바닥면적의 합계가 500㎡ 이상인 건축물
④ 공장의 용도로 쓰는 건축물로서 그 용도로 쓰는 바닥면적의 합계가 1000㎡ 이상인 건축물

해설 〈건축법령 56조〉 공장 2000㎡ 이상

해답 74.① 75.① 76.④ 77.④

78
건축물의 바깥쪽에 설치하는 피난계단의 구조에 관한 기준 내용으로 옳지 않은 것은?

① 계단의 유효너비는 0.9m 이상으로 할 것
② 계단은 내화구조로 하고 지상까지 직접 연결되도록 할 것
③ 건축물의 내부에서 계단으로 통하는 출입구에는 60분+ 방화문 또는 60분 방화문을 설치할 것
④ 계단은 그 계단으로 통하는 출입구 외의 창문 등으로부터 1m 이상의 거리를 두고 설치할 것

해설 〈피난방화기준 9조 2〉 계단은 그 계단으로 통하는 출입구외의 창문 등(망이 들어 있는 유리의 붙박이창으로서 그 면적이 각각 1제곱미터 이하인 것을 제외한다)으로부터 2미터 이상의 거리를 두고 설치할 것

79
판매시설의 경우, 모든 층에 스프링클러설비를 설치하여야 하는 특정소방대상물 기준으로 옳은 것은?

① 바닥면적 합계가 3000㎡ 이상인 것
② 바닥면적 합계가 5000㎡ 이상인 것
③ 바닥면적 합계가 7000㎡ 이상인 것
④ 바닥면적 합계가 10000㎡ 이상인 것

해설 〈소방법령 11조〉 별표 4. 스프링클러설비는 판매시설, 운수시설 및 창고시설(물류터미널에 한정한다)로서 바닥면적의 합계가 5천㎡ 이상이거나 수용인원이 500명 이상인 경우에는 모든 층

80
기계설비법령에 따른 기계설비 시공자의 업무에 해당하지 않는 것은?

① 기계설비 착공 전 확인표 작성
② 기계설비 사용 전 확인표 작성
③ 기계설비 성능확인서 작성
④ 기계설비 착공적합확인서 작성

해설 〈기계설비 기술기준〉 기계설비 착공적합확인서의 작성은 기계설비 감리업무 수행자의 업무사항이다.
기계설비의 착공 전 확인과 사용 전 검사 시 기계설비 시공자 및 감리업무 수행자의 업무
㉠ 기계설비 시공자
 • 기계설비 착공 전 확인표 작성
 • 기계설비 사용 전 확인표 작성
 • 기계설비 성능확인서 작성
 • 기계설비 안전확인서 작성
㉡ 감리업무 수행자
 • 기계설비 착공적합확인서 작성
 • 기계설비 사용적합확인서 작성

해답 78.④ 79.② 80.④

건축설비기사 제13회 [기출모의고사]

제1과목 건축설비 계획

01 그림과 같은 환기 방식이 적합하지 않은 실은?

① 화장실　　　　　　　　② 수술실
③ 주방　　　　　　　　　④ 욕실

해설 그림과 같은 환기는 배풍기를 이용한 3종 환기로 실내가 부압(-)을 형성하여 오염공기(화장실, 욕실, 주방)가 주변에 확산되지 않도록 한다. 수술실은 클린룸을 형성해야 하므로 송풍기를 이용하여 2종 환기(실내양압)한다.

02 일사 계획에 관한 설명으로 옳지 않은 것은?
① 특수유리나 루버 등을 활용하여 일사를 조절한다.
② 건물 주변에 활엽수보다는 침엽수를 심는 것이 유리하다.
③ 겨울철의 난방 부하를 줄이기 위해 직달일사를 최대한 도입해야 한다.
④ 난방 기간 중에 최대의 일사를 받기 위해서는 남향이 유리하다.

해설 일사계획에서 여름철 일사 차단을 고려하면 건물 주변에 활엽수가 유리하다.

03 우리나라의 아파트, 주택에서 주로 사용되는 대변기 급수방식은?
① 세락식　　　　　　　　② 로 탱크식
③ 세정밸브식　　　　　　④ 하이 탱크식

해설 주택용 대변기는 주로 로탱크형이다.

해답 1.② 2.② 3.②

04 다음에 관한 설명으로 옳지 않은 것은?

① 음의 높이는 음의 주파수에 따라 달라진다.
② 음의 크기는 진폭이 큰 음이 진폭이 작은 음보다 크게 느껴진다.
③ 음의 크기를 객관적인 물리적 양의 개념으로 표현하기 위한 단위로 손(sone)이 있다.
④ 큰 소리와 작은 소리를 동시에 들을 때 큰 소리만 들리고 작은 소리는 들리지 않는 현상을 마스킹 효과(masking effect)라고 한다.

[해설] 음의 크기(음압)를 객관적인 물리적 양의 개념으로 표현하기 위한 단위는 Pa이고, 음압레벨 단위는 데시벨(dB)을 사용하며, 사람의 감각적(청각적) 음의크기로 손(sone)을 사용한다.

05 중앙식 급탕방식에 관한 설명으로 옳지 않은 것은?

① 배관에 의해 필요 개소에 급탕할 수 있다.
② 급탕 개소마다 가열기의 설치 스페이스가 필요하다.
③ 기구의 동시이용률을 고려하여 가열장치의 총용량을 적게 할 수 있다.
④ 호텔, 병원 등 급탕 개소가 많고 소요 급탕량도 많이 필요한 대규모 건축물에 채용된다.

[해설] 개별식(국소식)은 급탕 개소마다 가열기의 설치 스페이스가 필요하며, 중앙식은 실내에 가열기가 없다.

06 다음 그림에서 Ⓐ부분의 통기관의 명칭은?

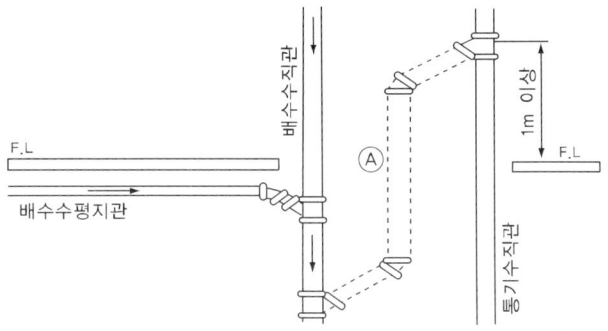

① 각개통기관
② 신정통기관
③ 회로통기관
④ 결합통기관

[해설] Ⓐ는 배수수직관과 통기수직관을 연결하는 결합통기관이다.

해답 4.③ 5.② 6.④

07 인체의 열적 쾌적감에 영향을 미치는 환경요소에 속하지 않는 것은?

① 기온　　　　　　　　② 공기의 청정도
③ 기류　　　　　　　　④ 습도

해설 공기청정도는 열적 요소가 아니다. 온도, 습도, 기류, 복사온도를 물리적 온열환경 4요소라 한다.

08 압력탱크방식 급수법에 관한 설명으로 옳은 것은?

① 취급이 비교적 쉽고 고장도 없다.
② 전력 차단 시에는 사용할 수 없다.
③ 항상 일정한 수압을 유지할 수 있다.
④ 고가탱크방식에 비하여 관리비용이 저렴하고 저양정의 펌프를 사용한다.

해설 압력탱크방식은 펌프와 압력탱크를 이용하여 급수하므로 취급이 어렵고 고장도 나며, 전력 차단 시에는 사용할 수 없다. 탱크 내의 압력차(고압-저압)로 일정한 수압을 유지하기 어렵고, 고가탱크방식에 비하여 관리비용이 고가이고 고양정의 펌프를 사용한다.

09 수도직결방식 급수설비에서 수도본관에서 1층에 설치된 샤워기까지의 높이가 2m 이고, 마찰손실압력이 20kPa, 수도본관의 수압이 150kPa인 경우 샤워기 입구에서의 수압은?

① 약 110kPa　　　　　② 약 130kPa
③ 약 150kPa　　　　　④ 약 170kPa

해설 샤워기 입구 압력은 본관 압력에서 마찰손실과 높이에 해당하는 정수두를 감한 값이다.
$P = P_o - P_L - P_h = 150 - 20 - 20 = 110 kPa$
$(2mAq = 20kPa)$

10 층류와 난류에 관한 설명으로 옳지 않은 것은?

① 층류영역에서 난류영역 사이를 천이영역이라고 한다.
② 층류에서 난류로 천이할 때의 유속을 평균유속이라고 한다.
③ 레이놀즈 수에 의해 관내의 흐름이 층류인지 난류인지를 판별할 수 있다.
④ 유체 유동 중 층류는 유체분자가 규칙적으로 층을 이루면서 흐르는 것이다.

해설 층류에서 난류로 천이할 때의 유속을 임계유속이라고 한다.

해답 7.② 8.② 9.① 10.②

11 물의 특성에 관한 설명으로 옳지 않은 것은?

① 물은 비압축성 유체이다.
② 물에는 체적의 탄성이 없다.
③ 물의 점성은 온도가 상승하면 감소한다.
④ 순수한 물이 얼게 되면 약 4%의 체적감소가 발생한다.

해설 순수한 물이 얼게 되면 얼음 밀도는 약 0.92로 약 9%의 체적증가가 발생한다. 그러므로 얼음은 물에 약 10% 정도가 떠오른다. 이를 빙산의 일각이라 한다.

12 배관설비에 사용되는 신축 이음쇠에 속하지 않는 것은?

① 루프형
② 슬리브형
③ 벨로즈형
④ 플랜지형

해설 플랜지는 신축이음은 아니며 최종 조립, 분해가 가능한 이음쇠다.

13 다음 중 간접배수로 하지 않아도 되는 것은?

① 세탁기에서의 배수
② 세면기에서의 배수
③ 냉각탑에서의 배수
④ 식기세정기에서의 배수

해설 세면기, 대변기, 싱크대 등은 트랩을 설치하여 직접배수한다.

14 다음 중 위생설비를 유니트화하여 얻는 이점과 가장 관계가 먼 것은?

① 공기의 단축
② 품질의 향상
③ 공장 작업의 최소화
④ 현장 작업의 안정성 향상

해설 위생설비 유니트화는 공장에서 유니트를 제작하여 현장 작업을 최소화한다.

15 습공기의 건구온도와 습구온도를 알 경우 습공기선도 상에서 파악할 수 없는 것은?

① 비체적
② 노점온도
③ 열수분비
④ 수증기분압

해설 습공기의 건구온도와 습구온도를 알 경우 습공기선도 상에서 상태점을 알 수 있는데 열수분비나 현열비는 상태선이 결정되어야 그 값을 알 수 있다.

해답 11.④ 12.④ 13.② 14.③ 15.③

16. 통기설비에 관한 설명으로 옳지 않은 것은?

① 신정통기관의 관경은 배수수직관의 관경보다 작게 해서는 안 된다.
② 각개통기관의 관경은 그것이 접속되는 배수관 관경의 1/2 이상으로 한다.
③ 소벤트 시스템은 특수통기방식으로 통기수직관을 사용한 루프통기방식의 일종이다.
④ 간접배수계통의 통기관은 다른 통기계통에 접속하지 말고 단독으로 대기 중에 개구한다.

해설 소벤트 시스템은 특수통기(one pipe)방식으로 배수수직관을 통기관 겸용으로 사용한다.

17. 벽체의 열관류율에 관한 설명으로 옳지 않은 것은?

① 열관류율이 높을수록 단열성능이 좋다.
② 벽체 구성재료의 열전도율이 높을수록 열관류율은 커진다.
③ 벽체에 사용되는 단열재의 두께가 두꺼울수록 열관류율은 낮아진다.
④ 열관류율이 높을수록 외벽의 실내측 표면에 결로 발생 우려가 커진다.

해설 구조체에서 열관류율이 낮을수록 단열성능이 좋다.

18. 습공기에 관한 설명으로 옳은 것은?

① 습공기를 가열하면 상대습도가 증가한다.
② 습공기를 가열하면 상대습도가 감소한다.
③ 습공기를 가열하면 절대습도가 증가한다.
④ 습공기를 가열하면 절대습도가 감소한다.

해설 습공기를 가열하면 상대습도는 감소하며 절대습도는 일정하다.

19. 온도 35°C의 외기 30%와 26°C의 환기 70%를 단열혼합하는 경우 혼합공기의 온도는?

① 27.9°C
② 28.7°C
③ 30.5°C
④ 32.3°C

해설 $t_m = m_1 t_1 + m_2 t_2 = 0.3 \times 35 + 0.7 \times 26 = 28.7$°C

해답 16.③ 17.① 18.② 19.②

20 냉방부하의 발생요인 중 현열부하만 발생하는 것은?

① 인체의 발생열량
② 유리로부터의 취득열량
③ 극간풍에 의한 취득열량
④ 외기의 도입에 의한 취득열량

해설 냉방부하에서 잠열은 수분(공기 중 수분)과 관계한다. 유리로부터의 부하는 현열만 있다.

제2과목 건축설비 설계

21 위생기구의 동시사용률은 기구의 수량과 어떤 관계가 있는가?

① 기구수와 관계없다.
② 기구수가 증가하면 커진다.
③ 기구수가 증가하면 작아진다.
④ 기구수가 증가하면 처음에는 커지다가 작아진다.

해설 위생기구 동시사용률은 1~2개일 때 100%이고, 기구수가 증가하면 점점 작아진다.

22 급탕설비에 있어서 순환 펌프 순환수량을 산출하는데 필요한 값이 아닌 것은?

① 배관 길이
② 급탕 사용수량
③ 급탕과 반탕의 온도차
④ 배관 단위길이당 열손실량

해설 급탕설비에 있어서 순환 펌프 순환수량은 배관의 열손실을 보충하기 위한 것으로 사용 수량과는 관계없다.

23 급탕배관의 설계 및 시공상의 주의점에 관한 설명으로 옳지 않은 것은?

① 배관에는 관의 신축을 방해받지 않도록 신축이음쇠를 설치한다.
② 상향배관의 경우 급탕관은 상향 구배, 반탕관은 하향 구배로 한다.
③ 하향배관의 경우는 급탕관은 하향 구배, 반탕관은 상향 구배로 한다.
④ 배관은 균등한 구배로 하고 역구배나 공기 정체가 일어나기 쉬운 배관 등을 피한다.

해설 하향배관의 경우는 배관 내 공기가 배출되도록 급탕관은 상향 구배, 반탕관은 하향 구배로 한다.

해답 20.② 21.③ 22.② 23.③

24 급탕설비에서 급탕기기의 부속장치에 관한 설명으로 옳지 않은 것은?

① 온수탱크 상단에는 배수밸브를, 하부에는 진공방지밸브를 설치하여야 한다.
② 안전밸브와 팽창탱크 및 배관 사이에는 차단밸브나 체크밸브 등 어떠한 밸브도 설치되어서는 안 된다.
③ 밀폐형 가열장치에는 일정 압력 이상이면 압력을 도피시킬 수 있도록 도피밸브나 안전밸브를 설치한다.
④ 온수탱크의 보급수관에는 급수관의 압력변화에 의한 환탕의 유입을 방지하도록 역류방지밸브를 설치한다.

해설 급탕설비에서 온수탱크 상단에는 에어밴트를, 하부에는 배수밸브(드레인)를 설치하여야 한다.

25 역류를 방지하여 오염으로부터 상수계통을 보호하기 위한 방법으로 적절하지 않은 것은?

① 토수구 공간을 둔다.
② 역류방지밸브를 설치한다.
③ 대기압식 또는 가압식 진공브레이커를 설치한다.
④ 수압이 0.4MPa을 초과하는 계통에는 감압밸브를 부착한다.

해설 역류에 의한 급수(상수)오염을 크로스 컨넥션이라 하며, 수압이 0.4MPa을 초과하는 계통에는 역지밸브를 부착한다.

26 BOD제거율(%)의 산출 공식으로 옳은 것은?

① $\dfrac{\text{유출수의 } BOD}{\text{유입수의 } BOD} \times 100$

② $\dfrac{\text{유입수의 } BOD}{\text{유출수의 } BOD} \times 100$

③ $\dfrac{\text{유입수의 } BOD - \text{유출수의 } BOD}{\text{유입수의 } BOD} \times 100$

④ $\dfrac{\text{유출수의 } BOD - \text{유입수의 } BOD}{\text{유출수의 } BOD} \times 100$

해설 $BOD\text{제거율} = \dfrac{\text{제거농도}}{\text{유입농도}} = \dfrac{\text{유입수의 } BOD - \text{유출수의 } BOD}{\text{유입수의 } BOD}$

해답 24.① 25.④ 26.③

27
내경이 150mm인 직선배관에 0.06m³/sec의 물이 흐를 때, 배관길이가 50m일 경우 관내 마찰손실수두는?(단, 마찰손실계수 f=0.03)

① 1.2m
② 3.4m
③ 5.9m
④ 11.8m

해설 배관 내 유속(v)을 구하면
$$v = \frac{Q}{A} = \frac{0.06}{(\pi/4)0.15^2} = 3.40 m/s$$
$$\triangle h = \frac{f \times L \times v^2}{d \times 2g} = \frac{0.03 \times 50 \times (3.4)^2}{0.15 \times 2g} = 5.9m$$

28
원심식 펌프로 회전차 주위에 디퓨저인 안내 날개를 가지고 있는 펌프는?

① 터빈펌프
② 기어펌프
③ 피스톤펌프
④ 볼류트펌프

해설 터빈펌프는 임펠러(회전차) 주위에 디퓨저인 안내 날개(가이드베인)를 설치하여 고양정을 얻는다.

29
배수배관의 관경과 구배에 관한 설명으로 옳지 않은 것은?

① 배수관 관경이 클수록 자기세정 작용이 커진다.
② 배관의 구배가 너무 크면 유수가 빨리 흘러 고형물이 남게 된다.
③ 배관의 구배가 작으면 고형물을 밀어낼 수 있는 힘이 작아진다.
④ 배수관 관경이 필요 이상으로 크면 오히려 배수의 능력이 저하된다.

해설 배수관은 자기세정을 위한 적정한 유속을 유지하기위하여 유량에 대하여 관경이 적합해야 한다. 관경이 너무 크면 배수가 바닥에 얕게 흐르므로 세정능력이 감소한다.

30
저압증기배관에 관한 설명으로 옳지 않은 것은?

① 증기주관 곡부에는 밴드관을 사용한다.
② 순구배 배관의 말단부에는 관말트랩을 설치한다.
③ 배관의 분기부에는 밸브를 설치하여서는 안된다.
④ 분류·합류에 T이음쇠를 이용하는 경우는 90° T자형을 이용하지 않는다.

해설 배관의 분기부에는 밸브를 설치하여 고장이나 수리 시 부분적으로 증기 공급을 차단할 수 있다.

해답 27.③ 28.① 29.① 30.③

31 원형덕트와 장방형덕트의 환산식으로 옳은 것은?(단, d : 원형덕트의 직경 또는 환산 직경, a : 장방형덕트의 장변길이, b : 장방형덕트의 단변길이)

① $d = 1.3 \left[\dfrac{(a \cdot b)^5}{(a+b)^2}\right]^{1/8}$
② $d = 1.3 \left[\dfrac{(a \cdot b)^5}{(a-b)^2}\right]^{1/8}$
③ $d = 1.3 \left[\dfrac{(a \cdot b)^2}{(a+b)^5}\right]^{1/8}$
④ $d = 1.3 \left[\dfrac{(a \cdot b)^2}{(a-b)^5}\right]^{1/8}$

해설 $d = 1.3 \left[\dfrac{(a \cdot b)^5}{(a+b)^2}\right]^{1/8}$

32 다음의 송풍기 풍량제어 방법 중 축동력이 가장 많이 소요되는 것은?
① 회전수제어
② 흡입베인제어
③ 흡입댐퍼제어
④ 토출댐퍼제어

해설 축동력 소비 순서 : 토출댐퍼제어 > 흡입댐퍼제어 > 흡입베인제어 > 회전수제어

33 펌프의 운전점 결정방법으로 옳은 것은?
① 펌프의 전양정이 최소가 되는 점으로 결정된다.
② 펌프의 양정곡선이 교점으로 결정된다.
③ 펌프의 축동력곡선과 효율곡선의 교점으로 결정된다.
④ 펌프의 양정곡선과 배관의 저항곡선의 교점으로 결정된다.

해설 펌프 운전점은 펌프의 양정곡선(펌프의 힘)과 배관 저항곡선의 교점에서 결정된다.

34 냉각탑 주위의 배관에 관한 설명으로 옳지 않은 것은?
① 냉각탑 주의의 세균 감염에 유의하여야 한다.
② 냉각탑 입구측 배관에는 스트레이너를 설치하여야 한다.
③ 냉각수의 출입구측 및 보급수관의 입구측에 플렉시블 조인트를 설치한다.
④ 냉각탑을 중간기 및 동절기에 사용하는 경우 냉각수의 동결방지 및 냉각수온도 제어를 고려한다.

해설 냉각탑 출구측 배관에 스트레이너를 설치하여 냉동기 응축기로 이물질이 끼어들지 않게 한다.

해답 31.① 32.④ 33.④ 34.②

35
다음과 같은 조건에서 실체적 3000m³인 어떤 실의 틈새바람에 의한 냉방부하는?

- 환기횟수=0.5회/h
- 실내공기의 온도 t_i=26℃
- 실내공기의 절대습도 X_i=0.011kg/kg
- 공기의 정압비열 : 1.01kJ/kg·K
- 외기의 온도 t_o=32℃
- 외기 절대습도 X_o=0.018kg/kg
- 공기의 밀도 : 1.2kg/m³
- 0℃에서 물의 증발잠열 : 2501kJ/kg

① 약 2592W
② 약 7560W
③ 약 11784W
④ 약 14523W

해설 틈새바람에 의한 냉방부하는 현열과 잠열이 있다.

틈새바람량 $Q = 3000 \times 0.5 = 1500 m^3/h$

현열부하 $q_s = mC\Delta t = 1500 \times 1.2 \times 1.01(32-26) = 10908 kJ/h = 3030 W$

잠열부하 $q_L = \gamma m \Delta x = 2501 \times 1500 \times 1.2(0.018-0.011) = 31512.6 kJ/h = 8753.5 W$

냉방부하 $= 3030 + 8753.5 = 11783.5 W$

위 잠열부하식에서 온도는 보통 무시한다.

36
열펌프(heat pump)에 관한 설명으로 옳은 것은?

① 공기조화에 주로 냉방용으로 응용된다.
② 냉동사이클에서 응축기의 발열량을 이용하기 위한 것이다.
③ GHP(Gas Engine Heat Pump)는 흡수식 냉동기의 원리를 이용한 펌프이다.
④ 냉동기를 냉각목적으로 할 경우의 성적계수보다 열펌프로 사용될 경우의 성적계수가 작다.

해설 열펌프는 증기압축식 냉동사이클로 냉난방이 가능하며(여름에는 냉방, 겨울에는 난방) 특히 겨울에는 응축기의 발열량을 난방에 이용한다. 성적계수는 난방일 때 냉방시보다 1만큼 크다.

37
덕트 부속기기 중 스플릿 댐퍼에 관한 설명으로 옳지 않은 것은?

① 주덕트의 압력강하가 적다.
② 정밀한 풍량조절이 용이하다.
③ 폐쇄용으로는 사용이 곤란하다.
④ 분기부에 설치하여 풍량조절용으로 사용된다.

해설 스플릿 댐퍼는 분기부에 설치하여 풍량조절용으로 사용되며 정밀한 풍량제어는 어렵다.

해답 35.③ 36.② 37.②

38. 다음 중 다단펌프를 사용하는 가장 주된 목적은?
① 흡입양정이 큰 경우
② 토출량을 줄이기 위한 경우
③ 높은 토출양정이 필요한 경우
④ 수중에 펌프를 설치하는 경우

해설 다단펌프는 고양정(높은 토출양정)을 얻는데 사용한다.

39. 덕트 내에 흐르는 공기의 풍속이 13m/s, 정압이 20mmAq일 때 전압은?(단, 공기의 비중량은 1.2kg/m³이다.)
① 20.34mmAq
② 28.84mmAq
③ 30.35mmAq
④ 36.25mmAq

해설 동압 $=(\dfrac{v^2}{2g})\rho=(\dfrac{13^2}{2g})1.2=10.35mmAq$
전압 = 정압 + 동압 = 20 + 10.35 = 30.35mmAq

40. 덕트의 치수결정법 등 등속법에 관한 설명으로 옳지 않은 것은?
① 덕트를 통해 먼지나 산업용 분말을 이송시키는데 적당하다.
② 덕트 내의 풍속을 일정하게 유지할 수 있도록 덕트 치수를 결정하는 방법이다.
③ 송풍기 용량을 구하기 위해서는 전체 구간의 압력 손실을 구해야 하는 번거로움이 있다.
④ 미분탄 및 시멘트 분말의 이송에는 덕트 내에 분말이 침적되지 않도록 풍속 5m/s로 설계한다.

해설 등속법에서 미분탄 및 시멘트 분말의 이송에는 덕트 내에 분말이 침적되지 않도록 풍속 20~35m/s 정도로 설계한다.

제3과목 전기 및 소방시설 일반

41. 어떤 회로의 저항이 10[Ω]이고 2[A]의 전류가 흐른다면 전압은?
① 5[V]
② 8[V]
③ 12[V]
④ 20[V]

해설 전압$(V)=IR=2\times10=20\,V$

해답 38.③ 39.③ 40.④ 41.④

42
무대부에 개방형 스프링클러 헤드를 수평거리 1.7m, 정방형으로 설치하는 경우 헤드간 거리는?

① 1.8m
② 2.1m
③ 2.4m
④ 3.4m

해설

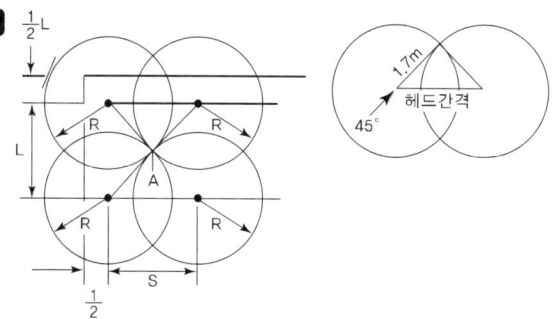

L : 배수관 간격
S : 헤드간격
R : 수평거리(m)
S-L
S-2Rcos 45°

그림과 같이 유효반경(수평거리) 1.7m인 경우 헤드간격(S)은
$S = \sqrt{2}R = \sqrt{2}(1.7) = 2.4m$

43
변압기에 관한 설명으로 옳은 것은?

① 전압을 강압(down)시킬 때만 사용한다.
② 건식 변압기는 화재의 위험성이 있는 장소에 사용이 곤란하다.
③ 몰드 변압기는 내수·내습성이 우수하나 소형, 경량화가 불가능하다는 단점이 있다.
④ 1차측 코일과 2차측 코일의 권수비는 1차측 코일과 2차측 코일의 교류전압의 비와 같다.

해설 변압기는 전압을 승압(up), 강압(down)시킬 수 있으며, 건식 변압기는 화재의 위험성이 있는 장소에 사용이 가능하고, 몰드 변압기는 내수·내습성이 우수하여 소형, 경량화가 가능하다는 장점이 있다.

44
v=100sin(314t+60°)[V]인 교류전압의 주기는?

① 0.017초
② 0.02초
③ 50초
④ 60초

해설 교류 순시값 v=100sin(314t+60°)[V]에서 각속도(w)=314이다.
그러므로 $w = 2\pi f = 314$
$$f(주파수) = \frac{314}{2\pi} = 50$$
$$주기(T) = \frac{1}{f} = 1/50 = 0.02s(초)$$

해답 42.③ 43.④ 44.②

45. 습식 스프링클러설비 및 부압식 스프링클러설비 외의 설비에 하향식 스프링클러헤드를 설치할 수 있는 경우가 아닌 것은?

① 개방형 스프링클러헤드를 사용하는 경우
② 드라이펜던트 스프링클러헤드를 사용하는 경우
③ 스프링클러헤드의 설치장소가 동파의 우려가 없는 곳인 경우
④ 수원이 건축물의 최상층에 설치된 헤드보다 높은 위치에 설치된 경우

해설 개방형 스프링클러헤드나 드라이펜던트 스프링클러헤드를 사용하는 경우, 스프링클러헤드의 설치장소가 동파의 우려가 없는 곳인 경우에는 상향식 이외의 하향식 헤드를 설치할 수 있다.

46. 연결송수관설비에 관한 설명으로 옳은 것은?

① 송수구는 지면으로부터 1m 이상 1.5m 이하의 위치에 설치한다.
② 수직배관은 내화구조로 구획되지 않은 계단실 또는 파이프덕트 등에 설치한다.
③ 방수구는 특정소방대상물의 층마다 설치하되, 공동주택과 업무시설의 1층, 2층에는 설치하지 않는다.
④ 배관은 지면으로부터의 높이가 31m 이상인 특정소방대상물 또는 지상 11층 이상인 특정소방대상물에 있어서는 습식설비로 한다.

해설 연결송수관 송수구는 지면으로부터 0.5m 이상 1m 이하의 위치에 설치하며, 수직배관은 내화구조로 구획된 계단실 또는 파이프덕트 등에 설치한다. 방수구는 특정소방대상물의 층마다 설치하며, 공동주택과 업무시설도 예외 없이 설치한다.

47. 옥내소화전설비를 설치하여야 하는 특정소방대상물에서 각 층마다 옥내소화전을 5개 설치한 경우, 옥내소화전설비의 수원의 저수량은 최소 얼마 이상이 되도록 하여야 하는가?

① $5.2m^3$
② $13m^3$
③ $21m^3$
④ $28m^3$

해설 옥내소화전 1개당 수원 130L/min×20분=$2.6m^3$
옥내소화전이 1개층에 2개 이상 설치하는 경우 저수량은 2개×$2.6m^3$ 이상으로 한다.
저수량=2×2.6=$5.2m^3$(최대 2개까지만 산정한다.)

해답 45.④ 46.④ 47.①

48. 부하설비의 역률을 개선하기 위해 설치하는 것은?

① 다이오드
② 영상 변류기
③ 진상용 콘덴서
④ 유도전압 조정기

해설 역률 개선에 코일의 지상에 대응한 진상용 콘덴서를 사용한다.

49. 차동식 분포형 화재감지기에 속하지 않는 것은?

① 스폿식
② 공기관식
③ 열전대식
④ 열반도체식

해설 차동식 감지기는 온도상승속도를 감지하는 것으로 스폿식(한 점에 설치)과 분포형이 있으며 분포형 화재감지기에는 공기관식, 열전대식, 열반도체식이 있다.

50. 합성 최대 수용전력이 1,000kW, 부하율이 0.6일 때 평균 전력(kW)은?

① 600
② 800
③ 1,000
④ 1,667

해설 부하율 = $\dfrac{\text{부하의 평균전력}(kW)}{\text{합성최대수요전력}(kW)} \times 100\%$

문제에서 부하율을 0.6으로서 백분율(%)로서 제시하지 않았으므로, 아래 식으로 부하의 평균전력을 구해준다.
부하의 평균전력(kW)=부하율×합성 최대수요전력(kW)=0.6×1,000=600kW

51. 75[kVA] 단상변압기 2대를 V결선한 경우 3상변압기의 출력은?

① 90[kVA]
② 110[kVA]
③ 130[kVA]
④ 150[kVA]

해설 단상변압기 2대를 V결선한 경우 3상변압기의 출력은
$kVA = \sqrt{3}(\text{단상}kVA) = \sqrt{3}(75) = 130\,kVA$

52. 다음의 제어동작 중 ON-OFF 동작이라고도 하며, 항상 목표치와 제어결과가 일치하지 않는 동작간극을 일으키는 결점이 있는 것은?

① PI제어동작
② 비례제어동작

해답 48.③ 49.① 50.① 51.③ 52.③

③ 2위치 제어동작   ④ 다위치 제어동작

[해설] 제어동작 중 ON-OFF 동작이란 2위치 제어동작을 말한다.

53 축전지의 충전방식 중 비교적 짧은 시간에 보통 충전전류의 2~3배의 전류로 충전하는 방식은?

① 보통충전
② 급속충전
③ 부동충전
④ 균등충전

[해설] 짧은 시간에 보통 충전전류의 2~3배의 전류로 충전하는 방식을 급속충전이라 한다.

54 소화기구의 능력단위에 관한 설명으로 옳지 않은 것은?

① 소형소화기의 능력단위는 1단위 이하이다.
② 대형소화기의 능력단위는 A급 10단위 이상이다.
③ 대형소화기의 능력단위는 B급 20단위 이상이다.
④ 소화약제 외의 것을 이용한 간이소화용구의 능력단위는 0.5단위이다.

[해설] 소형소화기의 능력단위는 1단위 이상이다.

55 다음의 회로에서 a, b 간의 합성 정전용량은?

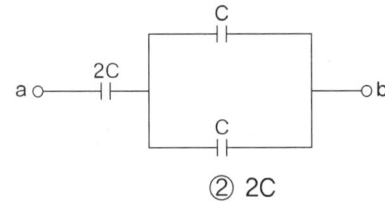

① 1C
② 2C
③ 3C
④ 4C

[해설] 우선 병렬 합성은 $C_{병렬} = C_1 + C_2$에서 $C_{병렬} = 1C + 1C = 2C$

$C = 2C$와 $2C$의 직렬합성은 $\dfrac{1}{C_{직렬}} = \dfrac{1}{C_1} + \dfrac{1}{C_2} = \dfrac{1}{2} + \dfrac{1}{2} = 1$

합성정전용량 = $1C$

56 인터폰 설비의 접속방식에 따른 분류에 속하지 않는 것은?

① 모자식
② 상호식

[해답] 53.② 54.① 55.① 56.③

③ 교차식 ④ 복합식

해설 인터폰 설비의 접속방식에 따라 모자식, 상호식, 복합식, 1대향식이 있다.

57 전기력선에 관한 설명으로 옳지 않은 것은?
① 전기력선은 교차하지 않는다.
② 양전하에서 나와 음전하로 들어간다.
③ 전기력선의 방향은 등전위면과 일치한다.
④ 전기력선의 밀도는 그 점에서의 전기장의 세기이다.

해설 전기력선의 방향은 등전위면과 수직으로 교차한다.

58 유접점 시퀀스 제어회로에 관한 설명으로 옳지 않은 것은?
① 온도특성이 양호하다.
② 개폐부하의 용량이 크다.
③ 전기적 노이즈에 대하여 안정적이다.
④ 기계적 진동, 충격 등에 비교적 강하다.

해설 유접점 시퀀스 제어회로는 기계적 진동, 충격 등에 비교적 약하다.

59 전기력이 미치고 있는 주위공간을 의미하는 용어는?
① 자로 ② 자계
③ 전로 ④ 전계

해설 전기력이 미치고 있는 주위공간을 전계라 하며, 자기력이 미치고 있는 주위공간을 자계라 한다.

60 다음 중 조명률에 영향을 끼치는 요소와 가장 거리가 먼 것은?
① 방의 크기 ② 출입문의 위치
③ 등기구의 배광 ④ 천장의 반사율

해설 조명률 공식 FUN=AED에서 F : 등1개의 광속, U : 조명률, N : 등개수, A : 면적, E : 조도, D : 감광보상률로 등기구 배광이나 반사율은 조명률과 관계가 있다.

해답 57.③ 58.④ 59.④ 60.②

제4과목 건축설비 관련 법규

61 문화 및 집회시설 중 공연장의 개별관람실의 출구를 관람실별로 2개소 이상 설치해야 하는 개별 관람실의 바닥면적 기준은?

① 150m² 이상
② 300m² 이상
③ 450m² 이상
④ 600m² 이상

해설 〈피난방화기준 10조〉 문화 및 집회시설 중 공연장의 개별 관람실(바닥면적이 300제곱미터 이상인 것만 해당한다)의 출구는 관람실별로 2개소 이상 설치할 것

62 건축물의 에너지절약 설계기준에 따른 기계부분의 권장사항 내용으로 옳지 않은 것은?

① 열원설비는 부분부하 및 전부하 운전효율이 좋은 것을 선정한다.
② 냉방기기는 전력피크 부하를 줄일 수 있도록 하여야 하며, 상황에 따라 심야전기를 이용한 축열·축냉시스템, 가스 및 유류를 이용한 냉방설비, 집단에너지를 이용한 지역냉방방식, 소형열병합발전을 이용한 냉방방식, 신·재생에너지를 이용한 냉방방식을 채택한다.
③ 난방기기, 냉방기기, 냉동기, 송풍기, 펌프 등은 부하조건에 따라 최고의 성능을 유지할 수 있도록 대수분할 또는 비례제어운전이 되도록 한다.
④ 청정실 등 특수 용도의 공간 외에는 실내 공기의 오염도가 허용치의 1.5배를 초과하지 않는 범위 내에서 최대한의 외기도입이 가능하도록 계획한다.

해설 〈에너지절약기준 9조〉 청정실 등 특수 용도의 공간 외에는 실내 공기의 오염도가 허용치를 초과하지 않는 범위 내에서 최소한의 외기도입이 가능하도록 계획한다.

63 건축물을 건축하거나 대수선하는 경우 해당 건축물의 설계자가 국토교통부령으로 정하는 구조기준 등에 따라 그 구조의 안전을 확인한 건축물 중 건축물의 건축주가 해당 건축물의 설계자로부터 구조 안전의 확인 서류를 받아 착공신고 시 허가권자에게 제출하여야 하는 대상 건축물 기준으로 옳지 않은 것은?(단, 표준설계도서에 따라 건축하는 건축물은 제외)

① 단독주택
② 높이가 13m 이상인 건축물
③ 처마높이가 8m 이상인 건축물
④ 기둥과 기둥 사이의 거리가 10m 이상인 건축물

해설 〈건축법령 32조〉 처마높이가 9m 이상인 건축물

해답 61.② 62.④ 63.③

64 공동주택과 오피스텔의 난방설비를 개별난방 방식으로 하는 경우에 관한 기준내용으로 옳지 않은 것은?

① 보일러의 연도는 내화구조로서 공동연도로 설치할 것
② 오피스텔의 경우에는 난방구획을 방화구획으로 구획할 것
③ 보일러의 윗부분에는 그 면적이 0.5m² 이상인 환기창을 설치할 것
④ 보일러실의 윗부분과 아랫부분에는 공기 흡입구 및 배기구를 항상 닫혀 있도록 설치할 것

해설 〈설비기준 13조〉 공기 흡입구 및 배기구를 항상 열려 있도록 설치할 것

65 다음의 창문 등의 차면시설의 설치에 관한 기준 내용 중 ( ) 안에 알맞은 것은?

> 인접 대지경계선으로부터 직선거리 ( ) 이내에 이웃 주택의 내부가 보이는 창문 등을 설치하는 경우에는 차면시설을 설치하여야 한다.

① 1m ② 2m
③ 3m ④ 4m

해설 〈건축법령 55조〉 인접 대지경계선으로부터 직선거리 2미터 이내에 이웃 주택의 내부가 보이는 창문 등을 설치하는 경우에는 차면시설(遮面施設)을 설치하여야 한다.

66 건축법령상 고층건물의 정의로 옳은 것은?

① 층수가 30층 이상이거나 높이가 90m 이상인 건축물
② 층수가 30층 이상이거나 높이가 120m 이상인 건축물
③ 층수가 50층 이상이거나 높이가 150m 이상인 건축물
④ 층수가 50층 이상이거나 높이가 200m 이상인 건축물

해설 〈건축법 2조〉 고층건축물이란 층수가 30층 이상이거나 높이가 120m 이상인 건축물

67 건축물에 설치하는 굴뚝의 옥상 돌출부는 지붕면으로부터의 수직거리를 최소 얼마 이상으로 하여야 하는가?

① 0.5m 이상 ② 0.7m 이상
③ 0.9m 이상 ④ 1.0m 이상

해설 〈피난방화기준 제20조〉 굴뚝의 옥상 돌출부는 지붕면으로부터의 수직거리를 최소 1.0m 이상

해답 64.④ 65.② 66.② 67.④

68. 다음은 특정소방대상물의 소방시설 설치의 면제에 관한 기준 내용이다. ( ) 안에 알맞은 것은?

> 비상경보설비 또는 단독경보형 감지기를 설치하여야 하는 특정소방대상물에 (　　)를 화재안전기준에 적합하게 설치한 경우에는 그 설비의 유효범위에서 설치가 면제된다.

① 비상방송설비
② 자동화재탐지설비
③ 자동화재속보설비
④ 무선통신보조설비

해설 〈소방법령 14조 별표 5〉 자동화재탐지설비

69. 건축물의 출입구에 설치하는 회전문에 관한 기준 내용으로 옳지 않은 것은?

① 계단이나 에스컬레이터로부터 2m 이상의 거리를 둘 것
② 출입에 지장이 없도록 일정한 방향으로 회전하는 구조로 할 것
③ 회전문의 회전속도는 분당회전수가 10회를 넘지 아니하도록 할 것
④ 회전문의 중심축에는 회전문과 문틀 사이의 간격을 포함한 회전문날개 끝부분까지의 길이는 140cm 이상이 되도록 할 것

해설 〈피난방화기준 제12조〉 회전문의 회전속도는 분당회전수가 8회를 넘지 아니하도록 할 것

70. 다음 중 건축기준의 허용오차로 옳지 않은 것은?

① 건축선의 후퇴거리 : 3% 이내
② 건축물의 벽체두께 : 3% 이내
③ 건축물의 출구너비 : 5% 이내
④ 인접건축물과의 거리 : 3% 이내

해설 〈건축법규칙 제20조〉 건축물의 출구너비 2% 이내

71. 급수·배수·환기·난방설비를 설치하는 경우 건축기계설비기술사 또는 공조냉동기계기술사의 협력을 받아야 하는 건축물에 속하지 않는 것은?

① 아파트
② 의료시설로서 해당 용도에 사용되는 바닥면적의 합계가 2000m²인 건축물
③ 업무시설로서 해당 용도에 사용되는 바닥면적의 합계가 2000m²인 건축물
④ 숙박시설로서 해당 용도에 사용되는 바닥면적의 합계가 2000m²인 건축물

해설 〈설비기준 2조〉 업무시설로서 해당 용도에 사용되는 바닥면적의 합계가 3000m²인 건축물

해답 68.② 69.③ 70.③ 71.③

72 6층 이상의 건축물로서 판매시설의 거실에 설치하는 배연설비에 관한 기준 내용으로 옳지 않은 것은?(단, 피난층의 거실이 아닌 경우)

① 배연창의 유효면적은 최소 1.5m² 이상으로 할 것
② 배연구는 예비전원에 의하여 열 수 있도록 할 것
③ 배연창의 상변과 천장 또는 반자로부터 수직거리가 0.9m 이내일 것
④ 배연구는 연기감지기 또는 열감지기에 의하여 자동으로 열 수 있는 구조로 할 것

해설 〈설비기준 14조〉 배연창의 유효면적은 최소 1m² 이상으로 할 것

73 옥내소화전설비의 설치기준으로 옳지 않은 것은?

① 방수구는 바닥으로부터의 높이가 1.5m 이하가 되도록 한다.
② 연결송수관설비의 배관과 겸용할 경우의 주배관은 구경 100mm 이상으로 한다.
③ 특정소방대상물의 각 부분으로부터 하나의 옥내 소화전 방수구까지의 수평거리가 30m 이하가 되도록 한다.
④ 수원은 그 저수량이 옥내소화전의 설치개수가 가장 많은 층의 설치개수(2개 이상 설치된 경우에는 2개)에 2.6㎥를 곱한 양 이상이 되도록 한다.

해설 옥내소화전 설비는 해당 특정소방대상물의 각 부분으로부터 하나의 옥내소화전 방수구까지의 수평거리가 25m이하가 되게 한다.

74 다음의 소방시설 중 피난구조설비에 속하지 않는 것은?

① 공기호흡기
② 비상조명등
③ 피난유도선
④ 비상콘센트설비

해설 〈소방법령 3조 별표 1〉 비상콘센트설비는 소화활동설비에 속한다.

75 바닥면적이 100m²인 초등학교 교실에 채광을 위하여 설치하여야 하는 창문 등의 면적은 최소 얼마 이상이어야 하는가?(단, 거실의 용도에 따른 조도기준 이상의 조명장치를 설치하지 않은 경우)

① 5m²
② 10m²
③ 20m²
④ 50m²

해설 〈피난방화기준 제17조〉 채광 창문면적 1/10 이상

해답 72.① 73.③ 74.④ 75.②

76 비상콘센트설비를 설치하여야 하는 특정소방대상물 기준으로 옳지 않은 것은?(단, 위험물 저장 및 처리 시설 중 가스시설 또는 지하구는 제외)
① 지하가 중 터널로서 길이가 500m 이상인 것
② 층수가 11층 이상인 특정소방대상물의 경우에는 11층 이상의 층
③ 판매시설로서 해당 용도로 사용되는 부분의 바닥면적의 합계가 1000m² 이상인 것
④ 지하층의 층수가 3층 이상이고 지하층의 바닥면적의 합계가 1000m² 이상인 것은 지하층의 모든 층

해설 〈소방법령 15조 별표 5〉 판매시설은 해당사항 없음

77 특별시나 광역시에 건축하는 경우 특별시장이나 광역시장의 허가를 받아야 하는 대상건축물의 층수 기준은?
① 층수가 10층 이상인 건축물
② 층수가 15층 이상인 건축물
③ 층수가 21층 이상인 건축물
④ 층수가 31층 이상인 건축물

해설 〈건축법11조〉 특별시장이나 광역시장의 허가를 받아야 하는 대상건축물 : 층수가 21층 이상인 건축물

78 다음 건축물의 용도 중 6층 이상의 거실면적의 합계가 3000m²인 경우 설치하여야 하는 승용 승강기의 최소 대수가 가장 적은 것은?(단, 8인승 승강기의 경우)
① 의료시설
② 판매시설
③ 숙박시설
④ 문화 및 집회시설 중 공연장

해설 〈설비기준 5조 별표 1의2〉 의료시설, 판매시설, 문화 및 집회시설 중 공연장, 관람장, 집회장은 기본대수가 2대이며, 숙박시설은 기본대수가 1대이다.

79 다음 중 녹색건축 인증 전문분야에 해당하지 않는 것은?
① 토지이용 및 교통
② 건축환경 및 설비
③ 재료 및 자원
④ 생태환경

해설 〈녹색건축 인증에 관한 규칙 별표 1〉 건축환경 및 설비는 전문분야가 아닌 세부분야에 속한다.

해답 76.③ 77.③ 78.③ 79.②

80 건축물의 냉방설비에 대한 설치 및 설계기준상 다음과 같이 정의되는 용어는?

> 심야시간에 물을 냉각시켜 축열조에 저장하였다가 그 밖의 시간이 이를 냉방에 이용하는 냉방설비

① 전체축냉방식 ② 빙축열식 냉방설비
③ 수축열식 냉방설비 ④ 잠열축열식 냉방설비

해설 〈냉방설비기준 제3조〉 수축열식 냉방설비

해답 80.③

건축설비기사 제14회 [기출모의고사]

제1과목 건축설비 계획

01. 실내 공기 오염의 원인이 아닌 것은?
① 온도의 상승
② 산소의 증가
③ 먼지의 증가
④ 이산화탄소의 증가

해설 실내 산소농도 감소는 오염 원인이지만 증가는 아니다.

02. 다음과 같은 조건에서 실내측 벽면의 표면 온도는?

• 벽체의 크기=1m×1m	• 벽체의 두께 : 100mm
• 외기온도 : 12℃	• 실내공기온도(평균치) : 20℃
• 벽체 열관류율 : 2W/m²·K	• 실내측 표면 열전달률 : 8W/m²·K

① 18℃
② 19℃
③ 20℃
④ 21℃

해설 표면과 벽체에 대한 열평형식에서 $KA\triangle t = \alpha_i A \triangle t_s$
단위면적으로 대입하면
$2 \times (20-12) = 8(20-t_s)$
$t_s = 20 - 2 = 18℃$

03. 직관 내의 마찰손실수두와 관련된 다르시-와이스바하의 식에서 유체의 흐름이 층류일 경우 마찰계수 λ는?

① $\lambda = \dfrac{32}{Re}$
② $\lambda = \dfrac{64}{Re}$
③ $\lambda = \dfrac{Re}{32}$
④ $\lambda = \dfrac{Re}{64}$

해설 층류일 때의 마찰계수는 $\lambda = 64/Re$로 층류일수록(Re가 작을수록) 마찰계수는 증가한다.

해답 1.② 2.① 3.②

04 다음 중 간접배수로 하여야 하는 것은?

① 세면기
② 대변기
③ 소변기
④ 식기세정기

해설 간접배수란 배수관에 직접 연결하지 않고 대기 중에 배출한 뒤 배수관에 유입시키는 방식으로 세탁기, 식기세정기, 물탱크 오버플루관 등이 여기에 속한다.

05 홀 용적 5000m³, 잔향시간 1.6초인 실에서 잔향시간을 1초로 만들기 위해 추가적으로 필요한 흡음력은?

① 220m²
② 275m²
③ 300m²
④ 450m²

해설 잔향시간(t)=$0.16(\frac{실용적(m^3)}{흡음력(m^2)})$에서

1) 1.6초일 때 흡음력은 $1.6 = 0.16(\frac{5000m^3}{흡음력(m^2)})$
   흡음력=500m²

2) 1초일 때 흡음력은 $1.0 = 0.16(\frac{5000m^3}{흡음력(m^2)})$
   흡음력=800m²
   ∴ 필요한 흡음력=800−500=300m²

06 동관의 관에 두께에 따른 분류에 속하지 않는 것은?

① K형
② L형
③ M형
④ N형

해설 동관은 가장 두꺼운 관이 K형이며 두께 순서는 K>L>M이다.

07 생물학적 오수처리방법 중 활성오니법에 속하는 것은?

① 접촉산화방식
② 살수여상방식
③ 장기간폭기방식
④ 회전원판접촉방식

해설 활성오니법에 표준활성오니법, 고율활성오니법, 장기간폭기방식, 순산소법, 산화구법 등이 있다.

해답 4.④ 5.③ 6.④ 7.③

08 국소식 급탕방식에 관한 설명으로 옳은 것은?

① 배관 및 기기로부터의 열손실이 중앙식보다 많다.
② 배관에 의해 필요 개소 어디든지 급탕할 수 있다.
③ 건물 완공 후에도 급탕 개소의 증설이 중앙식보다 쉽다.
④ 기구의 동시이용률을 고려하므로 가열장치의 총용량을 적게 할 수 있다.

해설 국소식 급탕방식은 가열장치가 사용장소에 설치되므로 배관 및 기기로부터의 열손실이 중앙식보다 적고, 배관이 적게 소요되고, 건물 완공 후에도 급탕 개소의 증설이 중앙식보다 쉽다. 기구의 동시이용률을 고려하면 가열장치의 총용량은 커진다.

09 세정밸브식 대변기의 급수관 관경은 최소 얼마 이상으로 하여야 하는가?

① 20A
② 25A
③ 30A
④ 40A

해설 세정밸브식 대변기의 급수관 관경은 25A 이상

10 탕의 사용상태가 간헐적이며 일시적으로 사용량이 많은 건물에서 급탕설비의 설계방법으로 가장 알맞은 것은?(단, 중앙식 급탕방식이며 증기를 열원하는 열교환기 사용)

① 저탕용량을 크게 하고 가열능력도 크게 한다.
② 저탕용량을 크게 하고 가열능력은 작게 한다.
③ 저탕용량을 작게 하고 가열능력은 크게 한다.
④ 저탕용량을 작게 하고 가열능력도 작게 한다.

해설 일시적으로 사용량이 많은 건물에서는 급탕 저탕용량을 크게 하고 가열능력은 작게 한다. 반대로 연속적으로 사용량이 많은 경우는 저탕용량은 작게 가열능력은 크게 한다.

11 플러시 밸브식 대변기에 관한 설명으로 옳지 않은 것은?

① 대변기의 연속사용이 불가능하다.
② 일반 가정용으로 사용이 곤란하다.
③ 로 탱크 방식에 비해 최저 필요 수압이 크다.
④ 세정음은 유수음도 포함되기 때문에 소음이 크다.

해설 사무실 건물에서 주로 사용하는 플러시 밸브(세정밸브)는 연속 사용이 가능하다.

해답 8.③ 9.② 10.② 11.①

12 급수방식에 관한 설명으로 옳은 것은?

① 수도직결방식은 단수 시에도 지속적인 급수가 가능하다.
② 압력수조방식은 전력 차단 시에도 지속적인 급수가 가능하다.
③ 펌프직송방식에서 변속방식은 펌프의 회전수를 제어하는 방식이다.
④ 고가수조방식은 고층으로의 급수가 불가능하다는 단점이 있다.

해설 수도직결방식은 단수 시에는 급수가 정지되며, 압력수조방식은 전력 차단 시에는 급수가 정지된다. 고가수조방식은 고층으로의 급수가 가능하다. 펌프직송방식(부스터펌프방식)에서 변속방식은 펌프의 회전수를 제어하는 방식이다.

13 급배수통기방식 중 공기혼합이음쇠(aerator fitting)를 사용하는 방식은?

① 소벤트(sovent)식
② 결합통기방식
③ 루프통기방식
④ 각개통기방식

해설 소벤트(sovent)식은 공기혼합이음쇠(aerator fitting)를 이용하여 수직관 내에서 공기에 의한 온충작용으로 통기(봉수를 보호)한다.

14 다음 설명에 알맞은 유체 정역학 관련 이론은?

> 밀폐된 용기에 넣은 유체의 일부에 압력을 가하면 이 압력은 모든 방향으로 동일하게 전달되어 벽면에 작용한다.

① 파스칼의 원리
② 피토관의 원리
③ 베르누이의 정리
④ 토리첼리의 정리

해설 파스칼의 원리는 밀폐 용기 안의 압력은 전방향에 일정하며 유압기는 이 원리를 이용한다.

15 바닥면에서 1m의 위치에 중성대가 있는 실에서 바닥면상 2m 지점에서의 실내외 압력차는?(단, 실내공기의 밀도는 $1.2kg/m^3$이며, 실외공기의 밀도는 $1.25kg/m^3$이다.)

① 실내가 0.1mmAq 높다.
② 실외가 0.1mmAq 높다.
③ 실내가 0.05mmAq 높다.
④ 실외가 0.05mmAq 높다.

해설 중성대를 기준으로 상부는 실내압이 높고 하부는 외기압이 높다.
중성대를 기준으로 h 높이차일 때 압력차는
$\triangle p = \triangle \gamma \triangle h = (1.25 - 1.2)(2-1) = 0.05 mmAq$

해답 12.③ 13.① 14.① 15.③

16 공기조화방식 중 전공기 방식의 일반적인 특징으로 옳은 것은?

① 덕트 스페이스가 필요하다.   ② 실내공기의 오염이 심하다.
③ 실내에 누수의 염려가 많다.   ④ 중간기에 외기냉방을 할 수 없다.

해설 전공기방식은 덕트 스페이스가 크고, 실내공기의 오염이 작고, 실내에 누수의 염려가 없으며, 중간기에 외기냉방을 할 수 있다.

17 냉·난방부하 계산에 관한 설명으로 옳지 않은 것은?

① 투습으로 인한 열부하는 매우 작기 때문에 일반적으로 부하계산에서 제외한다.
② 유리창 종류와 블라인드 유무에 따라 달라지는 차폐계수는 그 최대값이 1.0이다.
③ 작업상태가 동일한 경우 인체로부터의 발생열량은 실내건구온도가 높을수록 현열량과 잠열량 모두 커진다.
④ 태양으로부터의 일사 열부하는 냉방부하 계산에서는 포함되나, 난방부하 계산에서는 제외되는 것이 일반적이다.

해설 인체 발열량은 현열량은 온도차에 비례하며 잠열은 온도가 높을수록 땀이 많이 발생하므로 증가한다. 따라서 작업상태가 동일한 경우 인체로부터의 발생열량은 실내건구온도가 높을수록 현열량은 작고, 잠열량은 커진다.

18 다음 습공기선도상에서 화살표 방향(A → B)으로 공기의 상태가 변화하는 것을 무엇이라고 하는가?

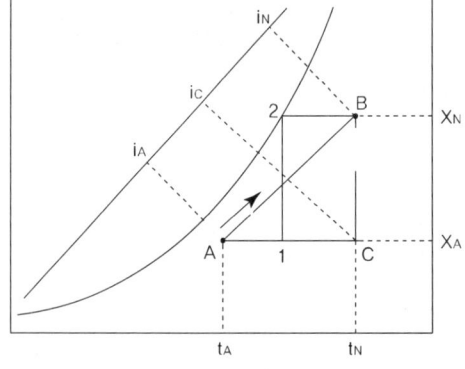

① 가열감습 변화   ② 가열가습 변화
③ 냉각감습 변화   ④ 냉각가습 변화

해설 A → B : 가열가습, B → C : 감습, C → B : 가습, B → A : 냉각감습

해답 16.① 17.③ 18.②

19 다음 중 날개(blade)의 형상이 전곡형인 송풍기에 속하는 것은?
① 익형 송풍기
② 다익형 송풍기
③ 터보형 송풍기
④ 관류형 송풍기

해설 다익형(시로코)팬은 전곡익형으로 저정압 대풍량에 적합하다.

20 공기조화방식 중 단일덕트 변풍량방식의 구성기기에 속하지 않는 것은?
① V.A.V Unit
② 실내 서모스탯
③ 냉온풍 혼합상자
④ 송풍량 조절기기

해설 냉온풍 혼합상자는 이중덕트 방식에 사용되는 기기이다.

제2과목 건축설비 설계

21 어느 사무소 건물의 연면적이 5000m²일 때 1일 예상 급수량은?(단, 이 건물의 유효면적과 연면적의 비는 60%이고, 유효면적당 인원은 0.2인/m²이며, 1인 1일당 급수량은 100L이다.)
① 30m³/d
② 60m³/d
③ 300m³/d
④ 60000m³/d

해설 $Q = 5000 \times 0.6 \times 0.2 \times 100 = 60000 L/d = 60 m^3/d$

22 1000L/h의 급탕을 전기온수기를 사용하여 공급할 때 시간당 전력사용량은?(단, 물의 비열 4.2kJ/kg·K, 밀도 1kg/L, 급탕온도 70℃, 급수온도 10℃, 전기온수기의 전열효율은 95%로 한다.)
① 63.4kWh
② 66.5kWh
③ 70.2kWh
④ 73.7kWh

해설 가열장치 용량은 $kW = WC\Delta t/E = \frac{1000}{3600} \times 4.2(70-10)/0.95 = 73.7 kW$

1시간당 전력사용량=73.7kW×1h=73.7kWh

해답 19.② 20.③ 21.② 22.④

23 직경 100mm의 강관에 2.4m³/min의 물을 통과시킬 때 강관 내의 평균 유속은?
① 2.4m/s　　② 4.2m/s
③ 5.1m/s　　④ 7.2m/s

해설 $v = \dfrac{Q}{A} = \dfrac{2.4}{60\left(\dfrac{\pi \times 0.1^2}{4}\right)} = 5.1 m/s$

24 급수배관의 설계 및 시공에 관한 설명으로 옳지 않은 것은?
① 구조체의 관통부에는 슬리브를 사용한다.
② 물이 고일 수 있는 부분에는 퇴수(드레인)밸브를 설치한다.
③ 음료용 배관과 비음료용 배관을 크로스 커넥션하지 않는다.
④ 급수관과 배수관이 교차될 경우, 배수관은 급수관 위에 매설한다.

해설 급수관과 배수관이 교차될 경우, 배수관은 급수관 아래에 매설하여 오염 가능성을 낮춘다.

25 최대강우량 120mm/h의 지역에 있는 지붕의 수평투영면적이 1200m²인 건물에 4개의 우수수직관을 설치할 경우, 우수수직관의 관경은?

[강우량 100mm/h일 때 우수수직관의 관경]

관경(mm)	허용최대지붕면적(m²)
50	67
65	121
75	204
100	427
125	804

① 50mm　　② 65mm
③ 75mm　　④ 100mm

해설 강우량 120mm/h과 투영면적 1200m² 강우량 100mm/h으로 환산하면
$A = \dfrac{120 \times 1200}{100} = 1440 m^2$
4개 수직관을 설치하면 1개 담당면적은 1440÷4=360m²
수직관 1개의 직경은 표에서 360m² 직상 427m²에서 100mm 선정

해답　23.③　24.④　25.④

26. 펌프의 캐비테이션에 관한 설명으로 옳지 않은 것은?

① 비정상적인 소음과 진동이 발생한다.
② 캐비테이션을 방지하기 위해 펌프의 흡입양정을 크게 한다.
③ 캐비테이션이 진행되면 펌프의 양수량, 양정 및 효율이 저하되어 간다.
④ 캐비테이션을 방지하기 위해 설계상의 펌프 운전범위 내에서 항상 유효 NPSH가 필요 NPSH보다 크게 되도록 배관계획을 한다.

해설 캐비테이션은 흡입관에 진공압이 걸릴 때 발생하므로 캐비테이션을 방지하기 위해 펌프의 흡입양정은 작게(짧게) 한다.

27. 펌프의 흡입양정이 10m이고, 20m 높이에 있는 옥상탱크에 양수할 때 전양정은 얼마인가?(단, 관로의 전손실수두는 100kPa이다.)

① 약 31m
② 약 40m
③ 약 110m
④ 약 130m

해설 전양정=흡입양정+토출양정+마찰손실=10+20+(100/10)=40m(∵10kPa=1mAq)

28. 배수관 관경결정에 이용되는 기구배수부하단위의 기준(1DFU)이 되는 기구는?

① 소변기
② 세면기
③ 대변기
④ 욕조

해설 기구배수부하단위의 기준(1DFU=30L/min)은 세면기이다.

29. 천장 취출구에서 하향 취출을 하는 경우의 확산반경에 관한 설명으로 옳지 않은 것은?

① 거주영역에 최대 확산반경이 미치지 않는 영역이 없도록 취출구를 배치한다.
② 최소 확산반경 내에 보나 벽 등의 장애물이 있으면 드리프트(drift)가 발생하지 않는다.
③ 인접한 취출구의 최소 확산반경이 겹치면 편류현상이 생긴다.
④ 거주영역에서 평균풍속이 0.125~0.25m/s로 되는 최대 단면적의 반경을 최소 확산반경이라 한다.

해설 최소 확산반경 내에 보나 벽 등이 있으면 드리프트가 발생하며, 거주영역에서 평균풍속이 0.125~0.25m/s로 되는 최대 단면적의 반경을 최소 확산반경, 거주영역에서 평균풍속이 0.1~0.125m/s로 되는 최대 단면적의 반경을 최대 확산반경이라 한다.

해답 26.② 27.② 28.② 29.②

30 급탕배관에서 일반적으로 환탕관의 관경은 급탕관 관경의 얼마 정도로 하는가?

① 1/3
② 1/2
③ 2배
④ 3배

해설 급탕배관에서 일반적으로 환탕관의 관경은 급탕관 관경의 1/2~2/3 정도로 하며, 20A 이상을 사용한다.

31 축열시스템에 관한 설명으로 옳지 않은 것은?

① 심야전력의 이용이 가능하다.
② 냉동기의 용량을 감소시킬 수 있다.
③ 호텔의 공공부분과 같이 간헐운전이 심한 경우에는 적용할 수 없다.
④ 빙축열시스템은 냉각을 위한 냉동기, 축열을 위한 빙축열조, 외부와의 열교환을 위한 열교환기 등으로 구성된다.

해설 축열시스템은 야간의 심야전력을 이용하여 주간의 피크부하에 대응하므로 호텔의 공공부분과 같이 간헐운전이 심한 경우에 적용이 가능하다.

32 다음과 같은 조건에 있는 냉각수 배관계통에서 냉각수 펌프의 전양정(mAq)은?

- 배관계통 마찰저항 : 10.4mAq
- 냉동기 응축기 저항 : 8mAq
- 냉각탑 살수압력 : 40kPa

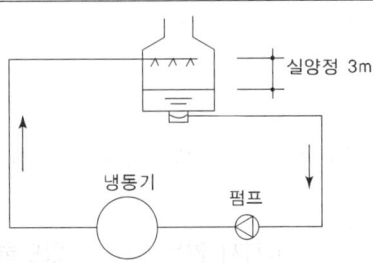

① 21.8
② 22.4
③ 25.4
④ 61.4

해설 냉각탑 계통의 냉각수 순환펌프의 양정은 실양정(3m)에 전 순환계통의 저항과 살수압력을 더한다.
H=실양정+배관저항+기기저항+살수압력=3+10.4+8+(40/10)=25.4mAq
($\because$ 10kPa=1mAq)

해답 30.② 31.③ 32.③

33 다음과 같은 조건에 있는 체적이 200m³인 실의 겨울철 환기횟수가 0.5회/h일 때 실내로 들어오는 틈새바람에 의한 현열손실량은?

- 실내온도 20℃, 외기온도 −10℃
- 공기의 비열 1.01kJ/kg·K
- 공기의 밀도 1.2kg/m³

① 337W ② 1010W
③ 1212W ④ 3636W

해설 틈새바람량= $NV = 0.5 \times 200 = 100 m^3/h$

현열손실 $q = mC\triangle t = 100 \times 1.2 \times 1.01(20-(-10)) = 3636 kJ/h = 3636 \times (\frac{1000}{3600}) = 1010 W$

부하계산 시 3636kJ/h와 1010W 단위를 조심해야 합니다.

34 냉각탑이 응축기보다 낮은 위치에 있는 경우 냉각수 펌프가 정지할 때마다 응축기 주변이 극단적인 부(−)압이 되지 않도록 설치하는 것은?

① 딥 튜브(deep tube) ② 더트 포켓(dirt pocket)
③ 플래시 탱크(flash tank) ④ 사이폰 브레이크(syphon breaker)

해설 사이폰 브레이크는 냉각탑이 응축기보다 낮은 위치에 있는 경우 펌프 정지 시 대기 중에 개방하여 응축기 주변이 부압(−)이 되지 않도록 한다.

35 에어필터의 효율 측정법에 속하지 않는 것은?

① 중량법 ② 비색법
③ 체적법 ④ DOP법

해설 에어필터의 효율 측정법은 중량법(저성능필터), 비색법(중성능필터), DOP법(고성능필터) 3가지가 주로 쓰인다.

36 2개 이상의 엘보를 사용하여 이음부의 나사 회전을 이용해서 배관의 신축을 흡수하는 신축이음쇠는?

① 루프형 ② 벨로즈형
③ 슬리브형 ④ 스위블형

해설 스위블 조인트는 엘보의 회전과 비틀림을 이용하여 가지배관의 신축을 흡수한다.

해답 33.② 34.④ 35.③ 36.④

37 몰리에르(Mollier)선도를 나타낸 그림에서 히트펌프의 난방 시 성적계수를 산정하는 식은?

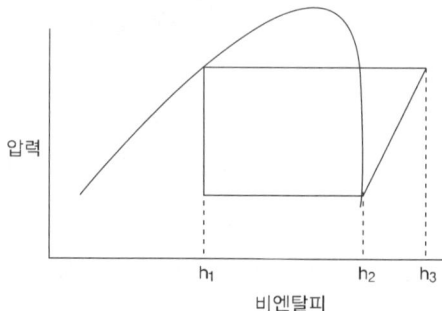

① $\dfrac{h_2 - h_1}{h_3 - h_2}$ ② $\dfrac{h_3 - h_1}{h_3 - h_2}$

③ $\dfrac{h_3 - h_1}{h_2 - h_1}$ ④ $\dfrac{h_3 - h_2}{h_2 - h_1}$

해설 난방시 성적계수 $= \dfrac{응축열}{압축일} = \dfrac{h_3 - h_1}{h_3 - h_2}$

냉방시 성적계수 $= \dfrac{증발열}{압축일} = \dfrac{h_2 - h_1}{h_3 - h_2}$

38 장방형 단면으로 된 4각 엘보의 국부저항 손실계수가 0.5이며 풍속이 6m/s일 때, 이 엘보에서의 국부저항은?(단, 공기의 밀도는 1.2kg/m³이다.)

① 1.1Pa ② 2.2Pa
③ 10.8Pa ④ 21.6Pa

해설 국부저항 $P = \zeta \left(\dfrac{v^2 \rho}{2} \right) = 0.5 \left(\dfrac{6^2 \times 1.2}{2} \right) = 10.8 Pa$

39 실내에 80W 용량의 형광등이 30개 있다. 조명 점등률을 50%라고 하면 조명기구로부터의 취득 열량은?(단, 안정기는 실내에 있으며 발열계수는 1.2로 한다.)

① 1000W ② 1200W
③ 1440W ④ 2400W

해설 조명부하 $= 80 \times 30 \times 0.5 \times 1.2 = 1440 W$

해답 37.② 38.③ 39.③

40 밸브를 완전히 열면 유체 흐름의 단면적 변화가 없기 때문에 마찰 저항이 적어서 흐름의 단속용으로 사용되는 밸브로, 게이트 밸브(gatevalve)라고도 불리는 것은?

① 앵글 밸브　　　　　　　② 체크 밸브
③ 글로브 밸브　　　　　　④ 슬루스 밸브

해설 슬루스 밸브는 개폐용(ON-OFF용)으로 쓰인다.

제3과목　전기 및 소방시설 일반

41 C급 화재가 의미하는 화재의 종류는?

① 일반화재　　　　　　　② 유류화재
③ 주방화재　　　　　　　④ 전기화재

해설 A급 : 일반화재, B급 : 유류화재, C급 : 전기화재, D급 : 금속화재, k급 : 주방화재

42 자계의 방향이나 도체에 흐르는 전류 방향이 바뀌면 도체가 움직이는 방향도 바뀌게 되는데, 이러한 도체가 움직이는 방향을 알 수 있는 것으로 전동기에 적용되는 법칙은?

① 렌쯔의 법칙　　　　　　② 앙페르의 법칙
③ 플레밍의 왼손법칙　　　④ 플레밍의 오른손법칙

해설
• 도체가 움직이는 방향(전동기) : 플레밍의 왼손법칙
• 전류방향(발전기) : 플레밍의 오른손법칙

43 다음 설명에 알맞은 배선 공사는?

- 열적 영향이나 기계적 외상을 받기 쉬운 곳이 아니면 광범위하게 사용가능하다.
- 관자체가 절연체이므로 감전의 우려가 없으며 시공이 쉽다.

① 금속관 공사　　　　　　② 버스덕트 공사
③ 플로어덕트 공사　　　　④ 합성수지관 공사

해설 합성수지관 공사는 절연체로서 일반적으로 널리 쓰인다.

해답　40.④　41.④　42.③　43.④

44 3상 유도전동기의 속도제어 방법이 아닌 것은?

① 슬립을 변화시킨다.　　② 전압을 변화시킨다.
③ 극수를 변화시킨다.　　④ 주파수를 변화시킨다.

해설 3상 유도전동기는 슬립, 극수, 주파수를 변화시켜 속도를 제어하며, 1차 전압제어법도 있으나 이 문제의 답은 전압 변화로 하세요.

45 도선의 길이를 10배, 단면적을 10배로 크게 했을 때 전기저항의 크기는 어떻게 되는가?

① 2배 증가한다.　　② 10배 증가한다.
③ 100배 증가한다.　　④ 변하지 않는다.

해설 저항은 길이에 비례하고 단면적에 반비례하므로 R=10/10=1배, 그러므로 전기저항의 크기는 변하지 않는다.

46 220[V]의 전압이 10[Ω]의 저항에 작용했을 때 소비전력은?

① 2.42[kW]　　② 4.84[kW]
③ 24.2[kW]　　④ 48.4[kW]

해설 소비전력 $W = IV = \dfrac{V^2}{R} = \dfrac{220^2}{10} = 4840\,W = 4.84\,kW$

47 어느 학교에서의 교실에 32[W] 2구형 형광등기구를 설치하여 평균조도를 400[lx]로 설계하고자 할 때 설치하여야 하는 등기구의 최소 대수는?(단, 교실의 면적은 200[m²]인, 형광등 1개 광속은 3000[lm], 조명률은 0.6, 보수율은 0.8이다.)

① 15개　　② 28개
③ 30개　　④ 55개

해설 $N = \dfrac{AE}{FDU} = \dfrac{200 \times 400}{3000 \times 2 \times 0.6 \times 0.8} = 27.8 = 28$개

2구형 등기구 1개(1구)당 3000lm으로 3000×2로 계산한다. 만약 2구형 등기구의 총광속이 3000lm이라면 56개가 된다.

해답 44.② 45.④ 46.② 47.②

48 할로겐램프에 관한 설명으로 옳지 않은 것은?
① 흑화가 거의 일어나지 않는다.
② 연색성이 좋고 설치가 용이하다.
③ 휘도가 낮아 현위가 발생하지 않는다.
④ 광속이나 색온도의 저하가 극히 적다.

해설 할로겐램프는 휘도가 높고 현휘(눈부심)가 발생한다. 자동차 라이트도 할로겐램프의 일종이다.

49 스프링클러 헤드가 설치되어 있는 배관으로 정의 되는 것은?
① 주배관
② 교차배관
③ 가지배관
④ 급수배관

해설 배관연결 순서(주배관 - 교차배관 - 가지배관 - 스프링클러 헤드)로 스프링클러 헤드는 가지배관에 연결한다.

50 스프링클러설비의 설치장소가 아파트인 경우, 스프링클러설비 수원의 저수량 산정 시 기준이 되는 스프링클러 헤드의 기준개수는?(단, 폐쇄형 스피링클러 헤드를 사용하는 경우)
① 10개
② 20개
③ 30개
④ 40개

해설 아파트인 경우, 스프링클러설비 수원의 저수량은 스프링클러 헤드의 기준개수(10개) × $1.6m^3$

51 다음은 옥외소화전설비의 소화전함에 관한 설명이다. ( ) 안에 알맞은 것은?

> 옥외소화전이 10개 이하 설치된 때에는 옥외소화전마다 ( ) 이내의 장소에 1개 이상의 소화전함을 설치하여야 한다.

① 5m
② 10m
③ 15m
④ 20m

해설 옥외소화전이 10개 이하인 경우는 5m 이내의 장소에 1개 이상 소화전함 설치 11개 이상 30개 이하일 때는 11개 이상의 소화전함 분산설치 31개 이상일 때는 소화전 3개마다 1개 이상 설치

해답 48.③ 49.③ 50.① 51.①

52 급기온도를 일정하게 하고 풍량을 변화시킴으로서 실내 온도를 유지하는 가변풍량 제어(VAV)에 적용되지 않는 것은?

① 정압제어
② 환기온도제어
③ 송풍기 풍량 비례적분제어
④ VAV터미널 유닛 실온제어

해설 환기온도제어는 정풍량 방식에서 적용한다.

53 다음 중 일반적으로 시퀀스 제어가 적용되는 것은?

① 정전압장치
② 자동평형기록계
③ 커피자동판매기
④ 레이더위치추적장치

해설 커피자동판매기는 입력이 가해지면 정해진 순서(컵내리고-커피내리고-정지)대로 작동하므로 시퀀스제어에 속한다.

54 교류전력에 관한 설명으로 옳지 않은 것은?

① 무효전력이 크면 역률이 커진다.
② 유효전력은 실제로 소비되는 전력이다.
③ 역률이 1일 때 유효전력과 피상전력은 같다.
④ 전열기와 같이 순수하게 저항성분만으로 구성되는 부하인 경우 전력은 전압[V]×전류[A]이다.

해설 역률은 유효전력이 클수록 크다. 그러므로 무효전력이 크면 역률은 작아진다.

55 옥내소화전설비의 가압송수장치에 순환배관을 설치하는 이유는?

① 배관 내 압력손실에 따른 펌프의 빈번한 기동을 방지하기 위해
② 체절운전 시 수온의 상승을 방지하기 위해
③ 각 소화전에 균등한 수압이 부여되도록 하기 위해
④ 배관 내 압력변동을 검지하기 위해

해설 가압송수장치에 순환배관은 체절운전(유량이 아주 작을 때) 시 수온의 상승을 방지하기 위한 것이다.

해답 52.② 53.③ 54.① 55.②

56 부동충전방식의 일종으로 자기방전량만을 항상 충전하는 축전지 충전방식은?

① 균등 충전 ② 보통 충전
③ 급속 충전 ④ 세류 충전

해설 세류 충전은 자기가 방전한 만큼만 다시 충전하는 축전지 충전방식이다.

57 10대의 전동기에 모두 동일한 전압을 인가하려면 어떻게 연결하면 되는가?

① 직렬결선 ② 병렬결선
③ 직렬결선 2회로와 병렬결선 8회로 ④ 직렬결선 2회로와 병렬결선 4회로

해설 모든 전기기기는 병렬로 연결하면 동일한 전압이 인가(공급)된다.

58 교류전력 간의 관계식으로 옳은 것은?

① 피상전력=유효전력+무효전력
② 피상전력=$\sqrt{유효전력 \times 무효전력}$
③ 피상전력=$\sqrt{유효전력^2 + 무효전력^2}$
④ 피상전력=$\sqrt{유효전력^2 - 무효전력^2}$

해설 교류에서 유효전력과 무효전력의 벡타합이 피상전력이므로
피상전력=$\sqrt{유효전력^2 + 무효전력^2}$ 가 성립한다.

59 자동화재탐지설비의 감지기 설치에 관한 설명으로 옳지 않은 것은?

① 보상식 스포트형 감지기는 정온점이 감지기 주위의 평상시 최고온도보다 20℃ 이상 높은 것으로 설치한다.
② 정온식 및 보상식 감지기는 실내로의 공기 유입구로부터 0.5m 이상 떨어진 위치에 설치한다.
③ 천장 또는 반자의 옥내에 면하는 부분에 설치한다.
④ 정온식 감지기는 주방·보일러실 등으로서 다량의 화기를 취급하는 장소에 설치하되, 공칭작동온도가 최고주위온도보다 20℃ 이상 높은 것으로 설치한다.

해설 정온식 및 보상식 감지기(차동식 분포형 및 특수한 것 제외)는 실내로의 공기유입구로부터 1.5m 이상 떨어진 위치에 설치한다.

해답 56.④ 57.② 58.③ 59.②

60 다음 중 천장이 높고 격납고, 아트리움, 공항 등과 같은 곳에서 가장 효과적인 화재 감지기는?

① 불꽃 감지기　　　　② 차동식 감지기
③ 보상식 감지기　　　④ 정온식 감지기

해설 불꽃 감지기는 열이나 연기를 감지하기 곤란한 대형공간에서 화재를 감지한다.

제4과목 　건축설비 관련 법규

61 건축물의 에너지절약 설계기준상 단열계획에 대한 건축부분의 권장사항으로 옳지 않은 것은?

① 외벽 부위는 내단열로 시공한다.
② 외피의 모서리 부분은 열교가 발생하지 않도록 단열재를 연속적으로 설치한다.
③ 건물의 창 및 문은 가능한 작게 설계하고, 특히 열손실이 많은 북측 거실의 창 및 문의 면적은 최소화한다.
④ 태양열 유입에 의한 냉·난방부하를 저감할 수 있도록 일사조절장치, 태양열투과율, 창 및 문의 면적비 등을 고려한 설계를 한다.

해설 〈에너지절약 7조〉 외벽 부위는 외단열로 시공한다.

62 신축공동주택 등의 기계환기설비의 설치에 관한 기준 내용으로 옳지 않은 것은?

① 세대의 환기량 조절을 위하여 환기설비의 정격풍량을 최소·적정·최대의 3단계 또는 그 이상으로 조절할 수 있는 체계를 갖춘다.
② 기계환기설비는 주방 가스대 위의 공기배출장치, 화장실의 공기배출 송풍기 등 급속환기설비와 함께 설치하여서는 안 된다.
③ 기계환기설비의 환기기준은 시간당 실내공기 교환횟수로 표시한다.
④ 하나의 기계환기설비로 세대 내 2 이상의 실에 바깥공기를 공급할 경우의 필요 환기량은 각 실에 필요한 환기량의 합계 이상이 되도록 한다.

해설 〈설비기준 11조 2 별표 1의 5〉 기계환기설비는 주방 가스대 위의 공기배출장치, 화장실의 공기배출 송풍기 등 급속 환기 설비와 함께 설치할 수 있다.

해답　60.① 61.① 62.②

63 건축설비기사를 보유하였다면 특급 책임기계설비유지관리자가 되려면 몇 년 이상의 실무경력이 있어야 하는가?

① 3년 이상 ② 5년 이상
③ 10년 이상 ④ 15년 이상

해설 〈기계설비법 시행령 별표 5의 2〉 기계설비유지관리자의 자격 및 등급에 따라 건축설비기사를 보유할 경우 실무경력 10년 이상이면 특급 책임기계설비유지관리자가될 수 있다.(건축설비산업기사 취득자의 경우는 실무경력 13년 이상)

64 건축법령상 공동주택에 속하지 않는 것은?

① 기숙사 ② 연립주택
③ 다가구주택 ④ 다세대주택

해설 〈건축법령 3조 5〉 공동주택 : 아파트, 연립주택, 다세대주택, 기숙사

65 다음 중 건축법령상 다중이용 건축물에 속하지 않는 것은?(단, 층수가 16층 미만이며 해당 용도로 쓰는 바닥면적의 합계가 5000m² 이상인 건축물의 경우)

① 종교시설 ② 판매시설
③ 업무시설 ④ 숙박시설 중 관광숙박시설

해설 〈건축법령 2조〉 "다중이용 건축물"이란 바닥면적의 합계가 5천제곱미터 이상인 건축물로 문화 및 집회시설(동물원 및 식물원은 제외한다), 종교시설, 판매시설, 운수시설 중 여객용 시설, 의료시설 중 종합병원, 숙박시설 중 관광숙박시설, 16층 이상인 건축물

66 공동주택에서 리모델링에 대비한 특례와 관련하여 리모델링이 쉬운 구조에 해당하지 않는 것은?

① 구조체는 철골구조 또는 목구조로 구성되어 있을 것
② 구조체에서 건축설비, 내부 마감재료 및 외부 마감재료를 분리할 수 있을 것
③ 개별 세대 안에서 구획된 실의 크기, 개수 또는 위치 등을 변경할 수 있을 것
④ 각 세대는 인접한 세대와 수직 또는 수평 방향으로 통합하거나 분할할 수 있을 것

해설 〈건축법령 6조 5〉 구조체에 대한 조건은 없다.

해답 63.③ 64.③ 65.③ 66.①

67 다음의 소방시설 중 경보설비에 속하지 않는 것은?

① 통합감시시설 ② 비상콘센트설비
③ 자동화재탐지설비 ④ 자동화재속보설비

해설 〈소방법령 3조 별표 1〉 비상콘센트설비는 소화활동설비이다.

68 방염성능기준 이상의 실내장식물 등을 설치하여야 하는 특정소방대상물에 속하지 않는 것은?

① 수영장 ② 숙박시설
③ 의료시설 중 종합병원 ④ 방송통신시설 중 방송국

해설 〈소방법령 30조〉 수영장은 제외

69 건축허가 등을 할 때 미리 소방본부장 또는 소방서장의 동의를 받아야 하는 대상 건축물의 층수 기준은?(단, 층수는 건축법령에 따라 산정된 층수를 말한다.)

① 3층 이상인 건축물 ② 6층 이상인 건축물
③ 10층 이상인 건축물 ④ 12층 이상인 건축물

해설 〈소방법령 7조〉 층수가 6층 이상인 건축물

70 판매시설로서 옥내소화전설비를 모든 층에 설치하여야 하는 특정소방대상물의 연면적 기준은?

① 500m² 이상 ② 1000m² 이상
③ 1500m² 이상 ④ 2000m² 이상

해설 〈소방법령 15조 별표 5〉 옥내소화전설비를 모든 층에 설치하여야 하는 특정소방대상물 : 연면적 3000m² 이상, 또는 근린생활시설, 판매시설, 운수시설, 의료시설, 노유자시설, 업무시설, 숙박시설, 위락시설, 공장, 창고시설, 항공기 및 자동차 관련 시설, 교정 및 군사시설 중 국방·군사시설, 방송통신시설, 발전시설, 장례시설 또는 복합건축물로서 연면적 1천5백m² 이상이거나, 지하층·무창층 또는 층수가 4층 이상인 층 중 바닥면적이 300m² 이상인 층이 있는 것은 모든 층

해답 67.② 68.① 69.② 70.③

71
주거에 쓰이는 바닥면적의 합계가 450m²인 주거용 건축물에 배관하는 음용수용 급수관의 최소 지름은?

① 20mm
② 25mm
③ 32mm
④ 40mm

해설 〈설비기준 18조〉 바닥면적 300제곱미터 초과 500제곱미터 이하 : 16가구, 9~16가구 : 40mm

72
각 층의 거실면적의 합계가 1000m²로 동일한 15층의 문화 및 집회시설 중 공연장에 설치하여야 하는 승용승강기의 최소 대수는?(단, 15인승 승강기의 경우)

① 4대
② 5대
③ 6대
④ 7대

해설 〈설비기준 5조〉 6층 이상 거실면적=1000m²×10층=10000m²
3000m²까지 2대+초과 2000마다 1대=2+(10000−3000/2000)=6대(15인승 이하)

73
건축물에 설치하는 굴뚝에 관한 기준 내용으로 옳지 않은 것은?

① 금속제 굴뚝은 목재 기타 가연재료로부터 10cm 이상 떨어져서 설치할 것
② 굴뚝의 옥상 돌출부는 지붕면으로부터의 수직 거리를 1m 이상으로 할 것
③ 금속제 굴뚝으로서 건축물의 지붕 속·반자위 및 가장 아랫바닥 밑에 있는 굴뚝의 부분은 금속 외의 불연재료로 덮을 것
④ 굴뚝의 상단으로부터 수평거리 1m 이내에 다른 건축물이 있는 경우에는 그 건축물의 처마보다 1m 이상 높게 할 것

해설 〈피난방화구조기준 20조〉 금속제 굴뚝은 목재 기타 가연재료로부터 15cm 이상 떨어져서 설치할 것

74
건축물에 급수·배수·환기·난방설비를 설치하는 경우, 건축기계설비기술사 또는 공조냉동기계기술사의 협력을 받아야 하는 대상 건축물의 연면적 기준은?(단, 창고시설은 제외)

① 3,000m² 이상
② 5,000m² 이상
③ 10,000m² 이상
④ 15,000m² 이상

해설 〈건축법령 91조 3〉 연면적 1만제곱미터 이상인 건축물(창고시설은 제외한다)

해답 71.④ 72.③ 73.① 74.③

75 문화 및 집회시설 중 공연장의 개별 관람실 출구의 설치기준 내용으로 옳지 않은 것은?(단, 개별 관람실의 바닥면적이 300m² 이상인 경우)

① 관람실별로 2개소 이상 설치할 것
② 각 출구의 유효너비는 1.5m 이상일 것
③ 관람실로부터 바깥쪽으로의 출구로 쓰이는 문은 안여닫이로 할 것
④ 개별 관람실 출구의 유효너비의 합계는 개별 관람실의 바닥면적 100m²마다 0.6m의 비율로 산정한 너비 이상으로 할 것

해설 〈피난방화구조기준 10조〉 관람실로부터 바깥쪽으로의 출구로 쓰이는 문은 안여닫이로 해서는 안 된다.

76 건축물의 옥상에 헬리포트를 설치하거나 헬리콥터를 통하여 인명 등을 구조할 수 있는 공간을 확보하여야 하는 대상 건축물 기준으로 옳은 것은?(단, 건축물의 지붕을 평지붕으로 하는 경우)

① 11층 이상인 층의 바닥면적의 합계가 3,000m² 이상인 건축물
② 11층 이상인 층의 바닥면적의 합계가 5,000m² 이상인 건축물
③ 11층 이상인 층의 바닥면적의 합계가 10,000m² 이상인 건축물
④ 11층 이상인 층의 바닥면적의 합계가 12,000m² 이상인 건축물

해설 〈건축법령 40조〉 11층 이상인 층의 바닥면적의 합계가 10,000m² 이상인 건축물

77 축냉식 전기냉방설비의 설계기준 내용으로 옳지 않은 것은?

① 열교환기는 시간당 최소냉방열량을 처리할 수 있는 용량 이상으로 설치하여야 한다.
② 자동제어설비는 축냉운전, 방냉운전 또는 냉동기와 축열조를 동시에 이용하여 냉방운전이 가능한 기능을 갖추어야 한다.
③ 축열조는 보온을 철저히 하여 열손실과 결로를 방지해야 하며, 맨홀 등 점검을 위한 부분은 해체와 조립이 용이하도록 사용하여야 한다.
④ 부분축냉방식의 경우에는 냉동기가 축냉운전과 방냉운전 또는 냉동기와 축열조의 동시운전이 반복적으로 수행하는데 아무런 지장이 없어야 한다.

해설 〈냉방설비 설계기준 8조〉 열교환기는 시간당 최대냉방열량을 처리할 수 있는 용량 이상으로 설치하여야 한다.

해답 75.③ 76.③ 77.①

78 계단의 설치에 관한 기준 내용으로 옳지 않은 것은?

① 중학교의 계단인 경우, 단너비는 26cm 이상으로 한다.
② 초등학교의 계단인 경우, 단너비는 26cm 이상으로 한다.
③ 판매시설 중 상점인 경우, 계단 및 계단참의 유효너비는 90cm 이상으로 한다.
④ 문화 및 집회시설 중 공연장의 경우, 계단 및 계단참의 유효너비는 120cm 이상으로 한다.

해설 〈피난방화구조기준 15조〉 판매시설 중 상점인 경우, 계단 및 계단참의 유효너비는 120cm 이상으로 한다.

79 다음은 비상용 승강기의 승강장 구조에 관한 기준 내용이다. ( ) 안에 알맞은 것은?

> 승강장의 바닥면적은 비상용 승강기 1대에 대하여 ( ) 이상으로 할 것. 다만, 옥외에 승강장을 설치하는 경우에는 그러하지 아니하다.

① 2m²
② 4m²
③ 5m²
④ 6m²

해설 〈설비기준 10조〉 승강장의 바닥면적은 비상용 승강기 1대에 대하여 6제곱미터 이상으로 할 것.

80 건축물의 출입구에 설치하는 회전문에 관한 기준 내용으로 옳지 않은 것은?

① 회전문과 바닥 사이의 간격은 5cm 이하로 한다.
② 회전문과 문틀 사이의 간격은 5cm 이상으로 한다.
③ 계단이나 에스컬레이터로부터 2m 이상 거리를 두어야 한다.
④ 회전문의 회전속도는 분당회전수가 8회를 넘지 않도록 한다.

해설 〈피난방화구조 기준 12조〉 회전문과 바닥 사이의 간격은 3cm 이하로 한다.

해답 78.③ 79.④ 80.①

건축설비기사 제15회 [기출모의고사]

제1과목 건축설비 계획

01 표면결로 방지 대책으로 옳지 않은 것은?

① 습한 공기를 제거하기 위해 환기가 잘 되게 한다.
② 벽의 단열성을 좋게 하여 열관류 저항을 크게 한다.
③ 실내 수증기압을 낮추어 실내공기의 노점온도를 낮게 한다.
④ 방습재는 저온측(실외)에, 단열재는 고온측(실내)에 배치한다.

[해설] 표면결로 방지 대책에서 방습재는 습도가 높은 고온측(실내)에, 단열재는 온도가 낮은 저온측(실외)에 배치한다.

02 열교(thermal bridge)현상에 관한 설명으로 옳지 않은 것은?

① 벽이나 바닥, 지붕 등의 건축물 부위에 단열이 연속되지 않는 부분이 있을 때 생긴다.
② 열교현상을 줄이기 위해서는 콘크리트 라멘조의 경우 가능한 한 내단열로 시공한다.
③ 열교현상이 발생하는 부위는 표면온도가 낮아져서 결로가 쉽게 발생한다.
④ 열교현상이 발생하면 전체 단열성이 저하된다.

[해설] 열교현상이란 열이 전달되는 경로(다리)가 발생하는 것으로 이를 줄이기 위해서는 콘크리트 라멘조의 경우 가능한 한 외단열로 시공한다.

03 먹는물의 수소이온농도 기준으로 옳은 것은?(단, 샘물, 먹는 샘물 및 먹는물 공동시설의 물이 아닌 경우)

① pH 4.8 이상 pH 8.4 이하
② pH 4.8 이상 pH 8.5 이하
③ pH 5.8 이상 pH 8.4 이하
④ pH 5.8 이상 pH 8.5 이하

[해설] 자연수는 공기와의 접촉으로 산성도 띠고, 미생물 활동으로 알칼리성도 띤다. 평상시 물은 pH 5.8 이상 pH 8.5 이하 정도이므로 먹는물 기준도 이와 같다.

[해답] 1.④ 2.② 3.④

04 풍력 환기가 일어나고 있는 실에서 어느 개구부의 풍압계수가 0.3이라고 할 때, 풍압계수 0.3의 의미로 가장 정확한 것은?

① 외부풍의 전압(全壓)의 3%가 풍압력으로 가해진다.
② 외부풍의 전압(全壓)의 30%가 풍압력으로 가해진다.
③ 외부풍의 동압(動壓)의 3%가 풍압력으로 가해진다.
④ 외부풍의 동압(動壓)의 30%가 풍압력으로 가해진다.

해설 풍압계수란 외부 동압의 얼마 정도가 개구부에 풍압력으로 작용하는지를 의미하며 풍압계수 0.3이란 외부풍의 동압의 30%가 개구부에 풍압력으로 가해진다는 의미이다.

05 급탕방식 중 기수혼합식에 관한 설명으로 옳은 것은?

① 물을 열원으로 사용한다.
② 열효율이 낮다는 단점이 있다.
③ 공장, 목욕탕 등에 적합하다.
④ 소음이 적어 사일렌서를 사용할 필요가 없다.

해설 기수혼합식은 증기를 물에 분사하여 급탕을 얻는 것으로 증기를 열원으로 사용하고, 열효율이 100%로 높은 장점이 있으며, 소음이 커서 사일렌서(소음기)를 사용할 필요가 있다.

06 배수트랩에 관한 설명으로 옳지 않은 것은?

① 트랩의 봉수깊이는 50~100mm가 적절하다.
② 위생기구 중 세면기에는 U트랩이 가장 널리 이용된다.
③ P트랩, S트랩 및 U트랩은 사이폰 트랩이라고도 한다.
④ 트랩의 봉수깊이란 딥(top dip)과 웨어(crown weir)와의 수직거리를 의미한다.

해설 위생기구 중 세면기에는 S, P트랩이 주로 쓰이고 U트랩은 가옥트랩에 주로 이용된다.

07 호텔의 주방이나 레스토랑의 주방 등에서 배출되는 배수 중의 지방분을 포집하기 위하여 사용되는 포집기는?

① 오일 포집기
② 가솔린 포집기
③ 그리스 포집기
④ 플라스터 포집기

해설 그리스 트랩(포집기)는 동식물성 지방을 제거하여 배수관의 막힘을 방지한다.

해답 4.④ 5.③ 6.② 7.③

08 급수방식에 관한 설명으로 옳지 않은 것은?
① 압력탱크방식에서는 저수조가 필요하다.
② 압력탱크방식은 급수압력에 변동이 없는 것이 특징이다.
③ 고가탱크방식은 다른 방식에 비해 수질오염에 취약하다.
④ 고가탱크방식에서는 중력식으로 각 기구에 급수가 이루어진다.

해설 압력탱크방식은 시스템 기능상 최고압, 최저압 사이에서 작동되므로 급수압력에 변동이 많은 것이 특징이다.

09 다음 설명에 알맞은 통기관의 종류는?

> 배수수직관에서 최상부의 배수수평관이 접속한 지점보다 더 상부 방향으로 그 배수수직관을 지붕 위까지 연장하여 이것을 통기관으로 사용하는 관을 말한다.

① 신정통기관 ② 결합통기관
③ 각개통기관 ④ 공용통기관

해설 신정통기관은 배수수직관 최상부를 지붕 위까지 연장 개구하여 통기관으로 사용하는 것으로 통기관 길이에 비하여 성능이 우수하다.

10 간접가열식 급탕법에 관한 설명으로 옳지 않은 것은?
① 대규모의 급탕설비에 사용할 수 없다.
② 보일러 내면에 스케일의 발생이 적다.
③ 가열 보일러를 난방용 보일러와 겸용할 수 있다.
④ 가열 보일러로 저압 보일러를 사용해도 되는 경우가 많다.

해설 간접가열식 급탕법은 보일러 외부에 가열코일과 저탕조를 두는 것으로 대규모 급탕설비에 적합하다.

11 건구온도 30℃, 수증기 분압 1.69kPa인 습공기의 상대습도는?(단, 30℃ 포화공기의 수증기 분압은 4.23kPa이다.)
① 약 20% ② 약 30%
③ 약 40% ④ 약 50%

해설 상대습도 = $\dfrac{\text{수증기 분압}}{\text{포화수증기압}} = \dfrac{1.69}{4.23} = 0.40 = 40\%$

해답 8.② 9.① 10.① 11.③

12 물의 경도에 관한 설명으로 옳지 않은 것은?

① 경도의 표시는 도(度) 또는 ppm이 사용된다.
② 경도가 큰 물을 경수, 경도가 낮은 물을 연수라고 한다.
③ 일반적으로 물이 접하고 있는 지층의 종류와 관계없이 지표수는 경수, 지하수는 연수로 간주된다.
④ 물의 경도는 물속에 녹아 있는 칼슘, 마그네슘 등의 염류의 양을 탄산칼슘의 농도로 환산하여 나타낸 것이다.

해설 물의 경도는 일반적으로 미네랄 성분에 비례하므로 지표수는 연수, 지하수는 지하 광물질을 용해하므로 경수로 간주된다.

13 유체에 관한 설명으로 옳지 않은 것은?

① 동점성계수는 점성계수에 비례하고 밀도에 반비례한다.
② 레이놀즈수는 동점성계수 및 관경에 비례하고 유속에 반비례한다.
③ 연속의 법칙에 의하면 관의 단면적이 큰 곳은 유속이 작고, 역으로 단면적이 작은 곳에서는 유속이 크게 된다.
④ 베르누이의 정리에 의하면 유체가 가지고 있는 속도에너지, 위치에너지 및 압력에너지의 총합은 흐름 내 어디에서나 일정하다.

해설 레이놀즈수는 유속 및 관경에 비례하고 동점성계수에 반비례한다.
$Re = \dfrac{VD}{\nu}$ (Re: 레이놀즈수, V: 유속, D: 관경, ν: 동점성계수)

14 사무실의 크기가 10m×10m×3m이고 재실자가 25명, 가스난로의 CO_2발생량이 0.5m³/h일 때, 실내평균 CO_2 농도를 5,000ppm으로 유지하기 위한 최소 환기횟수는?(단, 재실자 1인당의 CO_2 발생량은 18L/h, 외기의 CO_2 농도는 800ppm이다.)

① 약 0.75회/h
② 약 1.25회/h
③ 약 1.50회/h
④ 약 2.00회/h

해설 환기량 = $\dfrac{CO_2 \text{발생량}}{\text{제거}\,CO_2\text{량}}$ 에서 $Q = \dfrac{0.5 + (25 \times 18) \div 1000}{0.005 - 0.0008} = 226 m^3/h$

환기회수 = $\dfrac{\text{환기량}}{\text{실내체적}} = \dfrac{226}{10 \times 10 \times 3} = 0.75$회/h

해답 12.③ 13.② 14.①

15 유리창을 통과하는 전열량에 관한 설명으로 옳지 않은 것은?

① 복사열량과 관류열량의 합이다.
② 반사율이 클수록 전열량은 작아진다.
③ 전열량은 유리의 열관류율이 클수로 크게 된다.
④ 일사취득열량은 유리창의 차폐계수에 반비례한다.

해설 유리창 일사취득열량은 유리창의 차폐계수에 비례한다. 즉 차폐장치가 없을 때 차폐계수가 1이며 이때 일사취득열량은 100% 이다.

16 다음과 같은 특징을 갖는 대변기 세정급수방식은?

- 세정의 경우에는 대변기로의 공급수량이나 압력이 일정하다.
- 세정효과가 양호하며 소음이 적다.
- 우리나라의 주택에 널리 사용되고 있다.

① 로 탱크식 ② 기압 탱크식
③ 하이 탱크식 ④ 플러시 밸브식

해설 로 탱크식은 세정효과가 양호하고 소음이 적어서 주택에 널리 사용되고 있다.

17 복사난방방식에 관한 설명으로 옳지 않은 것은?

① 다른 난방방식에 비하여 쾌적감이 높다.
② 실내 상하의 온도차가 크다는 단점이 있다.
③ 외기침입이 있는 곳에서도 난방감을 얻을 수 있다.
④ 열용량이 크기 때문에 간헐난방에는 그다지 적합하지 않다.

해설 복사난방은 대류난방에 비하여 실내 상하의 온도차가 작다는 장점이 있으며 고천장 공간의 난방에 적합하다.

18 습공기의 엔탈피(Enthalpy)에 관한 설명으로 옳은 것은?

① 습공기의 전압을 나타낸다. ② 습공기의 잠열량을 나타낸다.
③ 습공기의 전열량을 나타낸다. ④ 습공기의 현열량을 나타낸다.

해설 습공기의 엔탈피(Enthalpy)란 습공기의 전열(현열+잠열)량을 나타낸다.

해답 15.④ 16.① 17.② 18.③

19 다음 중 콜드 드래프트의 발생원인과 가장 거리가 먼 것은?

① 주위 벽면의 온도가 낮을 때
② 인체 주위의 공기 온도가 낮을 때
③ 인체 주위의 공기 습도가 낮을 때
④ 인체 주위의 기류 속도가 낮을 때

해설 콜드 드래프트란 재실자가 추위를 느끼는 것으로 인체 주위 기류 속도가 클 때 느낀다.

20 난방도일(Heating Degree Day)에 관한 설명으로 옳지 않은 것은?

① 추운 날이 많은 지역일수록 난방도일은 커진다.
② 난방도일의 계산에 있어서 일사량은 고려하지 않는다.
③ 난방도일은 난방용 장치부하를 결정하기 위한 것이다.
④ 일반적으로 난방도일이 큰 지역일수록 연료소비량은 증가한다.

해설 난방도일은 일정 기간(동절기)의 난방부하총량으로 주로 연료소비량을 예측할 수 있다. 장치부하는 시간당 난방부하에 비례한다.

제2과목 　건축설비 설계

21 다음은 기구배수부하단위에 관한 설명이다. ( ) 안에 알맞은 내용은?

> 세면기 기준의 배수관지름을 DN32로 할 때 평균배수량이 ( )이라고 가정하고, 이 값을 1로 정한 다음 각종 위생기구의 배수량을 이 값의 배수로 표시한 것이 기구배수부하 단위이다.

① 12.5L/min
② 22.5L/min
③ 28.5L/min
④ 35.5L/min

해설 기구배수부하단위(FU)는 세면기의 배수량(28.5L/min)을 기준으로 단위화한 것이다. 기구급수부하단위(FU)는 세면기의 급수량(14L/min)을 기준으로 단위화한 것이다.

22 원심식 펌프로 회전차 주위에 디퓨저인 안내 날개를 가지고 있는 펌프는?

① 터빈펌프
② 기어펌프
③ 피스톤펌프
④ 볼류트펌프

해설 터빈펌프는 원심식 펌프로 회전차 주위에 디퓨저인 안내 날개(가이드베인)를 가지고 있는 펌프로 볼류트 펌프보다 양정이 큰 편이다.

해답 19.④ 20.③ 21.③ 22.①

23. 다음 중 급수설비에서 크로스 커넥션의 방지대책으로 가장 알맞은 것은?

① 감압밸브를 설치한다.
② 볼탭을 수위조절밸브로 변경한다.
③ 각 계통마다의 배관을 색깔로 구분할 수 있게 한다.
④ 위생기구에 연결된 기구급수관에 차단밸브를 설치한다.

해설 급수설비에서 크로스 커넥션이란 오염된 물이 급수되는 것으로 방지대책으로 오접이 발생하지 않도록 배관을 색깔로 구별하고, 일반수전은 토수구 공간을 확보하며, 세정밸브에는 버큠브레이커를 설치한다.

24. 다음과 같은 조건에서 어느 건물의 시간 최대예상급탕량이 4,000L/h일 때 저탕조 내의 가열코일의 길이는?

㉠ 급탕온도 : 65℃, 급수온도 : 5℃
㉡ 가열코일 : 관경 32mm의 동관, 단위 내측표면적당 관길이 11.4m/m²
㉢ 열관류율 : 1,000W/m² · K   ㉣ 스케일에 따른 할증률 : 30%
㉤ 열원 : 온도 120℃ 증기   ㉥ 물의 비열 : 4.2kJ/kg · K

① 약 5.9m ② 약 30.9m
③ 약 48.8m ④ 약 65.2m

해설 급탕가열코일에서 급탕부하=가열코일전열량
$WC\Delta t = KA\Delta t$
$(4,000 \div 3,600) \times 4.2(65-5) \times 1,000 = 1,000 \times A \times [120-(65+5)/2]$
가열코일면적 A=3.294(m²)
가열코일길이(L)는 면적당 길이로 계산하고 할증을 고려하면
$L = 3.294 \times 11.4 \times 1.3 = 48.8m$

위 식 $WC\Delta t = KA\Delta t$에서 $WC\Delta t$는 단위가 kJ/s이고, $KA\Delta t$는 $W(J/s)$이므로 $WC\Delta t$항에 1,000을 곱하여 kJ/s를 J/s로 환산하여 계산한다.

25. 펌프의 전양정이 30m이며, 양수량이 2,000L/min일 때, 양수펌프의 축동력은?(단, 펌프의 효율은 80%이다.)

① 약 9.8kW ② 약 12.3kW
③ 약 13.3kW ④ 약 16.7kW

해설 $kW = \dfrac{QH}{102E} = \dfrac{2000 \times 30}{60 \times 102 \times 0.8} = 12.3 kW$

해답 23.③ 24.③ 25.②

26 급수배관의 설계 및 시공에 관한 설명으로 옳지 않은 것은?

① 급수주관으로부터 배관을 분기하는 경우는 엘보를 사용하여야 한다.
② 주배관에는 적당한 위치에 플랜지 이음을 하여 보수점검을 용이하게 한다.
③ 배관의 수리 시 교체가 쉽고 열의 신축에도 대응할 수 있도록 벽이나 바닥을 관통하는 곳에는 슬리브를 설치한다.
④ 수평배관에는 공기가 정체하지 않도록 하며, 어쩔 수 없이 공기 정체가 일어나는 곳에는 공기빼기밸브를 설치한다.

해설 급수주관으로부터 배관을 분기하는 경우는 티이를 사용하여야 한다.

27 급수배관의 관경 결정법에 관한 설명으로 옳지 않은 것은?

① 같은 급수기구 중에서도 개인용과 공중용에 대한 기구급수부하단위는 공중용이 개인용보다 값이 크다.
② 유량선도에 의한 방법으로 관경을 결정하고자 할 때의 부하 유량(급수량)은 기구급수부하 단위로 산정한다.
③ 소규모 건물에는 유량선도에 의한 방법이, 중규모 이상의 건물에는 관균등표에 의한 방법이 주로 이용된다.
④ 기구급수부하단위는 각 급수기구의 표준토수량, 사용빈도, 사용시간을 고려하여 1개의 급수기구에 대한 부하의 정도를 예상하여 단위화한 것이다.

해설 급수배관의 관경 결정법에서 소규모 건물에는 관균등표에 의한 방법이, 중규모 이상의 건물에는 유량선도에 의한 방법이 주로 이용된다.

28 펌프에 관한 설명으로 옳은 것은?

① 비속도가 작은 펌프는 양수량의 변화에 따라 양정의 변화도 크다.
② 특성이 같은 펌프를 2대 병렬 운전하면 양정과 양수량은 1대일 경우의 2배가 된다.
③ 특성이 같은 펌프를 2대 직렬운전하면 양수량은 1대일 경우의 2배가 된다.
④ 동일펌프로 동일 송수계통에 양수하고 있는 경우 펌프의 회전수가 2배가 되면 양정은 4배가 된다.

해설 비속도가 큰 펌프일수록 양수량의 변화에 따라 양정의 변화도 크다.
특성이 같은 펌프를 2대 병렬 운전하면 이론적으로 양정은 그대로이고, 양수량은 1대일 경우의 2배가 된다. 특성이 같은 펌프를 2대 직렬운전하면 양정은 1대일 경우의 2배가 된다.
상사법칙에 따라 펌프 회전수가 2배가 되면 양정은 4배, 동력은 8배가 된다.

해답 26.① 27.③ 28.④

29 급탕설비의 안전장치에 관한 설명으로 옳지 않은 것은?

① 팽창관의 배수는 간접배수로 한다.
② 팽창관의 도중에는 체크밸브를 설치하여 개폐를 원활하게 한다.
③ 팽창관은 보일러, 저탕조 등 밀폐 가열장치 내의 압력상승을 도피시키는 역할을 한다.
④ 안전밸브는 가열장치 내의 압력이 설정압력을 넘는 경우에 압력을 도피시키기 위해 탕을 방출하는 밸브이다.

해설 팽창관의 도중에는 밸브를 설치하지 않아야 한다. 밸브가 닫히는 경우 팽창탱크 기능이 상실되어 장치 파손의 우려가 있다.

30 처리대상인원 1,000인, 1인 1일당 오수량 $0.2m^3$, 오수의 평균 BOD 200ppm, BOD 제거율 85%인 오수처리시설에서 유출수의 BOD량은?

① 1.5kg/day
② 6kg/day
③ 30kg/day
④ 200kg/day

해설 처리효율 = $\dfrac{유입량 - 유출량}{유입량}$ 에서

유출량 = 유입량(1 - 처리효율) = $1,000 \times 0.2 \times 200 \times 10^{-3}(1-0.85) = 6 kg/d$

$m^3/d \times ppm = g/d$ 이므로 kg/d로 환산하기 위해 1,000으로 나눈다.

31 진공환수식 증기난방에서 리프트 이음(lift fitting)을 적용하는 경우는?

① 방열기보다 환수주관이 높을 때
② 방열기보다 응축수 온도가 너무 높을 때
③ 환수배관법을 역환수식으로 할 때
④ 진공펌프를 환수주관보다 낮게 설치할 때

해설 진공환수식 증기난방에서 리프트 이음은 아래의 응축수를 흡상하기 위한 배관 접속으로 방열기(응축수)보다 환수주관이 높을 때 적용한다.

32 증기트랩 중 플로트 트랩에 관한 설명으로 옳지 않은 것은?

① 대용량에도 적합하다.
② 응축수를 연속으로 배출시킬 수 있다.
③ 플로트를 트랩 내부에 갖고 있어 외형이 크다.
④ 증기와 응축수 사이의 온도차를 이용하는 온도조절식 트랩이다.

해설 플로트 트랩은 응축수의 부력을 이용하는 부자(플로트)식 트랩이다.

해답 29.② 30.② 31.① 32.④

33 체크밸브에 관한 설명으로 옳지 않은 것은?
① 유체의 역류를 방지하기 위한 것이다.
② 스윙형 체크밸브는 수평배관에 사용할 수 없다.
③ 스윙형 체크밸브는 유수에 대한 마찰저항이 리프트형보다 작다.
④ 리프트형 체크밸브는 글로브 밸브와 같은 밸브시트의 구조를 갖는다.

해설 스윙형 체크밸브는 수평, 수직 배관에 사용할 수 있으며 리프트형 체크밸브는 수평배관에만 사용할 수 있다.

34 수증기를 만드는 원리에 따라 가습장치를 구분할 경우, 다음 중 수분무식에 속하는 것은?
① 전열식
② 모세관식
③ 초음파식
④ 적외선식

해설 가습기 중 수분무식에는 원심식, 초음파식, 노즐분무식(물) 등이 있다.

35 온수난방 배관에서 리버스 리턴(Reverse Return) 방식을 사용하는 주된 이유는?
① 배관의 신축을 흡수하기 위하여
② 배관의 길이를 짧게 하기 위하여
③ 온수의 유량분배를 균일하게 하기 위하여
④ 배관 내의 공기배출을 용이하게 하기 위하여

해설 리버스 리턴(Reverse Return) 방식 각 방열기(부하) 순환 배관 길이를 균등히 하여 마찰 저항을 균등히 하고 결국 유량 분배가 균등해져 온도를 균등하게 한다.

36 국소환기 설계에 관한 설명으로 옳지 않은 것은?
① 배출된 오염물질에 의한 대기오염이 되지 않도록 정화장치를 부착한다.
② 국소환기의 계통은 공간의 절약을 위해 공조장치의 환기덕트와 연결한다.
③ 배기장치는 배기가스에 의해 부식하기 쉬우므로 그에 상응한 재료를 사용한다.
④ 배풍기는 배기계통의 말단부에 두어 덕트 내압력이 부(-)로 되도록 해서 다른 쪽으로의 누출을 방지한다.

해설 오염공기의 혼합을 방지하기위해 국소환기의 계통은 공조장치의 환기덕트와 연결하지 않는다.

해답 33.② 34.③ 35.③ 36.②

37 냉각탑에서 어프로치(approach)에 관한 설명으로 옳은 것은?

① 냉각탑 출구와 입구 수온의 온도차
② 냉각탑 입구와 출구공기의 습구온도차
③ 냉각탑 입구의 수온과 출구공기의 습구온도와의 차
④ 냉각탑 출구의 수온과 입구공기의 습구온도와의 차

> 해설 냉각탑에서 어프로치(approach)란 냉각탑 출구의 수온과 입구 공기의 습구온도와의 차로 어프로치가 작을수록 냉각탑 냉각능력이 우수한 것이다.

38 다음과 같은 특징을 갖는 천장취출구는?

- 확산형 취출구의 일종으로 몇 개의 콘(cone)이 있어서 1차 공기에 의한 2차 공기의 유인성능이 좋다.
- 확산반경이 크고 도달거리가 짧기 때문에 천장취출구로 많이 사용된다.

① 팬형
② 노즐형
③ 펑커형
④ 아네모스탯형

> 해설 아네모스탯형 디퓨져는 확산형 취출구의 일종으로 몇 개의 콘(cone)이 있어서 1차 공기에 의한 2차 공기의 유인성능이 우수하여 천장형 취출구에 보편적으로 사용된다.

39 흡수식 냉동기에 관한 설명으로 옳지 않은 것은?

① 왕복동식 냉동기에 비해 소음이 작다.
② 일반적으로 리튬브로마이드(LiBr)가 냉매로 이용된다.
③ 증발기, 흡수기, 재생기(발생기), 응축기 등으로 구성되어 있다.
④ 기계적 에너지가 아닌 열에너지에 의해 냉동효과를 얻는다.

> 해설 흡수식 냉동기에서 리튬브로마이드(LiBr)는 흡수액으로 물은 냉매로 이용된다.

40 공기조화용 덕트의 분기부에 설치하여 풍량 조절용으로 사용되나 정밀한 풍량조절이 불가능하며, 누설이 많아 폐쇄용으로의 사용이 곤란한 댐퍼는?

① 루버 댐퍼
② 볼륨 댐퍼
③ 스플릿 댐퍼
④ 버터플라이 댐퍼

> 해설 스플릿 댐퍼는 덕트의 분기부에 설치하여 풍량 조절용이나 개폐용으로 사용된다.

해답 37.④ 38.④ 39.② 40.③

제3과목 전기 및 소방시설 일반

41 물분무 소화설비에 관한 설명으로 옳지 않은 것은?
① 물의 입자를 미세하게 분무시키는 시스템이다.
② 물을 사용하므로 전기화재에는 적응성이 없다.
③ 냉각작용을 이용하여 소화효과를 얻을 수 있다.
④ 화재 시 발생하는 수증기에 의한 질식작용을 이용하여 소화효과를 얻을 수 있다.

[해설] 물분무 소화설비 물의 입자를 미세하게 분무시키는 시스템으로 물을 사용하지만 수증기에 의한 질식작용으로 전기화재에도 적응성이 좋다.

42 다음 설명에 알맞은 법칙은?

> 회로 내의 임의의 한 점에 들어오고 나가는 전류의 합은 같다.

① 옴의 법칙
② 렌쯔의 법칙
③ 플레밍의 오른손 법칙
④ 키르히호프의 제1법칙

[해설] 키르히호프의 제1법칙은 회로 내의 임의의 한 점에 들어오고 나가는 전류의 합은 같다. 키르히호프의 제2법칙은 임의 폐회로에서 한 방향으로의 전압강하의 합은 기전력의 합과 같다.

43 어떤 회로에서 유효전력 80W, 무효전력 60Var일 때 역률은?
① 70%
② 80%
③ 90%
④ 100%

[해설] 역률 $= \dfrac{\text{유효전력}}{\text{피상전력}} = \dfrac{\text{유효전력}}{\sqrt{\text{유효전력}^2 + \text{무효전력}^2}} = \dfrac{80}{\sqrt{80^2 + 60^2}} = 0.8 = 80\%$

44 농형 유도전동기에 관한 설명으로 옳지 않은 것은?
① 슬립링에서 불꽃이 나올 우려가 있다.
② VVVF방식으로 속도제어를 할 수 있다.
③ 권선형에 비해 구조가 간단하여 취급방법이 용이하다.
④ 기동전류가 커서 전동기 권선을 과열시키거나 전원전압의 변동을 일으킬 수 있다.

[해설] 슬립링에서 불꽃이 나올 우려가 있는 것은 권선형 유도전동기이다.

[해답] 41.② 42.④ 43.② 44.①

45 무접점 시퀀스 제어 회로에 관한 설명으로 옳지 않은 것은?

① 소형화가 가능하다.　　　　　② 동작속도가 빠르다.
③ 전기적 노이즈에 대하여 안정적이다.　④ 고빈도 사용이 가능하고 수명이 길다.

[해설] 무접점 시퀀스 제어 회로는 전자식으로 전기적 노이즈에 대하여 불안정하다.

46 옥내소화전 방수구는 바닥으로부터의 높이가 최대 얼마 이하가 되도록 설치하여야 하는가?

① 0.9m　　　　　　　　　　② 1.2m
③ 1.5m　　　　　　　　　　④ 1.8m

[해설] 옥내소화전 방수구는 바닥으로부터의 높이가 1~1.5m가 되게 한다.
그러므로 최대 1.5m 이하가 되어야 한다.

47 천장면을 여러 형태의 사각, 동그라미 등으로 오려내고 다양한 형태의 매입기구를 취부하여 실내의 단조로움을 피하는 건축화 조명 방식은?

① 코퍼 조명　　　　　　　　② 코브 조명
③ 밸런스 조명　　　　　　　④ 코니스 조명

[해설] 코퍼 조명은 천장면을 사각, 동그라미 등으로 오려내고 다양한 형태의 조명기구를 취부하는 건축화 조명 방식으로 직하부를 비추는 다운라이트와 비슷하다.

48 3상 유도전동기의 속도제어방법에 속하지 않는 것은?

① 극수를 변화시키는 방법　　② 슬립을 변화시키는 방법
③ 주파수를 변화시키는 방법　④ 3상 중 2개의 상을 변화 접속하는 방법

[해설] 3상 유도전동기의 속도제어방법에는 극수, 슬립, 주파수를 변화시키는 방법이 있다.

49 전기누전에 의한 감전을 방지하기 위하여 행하는 전기 공사는?

① 접지 공사　　　　　　　　② 피뢰 공사
③ 표시설비 공사　　　　　　④ 옥내 배선 공사

[해설] 접지란 전기회로 또는 전기장비의 한 부분을 도체를 이용하여 땅에 연결하는 것으로써 전기 누전에 의한 감전사고를 방지한다.

[해답] 45.③　46.③　47.①　48.④　49.①

50
자동화재탐지설비의 감지기 중 주위의 공기에 일정 농도 이상의 연기가 포함되었을 때 동작하는 감지기는?
① 불꽃 감지기
② 차동식 감지기
③ 이온화식 감지기
④ 보상식 스폿형 감지기

해설 연기감지기에는 이온화식 감지기, 광전식 감지기가 있다.

51
배선설비 공사에서 스위치 및 콘센트 시공에 관한 설명으로 옳지 않은 것은?
① 스위치는 회로의 비접지 측에 시설하여서는 안 된다.
② 매입형 콘센트 플레이트는 건축 마감면에 밀착되도록 설치하여야 한다.
③ 스위치 설치 높이는 일반적으로 바닥에서 중심까지 1.2m를 기준으로 한다.
④ 일반형 콘센트 설치 높이는 바닥에서 기구 중심까지 30cm를 기준으로 한다.

해설 스위치는 회로의 비접지 측에 시설하여야 한다.

52
어떤 저항에 100V의 전압을 가했더니 10A의 전류가 흘렀다. 이 저항에 95V의 전압을 가했을 경우 흐르는 전류는?
① 5A
② 9.5A
③ 10.5A
④ 15A

해설 저항을 구하면 $R = \dfrac{V}{I} = \dfrac{100}{10} = 10 \Omega$

10Ω에 95V를 가하면 $I = \dfrac{V}{R} = \dfrac{95}{10} = 9.5A$

[별해] 또는 저항값이 동일할 때 전류는 전압에 비례하므로 $I = 10 \left(\dfrac{95}{100} \right) = 9.5A$

53
어느 도체의 단면에 10분간 360C의 전하가 통과하였다면 전류의 크기는?
① 0.027A
② 0.6A
③ 1.67A
④ 3.6A

해설 1초에 1C 전하가 통과할 때 전류 세기는 1A이다.
$I = \dfrac{C}{t} = \dfrac{360}{10 \times 60} = 0.6A$

해답 50.③ 51.① 52.② 53.②

54 옥내소화전설비가 갖춰진 10층 건물에 있어서 옥내소화전이 각층에 2개씩 설치되어 있다면, 옥내소화전설비의 수원의 저수량은 최소 얼마 이상이 되도록 하여야 하는가?

① 5.2m³
② 13m³
③ 14m³
④ 15.6m³

해설 각 층에 2개 이상의 옥내소화전이 설치되는 경우 2개의 소화전에 20분간 방수량(130 L/min)을 저수해야 한다.
$$W = 130 L/\min \times 20 \times 2 = 5200 L = 5.2 m^3$$

55 양측 금속박 사이에 유전체를 끼워 놓아둔 구조로 정전용량을 갖게 한 소자는?

① 저항
② 콘덴서
③ 콘덕턴스
④ 인덕턴스

해설 콘덴서는 2개의 도체판(금속박) 사이에 유전체를 끼워 대향시킨 구조로 정전용량을 가진다.

56 옥외소화전설비에 관한 설명으로 옳지 않은 것은?

① 호스는 구경 65mm의 것으로 하여야 한다.
② 호스접결구는 지면으로부터 높이가 0.5m 이상 1m 이하의 위치에 설치한다.
③ 옥외소화전이 10개 설치된 때에는 옥외소화전마다 10m 이내의 장소에 1개 이상의 소화전함을 설치하여야 한다.
④ 호스접결구는 특정소방대상물의 각 부분으로부터 하나의 호스접결구까지의 수평거리가 40m 이하가 되도록 설치하여야 한다.

해설 옥외소화전이 10개(10개 이하) 설치된 때에는 옥외소화전마다 5m 이내의 장소에 1개 이상의 소화전함을 설치하여야 한다.

57 3상유도 전동기의 기동법으로 Y-△기동법을 사용하는 가장 주된 목적은?

① 전압을 높이기 위하여
② 기동전류를 줄이기 위하여
③ 전도기의 출력을 높이기 위하여
④ 전동기의 동기속도를 높이기 위하여

해설 Y-△기동법은 Y결선과 △결선을 교번 조합하여 기동전류를 줄여서 기동하는 법을 말한다.

해답 54.① 55.② 56.③ 57.②

58 어떤 코일에 50Hz의 교류 전압을 가할 때 유도 리액턴스가 628Ω이었다. 이 코일의 자기인덕턴스(H)는?

① 2
② 50
③ 314
④ 628

해설 유도리액턴스 $X_L = wL = 2\pi fL$
$$L = \frac{X_L}{2\pi f} = \frac{628}{2 \times 3.14 \times 50} = 2(H)$$

59 인화성 액체, 가연성 액체, 타르, 오일 및 인화성 가스와 같은 유류가 타고 나서 재가 남지 않는 화재를 의미하는 것은?

① A급 화재
② B급 화재
③ C급 화재
④ K급 화재

해설 A급 화재 : 일반화재, B급 화재 : 유류화재, C급 화재 : 전기화재, D급화재 : 금속화재, K급화재 : 주방화재

60 건물의 자동제어방식에서 디지털 방식에 속하는 것은?

① 전기방식
② 공기방식
③ 자기방식
④ DDC방식

해설 DDC방식은 Direct digital Control의 약자로서 중앙제어반(콘트롤부, computer)을 중심으로 구동부, 조작부(밸브), 조절부(DDC) 등으로 구성되며 현장 제어의 폭이 넓고 광범위하며, 고도의 정밀제어가 가능하므로 건물 자동제어에 가장 일반적인 자동제어 형식이다.

제4과목 건축설비 관련 법규

61 높이 기준이 60m인 건축물에서 허용되는 높이의 최대 오차는?

① 0.6m
② 0.9m
③ 1.0m
④ 1.2m

해설 〈건축법 규칙 20조 별표 5〉 건축물 높이는 허용오차 2% 이내(60m인 경우 1.2m)이나 1m를 초과할 수 없으므로 최대 1m이다.

해답 58.① 59.② 60.④ 61.③

62 기계설비법령에 따른 기계설비의 착공 전 확인과 사용 전 검사의 대상 건축물 또는 시설물에 해당하지 않는 것은?

① 연면적 1만㎡ 이상인 건축물
② 목욕장으로 사용되는 바닥면적 합계가 500㎡ 이상인 건축물
③ 기숙사로 사용되는 바닥면적 합계가 1천㎡ 이상인 건축물
④ 판매시설로 사용되는 바닥면적 합계가 3천㎡ 이상인 건축물

해설 〈기계설비법 시행령 별표 5〉 기숙사로 사용되는 바닥면적 합계가 2천㎡ 이상인 건축물이 해당된다.

63 건축물에 급수·배수·환기·난방 등의 건축설비를 설치하는 경우 건축기계설비기술사 또는 공조냉동기계기술사의 협력을 받아야 하는 대상 건축물에 속하지 않는 것은?

① 아파트
② 연립주택
③ 숙박시설로서 해당 용도에 사용되는 바닥면적의 합계가 2,000m² 인 건축물
④ 판매시설로서 해당 용도에 사용되는 바닥면적의 합계가 2,000m² 인 건축물

해설 〈건축법령 91조 3, 설비기준 2조〉 판매시설로서 바닥면적의 합계가 3,000m² 이상인 건축물

64 위험물 저장 및 처리시설에 설치하는 피뢰설비는 한국산업표준이 정하는 피뢰시스템 레벨이 최소 얼마 이상이어야 하는가?

① Ⅰ ② Ⅱ
③ Ⅲ ④ Ⅳ

해설 〈설비기준 20조〉 위험물 저장 및 처리시설에 설치하는 피뢰설비는 한국산업표준이 정하는 피뢰시스템 레벨 Ⅱ 이상이어야 한다.

65 건축법령상 용도별 건축물의 종류가 옳지 않은 것은?

① 숙박시설 - 휴양 콘도미니엄
② 제1종 근린생활시설 - 치과의원
③ 동물 및 식물관련시설 - 동물원
④ 제2종 근린생활시설 - 노래연습장

해설 〈건축법령 3조 5 별표 1〉 동물원은 문화집회시설에 속한다.

해답 62.③ 63.④ 64.② 65.③

66. 특별피난계단의 구조에 관한 기준 내용으로 옳지 않은 것은?

① 계단실에는 예비전원에 의한 조명설비를 할 것
② 계단은 내화구조로 하되, 피난층 또는 지상까지 직접 연결되도록 할 것
③ 출입구의 유효너비는 0.9m 이상으로 하고 피난의 방향으로 열 수 있을 것
④ 계단실 및 부속실의 실내에 접하는 부분의 마감은 불연재료 또는 준불연재료로 할 것

해설 〈피난방화구조기준 9조〉 계단실 및 부속실의 실내에 접하는 부분의 마감은 불연재료로 할 것

67. 주요구조부를 내화구조로 하여야 하는 대상건축물에 속하지 않는 것은?

① 종교시설의 용도로 쓰는 건축물로서 집회실의 바닥면적의 합계가 200m²인 건축물
② 판매시설의 용도로 쓰는 건축물로서 그 용도로 쓰는 바닥면적의 합계가 500m²인 건축물
③ 운수시설의 용도로 쓰는 건축물로서 그 용도로 쓰는 바닥면적의 합계가 500m²인 건축물
④ 문화 및 집회시설 중 전시장의 용도로 쓰는 건축물로서 그 용도로 쓰는 바닥면적의 합계가 200m²인 건축물

해설 〈건축법령 56조〉 문화 및 집회시설 중 전시장의 용도로 쓰는 건축물로서 그 용도로 쓰는 바닥면적의 합계가 500m² 이상인 건축물

68. 각종 주택에 관한 설명으로 옳은 것은?

① 다중주택은 공동주택에 속한다.
② 기숙사는 공동주택에 속하지 않는다.
③ 다중주택은 독립된 주거의 형태이어야 한다.
④ 다가구주택은 1개 동의 주택으로 쓰이는 바닥면적의 합계가 660m² 이하이다.

해설 〈건축법령 3조 5 별표 1〉 다가구주택 : 주택으로 쓰는 층수(지하층은 제외한다)가 3개 층 이하일 것. 1개 동의 주택으로 쓰이는 바닥면적의 합계가 660제곱미터 이하일 것. 19세대 이하가 거주할 수 있을 것. 다중주택은 단독주택에 속하며 독립된 주거의 형태가 아니어야 하고, 기숙사는 공동주택에 속한다.

69. 모든 층에 주거용 주방자동소화장치를 설치하여야 하는 특정소방대상물은?

① 기숙사
② 아파트
③ 견본주택
④ 학생복지주택

해설 〈소방법령 15조 별표 5〉 주거용 주방자동소화장치 : 아파트 등, 30층 이상 오피스텔

해답 66.④ 67.④ 68.④ 69.②

70 다음 중 외기에 면하고 1층 또는 지상으로 연결된 출입문을 방풍구조로 하지 않아도 되는 것은?(단, 사람의 통행을 주목적으로 하며, 너비가 1.2m를 초과하는 출입문인 경우)

① 호텔의 주출입문
② 아파트의 출입문
③ 공기조화를 하는 업무시설의 출입문
④ 바닥면적의 합계가 500m²인 상점의 주출입문

해설 〈에너지절약기준 제6조〉 외기에 직접 면하고 1층 또는 지상으로 연결된 출입문은 방풍구조로 하여야 한다. 다만, 판매 및 영업시설 중 도매시장, 소매시장 및 상점으로써 바닥면적 300m² 이하의 개별 점포의 출입문, 공동주택의 출입문, 사람의 통행을 주목적으로 하지 않는 출입문과 너비가 1.2미터 이하의 출입문은 그러하지 아니할 수 있다.

71 건축물의 에너지절약 설계기준상 다음과 같이 정의되는 용어는?

> 기기를 여러 대 설치하여 부하상태에 따라 최적 운전상태를 유지할 수 있도록 기기를 조합하여 운전하는 방식

① 인버터운전   ② 간헐제어운전
③ 비례제어운전   ④ 대수분할운전

해설 〈에너지절약기준 5조〉 대수분할운전이라 함은 기기를 여러 대 설치하여 부하상태에 따라 최적 운전상태를 유지할 수 있도록 기기를 조합하여 운전하는 방식을 말한다.

72 다음은 초고층 건축물에 설치하는 피난안전구역에 관한 기준 내용이다. ( ) 안에 알맞은 것은?

> 초고층 건축물에는 피난층 또는 지상으로 통하는 직통계단과 직접 연결되는 피난안전구역(건축물의 피난·안전을 위하여 건축물 중간층에 설치하는 대피공간을 말한다.)을 지상층으로부터 최대 ( ) 층마다 1개소 이상 설치하여야 한다.

① 10개   ② 20개
③ 30개   ④ 40개

해설 〈건축법령 34조 3〉 초고층 건축물에는 피난층 또는 지상으로 통하는 직통계단과 직접 연결되는 피난안전구역을 지상층으로부터 최대 30층마다 1개소 이상 설치하여야 한다.

해답 70.② 71.④ 72.③

73 다음 중 대수선에 속하지 않는 것은?

① 내력벽을 증설 또는 해체하는 것
② 기둥 2개를 수선 또는 변경하는 것
③ 다세대주택의 세대 간 경계벽을 증설 또는 해체하는 것
④ 주계단·피난계단 또는 특별피난계단을 수선 또는 변경하는 것

해설 〈건축법령 3조 2〉 기둥을 증설 또는 해체하거나 3개를 수선 또는 변경하는 것

74 다음의 무창층과 관련된 기준 내용 중 밑줄 친 요건으로 옳지 않은 것은?

> "무창층"이란 지상층 중 다음 각 목의 요건을 모두 갖춘 개구부 면적의 합계가 해당 층의 바닥면적의 30분의 1 이하가 되는 층을 말한다.

① 도로 또는 차량이 진입할 수 있는 빈터를 향할 것
② 내부 또는 외부에서 쉽게 개방 또는 파괴할 수 없을 것
③ 크기는 지름 50cm 이상의 원이 내접할 수 있는 크기일 것
④ 해당 층의 바닥면으로부터 개구부 밑부분까지의 높이가 1.2m 이내일 것

해설 〈소방법령 2조〉 내부 또는 외부에서 쉽게 부수거나 파괴할 수 있을 것

75 특별피난계단에 설치하는 배연설비의 구조에 관한 기준 내용으로 옳지 않은 것은?

① 배연구 및 배연풍도는 불연재료로 할 것
② 배연구는 평상시에는 닫힌 상태를 유지할 것
③ 배연구는 평상시에 사용하는 굴뚝에 연결할 것
④ 배연기는 배연구의 열림에 따라 자동적으로 작동할 것

해설 〈설비기준 14조〉 배연구는 평상시에 사용하지 아니하는 굴뚝에 연결할 것

76 연면적 200m²을 초과하는 중·고등학교에 설치하는 복도의 유효너비는 최소 얼마 이상으로 하여야 하는가?(단 양옆에 거실이 있는 복도의 경우)

① 1.5m 이상
② 1.8m 이상
③ 2.1m 이상
④ 2.4m 이상

해설 〈피난방화구조 15조 2〉 중·고등학교 복도 유효너비(양옆에 거실이 있는 복도의 경우)
– 2.4m 이상

해답 73.② 74.② 75.③ 76.④

77 특정소방대상물에 설치하여야 하는 소방시설에 관한 설명으로 옳지 않은 것은?
① 노유자 생활시설에는 자동화재속보설비를 설치하여야 한다.
② 연면적 33m²인 음식점에는 소화기구를 설치하여야 한다.
③ 연면적 600m²인 종교시설에는 자동화재탐지설비를 설치하여야 한다.
④ 바닥면적의 합계가 5,000m²인 판매시설의 모든 층에는 스프링클러 설비를 설치하여야 한다.

해설 〈소방법령 11조 별표 4〉 2. 경보시설 자동화재탐지설비 - 종교시설 연면적 1,000m² 이상

78 연결송수관설비를 설치하여야 하는 특정소방대상물 기준으로 옳은 것은?(단 위험물 저장 및 처리시설 중 가스시설 또는 지하구는 제외)
① 층수가 3층 이상으로서 연면적 5,000m² 이상인 것
② 층수가 3층 이상으로서 연면적 6,000m² 이상인 것
③ 층수가 5층 이상으로서 연면적 5,000m² 이상인 것
④ 층수가 5층 이상으로서 연면적 6,000m² 이상인 것

해설 〈소방법령 11조 별표 4〉 연결송수관설비 : 층수가 5층 이상으로서 연면적 6,000m² 이상인 것

79 공동주택과 오피스텔의 난방설비를 개별난방 방식으로 하는 경우에 대한 기준 내용으로 옳은 것은?
① 보일러실의 연도는 방화구조로서 개별연도로 설치할 것
② 보일러실의 윗부분과 아랫부분에는 지름 5cm 이상의 공기흡입구 및 배기구를 설치할 것
③ 보일러를 설치하는 곳과 거실 사이의 경계벽은 출입구를 제외하고는 내화구조의 벽으로 구획할 것
④ 전기보일러를 사용하는 경우, 보일러실의 윗부분에는 그 면적이 1m² 이상인 환기창을 설치할 것

해설 〈설비기준 13조〉 보일러실의 연도는 내화구조로서 공동연도로 설치할 것. 보일러실의 윗부분과 아랫부분에는 지름 10cm 이상의 공기흡입구 및 배기구를 설치할 것. 다만 전기보일러를 사용하는 경우 그러하지 아니하다.

해답 77.③ 78.④ 79.③

80 다음 중 방화구조에 속하지 않는 것은?

① 심벽에 흙으로 맞벽치기한 것
② 철망모르타르로서 그 바름두께가 2cm인 것
③ 석고판 위에 회반죽을 바른 것으로서 그 두께의 합계가 2cm인 것
④ 시멘트모르타르 위에 타일을 붙인 것으로서 그 두께의 합계가 2.5cm인 것

해설 〈피난방화구조 4조〉 방화구조 : 석고판 위에 회반죽을 바른 것으로서 그 두께의 합계가 2.5cm 이상 인 것

해답 80.③

Compact 건축설비기사 필기

2026년 1월 10일 초 판 발행
2026년 1월 31일 1판 2쇄 발행

저 자 조성안 · 이석훈
발행인 한인환 · 한재성
발행처 도서출판 **기문사**
등 록 1978. 8. 9. NO. 6-0637
주 소 서울시 동대문구 안암로 50-1(용두동) 홍신빌딩 3층
전 화 02) 2265-7214(代)/922-8662~3
팩 스 02) 922-8772

homepage : www.kimoonsa.co.kr
e-mail : book@kimoonsa.co.kr

ISBN : 979-11-94568-33-9   13540

정가 : 43,000원

● 불법복사는 지적재산을 훔치는 범죄행위입니다.
　저작권법 제97조의 5(권리의 침해죄)에 따라 위반자는 5년 이하의 징역 또는
　5천만 원 이하의 벌금에 처하게 됩니다.

저자 질의응답 카페 주소　http://cafe.daum.net/kimoonsa